上善若水，水善利万物而不争。

老子

邱国玉敬书 

2010年10月10日

气候变化与区域水分收支：实测、遥感与模拟

Climate Change and Regional Water Budget: Measurement, Remote Sensing, and Simulation

邱国玉　李瑞利 等　编著

科 学 出 版 社
北　京

内 容 简 介

本书针对适应气候变化的核心内容——水文收支，以笔者10年的研究成果为基础，系统阐述了气候变化与水分收支的理论及水分收支的实测、遥感及模拟。本书运用水文学、地理学、生态学、气象学、地理信息与遥感科学基本原理，采用水文模型耦合方法，结合野外实验和调查，以关键区域和关键时段水分收支变化为突破口，找出影响水分收支变化的关键因素，阐明缺水问题背后复杂的气候变化与人类活动对水资源系统脆弱性的影响机制，并提出区域水资源有序适应模式，形成的理论、方法与技术体系可为类似研究提供借鉴，也可以为水资源管理和适应气候变化工作提供指导。

本书可供相关领域的研究人员、研究生、大学生及相关的政府机构参考使用。

图书在版编目(CIP)数据

气候变化与区域水分收支：实测、遥感与模拟/邱国玉，李瑞利等编著.—北京：科学出版社，2011

ISBN 978-7-03-031403-1

Ⅰ.①气… Ⅱ.①邱… ②李… Ⅲ.①气候变化-关系-水资源 Ⅳ.①P467 ②TV211

中国版本图书馆CIP数据核字(2011)第104803号

责任编辑：张 震／责任校对：钟 洋
责任印制：徐晓晨／封面设计：无极书装

科学出版社出版
北京东黄城根北街16号
邮政编码：100717
http://www.sciencep.com

北京京华虎彩印刷有限公司 印刷

科学出版社发行 各地新华书店经销

*

2011年7月第 一 版 开本：787×1092 1/16
2015年8月第二次印刷 印张：26 1/2
字数：630 000

定价：120.00元

(如有印装质量问题，我社负责调换)

前　　言

老子曰："上善若水，水善利万物而不争。"由此可见，早在几千年前我们的先哲就深刻地认识到"善水"可以应对人类面临的各种挑战。光阴荏苒，进入21世纪，气候变化成为当今人类面临的最重要的课题。几十年来，随着人类对气候变化认识的逐步深入，应对气候变化的态度和行动也随之不同。最初的态度是如何"阻止气候变化"，后来发现阻止气候变化可能是一个长期过程，仅靠阻止气候变化还不够，还需要"应对气候变化"。最近10年来，对气候变化的认识空前深入，取得了很多重大成果。在这些研究的基础上，人类认识到气候变化已经成为一种不可逆转的趋势，我们可以做到的只有如何减缓气候变化的幅度和如何适应气候变化。"适应气候变化"已成为现在人类社会的主题。

虽然适应气候变化的方式多种多样，"善水"是适应气候变化的关键，也是人类的共识。要"善水"，必须先要"知水"。"知水"的内容很多，水分收支是"知水"的重要内容。

近几十年来，我国在经历快速气候变化的同时还经历着剧烈的土地利用变化。在气候变化和人类活动的双重影响下，原本脆弱的生态环境进一步恶化，由此产生了更为严峻的水资源短缺，适应气候变化的任务尤为艰巨，迫切需要研究气候变化和土地利用/覆盖变化对流域水循环和水资源的影响。由于气候变化和人类活动引起的土地利用/覆盖变化对陆地生态水文过程的影响日益深刻，这要求我们及时把握变化环境下的水资源形成与演化规律，保障水资源安全，实现水资源的可持续利用。

水分收支主要包括降水、蒸散发、径流和入渗等过程。其中蒸散发是地球水文循环中不可或缺的关键环节之一，它的发生伴随着能量和水分在土壤—植被—大气之间相互转移，调节局部或区域气候。因此，蒸散发不仅是水量平衡中的关键部分，而且还是地表能量平衡中的重要组成部分。鉴于地表能量交换与水分循环这两个重要的过程能在很大程度上决定环境的特征，蒸散发的定量研究受到了广泛关注，尤其是在水量平衡与水资源管理方面。

土壤水作为陆面水资源形成、转化和消耗过程研究中的基本媒介，是联系地表水和地下水的纽带，也是研究地表能量交换的基本要素，直接控制着地表与大气间的水热输送和平衡，对全球气候环境变化有着重要影响。

本书针对适应气候变化的核心内容——水分收支，以10年的研究成果为基础，系统阐述了气候变化与水分收支的理论及水分收支的实测、遥感及模拟。运用水文学、地理学、生态学、气象学、地理信息与遥感科学基本原理，采用水文模型耦合方法，结合野外实验和调查，以关键区域和关键时段水分收支变化为突破口，找出影响水分收支变化的关键因素，阐明缺水问题背后复杂的气候变化与人类活动对水资源系统脆弱性的影响机制，并提出区域水资源有序适应模式，形成的理论、方法与技术体系将可为其他类似研究提供借鉴，也可以为水资源管理和适应气候变化工作提供指导。

本书是师生合作研究的成果。邱国玉教授主要负责本书的研究思路、理论构建和研究方法等方面的设计,并组织撰写工作;师生密切合作并频繁交流,共同完成了书稿审定工作。由于水分收支与气候变化研究的复杂性,加之作者水平有限,书中可能会存在一些不足之处,诚请各位读者批评指正。

邱国玉　李瑞利

2011 年 1 月于北京大学

目　　录

第三部分　气候变化背景下的区域水分收支的遥感研究

第四部分　气候变化背景下区域水分收支的模拟研究

第一部分　气候变化与区域水分收支研究进展

第一章　气候变化、土地利用变化与生态水文过程①

第一节　土地利用变化对生态水文过程的影响

目前，人类面临的许多环境与发展问题都与土地利用/覆被变化(LUCC)有关，尤其是 20 世纪以来，全球洪涝灾害的频率远远高于以往任何时期，由人类活动引起的 LUCC 变化是重要的原因之一(史培军等，2002)。未来 50～100a，人类的土地利用活动将对 LUCC 起最主要的作用(张世文和唐南奇，2006)。LUCC 研究已成为地理学综合研究的国际性前沿课题(何春阳和史培军，2004；冷疏影，2000)。自 1995 年"国际地圈—生物圈计划"(IGBP)和"全球环境变化人文计划"(IHDP)编辑出版了 LUCC 项目的"科学研究计划"以来，相关研究在国际上普遍展开(Desanker，1997；Lambin et al.，1999；Skole and Tucker，1993；Turner et al.，1994；Meng et al.，1995；Ramankutty and Foley.，1999；Lambin et al.，1999)。国内的 LUCC 研究也取得了丰硕的成绩(李秀斌，1996；傅伯杰等，1999；史培军等，2000；张镱锂等，2000；龙花楼等，2002；摆万奇和柏书琴，1999；蔡运龙，2001；何春阳等，2005；黄明斌等，1999；陈军锋等，2001；石培礼和李文华，2001；王清华和李华恩，2004)。

随着计算机科学、地理信息系统与遥感技术的发展，LUCC 与水文循环的关系研究由传统的统计分析方法转向水文模型方法。通过水文模型来模拟不同下垫面条件下的径流量时，不仅可以考虑流域的综合因素对水文过程的影响，而且还能通过控制某些参数，找出控制和影响水文循环的土地覆被变化因素。有大量的研究分析了土地利用对流域径流的影响(Eles and Blackie，1993；Arnold and Allen，1996；Goodrich et al.，1996)，形成大量的降水—径流模型。水文模型在我国流域 LUCC 水文效应研究方面得到了广泛的应用，取得了一定的研究成果(邓慧平和李秀彬，2003；谢平等，2007；王根绪等，2005；郑璟等，2005；朱新军等，2006)。例如，中国科学院南京地理与湖泊研究所的李恒鹏、杨桂山等，以太湖地区蠡河流域为研究区，通过解译 1984 年、1995 年和 2000 年 3 个时段 TM/ETM 获得土地利用分布地图，分析其土地利用变化的模式，并基于研究区 30 年的降水序列，应用长周期水文分析模型(long-term hydrologic impact assessment，L-THIA)，计算 3 个时段土地利用特征对暴雨地表径流的影响，分析了不同土地利用类型水文效应的敏感性，在此基础上总结了减少流域水文效应的土地利用管理策略(李恒鹏等，2005)。中国科学院地理科学与资源研究所的莫兴国、刘苏峡等利用黄土高原无定河流域 1982～1991 年的水文气象、土地利用、土壤质地、数字高程和 NOAA-AVHRR 遥感信息，建立基于土壤—植被—大气传输机理的分布式生态水文模型——VIP，模拟流域水量平衡的时空分布。研

① 本章作者：邱国玉、尹婧、李瑞利。

究发现:该流域年累计平均植被指数(NDVI)与降水年总量关系不明显,说明该流域植被的生长并不完全受控于降水总量;整个流域模拟时段的平均降水量、蒸腾量有明显的年际波动,而地表径流的年际变化相对较小,降水量和实际蒸散量呈现显著的空间分异性,从而得出在西北干旱半干旱区,LUCC 对水量平衡的影响非常复杂的结论(莫兴国和刘苏峡,2004)。

北京师范大学的史培军和袁艺应用美国农业部水土保持局研制的 SCS(soil conservation service)模型探讨了深圳市不同下垫面条件对流域径流的影响:随着人类活动的加剧,土地利用的变化使径流量趋于增大;降雨径流的空间格局随土地利用方式、土壤类型、前期土壤湿润程度而发生变化(史培军和袁艺,2001)。也有不少的学者分别应用 SCS 模型 MUSLE 进行产流和产沙的研究。例如,徐秋宁等用 SCS 降水—径流模型对陕北、渭北多个小型集水区降雨径流量进行了分析与计算(徐秋宁和马孝义,2002)。贺宝根和周乃晟(2001)利用 SCS 模型对上海郊区农田非点源污染进行研究。北京师范大学的何春阳和史培军(2004)利用系统动力学(SD)的原理和方法,发展了区域土地利用情景变化 SD 模型。在不同系统状态下,模拟了中国北方 13 省未来 50a 不同社会经济情景下的区域土地利用结构变化,并初步评价了这些变化的可能生态影响。河海大学的袁飞、任立良和中国科学院大气物理所的谢正辉应用大尺度陆面水文模型——可变下渗能力(variable information capacity,VIC)模型与区域气候变化影响(providing regional climate for impacts studies,PRCIS)模型耦合,对气候变化情景下海河流域水资源的变化趋势进行预测。结果表明:未来气候情景下,即使海河流域降水量增加,年平均径流量仍将可能减少,预示海河流域的水资源将十分短缺(袁飞和谢正辉,2005)。中国科学院寒区旱区环境与工程研究所的蓝永超和沈永平(2006)利用大气环流模型(GCMs)与统计模式对未来流域气温、降水和径流的可能变化进行了预测,得出未来 30a 里黄河源区的温度将进一步上升,并且降水量也有显著增加。

第二节　气候变化对生态水文过程的影响

气候变化将改变全球水文循环的现状,从而引起水资源在时空上的重新分配,并对降水、蒸发、径流、土壤湿度等造成直接影响。气候系统内部的任何变化都将在水文循环的关键水文要素中得到反映。气温升高时,蒸发加剧,土壤水分及下渗强度也将随之改变。反之,水文要素的变化同样对气候系统直接或间接地产生影响,陆面土壤湿度、反射率及植被的变化反过来也将影响土壤蒸发、植被蒸腾、云的形成、陆面净辐射及降水等(袁飞,2006)。大气中不断增加的温室气体引起了全球性的气候变化,加剧某些地区的洪涝、干旱灾害,对水文循环等方面产生了重要影响,气候变暖越来越引起了人们的关注。20 世纪 70 年代末期,由世界气象组织(WMO)、联合国环境规划署(UNEP)、国际水文科学协会(IAHS)等国际组织先后开展并实施了世界气候影响研究计划(WCIP)、全球能量水循环试验(GEWEX)等项目的研究。

自 20 世纪 80 年代起,国内外学者围绕气候变化对水文水资源系统的影响,从不同学科角度、不同时空尺度展开了研究。Nash(1990)采用美国国家气象局开发的概念性水文模型，研究科罗拉多河流域对气候变化的响应，结果显示：气温增加 2℃将使年径流减少9%～21%；降水量增加或减少 10%～20%将使年径流量相应产生 10%～20%的变化。Kalzmark(1991)运用 GFDL 气候模式生成两倍的 CO_2 浓度下的气候情境作为月水量平衡的输入，对波兰 Varty 流域的径流变化进行模拟，结果表明：随着全球气候变暖，年径流量变化较小，冬季径流量上升 21%，夏季径流量上升 24%。Wetherald 和 Manabe(2002)采用海洋—大气—陆地耦合模式预测 IS92a 情景下全球水文循环变化。该模式预测 21 世纪中叶全球平均温度较工业化前水平上升 2.3℃，降水量和蒸发量均增加 5.2%，径流平均增长 7.3%。

一般来说，径流与降水变化趋势一致，与气温变化趋势相反，但是在局部地区由于温度升高，增加的降水超过蒸发的影响，径流随着气温升高反而增加；干旱地区气温对径流的影响比降水对径流的影响更加显著，而在湿润地区，降水对径流的影响比气温对径流的影响更加显著(陈玲飞和王红亚，2004)。国家气象中心的王守荣等(2003)研究了气候变化对西北水循环和水资源的影响，得出气温升高使得我国西北地区天然径流量减少，水资源供需矛盾更加突出。中国气象局兰州干旱气象研究所的邓振镛等(2006)，分析了 1951～2000 年气候变化对渭河上游径流量和输沙量的影响，研究表明：渭河上游径流量变化总体呈下降趋势，跃变点发生在 1967 年，20 世纪 60 年代径流量最大，90 年代以后径流量最小；径流量的变化主要取决于流域降水量的变化；输沙量的多少主要取决于上游降水量的多少和大雨的次数，其次是风速大小和大风次数的多少。陕西师范大学的延军平等(1999)分析了陕西、甘肃境内 3 条河流：无定河、汉江、渭河具体信息如下：渭河 32a(1965～1996)无定河 43a(1954～1996)汉江 44a(1953～1996)气象、水文实测资料，假定自然状态下，地表径流与降水、气温之间存在相对稳定的比例关系这个前提条件，分析气候对地表径流的影响。研究发现：中国内陆的中纬度地区气候暖干化使年地表径流量减少趋势显著。中国科学院的叶柏生与中国水利水电科学研究院的李翀应用全国范围内的 678 个气象站 1951～1998 年长系列逐月降水资料以及主要控制水文站同期径流资料，分析了径流变化对气候变化的响应以及由此带来水资源问题(叶柏生和李翀，2004，2005)。中国科学院的郭宗锋等(2006)分析了西双版纳境内的流沙河流域 40a 降水与径流的变化以及它们之间的关系。研究发现：1959～2000 年，降水量没有发生明显的变化，尤其是在干季；径流量从 20 世纪 60 年代开始减小，但在 90 年代后期又有所增加。同时还得出除降水量的增减和季节变化外，径流量还受到其他因素(如人类活动)的影响，而且这种影响的趋势越来越大。黄河水利科学研究院的王国庆和王云璋(2002)利用月水文模型，采取假定气候方案，分析了黄河上中游径流对气候变化的敏感性。结果表明，径流对降水变化的响应敏感，对气温变化的响应相对较弱。中国科学院寒旱区环境与工程研究所的韩添丁等(2004)也分析了黄河上游 20 世纪后期近 40a 来径流变化特征及其与气候变化的关系。发现黄河上游普遍存在温度升高、降水减少的变化趋势以及黄河上游自然来水径流量呈显著减少的趋势，1990 年以后减小的趋势更加明显。中国科学院寒旱区环境与工程研究所的蓝永超和林舒(2006)分析了黄河上游有实测资料的几十年来降水、温度、径流等水循环要素的变化过程与特征。研究发现，近几十年来黄河流域各个地方温度有着不同程度的上升，与全球变暖有着明显的对应关系；而随着气温的上升，蒸发和下渗呈增加的趋势。降水变化的区域性特征十分明显，降水量的增减随地理位置不同而差异较大。

第三节　气候变化和土地利用变化对生态水文过程的影响

目前，全球变暖、植被破坏、土地退化以及洪涝灾害频繁发生，给水文科学研究提出了新的挑战，即变化环境下的水资源形成与演化规律问题，它是国际国内地学领域积极鼓励的创新研究课题。气候与LUCC对流域水量平衡与水循环以及洪水干旱的影响是全球变化研究中的一个重要方面。国内外已广泛开展了气候变化水文水资源影响研究及LUCC的水文效应研究。近年来，已经重新综合分析了气候与LUCC的水文效应。气候变化和LUCC对水循环的影响是研究的热点问题。

例如，湖南师范大学的邓惠平和中国科学院地理科学与资源研究所的李秀彬分析了梭磨河流域1960～1990年近30a的气温、降水以及森林、草地土地覆被类型变化对流域径流、蒸散发、径流系数的影响，得出了在气候和土地利用/地表覆被共同作用下，流域水文发生了较明显变化的结论（邓惠平和李秀彬，2001）。他们还应用具有物理基础的半分布式地形指数模型（TOPMODEL），对位于长江源头，流域面积2536 km^2 的梭磨河流域1960～1999年逐日流量过程进行了模拟，取得了较好的模拟结果。同时，还模拟了40a来，流域气候波动和地表覆被变化对流域水文的影响，分析了土地覆被变化对流域水量平衡各分量的影响：在不考虑降水变化的前提下，随着流域有林地面积和冠层最大截流量的增加，流域总蒸发和冠层截留增加，植被蒸腾和土壤表面蒸发减少，根系层水分亏缺减少，流域平均水分亏缺增加，地表径流、地下径流、总径流均减少（邓惠平和李秀彬，2003）。北京大学遥感与地理信息系统研究所的陈军锋和张明（2003）利用一个集总式水文模型（CHARM），也以梭磨河流域为研究对象，模拟了不同的气候与土地覆被条件下流域的水量平衡，定量区分气候波动和土地覆被变化对水文影响的“贡献率”。模型模拟的初步结果表明，20世纪60～80年代，径流深增加了45.7mm，其中，由气候波动所引起的年平均径流深的增加占63.9％，由土地覆被变化所引起的径流深的增加占20.8％，其他条件的变化所引起的径流深的增加占15.3％。中国科学院地理科学与资源研究所的王纲胜等（2006）建立了一个简单的分布式月水量平衡模型（DTVGM），通过设置人类活动影响背景参数集，表述人类活动对水文过程的影响。将DTVGM月模型应用于华北地区密云水库以上潮白河流域，识别出白河流域气候变化对径流减少的贡献为44％，人类活动导致下垫面变化对径流减少的影响达54％；潮河流域气候变化对径流减少的贡献率为24％，而人类活动对径流减少的贡献率高达74％，是导致径流减少的主要原因。

第四节　区域水分收支研究的手段——分布式水文模型

一、分布式水文模型发展历程

水文模型是对自然界中复杂水文现象的一种简化，为研究气候、人类活动和水资源之间的关系提供了一个框架（Jothityangkoon et al.，2001；Leavesley，1994），水文模型一直都是水文科学研究的重要手段与方法之一(赵人俊,1984)。水文模型是水文学发展到一定阶段的产物,并伴随着水文学的发展而发展。现代水文模型出现于应用水文学的兴起阶段,特别是1932年Sherman提出水文单位过程线的概念以及Horton提出经典的地表径流入渗理论后。Sherman和Horton的模型在流域径流模拟方面吻合得很好,这两个模型共同控制了水文学长达十几年之久。

20世纪50年代以来,在计算机大量引入水文研究领域后,开始采用数学、物理方法来模拟径流形成过程,建成数学模型,进行流域产汇流计算,在水文计算和水文预报等方面发挥了很好的作用,先后提出了许多流域产汇流模型。20世纪60～80年代中期,是水文模型蓬勃发展的时期。在此期间,一些比较著名的水文模型相继提出并得到了相应的应用。例如,SSARR(Bergström and Forsman,1973)模型、Standford模型、Sacramento模型、TANK模型(Sugawara et al.,1974)、SHE(Abbott et al.,1986;Bathurst,1986)、HSPF(Hydrologic Simulation Program-Fortran)模型(Johanson et al.,1980)和SCS模型(SCS,1956)等。我国也在对流域水文研究的基础上自行研制了多种模型,被联合国教育、科学和文化组织推举为世界十大水文模型之一的著名的新安江模型(赵人俊,1984),就是其中之一。

20世纪90年代以来,随着计算机科学和数字化信息技术的发展,水文科学正经历着一场前所未有的革新,水文研究的技术手段发生了根本性的质的变化,水文学与计算机及信息科学的交叉形成了数字水文学。在当今数字时代,描述流域下垫面空间分布信息的技术日渐完善,这就为水文模拟技术的变革和革新提供了坚实的基础。数字地形模型(digital terrain model, DTM)是指地面诸特性空间分布的数字描述,其本质属性是二维地理空间定位和数字表达,流域地形、植被、土壤、分水线、河网、子流域的表达及集水面积的计算完全能用数字化技术实现,从而改变传统的手工方式。通常DTM所描述的地面特性是高程Z,它的空间分布由X,Y水平坐标系统来描述,也可用经纬度来描述,将这种高程空间分布的数字地形模型称为数字高程模型(digital elevation model, DEM)。DTM与DEM的出现为数字水文学的发展和数字水文模型的诞生提供了坚实的技术基础。数字水文模型就是构建在DTM/DEM基础之上的一种分布式水文模型,先由DTM建立数字高程流域水系模型,再与数字产流模型和数字汇流模型有机结合形成数字水文模型。"基于DEM的分布式水文模型",已成为当今水文学界研究的热点(Michael ,1996;左其亭和王中根,2002),也代表了水文模型的最新发展方向(王中根等,2003)。

二、分布式水文模型分类

分布式水文模型的研究最早始于国外,标志性的文章是1969年Freeze和Harlan发表的《一个具有物理基础数值模拟的水文响应模型的蓝图》(Dann et al.,1998)。在我国,分布式水文模型的研究起步较晚,开发的模型也较少,且发展比较缓慢。目前,国内所应用的水文模型大都来自国外开发的模型,且很少进行较深入的改进和修正。

按单元模型结构可以将分布式水分模型分为以下两种类型,①全分布式水文模型:又称分布式水文物理模型(胡春歧和张登杰,2004;刘金清和陆建华,1996)。这类模型的主要特点是应用连续方程和运动方程来建立相邻网格单元或子流域之间的时间和空间联系,采用数值方法进行求解。②半分布式水文模型:又称分布式概念模型。这类模型的主要特点是认为其中任一单元面积的降雨输入和下垫面条件都呈空间均匀分布,在每个单元网格或子流域上应用现有的概念性集总式模型来分析每个面积的产汇流过程,然后再由各单元面积的分析结果确定整个流域的产汇流过程。最后进行汇流演算,推求出口断面流量(陈仁升等,2003;王书功等,2004)。

若按子流域或子区域所采用的分析降雨径流形成的理论和方法可以将分布式水文模型分为概念性和具有物理基础两类。常见的可用于构建概念性分布式水文模型的有美国的 SAC 模型、日本的 TANK 模型和中国的新安江模型等。具有物理基础的分布式水文模型又可分为以水动力学原理为主要基础(如 SHE 模型)和以水文学原理(如 DBSIN 模型)为主要基础两种(芮孝芳和黄国如,2004)。

若按各子流域或子区域形成的径流过程转变成全流域径流过程的方法可以将分布式水文模型分为松散型和耦合型两类(任立良,2000)。松散型分布式水文模型的特点是:假设流域中每个子流域或子区域对整个流域的总响应的贡献是相互独立的,因此,可在分别求得各子流域或子区域对整个流域的贡献后,通过叠加计算来求得整个流域的总响应。耦合型分布式水文模型,由于是通过一组微分方程及其定解条件构成的定解问题来描述流域降雨径流形成的规律,因此它能考虑各子流域或子区域对全流域贡献之间的相互作用,即只有通过联立求解,才能给出这类定解问题的解(吴险峰和刘昌明,2004;刘凤莲和陈植华,2005;陈仁升等,2003)。

三、分布式水文模型研究概况

分布式水文模型是近 20 年来水文建模领域的热点,20 世纪 80 年代以来,遥感技术和地理信息系统技术、计算机的普遍应用和计算能力大幅度提高,为分布式水文模型的发展铺平了技术道路(李纪人,1997;何延波和杨琨,1999)。流域对自然和人为因素的响应研究以及流域管理决策人员的需求,又极大地推动了分布式水文模型的发展。

分布式水文模型又称为数字水文模型,它是构建在 DEM 基础之上的一种水文模型,是依据下垫面资料寻求水文模拟物理基础(如产流单元、水系、汇流路径和集水面积等流域特征)的一种现代技术途径。分布式水文模型能够考虑各种水文要素(天气、植被、土壤和水力学因素等)的空间不均匀性(曾涛和郝振纯,2004)。分布式水文模型用严格的数学物理方程表述水文循环的各子过程,在参数和变量中充分考虑流域空间的变异性,着重考虑不同子单元间的水平联系,对水量和能量过程均采用偏微分方程模拟。尤其以不同空间尺度的网格形式耦合土地覆被和气候变化数据研究径流要素变化过程具有明显的优势(李道峰和刘昌明,2004;刘昌明和李道峰,2003)。

分布式水文模型(physically-based distributed models),清楚地考虑了水文地质过程的空间变化、模型的输入输出以及模型的边界控制条件等。显然,这需要足够信息量的较高精度的数据来用于模型的建立,这就是说,缺乏足够的野外数据(或试验数据)是不能建立分布式水文模型的。实际上,在大多数情况下,分布式水文模型对流域空间属性特征的描述是集总的，对于许多水文地质过程的处理方式也是集总的，模型的输入也可能是集总的，就是对一些边界条件的处理也是集总的。但是，模型对一些直接影响着流域的产汇流过程的处理方式是分布的，如降雨-径流过程。因此，这些模型并非完全为分布式，恰当地说，这些模型也只能称为准分布式的或半分布式的模型。分布式的水文模型的例子有ANSWERS、SHE、IHM、SWMM 和 NWSRFS 等。分布式模型考虑了空间异质性，但是没有对空间异质性本身的内在规律进行探讨。因此，在实际操作中存在着主观性。单元的大小是每个研究都必须首先解决的问题。目前，研究者多根据研究区域的大小和资料的空间分辨率（翔实程度）来确定该研究的基本单元的大小。

参 考 文 献

摆万奇，柏书琴．1999．土地利用和覆盖变化在全球变化研究中的地位与作用．地域研究与开发，18(4)：13-16．

蔡运龙．2001．土地利用/土地覆被变化研究：寻求新的综合途径．地理研究，20(6)：645-652．

陈军锋，李秀彬．2001．森林植被变化对流域水文影响的争论．自然资源学报，16(5)：474-480．

陈军锋，张明．2003．梭磨河流域气候波动和土地覆被变化对径流影响的模拟研究．地理研究，22(1)：73-78．

陈玲飞，王红亚．2004．中国小流域径流对气候变化的敏感性分析．资源科学，26(6)：62-68．

陈仁升，康尔泗，杨建平，等．2003．水文模型研究综述．中国沙漠，23(3)：221-228．

程国栋，王根绪．2006．中国西北地区的干旱与旱灾——变化趋势与对策．地学前沿，13(1)：3-14．

邓慧平，李秀彬．2001．气候与地表覆被变化对梭磨河流域水文影响的分析．地理科学，21(6)：493-497．

邓慧平，李秀彬．2003．流域土地覆被变化水文效应的模拟．地理学报，58(1)：53-62．

邓振镛，张强，李栋梁，等．2006．气候变化对渭河上游径流量和输沙量的影响．中国沙漠，26(6)：982-985．

傅伯杰，陈利顶，马克明．1999．黄土高原小流域土地利用变化对生态环境的影响．地理学报，54 (3)：241-246．

郭宗锋，马友鑫，李红梅，等．2006．流域土地利用变化对径流的影响．水土保持研究，13(5)：139-142．

韩添丁，叶柏生，丁永建，等．2004．近 40a 来黄河上游径流变化特征研究．干旱区地理，27(4)：553-557．

何春阳，史培军，陈晋，等．2005．基于系统动力学模型和元胞自动机模型的土地利用情景模型研究．中国科学 D 辑，地球科学，35(5)：464-473．

何春阳，史培军．2004．中国北方未来土地利用变化情景模拟．地理学报，59(4)：599-607．

何延波，杨琨．1999．遥感和地理信息系统在水文模型中的应用．地质地球化学，27(2)：99-103．

贺宝根，周乃晟，高效江，等．2001．农田非点源污染研究中的降雨径流关系——SCS 法的修正．环境科学研究，14(3)：49-51．

胡春歧，张登杰．2004，水文模型进展及展望．南水北调与水利科技，2(6)：29-30．

黄明斌，康绍忠，李玉山．1999．黄土高原沟壑区森林和草地小流域水文行为的比较研究．自然资源学报，14(3)：226-231．

蓝永超，林舒．2006．近 50 年来黄河上游水循环要素变化分析．中国沙漠，26(5)：849-854．

冷疏影，宋长春，赵楚年，等．2000．关于地理学科“十五”重点项目的思考．地理学报，15(6)：745-746．

李道峰，刘昌明．2004．基于 RS 与 GIS 技术的分布式水文模型模拟径流变化刍议．水土保持学报，18(4)：12-15．

李恒鹏，杨桂山，刘晓玫，等．2005．流域土地利用变化的长周期水文效应及管理策略——以太湖上游地区盩河流域为例．长江流域资源与环境，14(4)：450-455．

李纪人．1997．遥感和地理信息系统在分布式流域水文模型研制中的应用．水文，(3)：9-12．

李秀彬．1996．全球环境变化研究的核心领域——土地利用/土地覆被变化的国际研究动向．地理学报，51(6)：553-558．

刘昌明，李道峰．2003．基于 DEM 的分布式水文模型在大尺度流域应用研究．地理科学进展，22(5)：437-445．

刘凤莲，陈植华．2005．流域水文模型发展展望．地质灾害与环境保护，16(1)：71-74．

刘金清,陆建华.1996.国内外水文模型概论. 水文,(4):4-8.

龙花楼, 王文杰, 翟刚, 等. 2002. 安徽省土地利用变化及其驱动力分析. 长江流域资源与环境, 11 (6):526-530.

莫兴国,刘苏峡,林忠辉,等.2004.无定河流域水量平衡变化的模拟.地理学报,59(3):341-348.

莫兴国,刘苏峡.2004. 无定河流域水量平衡变化的模拟. 地理学报,59(3):342-348.

任立良.2000.流域数字水文模型研究. 河海大学学报,28(4):1-7.

芮孝芳,黄国如.2004.分布式水文模型的现状与未来. 水利水电科技进展,24(2):55-58.

石培礼,李文华.2001.森林植被变化对水文过程和径流的影响效应. 自然资源学报,16(5):481-487.

史培军, 宫鹏, 李晓兵,等.2000. 土地利用/覆被变化研究的方法与实践. 北京:科学出版社.

史培军,宋长春,景贵飞.2002.加强我国土地利用/覆盖变化及其对生态环境影响的研究.地球科学进展,17(2):161-168.

史培军,袁艺.2001. 深圳市土地利用变化对流域径流的影响. 生态学报,21(7):1041-1049.

王纲胜,夏军,万东晖,等. 2006. 气候变化及人类活动影响下的潮白河月水量平衡模拟. 自然资源学报,21(1):87-91.

王根绪,张钰,刘桂民,等.2005. 马营河流域 1967～2000 年土地利用变化对河流径流的影响. 中国科学 D 辑,35(7):671-681.

王国庆,王云璋.2002. 黄河上中游径流对气候变化的敏感性分析. 应用气象学,13(1):117-121.

王清华,李怀恩.2004. 森林植被变化对径流及洪水的影响分析. 水资源与水工程学,15(2):21-24.

王守荣,郑水红,程磊,等.2003. 气候变化对西北水循环和水资源的影响的研究. 气候与环境研究, 8(1):43-51.

王书功,康而泗,李新.2004.分布式水文模型的进展及展望. 冰川冻土,26(1):61-65.

王中根,刘昌明,黄友波.2003. SWAT 模型的原理、结构及应用研究. 地理科学进展,22(1):79-86.

王中根,夏军,刘昌明,等.2007. 分布式水文模型的参数率定及敏感性分析探讨.自然资源学报,22(4):649-654.

吴险峰,刘昌明.2004.流域水文模型研究的若干进展. 地理科学进展,21(4):341-348.

谢平,朱勇,陈广才,等.2007. 考虑土地利用/覆被变化的集总式流域水文模型及应用. 山地学报,25(3):257-264.

徐秋宁,马孝义,安梦雄,等. 2002. SCS 模型在小型集水区降雨径流计算中的应用. 西南农业大学学报, 24 (2):97-107.

延军平,汪西莉,孙虎等.1999. 陕甘干旱地区不同时段地表径流递减率的分析. 地理科学,19(6):532-535.

叶柏生,李翀,杨大庆,等.2004. 我国过去 50a 来降水变化趋势及其对水资源的影响(1):年系列. 冰川冻土, 26(5):587-594.

袁飞,谢正辉.2005. 气候变化对海河流域水文特性的影响. 水利学报,36(3):275-279.

袁飞.2006. 考虑植被影响的水文过程模拟研究. 南京:河海大学博士学位论文.

曾涛,郝振纯.2004.气候变化对径流影响的模拟. 冰川冻土,26(3):324-332.

张楠,秦大庸,张占庞.2007.SWAT 模型土壤粒径转换的探讨. 水利科技与经济,13(3):168-170.

张楠.2005. 泾河流域土壤侵蚀分布式模拟. 北京:北京师范大学硕士学位论文.

张世文,唐南奇.2006.土地利用/覆被变化(LUCC)研究现状与展望.亚热带农业研究,3:221-225.

张晓丽,王生林,李树明.2007. 甘肃省退耕还林的现状及对策分析.安徽农业科学,35(35):11 538-11 559.

张镱锂, 李秀彬, 傅小锋,等. 2000.拉萨城市用地变化分析. 地理学报,55 (4):395-406.

赵人俊.1984.流域水文模拟——新安江模型与陕北模型. 北京:水利电力出版社.

郑璟,袁艺,冯文利,等.2005. 土地利用变化对地表径流深度影响的模拟研究——以深圳地区为例. 自然灾害学报,14(6):77-82.

朱新军,王中根,李建新,等.2006.SWAT 模型在漳卫河流域应用研究. 地理科学进展,25(5):105-111.

左其亭,王中根.2002.现代水文学. 郑州:黄河水利出版社.

Abbott M B, Bathurst J C, Cunge J A, et al. 1986. An introduction to the European Hydrological System —Système Hydrologique Européen, "SHE", 1: history and philosophy of a physically-based, distributed modeling system. Journal of Hydrology, 87(1-2):45-59.

Arnold J G, Allen P M. 1996. Estimating hydrologic budgets for three Illinois watersheds. Journal of Hydrology, 176(4):57-77.

Bathurst J C. 1986. Physically based distributed modelling of an upland catchment using the Système Hydrologique Européen (SHE). Journal of Hydrology,87(1-2): 79-102.

Bergström S, Forsman A. 1973. Development of conceptual deterministic rainfall-runoff model. Nordic-Hydrol. , (4): 147-170.

Desanker P V,Frost P G H,Frost C O. The Miombo Network: Framework for a Terrestrial Transect Study of Land-Use and Land-Cover Change in the Miombo Ecosystems of Central Africa. IGBP(International Geosphere-Biosphere Programe): Stochkholm,Sweden.

Dunn S M,E McAlister RCF. 1998. Development and application of a distributed catchment-scale hydrological model for the River Ythan,NE Scotland. Hydrological Processes,(12):401-416.

Eles C W O, Blackie J R. 1993. Land-use changes in the Balquhidder catchments simulated by a daily stream flow model. Journal of Hydrology, 145(3-4): 315-336.

Goodrich D C, Lane L J, Shillito R M. 1996. Linearity of basin response as a function of scale in a semiarid watershed. Water Resources Research, 33(12): 2951-2965.

Johanson R C, Imhoff J C, Davis H H. 1980. User's Manual for the Hydrologic Simulation Program-FORTRAN (HSPF). Version No. 5. 0. EPA-600/9-80-105. U. S. EPA Environmental Research Laboratory, Athens, GA.

Jothityangkoon C, Sivapalan M, Farmer D L. 2001. Process controls of water balance variability in alarge semi-arid catchment: downward approach to hydrological model development. Journal of Hydrology, 254(1-4): 174-198.

Kalzmork. 1991. Sensitivity of water balance to Climate Change and Variability. IPCC Report IV.

Lambin E F, Baulies X, Bockstael N. 1999. Land-Use and Land-Cover Change (LUCC)-Implementation Strategy. IGBP:Stockholm.

Leavesley G H. 1994. Modeling the effects of climate change on water resources—a review. Climatic Change, 28(1-2): 159-177.

Linda L N,Gleick P H. 1993. The Colorado River Basin and Climatic Change. The Sensitivity of Stream Flow and Water Supply to Variations in Temperature and Precipitation. A Report Prepared for the United States Environmental Protection Agency Office of Policy,Planning,and Evaluation Climate Change Division. EPA 230-R-93-009.

Meng F R, Bourque C P A, Jewett K. 1995. The Nashwaak experimental watershed project: analyzing effects of clear cutting on soil temperature, soil moisture, snow pack, snowmelt and stream flow. Boreal Forests and Global Change,Water, Air and Soil Pollution, 82(2):363-374.

Michael B. Abbott Jens Christian Refsgaard. 1996. Distributed Hydrological Modeling. Published by Kluwer Academic Publishers,P. D. Box17,3300 AA Dodrecht,The NetherLands.

Ramankutty N, Foley J A. 1999. Estimating historical changes in global land cover: croplands from 1700 to 1992. Global Biogeochemical Cycles,13 (4): 997-1027.

Skole D, Tucker C. 1993. Tropical deforestation and habitat fragmentation in the amazon: satellite data from 1978 to 1988. Science,260: 1905-1910.

Soil Conservation Service (SCS). 1956. Supplement A, Section 4, Chapter 10, Hydrology. National Engineering Handbook. Washington, DC: USDA-Soil Conservation Service.

Sugawara M,OzakïE,Watanabe I. et al. 1974. Tank model and its application to Bird Creek, Wollombi Brook, Bikin River, Kitsu River, Sanga River and Nam Mune. Research Note, National Research Center for Disaster Prevention, Kyoto, Japan, 1-64.

Turner II B L, Meyer W B, Skole D L. 1994. Global land-use/land-cover change: towards an integrated program of study. Ambio, 23(1):91-95.

Wetherald R T, Manabe S. 2002. Simulation of hydrologic associated with global warming. Journal of Geophysical Research,107(D19): 4379.

第二章　农田的水分收支与作物水分利用效率①

第一节　水分在土壤—植物—大气系统中的运动

在农田生态系统中，水分通过降水或灌溉下渗变为土壤水，一部分土壤水被作物根系吸收后，通过蒸腾进入大气，另一部分土壤水直接由土壤蒸发进入大气。在这样一个过程中，作物层上、下与土壤水和大气连接，形成了土壤—植物—大气连续体的水分运移过程(刘昌明，1997)。1966 年澳大利亚学者 Philip(1966)提出了较完整的(soil-plant-atmosphere continuum，SPAC)概念。之后土壤、植物和大气被作为一个物理上统一的体系得到广泛研究。土壤—植物—大气系统中的水分因自然的和人为的作用必然要和地下水与地表水相联系。从土壤系统来看，土壤水的来源是大气降水、地下水的上升和人为输入地表、地下水(如灌溉)等；土壤水的散失则包括直接由土面逸向大气(蒸发作用)、通过根系吸水进入植物体后蒸腾到大气中去以及由土壤层下渗到地下水层之中(刘昌明和于沪宁，1997)；而植物系统对土壤水的吸收和散失(蒸腾作用)过程又与土壤和大气系统中的水分状态密切相关(图 2.1)。不难看出，土壤—植物—大气系统涉及因素众多，很有必要了解各因素间复杂的关系，为研究工作提供基础。图 2.2 揭示了土壤—植物—大气系统的各要素及其相互关系。

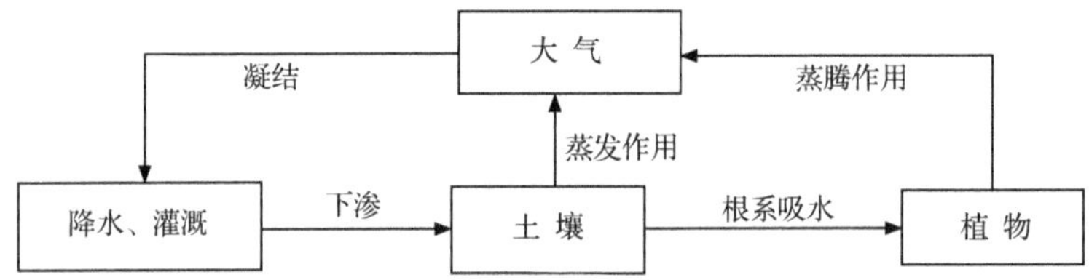

图 2.1　水分在土壤—植物—大气系统中的运行

农田土壤—植物—大气系统的水分循环和转化规律是节水农业的一个重要研究内容。其中，如何准确确定作物需水量或耗水量是研究的关键。根据农学和生态学观点，作物水分利用和消耗可区分为生理需水和生态需水。生理需水指直接用于植物生理过程的水分，表现为生理性水分遗失和生化作用的储藏等，其主要的水分支出形式为气孔蒸腾。蒸腾主要受生理因素的控制和调节，因作物种类、发育期、群体结构不同而异。生态需水是作物适应特定环境或人为创造适宜环境所需的水分，如农田土壤蒸发、稻田水面蒸发等。作物的耗水量应为水分生理生态的总消耗及其他水分耗失，也就是所说的蒸散。只有满足作物适宜的生理生态需水量才能获得较高的产量。因此，节水农业就是通过探明

① 本章作者：邱国玉、王丽明、李瑞利。

农田蒸散规律和农田生态系统不同界面上的水分运行过程与机制及其与产量形成的关系，确定作物生理需水量和必要的生态需水量，从而采取措施调控不同界面上的水分通量，满足必需水分、降低农田非生产性生态需水，增加从农田土壤水到作物生理需水的转化率，达到提高作物水分利用效率的目的。

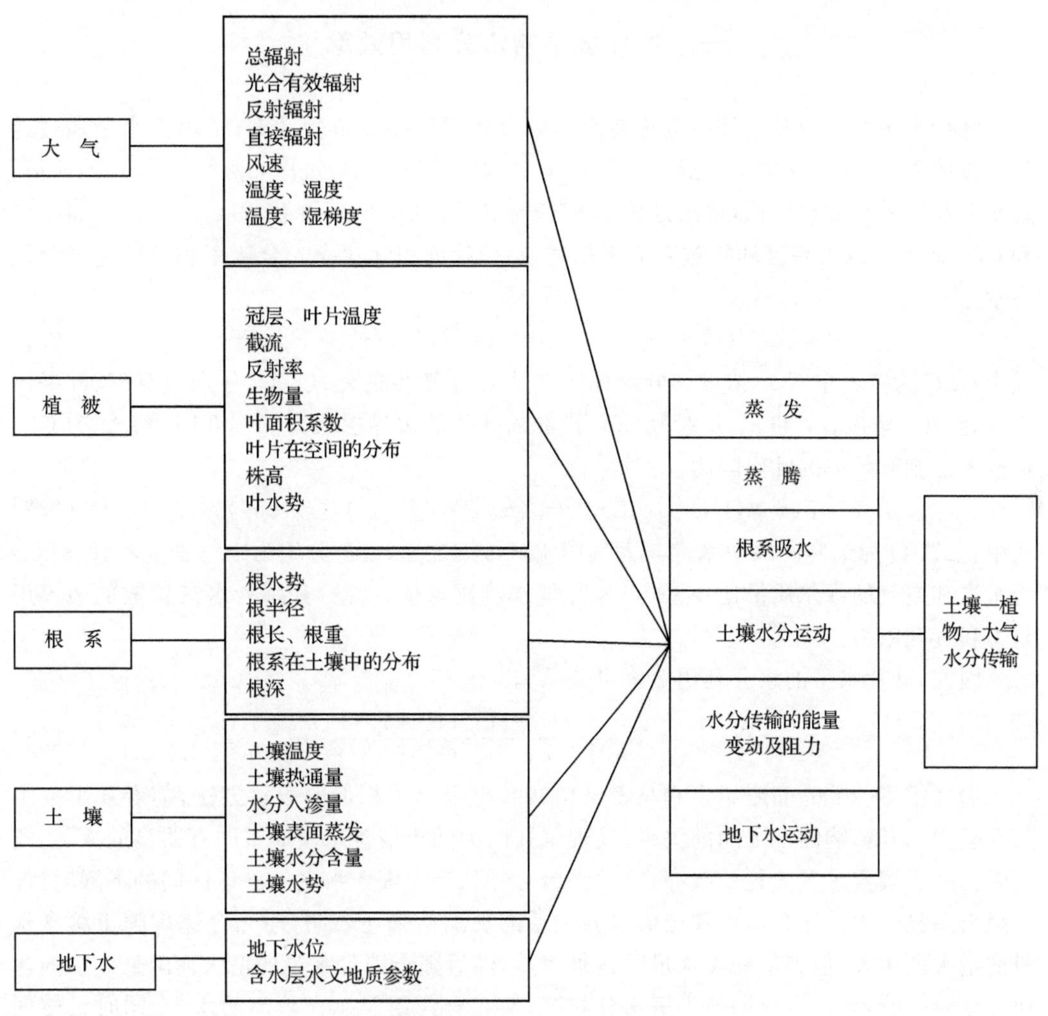

图 2.2 土壤—植物—大气系统及其各要素

第二节 作物的水分利用效率

作物的水分利用效率是衡量作物产量与用水量关系的一种指标，是指作物消耗单位质量的水分所合成干物质的量。作物生长过程中要消耗大量的水分，是由于作物需要通过蒸腾作用吸收、运输水分和矿质盐类，降低叶片温度防止被高温灼伤。同时作物还要通过气孔的开放得到大气中的 CO_2 进行光合作用形成碳水化合物（刘钟栋，1987）。因此，凡是对作物光合作用、蒸腾作用和土壤蒸发产生影响的因子，都会改变其水分利用效率。

作物的产量分为3个层次:光合产量、生物学产量和经济产量。因此,王天铎等(1991)将作物的水分利用效率分为3个层次:叶片水平的水分利用效率、群落水平的水分利用效率和产量水平的水分利用效率。在这3个不同的层次上,水分利用效率的定义、所涉及的影响因素是不同的,提高水分利用效率的调控手段也存在差别。

一、叶片水平的水分利用效率

叶片水平的水分利用效率也称为水的生理利用效率或蒸腾效率,指单位水量通过叶片蒸腾散失时,光合作用所形成的有机物量,它取决于光合速率 P 和蒸腾速率 T 的比值,是水分利用效率的理论值,可表述为 LWUE$=P/T$。Bierhuizen 和 Slatyer (1965)将水汽和 CO_2 通量由浓度梯度和扩散阻力来描述,单位叶面积叶片净光合速率和蒸腾速率分别表示为

$$P = \Delta C/(r'_b + r'_s + r'_m) = (C_a - C_i)/(r'_b + r'_s + r'_m) \tag{2.1}$$

式中:ΔC 为空气中 CO_2 浓度与叶绿体所在处 CO_2 浓度的差;C_a、C_i 分别为空气、叶绿体所在处 CO_2 浓度;r'_b 和 r'_s 分别为 CO_2 扩散入叶片的边界层阻力和气孔阻力;r'_m 为 CO_2 扩散入细胞叶绿体的叶肉阻力。

$$T = \Delta H_2O/(r_b + r_s) = (\rho\varepsilon/P)(e_{ls} - e_a)/(r_b + r_s) \tag{2.2}$$

式中:ΔH_2O 为细胞间隙中水汽与大气中水汽浓度之差;ρ、P 分别为空气密度和大气压;ε 为水汽和空气的摩尔质量比;$e_{ls} - e_a$ 为叶气水汽压梯度;r_b、r_s 分别为水汽扩散的边界层阻力和气孔阻力。

因此,叶片水平的水分利用效率可表示为

$$\text{LWUE} = \frac{(C_a - C_i)(r_b - r_s)}{(\rho\varepsilon/P)(e_{ls} - e_a)(r'_b + r'_s + r'_m)} \tag{2.3}$$

唐登银等(2000)和康绍忠和马孝义(1999)也提出了相似的表示方法,前者还考察了气孔阻力与其影响因子之间的关系,发现气孔阻力随土壤含水量的不同有明显的变化,气孔阻力随土壤含水量变化曲线存在一“平台”区间,当土壤含水量低于该区间的下限时,气孔阻力明显变大。光合作用和土壤水分关系的观测结果还表明:净光合速率随土壤含水量的增大而增大,但到某一含水量时达最大点,随后随土壤含水量的增大而降低。从前述研究结果来看,如何有效调节土壤水分状况,使光合作用保持在较高的水平,同时又使气孔阻力维持在尽可能高的水平而降低蒸腾耗水,从而达到提高产量和水分利用效率的目的,这应该是今后农业节水研究的方向之一。

还有研究表明,作物根系受旱时会向地上部分发出信号,气孔会据此调节开度从而调节蒸腾,如果部分根系受旱而另一部分水分适宜,那么受旱的根系仍会向地上部分发出信号使气孔收缩(娄成后和王天铎,1996)。康绍忠等(1994)即基于此原理提出作物控制性分区(根)交替灌溉技术(controlled roots-divided alternative irrigation, CRAI)。该技术强调人为交替控制根区土壤某个区域保持干燥而另一部分区域灌水湿润,使作物根系始终有一部分生长在干燥或较干燥的土壤中,产生水分胁迫信号传递到地上部分,以调节气孔保持最适开度,达到以不牺牲作物光合产物积累而抑制其无效蒸腾从而节水的目的。

于强和王天铎(1998)研究发现,当周围空气饱和水汽压升高时,气孔阻力增大,净光合速率降低,蒸腾速率增大,从而降低作物水分利用效率。在灌溉工程上可以通过喷灌或雾灌等方式降低空气的饱和水汽压差来抑制作物蒸腾,但该方式会加大蒸发损失,从总体上看是否节水还有待探讨。空气温度对光合作用速率和叶片蒸腾的影响是不同的。娄成后和王天铎(1996)提出了光合作用最适温度,即光合作用速率随温度上升存在一个限度,超过该限度光合作用速率会下降。例如,叶片温度升高则气孔开度加大,促进蒸腾降低叶温,但当叶温超过一定限度以后,气孔反而收缩,蒸腾和光合作用降低,所以随叶温升高,水分利用效率将降低。因此,在叶温较高的情况下采取措施降低叶温从而提高水分利用效率也是节水的途径之一。

二、群落水平的水分利用效率

群落水平的水分利用效率 WUE_c 是作物群体光合产物与作物总蒸腾量的比值,也可以看作群体生物量 W_b 与作物蒸发蒸腾量(即蒸散量)ET 的比值(康绍忠和马孝义,1999),可以表述为:$WUE_c = W_b / ET$。它与叶片水平的水分利用效率相比更接近实际情况,可以表征田间或区域的水分利用效率。群落水平的水分利用效率计算方法有多种(杨晓光等,1999;邓西平和稻永忍,2002;于沪宁和刘萱,1990),不同的方法各有其优缺点(柯晓新等,1995;魏天兴等,1999)。农田土壤蒸发 E 在作物的总蒸散量 ET 中(E/ET)占有相当大的比重:Liu 等(2002)、樊引琴等(2000)和刘昌明等(1998)实验发现,冬小麦田间 E/ET 值达30%左右;裴冬等(2000)研究发现,太行山前平原几种主要作物的 E/ET 的值为1/4～1/3;董振国(1997)在山东禹城的实验结果表明,冬小麦田 E/ET 为40%～50%,夏玉米田 E/ET 为50%。农田土壤蒸发所消耗的水分并不参与作物干物质的积累过程,属于非生产性耗水,是农田土壤水分散失的重要环节,如何降低农田土壤蒸发在作物蒸散总量中的比例从而提高水分利用效率也是农业节水的重要问题之一。国内外众多学者做了相关研究,发现秸秆覆盖、地膜覆盖、少耕、免耕、留茬和合理的灌溉种植方式均能在不同程度上降低农田土壤蒸发:秸秆覆盖可以增加土壤水分(Narender et al., 2001);Hares 和 Novak(1992)报道,不同的秸秆覆盖量对土壤蒸发的减少率从11%～84%,随覆盖量的增大而效果越明显;王会肖和刘昌明(1997)研究发现,秸秆覆盖对土壤蒸发的抑制率高达50%;王荣堂(2002)发现,地膜覆盖对蒸发有明显的抑制作用;Burn 等(1986)研究发现,免耕留茬的综合作用可抑制土壤蒸发11%～20%;王会肖和刘昌明(1997)的试验表明,麦茬对玉米田土壤蒸发的抑制作用一直延续到玉米成熟,抽穗前的作用更为明显。为降低表土湿度而减小土壤蒸发(Liu et al., 2002)可采取滴灌、地表下滴灌和渗灌等方式。我国农民群众为解决播种期土壤墒情不足的问题创造了"坐水种"的方法,即在种穴内浇少量水、下种、覆干土,这样既对种床进行了湿润,又防止了土壤水分蒸发。上述的这些方法均值得在生产实践中因地制宜地推广应用。

三、以产量为基础水平的水分利用效率

产量水平的水分利用效率是作物收获部分(稻麦等的籽粒)的质量 Y 与作物总耗水量的比值。作物的收获部分在总生物量中所占的比例被称为收获指数或经济系数(harvest index, HI),它总是小于 1,所以按产量计算的水分利用效率比群落水平的水分利用效率低一些。对于作物耗水量来说,产量水平的水分利用效率又可分为三种:一是作物总的耗水量即蒸散量,这是人们普遍所指的水分利用效率,也称为蒸散效率,即 $WUE_y = Y/ET$,目前研究最多的也是这个意义的水分利用效率,是农田、作物节水研究的重要内容;二是灌溉水量,得到的是灌溉水利用效率,它有助于确定最佳灌溉定额;三是考虑天然降水得到的降雨利用效率,是旱地节水农业的重要指标(王会肖和李俊,1999)。作物经济产量与作物蒸散量之间的关系得到广泛的研究,这些研究成果是指导灌溉的重要依据。

由于作物存在水分临界期,即作物对水分特别敏感的时期,在该时期,缺水对产量影响较大。有关研究表明,作物在不同生长阶段对水分的敏感程度有显著差异。冬小麦不同生育期干旱处理的盆栽实验(王宏,1992)结果显示了干旱对产量的影响:起身期干旱减产 14%~18%,拔节期遭遇水分胁迫对籽粒数和粒重都有影响,减产幅度为 13%~19%,孕穗期干旱会减少籽粒数从而使产量减少 45%,开花期水分胁迫比对照减产 26.5%。Schneider 等(1969)报道,美国南部高原冬小麦的水分敏感期在拔节和灌浆期,而 Eck (1988)认为是在分蘖和拔节期。Zhang 等(1999)在华北平原的实验表明,冬小麦在拔节-抽穗和开花—灌浆阶段对水分比较敏感。因此灌溉的时期与灌水量对作物的产量和水分利用效率影响很大(Zhang and Theib,1998)。调亏灌溉即是基于此提出的,它是在作物的某一(些)生长阶段有目的地施加一定的水分亏缺但对作物产量没有不利影响,从而达到省水、高产和提高水分利用效率的目的的一种灌溉技术(蔡焕杰等,2000)。20 世纪 70 年代以来,国际上开始对作物进行调亏灌溉研究。Rawson 和 Turner(1983)对初期的 45 天向日葵进行控水,使光合产物的分配发生迁移,与不受水分胁迫的处理相比能多产籽粒。蔡焕杰等(2000)对小麦和棉花的试验表明,调亏灌溉的适宜时间应在作物的早期生长阶段,水分亏缺可达到田间持水量的 45%~50%,对作物产量没有不利影响,适度的水分亏缺有利于促进根系生长,从而利用土壤深层的水分(Zhang et al.,2003)。Zhang 等(2002)和 Kang 等(2002)对冬小麦不同生育期不同灌水量的试验表明:最大灌溉量不一定获得最高产量。灌溉次数和灌溉量要因该生长期内降水量而定。对作物早期实施中度水分胁迫而成熟期重度水分胁迫可以达到最高的水分利用效率和收获指数(Kang et al.,2002)。

第三节　水分收支的研究方法

通过上述介绍可以看出,最具普遍意义的是产量水平的水分利用效率,要对其做定量研究需要确定作物产量和耗水量,产量很容易确定,而耗水量的确定则需要精确地估算农田蒸散量。从图 2.2 可知,影响农田蒸散包括气象、作物、土壤、地下水等诸多因素,因而

其计算方法也多种多样。蒸散的研究已经有200多年的历史，得出了许多非常有意义的研究成果，总结了蒸散的一系列计算方法，大致可分为水文学法、植物生理学法、微气象学法、红外遥感法以及综合模拟法(张劲松等，2001)。

一、水文学法

水文学法基于一定区域面积和土体深度在某时段内的水量平衡，间接测定作物蒸腾和土壤蒸发，即总蒸散量，又称“水量平衡法”。也可根据此法模拟土壤含水量、地表径流及土壤水分的深层渗漏。测量的空间尺度可从几平方米到几十平方千米，时间尺度可以从几天到年际尺度。基于水量平衡测定作物蒸散的方法有器测法和水量平衡余项法两类。

1. 器测法

器测法包括大型蒸散仪(large-scale lysimiter，LSL)和小型蒸发器(micro-lysimiter，MLS)等。

(1) 大型蒸散仪：采用水量平衡原理，通过测量蒸散仪内土体质量的变化测定土壤蒸发和植物蒸腾。具有测量精度高(一般精确到0.01mm)、测量面积较大、深度较深(作物根系能充分发育吸水，能较好地代表实际农田状况)的特点，已成为测定蒸散的标准试验仪器(Howell et al.，1991；Young et al.，1997；Yang et al.，2000)。但它也存在一定的缺点：如其内的作物与农田作物长势、植被高度、密度和土壤水分差别较大时，其测定结果代表性就比较差；如果LSL周围是裸地或比较干旱的植被，将会产生“绿洲效应”，导致LSL所测结果比实际值偏高；由于辐射加热LSL的金属边框使热量传导至LSL的上层，作物植株很小而LSL边框高出作物很多，会改变能量平衡；LSL边框与土体间的裂隙会使降雨或灌溉水直接下渗到深层土壤，其含水量将大于农田实际情况。

(2) 小型蒸发器：土壤蒸发是农田作物蒸散的主要部分，属于非生产性耗水，在节水农业研究中具有重要的意义，特别是在干旱半干旱地区，是农业、生态、环境、地理、气象、水利、水文等学科共同关注的问题(王会肖，1999)。Boast和Robertson(1982)首次应用MLS测定裸地和部分植被覆盖条件下的土壤蒸发，之后很多学者对此进行研究，指出该方法应用的可靠性和局限性(Shawcroft and Cardner，1983；Lascano and Van Bavel，1986；Allen，1990；Daaman and Simmonds，1996)。该法存在如下缺点：无法排除根系吸水对土壤含水量的影响；其内壁隔绝了与外部的热交换，使内外温度不均衡；受降雨影响大等。尽管如此，更多研究将用MLS测定的土壤蒸发作为标准验证模型模拟的土壤蒸发(Daaman and Simmonds，1996；Qiu et al.，1999)。

2. 水量平衡余项法

该法通过水量平衡各分量计算植被蒸散量，将植被蒸散量作为水量平衡方程的余项来求取：$\mathrm{ET}=P+I-R-D-\Delta W+C$，式中，ET为蒸散量，$P$为降水量，$I$为灌溉量，$R$为地表径流量，$D$为土壤水深层渗入量，$\Delta W$为土壤含水量的变化量，$C$为毛管上升水。$P$、

I、R 可通过常规观测取得,土壤含水量观测有重量法、中子仪和 TDR 等方法,D、C 在地下水位很低的地方可以忽略不计(Wang et al.,2001;Kang et al.,2002)。该方法适合计算年际尺度的水量平衡,不受气象条件的限制,但难以反映蒸散的日动态变化规律,无法计算冠层的截留量,在土壤含水量空间变异性大的地方会造成取样带来的误差,同时计算结果很难扩展到较大的空间尺度(Eitizinger et al.,2004)。

二、植物生理学法

植物生理学法主要利用茎流计测定植株的一部分或整体的蒸腾速率,能在较短时间内(小时)揭示植株的生理、环境因素对蒸腾的影响,可用于孤立地块或单个植株,但由于单个植株的测定结果不具代表性而难以扩展到立地水平,同时该法只测定了植物的蒸腾而非冠层的蒸散量(Wilson et al. , 2001)。

三、微气象学法

从能量平衡的观点来看,蒸散是水分通过植物体叶片进入大气以及水分通过土壤进入大气变为气态水的能量传输、转化的过程。这种能量称为潜热,其单位为水、热的通量密度(W/m^2)。微气象学法就是基于该原理,通过能量平衡和其他参数来求算或测定蒸散,主要包括能量平衡法、空气动力学法、涡度相关法和能量平衡-空气动力学阻抗联合法。

1. 能量平衡法

能量平衡法主要为波文比-能量平衡法,以下垫面能量平衡方程和边界扩散理论为基础测算显热与潜热之比来计算农田蒸散。该方法物理概念明确、理论基础可靠、测定技术和计算简单,仪器精度要求低,通常情况下测算精度较高,尤其在风速小时具较大的优越性,可作为检验其他蒸散计算法的判别标准。但要求在开阔、均一的下垫面观测,测点附近不能有垂直方向的辐合区和辐散区,因此采用该法计算非均一下垫面的蒸散会有较大误差(孙卫国和申双和,2000)。

2. 空气动力学法

空气动力学法又称紊流扩散学法,由 Thornthwaise 和 Holzman 于 1939 年提出,通过描述近地层气流的温度、水气压和风速等空气动力学特征来解释其控制各种能量和物质输送的物理过程,根据温度、湿度和风速的梯度及廓线方程求解潜热和感热通量。其理论基础可靠,测量仪器相对简单,操作也方便易行,测量的关键是准确测量温度、湿度、风速梯度及净辐射和土壤热通量,对仪器精度要求较低(刘树华等,1993)。但只有在湍流涡度尺度比梯度差异的空间尺度小得多的条件下,梯度扩散理论才成立(陈发祖,1990)。故在平流逆温的非均匀下垫面、粗糙度很大的植被表面及冠层内部,且近地面热量和水汽输送的来流不足时,该方法不适用(刘树华和刘和平,1996)。

3. 涡度相关法

涡度相关法可直接快速测算下垫面显热和潜热(风速、温度和水汽压)的瞬时湍流脉动值,从而求得蒸散量,理论完善可靠且精度很高,国际上公认为测量地表水热通量最先进的仪器,但需要的传感器制作技术精密从而价格极其昂贵。同时,传感器安装的最大高度和风浪区的长度直接影响着测量精度,并且要求风浪区与高度的比例至少 100 ∶ 1,才能具有合适的时间和空间响应来充分探测出动量、热量交换的涡旋;在湍流交换比较弱时很难测定通量值(Lee et al. , 1996; Baldocchi et al. , 2000);在地形复杂的地区无法测定水平对流;传感器的头部、支架本身会引起气流的扰动,直接影响到涡度相关技术的准确度(刘昌明,1997)。

4. 能量平衡-空气动力学阻抗联合法

Penman 于 1948 年将能量平衡原理和空气动力学原理结合起来,首次提出著名的 Penman 公式用于计算潜在蒸发量。Convey 于 1959 年将气孔阻抗的概念推广到整个植被冠层表面。Monteith 于 1965 年在 Penman 工作的基础上提出了冠层蒸散计算模式,即著名的 Penman-Monteith(P-M)公式。该模式全面考虑了影响蒸散的大气物理特性和植被的生理特性,具有很好的物理基础,能比较清楚地了解蒸散的变化过程及其影响机制。但它不是纯理论公式,仍包含一些经验参数,因此就有了各种 Penman 修正式(王菱等,1988;张懿,1991)。P-M 公式于 1979 年由联合国粮食及农业组织(Food and Agriculture Organization of the United Nations,FAO)做了修正后被推荐为计算参考作物蒸散量的标准方法,并在世界范围内广泛应用。我国学者根据我国气候、地理等实际情况提出了适合我国的 Penman 修正式并进行了实地验证对比,提出了各修正式的适用范围,为其在相关领域内的应用提供了可靠的依据(裴步祥,1989;毛飞等,2000)。但该方法也存在一定的局限性、即不能分别计算蒸腾量和蒸发量(Qiu et al. , 2002)。

四、红外遥感法

20 世纪 70 年代以来,随着遥感技术的不断发展,出现了利用遥感技术计算植被蒸散的方法(Reginato,1985;Choudhury,1986)。由于利用了多时相、多光谱的观测资料,既克服了微气象学方法因下垫面几何结构和物理属性的水平非均匀性而难以将“点”上的观测资料应用到“面”上的局限性,也克服了水量平衡法在时间分辨率上的缺陷,具有广泛的应用前景。龚元石等(2000)利用遥感监测技术确定农田土壤水分含量从而监测旱情。张佳华等(2000)利用遥感信息研究了冬小麦气孔导度的时空分布状况,为进一步研究田间水分和作物蒸散对产量的影响提供了依据。Qiu 等在温度差模型的基础上引入叶片模拟,提出“三温模型”并进行了比较验证(Qiu et al. ,1998,2002,2006,2010),该模型具有不需复杂的空气动力学阻力即可计算作物蒸散量、需要观测参数少并且所需参数容易测定或计算的优点,为应用遥感技术研究农田乃至植被等下垫面的蒸散提供了有力的研究基础。

五、综合模拟法

近年来计算机应用技术与语言的飞速发展,为SPAC系统水分传输的动态模拟提供了有力工具。基于SPAC系统理论模拟计算植被蒸散耗水量,已成为农业领域蒸散量计算研究的一个趋势。例如,Dawesh和Hatton(1993)提出的WaVES(water vegetation energy and solute)模型和ENWATBAL(energy and water balance)模型(van Bavel and Lascano,1987; Evett and Lascano,1993)。WaVES模型是对水、植被、能量和溶质间的联系进行动态模拟,研究土壤—植物—大气系统能流和物流规律的一种综合模型。王会肖等(王会肖等,1997;Wang et al.,2001)在中国科学院栾城农业生态系统试验站运用WaVES模型进行了模拟计算,检验了其应用效果,得到了比较满意的结果。ENWATBAL模型是一种可以分别计算作物蒸腾和土壤蒸发以及相关的发生在作物、土壤界面的水分、能量平衡各种参数的大型动态机制模型,国外一些学者已对其做了适用性验证(Qiu et al.,1999;Evett et al.,1995),国内迄今还没有对其进行应用的研究。

参考文献

蔡焕杰,康绍忠,张振华,等.2000.作物调亏灌溉的适时时间与调亏程度的研究.农业工程学报,16(3):24-27.

陈发祖.1990.梯度扩散理论在能量和物质输送计算中的若干问题.地理研究,9(2):76-84.

邓西平,稻永忍.2002.有限供水条件下旱地春小麦水分的高效利用.农业工程学报,18(5):84-91.

董振国.1997.高产栽培理论与技术.北京:气象出版社.

樊引琴,蔡焕杰,王健.2000.冬小麦田棵间蒸发的实验研究.灌溉排水,19(4):1-4.

龚元石,陈焕伟,李保国.2000.农田土壤水监测与空间变异分析.见:李保国,龚元石,左浩,等.农田土壤水的动态模型及应用.北京:科学出版社,29-39.

胡和平,雷志栋,杨诗秀.1999.农业水资源的高效利用与可持续发展.中国农村水利水电,1:13,14.

贾大林.1999.农业用水危机与粮食安全对策.农业技术经济,(2)1-5.

康绍忠.1999.农业节水机理.见:西北农业大学水土工程研究所,农业部农业水土工程重点开放实验室.西北地区农业节水与水资源持续利用.北京:中国农业出版社:43-191.

康绍忠,刘晓明,熊运章.1994.土壤-植物-大气连续体水分传输理论及其应用.北京:水利水电出版社:51-85.

康绍忠,马孝义.1999.对我国发展节水农业几个问题的思考.中国农业资源与区划,20(2):30-32.

柯晓新,杨兴国,张旭东.1995.农田蒸散测算的微气象学方法.干旱地区农业研究,13(1):31-40.

林耀明.1997.黄淮海地区土壤水分动态模拟模型.自然资源学报,12(1):72-77.

刘昌明.1997.土壤-植物-大气系统水分运行的界面过程研究.地理学报,52(4):366-373.

刘昌明,王会肖.1995.节水农业内涵商榷.见:石元春,刘昌明.节水农业应用基础研究进展.北京:中国农业出版社:7-19.

刘昌明,于沪宁.1997.SPAC界面水热传输与生态过程的水分耗散.见:刘昌明,于沪宁.土壤-植物-大气系统水分运动实验研究.北京:气象出版社:1-17.

刘昌明,张喜英,王会肖.1998.大型蒸渗仪与小型棵间蒸发器结合测定冬小麦蒸散的研究.水利学报,(10)36-39.

刘昌明,张喜英,尹雁峰.1997.土壤-植物-大气系统水分运行规律的初步研究.见:刘昌明,于沪宁.土壤-植物-大气系统水分运动实验研究.北京:气象出版社:18-32.

刘树华,刘和平.1996.不同下垫面湍流输送计算方法的研究.应用气象学报,7(2):229-237.

刘树华,辛国君,陈荷生,等.1993.人工植被和流动沙丘近地面层湍流通量的计算.气象,19(9):9-13.

刘钟栋.1987.植物生理学.北京:高等教育出版社.

娄成后,王天铎.1996.绿色工厂——主要作物的高产抗逆的生理基础研究.长沙:湖南科学技术出版社:57-96.

马秀玲,刁瑛元,吴钟玲.1996.农业气象.北京:中国农业科技出版社:73-74.

毛飞,张光智,徐祥德.2000.参考作物蒸散量的多种计算方法及其结果的比较.应用气象学报,11(增刊):128-136.

裴步祥.1989.蒸发和蒸散的测定与研究.北京:气象出版社.

裴冬,张喜英,李坤.2000.华北平原作物土壤蒸发占蒸散比例及减少土壤蒸发的措施.中国农业气象,31(1):7-13.

山仑,邓西平.康绍忠.2002,我国半干旱地区农业用水现状及发展方向.水利学报,(9):27-31.

孙卫国,申双和.2000.农田蒸散量计算方法的比较研究.南京气象学院学报,23(1):101-105.

唐登银,罗毅,于强.2000.农业节水的科学基础.灌溉排水,19(2):1-9.

王宏.1992.作物水分亏缺诊断研究Ⅰ:叶水势与气孔导度.见:谢贤群,于沪宁,等.作物与水分关系研究.北京:科学技术出版社:253-270.

王会肖,李俊.1999.作物水分利用效率.见:刘昌明,王会肖,吴凯,等.土壤-作物-大气界面水分过程与节水调控.北京:科学出版社:30-37.

王会肖,刘昌明,张橹.1997.WAVES模型在节水农业中应用的初步研究.见:刘昌明,于沪宁.土壤-植物-大气系统水分运动实验研究.北京:气象出版社:40-51.

王会肖,刘昌明.1997.农田蒸散、土壤蒸发与水分有效利用.地理学报,52(5):447-454.

王会肖.1999.土-气界面的水分传输.见:刘昌明,王会肖,等.土壤-作物-大气界面水分过程与节水调控.北京:科学出版社:69-79.

王菱,陈沈斌,侯光良.1988.利用彭曼公式计算潜在蒸发的高度订正方法.气象学报,46(3):381-383.

王荣堂.2002.地膜覆盖对蒸腾蒸发的影响.湖北农学院学报,22(2):101-104.

王天铎,马立望,贺东祥.1991.小麦对水的利用效率的实验研究——单叶与群体测定结果的对比分析.见:胡朝炳.中国科学院禹城综合实验站年报,1988-1990.北京:气象出版社.

魏天兴,朱金兆,张学培.1999.林分蒸散耗水量测定方法述评.北京林业大学学报,21(3):85-91.

杨晓光,沈彦俊,于沪宁.1999.夏玉米群体水分利用效率影响因素分析.西北植物学报,19(6):148-153.

于沪宁,刘萱.1990.麦田 CO_2 通量密度和水分利用效率的研究.中国农业气象,11(3):18-21.

于静洁,任鸿遵.2001.华北地区粮食生产与水供应情势分析.自然资源学报,16(4):360-365.

于强,王天铎.1998.光合作用-蒸腾作用-气孔导度的耦合模型及C3植物的叶片对环境因子的生理响应.植物学报,10(8):740-754.

张佳华,符淙斌,王长耀.2000.利用遥感信息研究区域冬小麦气孔导度的时空分布.气象学报,58(3):347-353.

张劲松,孟平,尹昌君.2001.植物蒸散耗水量计算方法综述.世界林业研究,14(2):23-28.

张岁岐,山仑.2002.植物水分利用效率及其进展.干旱地区农业研究,30(4):1-4.

张懿.1991.干旱地区蒸发力计算的讨论.中国农业气象,12(1):22-25.

中国工程院"21世纪中国可持续发展水资源战略研究"项目组(钱正英,张光斗,王淀佐,等).2000.中国可持续发展水资源战略研究综合报告.中国工程科学,8:1-17.

朱希刚.1998.华北平原水资源农业利用问题.调研世界,(4):9-12.

Allen S J. 1990. Measurement and estimation of evaporation from soil under sparse barley crops in northern Syria. Agri For Meteorol, 49(4): 291-309.

Baldocchi D, Finnigan J, Wilson K, et al. 2000. On measuring net ecosystem carbon exchange over tall vegetation on complex terrain. Meteorol, 96(1-2):257-291.

Bierhuizen J F, Slatyer R O. 1965. Effects of atmospheric concentration of water vapor and CO_2 in determining transpiration photosynthesis relationships of cotton leaves. Agricultural Meteorology, 2(4): 259-270.

Boast C W, Robertson T M. 1982. A micro-lysimeter method for determining evaporation from bare soil: description and laboratory evaluation. Soil Sci Soc Am J, 46(4): 689-696.

Burn L J, Enz J W, Laesen J K, et al. 1986. Springtime evaporation from bare and stubble covered soil. Journal of Soil and Water Conservation, 41(2):120-122.

Choudhury B J. 1986. Analysis of a resistance-energy balance method for estimating daily evapotranspiration from wheats plots using one-time-day infrared temperature observation. R S E,19(3):253-268.

Daaman C C, Simmonds L P. 1996. Measurement of evaporation from bare soil and its estimation using surface resistance. Water Resour Res,32(4): 1393-1402.

Dawes W R, Hatton T J. 1993. TOPOG_IRm. 1. model description. Tech. Memo. 93/5, CSIRO Division of Water Resources.

Eck H V. 1988. Winter wheat response to nitrogen and irrigation. Agron J, 80(6): 902-908.

Eitizinger J, Trnka M, Hosch J, et al. 2004. Comparison of CERES, WOFOST and SWAP models in simulating soil water content during growing season under different soil conditions. Ecological Modelling, 171(3):223-246.

Evett S R, Lascano R J. 1993. BAS: a mechanistic evapotranspiration model written in compiled BASIC. Agron J, 85(3):763-772.

Evett S R, Honell T A, Schneider A D, et al. 1995. Crop coefficient based evapotranspiration estimates compared with mechanistic model results. *In*: anymays Water Resources Engineering. Proceedings of the First International Conference, San Antonio, Texas. New York: ASCE, 2: 1585-1589.

Hares M A, Novak M D. 1992. Simulation of surface energy balance and soil temperature under strip tillage. Ⅱ. Field test. SSSAJ, 56(1):22-29.

Howell T A, Schneider A D, Jensen M E. 1991. History of lysimeter design and use for evapotranspiration measurement. *In*: Allen R, Howell T, Pruitt W, et al. Proceedings of the International Symposium on Lysimeters for Evapotranspiration and Environmental Measurement, IRDiv. ASAE: 1-9.

Kang S Z, Zhang L, Liang Y L, et al. 2002. Effects of limited irrigation on yield and water use efficiency of winter wheat in the Loess Plateau of China. Agriculture Water Management, 55(3):203-216.

Kramer P J. 1983. Water Relations of Plants. Academic Press: 481-482.

Lascano R J, van Bavel C H M. 1986. Simulation and measurement of evaporation from a bare soil. Soil Sci Soc Am J, 50(5): 1127-1132.

Lee X, Black T A, den Hartog G, et al. 1996. Carbon dioxide exchange and nocturnal processes over a mixed deciduous forest. Agric For Meteorol, 81(1-2):13-29.

Liu C M, Zhang X Y, Zhang Y Q. 2002. Determination of daily evaporation and evapotranspiration of winter wheat and maize by large-scale weighing lysimeter and micro-lysimeter. Agricultural and Forest Meteorology, 111(2): 109-120.

Narender K, Sankhyan R K, Pritam K, et al. 2001. Effect of phosphorus, mulch and farmyard manure on soil moisture and productivity of maize in mid hills of Himachal Pradesh. Res. on Crops, 2 (2): 116-119.

Philip J R. 1996. Plant water relations: some physical aspects. Annual Review of Plant Physiology, 17: 245-268.

Qiu G Y. 1996. A new method for estimation of evapotranspiration. Doctoral dissertation, the United Graduate School of Agriculture Science, Tottori University, Japan.

Qiu G Y, Kazuro M, Tomohisa Y et al. 1999. Experimental verification of a mechanistic model to partition evapotranspiration into soil water and plant evaporation. Agricultural and Forest Meteorology, 93(25):79-93.

Qiu G Y, Miyamoto K, Tomohisa Y. 2002. Comparison of the three-temperature model and conventional models for estimating transpiration. JARQ, 36 (2): 73-82.

Qiu G Y, Tomohisa Y, Kazuro M. 1998. An improved methodology to measure evaporation from bare soil based on comparison of surface temperature with a dry soil surface. Journal of Hydrology, 210(1-4): 93-105.

Rawson H M, Turner N C. 1983. Irrigation timing and relationship between leaf and yield in sunflower. Irri Sci, 4: 167-175.

Reginato R J. 1985. Evapotranspiration calculated from remote multispectral and ground station meteorological data. Remote Sense Environment, 18(1): 75-89.

Schneider A D, Musick J T, Dusek D A. 1969. Efficient wheat irrigation with limited water. Trans ASAE, 12(1):

23-26.

Shawcroft R W, Gardner M H. 1983. Direct evaporation from soil under a row crop canopy. Agric Meteorol, 28(3): 229-238.

van Bavel, C H M, Lascano R J. 1987. ENWATBAL: a numerical method to compute the water loss from a crop by transpiration and evaporation. Texas Agricultural Experiment Station, Texas A&M Univ. College Station.

Wang H X, Zhang L, Dawes W R, et al. 2001. Improving water uses efficiency of irrigated crops in the North China Plain—measurements and modeling. Agricultural Water Management, 48(2):151-167

Wilson K B, Hanson P J, Mulholland P J, et al. 2001. A comparison of method for determining forest evapotranspiration and its components: sap-flow, soil water budget, eddy covariance and catchment water balance. Agriculture and Forest Meteorology,106(2):153-168.

Yang J F, Li B Q, Liu S P. 2000. A large weighing lysimeter for evapotranspiration and soil-water-groundwater exchange studies. Hydrological Processes, 14(10): 1887-1897.

Young M H, Wierenga P J, Mancino C F. 1997. Monitoring near-surface soil water storage in turfgrass using time domain reflectometry and weighing lysimetry. Soil Sci Soc Am J, 61:1138-1146.

Zhang H, Wang X,Liu C, et al. 1999. Water-yield relations and water-use efficiency of winter wheat in the North China Plain. Irri Sci, 19(1): 37-45

Zhang H P, Theib O. 1998. Water-yield relations and optimal irrigation scheduling of wheat in the Mediterranean region. Agric Water Manage, 38(3):195-211

Zhang X, Pei D, Li Z, et al. 2002. Management of supplemental irrigation of winter wheat for maximum profit. Deficit Irrigation Practices:57-65.

Zhang X Y, Pei D , Hu C S. 2003. Conserving groundwater for irrigation in the North China Plain. Irri Sci, 2(4): 159-166.

第三章　土壤湿度及其遥感监测[①]

第一节　可见光—反射红外波段的应用

由于地物(土壤和植被)水分的变化会引起其光谱反射率的变化,因此可见光-反射红外方法主要利用地物的光谱反射特性来遥测土壤水分。遥测原理可分为两大类:一是基于土壤水分的变化会引起土壤光谱反射率的变化;另一类是基于干旱引起植物的生理过程变化,从而改变叶片的光谱属性,并显著地影响植被冠层的光谱反射率(刘志明等,2003)。早在20世纪60年代Bowers等(1965)就发现裸土湿度的增加会引起土壤反射率的降低,这为以后利用遥感技术监测土壤水分奠定了理论基础。70年代初日本学者研究了五种土壤的反射率,建立了土壤含水量和蓝、绿波段胶片密度之间的回归关系(刘志明等,2003)。70年代末和80年代初Curran(1978,1979,1981)利用相机照相的偏振可见光(polarized visible light,PVL)技术系统地研究了土壤水分的监测。

植被受缺水胁迫时,可通过不同的遥感指数来表示,因此利用植被指数法,如距平植被指数、供水植被指数、条件植被指数等可以间接估算土壤水分。刘培君等(1997)采用土壤水分光谱法,引入"光学植被盖度"的概念来排除植被对土壤水分干扰的影响,提出了相应的监测土壤水分的TM数据模型,并建立了AVHRR的土壤水分遥感模型。陈怀亮(1998)用归一化植被指数NDVI和AVHRR影像的4通道的亮温与土壤水分直接建立回归关系,并考虑地表特征不均匀情况下,对地表反射特性敏感的2通道的反射率对结果的影响。李建龙等(2003)利用遥感光谱法基于TM和AVHRR数据对甘肃定西农田的土壤水分进行了动态监测,并分别建立了两种遥感数据的光谱土壤水分监测模型,结果表明该法在0～20cm表层土壤水分的监测上具有较高的精度,适合农业生产上大面积的应用。

一、距平植被指数法

距平植被指数AVI(anomaly vegetation index)是从植被的角度考虑,是当前某个时期的NDVI值和常年平均值的偏差。该法是通过多年遥感资料的积累,计算出当年旬/月/年平均植被指数与常年旬/月/年植被指数的差异,用"距平植被指数"来判断当年植被长势和植被受旱程度。因为植被生长状况和土壤水分密切相关,因此在其他环境因子稳定的情况下,土壤水分的供应状况则成为植被生长的关键因素。土壤水分供应充足,植被则长势良好;土壤水分匮乏,植被生长则受到胁迫。

---

① 本章作者:邱国玉、赵少华、李瑞利。

常年平均值是根据多年历史资料得来，资料的时间系列越长，这个平均值的代表性就越好。当前值比平均值高为正距平，比平均值低为负距平。正距平反映植被生长状态比较好，负距平反映植被生长状态比较差，一般是旱灾出现的标志，并且负值越大，旱情越严重。陈维英等(1994)利用 AVHRR 资料计算了距平植被指数的旬值和月值，从而实现对干旱的监测。刘良明(2004)把其分为旬距平指数、月距平指数和年距平指数并提出计算公式。

二、供水植被指数法

Carlson 等(1990)提出了供水植被指数法，也称植被供水指数(vegetation supply water index，VSWI)法。其监测干旱的原理是当作物供水正常时，卫星遥感的植被指数在一定的生长期内保持在一定的范围，而卫星遥感的作物冠层温度也保持在一定的范围；如果遇到干旱，作物供水不足，一方面作物的生长受到影响，卫星遥感的植被指数将降低，另一方面作物的冠层温度将升高，这是由于干旱造成的作物供水不足，作物没有足够的水供给叶子表面的蒸发，被迫关闭一部分气孔，致使植被冠层温度升高。植被供水指数定义为

$$\mathrm{VSWI} = \frac{\mathrm{NDVI}}{T_s} \tag{3.1}$$

式中：T_s 为植被的冠层温度；NDVI 为归一化植被指数。二者都可通过遥感资料获取。

刘丽等(1999)基于 NOAA/AVHRR 数据利用 VSWI 法对贵州的土壤旱情进行了监测。莫伟华等(2006)利用 1995～2000 年 NOAA 卫星资料，结合数字化土地利用信息，通过时序分析方法找出广西贵港市的典型作物代表区，并计算各典型代表区的平均、最大和最小的 VSWI 特征值，归纳分析水田和旱地的干旱指标，继而根据典型代表区的平均 VSW I 值划分旱情等级，生成农田旱情遥感图像，评估干旱情况。试验表明该方法可用于湿润、半湿润地区的农田干旱遥感监测。然而，VSWI 法是基于植被进行监测的，适合在植被覆盖度较大的地方进行土壤水分的监测，而在植被覆盖度较小的地方则不太适合，会夸大植被的影响。同时由于土壤水分含量与植被供水的关系取决于土壤的物理参数和植物的生理特点，因此植物叶片气孔的开闭、土壤含水量存在的滞后效应、光强及植物种类等因素的影响均会成为该法监测土壤水分含量的干扰因子。

三、条件植被指数法

条件植被指数(vegetation condition index，VCI)是利用多年资料的第 i 个时期的 NDVI 的最大值和最小值来计算某一年第 i 个时期的 NDVI 值的相对变化，反映了植被在不同年份间的生长波动情况，它不仅包含了 NDVI 的当前信息，还包括了 NDVI 的历史信息。在分析多年 NOAA/AVHRR 数据的基础上，Kogan(1990)提出条件植被指数的概念，表示为

$$\mathrm{VCI} = \frac{100 \times (\mathrm{NDVI} - \mathrm{NDVI}_{\min})}{\mathrm{NDVI}_{\max} - \mathrm{NDVI}_{\min}} \tag{3.2}$$

式中：NDVI 为当前的植被信息；$NDVI_{max}$ 和 $NDVI_{min}$ 为第 i 个时期的 NDVI 的最大值和最小值。

从式(3.2)可以看出，VCI 的分母为 NDVI 的多年变化范围，具有一定的地域性，分子为当前的植被指数，比值大小反映了当前的植被状况。比值越大，说明植被生长越好，土壤水分供应越充足；比值越小，说明植被生长越差，旱情越严重。

VCI 法适用于估算区域上的干旱程度，在时空方面应用 VCI 动态监测干旱的范围比其他方法(如 NDVI 和降水量)监测更为有效和实用。蔡斌等(1995)采用多年 AVHRR 数据，以 VCI 结合降水数据对我国 1991 年的干旱情况研究，结果表明该法可进行宏观动态监测。Kogan(1997)基于多年的 AVHRR 数据，运用条件植被指数 VCI，条件温度指数 TCI，提出了用于监测与水和温度有关的植被胁迫时的两个指标 VCI-TCI，VCI/T_4。Unganai等(1998)利用 AVHRR 数据和 VCI 法对非洲南部的干旱进行监测并估产玉米。冯强等(2004)利用 1981～1994 年连续 504 旬的 NOAA/AVHRR 8km 分辨率的 NDVI 时间系列数据以及对应时段全国 102 个固定农气观测站的旬土壤湿度资料，建立了 VCI 与土壤湿度之间的统计模型，由旬 VCI 值来换算出每旬的土壤湿度，以此来反映全国的逐旬土壤水分分布。

第二节　热红外波段的应用

目前利用热红外技术遥感监测土壤水分的研究较为成熟，热红外遥感监测依赖土壤表面发射率和表面温度。它依据土壤水分平衡及热量平衡，通过地表热通量方程及地表能量平衡边界条件，从遥感成像的机理出发，运用热红外法、热惯量法、植物蒸散-作物缺水指数法和温度植被指数法研究。其中，热红外法简单易行，在缺乏昼夜温差数据时可用白天下垫面温度反演土壤水分，但其仅考虑某一时刻土壤水分对土壤温度的影响，故其反演精度不够理想。热惯量法物理意义明确，估算精度高，简单易行，但也存在诸如只适用于裸露或植被覆盖度低的地区以及卫星数据难于获取等局限性。温度植被指数法物理意义也较明确，适用性广，但计算过程较复杂，且某些参数难于及时获得。相对来说，植被稀疏区宜采用热惯量法，植被郁闭区则宜采用温度植被指数法，下面简要介绍这几种方法。

一、热红外法

利用热红外遥感确定土壤水分包含两方面的内容：一是测定地表温度，二是确定土壤中水分总量与地表温度之间的定量关系。一般说，影响红外影像色调的基本因素是红外辐射能量的强度，强者呈浅色调，反之呈暗色调。由于目标物体的热辐射强度取决于温度，因而，温度高，热图像显白色调，反之呈暗色调。热红外法就是利用这一原理，用热红外通道资料反演地表温度，然后再间接计算土壤含水量。白天下垫面温度的空间分布能间接反映土壤水分的分布，即下垫面温度高的，土壤含水量少；下垫面温度低的，土壤含水量相对高。土壤湿度与土壤温度之间存在着成因上的内在联系，根据热红外遥感方法获取的热图像，经分析处理后，可以推断出土壤湿度的时空分布规律(张成才等，2004)。蔡焕杰等(1994)利用红外测温仪，根据冠层温度模型监测了农田的土壤水分状况，其与地面实测值的结果比较表明该法可以较好地估算土壤含水量。李杏朝(1995)利用 AVHRR 4 波段的资料，采用密度分割法、日夜温差法等进行了旱情监测。罗秀陵等(1996)应用 AVHRR 4 波段的亮温资料，结合地面气象、灾情等实时资料对四川省大面积旱情进行了监测(邓辉和周清波，2004)。

二、热惯量法

热惯量是一个重要的地表特性，是物质对温度变化热反应的一种量度，反映了物质与周围环境能量交换的能力，即反映物质阻止热变化的能力，可以用来进行土壤湿度的测定(Pratt and Ellyett, 1979)。在自然条件下，由于多种环境因素的影响，不同物质的热惯量存在很大差异，这种差异对该物质的温度变幅起了决定作用。热惯量和土壤含水量密切相关，因为水体的热惯量比土壤和岩石都高，减少了日温度的波动，随着土壤含水量的增加，热惯量也相应增加，因此其变化可通过温度传输方程推求(Verstraeten et al., 2006)。热惯量 $P[\mathrm{J/(m^2 \cdot K \cdot s^{0.5})}]$(thermal inertia)是物质热传导率 $K[\mathrm{W/(m \cdot K)}]$、密度 ρ $(\mathrm{kg/m^3})$和比热容 $C[\mathrm{J/(kg \cdot K)}]$ 的函数，其计算公式为

$$\mathrm{TI} = \sqrt{K \cdot \rho \cdot c} \tag{3.3}$$

引起土壤表层温度变化的外在因素之一是地表热量平衡，其平衡方程为

$$R_n = \mathrm{LE} + H + G \tag{3.4}$$

式中：R_n 为地表净辐射通量；LE 为潜热；H 为感热；G 为地表热通量。

Price (1985)在地表能量平衡方程的基础上，简化潜热形式，引入地表综合参数 B，求出热惯量 P 的近似表达式：

$$P = \frac{2SV(1-A)C}{\sqrt{\omega}(T_d - T_n)} - 0.9B/\sqrt{\omega} \tag{3.5}$$

式中：S 为太阳常数；V 为大气透过率；A 为地表反照度；C 为当地纬度 δ 和太阳赤纬 φ 的函数；ω 为地球自转频率；T_d 为白天地表的最高温度；T_n 为夜间地表的最低温度；B 为地表发射率、空气比湿、土壤比湿等地表综合参数，可通过地面实测值获得。

由于热惯量的参数获取困难，为了计算简便，Price (1985)提出了表观热惯量的概念：

$$P = \frac{2SV(1-A)C}{\sqrt{\omega}(T_d - T_n)} = \frac{2Q(1-A)}{\Delta T} \tag{3.6}$$

一些研究(Price, 1985; Cai et al., 2005) 表明表观热惯量和土壤水分实测值具有良好的正相关关系，因此可通过遥感获得的热惯量反演土壤含水量，常用的反演模型为线性模型：

$$m_v = a \times \mathrm{ATI} + b \tag{3.7}$$

式中：m_v 为土壤体积含水量；a, b 为回归的经验系数，当然也有指数和幂函数模型。

对土壤水分遥测的热惯量模式研究主要集中于两个方面，即热惯量模式的解析表达式和热惯量与土壤水分含量之间统计模型的研究。国际上 Watson 等(Watson et al., 1971; Watson and Pohn, 1974)首次提出热惯量的计算模式并进行了应用。Xue 和

Cracknell(1995),Sobrino 和 Kharraz(1996a, 1996b)分别提出了测定热惯量的更简单模型,Majumdar(2003)利用查找表的方法研究了热惯量、反照度和温差之间的关系。Verhoef(2004)利用遥感估算了裸地的热惯量和土壤热通量,并研究了热惯量和土壤湿度之间的关系。Claps 和 Laguardia(2004)、Tramutoli 等(2000)认为表观热惯量可直接从多光谱遥感影像中获得,从而使得计算大为简化。Verstraeten 等(2006)利用热惯量法反演了欧洲森林的土壤湿度,并提出根据最大和最小热惯量计算的土壤湿度饱和指数。

刘兴文和冯勇进(1987)等在国内较早开展土壤热惯量模式的试验研究,他们用可见光-近红外多光谱航空扫描日、夜像资料求算土壤热惯量,论证了"真实热惯量"与地表反照率、日夜温差之间的非线性关系,建立了一个二元三次回归方程模型,并据此编制了土壤水分图,用于土壤水分状况的监测和预报。隋洪智等(1990)使用 NOAA/AVHRR 数据计算热惯量,得到植被覆盖度较低条件下土壤表观热惯量与土壤水分的一元线性关系。张仁华(1991)研究了土壤含水量的热惯量模型及其应用。余涛和田国良(1997)则从 Price 等的研究出发,发展了地表能量平衡方程的一种新的化简方法,该法可从 NOAA/AVHRR 资料直接反演得到真实热惯量和土壤水分含量的分布。肖乾广等(1994)从土壤的热性质出发,在求解热传导方程的基础上引入了"遥感土壤水分最大信息层"概念,并建立了多时相的综合土壤湿度统计模型,认为采用幂函数模型比线性模型好。刘良明和李德仁(1999)介绍了利用 NOAA/AVHRR 数据进行土壤湿度热惯量法监测的三种主要经验模型,并利用地面实测数据验证,同时利用该地区其他辅助数据对不同程度干旱的分布及孕灾环境进行分析。

为减少非遥感因子在热惯量法中的干扰,张仁华等(2002)建立了以微分热惯量为基础的地表蒸发全遥感信息模型,其关键是以微分热惯量提取土壤水分可供率而独立于土壤质地、类型等地表参数,以土壤水分可供率推算波文比(感热与潜热之比)而摆脱气温、风速等非遥感参数,并通过净辐射通量和表观热惯量对土壤热通量的参数比较,实现了以全遥感信息反演裸地蒸发(潜热)的目标,从而提出了一个现实的排除显热、潜热输送干扰的热惯量模式。郭茜和李国春(2005)、纪瑞鹏等(2005)利用表观热惯量法监测了辽宁的土壤水分。李星敏等(2005)、张树誉等(2006)利用表观热惯量法基于 NOAA/AVHRR 和 MODIS 数据对陕西省的干旱进行遥感监测研究。

三、作物缺水指数法

作物缺水指数(crop water stress index,CWSI)法由 Jackson 等(1981)年根据热量平衡方程提出,其定义为

$$\mathrm{CWSI} = 1 - \frac{\mathrm{ET}}{\mathrm{ET_p}} = \frac{\gamma(1 + r_c/r_a) - \gamma^*}{\Delta + \gamma(1 + r_c/r_a)} \tag{3.8}$$

式中:ET 为实际蒸散;$\mathrm{ET_p}$ 为潜在蒸散;γ 为干湿球常数;$\gamma^* = \gamma(1 + r_{cp}/r_a)$,为饱和水汽压与温度关系曲线在 $T = T_a$ 处的斜率;r_c 为作物冠层对水汽传输的阻抗,它与叶气温差、土壤水分含量等有关;r_a 为空气动力学阻抗。

由公式可以看出,ET 越大,CWSI 越小,反映植被供水能力越差,土壤越干旱。其与

土壤水分具有良好的相关性，可以作为衡量土壤水分变化的指标。

李韵珠等(1995)根据邯郸地区的大范围观测资料，研究了小麦等作物及裸地的土壤干旱指数和土壤水分的关系，并分析了影响两种指数的主要因素及其在旱情监测中的实用性。申广荣和田国良(1998)在黄淮海平原旱灾监测中，通过遥感数字图像获得的数据和地面气象站资料估算农田蒸散进而计算作物缺水指数来监测旱灾的方法，以及为此而进行的对气象数据的最优插值处理，并发展确定最佳最优线性插值模型。实时监测结果表明，这种方法基本上达到准确、实时监测干旱的目的。刘安麟等(2004)从能量平衡原理出发，对潜在蒸散的计算进行了简化，从而对作物缺水指数法干旱遥感监测模型进行了简化。简化后的模型涉及因子减少，计算量明显降低，更适于实际应用。利用该方法及NOAA/AVHRR卫星遥感资料和有关气象要素资料对陕西省关中地区春季干旱进行了监测。结果表明：简化后的作物缺水指数法仍然充分考虑了下垫面的植被覆盖状况和地面风速、水汽压等气象要素，对该区春季干旱的监测效果优于使用植被供水指数法的监测效果。张振华等(2006)基于红外测温仪，利用CWSI法和土壤水分修正系数，提出了春小麦田土壤含水量的估算公式，并对估算值和实测值进行对比分析，结果表明该模型估算春小麦根层土壤含水量的误差在18%以内。

由CWSI的定义可知，CWSI可由净辐射和作物表面温度和气温的差值确定，而作物的冠层温度从热红外遥感资料反演，因此可以由遥感方法估算出CWSI，从而建立其与土壤水分的关系来估算土壤水分。其主要利用热红外遥感温度和气象资料来间接反演作物覆盖条件的土壤水分。该方法以热量平衡原理为基础，其物理意义明确，使用区域优势明显，精度较高，在植被覆盖地区的土壤水分反演精度优于热惯量法。但CWSI模式是以冠层能量平衡单层模型为理论基础的，在作物生长的早期冠层稀疏时效果较差；作物缺水指数法所需的资料较多、计算复杂；地表气象数据主要来自地面气象站，实时性不强；地表气象数据确定外推的范围和方法也对作物缺水指数法的精度产生影响(阎峰等，2006)。

四、温度植被指数法

Carlson等(1994)、Gillies等(1997)、Goetz(1997)、Lambin和Ehrlich(1996)、Moran等(1994)、Nemani等(1993)、Nemani和Running(1997)等认为地表温度和植被指数T_s/NDVI存在一三角形的特征空间(图3.1)，Nemani等(1993)根据T_s/NDVI特征空间研究发现，在同一幅影像上提取不同地点的T_s/NDVI斜率可以反映各地土壤湿度状况，Goetz(1997)认为T_s/NDVI斜率的变化可以反映地区土壤湿度的时间变化。

该法首先根据土壤湿度和T_s/NDVI斜率的关系建立式(3.9)，继而根据T_s/NDVI特征空间的关系估算像元里任意一点的土壤湿度[式(3.10)、式(3.11)]。

$$\mathrm{RSM} = a_1 + a_2 \times \sigma \tag{3.9}$$

$$\frac{\mathrm{RSM_W} - \mathrm{RSM}}{\mathrm{RSM_W} - \mathrm{RSM_D}} = \frac{T - T_\mathrm{W}}{T_\mathrm{D} - T_\mathrm{W}} \tag{3.10}$$

$$\mathrm{RSM} = \mathrm{RSM_W} - \frac{T - T_\mathrm{W}}{T_\mathrm{D} - T_\mathrm{W}}(\mathrm{RSM_W} - \mathrm{RSM_D}) \tag{3.11}$$

式中：RSM 为土壤相对含水量(relative soil moisture)；a_1，a_2 为系数；σ 为 T_s/NDVI 的斜率；RSM_W 为湿边上最大土壤相对含水量(RSM＝100％)；RSM_D 为干边上最小土壤相对含水量，$RSM_D = a_1 + a_2 \times \sigma$；$T$ 为某像元的地表温度估测值；T_W 为湿边代表的最低地表温度；T_D 为某一 NDVI 下的最高地表温度；$T_D = b_1 + b_2 NDVI$，NDVI 为植被指数观测值，b_1 和 b_2 为利用最小二乘法线性拟合确定干边的回归系数，b_2 代替“$RSM_D = a_1 + a_2 \times \sigma$”中的 σ。

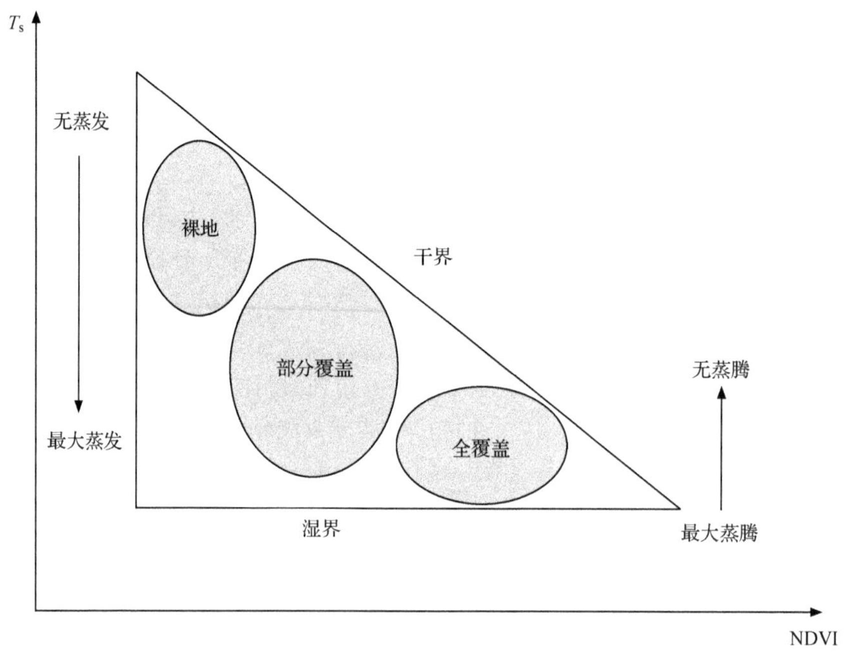

图 3.1　简化的 T_s/NDVI 空间(Lambin and Ehrlich，1996)

五、温度植被干旱指数法

Sandholt 等(2002)发现该空间存在许多等值线，于是提出了一个简单的温度植被干旱指数法 TVDI，用来表征土壤的湿度状况(图 3.2)。该指数的变化范围从 0(湿边，最大蒸散，水分不受限制)到 1(干边，很有限的水分)，其定义如下：

$$\mathrm{TVDI} = \frac{T_s - T_{s\min}}{T_{s\max} - T_{s\min}} = \frac{T_s - T_{s\min}}{a + b\mathrm{NDVI} - T_{s\min}} \tag{3.12}$$

式中：T_{smin} 为三角形空间里最小的地表温度，来定义湿边；T_s 为空间内任意一点的地表温度；NDVI 为观测的归一化植被指数；a，b 为根据干边时温度和 NDVI 拟合方程($T_{smax} = a + b\mathrm{NDVI}$)的系数；$T_{smax}$ 为给定 NDVI 时的最高地表温度。拟合该方程时需要从足够大的有代表性的空间得到，以保证土壤水从干旱到湿润的变化，土壤类型也要从裸地到植被覆盖变化。

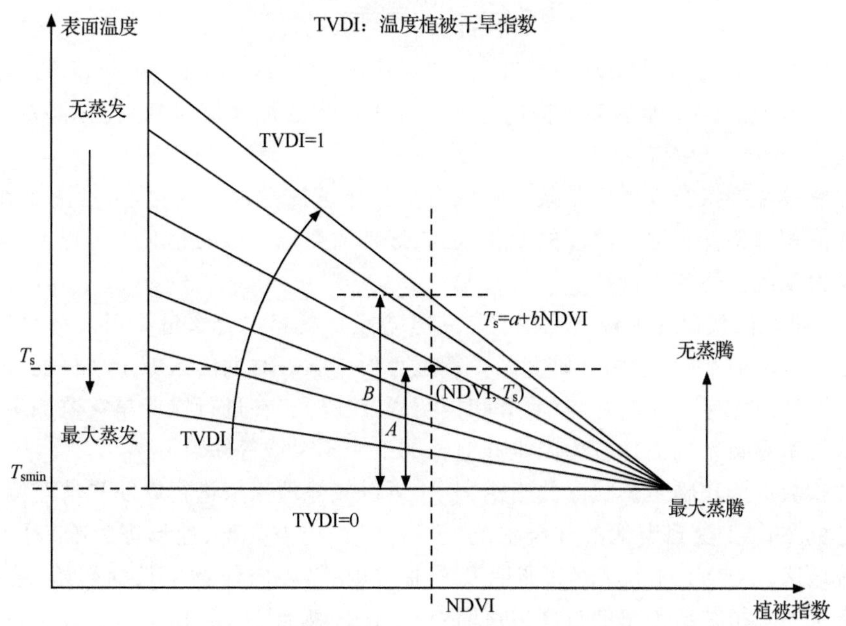

图 3.2 TVDI 的定义(Sandholt et al.,2002)

由于 TVDI 是反映像元干旱情况的,因此其值越大,对应土壤含水量越低。当然,也有研究(Moran et al., 1994)认为 T_s/NDVI 构成的为一梯形空间,不过其原理一样。

姚春生等(2004)利用 MODIS 的归一化植被指数(NDVI)和陆地表面温度(T_s)构建 T_s/NDVI 特征空间,根据该法反演了新疆 8、9 两个月每 16d 的土壤湿度。使用野外与卫星同步采样的土壤湿度数据验证发现 TVDI 指标与实测土壤湿度数据显著相关,能够较好地反映表层土壤湿度,反映的新疆土壤湿度的空间分布与新疆的年降水量分布、年平均相对湿度分布很吻合。冉琼(2005)也根据该法利用 AVHRR 数据监测了全国土壤湿度的变化。吴孟泉等(2007)基于 MODIS 数据利用 TVDI 监测了云南红河地区山区的干旱状况,并结合气象资料和野外同步观测的土壤湿度资料进行验证,结果表明 TVDI 与土壤湿度显著相关,可用来对大区域土壤干旱进行监测。

TVDI 法简化了 T_s/NDVI 三角形、梯形特征空间,仅利用遥感数据就可以进行大范围农田水分监测。但是在干旱季节利用 TVDI 进行农业旱灾监测存着技术参数精确估计困难、对云的反应灵敏和对地表类型的反应不灵敏等缺点。

六、条件温度植被指数法

干旱的发生存在着时空变异,导致在像素水平上的距平植被指数、条件植被指数和条件温度指数所使用的指标可能不同,使某一特定时期内不同像素间监测结果的可比性较差。王鹏新等(2001)在这三种指数进行年度间相对干旱程度的监测基础上,提出了条件植被温度指数(vegetation temperature condition index,VTCI)的概念,表示为

$$\mathrm{VTCI} = \frac{\mathrm{LST}_{\mathrm{NDVI}_{\max}} - \mathrm{LST}_{\mathrm{NDVI}_i}}{\mathrm{LST}_{\mathrm{NDVI}_{\max}} - \mathrm{LST}_{\mathrm{NDVI}_{\min}}} \tag{3.13}$$

式中：$\mathrm{LST}_{\mathrm{NDVI}_{\max}} = a + b\mathrm{NDVI}$；$\mathrm{LST}_{\mathrm{NDVI}_{\min}} = a' + b'\mathrm{NDVI}_i$；$\mathrm{LST}_{\mathrm{NDVI}_{\max}}$、$\mathrm{LST}_{\mathrm{NDVI}_{\min}}$ 分别为在研究区内当 NDVI 等于某一特定值时的地表温度的最大值和最小值；a，b，a'，b' 为待定系数。

条件植被温度指数既考虑了某一区域内归一化植被指数的变化，又考虑了在归一化植被指数值相同条件下地表温度的变化，能较好地监测该区域的相对干旱程度，并可用于研究干旱程度的空间变化特征。

VTCI 是在假设研究区域内土壤表层水分含量从萎蔫水分含量到田间持水量的基础上进行干旱状况监测，它适用于研究某一特定年份内某一时期的区域干旱程度，因而具有地方专一性和时域专一性的特点(薛辉和倪绍祥，2006)。在进行农业旱灾监测中，其同样也存在着技术参数精确估计较为困难和对云的反应不灵敏等缺点。

植被指数作为作物生长状况的指示因子，可以较好地用来进行农业旱情监测。但是，一个地区的 NDVI 受到当地的气候状况、土壤性质、植被类型、地形等影响，对于低密度植被覆盖地区，NDVI 对于观测和照明几乎非常敏感，在农作物生长的初始、结束季节，会分别产生对于植被覆盖率的过高、过低估计。进行某地区多年植被指数计算时，还必须结合当地的土地利用图，确认研究区某时段植被类型；NDVI 对于土壤中的水分反应具有一定的滞后性等，在实际应用时必须综合考虑这些因子的影响。

第三节　高光谱遥感的应用

高光谱遥感是利用很多很窄的电磁波段获取许多非常窄且光谱连续的图像数据的技术，融合了成像技术和光谱技术，准确实时地获取研究对象的影像和每个像元的光谱分布。高光谱遥感技术具有高光谱分辨率的特点，能够提供连续的反射光谱曲线，而连续的反射光谱曲线可以表现出地物的细微变化(仝兆远和张万昌，2007)。土壤的光谱反射特性是由土壤本身的性质决定的，其影响因素主要是有机质、氧化铁和土壤水分的含量以及它的质地和母质等。徐彬彬(1987，1991，2000)在宁芜试验场做了大量的土壤水分研究的开创性工作，研究了土壤水分对土壤反射光谱的影响，进行了土壤水分遥感的前期光谱研究工作，发现土壤含水量的增加会降低光谱反射率，特别是在近红外及红外波段。

高光谱成像光谱仪能通过分析土壤的理化性质与精细光谱信息来对其特征参数评价如土壤含水量等(刘伟东，2002)。现在高光谱已广泛地应用于植被的生物物理参数、矿物和有机质等研究，然而利用高光谱及微分光谱对土壤的研究还鲜有报道。在太阳光谱范围(400～2500 nm)的光谱反射信息可用于估算土壤表层水分(仝兆远和张万昌，2007)。

王昌佐等(2003)利用高光谱遥感技术，对北京昌平的小汤山农业示范基地的土壤含水量信息进行研究，依据土壤湿度与土壤光谱反射率之间的相关关系，得出土壤含水量与土壤光谱反射率的非线性方程。利用该方程和光谱反射率值进行土壤水分反演，通过对反演结果的误差分析，结合光谱反射率与体积含水量的指数回归分析，结果认为 1950～2250 nm 波段的光谱反射率估测土壤含水量效果较好。刘伟东等(2004)通过对土壤的光谱反射率与土壤的表面湿度进行预测和验证分析，比较了五种方法反演土壤表面湿度的能力，结果表明反射率倒数的对数的一阶微分与差分方法对土壤水分的预测能力较强；另外还对小汤山精准农业试验区的土壤表面湿度进行高光谱填图，建立了较为精细的土壤水分空间分布图。David 和 Gregory(2002)利用室内获取的 400～2500 nm 光谱数据对四种土壤类型的含水量进行研究，认为土壤的体积含水量或相对含水量(土壤含水量占田间持水量的比例)跟土壤光谱之间的指数相关关系比土壤质量含水量要好。Liu 等(2002)利用高光谱遥感技术对多个土壤类型的表层含水量估算，结果表明该法可有效地监测土壤表层含水量。

第四节 微波波段的应用

微波（波长为 1mm 至 1m）遥感是指通过微波传感器获取从目标地物发射或散射的电磁辐射，达到识别目标或定量反演物理参数、解算几何坐标的技术。它不受光照、气候条件限制，可全天时、全天候工作，能穿透云层，对植被和松散盖层具有一定的穿透能力，并通过多极化、干涉等技术获得更多更精确信息。在微波波段，土壤水分和介电常数密切相关，介电常数不同，产生的微波归一化后向散射截面亦不同。常用的微波依据波长的分类见表 3.1，其中监测土壤湿度的主要是穿透能力更强的长波波段，如 X、C、S、L 波段等。按其工作方式可分为主动和被动微波遥感。主动微波遥感的传感器主要是雷达，目前应用的多为侧视雷达，是由传感器向地物发射一定频率的微波波束(脉冲)再接收由地面物体反射或散射回来的回波，从而得到目标物的图像。被动式的微波遥感，是用微波辐射计被动地记录等效温度变化，接收地面物体自身辐射的微波，确定不同目标的发射率，以此来分辨地物的遥感技术。目前已有较多的关于微波遥感监测土壤湿度的进展报道，但大多基于模型算法，对实际应用中存在的问题和未来发展趋势探讨较少，下文分别基于它们的算法、应用和存在的问题给予介绍。

表 3.1 主要的微波波段

波段	Ka	K	Ku	X	C	S	L	P
波长/cm	0.75～1.1	1.1～1.67	1.67～2.4	2.4～3.8	3.8～7.5	7.5～15	15～30	30～100

一、主动微波遥感

(一) 主动微波遥感估算土壤湿度的算法

主动微波遥感是指利用搭载在遥感平台上的雷达，发射一束窄脉冲(微波波束) 投射于地物表面，由雷达天线收集其反射的回波信号经处理后获取地物后向散射信息(后向散射系数 σ 或归一化散射截面 σ°)，据此提取与分析目标物体特性或参数的有关遥感技术。它包括真实孔径雷达(RAR)和合成孔径雷达(SAR)，由于雷达天线越长，对地物的观测分辨率就越高，然而受天线长度的限制，RAR 的地表分辨率往往很低，难以满足应用要求，而SAR正是解决了利用有限的天线长度的等效合成天线来获取高分辨率图像的问题，因此SAR更常用。雷达的后向散射除了和土壤水分有关，也受到植被覆盖、土壤表面粗糙度等多种因子的影响。例如，植被冠层中散射体的尺度大小及几何分布、植被的行向和间距、郁闭度等会改变裸露土壤的散射特性；同时植被本身所含水分影响经过冠层的微波信号。同一土壤表面，对于不同波长的微波来说，其粗糙程度不同，对雷达回波信号的影响程度也不同，粗糙度的影响在于改变了雷达波照射到的土壤表面的几何特性，因此改变了土壤湿度监测的灵敏性。目前常用的方法主要有散射模型法、土壤湿度变化探测法、数据融合法等（赵少华等，2010），分别阐述如下。

1. 散射模型法

散射模型的使用是为了考虑植被、粗糙度和土壤湿度对雷达 σ° 的相互影响，它们一般把 σ° 作为传感器配置和地表条件的函数反演土壤湿度。它主要分为经验、半经验及理论模型。经验模型主要来自试验和统计理论，不过多局限于当时的地表条件和雷达参数。半经验模型是基于理论模型，结合遥感数据确定模型参数，如Oh等的裸土监测模型、Shi模型、水云模型（water cloud model，WCM）等（赵少华等，2010）。这类模型基于一定的理论和统计基础，摆脱了理论模型的复杂性，因此应用效果较好，是今后散射模型发展的一个趋势。还有一些模型基于严格的理论基础如监测裸土的Kirchoff模型［包括几何光学模型（geometry optics model，GOM）和物理光学模型（physical optics model，POM）］、小扰动模型（small perturbation model，SPM）、积分方程模型（integral equation model，IEM）等面散射模型和监测植被区土壤湿度的微波植被体散射模型（Michigan microwave canopy scattering model，MIMICS）、Karam模型等（Ulaby et al.，1988）。Kirchoff模型基于地表分段光滑的近似，因此只适合变化相对平缓的大相关长度表面，小扰动理论的模型基于小方差表面的级数分解中低阶项能够快速收敛假设，因此只适合于 $h<\lambda$ 稍微粗糙的地表（Ulaby et al.，1982），这些模型在自然地表的应用范围很窄。IEM通过加入针对Kirchoff场的补偿场项导出了针对裸地地表，适用于广泛粗糙度范围的模型（Fung and Chen，1992），它的高低频极限分别退化为Kirchoff和小扰动模型（Mametsa et al.，2002），因此成为应用最广泛的后向散射模型。后来的AIEM模型在去掉一些IEM中对格林函数的近似并加入Fresnel反射系数的处理上进行了改进，可更好地反演土壤湿度。MIMICS模型是基于辐射传输方程一阶解的植被散射模型（Ulaby et al.，1988），是目前应用最为广泛的研究微波植被散射特性的理论模型之一，但较复杂。下面以常见农作物的雷达后向散射机制为例描述散射过程（图3.3）。

2. 土壤湿度变化探测法

该法是利用多时相的SAR图像探测土壤湿度变化的相对值，而不是绝对值（Engman，1994）。该法假设地表粗糙度和植被生物量的时间变化一般是在一个大于土壤湿度变化的较长时间尺度上进行，因此重复过境时多时相SAR图像的 σ° 变化是由土壤湿度变化引起的。所以，多时相的SAR数据集能够用来使粗糙度和生物量的影响最小，而 σ° 对土壤湿度变化的敏感性最大。然而，该法并不适于粗糙度和生物量在短时间内变化大

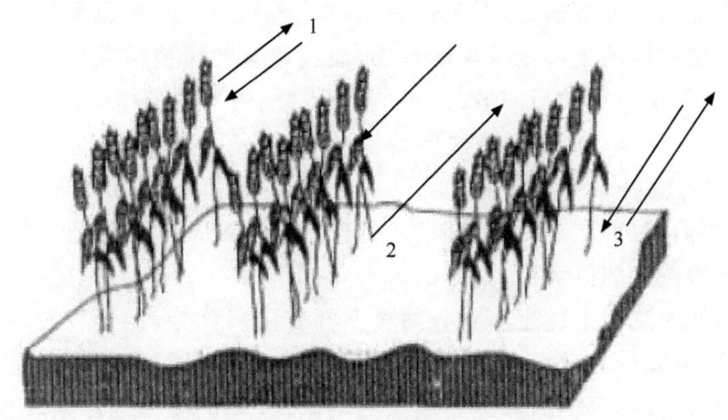

图 3.3　农作物的雷达后向散射机制(Floyd et al.,1998)

1. 直接冠层(包括多次散射);2. 土壤—冠层的相互作用;3. 直接土壤(包括多次散射)

的耕地。此外,图像必须用同样的传感器获取才能避免由入射角变化和图像定标造成的地形校正。该法用归一化后向散射土壤湿度指数(normalized radar backscatter soil moisture index, NBMI)简化(Shoshany et al.,2000),通过使粗糙度、土壤类型和地形对σ°的影响最小化,NBMI 提供了一个土壤湿度从 0～1 变化的相对指标。

3. 数据融合

该法包括两类,一类是 SAR 的σ°和被动微波数据的亮温值融合,即主被动微波遥感相结合;另一类是,SAR 的σ°和光学遥感结合如红外辐射温度或可见光、近红外的表层光谱反射。对于主被动相结合的遥感放在下文讨论。微波遥感和光学遥感在各自估算地表特性方面都有明显优势,但近来的一些研究集中在二者的互补性和可交互性上。SAR 的长波($\lambda > 6$cm)通过地表蒸发和土壤含水量和热红外测量相关;对于植被,因可见光、近红外和 SAR 的短波信号易受冠层的枝条和叶子影响,故 SAR 的短波($\lambda \approx 2$cm)与光学植被指数相关(如 NDVI)(Moran et al.,1997;Prevot et al.,1993)。

(二) 主动微波遥感在估算土壤湿度中的应用及存在的主要问题

在主动微波遥感领域,利用高空间分辨率的 SAR 监测土壤湿度的研究日益重要。Moran 等(2000)利用干湿季的$\Delta\sigma^{\circ}$反演土壤湿度,发现二者高度相关($R^2=0.93$)。Bindlish 和 Barros(2002)确定了估算植被区土壤湿度的散射模型中的植被参数。Romshoo(2004)利用 SAR 数据监测泰国 Sukhothai 地区的土壤湿度,地统计学方法表明σ°和土壤湿度实测值高度相关。D'Urso 和 Minacapilli(2006)基于 Oh 等(1992)模型在没有地表先验知识的情况下反演土壤湿度,精度高达 80%。施建成等(2002)利用目标分解技术和重轨极化 L 波段的雷达数据反演植被下的土壤水分。杨虎等(2003)首先借助 AIEM 模型分析在裸土条件下 X、C、L 三种波段范围内影响σ°对土壤水分敏感的各种因素,得到最优雷达参数组合,然后结合辐射传输方程,建立消除植被、土壤粗糙度、入射角等影响后向散射的植被区土壤水分反演模型,误差仅为 0.44。刘伟等(2005)也采用 L 波段的多极化雷达数据发展了植被区的土壤水分反演算法,通过建立的植被覆盖地表的后向散射模拟数据库,分解并消除植被层的后向散射,来估算低矮植被下的土壤湿度。近年来国内外利用具有多极化、多入射角、多工作模式等特性的 Envisat-ASAR 数据开展了一系列研究(Zribi et al.,2005;Baghdadi et al.,2006;Baup et al.,2007;Rahman et al.,2008;鲍艳松等,2006;赵少华等,2008)。另外,日本 2006 年发射的 ALOS 卫星上的多极化 PALSAR 也展现出监测土壤湿度的巨大潜力(Baghdadi et al.,2006)。

虽然主动微波遥感在上述土壤水分估算上具有诸多优势,但仍存在一些如时间分辨率低,对植被区研究较少且其精度不高等问题。更重要的是很多不确定性因素(数据、模型、时空尺度等)有待深入研究,如经验模型的局限性、理论模型的复杂性及参数难获取、地表粗糙度和植被散射、植被变化的非线性效应、地面实测值和模型模拟值的差异性及传感器配置参数的变化对研究的影响等。其解决的途径将侧重于方法的改进,如通过多时相、多极化、多入射角等技术改进传感器的性能、提高时间分辨率和扫描带宽、消除植被层体散射和地表粗糙度影响等,同时加强植被覆盖下的散射机制的研究,还要考虑模型的精度和简单适用性。

二、被动微波遥感

(一)被动微波遥感估算土壤湿度的算法

被动微波遥感指由微波辐射计等传感器从远距离接收和记录地面物体自身的微波辐射,由此推测或分析物体各种特性的遥感技术。其反演土壤水分基于辐射传输方程,即通过卫星传感器获得的地表能量和地表辐射能建立能量平衡方程的关系。它利用高精度的辐射仪获取特定波段内地表的发射率,发射率和土壤的介电特性密切相关,而发射率乘上物理温度即为亮度温度。因此实际应用中,通过微波辐射计获得表示地物散射信号强度的土壤亮温,再由辐射传输方程反演或与土壤湿度建立经验/统计模型估算土壤湿度。依建模手段和方法,其算法可分为统计反演算法和物理反演算法,其中统计算法分为经验统计算法和正向模型算法,物理反演算法分为辐射传输方程法、直接求解法(比辐射率法)、迭代求解法和人工神经网络法(钟若飞等,2005)。限于篇幅,经验统计算法就不做介绍,仅介绍常用的正向模型和人工神经网络算法。

1. 正向模型算法

遥感正向模型,是指在遥感过程中从电磁波传播所经媒质中提取的特征参数和传感器所接收信号之间关系的模型。正向模型的输入是目标的物理参数,输出则为传感器所接收的信号,所谓的反演过程就是通过输出来求得输入参数。反演中由于存在非线性关系,有时需借助迭代的方法反演,这个过程可以描述为:基于某种正向模型,属于观测亮温与土壤水分等参数的非线性方程,将其线性化建立方程,然后用迭代法求出土壤湿度等地表参数的最小二乘解如 Njoku 和 Li(1999)基于辐射传输方程的正向模型,反演土壤水分。

2. 人工神经网络算法(artificial neural network,ANN)

ANN技术是模仿人类大脑的结构和功能,处理不确定性、非线性等复杂问题的一种方法。该法反演土壤水分是将地表参数作为输入,观测值作为输出,或者将观测值 X_i $(i=1,2,\cdots,n)$ 作为输入,地表参数 $Y_i(i=1,2,\cdots,n)$ 作为输出,这样一旦完成训练,神经网络就可以直接反演得到地表参数(图3.4),这种直接反演的方法,目前在遥感领域应用比较广泛。它有很多形式,其中以BP(back-propagation network)算法为基础的前馈型神经网络应用最为广泛。例如,袁苇等(2004)利用双谱散射模型计算了粗糙裸土表面的发射率,并建立了基于该模型的土壤湿度BP神经网络反演方法。

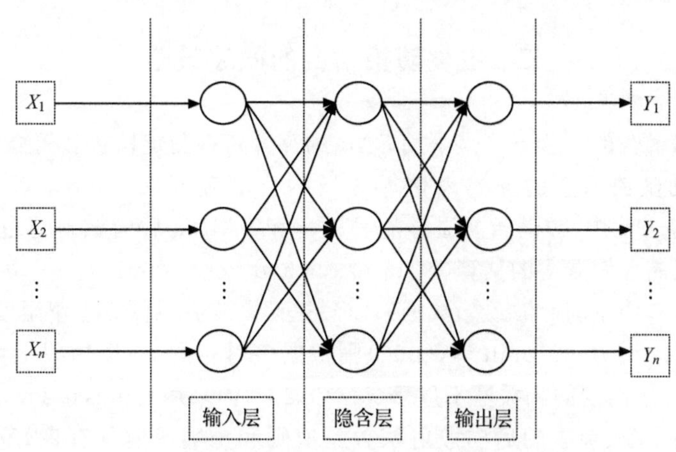

图3.4 神经网络结构示意图

(二)被动微波遥感在估算土壤湿度中的应用及存在的主要问题

被动微波遥感由于重复观测频率高、数据量低、数据处理简单等优点在土壤湿度估算中应用广泛。早期主要有SMMR(scanning multi-channel microwave radiometer),继而是SSM/I(special sensor microwave/imager)及TMI[TRMM(tropic rainfall measurements mission) microwave imager]提供的数据。随后AMSR(advanced microwave scanning radiometer)和AMSR-E成为更先进的被动微波传感器。AMSR数据可反演多种陆面参数,其中土壤湿度成为其主要目标之一。Bindlish等(2003)采用TMI估测美国南部大平原的土壤湿度,发现估测值和实测值吻合良好(标准误差为2.5%)。Tien等(2004)利用微波辐射计观测棉田的土壤湿度、蒸散发和植被特性等,研究表明亮温在水平极化下比垂直极化下对土壤湿度敏感。Zhao等(2006)在中国东部采用ERS散射仪获得的土壤水分指数和气象站的土壤湿度观测值反演土壤水分。Draper等(2009)在澳大利亚利用地面观测值验证了由AMSR-E获得的土壤湿度,二者的相关性达0.8,误差小于3%(vol/vol)。Panciera等(2009)在澳大利亚利用地面试验对2009年发射的SMOS (soil moisture and ocean salinity)卫星上被动微波反演土壤湿度的 L-MEB 模型(L-band microwave emission of biosphere)进行精度评价，结果表明在 62.5m 的空间分辨率下，其对作物和草地的反演精度大于或优于 4.8% (vol/vol)。乔平林等(2007)基于 AMSR-E 数据，利用双谱模型计算土壤表面发射率，然后用人工神经网络反演土壤湿度。马媛(2007)基于 AMSR-E 数据，利用微波极化指数分析新疆的植被覆盖，在标定粗糙度的基础上求解辐射传输方程，反演土壤水分，r^2 达 0.69。

被动微波遥感是大尺度土壤水分监测的一种非常有效的手段，然而因空间分辨率较低，使其在流域尺度上的应用受到限制，对此，国内外已经开展合成孔径微波辐射计的研究。另外许多研究基于经验统计算法，在模型机理研究上还很欠缺，所以还应结合辐射传输、波解析等理论加强机理研究(赵少华等，2010)。

三、主被动相结合的微波遥感

主被动数据融合的一般方法是采用 SAR 的高分辨率测定植被和粗糙度参数，然后结合低分辨率被动微波遥感的亮温来估算区域的土壤湿度(Chauhan，1997；Lakshmi et al.，2000)。其他方法中，被动微波遥感的发射率和 SAR 的后向散射通过与贝叶斯逻辑公式相结合来提高土壤湿度的估算(Notarnicola and Posa，2001)。

结合高分辨率的主动微波遥感数据来监测被动微波遥感估算土壤湿度亚像元的变异性具有很大的发展潜力。Moran 等(2000)则根据多时相的 SAR 估测土壤湿度，研究指出 SAR 的 σ° 与土壤湿度的相关性不显著($r^2=0.27$)，而采用 Landsat TM 和 SAR 数据融合的方法得到的干季、湿季的后向散射系数差值则和土壤湿度具有良好的相关性($r^2=0.93$)。Bindlish 和 Barros(2002)采用单极化、单波长的 L 波段的 SAR 系统，在 200～40m 下推了被动微波传感器对土壤湿度的估算。他们认为主被动微波遥感相结合的技术对于监测流域尺度的土壤湿度是值得探索的。当 AMSR-E 和 SMOS 上的土壤湿度产品可利用时，这种方法将更受关注。Lee 和 Anagnotou(2004)采用 TRMM 上携带的 TMI 和 PR(precipitation radar)的主被动遥感相结合的方法，基于 GOM(geometric optics model)模型(用于裸地)和水云模型(用于植被)研究了美国 Oklahoma 的近表层土壤湿度。Cashion 等(2005)在美国佐治亚州 LRW(little river watershed)流域的研究指出，TMI 在低植被情况下对土壤湿度的估算可靠，但高植被(NDVI>0.7)情况下精度较差，而采用 TMI 和 AMSR 及 MODIS(估测植被)相结合的方法估算时，其精度较高，故建议采用多遥感数据源相结合的方法反演土壤湿度。李震等(2002)综合了主被动微波数据，建立一个半经验的模型计算植被的体散射项，消除植被的影响来反演土壤水分，结果与实测值较吻合。武胜利(2006)发展了基于 TRMM 上的主被动微波结合反演青藏高原土壤湿度的算法，对裸土用 AIEM 模型建立虚拟的地表环境并验证；对植被用 MIMICS 模型模拟的结果标定水云模型，监测结果与实测数据吻合较好($r^2=0.77$)。陈权等(2007)改进了一种辐射计数据估算土壤水分的算法，并利用 PALS(passive and active L- and S-band sensor)数据进行适应性评价。

总之，当前的方法主要分为两类：一是将二者融合，共同反演地表参数；二是先用被动微波数据获取低分辨率的土壤水分，在此基础上，利用主动微波数据进一步处理，再获取高分辨率的结果。对于主被动结合的微波遥感，把和植被散射有关的体散射项分离或进行数据融合则能有效地提高其精度。

微波遥感监测土壤湿度的算法归纳如表 3.2 所示。

表 3.2　微波遥感监测土壤湿度的算法

微波种类	算法
主动	散射模型法 土壤湿度变化探测 数据融合……
被动	统计算法(经验统计、正向模型) 物理算法(辐射传输方程、直接求解、迭代求解、神经网络……)
主被动结合	数据融合 下推法(SAR 下推被动获取的数据)……

四、结论与展望

从近年及未来将发射的新型卫星、传感器参数上可以看出，采用的微波波段是对云层和地物穿透性更强的较长波段(C，S，L)代替较短的波段(Ka，K，Ku)。例如，中国 2008 年 9 月 6 日发射的环境与灾害监测预报小卫星星座 A/B 星上携带有 30m 的光学相机以及 150～300m 的红外相机，发射的 C 星上携带有 4～25m 分辨率的 S 波段 SAR，该卫星具有较高的时空和光谱分辨率及宽幅观测性能，能综合运用可见光、红外与微波等组成的系统，满足灾害和环境监测预报对时空和光谱分辨率及全天候、全天时的观测需求。另外，欧洲空间局于 2009 年发射的 SMOS 是 L 波段的微波辐射成像遥感卫星，这种长波段的微波将能更有效地提供土壤湿度信息。因此随着未来携带新型微波遥感器的卫星发射及遥感技术的发展和深入研究，微波遥感在土壤湿度的监测上，一方面侧重时空分辨率、扫描幅宽的提高，另一方面侧重和其他遥感数据、陆面水文模型及地面观测相结合，多源多时空遥感数据集成。

对土壤湿度的微波遥感监测，结合目前的研究及未来发展趋势，笔者认为还应注意以下问题：

(1) 目前的遥感监测大多依赖地面参数测定，如何摆脱或减少对地面先验知识的依赖，仅靠遥感手段即可有效监测是未来发展的追求，如对于人类较难到达的湿地、沙漠等地区的监测。依靠多时相、多极化和多入射角的影像或选择合适的雷达传感器参数及多源遥感数据消除某些参数，可以得到此类模型，经验和半经验散射模型较具有这种优势，但普适性不强，所以更应加强理论模型探索。

(2) 被动微波遥感中应该结合辐射传输、波解析等理论加强对机理的研究，在主被动结合的微波遥感中加强对数据同化、尺度效应及转换技术的研究如不同数据融合、不同尺度转换时的误差敏感性。同时继续加强各种系统参数(频率、极化、入射角等)在不同地表条件下对地表参数的敏感性研究。

(3) 加强对植被覆盖区土壤湿度的研究,建立不同覆盖条件下的监测模型。对混合像元,应加强像元分解技术研究,如终端端元的确定和提取、混合分解模型的选取和求解、细小地物和线状地物的分类识别等,结合分辨率高的高光谱遥感技术是有前景的方向。

(4) 与陆面遥感水文模型的耦合:一方面利用气象、地形资料和微波遥感监测的陆面参数(土壤粗糙度、植被参数等)输入遥感水文模型或者发展新的遥感水文模型,输出蒸散发、土壤湿度、径流等,模拟地表水文过程;另一方面在缺乏实测资料时,水文遥感模型可以对土壤湿度的微波遥感模型进行验证。

(5) 模型实质是更好地模拟接近真实情况的结果,要求准确、简单和适用。所以今后模型的发展在追求精度的同时,还要简单和适用。

参考文献

鲍艳松,刘良云,王纪华,等. 2006. 利用 ASAR 图像监测土壤含水量和小麦覆盖度. 遥感学报,10(2):263-271.

蔡斌,陆文杰,郑新江. 1995. 气象卫星条件植被指数监测土壤状况. 国土资源遥感,4: 45-50.

蔡焕杰,熊运章,李培德. 1994. 遥感红外温度估算农田土壤水分状况研究. 西北农业大学学报,22(1):113-118.

陈怀亮. 1998. 麦田土壤水分 NOAA/AVHRR 遥感监测方法研究. 遥感技术与应用,13(4):27-35.

陈权,李震,王磊. 2005. 环境小卫星 S 波段 SAR 监测土壤水分变化应用分析. 国土资源遥感,(2):12-15.

陈权,李震,王磊. 2007. 机载雷达和辐射计数据反演植被覆盖区土壤水分的初步研究. 水科学进展, 18(5): 756-761.

陈维英,肖乾广,盛永伟. 1994. 距平植被指数在 1992 年特大干旱监测中的应用. 环境遥感,9(2):106-112.

邓辉,周清波. 2004. 土壤水分遥感监测方法进展. 中国农业资源与区划,25(3):46-49.

邓辉. 2004. 基于 MODIS 数据的大区域土壤水分遥感监测研究. 北京:中国农业科学院硕士学位论文.

冯强,田国良,王昂生,等. 2004. 基于植被状态指数的土壤湿度遥感方法研究. 自然灾害学报, 3(3) :81-88.

郭茜,李国春. 2005. 用表观热惯量法计算土壤含水量探讨. 中国农业气象,26(4):215-219.

纪瑞鹏,班显秀,冯锐,等. 2005. 应用 NOAA/AVHRR 资料监测土壤水分和干旱面积. 防灾减灾工程学报,25(2): 157-161.

李建龙,蒋平,刘培君,等. 2003. 利用遥感光谱法进行农田土壤水分遥感动态监测. 生态学报,23(8): 1498-1504.

李星敏,刘安麟,张树誉,等. 2005. 热惯量法在干旱遥感监测中的应用研究. 干旱地区农业研究,23(1):54-59.

李杏朝. 1995. 微波遥感监测土壤水分的研究初探. 遥感技术与应用, 10(4):1-8.

李韵珠,陆锦文,吕梅,等. 1995. 作物干旱指数(CWSI)和土壤干旱指数(SWSI). 土壤学报,32(2):202-209.

李震, 郭华东, 施建成. 2002. 综合主动和被动微波数据监测土壤水分变化. 遥感学报, 6(6): 481-484.

刘安麟,李星敏,何延波,等. 2004. 作物缺水指数法的简化及在干旱遥感监测中的应用. 应用生态学报,15(2): 210-214.

刘丽,刘清,周颖,等. 1999. 卫星遥感信息在贵州干旱监测中的应用. 中国农业气象,20(3): 43-47.

刘良明,李德仁. 1999. 基于辅助数据的遥感干旱分析. 武汉测绘大学学报,24(4):300-305.

刘良明. 2004. 基于 EOS-MODIS 数据的遥感干旱预警模型研究. 武汉: 武汉大学博士学位论文.

刘培君,张琳,艾里西尔·库尔班,等. 1997. 卫星遥感估测土壤水分的一种方法. 遥感学报,1(2):135-138.

刘伟,施建成. 2005. 应用极化雷达估算农作物覆盖地区土壤水分相对变化. 水科学进展,16(4):596-601.

刘伟东,Baret F,张兵,等. 2004. 高光谱遥感土壤湿度信息提取研究. 土壤学报,41(5): 700-706.

刘伟东. 2002. 高光谱遥感土壤信息提取与挖掘研究. 北京: 中国科学院博士学位论文.

刘兴文,冯勇进. 1987. 应用热惯量编制土壤水分图及土壤水分探测效果. 土壤学报,24(3):272-280.

刘志明,张柏,晏明,等. 2003. 土壤水分与干旱遥感研究的进展与趋势. 地球科学进展,4:576-583.

罗秀陵. 薛勤,张长虹,等. 1996. 应用 NDAA-AVHRR 资料监测四川干旱. 气象杂志,5:35-38.

马媛. 2007. 新疆土壤湿度的微波反演及应用研究. 乌鲁木齐:新疆大学博士学位论文.

莫伟华,王振会,孙涵,等. 2006. 基于植被供水指数的农田干旱遥感监测研究. 南京气象学院学报,29(3):396-401.

乔平林,张继贤,王翠华. 2007. 应用 AMSR-E 微波遥感数据进行土壤湿度反演. 中国矿业大学学报,36(1):262-265.

冉琼. 2005. 全国土壤湿度及其变化的遥感分析. 北京:中国科学院研究生院硕士学位论文.

申广荣,田国良. 1998. 作物缺水指数监测旱情方法研究. 干旱地区农业研究,16(3):123-128.

施建成,李震,李新武. 2002. 目标分解技术在植被覆盖条件下土壤水分计算的应用. 遥感学报,6(6):412-415.

隋洪智,田国良,李付琴. 1997. 农田蒸散双层模型及其在干旱遥感监测中的应用. 遥感学报,1(3):220-224.

田国良. 1991. 土壤水分的遥感监测方法. 环境遥感,6(2):90-98.

仝兆远,张万昌. 2007. 土壤水分遥感监测的研究进展. 水土保持通报,27(4): 107-113.

汪潇,张增祥,赵晓丽,等. 2007. 遥感监测土壤水分研究综述. 土壤学报,44(1): 157-163.

王昌佐,王纪华,王锦地,等. 2003. 裸土表层含水量高光谱遥感的最佳波段选择. 遥感信息,4:33-36.

王鹏新,龚健雅,李小文. 2001. 条件温度植被指数及其在干旱监测中的应用. 武汉大学学报(信息科学版),26(5):412-418.

吴孟泉,崔伟宏,李景刚. 2007. 温度植被干旱指数(TVDI)在复杂山区干旱监测的应用研究. 干旱区地理,30(1):30-35.

武胜利. 2006. 基于 TRMM 的主被动微波遥感结合反演土壤水分算法研究. 北京:中国科学院遥感应用研究所,中国科学院研究生院博士学位论文.

肖乾广,陈维英,盛永伟,等. 1994. 用气象卫星监测土壤水分的试验研究. 应用气象学报,5(3): 312-318.

熊文成,劭芸. 2006. 基于 IEM 模拟的干旱区多时相数据含水量含盐量反演模型及分析. 遥感学报,10(1):111-117.

徐彬彬. 1987. 土壤光谱反射特性与理化性状的相关分析. 见:徐杉杉. 宁芜土壤遥感研究专辑. 北京: 科学出版社.

徐彬彬. 1991. 我国土壤光谱线之研究. 环境遥感, 6 (1):61-71.

徐彬彬. 2000. 土壤剖面的反射光谱研究. 土壤, 32 (6):281-287.

薛辉,倪绍祥. 2006. 我国土壤水分热红外遥感监测研究进展. 干旱地区农业研究,26(6): 168-172.

阎峰,覃志豪,李茅松,等. 2006. 农业旱灾监测中土壤水分遥感反演研究进展. 自然灾害学报,15(6):114-121.

杨虎,郭华东,李新武,等. 2003. 主动微波遥感土壤水分观测中的最优雷达参数选择. 高技术通讯,9:21-24.

姚春生,张增祥,汪萧. 2004. 使用温度植被干旱指数法(TVDI)反演新疆土壤湿度. 遥感技术与应用,19(6):473-478.

姚志刚,林龙福. 2005. 星载微波辐射计遥感大气温度廓线的数值模拟. 解放军理工大学学报(自然科学版),6(5):491-496.

余涛, 田国良. 1997. 热惯量法在监测土壤表层水分中的研究. 遥感学报, 1(1):24-31.

袁苇,李宗谦,刘宁,等. 2004. 基于双谱模型的被动微波遥感土壤湿度反演. 电波科学学报,10 (1): 1-6.

张成才,吴泽宁,余弘婧. 2004. 遥感计算土壤含水量方法的比较研究. 灌溉排水学报,23(2):69-72.

张仁华,孙晓敏,朱治林,等. 2002. 以微分热惯量为基础的地表蒸发全遥感信息模型及在甘肃沙坡头地区的验证. 中国科学 D 辑:地球科学,32 (12): 1041-1050.

张仁华. 1991. 土壤含水量的热惯量模型及其应用. 科学通报,36(12):924-927.

张树誉,杜继稳,景毅刚. 2006. 基于 MODIS 资料的遥感干旱监测业务化方法研究. 干旱地区农业研究,24(3):1-6

张振华,蔡焕杰,杨润亚. 2006. 红外遥感估算春小麦田土壤含水率的试验研究. 农业工程学报,22(3):82-87.

赵少华, 秦其明, 沈心一,等. 2010. 微波遥感技术监测土壤湿度的研究. 微波学报,26(2):90-96.

赵少华, 杨永辉, 邱国玉, 等. 2008. 基于双时相 ASAR 影像的土壤湿度反演研究. 农业工程学报, 24(6): 184-188.

赵少华. 2008. 河北平原东部土壤湿度的遥感监测研究. 北京: 北京师范大学博士学位论文.

钟若飞,郭华东,王为民. 2005. 被动微波遥感反演土壤水分进展研究. 遥感技术与应用,20(1): 49-57.

Attema E, Ulaby F T. 1978. Vegetation modeled as a water cloud. Radio Science, 13(2):357-364.

Baghddi N, Meherz Z. 2006. Evaluation of radar backscatter models IEM, OH and Dubois using experimental observations. International Journal of Remote Sensing, 27(18):3831-3852.

Baup F, Mougin E, de Rasnay P, et al. 2007. Surface soil moisture estimation over the AMMA Sahelian site in Mali using ENVISAT/ASAR data. Remote Sensing of Environment, 109(4):473-481.

Bindlish R, Barros A P. 2001. Parameterization of vegetation backscatter in radar-based soil moisture estimation. Remote Sensing of Environment, 76(1): 130-137.

Bindlish R, Barros A P. 2002. Subpixel variability of remotely sensed soil moisture: an inter-comparison study of SAR and ESTAR. IEEE Transaction on Geoscience and Remote Sensing, 40(2): 326-337.

Bindlish R, Jackson T J, Wood E, et al. 2003. Soil moisture estimates from TRMM microwave imager observations over the southern United States. Remote Sensing of Environment, 85(4):507-515.

Bowers S A, Hanks R J. 1965. Reflection of Radiant Energy from Soils. Soil Science, 100(2):130-138.

Cai G Y, Wu J, Xue Y, et al. 2005. Soil moisture retrieval from MODIS data in northern China plain using thermal inertia model (SoA-TI). Proceedings of IEEE International Geoscience and Remote Sensing Symposium, 28(16): 3567-3581.

CarlsonT N, Gillies R R, Perry E M. 1994. A method to make use of thermal infrared temperature and NDVI measurements to infer surface soil water content and fractional vegetation cover. Remote Sensing Reviews, 9(1-2): 161-173.

Carlson T N, Schmugge T J, Perry E L. 1990. Remote estimation of soil moisture availability and fractional cover for agricultural fields. Agriculture and Forest Meteology, 52(1-2):45-69.

Cashion J, Lakshmi V, Bosch D, et al. 2005. Microwave remote sensing of soil moisture: evaluation of TRMM microwave imager (TMI) satellite for the Little River Watershed Tifton, Georgia. Journal of Hydrology, 307(1-4): 242-253.

Chauhan N S. 1997. Soil moisture estimation under a vegetation cover: combined active and passive microwave remote sensing approach. International Journal of Remote Sensing, 18(5):1079-1097.

Chen K S, Yen S K, Huang W P. 1995. A simple model for retrieving bare soil moisture from radar scattering coefficients. Remote Sensing of Environment, 54(2):121-126.

Claps P, Laguardia G. 2004. Assessing spatial variability of soil water content through Thermal Inertia and NDVI. *In*: Owe M, D'Urso G, Moreno J F, et al. Remote Sensing for Agriculture, Ecosystems, and Hydrology V. Proceedings of SPIE. Bellingham: SPIE, (5232), 378-387.

Colpitts B G. 1998. The integral equation model and surface roughness signatures in soil moisture and tillage type determination. IEEE Transactions on Geoscience and Remote Sensing, 36(3):833-837.

Curran P J. 1978. A photographic method for the recording of polarised visible light for soil surface moisture indications. Remote Sensing of Environment, 7(4): 305-322.

Curran P J. 1979. The use of polarized panchromatic and false-color infrared film in the monitoring of soil surface moisture. Remote Sensing of Environment, 8(3): 249-266.

Curran P J. 1981. Remote sensing: the use of polarized visible light (PVL) to estimate surface soil moisture. Applied Geography, 1(1): 41-53.

Dabrowska-Zielinkska K, Inoue Y, Gruszczynska M, et al. 2001. Various approaches for soil moisture estimates using remote sensing. *In*: Proceeding International Geoscience Remote Sensing Symposium, Sydney, Australia. IEEE, Piscataway, N J:261-263.

David B L, Gregory P A. 2002. Mositure effects on soil reflectance. Soil Science Society of American Journal, 66(3): 722-727.

Dobson M C, Ulaby F T, Hallikainen M T, et al. 1985. Microwave dielectric behavior of wet soil: II. Dielectric mixing models. IEEE Transactions on Geoscience and Remote Sensing, 23(1):35-46.

Draper C, Walker J, Steinle P, et al. 2009. An evaluation of AMSR-E derived soil moisture over Australia. Remote Sensing of Environment, 113(4): 703-710.

Dubois P C, Van Zyl J, Engman E T. 1995. Measuring soil moisture with imaging radars. IEEE Transction on Geoscience and Remote Sensing, 33(4): 915-926.

Engman E T, Chauhan N. 1995. Status of microwave soil moisture measurements with remote sensing. Remote Sensing of Environment, 51(1): 189-198.

Engman E T. 1994. The potential of SAR in hydrology. *In*: Proceeding International Geoscience Remote Sensing Symposium, Pasadena, CA. IEEE, Piscataway, N J:283-285.

Fung A K, Chen K S. 1992. Dependence of the surface backscattering coefficients on roughness, frequency and polarization states. International Journal of Remote Sensing, 13(9):1663-1680.

Fung A K, Dawson M S, Chen K S, et al. 1996. A modified IEM model for scattering from soil surfaces with application to soil moisture sensing. *In*: Proceeding International Geoscience Remote Sensing Symposium, Lincoln, Nebraska. IEEE, Piscataway, N J:1297-1299.

Fung A K, Li Z, Chen K S. 1992. Backscattering from a randomly rough dielectric surface. IEEE Transaction on Geosciece and Remote Sensing, 30(2):356-369.

Gillies R R, Carlson T N, Gui J, et al. 1997. A verification of the 'triangle' method for obtaining surface soil water content and energy fluxes from remote measurements of the normalized difference vegetation index (NDVI) and surface radiant temperature. International Journal of Remote Sensing, 18 (15):3145-3166.

Goetz S J. 1997. Multi-sensor analysis of NDVI, surface temperature and biophysical variables at a mixed grassland site. International Journal of Remote Sensing, 18 (1): 71-94.

Henderson F M, Lewis A L. 1998. Principles and Applications of Imaging Radar. New York: John Wiley and Sons, Inc. 2.

Jackson R D, Idso S B, Reginato R J, et al. 1981. Canopy temperature as a cropwater stress indicator. Water Resources Research, 17(4):1133-1138.

Jackson T J. 1999. Soil moisture mapping at regional scales using microwave radiometry. IEEE Transaction on Geoscience and Remote Sensing, 37 (5):2136-2151.

Kogan F N. 1990. Remote sensing of weather impacts on vegetation in non-homogeneous areas. International Journal of Remote Sensing, 11(8): 1405-1409.

Kogan F N. 1997. Global drought watch from space. Bulletin of the American Meteorological Society, 78(4): 621-636.

Koike T. 1997. Study on spatial and temporal variability of surface soil wetness on Tibet plateau by using satellite-based microwave radiometer. Annual Journal of Hydraulics Engineering, 41: 915-919.

Lakshmi V, Bolten J, Njoku E, et al. 2000. Monitoring of large-scale soil moisture from airborne PALS sensor observations during SGP99. *In*: Proceeding International Geoscience Remote Sensing Symposium, Honolulu, HI, IEEE, Piscataway, N J:1069-1071.

Lambin E F, Ehrlich D. 1996. The surface temperature-vegetation index space for land cover and land-cover change analysis. International Journal of Remote Sensing, 17(3):463-487.

Lee K H, Anagnostou E N. 2004. A combined passive/active microwave remote sensing approach for surface variable retrieval using Tropical Rainfall Measuring Mission observations. Remote Sensing of Environment, 92 (1): 112-125.

Le Heqarat-Masdes, Zribi M, Alem F, et al. 2002. Soil moisture estimation from ERS/SAR data: toward an operational methodology. IEEE Transactions of Geoscience and Remote Sensing, 40(12): 2647-2658.

Liu S F, Liou Y A, Wang W J, et al. 2002. Retrieval of crop biomass and soil moisture from measured 1.4 and 10.65 brightness temperatures. IEEE Transactions on Geoscience and Remote Sensing, 40(6): 1260-1268.

Liu W, Baret F, Gu X, et al. 2002. Relating soil moisture to reflectance. Remote Sensing of Environment, 81(2-3): 238-246.

Lu Z, Meyer D J. 2002. Study of high SAR backscattering caused by an increase of soil moisture over a sparsely vegetated area: Implications for characteristics of backscatter. International Journal Remote Sensing, 23(6):1063-1074.

Majumdar T I. 2003. Regional thermal inertia mapping over the Indian subcontinent using INSAT-1D VHRR data and its possible geological applications. International Journal of Remote Sensing, 24(11): 2207-2220.

Mametsa H J, Koudogbo F, Combes P F. 2002. Application of IEM and radiative transfer formulations for bistatic scattering of rough surfaces. IEEE Geoscience and Remote Sensing Symposium, 1: 662-664.

Moran M S, Clarke T R, Inoue Y, et al. 1994. Estimating crop water deficit using the relation between surface-air temperature and spectral vegetation index. Remote Sensing of Environment, 49(3): 246-263.

Moran M S, Hymer D C, Qi J, et al. 2000. Soil moisture evaluation using multi-temporal synthetic aperture radar SAR in semiarid rangeland. Agricultural and Forest Meteorology, 105(1-3): 69-80.

Moran M S, Vidal A, Troufleau D, et al. 1997. Combining multi-frequency microwave and optical data for farm management. Remote Sensing of Environment, 61(1):96-109.

Nemani R, Pierce L, Running S, et al. 1993. Developing satellite-derived estimates of surface moisture status. Journal of Applied Meteorology, 32 (3):548-557.

Nemani R, Running S. 1997. Land cover characterization using multi-temporal red, near-IR and thermal-IR data from NOAA/AVHRR. Ecological Applications, 7 (1):79-90.

Nicolas B, Mehrez Z, Cécile Loumagne, et al. 2008. Analysis of TerraSAR-X data and their sensitivity to soil surface parameters over bare agricultural fields. Remote Sensing of Environment, 112(12): 4370-4379.

Njoku E G, Entekhabi D. 1996. Passive microwave remote sensing of soil moisture. Journal of Hydrology, 184(1-2): 101-129.

Njoku E G, Li L. 1999. Retrieval of land surface parameters using passive microwave measurements at 6 to 18 GHz. IEEE Transactions on Geoscience and Remote Sensing, 37(1): 79-93.

Njoku E G, O'Neill P E. 1982. Multi-frequency microwave radiometer measurement of soil moisture. IEEE Transaction Geoscience Remote Sensing, 20 (4): 468-475.

Notarnicola C, Posa F. 2001. Bayesian fusion of active and passive microwave data for estimating bare soil water content. *In*: Proceeding International Geoscience Remote Sensing Symposium, Sydney, Australia. IEEE, Piscataway, N J: 1167-1169.

Oh Y, Sarabandi F T, Ulaby F. 1992. An empirical model and an inversion technique for radar scattering from bare soil surfaces. IEEE Transactions on Geoscience and Remote Sensing, 30(2): 370-381.

Panciera R, Walker J, Kalma J, et al. 2009. Evaluation of the SMOS L-MEB passive microwave soil moisture retrieval algorithm. Remote Sensing of Environment, 113(2): 435-444.

Pasquariello G, Satalino G, Mattia F, et al. 1997. On the retrieval of soil moisture from SAR data over bare soils. *In*: Proceeding International Geoscience Remote Sensing Symposium, Singapore. IEEE, Piscataway, N J:1272-1274.

Pratt A, Ellyett C D. 1979. The thermal inertia approach to mapping of soil moisture and geology. Remote Sensing of Environment, (8)(2):151-168.

Prevot L, Dechambre M, Taconet O, et al. 1993. Estimating the characteristics of vegetation canopies with airborne radar measurements. International Journal Remote Sensing, 14(15):2803-2818.

Price J C. 1985. On the analysis of thermal infrared imagery: The limited utility of apparent thermal inertia. Remote Sensing of Environment, 18(1):59-73.

Quesney A, Hegarat-Mascle S L, Taconet O, et al. 2000. Estimation of watershed soil moisture index from ERS/SAR data. Remote Sensing of Environment, 72(3):290-303.

Rahman M M, Moran M S, Thoma D P, et al. 2008. Mapping surface roughness and soil moisture using multi-angle radar imagery without ancillary data. Remote Sensing of Environment, 112(2):391-402.

Romshoo S A. 2004. Geostatistical analysis of soil moisture measurements and remotely sensed data at different spatial scales. Environmental Geology, 45(3): 339-349.

Sandholt I, Rasmussen K, Andersen J. 2002. A simple interpretation of the surface temperature/vegetation index space for assessment of surface moisture status. Remote Sensing of Environment, 79(2): 213-224.

Schmugge T J. 1983. Remote sensing of soil moisture: recent advances. IEEE Trans Geosci Remote Sense, 21: 336-344.

Shi J, Wang J, Hsu A Y, et al. 1997. Estimation of bare surface soil moisture and surface roughness parameter using L-band SAR image data. IEEE Transactions on Geoscience and Remote Sensing, 35(5):1254-1266.

Shoshang M, Svorang T, Curran P J, et al. 2000. The relationship between ERS-2 SAR backscatter and soil moisture: generalization from a humid to semi-arid transect. Remote Sensing, 21(11):2337-2343.

Sobrino J A, Li Z L, Stoll M P, et al. 1996. Multi-chanel and multiangle algorithms for estimating sea and land surface temperature with ATSR data. International Journal of Remote Sensing, 17:2089-2114.

Tansey K J, Millington A C, Battikhi A M, et al. 1999. Monitoring soil moisture dynamics using satellite image radar in northeastern Jordan. Applied Geography, 19: 325-344.

Thoma D P, Moran M S, Bryant R, et al. 2006. Comparison of four models for determining surface soil moisture from C-band radar imagery. Water Resources Research, 42(1): 1-12.

Tien K J C, Judge J, Jacobs J M. 2004. Passive microwave remote sensing of soil moisture, evapotranspiration, and vegetation properties during a growing season of cotton. Geoscience and Remote Sensing Symposium, 4(20-24): 2795-2798.

Tramutoli, Claps P, Marella M, et al. 2000. Feasibility of hydrological application of thermal inertia from remote sensing. 2nd Plinius Conference on Mediterranean Storms, Siena, Italy.

Ugsang M D. 2000. Assessment of space-borne SAR remote sensing for monitoring soil moisture. Dissertation No SR-00 - 2, Asian Institute Technology (AIT), Bangkok.

Ulaby F T, Dubois P C, van Z J. 1996. Radar mapping of surface soil moisture. Journal of Hydrology (Amsterdam), 184:57-84.

Ulaby F T, Moore R K, Fung A K. 1982. Microwave Remote Sensing: Active and Passive. Vol. II. Radar Remote Sensing and Surface Scattering and Emission Theory. Addison-Wesley, Reading, MA.

Ulaby F T, Sarabandi K, McDonald K, et al. 1988. Michigan microwave canopy scattering model (MIMICS). Tech. Rep. 022486-T-1, Ann Arbor: Univ. Michigan, Jul. R.

Unganai L S, Kogan F N. 1998. Southern Africa's recent droughts from space. Advance in Space Research, 21(3):507-511.

Urso C D', Minacapilli M. 2006. A semi-empirical approach for surface soil water content estimation from radar data without apriori information on surface roughness. Journal of Hydrology, 321(1-4):297-310.

Verhoef A. 2004. Remote sensing of thermal inertia and soil heat flux for bare soils. Agricultural and Forest Meteorology, 123(3-4): 221-236.

Verhoest N E C, Hoeben R, De Troch F P, et al. 2000. Soil moisture inversion from ERS and SIR-C imagery at the Zwalm catchment. Belgium. *In*: Proceeding International Geoscience Remote Sensing Symposium, Honolulu, HI. IEEE, Piscataway, N J: 2041-2043.

Verstraeten W W, Veroustraete F, van der Sande C J, et al. 2006. Soil moisture retrieval using thermal inertia, deter-mined with visible and thermal spaceborne data, validated for European forests. Remote Sensing of Environment, 101(3): 299-314.

Wang C, Qi J, Moran M S, et al. 2003. Soil moisture estimation in a semi-arid rangeland using ERS-2 and TM imagery. Remote Sensing of Environment, 90(2):178-189.

Wang J R, Engman E T, Shi J C, et al. 1996. The SIR-B observations of microwave backscatter dependence on soil moisture, surface roughness and vegetation covers. IEEE Transactions on Geoscience and Remote Sensing, 24(4): 510-516.

Watson K, Pohn H A. 1974. Thermal inertia mapping from satellites discrimination of geologic Unitsin Oman. Journal of Research Geology Survey, 2(2): 147-158.

Watson K, Rowen L C, Offield T W. 1971. Application of thermal modeling in the geologic interpretation of IR images. Remote Sens Environ, 3: 2017-2041.

Wickel A J, Jackson T J, Wood E F. 2001. Multitemporal monitoring of soil moisture with RADARSAT SAR during the 1997 Southern Great Plains hydrology experiment. International Journal Remote Sensing, 22(8):1571-1583.

Xue Y, Cracknell A P. 1995. Advanced thermal modeling. International Journal of Remote Sensing, 16(3): 431-446.

Zhao D M, Su B K, Zhao M. 2006. Soil moisture retrieval from satellite images and its application to heavy rainfall simulation in eastern China. Advances in Atmospheric Sciences, 23(2): 299-316.

Zribi M, Baghdadi N, Holah N, et al. 2005. Evaluation of a rough soil surface description with ASAR-ENVISAT radar data. Remote Sensing of Environment ,95(1):67-76.

第四章　区域水分蒸散发与蒸散发模型[①]

第一节　传统蒸散发模型

蒸散发的研究距今已有 300 多年的历史，最早有据可查的是 17 世纪 Hally 对水蒸气的研究(Hally，1687)，但直到 19 世纪初提出了著名的 Dalton 蒸发定律，考虑了风速、温度、湿度对蒸发的影响，才使蒸散发的理论计算具有明确的物理意义(Saxton and Howell，1985)，至此初步奠定了近代蒸散发理论的基础。尽管如此，蒸散发研究取得重要突破的时期是 20 世纪中叶，其标志有 Penman 公式的诞生(Pemman，1948)、蒸散发概念的明确提出(Thornthwaite，1948)、涡度相关理论的形成(Swinbank，1951)与 Penman-Monteith 公式的产生(Monteith，1965)。1948 年，Pemman 综合考虑能量平衡与空气动力学之间的相互作用，经过实验观测后提出了饱和状态下蒸散发的计算公式。随后，Monteith 对 Penman 公式进行修订，引入表面阻抗，建立了 Penman-Monteith 公式。随着蒸散发理论研究的日趋成熟，其计算方法也逐渐增多，应用比较成熟、颇具代表性的算法有以下几种。

一、Penman-Monteith 公式(Monteith，1965)

$$\mathrm{LE} = \frac{\Delta(R_\mathrm{n} - G) + \rho C_\mathrm{p}(e_\mathrm{s} - e_\mathrm{a})/r_\mathrm{a}}{\Delta + \gamma(1 + r_\mathrm{s}/r_\mathrm{a})} \tag{4.1}$$

式中：LE 为蒸散发；Δ 为饱和水汽压曲线斜率；e_s 为饱和水汽压；e_a 为实际水汽压；γ 为干湿球常数；r_a 为空气动力学阻抗；r_s 为表面阻抗。

Penman-Monteith 公式为非饱和下垫面的蒸散发研究开辟了一条新途径，但阻抗的准确计算比较困难，尤其是在粗糙、下垫面植被稀疏等情况下，限制了 Penman-Monteith 公式的应用。

二、波文比能量平衡法

波文比是显热通量与潜热通量的比值，可用两个不同高度的气温差与湿度差表示(Bowen，1926)：

$$\beta = \frac{C_\mathrm{p}\Delta T}{L\Delta q}$$

---

① 本章作者：邱国玉、熊育久、李瑞利。

$$\mathrm{LE} = \frac{R_n - G}{\beta + 1} \tag{4.2}$$

式中：β 为波文比；C_p 为空气定压比热容；LE 为潜热通量（L 为水汽的汽化潜热，E 为蒸散发）；ΔT 为不同高度的温差；Δq 为不同高度的湿度差；R_n 为到达地表的太阳净辐射；G 为土壤热通量。

三、涡度相关法

涡度相关法公式（Swinbank，1951）如下：

$$\mathrm{LE} = \rho_{air}\,\overline{w'q'} \tag{4.3}$$

式中：ρ_{air} 为空气密度；w' 为垂直风速；q' 为比湿的脉动量。

四、蒸 渗 仪 法

蒸渗仪是根据质量守恒原理设计的仪器，通过初始质量的变化，可以计算出蒸散发，被认为是比较准确的测量方法（Tanner，1967；Aboukhaled et al.，1982）。

其中，波文比、涡度相关法中的未知参数可通过相关的设备观测获得，其精度之高是野外“点源”观测（0.1～1km）中公认的（Tanner，1967；Aboukhaled et al.，1982；Baldocchi，2003；Rana and Katerji，2000），但鉴于技术的原因，这两种方法尤其是涡度相关法主要应用于科学研究中（Rana and Katerji，2000）；称重式蒸渗仪观测精度同样较高（Allen et al.，1991），但其结果只能代表一个“点”（Grebet and Cuenca，1991）。

总的说来，这一阶段的蒸散发计算方法可分为三类：水量平衡法、微气象学方法、植物生理法（Rose and Sharma，1984；邱国玉，2008）。水量平衡法是根据降水、径流、流域蓄水量变化等资料估算总蒸发量。在资料充分而可靠的条件下，水量平衡法是较好的估算方法，有较高的精度。但随着计算时段的缩短，运用这种方法要正确量化时段始末的流域蓄水量是有困难的。微气象学方法是利用气象观测数据实现土壤、植物冠层的能量、水汽通量等的量化，进而计算蒸散发。该方法在观测时需要尽量减少对微气象环境的干扰，加上混合长度的需要（fetch requirement），这类方法中的大多数方法只适用于田间尺度的平坦均匀地表（Scott et al.，2000），在地表起伏、对流强烈的情况下使用要十分慎重，如波文比法、涡度相关法、Penman-Monteith 公式。植物生理学方法主要用来测定植物植株或叶片的蒸散发，该法能在较短时间内揭示植株的生理特征、环境因素对蒸散发的影响。该方法适用于复杂地形、狭小场地和对孤立木的观测。但是，由于测定时改变了环境，得出的蒸散发结果可能包含很大误差，加上叶片测定结果难以推广到整个植株、单株的测定难以推广到群落或立地水平，所以该方法主要用于个体的比较研究。

由此可见，上述三类方法要么是参数众多、难以获取，要么是适用范围小、不能在大面积应用，总之难以满足人们对蒸散发定量研究的需求。这些方法被称为传统的蒸散发计算方法，因为它们通常只能获取一个“点”上的资料，并且只能代表测点附近很小的范围，很难在几何结构和物理性质非均匀的大面积陆面区域上推广应用。而要解决许多实际问题，如流域内的水量平衡变化情况、数值天气预报、气候变化模式等，往往需要掌握区域尺度上的蒸散发分布格局和总的耗水动态。即使可以通过多点观测获得大范围的资料，但多点密集观测会使成本成倍增加，并且效果不理想。

第二节　区域蒸散发模型

20 世纪 70 年代后期以来，随着卫星遥感技术的出现和发展，其宏观、快速、信息量大、连续性强的优点，使人们能够获取地球表面丰富的信息。卫星传感器获得的信号是基于空间地理信息的，一幅卫星影像可以反映地表信息的空间分布特征，其基本构成单位——像元代表地表的某个区域而不是一个点。传感器所记录的区域地表信息在相应影像上形成一个个“点”即像元，这些像元的亮度值及相关反演参数就是地面相应区域内信息的空间统计平均值。尽管遥感技术不能直接观测蒸散发，但多时相、多光谱及不同空间分辨率的卫星遥感资料能够客观反映出地球表面下垫面的几何结构和湿热状况，特别是热红外遥感能够比较客观地反映出近地层湍流热通量大小和下垫面的干湿差异，可通过间接的方式计算蒸散发。比起常规传统方法在区域蒸散计算方面具有明显的优越性。与此同时，计算机科学的不断发展，解决了复杂的数学计算，并大大提高了运算的速度。在这样的背景下，产生了不少经验、半经验统计模型，以及具有物理基础意义的模型，为准确估算区域蒸散发带来了新的契机。

一、经验统计模型(empirical model)

经验统计模型(包括半经验统计模型)主要是将站点通量观测数据与遥感反演结果相结合，利用已有的观测结果拟合能量通量与遥感反演参数的关系，再计算区域的潜热通量。最具代表性的经验模型是根据瞬时辐射温度(instantaneous radiometric temperature)(通常为正午时刻的值，如 13 时或 14 时)、气温求算蒸散发，其先驱是 Jackson 等(1977)。该模型的前提是假设显热通量与净辐射之比在一天中始终等于一个常数，并且在日尺度上土壤热通量可以忽略不计，其算法可用数学公式表示为

$$\mathrm{LE_d} = R_{\mathrm{n,d}} - A - B(T_{\mathrm{rad,i}} - T_{\mathrm{a,i}}) \tag{4.4}$$

式中：下标 d 和 i 分别表示日尺度和瞬时尺度；A、B 为经验系数；T_{rad} 为地表辐射温度(可通过遥感手段计算)；T_{a} 为气温；R_{n} 为太阳净辐射(Jackson et al.，1977)。

该方法(也称为简单算法，simplified method)提出后，Seguin 和 Itier 的实验观测与理论研究表明它具有广阔的应用前景(Seguin and Itier，1983)。此后，式(4.4)及其派生的算法在不同区域得到了应用(Nieuwenhuis et al.，1985；Kerr et al.，1987；Brunel，1989；Carlson and Buffum，1989；Seguin et al.，1989；Vidal and Perrier，1989；Lagouarde，1991；Carlson et al.，1995)。总的来说，这些研究表明式(4.4)是一种相对简单的方法，但是该方法中的净辐射需要日尺度的数据，这对遥感反演是一个较大挑战，最关键的是要准确获取大尺度区域的瞬时气温比较困难(Courault et al.，2005)。

二、单层模型(single-layer model)

由于单层模型对陆地表面过程作了高度简化，将土壤和植被的混合像元作为一张大叶子处理(图 4.1)，忽略了下垫面的次级结构和特征，因而最初被称为大叶模型。其原理是通过遥感反演求出能量平衡方程中的净辐射、土壤热通量以及显热通量后，将蒸散发作为地表能量平衡方程中的余项求算，用数学公式可表示为

$$
\begin{aligned}
\mathrm{LE} &= R_{\mathrm{n}} - G - H \\
H &= \rho C_{\mathrm{p}} \frac{T_{\mathrm{s}} - T_{\mathrm{a}}}{r_{\mathrm{a}}}
\end{aligned} \tag{4.5}
$$

式中：T_s 为地表温度(可通过遥感反演)；其他参数同前文一致。

单层模型(图 4.1)是最早用来定量描述陆面能量转化的模型(Jackson，1982；Kustas et al.，1989；Moran et al.，1989；Kustas et al.，1990；Hall et al.，1992)。这类模型中的代表有 SEBAL(surface energy balance algorithm for land)(Bastiaanssen et al.，1998a，1998b)、SEBS(surface energy balance system)(Su，2002)。

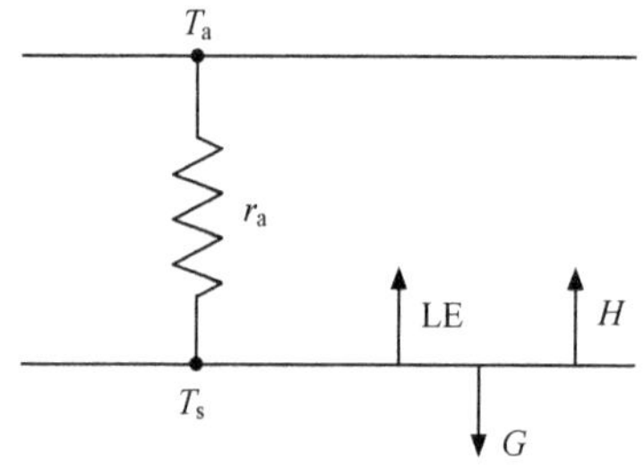

图 4.1 单层模型示意图

因为单层模型对下垫面的假设非常理想化(单一、均匀)，在实际应用中很难满足该条件，仅适合在植被覆盖茂密、下垫面均一的地区应用，在植被稀疏的地区往往会产生严重误差(Kustas et al.，1990；Anderson et al.，1997；Verhoef et al.，1997)。

三、双层模型(two-source model)

双层模型针对稀疏植被时叶片不能完全覆盖地表而使下层土壤裸露的实际情况，同时考虑了植被与土壤对冠层总能量的贡献，是单层模型的升华，因此应用比较广泛。根据双层模型中对土壤、植被能量交换机制假设的不同，可以分为系列模式(series model)、补丁模式(patch model)、平行模式(parallel model)双层模型。

较早提出系列模式双层模型(图 4.2)的是 Shuttleworth 和 Wallance(1985)，其他代表有 Sellers 等(1986)、McNaughton 和 van den Hurk(1995)。系列模式中能量交换的基本思想是：将植被冠层及其下层的土壤看作相互叠加的，认为系统中的通量源是彼此连续的，即整个冠层的湍流通量由两部分组成，分别来自植被冠层及其下方的土壤，它们之间是互相叠加的关系，下层的水汽与热量只能通过植被顶层才能离开(或顶层的水汽与热量只能通过植被进入后才能到达土壤)，因此整个植被冠层释放或接受的总通量是各组分通量之和(图 4.2)。在 Shuttleworth 和 Wallance(1985)的模型中，蒸散发计算的原理源于 Penman-Monteith 公式，用数学公式可表示为

$$\mathrm{LE}=\mathrm{LE_s}+\mathrm{LE_c}=\frac{\Delta A_s+\frac{\rho C_p D_0}{r_{as}}}{\Delta+\gamma\left(1+\frac{r_{ss}}{r_{as}}\right)}+\frac{\Delta(A-A_s)+\frac{\rho C_p D_0}{r_{ac}}}{\Delta+\gamma\left(1+\frac{r_{sc}}{r_{ac}}\right)} \tag{4.6}$$

$$A=R_n-S-P-G$$

$$A_s=R_{n,s}-G$$

$$D_0=e_w(T_x)-[e_w(T_x)-e_w(T_0)]-e_0$$

式中：E_s 为土壤蒸发；E_c 为植被蒸腾；r_{as} 为土壤与热源汇高度之间的空气动力学阻抗；r_{ac} 为整个植被层的边界阻抗；r_{ss} 为土壤表面水汽扩散阻抗；r_{sc} 为冠层的气孔阻抗；S、P 分别为植物体中存储的物理、生物化学能；R_n 为达到系统的总太阳净辐射；$R_{n,s}$ 为系统最底层的太阳净辐射；e 为水汽压；$e_w(T)$ 为温度为 T 时的饱和水汽压冠；下标 x、0 分别代表参考高度和冠层高度。此外，在图中还有另外一个未出现在式(4.6)中的阻抗 r_{aa}，它是参考高度和冠层有效高度之间的空气动力学阻抗。

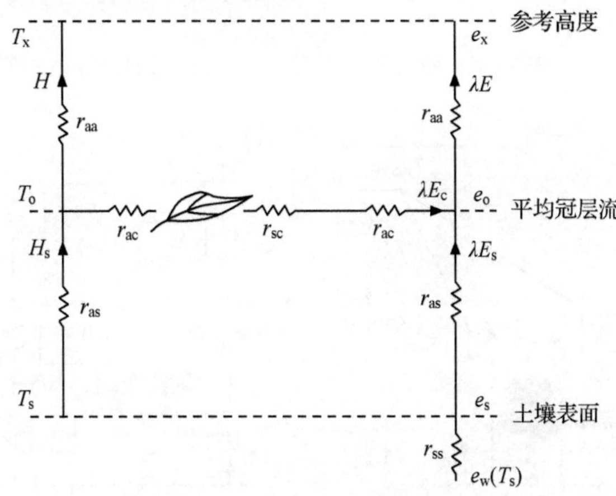

图 4.2　系列模式双层模型(Shuttleworth and Wallance,1985)

与系列模式的假设不同，补丁模式(图 4.3)中能量交换的基本思想是：将植被冠层与土壤看作相互并列的斑块，两者之间的能量通量相互独立、无相互作用，各自与大气直接发生交换(Blyth and Harding, 1995；Lhomme and Chehbouni,1999)，如图 4.3 所示。因此系统的总能量通量不是简单的相加，而是土壤、植被中能量通量的面积权重之和，用数学公式可表达为

$$F_t=fF_c+(1-f)F_s \tag{4.7}$$

式中：F 为能量通量(如净辐射、显热通量、潜热通量)；f 为植被盖度；下标 t、s、c 分别表示总量、土壤、植被冠层。

到 20 世纪 90 年代中期，Normal 等(1995)提出一个有别于系列模式与补丁模式的平行模式双层模型，该模式对能量交换基本思想类似于补丁模式的，即假设植被冠层与土壤是各自独立与大气进行能量交换的，即二者的能量通量是相互平行的(图 4.4)(N95 model)。但与补丁模式不同的是，平行模式处理土壤与植被的关系时，是按实际中土壤通常处于植被冠层下方，从平均状况角度出发考虑的(considers an “average” soil condition)，而补丁模式中将土壤与植被看作不重叠的斑块对待，并且斑块中植被占优势（Kustas and Norman，1999a）。

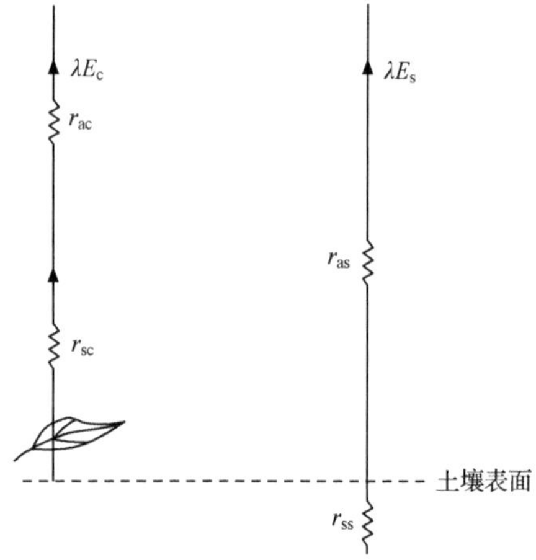

图 4.3　补丁模式双层模型（Lhomme and Chehbouni，1999）

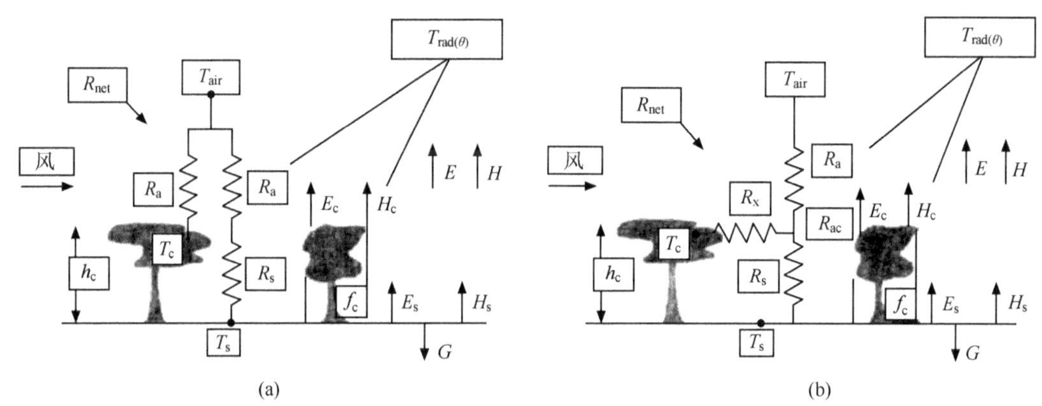

图 4.4　平行模式(a)与系列模式(b)（Norman et al.，1995）

在 N95 及其随后改进的平行模式双层模型中（Norman et al.，1995；Kustas and Norman，1999b；Kustas and Norman，2000），土壤蒸发的计算原理是将潜热通量作为能量平衡方程的余项估算，而植被蒸腾可通过泰勒系数加权净辐射计算，其方程可分别表示为

$$\mathrm{LE_s} = R_{n,s} - G - H_s$$

$$H_s = \rho C_p \frac{T_s - T_a}{r_{ah} + r_s}$$

$$\mathrm{LE_c} = P_{PT} f_c \frac{\Delta}{\Delta + \gamma} R_{n,c}$$

$$\mathrm{LE} = \mathrm{LE_s} + \mathrm{LE_c} \tag{4.8}$$

式中：$R_{n,c}$ 为植被吸收的太阳净辐射；H_s 为土壤显热通量；r_{ah} 为热量传输阻抗（the resistance to heat transport）；r_s 为边界层中土壤表面热量通量阻抗（the resistance to heat flow in the boundary layer immediately above the soil surface)；P_{PT} 为泰勒系数；f_c 为植被盖度。其他参数同前文定义一致。

平行模式的双层模型简化了下垫面能量的传输方式，与系列模式的双层模型相比，更有助于遥感应用(图 4.4)。但这样的假设主要适合应用于植被稀疏的情况下(通常在干旱地区)(Kustas and Norman，2000)，因为此时植被冠层对土壤辐射和热量通量的过滤作用比植被密闭条件下小，并且土壤蒸发与植被冠层蒸腾在中等风速下只有微弱的耦合关系，平行模式的双层模型比系列模式的更容易求解(田国良，2008)。

在以上几种双层模型求解中，都具有不同程度的复杂性，尤其是各种阻抗的计算中，充满了各种简化假设和经验系数，增加了模拟精度的不确定性。

四、多层模型(multi-layer model)

相对双层模型而言，多层模型(图 4.5)是理论上的突破，它不满足于仅将下垫面划分为植被冠层和土壤。多层模型将土壤、植物、大气作为一个连续系统(soil-plant-atmosphere continuum，SPAC)考虑将植被冠层、土壤分为若干个层，再根据各层的结构特征计算其辐射、显热、潜热通量，各层通量之和就是达到系统的总能量通量(Raupach and Finningan，1988；Collatz et al.，1991；Leuning et al.，1995； Williams et al.，1996；Su et al.，1996)(图 4.5)。但在当前的多层模型中，分层主要针对植被冠层，将土壤分层的研究较少。

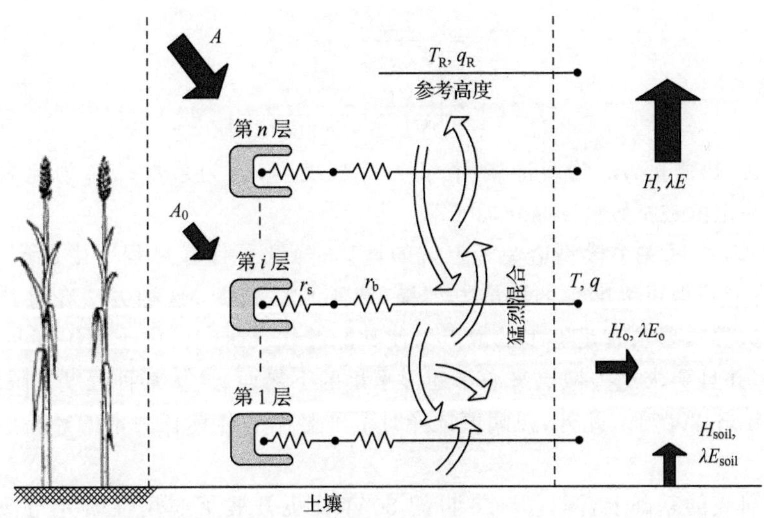

图 4.5 多层模型示意图(Raupach and Finningan，1988)

多层模型能够详尽地描述土壤和植被冠层间的各种能量传输过程，对陆面过程研究起到了推动作用，在理论上是一种质的进步。但这类模型的物理过程和机理极其复杂，需要详细地描述植被冠层的结构特征以及风速、气温等在植被冠层中的变化，难以进行遥感应用。此外，这类模型为了用数学语言描述复杂的过程，可能需要进行大量的简化或假设，加上模型验证的比较困难，使得模型的精确度受到质问。因此，Raupach 和 Finningan (1988)认为多层模型理论基础正确，但无益于应用。

五、温度一植被指数空间关系模型

在以上介绍的几类模型中，除经验统计模型外，其他的模型中都需要计算阻抗。根据模型的物理意义，阻抗的种类与数量各不相同(如上文中介绍的冠层阻抗、土壤表面阻抗等)，使得阻抗的计算具有很大的复杂性。此外，要准确计算阻抗也是一个极大的挑战。所以，为了避免计算该参数，在基于地表辐射温度(T_{rad})与归一化植被指数(NDVI)具有显著负相关性的情况下，科研人员还提出一种新的方法计算蒸散发(Price，1990；Carlson et al.，1994，1995b；Gillies et al.，1997；Jiang and Islam，1999，2001，2003)。其原理是：在T_{rad}与 NDVI 散点的空间分布图中，总能找出两者的阈值($T_{rad,min}$、$T_{rad,max}$；$NDVI_{min}$、$NDVI_{max}$，见图 4.6)，在此基础上产生一个多边形，用其斜率反映阻抗的大小与地表湿度状况，以此构建蒸散发与 T_{rad}、NDVI 之间的关系模型。这类模型主要有三角形法(triangle method)和四边形法(trapezoidal method)。以三角形法为例，其原理可用数学公式表达为

$$
\begin{aligned}
\mathrm{EF} &= \frac{\mathrm{LE}}{R_n} \\
\mathrm{EF} &= \sum_{i}^{3}\sum_{j}^{3} a_{ij} T^{*i} f^{j} \\
T^{*} &= \frac{T_{rad} - T_{rad,min}}{T_{rad,max} - T_{rad,min}} \\
f &= \left(\frac{\mathrm{NDVI} - \mathrm{NDVI}_{min}}{\mathrm{NDVI}_{max} - \mathrm{NDVI}_{min}}\right)^{2}
\end{aligned}
\tag{4.9}
$$

式中：LE 为潜热通量；R_n 为日净辐射；f 为植被盖度；a_{ij} 为系数；T_{rad} 为地表辐射温度；NDVI 为归一化植被指数(Carlson，2007)。

T_{rad}-NDVI 空间关系模型避免了阻抗的计算，降低了计算过程中由此产生的系统误差，从而有可能获得更为准确的蒸散发结果(图 4.6)。但是，这种方法在寻找阈值时(确定多边形的边界)，要求有足够多的散点以使其能够代表研究区中土壤湿度与植被盖度 f 的真实状况，并且要求这些散点来源于地形平坦的下垫面，这从某种程度上限制了该方法的应用(Carlson，2007)。此外，在阈值选择时不可避免地会具有一定的经验性(人的主观性)。

在国外研究的基础上，国内从 20 世纪 80 年代也开展了应用性研究与探索性工作。由国家自然科学基金委员会或国际组织资助的一系列陆面过程研究，如“黑河地区地气相互作用野外观测试验研究(HEIFE)”(黑河试验核心小组，1991；高艳红和陈国栋，2008)、“淮河流域能量与水分循环试验和研究(HUBEX)”(张雁，2000)、“内蒙古半干旱草原土壤—植被—大气相互作用研究(IMGRASS)”(吕达仁等，2002，2005)、“全球能量水循环亚洲季风之青藏高原实验(GAME/Tibet)”(马耀明等，2006)，系统探索研究了包括蒸散发在内的地表过程参数对区域能量平衡和水分循环的影响机理。

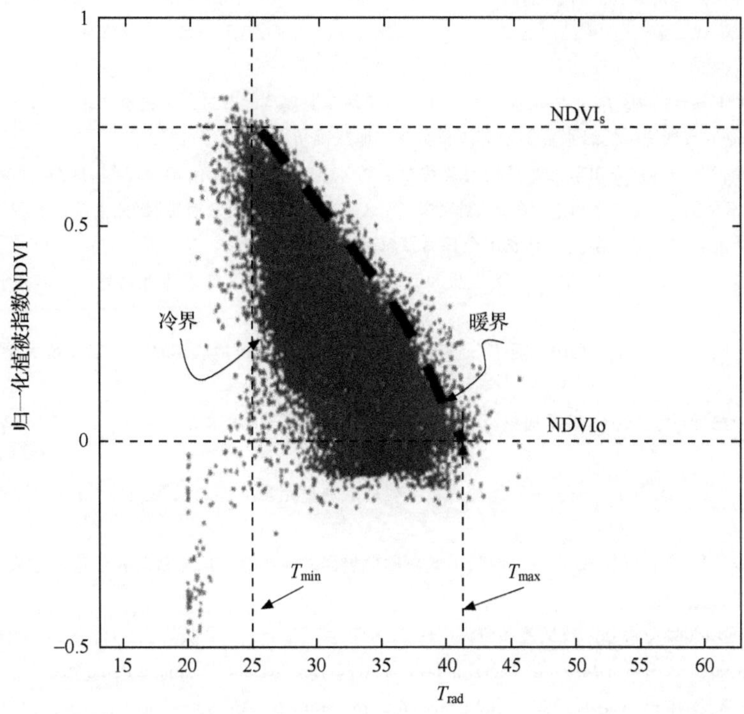

图 4.6 T_{rad}-NDVI 空间关系及其阈值(Carlson,2007)

在此背景下,国内科研人员在蒸散发反演模型领域开展了不同程度的研究。陈镜明(1988)、谢贤群(1991)改进了 Brown 和 Rosenburg 提出的蒸散发模型,前者从植物小气候学原理出发,借鉴国外研究引入了"剩余阻抗"的概念,考虑了冠层内的小气候环境对热量传输及蒸散发的影响,提高了植被覆盖条件下的模型计算精度,后者根据在中科院禹城的观测实验,利用修订后的模型反演卫星过境时的农田瞬时蒸散发,再积分获得日蒸散发。张仁华是国内提倡二层模型的主要研究人员,并提出用热惯量模型反演蒸散发(张仁华等,2001,2002,2004)。辛晓洲等(2005,2007)、莫兴国(莫兴国等,2000;Mo et al.,2004)等发展了 Shuttleworth 和 Wallance 的二层模型,并进行了大量的应用研究。其他一些研究人员对某些相应双层模型进行适当的简化,以提高模型的可应用性。例如,隋洪智等(1997)提出的简化双层模型,在监测部分覆盖条件下土壤水分和作物蒸散发,取得较为理想的监测结果。陈云浩等(2001)将地表分为裸露土壤和全植被覆盖两种情况,分别计算出土壤蒸发和植被蒸腾,再根据植被盖度提出非均匀条件下的区域蒸散发计算模型。

参考文献

陈镜明.1988.现用遥感蒸散模式中的一个重要缺点及改进.科学通报,6:454-457.

陈云浩,李晓兵,谢锋.2001.我国西北地区地表反照率的遥感研究.地理科学,21(4):327-333.

高艳红,陈国栋.2008.黑河流域陆地-大气相互作用研究的几点思考.地球科学进展,23(7):779-784.

黑河试验核心小组.1991.黑河地区地气相互作用观测试验研究(HEIFE).地球科学进展,6(4):34-38.

吕达仁，陈佐忠，陈家宜，等. 2005. 内蒙古半干旱草原土壤-植被-大气相互作用综合研究. 气象学报，63(5)：571-593.

马耀明，姚檀栋，王介民. 2006. 青藏高原能量和水循环试验研究——GAME/Tibet 与 CAMP/Tibet 研究进展. 高原气象，25(2)：344-351.

莫兴国，林忠辉，刘苏峡. 2000. 基于 Penman-Monteith 公式的双源模型的改进. 水利学报，5：6-11.

邱国玉. 2008. 陆地生态系统中的绿水资源及其评价方法. 地球科学进展，23(7)：713-722.

隋洪智，田国良，李付琴. 1997. 农田蒸散双层模型及其在干旱遥感监测中的应用. 遥感学报，1(3)：220-224.

田国良. 2008. 农田蒸散、土壤水分和干旱的遥感监测. 2008 年北京大学"定量遥感"研究生精品课程讲义.

谢贤群. 1991. 遥感瞬时作物表面温度估算农田全日蒸散总量. 环境遥感，6(4)：253-260.

辛晓洲，柳钦火，唐勇，等. 2005. 用 CBERS-02 卫星和 MODIS 数据联合反演地表蒸散通量. 中国科学 E 辑，35(S1)：125-140.

辛晓洲，柳钦火，田国良，等. 2007. 利用土壤水分特征点组分温差假设模拟地表蒸散. 北京师范大学学报(自然科学版)，43(3)：221-227.

张仁华，孙晓敏，刘纪远，等. 2001. 定量遥感反演作物蒸腾和土壤水分利用率的区域分异. 中国科学 D 辑，31(11)：959-968.

张仁华，孙晓敏，王伟民，等. 2004. 一种可操作的区域尺度地表通量定量遥感二层模型的物理基础. 中国科学 D 辑，34(S2)：200-216.

张仁华，孙晓敏，朱治林，等. 2002. 以微分热惯量为基础的地表蒸发全遥感信息模型及在甘肃沙坡头地区的验证. 中国科学 D 辑，32(12)：1041-1050.

张雁. 2000. 淮河流域能量与水分循环试验和研究(HUBEX)项目进展. 气象科技，1：11-15.

Aboukhaled A, Alfaro A, Smith M. 1982. Lysimeters. FAO Irrigation and Drainage Paper No. 39: 69.

Allen R G, Pruitt W O, Jensen M E. 1991. Environmental requirements for lysimeters. *In*: Allen R G, Howell T A, Pruitt W O, et al. Lysimeters for Evapotranspiration and Environmental Measurements. Proceedings of the International Symposium on Lysimetry, Honolulu, Hawaii. New York: ASCE: 170-181.

Anderson M C, Norman J M, Diak G R, et al. 1997. A two-source time-integrated model for estimating surface fluxes using thermal infrared remote sensing. Remote Sensing of Environment, 60: 195-216.

Baldocch D D. 2003. Assessing the eddy covariance technique for evaluating carbon dioxide exchange rates of ecosystems: past, present and future. Global Change Biology, 9: 479-492.

Bastiaanssen W G M, Menenti M, Feddes R A, et al. 1998. A remote sensing surface energy balance algorithm for land (SEBAL) 1. Formulation. Journal of Hydrology, (212-213): 198-212.

Bastiaanssen W G M, Pelgrum H, Wang J, et al. 1998. A remote sensing surface energy balance algorithm for land (SEBAL) 2. Validation. Journal of Hydrology, (212-213): 213-229.

Blyth E M, Harding R J. 1995. Application of aggregation models to surface heat flux from the Sahelian tiger bush. Agricultural and Forest Meteorology, 72: 213-235.

Bowen I S. 1926. The ratio of heat losses by conduction and evaporation from any water surface. Physical Review, 27 (6): 779-798.

Brunel J P. 1989. Estimation of sensible heat flux from measurements of surface radiative temperature and air temperature at two meters: application to determine actual evaporation rate. Agricultural and Forest Meteorology, 46(3): 179-191.

Carlson T. 2007. An overview of the triangle method for estimating surface evapotranspiration and soil moisture from satellite imagery. Sensors, 7(8): 1612-1629.

Carlson T N, Buffum M J. 1989. On estimating total daily evapotranspiration from remote surface temperature measurements. Remote Sensing of Environment, 29(2): 197-207.

Carlson T N, Capehart W J, Gillies R R. 1995. A new look at the simplified method for remote sensing of daily evapotranspiration. Remote Sensing of Environment, 54(2): 161-167.

Carlson T N, Gillies R R, Perry E M. 1994. A method to make use of thermal infrared temperature and NDVI measurements to infer surface soil water content and fractional vegetation cover. Remote Sensing Reviews, 9(1-2): 161-173.

Carlson T N, Gillies R R, Schmugge T J. 1995b. An interpretation of methodologies for indirect measurement of soil-water content. Agricultural and Forest Meteorology, 77(3-4): 191-205.

Collatz G J, Grivet C, Ball J T, et al. 1991. Physiological and environmental regulation of stomatal conductance, photosynthesis and transpiration: a model that includes a laminar boundary layer. Agricultural and Forest Meteorology, 54(2-4): 107-136.

Courault D, Seguin B, Olioso A. 2005. Review on estimation of evapotranspiration from remote sensing data: from empirical to numerical modeling approaches. Irrigation and Drainage Systems, 19(3-4): 223-249.

Gillies R R, Carlson T N, Cui J, et al. 1997. A verification of the 'triangle' method for obtaining surface soil water content and energy fluxes from remote measurements of the normalized difference vegetation index (NDVI) and surface radiant temperature. International Journal of Remote Sensing, 18(15): 3145-3166.

Grebet P, Cuenca R H. 1991. History of lysimeter design and effects of environmental disturbances. *In*: Allen R G, Howell T A, Pruitt W O, et al. Lysimeters for Evapotranspiration and Environmental Measurements. Proceedings of the International Symposium on Lysimetry, Honolulu, Hawaii. New York: ASCE: 10-18.

Hall F G, Huemmrich K F, Goetz S J, et al. 1992. Satellite remote sensing of surface energy balance: success, failures and unresolved issues in FIFE. Journal of Geophysics Research, 97(D17): 19 061-19 089.

Hally E. 1687. An estimate of the quantity of vapor raised out of the sea by warmth of sun. Philosophical Transactions of the Royal Society of London, 16: 366-370.

Jackson R D, Reginato R J, Idso S B. 1977. Wheat canopy temperature: a practical tool for evaluating water requirements. Water Resource Research, 13(3): 651-656.

Jackson R D. 1982. Soil moisture inferences from thermal-infrared measurements of vegetation temperatures. IEEE Transition Geosciences of Remote Sensing, 20(3): 282-285.

Jiang L, Islam S. 1999. A methodology for estimation of surface evapotranspiration over large areas using remote sensing observations. Geophysical Research Letters, 26(17): 2773-2776.

Jiang L, Islam S. 2001. Estimation of surface evaporation map over southern great plains using remote sensing data. Water Resources Research, 37(2): 329-340.

Jiang L, Islam S. 2003. An intercomparison of regional latent heat flux estimation using remote sensing data. International Journal of Remote Sensing, 24(11): 2221-2236.

Kerr Y H, Assad E, Freteaud J P, et al. 1987. Estimation of evapotranspiration in the Sahelian zone by use of METEOSAT and NOAA AVHRR data. Advances in Space Research, 7(11): 161-164.

Kustas W P, Choudhury B J, Moran M S, et al. 1989. Determination of sensible heat flux over sparse canopy using thermal infrared data. Agricultural and Forest Meteorology, 44 (3-4): 197-216.

Kustas W P, Moran M S, Jackson R D, et al. 1990. Instantaneous and daily values of the surface energy balance over agricultural fields using remote sensing and a reference field in an arid environment. Remote Sensing of Environment, 32(2-3): 125-141.

Kustas W P, Norman J M. 1999a. Reply to comments about the basic equations of dual-source vegetation-atmosphere models. Agricultural and Forest Meteorology, 94(3-4): 275-278

Kustas W P, Norman J M. 1999b. Evaluation of soil and vegetation heat flux predictions using a simple two-source model with radiometric temperatures for partial canopy cover. Agricultural and Forest Meteorology, 94(1): 13-29.

Kustas W P, Norman J M. 2000. A two-source energy balance approach using directional radiometric temperature observations for sparse canopy covered surfaces. Agronomy Journal, 92: 847-854.

Lagouarde J P. 1991. Use of NOAA AVHRR data combined with an agrometeorological model for evaporation mapping. International Journal of Remote Sensing, 12(9): 1853-1864.

Leuning R, Kelliher F M, de Pury D G G, et al. 1995. Leaf nitrogen, photosynthesis, conductance and transpiration:

scaling from leaf to canopies. Plant, Cell and Environment, 18(10): 1183-1200.

Lhomme J P, Chehbouni A. 1999. Comments on dual-source vegetation-atmosphere transfer models. Agricultural and Forest Meteorology, 94(3-4): 269-273.

McNaughton K G, van den Hurk B J J M. 1995. A 'Lagrangian' revision of the resistors in the two-layer model for calculating the energy budget of a plant canopy. Boundary-Layer Meteorology, 74(3): 262-288.

Monteith J L. 1965. Evaporation and environment. Symposia of the Society for Experiment Biology, 19: 205-234.

Moran M S, Jackson R D, Raymond L H, et al. 1989. Mapping surface energy balance components by combining landsat thematic mapper and ground-based meteorological data. Remote Sensing of Environment, 30 (1): 77-87.

Mo X G, Liu S X, Lin Z H, et al. 2004. Simulating temporal and spatial variation of evapotranspiration over the Lushi basin. Journal of Hydrology, 285(1-4):125-142.

Nieuwenhuis G J, Smidt A E H, Thunnissen H A M. 1985. Estimation of regional evapotranspiration of arable crops from thermal infrared images. International Journal of Remote Sensing, 6(8): 1319-1334.

Norman J M, Becker F. 1995. Terminology in thermal infrared remote sensing of natural surfaces. Agricultural and Forest Meteorology, 77 (3-4): 153-166.

Norman J M, Kustas W P, Humes K S. 1995. Source approach for estimating soil and vegetation energy fluxes in observations of directional radiometric surface temperature. Agricultural and Forest Meteorology, 77 (3-4): 263-293.

Penman H L. 1948. Natural evaporation from open water, bare soil and grass. Proceedings of the Royal Society of London. Series A, Mathematical and Physical Sciences, 193(1032): 120-145.

Price J C. 1990. Using spatial context in satellite data to infer regional scale evapotranspiration. IEEE Transactions on Geoscience and Remote Sensing, 28(5): 940-948.

Rana G, Katerji N. 2000. Measurement and estimation of actual evapotranspiration in the field under Mediterranean climate: a review. European Journal of Agronomy, 13 (2-3): 125-153.

Raupach M R, Finningan J J. 1988. Single-layer models of evaporation from plant canopies are incorrect but useful, whereas multilayer models are correct but useless: discussion. Australian Journal of Plant Physiology, 15(6): 705-716.

Rose C W, Sharma M L. 1984. Summary and recommendations of the workshop on "evapotranspiration from plant communities". Agricultural Water Management, 8(1-3): 325-342.

Saxton K E, Howell T A. 1985. Advances in Evapotranspiration—an introduction. *In*: Proceedings of the ASAE Conference on Evapotranspiration, Chicago, American Society Agricultural Engineers, St. Joseph, Michigan: 1-3.

Scott R L, Shuttleworth W J, Goodrich D C, et al. 2000. The water use of two dominant vegetation communities in a semiarid riparian ecosystem. Agricultural and Forest Meteorology, 105(1-3): 241-256.

Seguin B, Assad E, Freteaud J P, et al. 1989. Use of meteorological satellites for water balance monitoring in the Sahelian regions. International Journal of Remote Sensing, 10(6): 1101-1117.

Seguin B, Itier B. 1983. Using midday surface temperature to estimate daily evaporation from satellite thermal IR data. International Journal of Remote Sensing, 4(2): 473-383.

Sellers P J, Mintz Y, Sud Y C, et al. 1986. A simple biosphere model (SiB) for use with general circulation models. Journal of the Atmospheric Sciences, 43 (6): 505-531.

Shuttleworth W J, Wallance J S. 1985. Evaporation from sparse crops-an energy combination theory. Quarterly Journal of the Royal Meteorological Society, 111(469): 839-855.

Su H B, Paw U K T, Shaw R H. 1996. Development of a coupled leaf and canopy model for simulation of plant-atmosphere interaction. Journal of Applied Meteorology, 35(5): 733-748.

Su Z. 2002. The surface energy balance system (SEBS) for estimation of turbulent heat fluxes. Hydrology and Earth System Sciences, 6 (1): 85-99.

Swinbank W C. 1951. The measurement of vertical transfer of heat and water vapour by eddies in the lower atmosphere. Journal of Meteorology, 8(3): 135-145.

Tanner C B. 1967. Measurement of evapotranspiration. *In*: Hagan R M, Haise H R, Edminister T W. Irrigation of Agricultural Lands, American Society of Agronomy, Madison, WI: 534-574.

Thornthwaite C W. 1948. An approach towards a national classification of climate. Geographical Review, 38: 55-94.

Verhoef A, De Bruin H A R, van Den Hurk B. 1997. Some practical notes on the parameter kB^{-1} for sparse vegetation. Journal of Applied Meteorology, 36(5): 560-572.

Vidal A, Perrier A. 1989. Analysis of a simplified relation for estimating daily evapotranspiration from satellite thermal IR data. International Journal of Remote Sensing, 10(8): 1327-1337.

Williams M, Rastetter E B, Fernandes D N, et al. 1996. Modelling the soil-plant-atmosphere continuum in a Quercus-Acer stand at Harvard Forest: the regulation of stomatal conductance by light, nitrogen and soil/plant hydraulic properties. Plant, Cell and Environment, 19: 911-927.

第二部分　气候变化背景下的区域水分收支的外场观测与机制研究

第五章　农作物生长发育对气候变化的响应[①]

全球气候变化下的农业气候资源利用和区域气候波动情景下的作物产量响应与粮食安全问题已成为研究热点和重点。气候变化对农业生产的影响主要表现在农业产量上。我国地处东亚季风区，是世界上气候变化、气象灾害最为频繁的国家之一，严重影响我国农业的稳定和持续发展。因此，分析探讨我国气候变化及其对粮食作物产量的可能影响，对实现我国粮食生产的持续发展和解决粮食安全问题具有十分重大的现实意义。

本章基于对未来气候变化条件下的我国粮食产量波动响应预测和我国粮食安全分析的目的，选取我国冬小麦和玉米主产区的代表区域，在对历史产量和气象数据时间序列分析的基础上，采用常规滑动和小样本调和方法，完成了趋势单产的分离和气候单产的提取；进行所选区域冬小麦和玉米实际单产和气候单产与对应生长期内积温和降雨因子的二次多项式拟合，得到一系列研究区域和对应站点产量-气候因子拟合公式；并最终得到全国冬小麦和玉米产量-气候因子的拟和公式。在此基础上，根据 GCM 模拟的未来 40a 气候变化情景，预测了冬小麦和玉米单产的区域气候波动响应，最后进行区域气候变化下的中国粮食生产安全分析。

第一节　数据来源与分析

作物数据包括全国小麦、玉米 1949～2004 年的总产、单产和播种面积；冬小麦研究区（北京、青岛、济南、成都、西安和徐州）的 1982～1998 年冬小麦总产、单产；玉米研究区域（东北春玉米区哈尔滨、长春、沈阳，黄淮海夏玉米区北京、济南、青岛、徐州、西安，西南玉米区成都）1982～1998 年的玉米总产、单产。其中，全国的作物数据来源于联合国粮农组织（FAO）统计数据和中国种植业信息网农作物数据库，各研究区域的作物数据从国家图书馆库存的各地方年鉴上和网上查阅各地年鉴获得。气象数据包括与作物研究区域相对应的研究站点 1982～1998 年日平均气温和日降水数据，来源于世界气象组织（WMO）统计数据。因为本文主要研究我国气候变化及其对主要粮食作物产量的影响，结合我国主要粮食作物生产栽培和所掌握的数据情况，选择研究区域情况如表 5.1 所示。

表 5.1　本文研究区域的选择

北部冬小麦区	黄淮海平原冬小麦区	西南冬小麦区
北京	济南　青岛　徐州　西安	成都
东北春玉米区	黄淮海夏玉米区	西南玉米区
哈尔滨　长春　沈阳	北京　济南　青岛　徐州　西安	成都

① 本章作者：吴晓、邱国玉、李瑞利。

一、粮食产量基本模型

只要确定每种粮食作物单产，通过种植面积，就可以计算区域粮食产量。实际上，粮食作物单产影响因素主要包括：作物品种、耕作管理水平、施肥水平、灌溉技术、政策措施、地形地势、土壤肥力、气象因子等，可以概括为两类。一是技术水平和社会经济因素，它对单产的影响是非常复杂的，有明显的时间趋势，但它体现的是社会生产力水平对单产的决定作用，对单产的影响相对稳定。二是为自然因素，相对来说，耕地自身短期内变化较小，而气象因素，如温度、降水、日照等变化成为主要影响因子，光水热作用波动性大。因此，可以将粮食作物单产分解如下：

$$y_i = y_i(t) + y_i(w) \tag{5.1}$$

式中：y_i 为实际单产；$y_i(t)$ 为趋势单产，表征社会经济条件和生产力技术水平对实际单产的贡献，随科技进步和社会经济条件改善呈现上升趋势，逐渐逼近一个极限值 $y_i(0)$；$y_i(w)$ 为气候单产，表征气候波动对实际单产的贡献，随气候波动而增加或减少。

因为趋势单产主要由社会技术水平决定，相邻两年间趋势单产不会剧增或剧减，即增长应该比较稳定。所以小麦和玉米趋势单产拟合可以通过平滑处理后的历史趋势单产数据进行回归。本文采用信息扩散方法，对小麦和玉米的历史数据进行调和滑动处理，具体公式定义如下：

$$\overline{y_i^j}(t) = \sum_{k=1}^{p} c_{j-k+1} y_i^{j-k+1}, \quad (j \geqslant p \in Z) \tag{5.2}$$

式中：$\overline{y_i^j}(t)$ 为第 j 年趋势单产滑动平均值，用以代替第 j 年趋势单产 $y_i^j(t)$；p 为滑动平均步长；c_{j-k+1} 为滑动平均系数；y_i^{j-k+1} 为滑动步长年间第$(j-k+1)$年的实际单产。

滑动平均系数 c_{j-k+1} 可以是线性滑动系数也可以是非线性滑动平均系数，可以由信息分配函数获得。因为趋势单产具有显著的时间趋势性，所以本节采用线性滑动处理小麦和玉米实际单产的历史数据，线性滑动平均系数 c_{j-k+1} 定义如下：

$$c_{j-k+1} = \frac{(p-k+1)}{\sum_{k=1}^{p} k} \tag{5.3}$$

满足式(5.4)

$$\begin{cases} \sum_{k=1}^{p} c_{j-k+1} = 1 \\ c_{j-k+1} \leqslant 1 \end{cases} \tag{5.4}$$

滑动平均系数 c_{j-k+1} 意义在于历史数据信息的充分利用，尤其在样本空间较小时，相当一种信息膨胀处理，也可以理解为一种非对称距平滤波处理。即在滑动平均步长 p 区间内，离历史年份 j 越近年份的单产信息对 j 年理论趋势单产越大。

为了描述气候因子波动对实际单产 y_i 的贡献，可以定义气候波动影响系数 β，其定义式如下：

$$\beta = \frac{y_i(w)}{y_i(t)} = \frac{y_i}{y_i(t)} - 1 \tag{5.5}$$

如果 $\beta > 0$，气候因子波动对粮食单产 y_i 为正贡献，所在年份为总体增产；如果 $\beta = 0$，气候因子波动对粮食单产 y_i 无增益作用，所在年份总体平产；如果 $\beta < 0$，气候因子波动对粮食单产 y_i 无增益作用，且削弱了趋势单产 $y_i(t)$ 对粮食单产 y_i 的增益作用，所在年份总体减产。

二、粮食单产预测建模过程

根据粮食单产基本模型，可以确定粮食单产预测建模过程的基本步骤。粮食单产分解：根据粮食单产影响因子的时间趋势性，把实际单产 y_i 分解为时间趋势项 $y_i(t)$ 和气候波动项 $y_i(w)$；趋势单产 $y_i(t)$ 模拟与分离：以趋势因子（一般为时间序列 t）为自变量，趋势单产 $y_i(t)$ 为应变量，利用回归方法进行 $y_i(t)$ 的模拟和分离；气候单产 $y_i(w)$ 的提取：通过实际单产 y_i 和趋势单产 $y_i(t)$ 的确定，分离气候单产 $y_i(w)$，并建立气象因子与产量的定量关系；未来粮食单产 y'_i 预测：根据建立的单产与气象因子的定量关系，将未来年份的气象数据代入，可以得到未来气候波动情景和技术水平下的单产。

三、气象数据解析

活动积温是作物某生育时期内日活动温度的总和，即高于或等于生物学零度（又称起始温度或起点温度）的日平均的总和。有效积温是某作物生育时期内日有效温度的总和，日平均温度减去生物学零度的差值即有效温度。某发育时段每日有效温度之和，即为该发育时段的有效积温。有效积温中不包含低于生物学零度（起始温度）的温度值，所以用来表征作物生长发育对热量条件的要求更为准确。与活动积温相比，有效积温变化小，相对较为稳定，多应用于作物生育速度的计算和发育时期的预报。结合冬小麦和玉米的生育特点，冬小麦积温为日均温≥5℃的有效积温，而玉米为日均温≥10℃的有效积温。

第二节 冬小麦和玉米对区域气候变化的响应

全球气候变暖是全球气候变化的最显著结果之一，其对于粮食安全的影响成为备受关注的世界性问题（Parry et al.，1999）。许多学者利用模型来模拟未来气候变化对作物产量的影响，但对于几十年尺度上较大范围的实证研究还比较少。全球气温显著上升的时期也正是人类生产技术水平大幅度提高的时期，农业技术的发展可能掩盖了气候变化对于粮食产量的一些影响。包括气温和降水变化在内的区域性气候波动对粮食产量的影响分析和预测的关键在于对粮食单产的影响因子的分解和确定，因而其模拟方法和过程很重要。而且，不同的预测因子和建模方法可以组合成社会经济因子模型、气象因子模型、社会经济趋势因子和气象因子模型、社会经济因子和气象波动单产模型等。不同模型考虑的因素和处理方法不同，因此预测的结果也有一定的差异。

一、全国小麦与玉米单产回归模拟分析

(一)全国小麦与玉米实际单产回归分析

在考虑气候波动对粮食产量的影响,粮食单产可以分解为趋势单产和气候单产。就某地区而言,趋势单产主要取决于社会经济发展水平,因而在时间序列上呈缓慢变化的过程,在相邻两年间趋势单产不会剧增或剧减。在具体处理时,把年序或其他时间参数作为自变量,以各种函数关系去模拟社会经济发展水平对趋势产量的影响。其主要的方法有以下几种。

(1) 正交多项式模拟。通常,任何函数都可用高次多项式逼近。因此,随时间变化比较复杂的产量序列也可用正交多项式来模拟其趋势产量。

(2) 五点三次滤波模拟。与趋势单产变化过程相比,气候单产波动是个快速波动的过程,从信号序列的频率特性看,趋势单产是低频信号,气候单产是高频信号。根据滤波理论,低频和高频相互叠加而形成的信号序列,总可用滤波的方法消除高频干扰,从中检测出低频信号,因此,可以采用滤波的方法对粮食产量进行分解,模拟趋势单产。

(3) 直线滑动平均模拟。此方法将产量时间序列在某个连续阶段内的变化看作线性函数,随着阶段的连续滑动,直线不断地改变位置,后延滑动,从而反映产量历史演变趋势的连续变化。依次求取各阶段的直线回归模型,而各时间点上各滑动直线回归模拟值的平均值,即为趋势单产。

(4) 指数平滑预测。这是一种预测型的模拟,其基本原理是:离预测年越近,对未来的影响越大,反之越小,随着时间的推移其影响按指数规律衰减,这与农业生产的年际影响情况是一致的。

本节用常规回归分析方法对 1949～2004 年的小麦和玉米实际单产变化进行拟合,得到历史实际单产变化拟合曲线如图 5.1 所示。

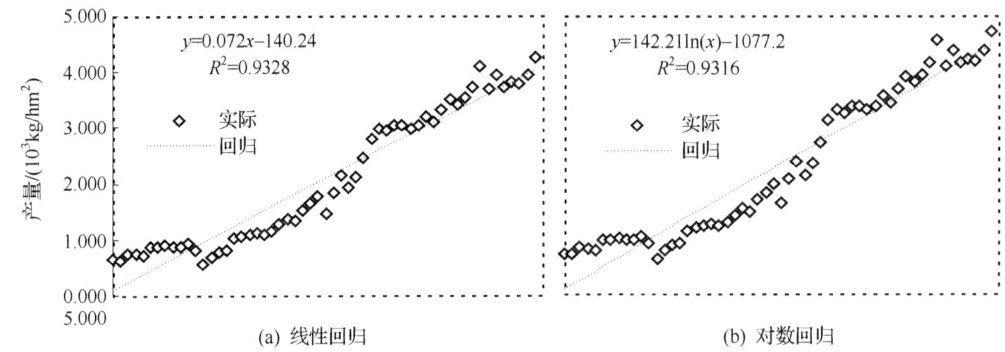

(a) 线性回归　　(b) 对数回归

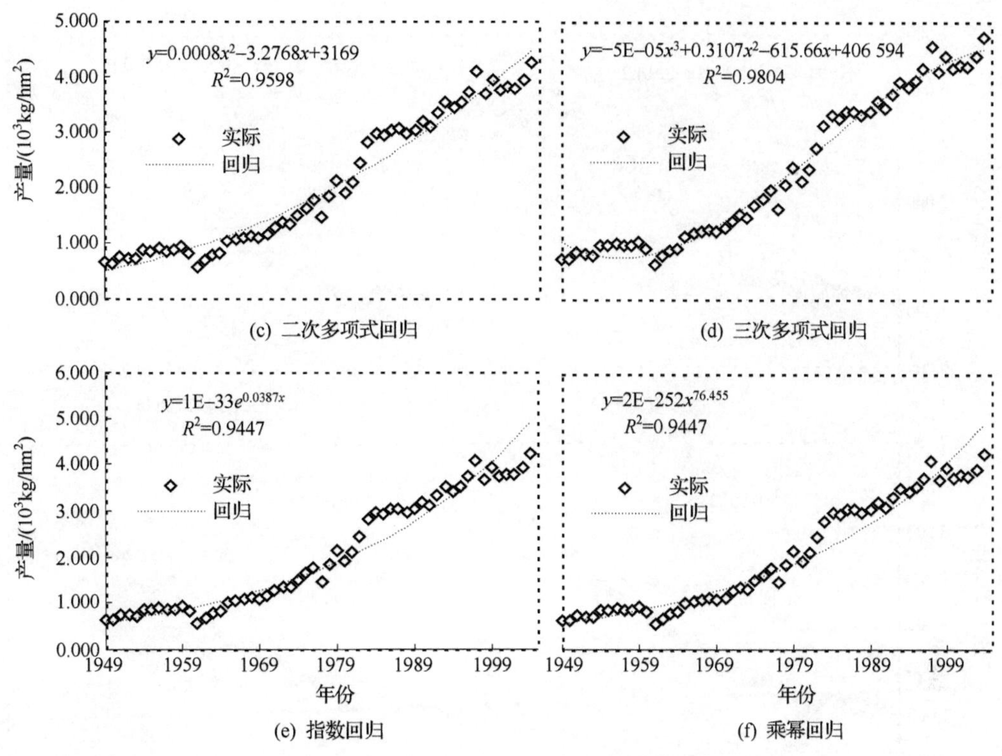

图 5.1　全国小麦历史实际单产回归曲线图

由图 5.1 可以知道对于小麦而言，三次多项式对新中国成立以来的小麦实际单产回归拟合效果最好，在 $\alpha=0.05$ 时，$R^2=0.9804$；二次多项式回归拟合效果次之，$R^2=0.9598$。用同样的处理方法可以得到新中国成立以来的玉米实际单产回归曲线如图 5.2，同样可以看出多项式回归的效果较好，三次多项式拟合时，$R^2=0.9798$；二次多项式拟合回归时，$R^2=0.9537$。相比之下，玉米历史实际单产拟合效果不及小麦。

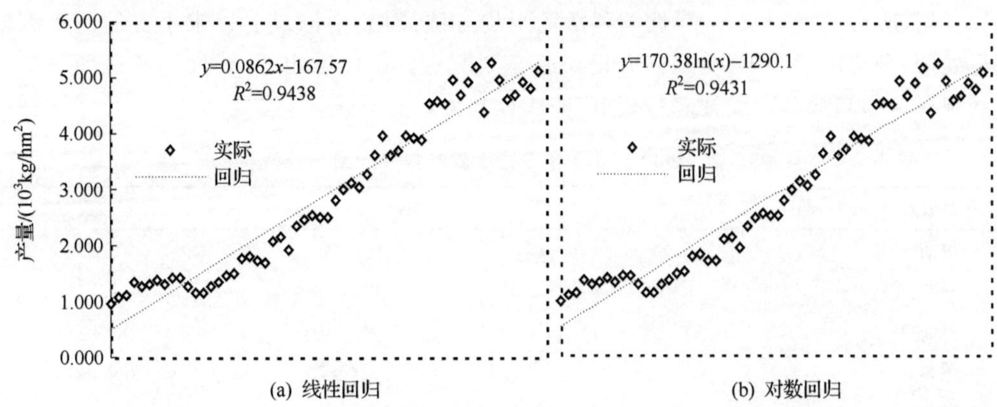

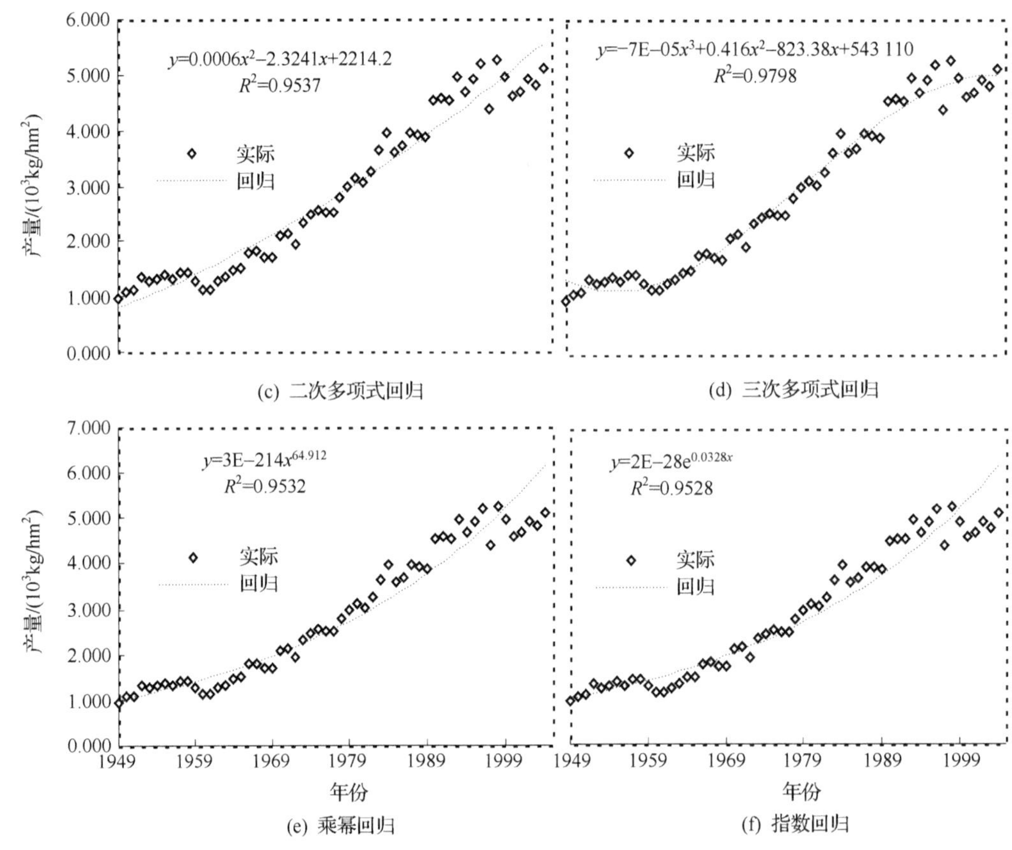

(c) 二次多项式回归　(d) 三次多项式回归
(e) 乘幂回归　(f) 指数回归

图 5.2　全国玉米历史实际单产回归曲线图

(二) 全国小麦与玉米趋势单产分离

利用 5a 滑动平均和 5a 线性调和滑动平均方法,对新中国成立以来小麦的历史数据进行处理,分离出趋势单产,回归方程如表 5.2 所示。可以看出 5a 线性调和滑动平均方法处理提取的趋势单产线性趋势较好,非线性趋势略有弱化。

表 5.2　1949～2004 年中国小麦趋势单产回归分析表

平滑处理	回归方法	回归方程	拟合度(R^2)
滑动	线性	$y = 0.0742x - 144.76$	0.942 7
调和		$y = 0.075x - 146.26$	0.945 5
滑动	对数	$y = 146.71\ln x - 1\,111.5$	0.941 6
调和		$y = 148.26\ln x - 1\,123.2$	0.944 5
滑动	二次多项	$y = 0.0009x^2 - 3.658x + 3\,547.1$	0.970 2
调和		$y = 0.0009x^2 - 3.3071x + 3\,199.2$	0.967 6
滑动	三次多项	$y = (-6E\text{-}05)x^3 + 0.3762x^2 - 746.11x + 493\,157$	0.991 5
调和		$y = (-7E\text{-}05)x^3 + 0.4004x^2 - 793.8x + 524\,491$	0.991 4

续表

平滑处理	回归方法	回归方程	拟合度(R^2)
滑动	乘幂	$y = (9E\text{-}260)x^{78.652}$	0.959
调和		$y = (4E\text{-}259)x^{78.46}$	0.955 7
滑动	指数	$y = (1E\text{-}34)e^{0.039\,8x}$	0.95 9
调和		$y = (1E\text{-}34)e^{0.039\,7x}$	0.955 6

新中国成立以来，小麦历年趋势单产稳定性系数 η(趋势单产占实际单产的比例)年际变化曲线如图 5.3 所示，可以看出线形调和滑动平均处理方法分离出的小麦趋势单产年际变化比较稳定，趋势单产稳定性系数 η 多年均值为 0.9630，明显大于滑动平均处理方法的分离效果(0.9443)。经过同样处理，可以实现新中国成立后玉米趋势单产的分离和回归分析结果。通过处理过程发现，5a 调和滑动平均方法对玉米趋势单产的滤波分离效果很差。5a 滑动平均方法分离玉米趋势单产回归分析结果如表 5.3 所示。通过玉米趋势单产的分离和回归分析，可以看出新中国成立以来玉米趋势单产的时间趋势要比小麦显著，尤其以多项式回归效果最好($R^2=0.9947$)。可以看出线形调和滑动平均处理方法分离出的玉米趋势单产年际变化比较稳定，趋势单产稳定性系数 η 多年均值为 0.967 929，明显大于滑动平均处理方法的分离效果(0.951 089)，整体滤波效果良好(图 5.4)。

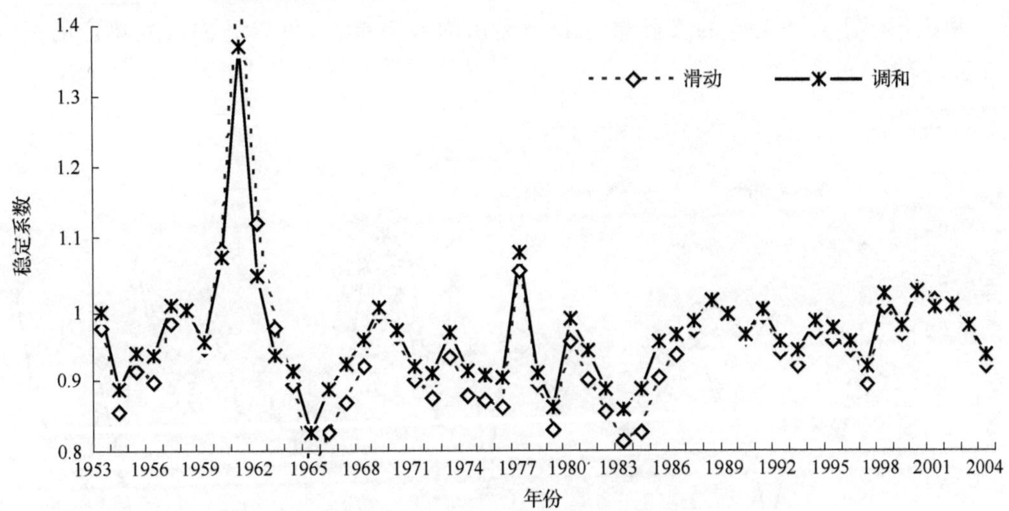

图 5.3　全国小麦历史趋势单产稳定性系数年际变化曲线

表 5.3　1949～2004 年中国玉米趋势单产回归分析表

回归方法	回归方程	拟合度(R^2)
线性	$y = 0.089\,5x - 174.12$	0.957 5
对数	$y = 176.91\ln x - 1\,339.9$	0.956 8
二次多项	$y = 0.000\,8x^2 - 2.909\,2x + 2\,792.1$	0.969 9
三次多项	$y = (-8E\text{-}05)x^3 + 0.484\,5x^2 - 959.9x + 633\,881$	0.994 7
乘幂	$y = (4E\text{-}220)x^{66.694}$	0.966
指数	$y = (3E\text{-}29)e^{0.033\,7x}$	0.965 8

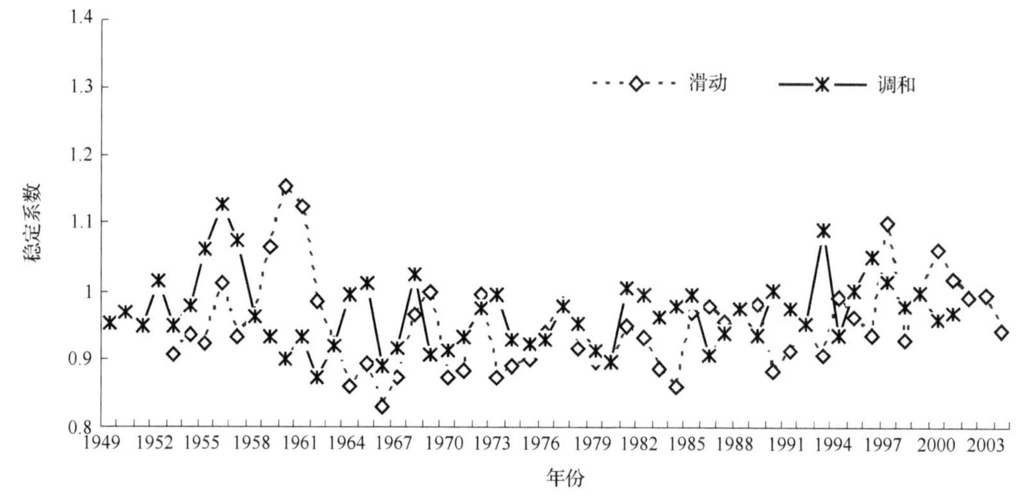

图 5.4 全国玉米历史趋势单产稳定性系数年际变化曲线

(三)全国小麦与玉米气候单产提取

根据历年小麦和玉米的实际单产和分离出的趋势单产,可以完成气候单产的提取(图 5.5和图 5.6)。

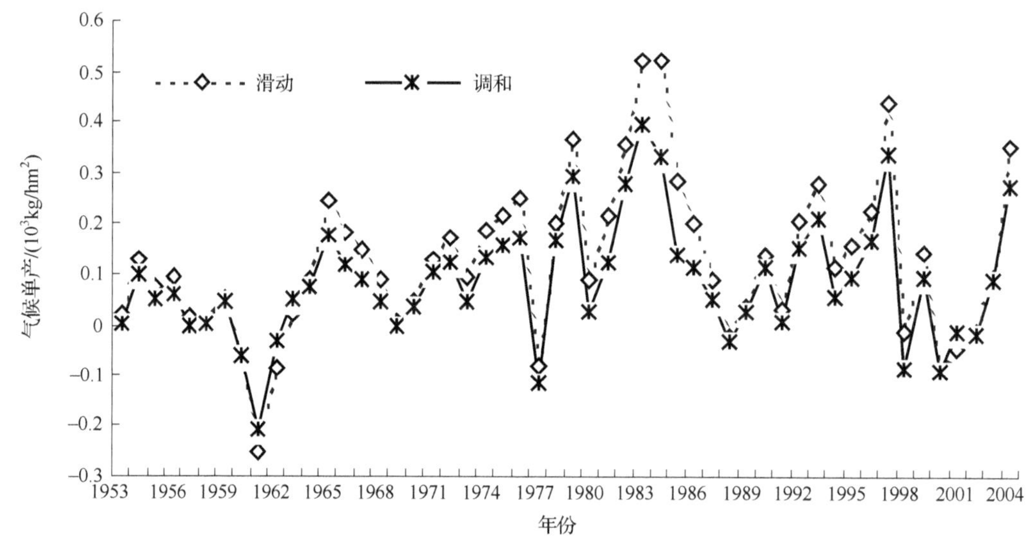

图 5.5 全国小麦历史气候单产年际波动曲线

进而利用小麦和玉米生长期内气候因子和提取的气候单产进行相关性拟合,就可以进行作物单产的气候因子影响分析和未来单产预测。

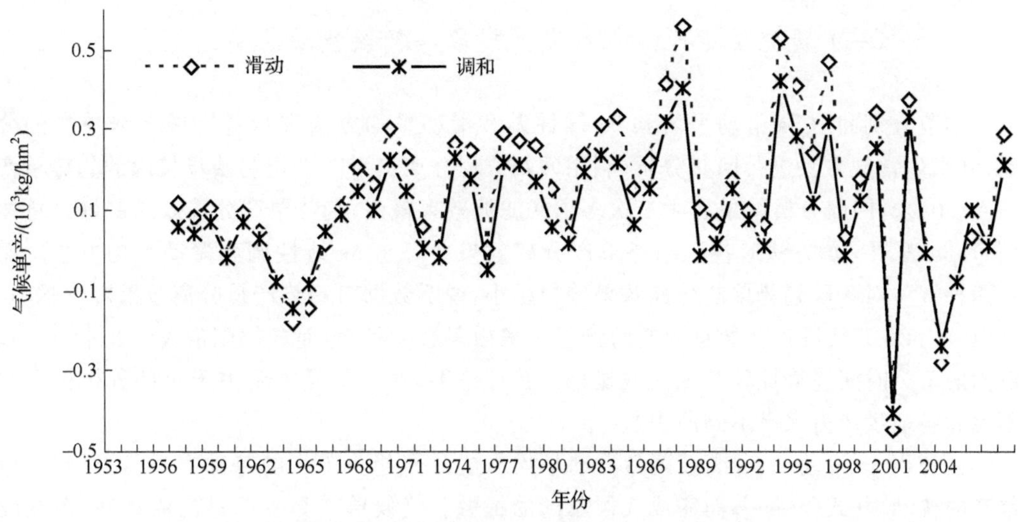

图 5.6 全国玉米历史气候单产年际波动曲线

二、冬小麦单产回归拟合

我国冬小麦种植面积广，实际单产空间分布具有显著的区域特征，趋势单产时间序列趋势不一，差异较大，气候单产因区域气候波动明显而具有地区性差异特征。本文利用1986～1998年，北京、济南、青岛、徐州、西安以及成都冬小麦的实际单产历史数据和气象数据，进行各区域气象单产的回归分析与拟合(表 5.4)。

表 5.4 1986～1998 年冬小麦研究区气候单产二次多项式拟合分析表

	C	a	b	c	d	e	R^2	显著性	
北京	5.407 56	−0.000 11	−0.061 74	5.48E-05	−3.5E-07	1.15E-12	0.519 2	0.140 51	*
	3.425 08	−0.002 32	−0.018 85	1.31E-05	5.66E-09	−9.7E-15	0.272 1	0.753 23	**
济南	−18.208 8	0.031 39	−0.036 22	1.25E-05	−1.2E-05	4.81E-05	0.342 0	0.624 52	*
	−13.995 4	0.020 91	−0.004 7	2.48E-06	−7.6E-06	2.82E-11	0.971 8	2.83E-05	**
青岛	−3.182 41	0.011 70	−0.024 41	2.66E-05	−8.3E-06	−9.5E-06	0.388 1	0.535 88	*
	−4.162 58	0.011 74	−0.017 12	1.94E-05	−7.5E-06	−8.5E-06	0.370 6	0.569 69	**
徐州	34.764 92	−0.038 3	−0.054 33	4.85E-05	8.75E-06	−2.2E-05	0.822 1	0.014 74	*
	26.116 29	−0.028 54	−0.041 82	3.81E-05	6.29E-06	−1.9E-05	0.817 2	0.016 11	**
西安	16.464 6	−0.022	−0.029 21	3.61E-05	5.7E-06	−2.6E-05	0.512 0	0.310 08	*
	14.800 65	−0.019	−0.030 58	3.23E-05	4.83E-06	−1.4E-05	0.459 4	0.401 76	**
成都	−7.530 37	0.009 02	0.002 20	8.88E-06	−3.3E-06	−3.6E-05	0.135 5	0.942 93	*
	−3.001 14	0.004 14	−0.000 32	1.24E-05	−2.2E-06	−4.5E-05	0.130 9	0.947 24	**

* 为 5a 滑动平均处理；** 为 5a 线性调和滑动平均处理；样本数 $n=13$，即 1986～1998 年时间序列。

(一)研究区冬小麦气候单产提取与气候波动的响应拟合

本节分别利用5a滑动平均和5a线性调和滑动平均方法进行各区域趋势单产的分离,并采用常规方法进行回归分析,利用回归方程分离出滑动平均初始步长内的趋势单产($\alpha=0.05$)。回归分析结果表明三次多项式滤波效果最好,趋势单产分离效果最好。总体而言,5a滑动平均方法对各区趋势单产分离效果要好于5a线性调和滑动平均方法。而且两种方法对各区趋势单产分离效果差异越小,说明数据对趋势产量分离效果影响越小。可以看出,北京实际产量数据对趋势产量分离效果影响最小,而成都则最大。北京、青岛、济南的单产时间趋势性较其他区域显著。在理论上,这种差异主要由于统计分析样本数不足和各地生产力水平不同所引起。

在利用5a滑动和5a线性调和滑动平均方法分离趋势单产的基础上,可以得到实际单产的波动项[式(5.1)],而完成气候单产的提取。气候单产具有明显的波动性,但在较长时间尺度里亦表现出某种程度的趋势性,用以表征气候变化对作物产量的影响及程度。利用上述方法对1982~1998年,北京、济南、青岛、徐州、西安以及成都冬小麦站点的实际单产 y_i 历史时间序列数据和气象数据记录序列进行处理,并对分离出的气候单产 y_i^w 与对应站点冬小麦生育期内积温 $\sum T$ 与降水总量 $\sum P$ 之间的关系进行二次多项式回归拟合分析[式(5.6)],结果如表5.5所示。

$$y_i^w = C + a\sum T + b\sum P + c\sum T\sum P + d(\sum T)^2 + e(\sum P)^2 \tag{5.6}$$

式中:C 为常数项;a、b、c、d、e 为气候因子系数。

分析结果表明,徐州冬小麦气候单产两种方法的提取效果均比较显著,二次多项式拟合效果良好;北京冬小麦气候单产经过5a线性调和滑动平均处理提取后的回归拟合效果显著;所有区域的气候单产拟合效果总体不好。

这可能主要有以下几方面的原因:①在气象单产拟合时间序列空间内,即1986~1998年,中国冬小麦产量已经基本处于历史的高产水平,生产力技术水平的大幅度提高使得趋势单产 $y_i(t)$ 成为实际单产 y_i 的主要贡献因子,几乎贡献了95%以上,所以各站点的气候单产贡献整体微弱,直接表现为趋势单产和气候因子的相关系数很小。②气候变化的单产响应区域差异很大,雨热季节分布不一,灌溉条件状况各异等,造成站点气候单产对实际单产贡献不一。③样本空间小($n=16$),而且经过滑动处理,发生样本萎缩($n=13$),不能很好地体现气候的时间趋势性,因而波动性气候单产提取效果欠佳,在某些站点尤其明显。④由于以上各因素,各区域冬小麦气候单产的提取方法不具有普适性。理论上,可以通过改善样本空间状况(实际增加样本数,或者通过信息膨胀处理增加样本数,如非线性信息扩散方法等)、样本品质(提高样本数据的统计精确性)以及拟合方法等实现比较理想的趋势单产提取和模拟。

表5.5为各区小麦气候单产 y_i^w 与主要气候波动因子小麦生长期积温 $\sum T$ 和降水总量 $\sum P$ 之间的相关系数以及气候因子之间的相关系数情况。气候单产 y_i^w 与主要气候波动因子小麦生长期积温 $\sum T$ 和降水总量 $\sum P$ 之间的相关系数可以在一定置信程度上反应

气候因子波动对气候单产影响的统计关系。气候因子之间的相关系数可以定性或某种程度的定量反映小麦生育期内雨热同期情况。雨热同期状况越好(气候因子同为增产作用),对作物生长越有利。例如,北京两种方法处理方法所得 $y_i^w-\sum T$ 以及 $y_i^w-\sum P$ 情况截然相反,这可能是由处理方法的信息滤波性能差异所引起。可以看出,济南、青岛、徐州以及成都温度对冬小麦单产起损益作用,西安站点温度对单产起增益作用。青岛和徐州降雨对冬小麦单产起损益作用,西安和成都降雨对冬小麦单产起增益作用。成都、西安、徐州和青岛雨热同期情况较好,其中西安为增产作用,徐州为减产作用。因为雨量作用受区域灌溉条件影响较大,所以在灌溉设施较好的华北平原地区,气温变化成为单产波动的主要贡献因子。

表 5.5　1986～1998 年冬小麦研究区气候单产与气候因子的相关系数(R^2)表

项目	方法	$y_i^w-\sum T$	$y_i^w-\sum P$	$\sum T-\sum P$
北京	5a 滑动	0.481 9	−0.011 2	−0.217 7
	5a 调和	−0.238 6	0.385 9	0.217 7
济南	5a 滑动	−0.188 8	−0.100 7	−0.014 8
	5a 调和	−0.161 9	0.014 9	−0.014 8
青岛	5a 滑动	−0.353 8	−0.068 3	0.339 1
	5a 调和	−0.227 4	−0.024 9	0.339 1
徐州	5a 滑动	−0.234 1	−0.611 9	0.139 9
	5a 调和	−0.230 0	−0.612 2	0.139 9
西安	5a 滑动	0.228 4	0.521 5	0.165 9
	5a 调和	0.234 2	0.483 9	0.165 9
成都	5a 滑动	−0.210 1	0.018 6	0.423 5
	5a 调和	−0.153 6	0.067 0	0.423 5

注:样本数 $n=13$,即 1986～1998 年时间序列。

(二) 冬小麦研究区气候波动的实际单产响应回归拟合

冬小麦气候单产是实际单产在理论上对气候波动的行为响应,因为其波动拟合效果受时间样本空间大小、样本品质、滤波方法和技术以及拟合方法的具体适宜性的不同,准确性和稳定性较差,可以作为局域气候条件下的单产对气候因子波动响应的定性反映。可以通过各区实际单产的历史数据序列和对应生长期内的雨热因子的气象数据系列进行直接回归拟合,来分析区域气候波动对作物单产的影响程度。本节利用 1982～1998 年以上区域的实际单产数据系列和冬小麦生育期内气象数据系列进行二次多项式[式(5.7)]拟合(王丽明,2005),分析结果见表 5.6。

$$y_i=C+a\sum T+b\sum P+c\sum T\sum P+d(\sum T)^2+e(\sum P)^2 \tag{5.7}$$

式中:C 为常数项,a、b、c、d、e 为气候因子系数。

由表5.6可以看出所选冬小麦区实际单产数据系列和对应生长期内积温和降水总量记录系列具有良好的二次多项式拟合关系。徐州拟合效果稍差。可以利用这些拟合二次多项关系式进行未来以上站点局域气候变化情景下的冬小麦单产预测。而且通过 $y_i-\sum T$ 和 $y_i-\sum P$ 相关系数分析,可以知道各站点之间气候因子波动与实际单产趋势的一致程度,同样 $\sum T-\sum P$ 相关系数可以反映各站点雨热同期状况,用以佐证实际单产对气候波动的响应状况(表5.7)。

表5.6　1983～1998年冬小麦研究区实际单产二次多项式拟合分析表

项目	C	a	b	c	d	e	R^2	显著性	
北京	4.341 56	0.000 99	−0.045 2	4.21E-05	−4.3E-07	1.53E-12	0.659 9	0.032 40	*
济南	−4.052 10	0.005 69	0.040 52	−2.3E-05	−4.5E-08	5.78E-14	0.729 9	0.011 50	*
青岛	12.090 07	−0.007 26	−0.051 03	4.9E-05	−2.8E-08	2.06E-14	0.676 0	0.026 16	*
徐州	15.736 99	−0.008 09	−0.045 86	3.28E-05	−2.6E-08	3.82E-14	0.447 7	0.240 94	*
西安	20.132 07	−0.014 01	−0.078 71	6.66E-05	−1.33E-08	4.62E-15	0.696 9	0.019 40	*
成都	−3.082 67	0.004 33	0.025 85	−1.503E-05	−1.07E-08	1.235E-14	0.560 9	0.097 06	*

* 为5a滑动平均处理;样本数 $n=16$,即1983～1998年时间序列。

表5.7　1983～1998年冬研究区小麦气象单产与气候因子的相关系数(R^2)表

项目	$y_i-\sum T$	$y_i-\sum P$	$\sum T-\sum P$
北京	0.239 1	0.169 7	0.004 9
济南	−0.005 8	0.104 3	0.235 1
青岛	0.039 0	−0.000 5	0.582 5
徐州	−0.086 2	0.013 3	−0.028 2
西安	0.395 7	0.215 6	0.342 1
成都	0.126 7	−0.302 5	0.406 5

注:样本数 $n=16$,即1983～1998年时间序列。

(三)区域气候波动的全国小麦单产响应回归拟合

由前面的回归拟合分析效果可以知道:气候波动对冬小麦实际单产的影响具有明显的局域差异性,具体表现为气候单产项的波动;较大产区的小麦单产的区域气候波动响应可以理解为局域具体区域单产气候波动的某种矢量叠加。显然,全国小麦平均单产 y,只是全国各产区站点单产 y_i 的一种理论上的加权平均值[式(5.8)],权重系数 s_i 为各站点的小麦种植面积占全国小麦种植面积的比例,具有国民经济统计意义。

$$y=\sum_{i=1}^{n}s_iy_i \tag{5.8}$$

因此,面积权重平均过滤之后,全国单产对区域气候因子波动的响应更为客观和全面,能反应较大时空尺度上的单产变化情况,具有明显的稳定性,其对局域作物单产的气候因子波动响应的处理相当于一个灰箱过程，即输入是局域站点实测单产和种植面积，输出为全国单产和总产量，灰箱处理过程为气候因子波动效应的矢量合成。因此，全国小麦单产的气候波动响应程度在理论上可以定义为单产波动 Δy 与具体气候因子波动 Δx_i 的比值 γ 。

$$\gamma = \Delta y / \sum \Delta x_i \tag{5.9}$$

为了直接分析较小时间尺度内小麦实际单产对局域气候条件的响应情况，并考虑各站点产量贡献的不同，本文利用以上区域的实际单产 y_i 和气象产量 y_i^w 的加权平均值 $\bar{y}_i$ 和 $\overline{y_i^w}$ 的时间序列与冬小麦研究区生长期内积温 $\sum T$ 与降水总量 $\sum P$ 站间加权平均值 $\sum \overline{T}$ 和 $\sum \overline{P}$ 进行二次多项式拟合式(5.10)。拟合分析结果见表 5.8。

$$\bar{y} = C + a\sum \overline{T} + b\sum \overline{P} + c\sum \overline{T}\sum \overline{P} + d(\sum \overline{T})^2 + e(\sum \overline{P})^2 \tag{5.10}$$

拟合结果表明，所选冬小麦研究区实际单产和气候单产与历史记录具有良好的二次多项式拟合关系，可以用于所选冬小麦产区的区域气候波动情景下的单产预测。

此外，为了得出全国冬小麦单产与气候因子的关系并考察所选研究区冬小麦产量的气候波动响应对全国小麦产量的气候波动响应的贡献，本文利用同期全国小麦实际单产 y 和气候单产 y_w 与所选区域气象数据序列 $\sum \overline{T}$ 和 $\sum \overline{P}$ 进行二次多项式拟合，拟合分析结果如表 5.9 所示。

表 5.8 1983～1998 年研究区冬小麦平均单产二次多项式拟合分析表

单产	C	a	b	c	d	e	R^2	显著性	
$\bar{y}_i$	3.803 34	0.000 29	−0.012 5	1.08E-05	−1.5E-08	0	0.739 4	0.009 77	a
	2.030 53	0.001 64	−0.004 82	4.73E-06	−1.2E-08	−3.1E-15	0.737 8	0.010 05	b
$\overline{y_i^w}$	−6.295 53	0.0105 81	−0.001 18	1.12E-05	−5E-06	−3.3E-05	0.690 7	0.084 70	a*
	−4.773 16	0.008 047	−0.001 83	1.01E-05	−3.9E-06	−2.8E-05	0.664 8	0.107 79	b*
	−126.761	0.129 878	0.299 305	0.000 418	−8.1E-05	−0.001 82	0.868 5	0.005 45	a**
	−10.223	0.004 539	0.057 937	4.73E-05	−5E-06	−0.000 27	0.933 0	0.000 56	b**

a. 平均处理；b. 权重平均处理；* 产量数据 5a 滑动平均处理；** 产量数据 5a 线性调和滑动平均处理；$\bar{y}_i$ 拟合样本数 $n=16$，即 1983～1998 年时间序列；$\overline{y_i^w}$ 拟合样本数 $n=13$，即 1986～1998 年时间序列。

表 5.9 1983～1998 年全国冬小麦单产二次多项式拟合分析表

单产	C	a	b	c	d	e	R^2	显著性	
y	18.267 01	−0.011 04	−0.089 16	6.57E-05	6.08E-09	−4.5E-14	0.611 8	0.057 70	a
	13.322 83	−0.007 12	−0.057 43	4.09E-05	−3.8E-09	−9.7E-15	0.586 0	0.075 85	b
y_w	6.182 54	−0.004 29	−0.033 4	2.37E-05	1.3E-08	−2.7E-14	0.556 1	0.101 52	a*
	3.425 08	−0.002 32	−0.018 85	1.31E-05	5.66E-09	−9.7E-15	0.444 2	0.246 59	b*
	5.247 92	−0.003 45	−0.026 14	1.77E-05	1.13E-08	−2E-14	0.583 2	0.078 01	a**
	3.343 42	−0.002 15	−0.016 95	1.12E-05	5.5E-09	−8.4E-15	0.476 6	0.196 30	b**

a. 平均处理；b. 权重平均处理；* 产量数据 5a 滑动平均处理；** 产量数据 5a 线性调和滑动平均处理；y 与 y_w 拟合样本数 $n=16$，即 1983～1998 年时间序列。

虽然所选区域冬小麦总产仅为全国总产的5.6%～7.2%,但是全国小麦平均单产与所选区域冬小麦生育期平均积温与降水总量具有明显的二次多项式拟合关系,而全国小麦气候单产滑动处理与所选区域冬小麦生育期平均积温与降水总量的二次多项式拟合关系要明显好于其线性调和处理的效果。这说明线性调和处理产量数据能较好的适用于小样本问题,而当样本空间扩大(6n)时,其对产量数据气候因子波动响应信息的膨胀处理优势丧失。

三、玉米单产回归拟合

我国玉米种植面积广,实际单产空间分布亦具有显著的区域特征,趋势单产时间序列趋势不一,差异较大,气候单产因区域气候波动明显而具有地区性差异特征,本文选用1982～1998年,东北春玉米产区哈尔滨、长春与沈阳、黄淮海夏玉米产区北京、济南、青岛、徐州、西安以及西南玉米产区成都的实际单产历史数据和气象数据进行处理,进行各研究区气象单产的回归分析与拟合。

(一)研究区玉米气候单产提取与气候波动的响应回归拟合

同样,分别利用5a滑动平均和5a线性调和滑动平均方法进行各区趋势单产的分离,并采用常规方法进行回归分析,利用回归方程分离出滑动平均初始步长内的趋势单产(α=0.05)。回归分析结果表明三次多项式滤波效果最好,趋势单产分离效果最好。

总体而言,5a滑动平均方法对东北春玉米趋势单产分离效果要差于5a线性调和滑动平均方法,对其余各区趋势单产分离效果要明显优于5a线性调和滑动平均方法。而且两种方法对各区趋势单产分离效果差异越小,说明数据对趋势产量分离效果影响越小。可以看出,哈尔滨和长春实际产量数据对趋势产量分离效果影响最小,而成都则最大。东北产区的趋势单产时间趋势性较其他区域显著。在理论上,这种差异主要由统计分析样本数不足和各地生产力水平不同引起。

在利用5a滑动和5a线性调和滑动平均方法分离时间趋势单产的基础上,可以得到玉米实际单产的波动项,而完成玉米气候单产的提取。利用上述方法对1982～1998年,哈尔滨、沈阳、长春、北京、济南、青岛、徐州、西安以及成都玉米的实际单产 y_i 历史时间序列数据和气象数据记录序列进行处理,并对分离出的气候单产 y_i^w 与对应站点玉米生育期内积温$\sum T$与降水总量$\sum P$之间的关系进行二次多项式回归拟合分析[式(5.1)],结果如表5.10所示。

表5.10 1986～1998年研究区玉米气象单产二次多项式拟合分析表

项目	C	a	b	c	d	e	R^2	显著性	
哈尔滨	−19.657 9	0.005 795	0.078 393	−6.5E-05	8.51E-06	8.42E-06	0.235 9	0.813 55	*
	−29.675 4	0.028 193	0.054 752	−4.6E-05	−3.1E-06	6.12E-06	0.155 9	0.922 13	**

续表

项目	C	a	b	c	d	e	R^2	显著性	
长春	−99.695 2	0.169 056	−0.057 99	5.66E-05	−7.3E-05	−1.9E-05	0.448 7	0.421 30	*
	−71.280 9	0.118 867	−0.035 73	3.59E-05	−5E-05	−1.3E-05	0.333 6	0.640 58	**
沈阳	−23.383 1	0.034 93	−0.014 99	8.06E-06	−1.2E-05	6.74E-07	0.432 6	0.451 31	*
	−28.773 3	0.038 954	−0.007 26	5.71E-06	−1.3E-05	−2.3E-06	0.411 3	0.491 48	**
北京	22.761 75	−0.022 42	−0.021 8	2.2E-05	3.97E-06	−1.3E-05	0.375 5	0.560 19	*
	−16.004 5	0.023 444	−0.014 78	1.39E-05	−9E-06	−7.2E-06	0.392 3	0.527 81	**
济南	22.564 62	−0.012 61	−0.037 2	2.07E-05	−6.7E-08	1.77E-06	0.896 9	0.002 41	*
	20.407 04	−0.011 59	−0.034 2	1.97E-05	−4.7E-08	4.06E-07	0.892 4	0.002 79	**
青岛	66.235 86	−0.051 85	−0.141 91	0.000 101	4.27E-06	−9.1E-06	0.718 3	0.063 66	*
	74.592 96	−0.067 52	−0.124 99	8.89E-05	1.11E-05	−7.6E-06	0.749 6	0.044 08	**
徐州	−4.354 83	0.011 08	−0.015 76	7.59E-06	−4.7E-06	3.04E-06	0.1612	0.916 25	*
	−13.544 2	0.021 74	−0.016 03	8.09E-06	−7.9E-06	2.38E-06	0.139 8	0.938 89	**
西安	31.521 37	−0.029 3	−0.072 8	3.62E-05	6.65E-06	3.1E-05	0.696 8	0.079 72	*
	16.661 85	−0.013 29	−0.056	2.58E-05	2.45E-06	3.01E-05	0.663 5	0.109 12	**
成都	6.048 27	−0.013 64	0.005 13	−5.5E-06	7.71E-06	6.75E-07	0.234 9	0.815 15	*
	2.706 18	−0.006 77	0.003 44	−3.5E-06	4.09E-06	3.57E-07	0.233 2	0.817 94	**

* 为 5a 滑动平均处理；** 为 5a 线性调和滑动平均处理；样本数 $n=13$，即 1986～1998 年序列。

分析结果表明，济南和青岛玉米气候单产两种方法的提取效果均比较显著，二次多项式拟合效果良好；西安玉米气候单产经过 5a 滑动平均处理提取后的回归拟合效果显著；其他区域的气候单产拟合效果总体不好。具体原因与小麦气候单产拟合效果欠佳的原因比较相似。

表 5.11 为各研究区玉米气候单产 y_i^w 与主要气候波动因子玉米生长期积温 $\sum T$ 和降水总量 $\sum P$ 之间的相关系数以及气候因子之间的相关系数情况。可以看出，哈尔滨、长春、济南、青岛以及徐州温度对玉米单产起损益作用，北京和西安温度对单产起增益作用。长春、沈阳和徐州降雨对冬小麦单产起损益作用，西安和成都降水对冬小麦单产起增益作用。哈尔滨、长春、徐州和青岛雨热同期情况较好，其中哈尔滨和长春为增产作用，徐州和青岛为减产作用。因为雨量作用受区域灌溉条件影响较大，所以在灌溉设施较好的华北平原地区，气温变化成为玉米单产波动的主要贡献因子。

表 5.11　1986～1998 年研究区玉米气候单产与气候因子的相关系数(R^2)表

项目	方法	$y_i^w-\sum T$	$y_i^w-\sum P$	$\sum T-\sum P$
哈尔滨	5a 滑动	−0.029 51	0.022 51	0.642 69
	5a 调和	−0.001 79	−0.009 35	0.642 69
长春	5a 滑动	−0.067 15	−0.378 84	0.271 46
	5a 调和	−0.089 55	−0.334 73	0.271 46

续表

项目	方法	$y_i^w-\sum T$	$y_i^w-\sum P$	$\sum T-\sum P$
沈阳	5a 滑动	0.254 567	−0.550 18	−0.026 53
	5a 调和	−0.488 1	−0.026 53	0.261 53
北京	5a 滑动	0.305 77	0.071 39	−0.132 77
	5a 调和	0.371 99	0.011 04	−0.132 77
济南	5a 滑动	−0.632 22	0.358 94	−0.060 87
	5a 调和	−0.555 45	0.350 53	−0.060 87
青岛	5a 滑动	−0.493 14	0.320 42	0.166 84
	5a 调和	−0.433 46	0.416 88	0.166 84
徐州	5a 滑动	−0.083 72	−0.042 92	0.134 56
	5a 调和	−0.064 91	−0.044 32	0.134 56
西安	5a 滑动	0.107 42	0.531 28	−0.286 04
	5a 调和	0.075 72	0.528 80	−0.286 04
成都	5a 滑动	0.276 25	0.029 4	−0.028 87
	5a 调和	0.347 21	0.084 16	−0.028 87

注:样本数 $n=13$,即 1986～1998 年时间序列。

(二)玉米研究区气候波动的实际单产响应回归拟合

可以通过各研究区玉米实际单产的历史数据序列和对应生长期内的雨热因子的气象数据系列进行直接回归拟合,来分析区域气候波动对作物单产的影响程度。本文利用以上玉米站点 1982～1998 年的实际单产数据系列和冬小麦生育期内气象数据系列进行二次多项式拟合,分析结果如表 5.12 所示。

表 5.12　1982～1998 年研究区玉米实际单产二次多项式拟合分析表

项目	C	a	b	c	d	e	R^2	显著性	
哈尔滨	43.116 45	−0.026 04	−0.118 97	8.52E-05	−4.5E-08	5.2E-14	0.663 6	0.019 94	*
长春	64.405 82	−0.040 47	−0.120 98	8.53E-05	−1.8E-08	2.13E-14	0.553 7	0.076 78	*
沈阳	21.098 07	−0.008 9	−0.026 77	1.66E-05	−1.5E-08	1.55E-14	0.010 0	0.934 09	*
北京	30.740 37	−0.015 57	−0.053 36	3.35E-05	−2.7E-08	2.98E-14	0.595 3	0.048 64	*
济南	32.436 48	−0.015 86	−0.041 96	2.59E-05	−1.7E-08	1.46E-14	0.672 3	0.017 53	*
青岛	5.331 80	−4.5E-05	−0.000 58	8.66E-07	−1E-08	5.89E-15	0.520 1	0.106 79	*
徐州	−9.091 4	0.007 60	0.020 55	−1.1E-05	−3.8E-09	1.83E-15	0.601 9	0.044 96	*
西安	−1.873 83	0.003 07	0.003 73	−4.5E-07	8.83E-10	−4.8E-15	0.445 6	0.200 029	*
成都	−4.639 73	0.008 16	0.013 08	−1.3E-05	−3.5E-09	0	0.795 5	0.001 601	*

* 为 5a 滑动平均处理;样本数 $n=17$,即 1982～1998 年序列。

由表5.12可以看出除沈阳外，所选区域实际单产数据系列和对应站点生长期内积温和降雨总量记录系列具有良好的二次多项式拟合关系。西安拟合效果稍差。可以利用这些拟合二次多项关系式进行未来以上站点局域气候变化情景下的玉米单产预测。而且通过 $y_i-\Sigma T$ 和 $y_i-\Sigma P$ 相关系数分析，可以知道各区域之间气候因子波动与实际单产趋势的一致程度，同样 $\Sigma T-\Sigma P$ 相关系数可以反映各区雨热同期状况，用以佐证实际单产对气候波动的响应状况(表5.13)。

表5.13 1982～1998年研究区玉米气候单产与气候因子的相关系数(R^2)表

项目	$y_i-\Sigma T$	$y_i-\Sigma P$	$\Sigma T-\Sigma P$
哈尔滨	0.422 9	0.243 7	0.494 8
长春	0.200 8	−0.322 8	0.075 6
沈阳	0.028 2	−0.066 9	−0.037 6
北京	−0.089 1	0.209 9	−0.206 4
济南	−0.239 3	0.535 2	0.073 1
青岛	−0.192 7	0.325 3	0.201 4
徐州	−0.137 8	−0.085 3	0.475 0
西安	0.133 1	−0.102 9	0.160 8
成都	0.625 2	−0.101 0	0.104 0

注：样本数 $n=17$，即1982～1998年时间序列。

（三）区域气候波动的全国玉米单产响应回归拟合

与冬小麦相同，为了直接分析玉米实际单产对局域气候条件的响应情况，并考虑各区产量贡献的不同，本节利用以上区域的实际单产 y_i 和气象产量 y_i^w 的加权平均值 $\overline{y_i}$ 和 $\overline{y_i^w}$ 的时间序列与对应站点玉米生长期内积温 ΣT 与降水总量 ΣP 站间加权平均值 $\Sigma\overline{T}$ 和 $\Sigma\overline{P}$ 进行二次多项式拟合。拟合分析结果如表5.14所示。

表5.14 1982～1998年研究区玉米平均单产二次多项式拟合分析表

单产	C	a	b	c	d	e	R^2	显著性	
所有玉米研究区处理									
$\overline{y_i}$	49.308 69	−0.029 72	−0.108 91	7.36E-05	1.36E-09	−1.1E-14	0.556 4	0.074 59	a
	43.100 6	−0.024 76	−0.079 74	5.26E-05	−1.7E-09	−3.5E-15	0.486 9	0.143 53	b
$\overline{y_i^w}$	−88.423 9	0.136 944	−0.055 05	4.17E-05	−5.3E-05	−6.8E-06	0.949 1	0.000 22	a*
	−64.732 8	0.103 431	−0.049 81	3.76E-05	−4.1E-05	−5.8E-06	0.946 6	0.000 26	b*
	120.313 7	−0.274 17	0.383 384	−0.000 3	0.000 136	7.46E-05	0.745 4	0.046 48	a**
	170.495 1	−0.354 9	0.408 37	−0.000 32	0.000 168	7.95E-05	0.780 9	0.028 91	b**

续表

单产	C	a	b	c	d	e	R^2	显著性	
					东北春玉米研究区处理				
$\bar{y}_i$	62.160 51	−0.038 53	−0.113 62	7.83E-05	−1.7E-08	1.75E-14	0.420 7	0.240 00	a
	21.940 39	−0.003 24	−0.052 7	1.18E-05	5.05E-09	−2.3E-15	0.343 7	0.390 50	b
$\overline{y_i^w}$	−2.266 75	−0.000 58	0.007 833	4.29E-07	1.16E-06	−1.1E-05	0.896 3	0.002 46	a*
	3.211 96	−0.010 06	0.013 001	−2.4E-06	4.77E-06	−1.1E-05	0.845 4	0.009 31	b*
	702.331 5	−0.431 85	0.709 165	−0.000 24	6.79E-05	0.000 284	0.854 2	0.007 66	a**
	723.492 2	−0.423 4	0.542 174	−0.000 15	6.15E-05	6.6E-05	0.785 7	0.026 94	b**
单产	C	a	b	c	d	e	R^2	显著性	
					黄淮海夏玉米研究区处理				
$\bar{y}_i$	6.447 36	−0.001 47	−0.005 14	4.78E-06	−4.9E-09	1.39E-15	0.643 6	0.026 45	a
	4.548 91	−0.000 12	0.001 25	4.9E-07	−5.5E-09	2.57E-15	0.622 4	0.034 95	b
$\overline{y_i^w}$	−83.508 5	0.111 55	−0.027 31	1.98E-05	−3.7E-05	−4.6E-06	0.948 8	0.000 22	a*
	−62.627 6	0.085 81	−0.028 51	1.94E-05	−2.9E-05	−2.7E-06	0.944 7	0.000 29	b*
	−524.671	0.641 45	0.039 58	−3.5E-05	−0.000 19	2.06E-05	0.433 5	0.449 51	a**
	−85.774 4	0.115 70	−0.023 69	2.44E-05	−4E-05	−1.2E-05	0.592 7	0.189 71	b**

a. 平均处理;b. 权重平均处理;* 产量数据滑动平均处理;** 为 5a 线性调和滑动平均处理;y_i 拟合样本数$n=17$,即 1982～1998 年时间序列;$\overline{y_i^w}$ 拟合样本数 $n=13$,即 1986～1998 年时间序列。

拟合结果表明,所选玉米全部产区实际单产和气候单产与历史记录具有良好的二次多项式拟合关系,可以用于所选玉米产区的区域气候波动情景下的单产预测;东北春玉米产区和黄淮海夏玉米产区气候单产与历史记录具有良好的二次多项式拟合关系,可以用于所选玉米产区的区域气候波动情景下的单产预测。

表 5.15　1983～1998 年全国冬小麦单产二次多项式拟合分析表

单产	C	a	b	c	d	e	R^2	显著性	
y	36.696 01	−0.022 11	−0.074 41	5.09E-05	−2.2E-09	−3E-15	0.486 91	0.143 54	a
	25.263 04	−0.014 04	−0.039 54	2.66E-05	−5.3E-09	2.8E-15	0.437 12	0.213 14	b
y_w	15.289 76	−0.010 33	−0.024 99	1.72E-05	−2.7E-09	3.76E-15	0.440 73	0.207 50	a*
	14.493 73	−0.009 82	−0.025 16	1.72E-05	−1.7E-09	2.32E-15	0.420 71	0.239 98	b*
	2.646 959	−0.001 66	0.001 62	−9.4E-07	−3E-09	4.31E-15	0.344 94	0.387 79	a**
	3.407 956	−0.002 22	−0.001 11	8.55E-07	−2.3E-09	3.31E-15	0.298 62	0.494 29	b**

a. 平均处理;b. 权重平均处理;* 产量数据滑动平均处理;** 5a 线性调和滑动平均处理;y 和 y_w 拟合样本数 $n=17$,即 1982～1998 年时间序列。

同样,为了分析全国玉米单产与气候因子的拟和关系,并考察所选区域玉米产量的气候波动响应对全国玉米产量的气候波动响应的贡献,本文利用同期全国小麦实际单产 y 和气候单产 y_w 与所选区域气象数据序列$\sum \overline{T}$ 和$\sum \overline{P}$ 进行二次多项式拟合,拟合分析结果如表 5.15 所示。虽然所选区域玉米总产仅为全国总产的 12.4%～15.3%，但是全国玉米平均单产与所选站点玉米生育期平均积温与降水总量具有一定的二次多项式拟合关系，而全国玉米气候单产滑动处理与所选区域玉米生育期平均积温与降水总量的二次多项式拟合关系要明显好于其线性调和处理的效果，但总体效果较差。这同样说明线性调和处理产量数据能较好的适用于小样本问题，而当样本空间扩大($6n$)时，其对产量数据气候因子波动响应信息的膨胀处理优势丧失。

四、区域气候变化下我国冬小麦与玉米单产响应预测

（一）全球气候变化下的中国区域气候响应

对于全球气候变化的未来趋势，近年来国内外科学家们的主流意见是由温室效应导致的气候变暖将控制 21 世纪，降水也将有相应的变化，不同地区有所区别，到 2050 年全球将平均变暖 1.2℃，降水有少量增加(Nigel，1999)。据研究，中国的气候变暖幅度将比全球平均变暖幅度稍大一些，尤其在冬季，降水也有少量增加，其增加幅度要比温度变化小(金之庆等，1992)。陈志新等(2001)依托国家科学技术部"气候变化、气候资源与国家的可持续发展"课题对未来气候变化对农业可持续发展的影响进行了研究，利用 GCM 模型模拟估算了 2010～2050 年未来人类活动温室效应与中国地区(70°E～140°E，15°N～60°N) 2000 年相比每隔 10a 气候变化的影响情景(表 5.16)。

表 5.16　GCM 模型模拟的 2010～2050 年气候变化情景　　(单位：%)

年份	温度变化					降水变化				
	冬	春	夏	秋	年平均	冬	春	夏	秋	年平均
2010	0.38	0.35	0.34	0.35	0.35	1.4	1.3	1.2	0.9	1.1
2020	0.69	0.63	0.62	0.64	0.65	2.6	2.3	2.1	1.6	1.9
2030	0.93	0.86	0.84	0.87	0.88	3.5	3.2	2.8	2.2	2.6
2040	1.12	1.04	1.02	1.05	1.06	4.2	3.8	3.4	2.5	3.2
2050	1.48	1.37	1.34	1.38	1.40	5.5	5.1	4.5	3.5	4.2

从表中可以看出，到 2050 年中国地区由于温室效应气温可能上升 1.4℃，冬季升温比夏季明显；降水总的趋势也是增加的，但增加幅度不大，到 2050 年可能只增加 4.2%；降水增加幅度小于气温升高幅度，导致蒸发旺盛，引起土壤有效水分降低，这些气候条件的变化势必对冬小麦和玉米产量有所影响。

（二）区域气候变化下的我国冬小麦单产响应预测

本文仅考虑气温和降水的变化对冬小麦产量的影响。根据冬小麦生育期与 GCM 模型模拟的 2010～2050 年气候变化情景，可得到未来 40a 气候变化情景中冬小麦生育期气温和降雨的模拟值(表略)，并利用前文冬小麦单产与气温和降水因子的拟合二次多项关

系以及历史背景值,对2010年、2020年、2030年、2040年以及2050年我国冬小麦单产气候波动响应预测做一个探讨性的研究,结果见表5.17。

$$y_x = C + a\sum T_x + b\sum P_x + c\sum T_x\sum P_x + d(\sum T_x)^2 + e(\sum P_x)^2 \quad (5.11)$$

式中:y_x 为单产应变量,可以是实际单产和气候单产;$\sum T_x$ 和 $\sum P_x$ 为生育期积温因子自变量和生育期降水因子自变量;C、a、b、c、d、e 为系数。

由表5.17可以看出,GCM模拟2010~2050年气候变化情景中,即气温升高、雨量增加的未来40a区域气候因子波动对全国冬小麦产量的影响为增产效应。研究区域冬小麦气候单产 y_w 总体为正值,且逐渐增大,但是北京冬小麦气候单产 y_w 对未来气候模拟情景的响应值超出实际意义,可能是处理方法对该区冬小麦单产的气候单产提取效果不佳引起的。但是区域气候单产平均值 $\overline{y_i^w}$ 因数据处理方法不同而表现出相反的结果,这可能是由于样本空间小,有效信息不足,数据滤波处理效果不佳而引起的。随着样本数的增加、样本数据品质的改进以及滤波质量控制过程的改进,这种影响应该会明显化。

表5.17 基于GCM模拟2010~2050年气候变化情景下我国冬小麦产量响应

预测变量	预测公式模拟数据处理	预测区域	冬小麦单产预测值/(10^3 kg/hm^2)				
			2010年	2020年	2030年	2040年	2050年
y_w	*	北京	14.803 99	20.735 33	25.537 05	29.337 06	36.547 36
	**	济南	−0.391 00	−0.158 88	−0.028 94	0.039 56	0.086 87
	**	徐州	0.260 97	0.370 71	0.514 81	0.660 65	1.018 07
$\overline{y_i^w}$	b**	研究区域	0.704 93	0.745 28	0.750 33	0.735 97	0.672 92
	a*	研究区域	0.250 19	0.120 96	−0.015 89	−0.145 21	−0.433 29
y_w	a**	全国	0.168 68	0.187 52	0.206 25	0.222 85	0.259 99
y_i	*	济南	5.728 52	5.769 81	5.797 88	5.814 16	5.841 08
	*	西安	3.780 60	3.929 25	4.063 93	4.175 00	4.413 15
$\bar{y}_i$	a	研究区域	4.909 78	5.116 72	5.284 00	5.415 88	5.666 29
y	a	全国	10.182 39	16.161 72	21.014 51	24.863 47	32.182 87

a平均处理;b权重平均处理;*产量数据5a滑动平均处理;**产量数据5a线性调和滑动平均处理;y_i、$\bar{y}_i$ 和 y 拟合样本数 $n=16$,即1983~1998年时间序列;y_w 单点拟合样本与 $\bar{y}_i^w$ 拟合样本数 $n=13$,即1986~1998年时间序列;y_w 全国拟合样本数 $n=16$。

所选区域小麦实际单产 y_i 和 $\bar{y}_i$ 对模拟气候波动情景的响应也表现为正效应,即表现逐渐增产趋势。但是全国实际单产 y 预测结果虽然表现为逐渐增产趋势,但是预测结果严重失真,与实际不相符。因为实际单产是一个较小的有限值,而非无穷大,其因生产力技术和气候的增益而发生的增产是有限度的。这主要是该预测式源于全国小麦实际单产时间序列与所选站点气象因子数据的回归拟合二次多项式,存在假设前提条件为所选站点气候因子时空特征能够代表全国冬小麦气候时空特征,冬小麦总产量占全国小麦产量绝对主体,并且所有局域站点小麦生育期特点和条件一致,这显然与事实不符。

(三) 区域气候变化下的全国玉米单产响应预测

用和冬小麦同样的方法,对我国玉米单产气候波动响应预测的探讨性研究结果如表5.18所示。

表5.18　GCM模拟2010～2050年气候变化情景的中国玉米产量响应

预测变量	预测公式模拟数据处理	预测区域	玉米单产预测值/(10^3kg/hm^2)				
			2010年	2020年	2030年	2040年	2050年
y_w	*	哈尔滨	0.643 48	0.533 43	0.426 93	0.331 13	0.129 53
	*	济南	−0.375 52	−0.658 69	−0.886 31	−1.052 05	−1.357 9
	*	西安	0.796 94	1.497 52	2.217 94	2.834 63	4.280 54
$\overline{y_i^w}$	a*	研究区域	−0.896 98	−1.742 19	−2.689 89	−3.574 21	−5.652 8
	a*	东北区域	0.750 67	0.849 71	0.930 818	0.997 63	1.119 42
	a*	黄淮海区域	0.012 17	−1.859 57	−4.074 95	−6.121 31	−11.192 6
y_w	a*	全国	−0.048 02	−0.173 44	−0.270 81	−0.342 9	−0.469 98
y_i	*	哈尔滨	5.733 67	6.299 12	6.774 57	7.168 53	7.913 14
	*	济南	5.522 13	5.197 01	4.937 64	4.749 58	4.408 99
	*	成都	3.863 89	3.953 46	4.021 73	4.075 70	4.170 22
$\bar{y}_i$	a	研究区域	5.788 37	6.082 48	6.350 443	6.568 28	7.039 16
	a	东北区域	6.199 54	6.265 36	6.339 34	6.410 86	6.574 48
	a	黄淮海区域	5.343 18	5.426 44	5.498 80	5.553 84	5.671 23
y	a	全国	10.182 39	16.161 72	21.014 51	24.863 47	32.182 87

a. 平均处理;b. 权重平均处理;* 产量数据5a滑动平均处理;** 产量数据5a线性调和滑动平均处理;y_i、$\bar{y}_i$ 和 y 拟合样本数 $n=16$,即1983～1998年时间序列;y_w 单点拟合样本与 $\overline{y_i^w}$ 拟合样本数 $n=13$,即1986～1998年时间序列;y_w 全国拟合样本数 $n=16$。

由上表中可以看出,GCM模拟2010～2050年气候变化情景中,即气温升高,雨量增加的未来40a区域气候因子波动对中国玉米产量的影响较为复杂。东北春玉米产区哈尔滨站点玉米气象单产 y_w 对模拟气候变化响应为增产效应,但这种增产作用趋势逐渐减弱,东北区域整体气候单产 $\overline{y_i^w}$ 响应行为为增产效应。黄淮海夏玉米产区济南站点玉米气候单产 y_w 响应为减产效应,并且逐渐增强,西安表现为明显的增产效应,并且逐渐增强,这说明该区气候单产 y_w 占实际单产 y_i 比例较大;该区域整体响应行为稳定,表现为实际单产 $\bar{y}_i$ 的微弱增长。西南秋玉米产区成都实际单产表现为微弱的增长趋势。从所选区划总体来看,产区玉米气候单产响应为明显的减产效应,削弱了生产技术水平提高对玉米实际单产的贡献,因而实际单产 $\bar{y}_i$ 只表现为微弱的增长趋势。

但是全国实际单产 y 预测结果虽然表现为逐渐增产趋势,但是预测结果严重失真,与实际不相符。因为实际单产是一个较小的有限值,而非无穷大,其因生产力技术和气候的增益而发生的增产是有限度的。这主要是该预测式源于全国玉米实际单产时间序列与所选站点气象因子数据的回归拟合二次多项式,存在假设前提条件为所选区域气候因子时空特征能够代表全国玉米气候时空特征,玉米产量占全国总产量的绝对主体,并且所有区域中玉米生育期特点和生产条件一致,这显然与事实不符。所以,中国玉米单产对未来区域气候波动,即气温升高,雨量增加的响应行为总体为减产效应,明显削弱了生产技术水平提高对实际单产的贡献,总体表现为微弱的增长趋势。

五、区域气候变化下的中国粮食生产安全分析

1982～1998 年是我国冬小麦与玉米生产的历史性高产期,其产量成为我国粮食结构的主要组成部分,单产区域分布表现为明显的时空分异特征,生产投入和技术水平以及农业气候对其影响较大;总产相对比较稳定,但也有明显的年际变化,单产和种植面积变化对其影响较大。对 1982～1998 年研究区冬小麦和玉米单产及对相应生育期气象因子的相关性拟合分析以及 GCM 模拟未来中国区域变化情景下的单产波动响应的预测表明,区域气候变化对冬小麦和玉米生产有明显影响,而且这种影响对于不同作物在不同生产区又有很大差异,具体表现为各研究区域的增产或减产效应,大区域范围内的冬小麦增产和玉米减产效应,这将对中国粮食生产安全产生长远的影响。

(一) 区域气候波动下的我国小麦产量分析

本文所选区域冬小麦在 GCM 模拟的未来 40a 中国气候变化的气候单产响应总体表现为微弱的增产效应,并随时间衰减(表 5.17)。如以所选区域平均处理的拟合二项式为例,2010 年、2020 年、2030 年、2040 年、2050 年气候单产 $\overline{y_i^w}$[式(5.12)]预测值分别为 250kg/hm^2、121 kg/hm^2、−16 kg/hm^2、−145 kg/hm^2、−433 kg/hm^2,全国对应时间的气候单产 y_w[式(5.13)]预测值分别为 169kg/hm^2、188 kg/hm^2、206 kg/hm^2、223 kg/hm^2、256kg/hm^2。而对应时间的研究区平均处理的实际单产 $\bar{y}_i$[式(5.14)]预测值分别为 4909kg/hm^2、5117 kg/hm^2、5284kg/hm^2、5416kg/hm^2、5666kg/hm^2,表现为稳定的增长趋势。

$$\begin{aligned}\overline{y_i^w} =& -6.29553 + 0.01058\sum T - 0.00118\sum P + 1.12\times10^{-5}\sum T\sum P \\ & -5.0\times10^{-6}(\sum T)^2 - 3.3\times10^{-5}(\sum P)^2 \end{aligned} \tag{5.12}$$

$$\begin{aligned}y_w =& 5.24792 - 0.00345\sum T - 0.02614\sum P + 1.77\times10^{-5}\sum T\sum P \\ & +1.13\times10^{-8}(\sum T)^2 - 2.0\times10^{-14}(\sum P)^2 \end{aligned} \tag{5.13}$$

$$\begin{aligned}\bar{y}_i =& 3.80334 + 0.00029\sum T - 0.0125\sum P \\ & +1.08\times10^{-5}\sum T\sum P - 1.5\times10^{-8}(\sum T)^2 \end{aligned} \tag{5.14}$$

根据 1949～2004 年我国小麦种植和产量分析可知,新中国成立以来小麦实际单产历史最高为 2004 年 4 251.9 kg/hm^2,最低为 1961 年 557.3 kg/hm^2,1995～2004 年平均值为 3 851.4 kg/hm^2;全国总产量历史最高为 1997 年 1.232 87×10^{11} kg,最低为 1949 年

1.380 9×10^{10}kg,1995～2004 年平均值为 1.021 913×10^{11} kg,2004 年为 9.195 2×10^{10}kg;全国小麦种植面积历史最高为 1997 年 3.094 759×10^{7} hm^{2},最低为 1949 年 2.691 18×10^{7}hm^{2},1995～2004 年平均值为 2.660 05×10^{7} hm^{2},2004 年为 2.162 61×10^{7} hm^{2}。

若根据式(5.14)的预测实际单产,未来 40a 内如果中国小麦种植面积保持 1995～2004 年的平均水平 2.660 05×10^{7} hm^{2},则 2010 年、2020 年、2030 年、2040 年、2050 年总产量预测值分别为 1.306 026×10^{11} kg、1.361 073×10^{11} kg、1.405 57×10^{11} kg、1.440 651×10^{11} kg、1.507 261×10^{11} kg;如果未来 40a 总产量保持 1995～2004 年的平均水平 1.021 913×10^{11} kg,则 2010 年、2020 年、2030 年、2040 年、2050 年节省小麦种植耕地面积分别为 5.786 68×10^{6} hm^{2}、6.628 47×10^{6} hm^{2}、7.260 74×10^{6} hm^{2}、7.731 67×10^{6} hm^{2}、8.565 54×10^{6} hm^{2},节省比例分别达 21.75%、24.92%、27.30%、29.07%、32.20%。而根据 FAO 估计中国人口 2010 年、2020 年、2030 年、2040 年、2050 年将由 2004 年的 13.1 亿增长到 13.8 亿、14.8 亿、15.4 亿、15.7 亿和 15.6 亿,如果种植面积保持 1995～2004 年的平均水平 2.660 05×10^{7} hm^{2},人均小麦粮食占有量由 2004 年的 70.2kg 增长到 94.6 kg、98.6 kg、101.9 kg、104.4 kg、109.2 kg。

所以,在未来 40a 模拟情景气候变化条件下,即使考虑未来 40a 中国人口的增长,中国小麦产量总体保持稳定增长,人均小麦可供应量仍保持稳定提高。总体看来,随着生产技术水平的稳定提高和种植面积的保证,未来中国小麦产量的气候波动响应不会对中国粮食生产安全产生负效应。

(二) 区域气候波动下的中国玉米产量分析

本文所选区域玉米在 GCM 模拟的未来 40a 中国气候变化的气候单产响应总体表现较明显的减产效应(表 5.18)。如以全国平均处理的拟合二项式为例,2010 年、2020 年、2030 年、2040 年、2050 年气候单产预测值 y_w[式(5.15)]分别为−48.0kg/hm^{2}、−173.4 kg/hm^{2}、−270.8 kg/hm^{2}、−34.3kg/hm^{2}、−469.9 kg/hm^{2}。而对应时间的区域平均处理的实际单产 $\bar{y}_i$[式(5.16)]预测值分别为 5788kg/hm^{2}、6082kg/hm^{2}、6350kg/hm^{2}、6568kg/hm^{2}、7039kg/hm^{2};对应时间的东北春玉米产区站点平均处理的实际单产 $\bar{y}_i$[式(5.17)]预测值分别为 6200kg/hm^{2}、6265kg/hm^{2}、6339kg/hm^{2}、6411kg/hm^{2}、6574kg/hm^{2},为高增产区;对应时间的黄淮海夏玉米产区站点平均处理的实际单产 $\bar{y}_i$[式(5.18)]预测值分别为 5343kg/hm^{2}、5426kg/hm^{2}、5499kg/hm^{2}、5554kg/hm^{2}、5671kg/hm^{2},为中低增产区,各预测区表现为不同程度的稳定的增长趋势。

$$y_w = 15.289\,76 - 0.010\,33\sum T - 0.024\,99\sum P + 1.72\times10^{-5}\sum T\sum P - 2.7\times10^{-9}(\sum T)^2 - 3.76\times10^{-15}(\sum P)^2 \tag{5.15}$$

$$\bar{y}_i = 62.160\,51 - 0.038\,53\sum T - 0.113\,62\sum P + 7.83\times10^{-5}\sum T\sum P - 1.7\times10^{-14}(\sum T)^2 + 1.75\times10^{-14}(\sum P)^2 \tag{5.16}$$

$$\bar{y}_i = 6.447\,36 - 0.001\,47\sum T - 0.005\,14\sum P + 4.78\times10^{-6}\sum T\sum P$$

$$-4.9\times10^{-9}(\sum T)^2+1.39\times10^{-15}(\sum P)^2 \tag{5.17}$$

$$\bar{y}_i=49.30869-0.02972\sum T-0.10891\sum P+7.36\times10^{-5}\sum T\sum P+1.36\times10^{-9}(\sum T)^2-1.1\times10^{-14}(\sum P)^2 \tag{5.18}$$

根据1949～2004年中国玉米种植和产量分析可知,新中国成立以来玉米实际单产历史最高为1998年5268kg/hm^2,最低为1949年962 kg/hm^2,1995～2004年平均值为4887kg/hm^2;全国总产量历史最高为1999年1.325 94×10^{11}hm^2,最低为1949年1.2418×10^{10}kg,1995～2004年平均值为1. 192 324×10^{11} kg,2004年为1.302 87×10^{11}kg;全国小麦种植面积历史最高为1999年2.590 422×10^7 hm^2,最低为1949年1.245 389×10^7 hm^2,1995～2004年平均值为2.436 801×10^7 hm^2,2004年为2.544 618×10^7 hm^2。

若根据式(5.16)的预测实际单产,未来40a内如果中国玉米种植面积保持1995～2004年的平均水平2.436 801×10^7 hm^2,则2010年、2020年、2030年、2040年、2050年总产量预测值分别为1.510 705×10^{11} kg、1.526 744×10^{11} kg、1.544 771×10^{11} kg、1.562 199×10^{11} kg、1.602 07×10^{11} kg;如果未来40a总产保持1995～2004年的平均水平1.192 324×10^{11} kg,则2010年、2020年、2030年、2040年、2050年节省玉米种植耕地面积分别为5.135 55×10^6 hm^2、5.337 6×10^6 hm^2、5.559 68×10^6 hm^2、5.769 51×10^6 hm^2、6.232 37×10^6 hm^2,节省比例分别达21.07%、21.90%、22.82%、23.68%、25.58%。而根据FAO估计中国2010年、2020年、2030年、2040年、2050年将由2004年的13.1亿增长到13.8亿、14.8亿、15.4亿、15.7亿和15.6亿,如果种植面积保持1995～2004年的平均水平2.660 05×10^7 hm^2,人均玉米粮食占有量由2004年的99.5kg增长到109.5kg、110.6 kg、111.9 kg、113.2 kg、116.1 kg。

虽然未来40a模拟情景气候变化对中国玉米产量为明显的减产效应,而且即使考虑未来40a中国人口的增长,中国玉米总体产量仍然保持稳定增长,人均玉米可供应量仍保持小幅度稳定提高。总体看来,随着生产技术水平的稳定提高和种植面积的保证,未来中国玉米产量的气候波动响应在未来人口高峰期间,不会对中国粮食生产安全产生负效应。

第三节　本章主要结果

本章基于未来气候变化的我国粮食产量波动响应预测和我国粮食安全分析的目的,选取我国冬小麦和玉米主产区的代表区域,在对历史产量和气象数据时间序列分析的基础上,采用常规滑动和小样本调和方法,完成了趋势单产的分离和气候单产的提取;进行所选区域冬小麦和玉米实际单产和气候单产与对应生长期内积温和降水因子的二次多项式拟合,得到一系列研究区域和对应站点产量—气候因子拟合公式;并最终得到全国冬小麦和玉米产量—气候因子的回归拟和式,据此预测GCM模拟未来40a气候变化情景下的部分区域冬小麦和玉米单产的区域气候波动响应,最后进行区域气候变化下的中国粮食生产安全分析,得出了以下主要结论,为我国粮食生产可持续发展和气候资源农业高效利用提供了科学依据。

1. 趋势单产分离与气候单产提取

新中国成立以来玉米趋势单产的时间趋势要比小麦显著,尤其以多项式回归效果最好。5a线性调和滑动平均方法处理提取的冬小麦和玉米趋势单产年际变化比较稳定,线性趋势较好,但对玉米趋势单产的滤波分离效果较差。5a滑动平均对各区冬小麦和玉米趋势单产分离效果要好于5a线性调和滑动平均方法。北京、青岛、济南站点的趋势单产时间趋势性较其他站点显著。所选研究区冬小麦和玉米实际单产数据系列和对应生长期内积温和降水总量时间系列具有良好的二次多项式拟合关系。徐州站点冬小麦气候单产两种方法的提取效果均比较显著,北京站点冬小麦气候单产经过5a线性调和滑动平均处理提取后的回归拟合效果显著,济南和青岛站点玉米气候单产两种方法的提取效果均比较显著,西安站点玉米气候单产经过5a滑动平均处理提取后的回归拟合效果显著,玉米气候单产提取和拟合效果总体优于冬小麦。

2. 单产的区域气候变化响应模拟与预测

根据GCM模拟的气候波动情景中,未来40a中国区域气候因子波动对冬小麦产量的影响为增产效应。而玉米的气候单产响应总体表现为明显的减产效应。东北春玉米产区哈尔滨玉米气候单产响应为增产效应,但增产作用趋势逐渐减弱;黄淮海夏玉米产区济南为减产效应,并且逐渐增强;但西安表现为明显的增产效应,并且逐渐增强。

3. 气候变化下的中国粮食生产安全分析

未来40a内如果中国小麦和玉米种植面积保持1995～2004年的平均水平,即使考虑未来人口的增长,人均小麦占有量将由2004年的70.2kg增长到94.6kg以上,玉米由2004年的99.5kg增长到109.5kg以上;如果未来40a总产保持1995～2004年的平均水平,则小麦种植至少可节省耕地面积5.786 68×10^6 hm^2 以上,节省比例达21.75%以上,玉米种植至少节省5.135 55×10^6 hm^2 以上,比例达21.07%以上。各研究区域之间冬小麦和玉米单产的区域性气候波动响应存在着明显的时空差异,但是最终都可以协同融合在大区域和全国范围内的产量变化之中。即使在未来人口高峰时期,也不会对中国粮食生产安全产生负效应。

参考文献

陈新强,郑国光. 2001.可持续发展中的若干气候问题.北京:气象出版社:106-144.

金之庆,陈华,葛道阔. 1992. 应用GCMs和历史气候资料生成中国在CO_2倍增时的气候情景. 中国农业气象,13(5):13-21.

王丽明,邱国玉,张清涛,等. 2005.作物缺水指数新方法的验证.中国农业气象,26(4):229-232.

Nigel W A. 1999. Climate change and global water resources. Global Environmental Change,9(1):S31-S49.

Parry M,Rasenzweig C,Lglesias A,et al. 1999. Climate change and world food security: a new assessment. Global Environmental Change,9(1):S51-S67.

第六章　冬小麦的水分收支特征和水分利用效率①

水资源短缺的现实要求我们必须开展节水农业，其核心是提高水分利用效率。本章针对华北平原水资源短缺的现状和提高农业水资源利用效率的需要，结合相关课题开展试验，着重研究冬小麦的水分特征和水分利用效率，探索提高冬小麦水分利用效率的途径，为缓解华北地区水资源紧张、实现农业水资源的高效利用提供科学依据。

本章试验于2003年和2004年冬小麦返青至收获期间在中国科学院栾城农业生态系统试验站进行。在大量现场试验的基础上，研究不同灌水量、不同播种量和不同秸秆覆盖量条件下土壤-植物-大气系统中冬小麦的生长特征、光合作用、蒸腾作用、土壤蒸发、水分利用效率等参数的变化规律，寻求减小农田土壤蒸发和提高水分利用效率的最佳方法。

第一节　研究区的立地条件及研究方法

野外试验于2002～2004年冬小麦生长季在中国科学院栾城农业生态系统试验站进行。该站位于太行山山前平原，37°50′N，114°40′E，海拔50.1m，属暖温带半湿润半干旱季风气候，多年平均气温12.7℃，年平均降水量480mm左右(张喜英，1999)。该站所在地属于华北平原典型的高产农区，是华北平原的重要组成部分，由十几条河流形成的洪冲积扇组成，北起拒马河，南至卫河，沿太行山东麓呈条带状分布。区域内地势开阔，土地平整，土层深厚，土质良好，属褐土类轻壤土，有机质含量高，蓄水能力强，有着悠久的农业生产历史。传统农业发达，形成了以冬小麦—夏玉米一年两熟为主的农、牧、果、蔬复合农业结构，农业综合生产力高，土地生产率1.51万元/(hm^2·a)，是河北省平均值的1.71倍。此区域不仅是华北地区的主要粮、棉、油生产基地，也是全国重要的粮食产区之一。

一、气候条件

表6.1和表6.2为栾城站近几十年气候资源的平均状况。该地区年总辐射为543.3kJ/cm^2，太阳辐射资源比较丰富，属华北地区的高值区[460～585kJ/(cm^2·a)]。年日照时数2 003.8h，全年日照平均百分率为59.1%，3～5月为日照峰值期，为夏收作物提供了充足的光照资源。充沛的光温资源带来了良好的温度条件，年均温为12.7℃，月平均温度最高为7月，26.8℃，最冷为1月，－4℃，年均积温能满足冬小麦—夏玉米一年两熟作物所需要的热量条件，这是当地成为华北地区粮食高产区的有力基础。

---

① 本章作者：王丽明、邱国玉。

表 6.1　栾城站多年平均光温资源状况*

年总辐射/(kJ/cm^2)	平均气温/℃	年平均积温/℃				年日照时数/h	日照百分率/%	无霜期/d
		>0	>5	>10	>15			
543.3	12.7	4710	4579	4232	3624	2003.8	59.1	200

*气候资源多年平均值为 1960～2001 年平均值。

表 6.2　栾城站 1960～2001 年气候资源多年平均状况

	项目	1月	2月	3月	4月	5月	6月	7月	8月	9月	10月	11月	12月	年总量
多年平均	太阳总辐射/(kJ/cm^2)	28.8	32.7	47.8	57.4	70.5	63.1	53.6	50.4	47.7	37.9	35.6	34.7	543.3
	日照时数/h	129.2	130.3	220.9	201.8	240.2	169.1	169.2	156.5	159.7	141.2	155.6	130.1	2003.8
	平均温度/℃	−4	−1.3	7.8	13.9	20.7	25.7	26.8	24.9	20.3	14.3	5.3	−1.9	12.7
	降水量/mm	3.2	6.4	10.4	18.6	32.7	47	132.9	130.8	49	26.7	14.4	3.2	475.3
2002年	日照时数/h	132.8	132.9	171.6	161.1	148.6	76	94.5	141.7	163.5	145.2	137.6	41.7	1547.2
	平均温度/℃	0	3.9	8.7	13.1	19	24.1	26.9	25.1	19.2	11.5	3.2	−2.9	12.7
	降水量/mm	1.2	0	5.5	30.1	45.7	52.5	158.6	35.1	42.3	16.2	0	9.9	397.1
2003年	日照时数/h	130.4	115.4	104.9	152.4	120.4	152.2	101.8	119.5	95.8	159.9	61.3	141.7	1455.7
	平均温度/℃	−3.3	0.9	6	13.6	19.6	24.4	25.3	23.9	20.1	13.5	3.9	−1.1	12.2
	降水量/mm	1	1.1	10.1	51.5	66.6	27.6	146.3	109.9	35.6	86.9	44.7	0	581.3
2004年	日照时数/h	152.4	189	152.8	198.9	224.7								
	平均温度/℃	−2.6	3.1	7.4	14.7	18.8	24.1							
	降水量/mm	0.6	8.7	0	28.6	41.4	2.4							

图 6.1 为栾城站多年(2002～2004 年)月平均气温和试验期间月平均气温比较，可以看出，在这三年内，年均温与多年平均值接近或较低，冬季气温稍高于多年平均，而夏季气温相对低于多年平均，在冬小麦生长季内(10 月～次年 6 月)气温比多年平均值低，对冬小麦的生长有一定影响。

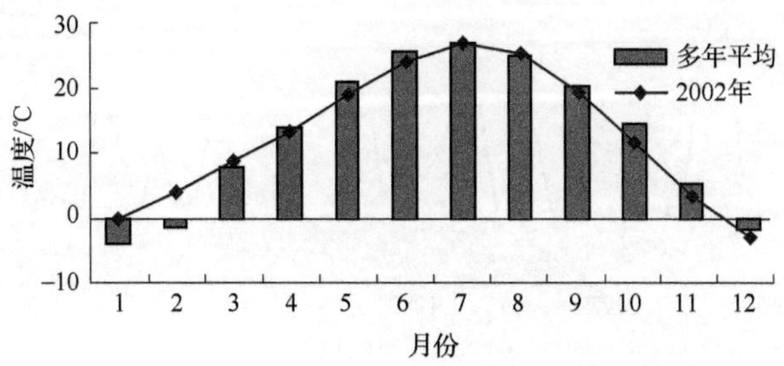

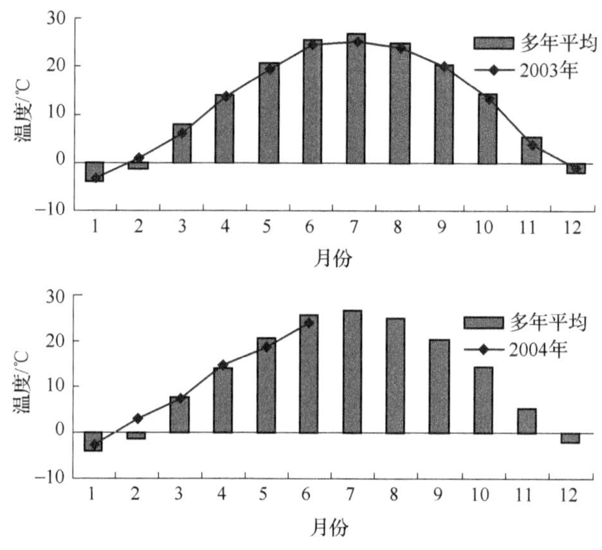

图 6.1　2002～2004 年月平均温度与多年平均值比较

该地区多年平均降水量(1960～2003 年)为 484.7mm(表 6.3),主要集中在夏季,7、8 月降水量占全年的 49.08%,具有雨热同期的特点,有利于夏播作物的生长。冬小麦生长期间平均降水 162.1mm,占全年的 33.4%,尤其在冬小麦旺盛生长的春季,降水量仅为全年的 18.65%,极易受到干旱的威胁。图 6.2 为栾城站 1960～2004 年的年降水量和冬小麦生长期内降水量情况,可以看出,该地区年降水量和冬小麦生长期内降水量均呈现逐年减少的趋势。据统计,石家庄地区多年平均蒸发量为 1093mm,远大于该地区年降水量,导致严重的水分亏缺。图 6.3 为石家庄多年平均蒸发量和湿润度的月分布情况,显然,春季冬小麦旺盛生长时期缺水严重,而夏季作物不易受旱。有研究结果表明:冬小麦生长期内缺水达 429.3mm,而夏玉米生长期内缺水仅 40.7mm(沈彦俊,1998);整个冬小麦生长季的平均降水量仅为 130mm,而整个生长季耗水量在 430mm 以上(张永强等,2002)。因此,该地区主要缺水作物为冬小麦,夏玉米生长期间降雨基本能满足需要。

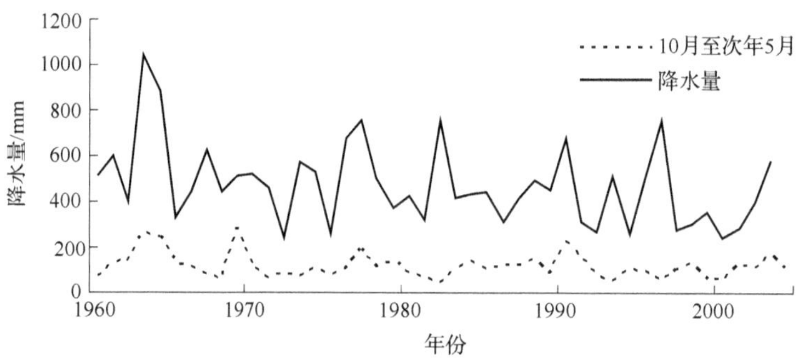

图 6.2　栾城站 1960～2004 年降水量和冬小麦生长期降水量变化

表 6.3　栾城站多年平均降水量和蒸发量

项目	1月	2月	3月	4月	5月	6月	7月	8月	9月	10月	11月	12月	年总量
降水量/mm	1.8	2.5	8.7	33.4	48.3	42.4	145.9	92	42.3	43.3	19.7	4.4	484.7
蒸发量/mm	26.4	37.2	80.3	123.6	134.9	172.5	147.3	126.5	98.7	78.1	42.3	24.5	1 029.3
(*P*/ET)/%	6.8	6.7	10.8	27	35.8	24.6	99.1	72.7	42.9	55.4	46.5	17.9	47.1

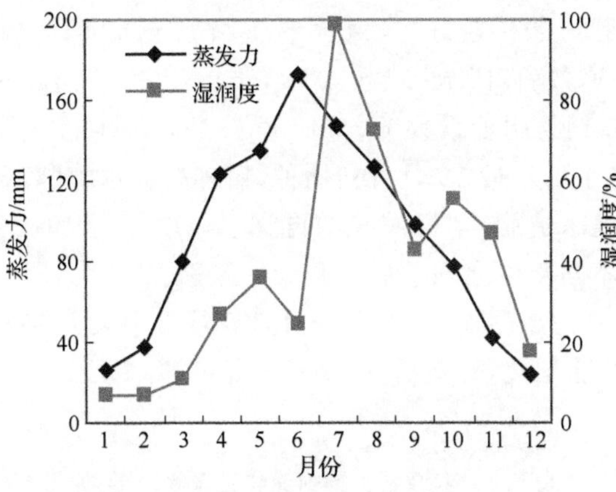

图 6.3　石家庄多年蒸发力和湿润度月分布

图 6.4 为 2002～2004 年冬小麦收获前各月降水量与多年平均情况的比较。可以看出 2002 年冬小麦种植后降水量明显少于往年，一直持续到次年 3 月，之后降水明显增多，尤其是从拔节到成熟阶段，降水十分充足。而 2003 年冬小麦播种后的 10 月和 11 月降水量远大于多年平均，次年春季降雨也比往年稍多。

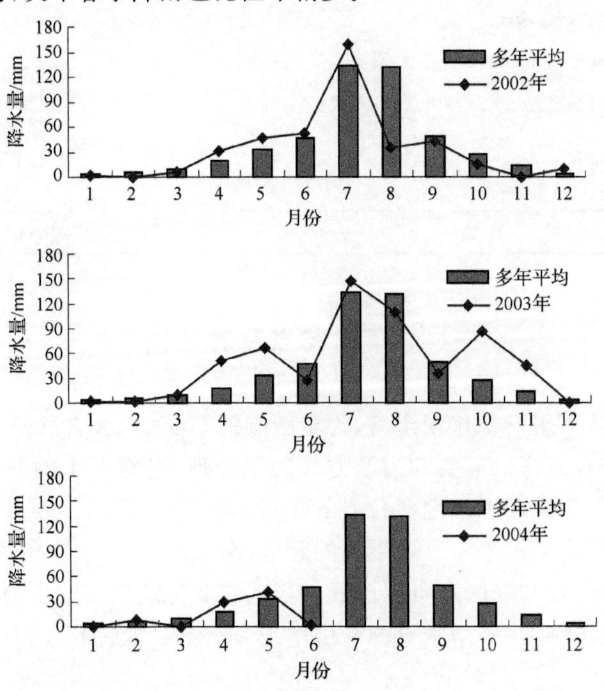

图 6.4　2002～2004 年降水量与多年平均值比较

二、土壤条件和耕作制度

栾城站所在地区地势平坦,土层深厚,土壤类型为潮褐土,质地为壤土,随土壤深度质地依次为砂壤、壤土和黏壤,土壤肥沃。耕层(0～30cm)有机质含量1.2%～1.3%,蓄肥保水能力比较强,土壤肥力条件较好,全氮含量0.07%～0.08%,碱解氮60～80mg/kg,速效磷15～20mg/kg,速效钾150～170mg/kg,土壤容重1.53g/cm^3,饱和体积含水量44.1%,田间持水量35.4%,凋萎系数13.2%(表6.4)。该地区主要栽培制度为冬小麦-夏玉米一年两熟制。冬小麦一般10月月初播种,播种前浇水施肥,冬前浇越冬水,次年返青后浇二水,拔节期间浇水追肥,孕穗灌浆期再浇水,6月中上旬收获。当地冬小麦具体生育期大致分配如下,不同年度之间前后有几天的差别:从10月月初播种到11月月底为苗期,12月和次年1、2月为越冬期,一般在2月月底或3月月初冬小麦开始返青,4月月初开始拔节,5月月初抽穗开花,开花后5～7天开始灌浆,6月月初乳熟成熟,一般在6月10日之后收获。

表6.4 栾城站土壤剖面特征及物理参数

土壤层次	厚度/cm	特征简述	质地	田间持水量/%	饱和体积含水量/%	凋萎系数/%	容重/(g/cm^3)
A1	0～20	灰棕色、耕层、疏松、多孔	砂壤	0.364	0.433	0.096	1.41
A1B	20～35	淡棕色、犁底层、较紧实、较多孔	砂壤	0.349	0.435	0.114	1.51
B1	35～65	暗棕色、壤土	轻壤	0.333	0.43	0.139	1.47
B2	65～90	暗棕色、壤土	中壤	0.343	0.428	0.139	1.51
BK	90～145	浅黄色、30cm为砂浆土、紧实	轻黏	0.344	0.44	0.13	1.54
B3	145～170	浅灰黄色、20cm亚黏土、有孔紧实	轻黏	0.39	0.476	0.139	1.64
BC	170～190	浅黄色、砂黏土、结构紧实	砂质黏土	0.381	0.447	0.164	1.59
平均	—	—	—	0.354	0.441	0.137	1.53

三、地下水特点及其变化

历史上该地区地下水资源比较丰富,为重碳酸钙型淡水,水质良好。但是20世纪80年代以来,为满足粮食高产的需要和灌溉方式的不合理,对地下水的开采日益增多,地下水位迅速下降,由50年代地下水埋深几米下降到2003年的32m。从多年降水情况来看,即使多雨年份也不能缓解地下水迅速下降的趋势(图6.5)。地下水资源过度消耗使农田生态系统失去良性运转的基础,水资源已成为当地农业持续发展的主要限制因子。因此,珍惜水资源、优化灌溉制度、提高水资源利用率是当地农业发展的方向。

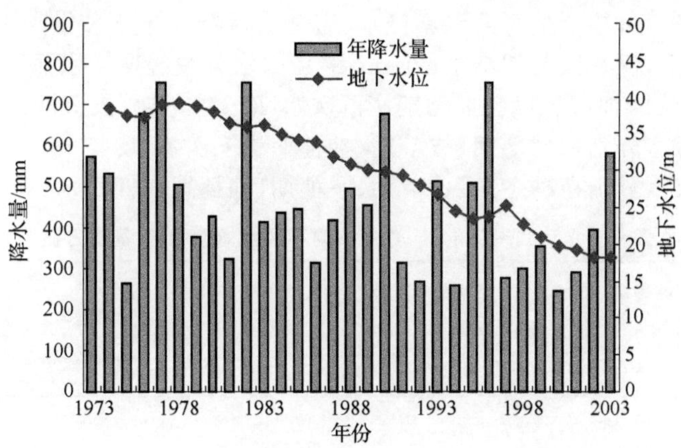

图 6.5　栾城站地下水多年变动情况图

四、研 究 方 法

论文的试验在栾城站大楼东部小气象场南北两侧总面积约 2000m² 的平坦的农田中进行，具体分布见示意图 6.6。道路的西部、北部以及试验地的东部均为种植时间相同的冬小麦田。

（一）大型蒸散仪试验

主要用于监测从冬小麦播种到收获期间每日的蒸散量。大型蒸散仪(large weighing lysimeter)建成于 1995 年 5 月，是一个内部装满原状土体的大型容器，置于田间，每天 8:00 和 20:00 进行观测。该蒸散仪总重约 14t，表面积 3m²，可种植冬小麦 1000～1050 株，土体深度 2.5m，采用马里奥特瓶控制土柱内水位变化的供水系统，可测量作物耗水量和潜水蒸发量；称量系统采用非平衡测定原理及零点偏置电路，测量精度达到 0.02mm，可人工或计算机观测控制；内部安装中子管可监测土壤水分，每 5 天测量一次，深度为 120cm。同时还安装了两个 Micro-lysimeter 观测日土壤蒸发量。蒸散仪中作物种植方式和时间都与周围农田相同。

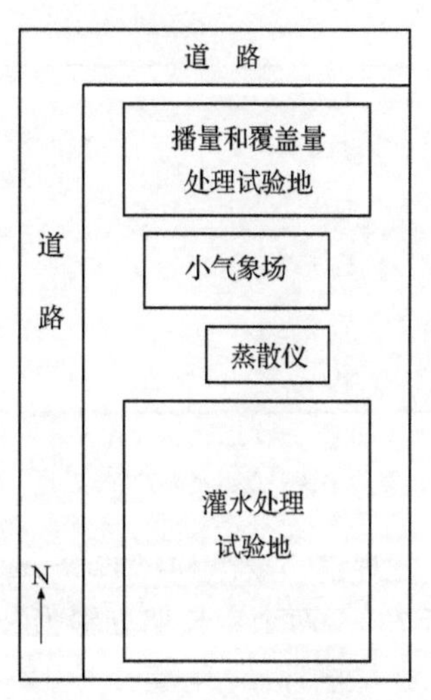

图 6.6　试验地分布情况

（二）灌溉控制试验

试验在大型蒸散仪旁的农田中进行，共 20 个小区，每个小区面积 4m×10m，小区间有宽 2m 的保护行，保护行不浇水，防止水分的侧向渗漏。试验共设以下 5 种处理：

(1) 旱作处理 T_0,整个生育期内不浇水,完全依靠降水补充水分。

(2) 灌一水 T_1,仅在拔节期浇水 60mm,避免因水分关键期缺水而影响产量。

(3) 灌两水,分两种:拔节期、抽穗期浇两次水 T_{2a};越冬期、拔节期浇两次水 T_{2b}。

(4) 灌三水 T_3,分别在越冬期、拔节期、抽穗期浇三次水。

(5) 灌四水 T_4,分别在越冬期、拔节期、孕穗期、抽穗期浇四次水(表 6.5)。

表 6.5　2002～2004 年度冬小麦不同灌水量处理灌溉方案　(单位:mm)

水分处理(2002～2003 年)	越冬水(2002 年 11 月 16 日)	返青水	拔节水(2003 年 4 月 15 日)	孕穗水(2003 年 4 月 26 日)	抽穗水(2003 年 5 月 3 日)	灌浆水	总灌水量
水分敏感指数*	0.041 14	−0.098 31	0.283 2	0.215 6	0.218 8	0.118 8	
T_0	0	0	0	0	0	0	0
T_1	0	0	60	0	0	0	60
T_{2a}	0	0	60	0	60	0	120
T_{2b}	75	0	60	0	0	0	135
T_3	75	0	60	0	60	0	195
T_4	75	0	60	60	60	0	255
水分处理(2003～2004 年)	越冬水	返青水	拔节水(2003 年 4 月 1 日)	孕穗水(2003 年 4 月 13 日)	抽穗水(2003 年 4 月 23 日)	灌浆水(2004 年 5 月 15 日)	总灌水量
T_0	0	0	0	0	0	0	0
T_1	0	0	60	0	0	0	60
T_{2a}	0	0	60	0	60	0	120
T_{2b}	0	0	60	0	0	60	120
T_3	0	0	60	0	60	60	180
T_4	0	0	60	60	60	60	240

* 为参考数据。

资料来源:袁小良等,1992。

种植小麦品种(*Triticum aestivum* L.):2002～2003 年为 4185,2003～2004 年为石新 733。两个生长期分别为:2002 年 10 月 1 日播种,2003 年 6 月 10 日收获;2003 年 10 月 8 日播种,2004 年 6 月 12 日收获。两个年度小麦种植时均采用人工等行播种,行距为 15cm,播前深翻,旋耕播种,播量为 190kg/hm^2。施底肥二铵 340kg/hm^2,氯化钾 150kg/hm^2 和尿素 260kg/hm^2,拔节期追施尿素 260kg/hm^2。两个生长期内降水量分别为 171.4mm 和 199.9mm。为测定土壤蒸发量,在处理 T_0、T_{2a}和 T_3 小区里安装了微型蒸渗仪,测定每天的土壤蒸发量。每个小区中均安装了中子管以便测定各层的土壤含水量。

(三) 不同播种量和地表覆盖试验

用玉米秸秆覆盖不同播种量(密度)的冬小麦田,把玉米秸秆切成 5～10cm 的小段,于播种后顺着小麦垅均匀地撒在冬小麦田里，起到保温减少蒸发的作用。供试小麦品种：2002～2003 年为 4185，2003～2004 年为 6365。试验地共分 20 个小区，每个小区面积为 5m×6m。试验设计如表 6.6 所示，图中“对照”表示无覆盖。带“＊”的小区安装有中子管，以便测量土壤水分。

表 6.6　冬小麦秸秆覆盖和播种量试验设计表

多播量/(225kg/m^2)		正常播量/(150kg/hm^2)	
对照	＊多覆盖	＊对照	少覆盖
多覆盖	＊少覆盖	＊多覆盖	对照
对照	＊对照	＊少覆盖	多覆盖
少覆盖	＊多覆盖	＊对照	对照
对照	＊少覆盖	＊多覆盖	少覆盖

试验分两种播量：左边两条地为多播量，225kg/hm^2，即加密播量 50%，右边两条地为正常播量，150kg/hm^2。每种播量按不同覆盖情况又分三种：多覆盖，少覆盖和对照(无覆盖)。秸秆覆盖量分别为：少覆盖 3000kg/hm^2，多覆盖 6000kg/hm^2。因此共有 6 种处理：多播多盖、多播少盖、多播对照、常播多盖、常播少盖和常播对照。每个处理用 4 个内径为 10cm 的微型蒸渗仪测量土壤蒸发量。

该处理施肥情况：施底肥二铵 340kg/hm^2，氯化钾 150kg/hm^2 和尿素 260kg/hm^2，拔节期追施尿素 260kg/hm^2。2002～2003 年度各小区均浇 3 次水：11 月 18 日浇越冬水，少覆盖和对照 63.3mm，多覆盖 80mm，4 月 16 日浇拔节水 80mm，5 月 6 日浇开花水 66.7mm，全生育期灌水量：少覆盖和对照 211mm，多覆盖 226.7mm。2003～2004 年度 3 月 30 日浇拔节水 85mm，5 月 11 日浇灌浆水 60mm，全生育期灌水量为 145mm。

（四）分 析 方 法

利用大型蒸散仪测定每日的蒸散量，用水分平衡法计算阶段的蒸散量。大型蒸散仪是利用两天时间观测到的重量的差异求得蒸散量的变化。而水分平衡法是利用某段时间内降雨、灌溉和土壤含水量的变化值计算得到，公式为

$$\mathrm{ET} = P + I + \Delta W \tag{6.1}$$

式中：ET 为蒸散耗水量(mm)；P 为降水量(mm)；I 为灌溉水量(mm)；ΔW 为计算时段内土壤储水量的减少量(mm)。由于该地区地下水位很低，可以不考虑地下水的影响，即土壤水下渗和毛管上升水，同时试验小区内部的地表径流也可以忽略不计(Zhang et al.，2003)。该项目的观测从冬小麦播种开始到收获结束。

采用自制的微型蒸渗仪(MLS)置于冬小麦行间直接测定土壤蒸发。MLS 由 PVC 管制成(选择 PVC 材料是为了尽量减少热传导的影响)，内径 10.4cm，高 15cm，置于冬小麦行间。每次取土时，用人力将其垂直压入土壤获取原状土，以塑料胶带封底、称重，放回事先固定在田间的外套中。为操作方便且不改变土壤结构，用内径略大(约 12cm)的 PVC 管制成外套固定于行间。MLS 内的土体每 3～4d 更换一次，遇到降雨或灌溉后一天左

右,待水分基本下渗后更换土体,以便使 MLS 内部土壤水分状况与周围土壤一致(Hsiao and Xu,2000)。每天傍晚用精度为 1g 的天平称重,利用前后两天两次称量的重量差和 MLS 的表面积、水的密度换算,得出日蒸发量。其计算公式为

$$E = a \times \Delta W \tag{6.2}$$

式中:E 为日蒸发量(mm);a 为计算系数,对于直径为 10.4cm 的 MLS,a=0.117 72mm/g;ΔW 为前后两天称重之差(g)。

用英国产 IH-II 型中子水分探测仪插入试验小区中事先安装好的中子管中测定每 20cm 的土壤含水量,农田测深均达 2m,每隔 5~7d 观测一次。用 TDR 或烘干法(土钻法)测定表层土壤含水量,每 5d 左右观测记录。该观测从冬小麦播种即开始进行,一直到收获结束。

根系观测,包括根长和根干重观测。利用自制旋柄式根钻,钻筒高 10cm,内径 7cm,空心钻,手柄长 120~180cm。选择不灌水、灌两水和灌四水 3 个处理观测,每个处理每次取 3 个重复。在小麦行上、行间各取一个测点,每 10cm 取一层,取根最深至 180cm。将每层行上和行间测点的土样分别装入土壤袋并做好标记,再将袋放入水中浸泡,用土壤筛冲洗泥土,用镊子捡出混杂在根中的秸秆等杂质,然后将根样倒入根样盘中采用交叉法测定根长,计算根长密度。之后将根样放入 101-2A 型电热鼓风干燥箱中用 80℃高温烘烤 12h,用电子天平(测量精度 0.000 01g)称取其干重。

在每个小区密度测点附近选取 20 株,取样后及时运回实验室,分别按器官(茎、叶、黄叶、穗)分类装入样本袋。其中,叶片采用面积法测定叶面积:用直尺或坐标纸沿叶片主脉量取每片叶的长度和叶片最宽处的宽度,得出各叶片乘积,再乘以叶片校正系数(小麦为 0.83)计算得单茎叶面积,与 1m^2 茎数相乘得叶面积指数。将样本袋放入 101-2A 型电热鼓风干燥箱内加温,先用 110℃高温杀青 1h,然后将温度控制在 80℃左右,烘烤12~24h后,分别称取各器官的干重。叶面积的测定时间间隔为 7~9d,生物量每 3d 测量一次。

利用 LI-6400 光合作用测定仪(LI-COR Ltd.,USA)测定叶片的光合速率、气孔导度、蒸腾速率、叶片温度等。主要在拔节期和灌浆期内,每 5~7d 选取阳光比较充足的上午进行一次观测。每个处理取 3~4 片长势相近的叶片进行测量。为便于观测叶片正面和背面气孔阻力及日变化,还利用英国产 AP4(DELTA-DEVICES Ltd.)气孔计进行了测量。

用压力室法植物叶水势仪(ZLZ-5,兰州大学)测定。在旗叶展开前选取最上方的叶片,旗叶展开后选取旗叶测定,叶片测定部位尽可能保持一致。每小区选取 10~15 片叶子。

模拟叶片的制作:在所选叶片中部涂上一层胶水以阻塞气孔,使之不再产生蒸腾作用制成模拟叶片,其温度可代表最高冠层温度。用胶水涂抹叶片是为了寻求更简便合理的制作模拟叶片的方法以代替以往试验的纸制模拟叶片。模拟叶片要选取长势、高度相近的叶片,旗叶展开前选取最上方的叶片,旗叶展开后选取旗叶,叶片测定部位尽可能保持一致,每小区选取 3~5 片叶子。模拟叶片温度和冠层温度的观测选取晴好天气的中午(12:30~13:30),用日本产放射红外温度计(CT-3100N,CUSTOM Ltd.)测定,测量冠层温度时,红外温度计与冠层保持 45°角,分别在每个小区的 4 个方向观测,求取平均值;测量叶片温度时用该仪器的激光测点对准模拟叶片涂抹胶水处的中心,即可读取温度。测

值与黑体源进行校正。为配合相关分析,还要观测气象数据,净辐射采用试验地旁小气象场中的总辐射表观测,获得总辐射后计算得到,小区内部的空气湿度和风速用日本产环境观测仪(AHLT-100,CUSTOM Ltd.)同步观测。

用曲管温度计和自测的 optic 系统(WQG-16,湖南气象设备中心)测定覆盖不同处理土壤表层 5cm、10cm 深度的温度,每隔 1h 测定一次。

试验点附近有气象观测场,AMRS-I 气象辐射自动观测系统(机械工业部长春气象仪器研究所)观测距离地面 2m 处每隔 1h 的温度、湿度、风和日照等气象要素。

在冬小麦收获后每个处理随机选择 10 株作物进行考种,包括生物量、株高、穗数、穗粒重等指标。收获时每个小区除去四周 1m 保护行,进行产量的实测。

第二节 不同灌水量下冬小麦的水分生理特征和水分利用效率

一、植物体内的水流及其驱动力

随着节水农业研究的盛行,植物水分关系的研究显得尤其重要,图 6.7 表示了水分在植物体内的流动路径:植物根系的根毛将土壤水吸收到其表皮细胞内部,经活细胞进入根系木质部导管或管胞,再沿导管或管胞上升。导管与管胞从靠根尖部位起,穿过根、茎、叶深入叶内,成为植物体内水流的连续通路。水分进一步从叶脉进入叶肉细胞,经过细胞间的传导,最终通过气孔下部的细胞间隙到达大气中(张喜英,1999)。

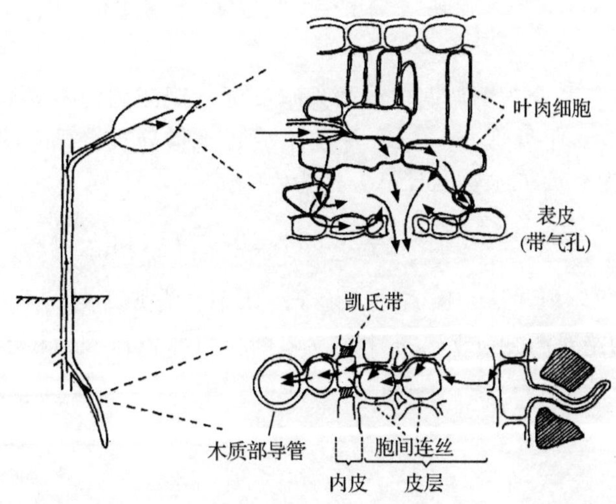

图 6.7 水分从土壤到植物叶片的流动路径(Jones and Hamlyn,1992)

总的来看,水分在植物体内的传输路径有两个:一个是沿纵向的木质部维管束系统的导管和管胞流动,另一个是根毛细胞和叶部细胞等活细胞间的渗透性传输。后者传输水分的根本动力是细胞间存在的水势差。水势是指特定系统中的水的化学势与在同样海拔和温度下纯自由水的化学势之差,水分一般从水势高的区域流向水势低的区域。van den Honert(1948)在叙述水势梯度造成水流的理论时,形象表述了土壤—植物—大气间各部

分的水势差和水流阻力间关系的公式为

$$T=\frac{\Psi_s-\Psi_l}{R_s+R_r+R_{st}+R_l}=\frac{\Psi_s-\Psi_r}{R_s}=\frac{\Psi_r-\Psi_{st}}{R_r}=\frac{\Psi_{st}-\Psi_x}{R_{st}}=\frac{\Psi_x-\Psi_l}{R_l} \quad (6.3)$$

式中:T 为水流通量(即蒸腾速率);ψ_s、ψ_r、ψ_{st}、ψ_x 和 ψ_l 分别为土水势、根表皮水势、茎底部水势、茎顶部水势、叶片蒸腾部位水势;R_s、R_r、R_{st}、R_l 分别为水分从土至根、从根至木质部、从木质部至叶片、从叶片至大气的传输阻力。van den Honert(1948)还指出其中从叶片到大气的阻力 R_l 最大,原因在于叶片气孔保卫细胞的存在:起初保卫细胞水势较高,膨压很大,使气孔张开,减小叶—气阻力 R_l,水汽从叶肉细胞向大气散失,保卫细胞由于失水而水势降低、膨压减小使气孔关闭。如果植株下部土壤水分充足,水分将从根部高水势处流向叶片低水势处,使保卫细胞水势膨压再次升高,气孔张开;若土壤水分缺乏,土壤水势下降,土—根阻力 R_s 增大,叶片细胞不能得到来自下部的水分补充膨压降低,气孔保持关闭,阻止水汽散失(朗格等,1985)。气孔就是通过这样节律性的开闭保存植物细胞水势和膨压,以避免植物由于大量散失水分而发生原生性损伤(Brogardh and Jonhson,1974)。由此看来,叶片—大气间的水势差和水流阻力对土壤—植物—大气系统水分运行起着关键作用,叶片水势决定水流通量,气孔阻力调节水流速率,因此,下面将对二者的变化规律及影响因素予以研究分析。

二、不同灌水量下冬小麦叶水势和气孔阻力的变化及影响因素

(一)叶水势的变化及影响因素

图 6.8 为 2004 年联合观测期间连续两天晴好天气观测到的不同灌水处理冬小麦叶水势的日变化和傍晚各个处理 0~90cm 深度土壤含水量分布情况。图 6.9 为这两天内大气水势的变化情况。大气水势的计算公式为

$$\Psi_a=\frac{RT}{V_m}\ln\left(\frac{e}{e_0}\right)=4.62\times10^5\times T\times\ln\left(\frac{e}{e_0}\right) \quad (6.4)$$

式中:V_m 为水的摩尔体积,$V_m=18.048\times10^{-6}\,m^3/mol$;$R$ 为普朗克气体常数,$R=8.31Pa\cdot m^3/(mol\cdot K)$;$T$ 为绝对温度(K);e、e_0 分别为实际空气水汽压和饱和水汽压(Pa)。

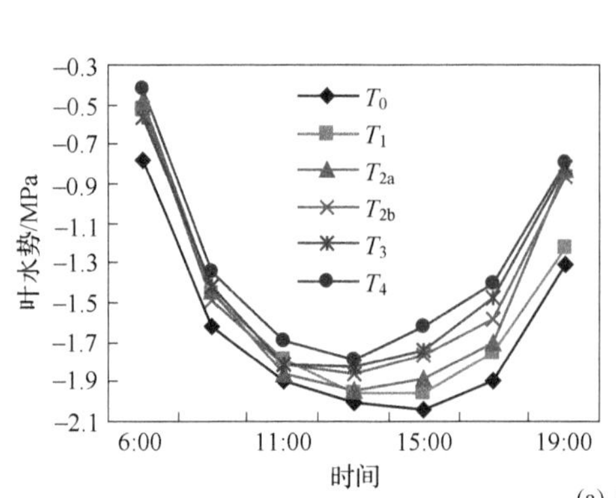

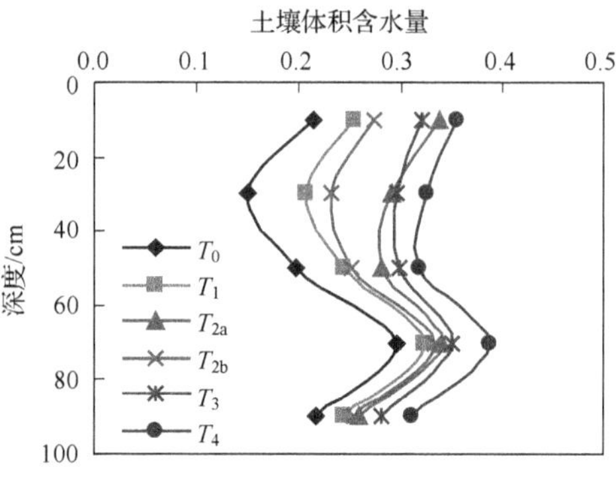

(a) 2004年5月4日

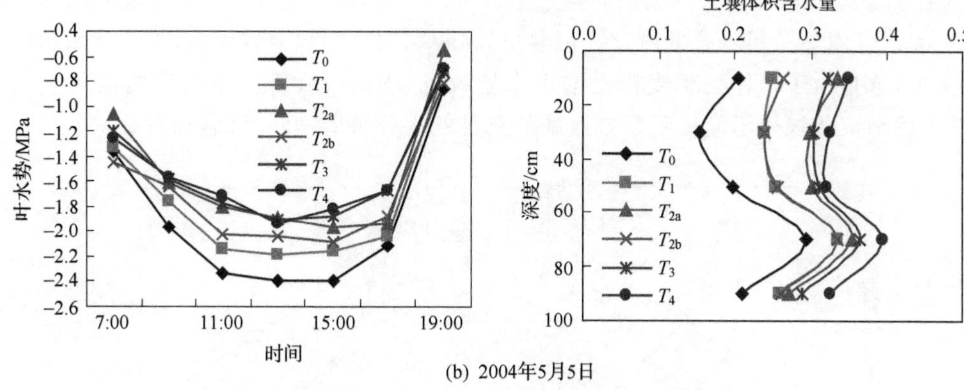

(b) 2004年5月5日

图 6.8　不同灌水处理冬小麦叶水势和土壤水分日变化

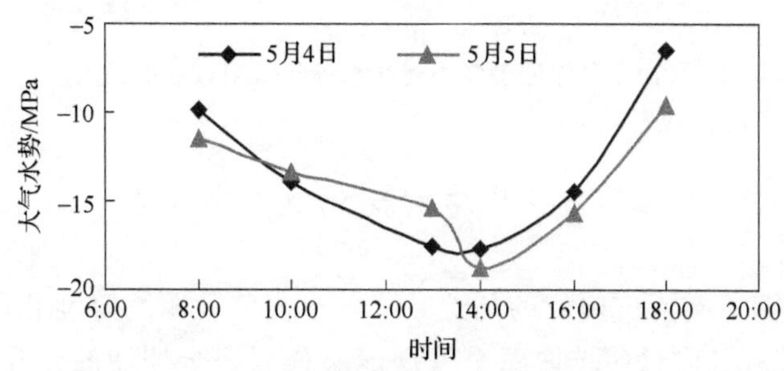

图 6.9　冬小麦田大气水势的日变化

两天的数据显示各个处理冬小麦叶水势和同期的大气水势均表现出早晚较高、中午较低的日变化过程。这是由于上午随着太阳辐射增强和气温升高，空气饱和差增大，空气湿度减小，大气水势也相应减小，叶—气间水势差增大，叶片蒸腾强度增大，叶肉细胞水分散失速率高于根系吸水速率，叶片失水而水势减小，气孔关闭，出现休眠现象；叶水势在午后达到最小值，之后太阳辐射减弱、气温开始下降，空气湿度增大，大气水势也增大，如果此时土壤水分充足，叶片将从根系吸水补充水分而使水势逐渐增大。Ritchie(1974)曾指出当土壤水分充足时，在黎明前叶水势可增大到与土壤水势接近，说明在夜间根系仍然从土壤中吸水并传送到叶片，以补充白天叶片蒸腾散失的水分。

图 6.8 还表明：不同灌水处理间叶水势值的大小差别与其土壤含水量差别呈正相关，进一步说明土壤含水量大小对叶水势的决定性作用。还可以看出，土壤水分条件越好，其叶水势最低值出现的时间越早，T_4 处理最低值大约在 12:00，而 T_0 则出现在午后 15:00 前后。这可能是由于旱作处理冬小麦经历了水分亏缺锻炼，产生了一定的抗旱性，对水分亏缺的敏感性降低，水分在其植株体内的传输和向大气的散失、气孔的开闭均比较迟缓，从而表现出一些生理特征响应时间上的滞后。

太阳辐射的变化会引起到达植物表面有效能量的变化，从而影响植物蒸腾，引起叶水势的变化。康绍忠(1994)指出：在充分供水条件下，太阳辐射与叶水势间关系呈抛物线型。本文对旱作处理下冬小麦叶水势与太阳辐射关系进行了分析(图 6.10)。5 月 4 日和

5月5日土壤体积含水量分别为田间持水量的60.7%和59.3%,土壤水分受到限制。图中箭头表示叶水势从早到晚的变化。可看出,在相同的太阳辐射强度下,下午叶水势明显低于上午,这是由于旱作处理麦田土壤含水量较低,小麦叶片在上午已蒸腾散失大量水分,在午后结束休眠后不能得到来自根系的充足的水分供应,叶片细胞相对缺水。

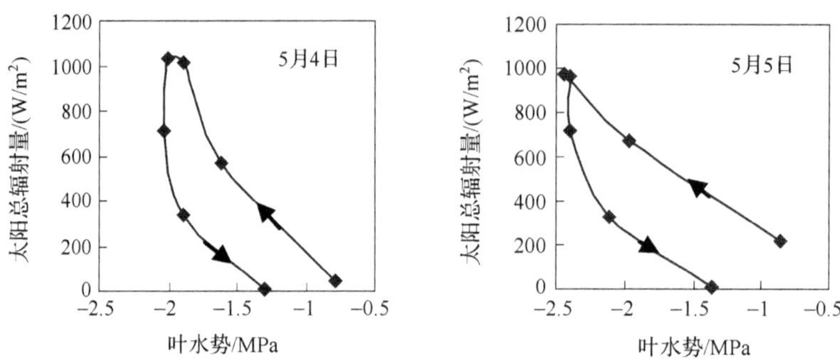

图 6.10　旱作处理冬小麦叶水势与太阳辐射的关系

(二)气孔阻力的变化及影响因素

试验主要在5月月初天气晴好的几天做了冬小麦气孔阻力日变化的观测,观测结果详见图6.11。用气孔计测量时选取每个处理冠层顶部完全伸展的旗叶3～4片,分别测量叶片近轴面和远轴面的气孔阻力,然后利用公式计算叶片阻力(克雷默,1989),计算公式为

$$\frac{1}{r}=\frac{1}{r_a}+\frac{1}{r_b} \tag{6.5}$$

式中:r、r_a、r_b 分别为叶片、近轴面和远轴面的气孔阻力(s/m)。

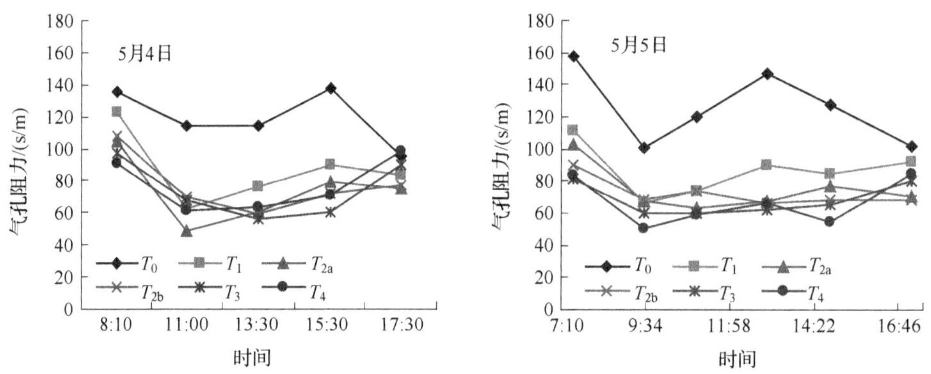

图 6.11　冬小麦气孔阻力的日变化

从图6.11中可看出,小麦气孔阻力在一天内存在一定波动。对于土壤水分条件比较了好的处理,如 T_{2b}、T_3 和 T_4 均表现出早晚高,日间偏低的趋势,午间有一个小的峰值,这是由于气孔夜间关闭,阻力很大,日出后太阳辐射增强,气温升高,叶—气水势差增大,

促进蒸腾，气孔张开，阻力减小，到午间叶片大量失水，气孔因休眠而关闭，阻力又增大，午后太阳辐射减弱、气温下降，叶水势恢复，保卫细胞膨压恢复，气孔张开，阻力有所减小，到傍晚前太阳辐射迅速减弱，气温迅速降低，促使气孔关闭，阻力又增大，这与以往的观测结果相似（于沪宁和沈彦俊，1999）。但是对于土壤水分缺乏的 T_0、T_1 和 T_{2a} 来说，尤其是 T_0 处理，午间气孔关闭后导致的阻力增大幅度很大，甚至接近早晨的值，没有出现午后阻力减小、傍晚增大的波动，而是直接达到傍晚后气孔关闭造成的阻力值，这可能是由于午后叶片无法从土壤获得充足水分供应，而气孔开闭缓慢，导致阻力的增减比其他处理滞后。从图中还可以看到：早晚各个处理间阻力值比较接近，而日间差距很大，可以假设认为，日间对气孔阻力影响较大是水分条件，并且水分条件差的处理气孔阻力也大，而夜间则是光照条件决定气孔阻力的大小。但此假设还有待进一步验证。

图 6.12 反映了 2004 年 5 月 5 日冬小麦近轴面和远轴面气孔阻力日变化情况。由于冬小麦叶片近轴面和远轴面气孔分布密度不同，所截获的太阳辐射也不同，导致二者的能量转化和水汽传输过程不同，因此二者的气孔阻力也有差异。对于除 T_0 处理外的其他处理，近轴面气孔阻力在 80～150s/m 波动，远轴面在 140～350s/m 波动。而 T_0 处理远轴面气孔阻力（350～800s/m）远大于近轴面（100～200s/m），而且二者的波动趋势有所不同，这可能是由于该处理水分条件与其他处理差别比较大的原因。

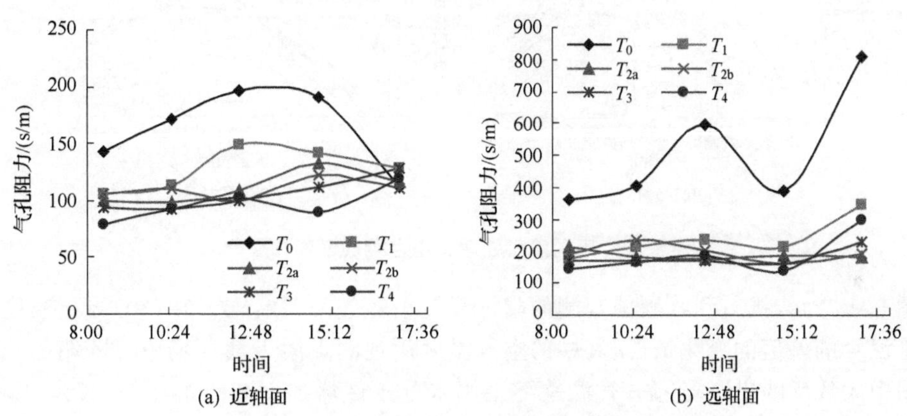

图 6.12 冬小麦近轴面和远轴面气孔阻力日变化

三、不同灌水量下冬小麦冠层温度变化

作物冠层温度是由土壤—作物—大气系统内部热量和水汽状况所决定的，当作物发生水分亏缺时，蒸腾受到限制，作物温度将由于吸收辐射而高于周围空气温度。作物冠层温度可以直接反映作物的水分状况，从 18 世纪中期开始，众多学者就冠层和叶片温度对作物缺水状况的指示作用进行了研究（Jackson，1982；Idso and Clawson，1986；康绍忠和熊运章，1991）。随着红外测温技术的发展，利用红外测温仪获取作物冠层温度进而诊断作物是否缺水，在国内外节水农业研究中应用相当广泛，该方法克服了以往只局限于测定单个叶片的温度而忽略大气环境影响的不足，为研究冬小麦冠层温度与土壤水分状况的

关系,确定合理的灌溉指标提供了更便捷的方法。

图 6.13 为 2004 年小麦拔节(4 月 8 日)、开花(5 月 4 日、5 日)和灌浆(5 月 21 日)期间观测的冠层温度的日变化情况。可以看出,随着气温的升高,冠层温度也逐渐升高,但有所滞后,最高冠层温度多出现在午后 15:00 左右,随后降低,傍晚冠层温度稍高于早晨。各处理冠层温度基本呈现出随土壤水分条件的增加而温度降低的趋势。不同处理间冠层温度早晚差别不大,在冠层温度最高值出现时差别最大,最大差值可达 6℃。

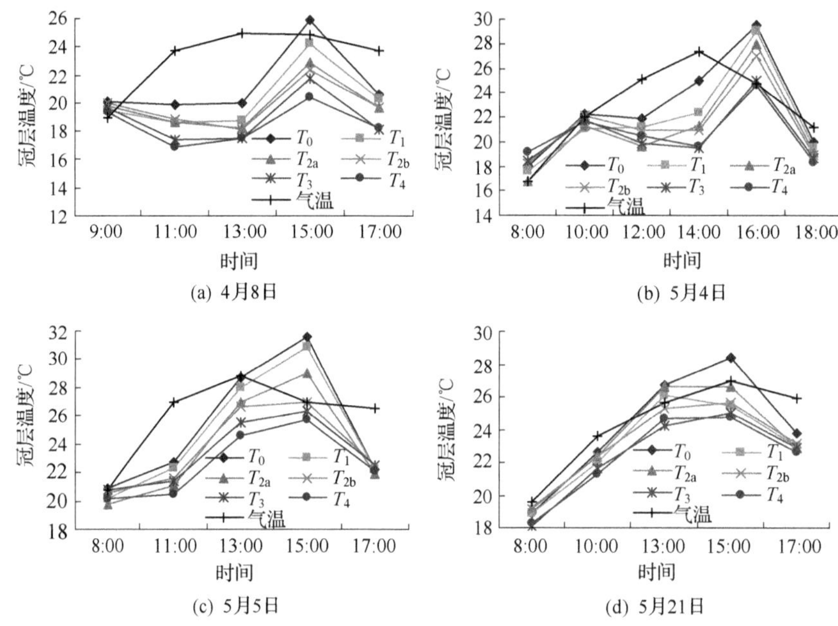

图 6.13 不同灌水处理冬小麦冠层温度日变化

图 6.14 为从拔节到收获前观测的晴好天气小麦午间(12:30~13:30)冠层温度和周围空气温度的差值的变化情况,其中的空气温度用观测点附近气象场中百叶箱的干球温度。图中大致反映出小麦冠—气温差随土壤水分条件增加而减小的趋势,其中 T_0 处理冠—气温差一直比其他处理高,是由于午间小麦因缺水而引起蒸腾减弱,而其本身仍然在吸收太阳辐射使植株温度升高,甚至超过植株周围空气温度,导致冠—气温差增大。拔节期间,冬小麦冠—气温差基本均低于零,说明该阶段土壤水分状况比较好。进入开花—灌浆期后,由于小麦生长大量耗水,T_0 处理因无灌溉补充导致土壤水分减少,除几次降雨后出现冠气温差为负值,其余均大于零,表现出水分亏缺,T_1 处理在该阶段冠—气温差除个别几天外基本在零值附近。一些研究认为可以将冠—气温差为 0 作为作物缺水的界限值(Olufayo et al.,1996;Sepaskhah and Kashefipour,1994),T_1 处理在该阶段 1m 土层平均土壤体积含水量从 5 月 2 日的 0.255%降到 6 月 9 日的 0.188%,该值分别相当于占田间持水量(35.4%)的 72%和 53%。因此,当土壤体积含水量达到该范围以下时就应及时灌溉。

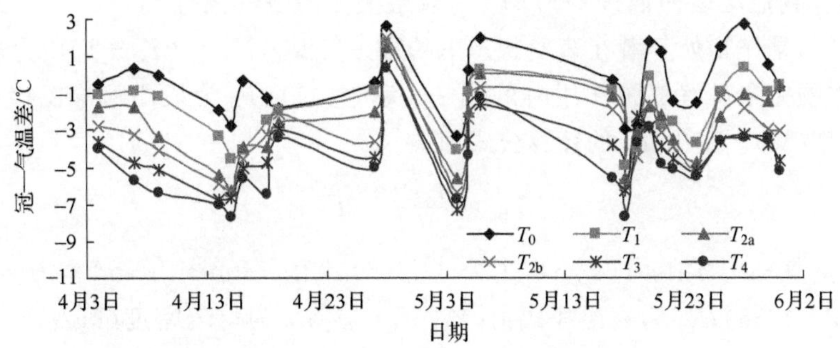

图 6.14 不同灌水处理冬小麦旺盛生长时期午间冠—气温差变化

四、运用模拟叶片温度法对作物缺水指数的估算

上述的冠—气温差可以作为作物水分状况的一个指标。一些学者为综合考虑大气条件对冠层温度的影响提出了其他的确定作物水分状况的指标:Idso 等(1981b)考虑冠层温度及其主要影响因素空气湿度,提出作物缺水指数(CWSI)旨在确定作物在充分灌溉(或处于潜在蒸发)条件下,其冠—气温差与空气饱和水汽压差之间线性关系的下基线,即所谓的 CWSI 的经验模式。然而,该下基线随作物种类和生长阶段不同而不同,并且该方法没有考虑净辐射风速对冠层温度的影响,实验结果也表明该下基线在不同气候条件下有所不同(Idso,1982;Hatfield et al.,1984;Burke et al.,1990;Nielsen,1994)。Stockle 和 Dugas (1992)通过模拟发现该方法对作物水分亏缺的指示有所滞后。Jackson 等(1981)以冠层能量平衡原理为基础,考虑冠层净辐射、作物最小冠层阻力、冠层温度和空气饱和水汽压差提出 CWSI 的理论模式。Yazar 等(1999)认为该理论模式能单独直接地监测作物水分状况,可以用于作物生长或蒸散模型对土壤水分测量和/或作物水分平衡的补充,从而改进作物灌溉制度。尽管该模式能够确定冠—气温差的上、下限,但在实践观测中很难获取计算作物最小冠层阻力所需的空气动力学阻力这一必要参数。因此,Alvesa 和 Pereira (2000)在运用易于获取或计算的气象变量的基础上提出确定冠气温差下限的新方法,该法可在任意时间和天气条件下使用。Qiu 等(1996,1996a,1996b)在能量平衡理论和长期试验的基础上提出了模拟叶片温度法(即三温模型),通过引入模拟叶片(不进行蒸腾作用的叶片)来计算作物蒸腾。该方法具有理论可靠、观测参数少、操作简便的特点,便于实际应用。本试验中即采用模拟叶片温度法确定 CWSI,以诊断不同灌水处理条件下冬小麦的水分状况。

模拟叶片温度法的理论基础如下:

Idso 和 Clawson (1986)在其 CWSI 经验模式(6.6)的基础上提出 CWSI 的另一表达形式(6.7):

$$\mathrm{CWSI}=\frac{(T_c-T_a)-(T_c-T_a)_{ll}}{(T_c-T_a)_{ul}-(T_c-T_a)_{ll}} \tag{6.6}$$

$$\mathrm{CWSI}=\frac{T_c-T_{cl}}{T_{cu}-T_{cl}} \tag{6.7}$$

式中：T_c 为作物冠层表面温度(℃)；T_a 为冠层上方的空气温度(℃)；$(T_c-T_a)_{ll}$ 为冠—气温差的下限，是作物处于潜在蒸发状态下的冠—气温差(℃)；$(T_c-T_a)_{ul}$ 为冠—气温差的上限，是作物完全没有蒸腾作用时的冠—气温差(℃)；T_{cu} 为最高冠层温度(℃)；T_{cl} 为最低冠层温度(℃)。其中 T_{cu} 的计算公式为

$$T_{cu}=\frac{r_a R_n}{\rho C_p}+T_a \tag{6.8}$$

式中：r_a 为空气动力学阻力(s/m)，由公式(6.5)计算(Monteith and Unsworth，1990；Jackson et al.，1988)；R_n 为冠层净辐射$[J/(m^2 \cdot s)]$；ρ 为空气密度(kg/m^3)；C_p 为空气比热[J/(kg·℃)]；T_a 为冠层上方的空气温度。

$$r_a=\frac{4.72\times\{\ln[(Z-d)/Z_0]\}^2}{1+0.54\times u} \tag{6.9}$$

式中：Z 为参考高度(m)，为 2m；d 为零平面位移(m)，$d=0.63h$；Z_0 为粗糙度(m)，$Z_0=0.13h$；h 为作物高度(m)；u 为 2m 高处风速(m/s)。

根据 Qiu 等(1996a)模拟叶片温度 T_p 就相当于最高冠层温度 T_{cu}，因此用模拟叶片温度法确定的 CWSI 可以表述为

$$\text{CWSI}=\frac{T_c-T_{cl}}{T_p-T_{cl}} \tag{6.10}$$

式中：T_c、T_{cl} 含义同式(6.7)。

根据 Jackson 理论模式中冠—气温差的下限式(6.11)，假定其中的土壤热通量 G 忽略不计(Idso et al.，1981a)，即得最低冠层温度[式(6.12)～(6.14)]

$$(T_c-T_a)_{ll}=\frac{r_a(R_n-G)}{\rho C_p}\times\frac{\gamma(1+r_{cp}/r_a)}{\Delta+\gamma(1+r_{cp}/r_a)}-\frac{e_a^*-e_a}{\Delta+\gamma(1+r_{cp}/r_a)} \tag{6.11}$$

$$T_{cl}=\frac{R_n(T_p-T_a)}{R_{np}}\times\frac{\gamma^*}{\Delta+\gamma^*}-\frac{e_a^*-e_a}{\Delta+\gamma^*}+T_a \tag{6.12}$$

$$\gamma^*=\gamma\left[1+\frac{r_{cp}\cdot R_{np}}{\rho C_p(T_p-T_a)}\right] \tag{6.13}$$

$$\Delta=45.03+3.014T+0.05345T^2+0.00224T^3 \tag{6.14}$$

式中：R_{np} 为模拟叶片净辐射[J/(m·s)]；e_a^* 为温度为 T_a 时饱和水汽压(mb)；e_a 为空气水汽压(mb)；Δ 为空气饱和水汽压随温度变化曲线的斜率(Pa/℃)；γ 为干湿表常数(Pa/℃)(考虑实际情况下冠层阻力不可能为零，因此要通过最小冠层阻力 r_{cp} 来计算 γ^*)；r_{cp} 为冠层在潜在蒸发下的水汽扩散阻力，即最小冠层阻力(s/m)；T 表示冠层和空气温度的平均值(℃)。最小冠层阻力 r_{cp} 由叶片最小气孔阻力 r_s 和叶面积指数 LAI 确定：$r_{cp}=r_s/\text{LAI}$(Ben-Asher et al.，1989)。r_s 选取整个生育期内利用 LI-6400 便携式光合仪观测的 720 个气孔阻力值中的最小值 35.4s/m。冠层净辐射 R_n 和模拟叶片净辐射 R_{np} 用温度和太阳辐射估算：

$$R_n=(1-\alpha)R_s+\Delta R_l \tag{6.15}$$

$$\Delta R_l=\left(0.4+0.6\frac{R_s}{R_{so}}\right)(R_{l\downarrow}-R_{l\uparrow}) \tag{6.16}$$

$$R_{l\downarrow}=\varepsilon_B\,\sigma(T_a+273.2)^4 \tag{6.17}$$

$$\varepsilon_B = 9.2 \times 10^{-6} \times T_a \qquad (6.18)$$

$$R_{l\uparrow} = \varepsilon \sigma T^4 \qquad (6.19)$$

式中：R_s 为太阳总辐射[J/(m² · s)]；ΔR_l 为净长波辐射[J/(m² · s)]；α 为反照率，为0.22；R_{so}为晴天太阳总辐射[J/(m² · s)]，选取观测期间晴天正午时太阳总辐射最大值1055.5；$R_{l\downarrow}$ 为入射长波辐射[J/(m² · s)]；$R_{l\uparrow}$ 为反射长波辐射[J/(m² · s)]；ε_B 为空气放射率；σ 为斯蒂芬—波尔兹曼常数[J/(m² · K⁴ · s)]，为 5.675×10^{-8}；ε 为放射率，为0.98；T 为冠层温度或模拟叶片温度(K)。

可以看出，运用模拟叶片温度法确定 CWSI 时，要观测或计算的参数为冠层温度、模拟叶片温度、空气温度、湿度、净辐射，而无需做空气动力学阻力的相关观测。近年来红外测温仪器的不断发展，冠层和叶片温度的观测可以使用同一仪器同时进行。而用 Jackson 方法估算 CWSI 时除要观测冠层温度、空气温度、湿度、净辐射外，还要获取风速和相应的作物高度以计算空气动力学阻力。田间风速的观测并不困难但要求有足够开阔均一的下垫面(Jones and Hamlyn，1992)，这在一般农田中不易实现。同时由于紊流作用，不同高度的风速也有所不同。采用模拟叶片温度法可以避开对空气动力学阻力的计算，从而尽量减小由上述因素导致的误差。我们对该方法在栾城地区的适用性做了试验并进行了分析，结果表明 T_{cu}(最高冠层温度)与 T_p(模拟叶片温度)具有极显著相关性，$r=0.977$($n=31$)；由 T_p 确定的 CWSI 与 Jackson 模式确定的 CWSI 拟合程度很高，$r=0.999$($n=123$)；由 T_p 确定的 CWSI 与土壤含水量、叶片水势间也存在良好相关关系，说明可以用它来指示土壤和作物水分状态(王丽明等，2005)。我们用该方法计算了 CWSI 与不同灌水处理下冬小麦产量、收获指数(HI)和水分利用效率(WUE)的关系。这里产量、收获指数和水分利用效率分别是各个水分处理的平均值，CWSI 为抽穗—灌浆期间的平均值(Idso et al.，1981b)。其结果如图 6.15 所示。可以看出，CWSI 与小麦产量、收获指数和水分利用效率间为二次曲线关系。随着 CWSI 增大，小麦的产量、收获指数和水分利用效率均减小，CWSI 在 0.1 左右范围内时，小麦的产量、收获指数和水分利用效率均达到高值，CWSI低于 0.1 时，这三项指标又有所下降，说明并非水分越充足越好，可以确定当 CWSI 在 0.1 左右为小麦需要灌溉的标准。

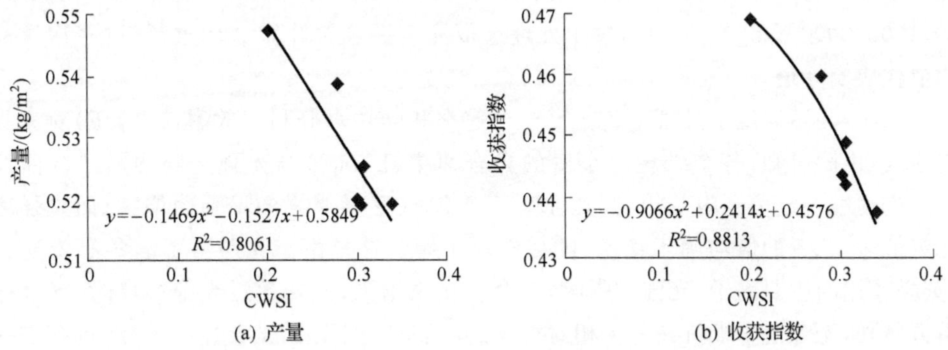

(a) 产量　　(b) 收获指数

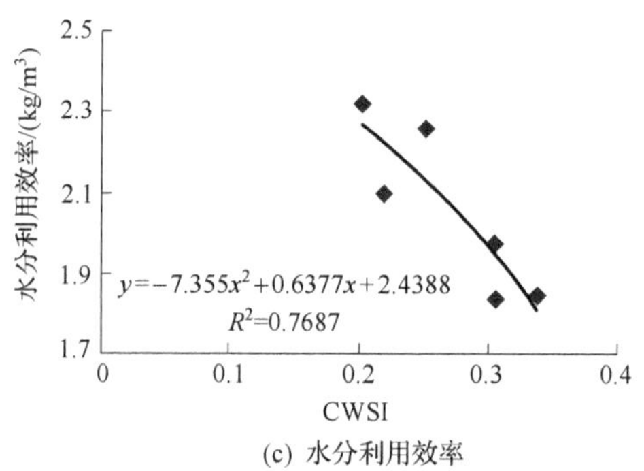

(c) 水分利用效率

图 6.15 CWSI与小麦产量、收获指数和水分利用效率的关系

五、不同灌水量下冬小麦光合作用、蒸腾作用及水分利用效率

水分对小麦生长的影响主要表现在对光合作用和呼吸作用的影响上,在季风盛行的华北平原地区冬小麦经常处于缺水环境中,光合作用(碳同化)和蒸腾作用(蒸腾耗水)之间常出现矛盾,合理协调和解决这一矛盾是改善和提高农作物产量的有效途径。下面将通过精确测定叶片的光合速率、蒸腾速率等对与冬小麦水分利用有关的生理生态因子,分析其相互关系,从与叶片水分利用效率有关的微观生理生态因子到与产量水平水分利用效率有关的宏观生理生态因子。对微观机理与宏观结果的基础理论及其过程进行探讨,了解水分对冬小麦生理活动的影响,揭示冬小麦对有限水分利用的生理机制,最终实现对冬小麦水分利用过程的优化调控,以提高水分利用效率。

(一)光强对冬小麦光合速率和叶片水分利用效率的影响

2004年5月22日在所有处理均完成灌溉后利用LI-6400光合作用测定仪对不同灌水处理下冬小麦的光响应曲线进行了测定,设定9个光强,即0、100、300、500、800、1000、1200、1500、2000μmol/(m² · s),每个处理选取完全展开旗叶做3次重复,以3次重复的平均值代表实际值。

图6.16为不同灌水处理下冬小麦光合速率和叶片水分利用效率(LWUE)对光强的反应曲线,由图可知,各个处理冬小麦的光合速率、LWUE与光强之间均呈二次曲线关系。当光强在一定范围内变化时,光合速率和LWUE随光强的增强而增大,而光强增强至一定值时,二者的值均趋于稳定,随后有所下降。这是由于光照是影响冬小麦光合作用、蒸腾作用的主要因子,光强增强时,光合作用也增强,光强超过光饱和点时,光合作用就不再增强,光合速率维持在一个相对稳定的状态;LWUE同光合速率一样,也存在一个光饱和点,当光强低于此点时,LWUE随光强的增强而增大,光强超过此点时,LWUE保持在一个相对稳定的水平。从图中还可看出,LWUE对光强的反应曲线先于光合速率对光强的反应曲线到达最高值,说明LWUE的光饱和点低于光合速率的光饱和点,这一现

象与表 6.7 的数据一致。并且图中还明显地表现出：随着土壤含水量的增大，叶片光合速率有所变化，LWUE 表现出逐渐减小的趋势。

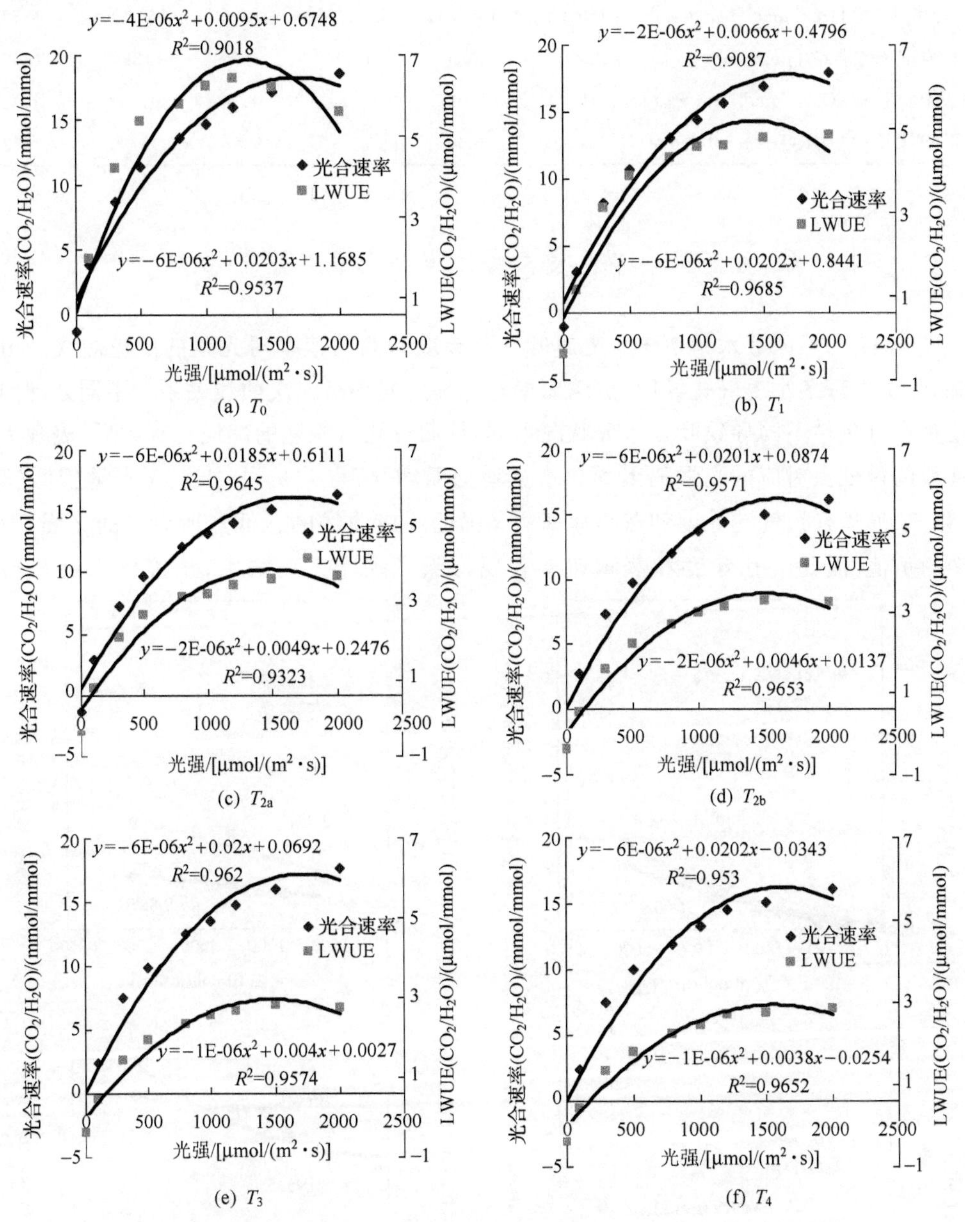

图 6.16　冬小麦旗叶光合速率、叶片水分利用效率与光强的关系

表 6.7 列出了不同灌水处理冬小麦的光合作用和 LWUE 光饱和点、最大光合速率和最高 LWUE。很明显，各个处理的 LWUE 光饱和点都低于其光合作用光饱和点。此外，不同处理的两种光饱和点不同，其对应的最大光合速率和最高 LWUE 也不同，一般表现为光饱和点高则最大光合速率和最高 LWUE 也高，最大光合速率可达 18.34μmol CO_2/(m^2·s)，对应的最高 LWUE(CO_2/H_2O)为 6.32μmol/mmol。

表 6.7 不同灌水量下冬小麦光饱和点、最大光合速率和最高叶片水分利用效率

项目	T_0	T_1	T_{2a}	T_{2b}	T_3	T_4
光合作用光饱和点/[μmol/(m² · s)]	1691.67	1683.33	1541.67	1675	1666.67	1683
LWUE 光饱和点/[μmol(m² · s)]	1187.5	1650	1225	1150	1325	1600
最大光合速率(CO_2)/[μmol/(m² · s)]	18.34	17.85	14.87	16.92	16.74	16.66
最高 LWUE(CO_2/H_2O)/(μmol/mmol)	6.32	5.92	3.25	3.66	4	3.58

(二) 光强对冬小麦蒸腾速率和气孔导度的影响

图 6.17 为不同灌水量下冬小麦旗叶气孔导度和蒸腾速率对光强的反应曲线。由图可知,各个处理冬小麦气孔导度、蒸腾速率与光强之间均呈二次曲线关系。不同处理间由于土壤水分条件不同导致叶片水分状况不同,从而气孔对光强的反应也有差异,表现为二次曲线的最低点对应的光强随土壤含水量增加而增强,也就是说,土壤含水量较低(T_0、T_1 和 T_{2a} 处理)时,气孔导度和蒸腾速率对光强的反应曲线的最低点所对应的光强很小,甚至为负值,因此气孔导度和蒸腾速率表现为随光强增大而增大;土壤含水量升高后

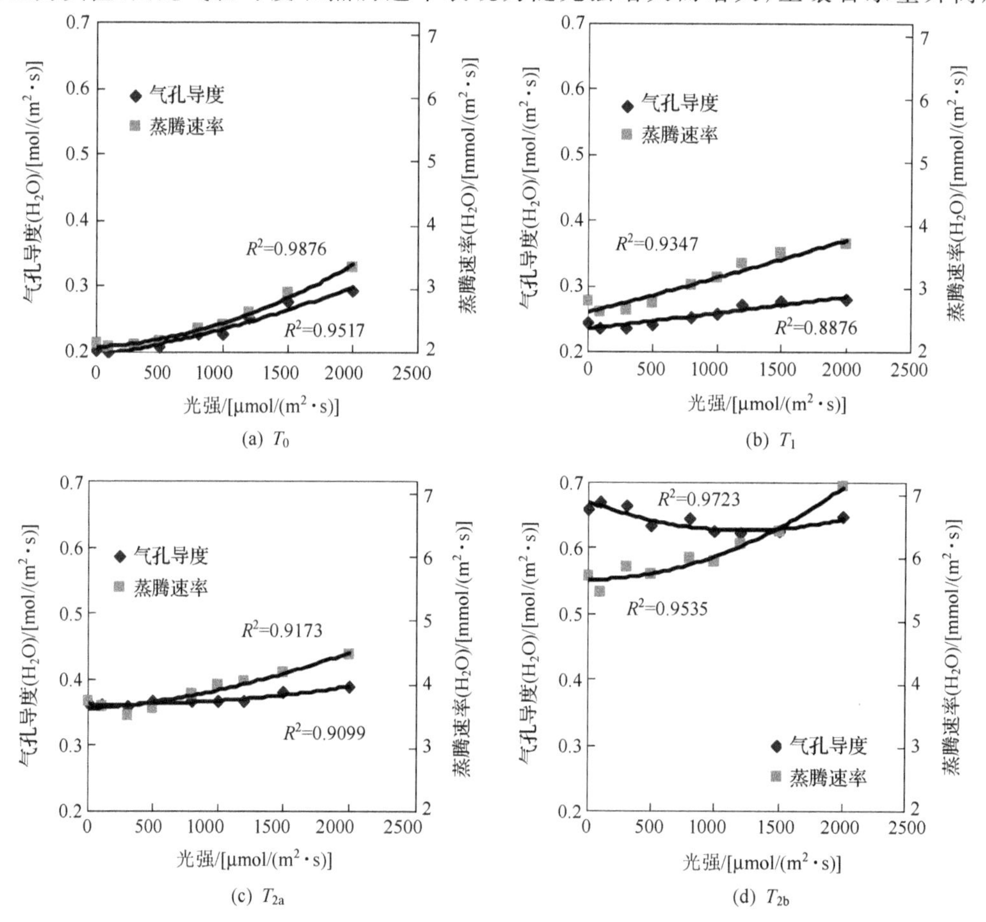

(a) T_0 (b) T_1 (c) T_{2a} (d) T_{2b}

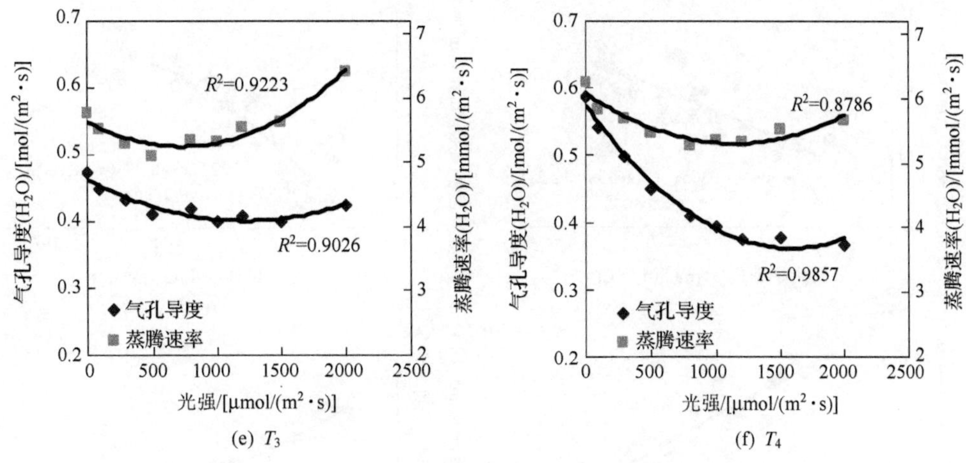

图 6.17　冬小麦旗叶气孔导度、蒸腾速率与光强的关系

(T_{2b}、T_3 和 T_4 处理)，气孔导度和蒸腾速率对光强的反应曲线的最低点所对应的光强逐渐增大，气孔导度和蒸腾速率表现为随光强增大而出现先降低后升高的趋势。土壤含水量较高的处理气孔导度和蒸腾速率较高，但不是 T_4 处理最高，而是在拔节和灌浆期灌水的 T_{2b}处理最高，二者分别在 0.6～0.7mol H_2O/(m² · s)和 0.5～0.7mmol H_2O/(m² · s)之间变动，说明不是水分条件越好越能提高冬小麦气孔导度和蒸腾速率。

(三) 冬小麦旗叶生理因子间关系和叶片水平的水分利用效率

为研究冬小麦旗叶各种生理因子间的关系及变化规律，我们于两个年度春季冬小麦旗叶展开后每隔 7～10d 利用 LI-6400 光合作用测定仪测量了不同灌水处理下冬小麦旗叶的光合速率、蒸腾速率、气孔导度等一系列参数，共做了 7 次观测，对获得的数据进行分析，结果如图 6.18、图 6.19 和表 6.8。其中，图 6.18 和图 6.19 列出的为 2004 年度的结果。表 6.8 列出了两个年度所测的各个处理各种因子值的平均值。

表 6.8　冬小麦旗叶光合速率、蒸腾速率、气孔导度和 LWUE 平均值

2004 年度	T_0	T_1	T_{2a}	T_{2b}	T_3	T_4
光合速率(CO_2)/[μmol/(m² · s)]	15.32	16.69	17.18	16.63	16.24	16.73
蒸腾速率(H_2O)/[mmol/(m² · s)]	4.835	5.11	5.618	5.753	5.734	5.681
气孔导度(H_2O)/[mol/(m² · s)]	0.498	0.513	0.651	0.664	0.625	0.583
LWUE(CO_2/H_2O)/(μmol/mmol)	3.169	3.266	3.058	2.89	2.832	2.944
2003 年度	T_0	T_1	T_{2a}	T_{2b}	T_3	T_4
光合速率(CO_2)/[μmol/(m² · s)]	18.33	18.39	18.05	17.8	17.33	18.16
蒸腾速率(H_2O)/[mmol/(m² · s)]	7.394	7.41	7.692	7.833	8.163	8.415
气孔导度(H_2O)/[mol/(m² · s)]	0.832	0.79	0.777	0.844	0.862	0.894
LWUE(CO_2/H_2O)/(μmol/mmol)	2.479	2.481	2.347	2.272	2.123	2.158

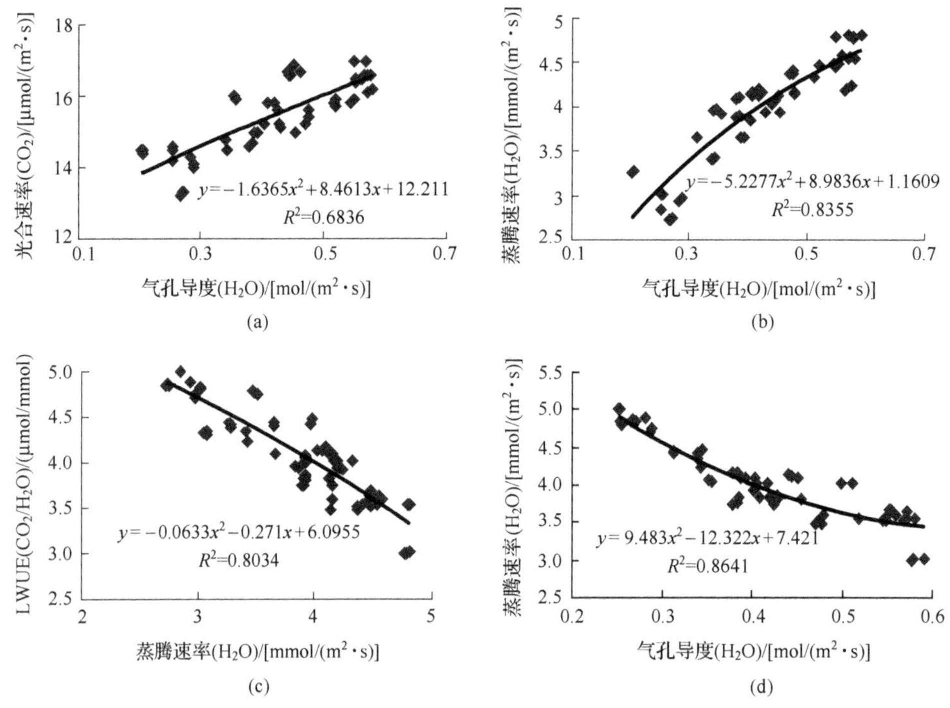

图 6.18 冬小麦旗叶气孔导度、蒸腾速率、光合速率和 LWUE 间的关系

由图 6.18 可看出,冬小麦旗叶气孔导度与光合速率、蒸腾速率和 LWUE 间均为二次曲线的关系。随着气孔导度的增大,光合速率增强,蒸腾速率也增大,但是由于蒸腾过强,消耗了大量水分,但光合速率没有同步增大,其增大幅度较小,导致 LWUE 的下降。因此,如何采取合理措施调节气孔导度,达到最优的 LWUE 是需要进一步研究解决的关键问题。

由图 6.19 可以看出冬小麦旗叶的光合速率、蒸腾速率、气孔导度和 LWUE 从拔节后期到灌浆后期的变化趋势。各处理的冬小麦旗叶光合速率在抽穗开花阶段较高,随后呈下落趋势;而蒸腾速率则从拔节后期开始逐步升高,5 月中旬达到顶峰,随后下落;气孔导度的变化趋势与蒸腾速率的变化趋势相似,但变化幅度较大,达到峰值的时间比较早,说明气孔导度的大小对蒸腾速率的影响更明显。由于光合作用和蒸腾作用的综合影响,LWUE 表现为抽穗—开花阶段较高,随后由于蒸腾速率的剧增而下降,在蒸腾速率达到峰值时最小,之后有所回升,但回升幅度不大,是由于此时冬小麦已进入灌浆后期,叶片趋于老化。

图 6.19 和表 6.8 显示了不同灌水处理间的各种生理因子的区别。不同灌水处理下的光合速率区别并不明显。蒸腾速率和气孔导度则存在差异:土壤水分条件差的处理(T_0 和 T_1 处理)蒸腾速率和气孔导度均比较小,在各个时期的值明显比其他处理的值低,但也并不是土壤水分条件好的处理蒸腾速率和气孔导度就大,而是灌溉两次土壤水分条件居中的 T_{2a} 和 T_{2b} 处理的值比较大。对于 LWUE 则是 T_0 和 T_1 处理相对比较高,表 6.8的平均值也表现如此:两个年度均是这两个处理值比较高,并且 T_1 处理稍高于 T_0 处理。

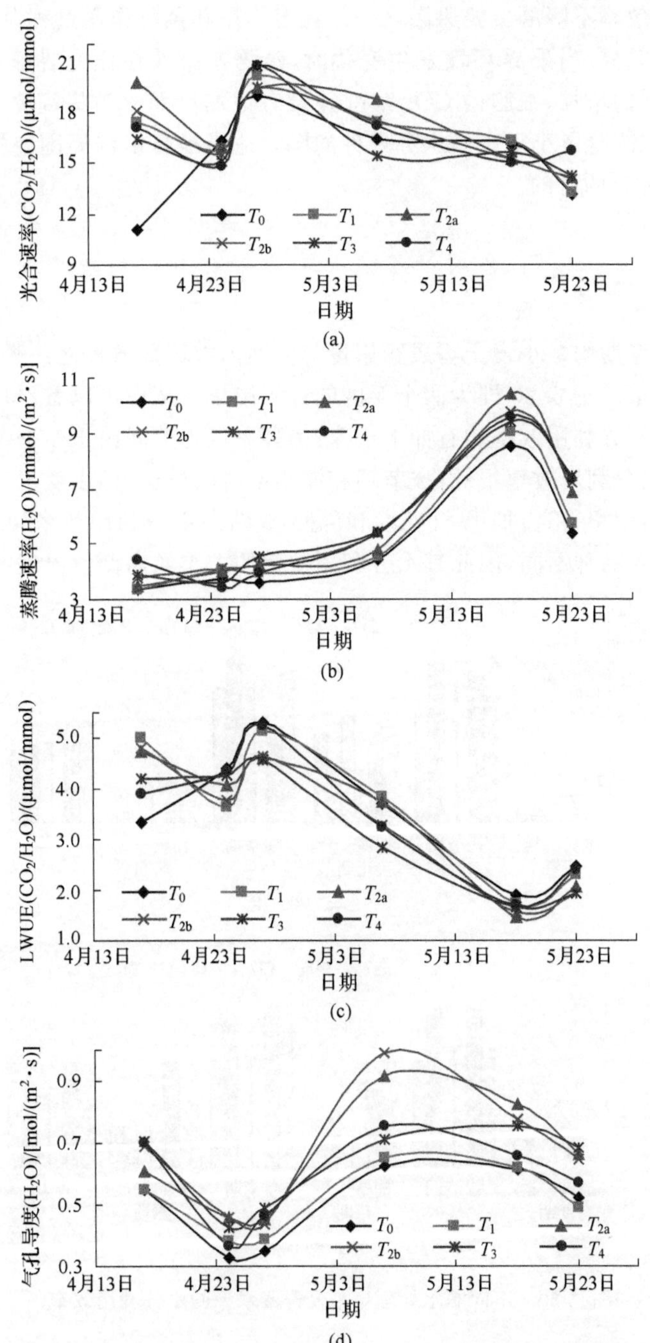

图 6.19 冬小麦旗叶光合速率、蒸腾速率、气孔导度和 LWUE 变化

综合上述分析可以看出，灌溉使蒸腾速率增加而光合速率并没有同步增长，导致叶片水分利用效率下降，这是群体与产量水平水分利用效率降低的生理基础。蒸腾耗水在一定范围内是必需的或者是高效的，而当土壤水分含量过高，光合速率没有增强，此时蒸腾速率持续增长必然导致作物耗水过多，所以作物蒸腾也存在无效水分的消耗，这是过渡灌

溉导致水分利用效率下降的重要原因之一。光合作用和蒸腾作用过程及其对环境因子的响应存在明显的差异:当外界环境发生变化时,蒸腾速率往往比光合速率的变化更为剧烈,随着气孔导度的增加,细胞内 CO_2 浓度并没有增加反而成为提高光合速率的重要限制因素。因此,在改善冬小麦土壤水分条件的同时适当提高植株周围空气的 CO_2 浓度才能达到提高 LWUE 的目的。

(四) 冬小麦群落水平的水分利用效率

采用某一生育期内冬小麦干物质积累量与同期内农田蒸散量之比表示冬小麦群落水平的水分利用效率。图 6.20 即为两个年度的计算结果。从中可以看出,两个年度冬小麦在不同生育期内水分利用效率均有如下规律:播种—返青期间由于冬季冬小麦的休眠,干物质积累较少,水分利用效率很低;拔节期和灌浆期时间较长,冬小麦生长旺盛,干物质迅速积累,水分利用效率很高;抽穗-开花期和乳熟-成熟期水分利用效率相对较低。由于两个年度种植冬小麦品种不同,因此其水分利用效率的大小和高低值出现的时期均不同。

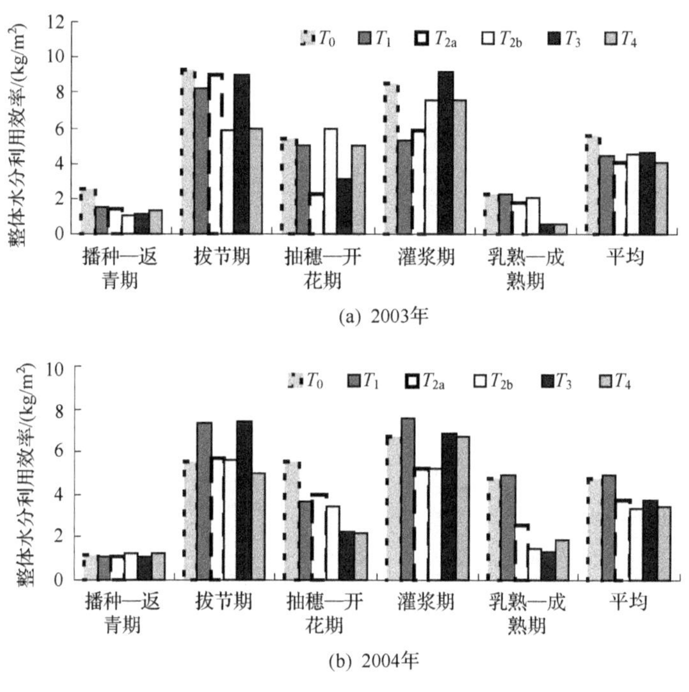

图 6.20 不同灌水处理冬小麦群落水平的水分利用效率

不同灌水处理间冬小麦的群体水分利用效率在不同生育期也有所区别:播种-返青期各处理间差别均不大,其他生育期内各处理间差别较大,但没有固定的规律,是干物质积累速率不同和灌水量不同共同作用的结果。从全生育期的平均值来看,2003 年为 T_0 处理水分利用效率最高,为 5.596kg/m³,2004 年是 T_1 处理水分利用效率相对较高,为 4.92kg/m³,并且随灌水量的增加,群体水分利用效率呈下降趋势,是由于灌溉不仅增加了农田蒸散量,也增大了土壤蒸发量,导致了无效耗水的增加,从而降低了群落水平的水分利用效率。

（五）冬小麦产量水平的水分利用效率

利用冬小麦的收获部分(籽粒)的重量与冬小麦全生育期总耗水量的比值来计算冬小麦产量水平的水分利用效率。冬小麦的收获部分在总生物量中所占比例被称为收获指数或经济系数。

表 6.9 为两个年度冬小麦收获的情况。其中,2003 年春季由于冬小麦病虫害十分严重,加之该年度冬小麦生长期内尤其是 2002 年秋冬季温度低于多年平均,对产量有所影响,当地亩(1 亩约 667m^2)产量均为 700～800 斤(1 斤等于 0.5kg),因此试验获得的产量数据也偏低。2004 年春季冬小麦无严重病害,加之种植了不同的小麦品种,因此产量较高。从 2003 年产量来看,T_0 处理产量、水分利用效率、生物量和相应的水分利用效率都最高,千粒重和收获指数也相应最大,这与前面分析的叶片和群落水平水分利用效率结果相吻合,说明该年度冬小麦生长期内由于气候条件、特别是降水量和降水时间适宜冬小麦生长,无须额外的灌溉即可有较好的收获。2004 年情况有所不同:产量最高为 T_{2b} 处理,其次为 T_1 处理,产量水平的水分利用效率最高为 T_1 处理,其生物量和相应的水分利用效率也最高,这与前面分析的叶片和群落水平水分利用效率结果相吻合,这一结果与 Zhang 等(2003)相同。但是千粒重和收获指数仍是 T_0 处理最高,再次证明适度的干旱利于冬小麦穗粒干物质的积累。综合分析两个年度的收获情况,可以看出并不是灌水量越大越能获得冬小麦的高产,相反,在适当的时期(如冬小麦的水分敏感期-拔节期)给予适度的灌溉,其他时期则保持干旱胁迫有利于提高冬小麦的水分利用效率。

表 6.9　不同灌水处理小麦收获情况

2003 年	土壤水/mm	灌溉/mm	降水/mm	总耗水/mm	产量/(kg/m^2)	WUE/(kg/m^3)	生物量/(kg/m^2)	WUE/(kg/m^3)	千粒重/g	收获指数
T_0	85.9	0	171.4	257.3	0.5472	2.127	1.367	5.313	32.2	0.469
T_1	49.5	60	171.4	280.9	0.5258	1.872	1.266	4.508	31.3	0.449
T_{2a}	68.1	120	171.4	359.5	0.5195	1.445	1.299	3.614	29.1	0.438
T_{2b}	52.2	135	171.4	358.6	0.5191	1.448	1.247	3.478	30.2	0.442
T_3	57.5	195	171.4	423.9	0.5198	1.226	1.199	2.828	27.5	0.443
T_4	41.1	255	171.4	467.5	0.5387	1.152	1.257	2.689	28.6	0.45
T_0	243.8	0	199.9	443.7	0.6543	1.475	1.679	3.786	39.8	0.503
T_1	190	75	199.9	464.9	0.7073	1.521	2.047	4.404	37.9	0.486
T_{2a}	162.3	135	199.9	497.2	0.6589	1.325	1.825	3.67	39.8	0.492
T_{2b}	159.4	145	199.9	504.3	0.7181	1.424	1.978	3.92	38.7	0.485
T_3	108.4	195	199.9	503.3	0.6743	1.34	1.824	3.625	40.6	0.469
T_4	65.7	265	199.9	530.6	0.6844	1.29	1.82	3.43	38.2	0.473

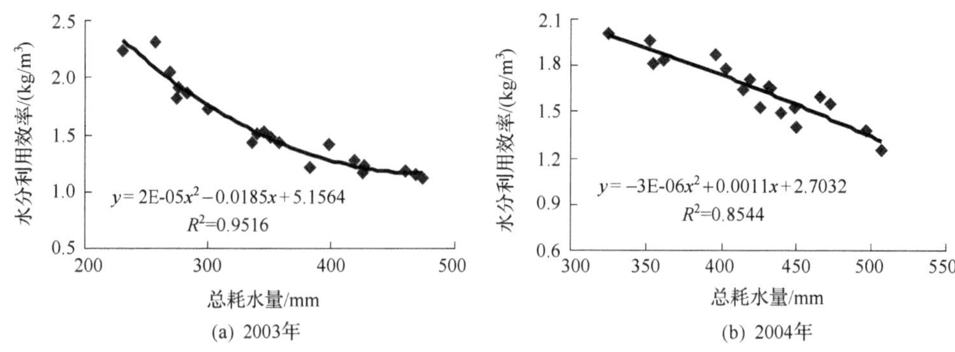

图 6.21 冬小麦总耗水量和水分利用效率间的关系

图 6.21 表示了两个年度各个处理冬小麦田总耗水量和相应的水分利用效率间的关系，两个年度里二者间均为二次函数关系，即在一般的耗水量范围(200～500mm)，随着麦田总耗水量的增加，水分利用效率减小。从 2003 年的曲线可以得出当麦田总耗水量达到 462.5mm 时，水分利用效率最低，因此，按当地一般年度冬小麦生长期内降水量为 162.1mm 计算，当地农民普遍采用在冬小麦生长期内的灌溉四次(约 240mm)的做法是增加的麦田的无效耗水，白白浪费了水资源。从 2004 年的曲线得出当麦田总耗水量在 203.3mm 时，水分利用效率最大，此为最理想的状态：一般年度如果降水量能达到 162.1mm，并且降水时间在最适宜的时期，那么只要在水分敏感期给予适当的灌溉(50mm)即可满足冬小麦的正常需要，获得较高的产量和水分利用效率，达到节水高产的目的。

第三节 不同播种量和秸秆覆盖量下冬小麦水分特征和水分利用效率

秸秆覆盖是保墒增产、提高水分利用效率的有效措施，具有覆盖材料来源充足、取材方便、成本低、易于操作、见效快的特点，比较适合我国国情。秸秆覆盖的原理就是用人工方法在土壤表面设置一道物理阻隔层，减少土壤毛细管作用，水汽遇到覆盖物时可冷凝成液态水，减少作物在植株较小时期由于地面裸露造成的无效蒸发；覆盖的秸秆经微生物降解后可以改善土壤结构、增加土壤孔隙和有机质含量，增强土壤蓄水保墒能力，防止土壤因长期使用化肥而导致的板结问题；覆盖物可以削弱太阳对土壤的照射，调节土壤温度，使作物有一个适宜的水分环境(于舜章等，2004)。

众多学者都报道秸秆覆盖能够节水增产、提高冬小麦的水分利用效率(袁家富，1996；周凌云等，1996；周凌云和徐梦雄，1997；Mellouli et al.，2000；许翠平等，2002)。杜尧东等(2000)对冬小麦田秸秆覆盖的小气候效益进行了研究，认为秸秆覆盖能够改善麦田近地层的湍流热交换、减缓土壤热通量变化、平抑地温的变化、提高植株间湿度，从而减小土壤蒸发。Narender 等(2001)也报道秸秆覆盖能减弱到达土壤表面的辐射和风速，隔断蒸发面与下层土壤的毛管联系，减弱土壤空气与大气间湍流交换强度，从而抑制土壤蒸发。

很多研究试验也证明秸秆覆盖对土壤蒸发的抑制作用非常明显(赵聚宝和徐祝龄,1996;王会肖,1997;沈彦俊,1998),同时可以增大土壤含水量,提高冬季土壤温度,利于冬小麦越冬,提高冬小麦产量(逄焕成,1999;朱自玺等,2000;杨俊伟,2004;刘文乾等,2004)。但是,秸秆覆盖仍旧存在一些不利因素,如覆盖在春季有降温作用,推迟土壤温度的回升,从而推迟冬小麦的返青生长,导致覆盖的冬小麦在返青期有缺苗现象,加上覆盖的保墒效应,致使后期冬小麦贪青图长,最终影响产量(陈素英等,2002)。因此,探索和研究如何合理应用玉米秸秆覆盖冬小麦的措施,达到节水增产的目的具有很重要的现实意义。为了减小覆盖对产量的影响,试验设计了"多播种量和秸秆覆盖"的处理,研究播种量和秸秆覆盖对冬小麦生理生态特征和水分利用效率的综合影响,寻求最佳覆盖措施,提高冬小麦产量和水分利用效率。

一、不同播种量和覆盖量下冬小麦叶片的光合作用、蒸腾作用及水分利用效率

(一) 冬小麦叶片生理因子对环境变化的响应

为进一步研究冬小麦旗叶各种生理因子间的关系及变化规律,我们于两个年度春季冬小麦旗叶展开后每隔 7～10d 利用 LI-6400 光合作用测定仪测量了不同播量和覆盖量处理下冬小麦旗叶的光合速率、蒸腾速率、气孔导度等一系列参数,获得的数据进行分析,结果如图 6.22 和图 6.23。

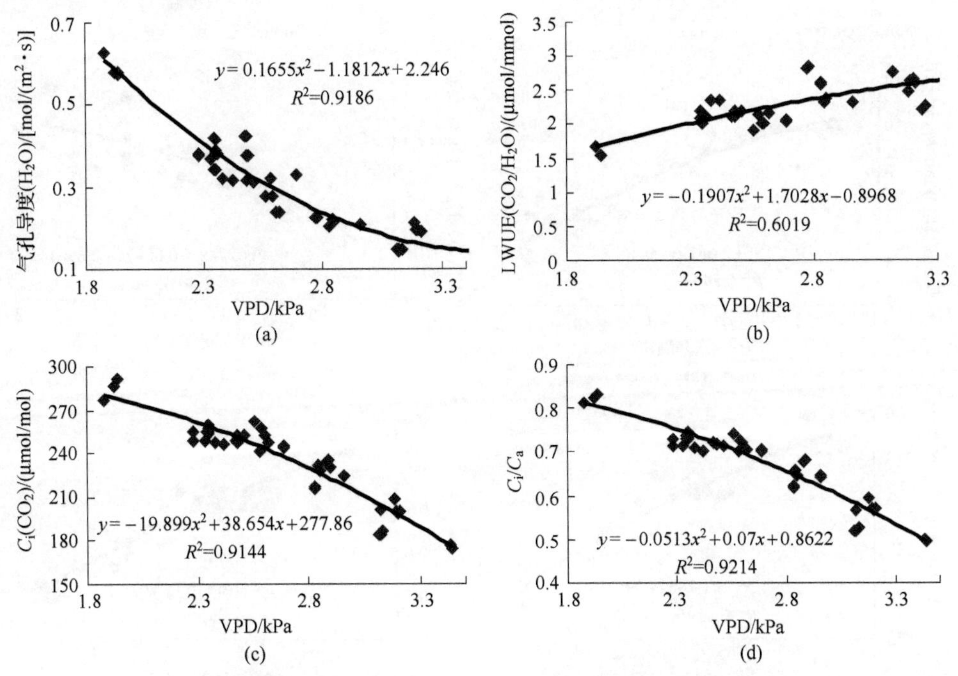

图 6.22　冬小麦旗叶 VPD 与其他生理因子的关系

图 6.22 反映了在光照稳定的条件下冬小麦旗叶 VPD 与一些生理因子间的关系。

VPD为基于叶片温度的饱和水汽压差,VPD越大,说明叶肉细胞间实际水汽压越小于其饱和水汽压,也就是水汽含量越少。多次的观测数据均未发现VPD与旗叶光合速率间存在明显的关系。VPD与气孔导度间为二次曲线的关系:随着VPD的增大,气孔导度减小,这是湿度对冬小麦叶片气孔行为影响的结果,当叶肉细胞间水汽含量减少时,气孔保卫细胞由于缺水而收缩,气孔关闭,气孔导度减小,阻止水汽的过渡散失。这也是VPD与叶肉细胞间CO_2浓度C_i和C_i/C_a(C_a为空气CO_2浓度)间表现出二次曲线关系的原因:随着VPD增大,气孔趋于关闭,叶肉细胞间CO_2由于光合作用仍在进行而被消耗,气孔关闭使空气中CO_2无法进入,叶肉细胞间CO_2浓度逐渐降低,这样不利于叶片的光合作用。从VPD与叶片水分利用效率(LWUE)关系来看,表现为LWUE随VPD的增加而增大,但到达一定程度即不再增加,从该图中计算此时的VPD为4.465,LWUE为2.904,此时的气孔导度和蒸腾速率均比较低,因此要注意调节麦田的空气湿度,使气孔保持适度的开放才有利于提高水分利用效率。

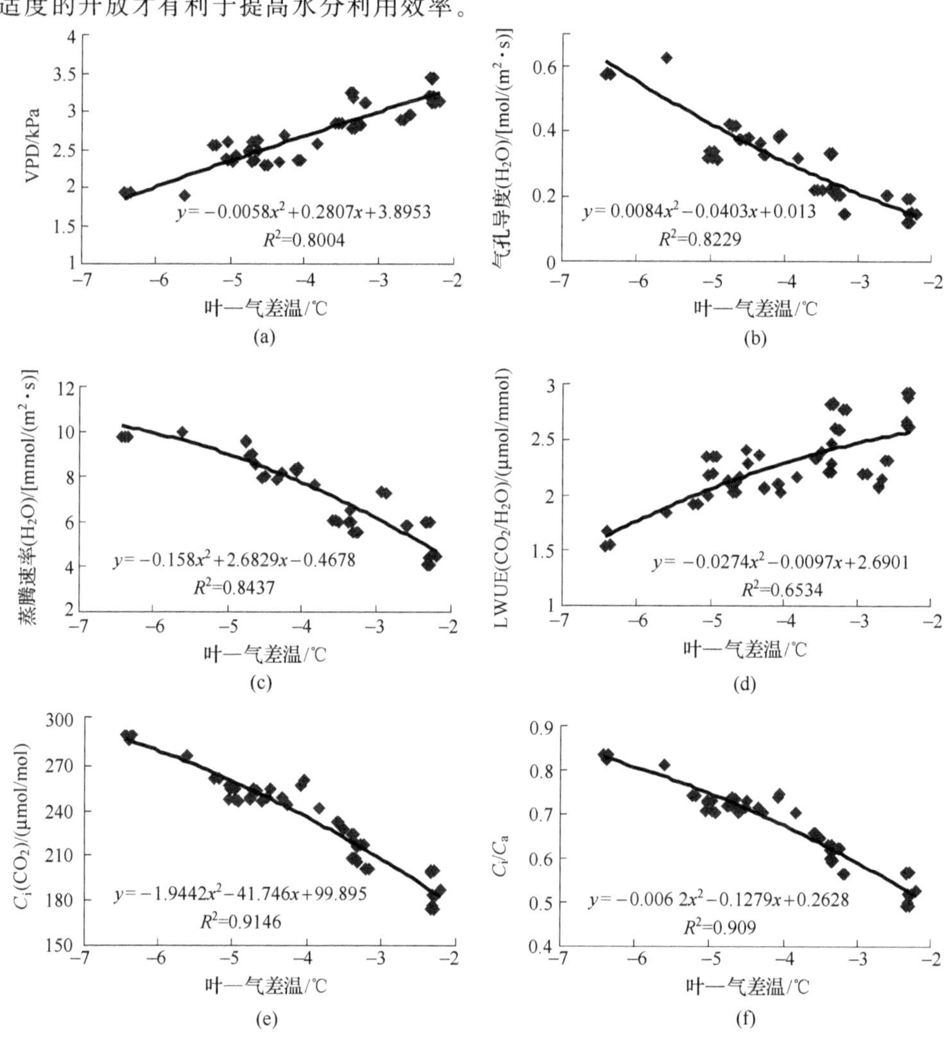

图6.23 冬小麦旗叶叶—气温差与其他因子间的关系

图 6.23 反映了在光照稳定的条件下冬小麦旗叶叶—气温差与一些生理因子间的关系。在水分比较充足的情况下，叶片温度一般低于空气温度，此观测中叶—气温差均为负值。可以看出，随着叶—气温差增大，VPD 增大，气孔导度减小，蒸腾速率也减小。这是由于当叶肉细胞开始缺水时，气孔趋于关闭，从而蒸腾速率减小，但此时叶片依然在吸收辐射，导致叶片温度的升高。这一过程依然是一个缺水的过程，因此，叶—气温差与叶肉细胞间 CO_2 浓度 C_i 和 C_i/C_a 间表现为二次曲线关系的原因也与上述 VPD 与该二因子间关系的原因相似。从叶—气温差与叶片水分利用效率(LWUE)关系来看，表现为 LWUE 随叶—气温差的增加而增大，到一定程度即不再增加，从该图中计算此时的叶—气温差为 −0.18℃，LWUE 为 2.69，说明当叶—气温差超过 −0.18℃时，叶片已经缺水，需要及时灌溉。

图 6.24 显示了两个年度不同播量和覆盖量处理下冬小麦旗叶叶—气温差和气孔导度在不同时期的变化规律。由于两个年度种植的冬小麦品种不同，因此在各个时期表现出不同的变化。不同处理间存在一定的差别：叶—气温差大的处理气孔导度低，尤其是多播量少覆盖处理两个年度均表现出叶—气温差一直较高，气孔导度一直较低，这与前述的分析结果一致，原因也同上。

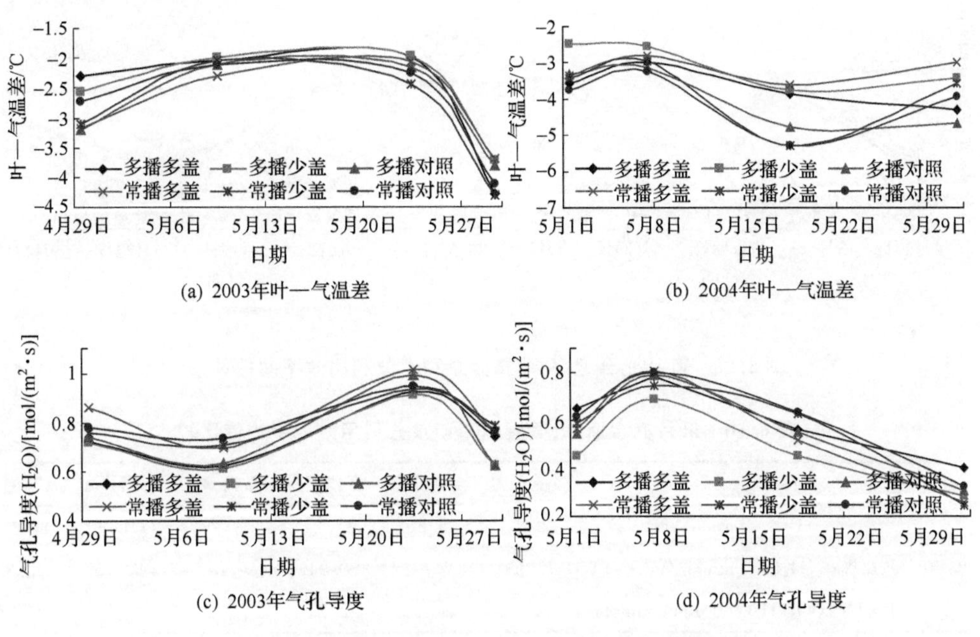

图 6.24　叶片水平的叶—气温差和气孔导度的关系

（二）冬小麦旗叶光合速率、蒸腾速率和水分利用效率

对两个年度用 LI-6400 光合作用测定仪所测定的冬小麦旗叶光合速率、蒸腾速率和叶片水分利用效率进行分析，结果如图 6.25 和表 6.10。

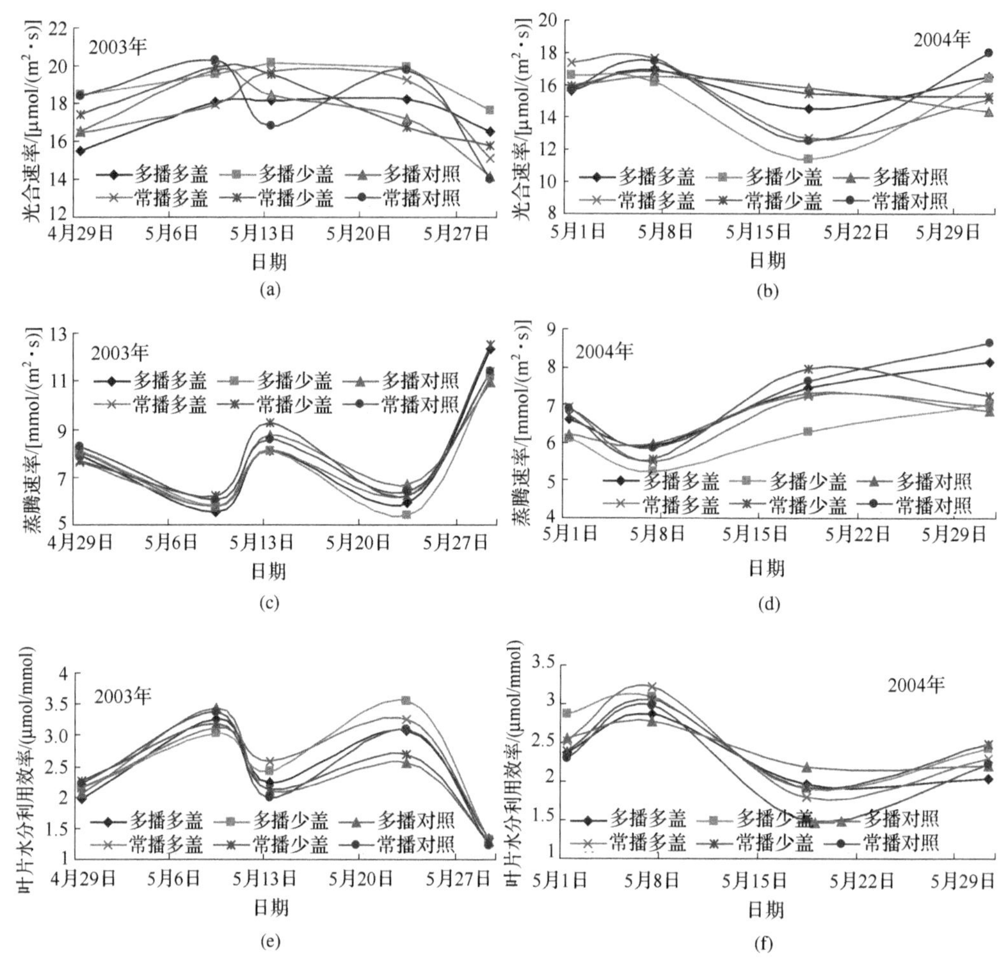

图 6.25 叶片光合速率、蒸腾速率和水分利用效率间的关系

表 6.10 叶片光合速率、蒸腾速率和水分利用效率平均值比较

	项目	多播多盖	多播少盖	多播对照	常播多盖	常播少盖	常播对照
2003 年	光合速率(CO_2)/[μmol/(m^2·s)]	17.296	19.259	17.213	17.703	17.875	17.857
	蒸腾速率(H_2O)/[mmol/(m^2·s)]	7.969	7.729	8.042	7.821	8.376	8.139
	LWUE(CO_2/H_2O)/[μmol/mmol]	2.17	2.492	2.291	2.2	2.134	2.194
2004 年	光合速率(CO_2)/[μmol/(m^2·s)]	15.903	15.167	15.657	15.726	15.897	15.947
	蒸腾速率(H_2O)/[mmol/(m^2·s)]	7.026	6.157	6.57	6.659	6.853	7.257
	LWUE(CO_2/H_2O)/[μmol/mmol]	2.207	2.463	2.383	2.362	2.32	2.197

图 6.25 为两个年度每次对各个处理选取 3～4 片旗叶观测，各个参数取本次观测值的平均值代表该次的观测结果，表 6.10 则为本年度所有观测值的平均值。从图 6.25 可以看出，不同播量和覆盖量处理的冬小麦旗叶光合速率在两个年度观测时期内的变化均无明显的规律，在分析每次观测的光合速率与其他因素的关系时，也没有发现规律，原因

有待进一步研究。两个年度各个处理蒸腾速率和叶片水分利用效率存在一定的波动，可能仍然是品种的不同导致两个年度的波动趋势不一致，但都表现出当蒸腾速率较大时，叶片水分利用效率较低，不同处理间二者也有所区别。结合前面关于冬小麦旗叶气孔导度和叶—气温差等因素的分析，可以说明播量和覆盖量的措施对冬小麦叶片光合作用的影响不明显，主要是通过改变冬小麦的水分和温度条件来调节气孔行为，从而影响蒸腾作用，达到对叶片水分利用效率的调节，这是众多研究者采用该措施提高冬小麦产量水分利用效率的生物学基础。结合表 6.10 进行不同处理间的比较，两个年度均为多播量少覆盖处理叶片水分利用效率比其他处理高，因此，多播少盖处理有利于提高叶片水分利用效率。

二、不同播量和覆盖量下冬小麦群落水平的水分利用效率

计算不同生育期内冬小麦干物质积累量与同期内农田蒸散量之比，即冬小麦群落水平的水分利用效率，结果如表 6.11 所示。两个年度各个生育期的水分利用效率变化规律不同，可能是由于采用了不同小麦品种。不同处理间在各个时期水分利用效率的大小也不同，没有明显的规律。从平均值来看，2003 年是常播少盖处理最高，2004 年是多播少盖处理最高，说明少覆盖处理对群体水分利用效率的提高有一定作用。

表 6.11　不同播量和覆盖量处理冬小麦群落水平的水分利用效率

（单位：kg/m³）

2003 年	多播多盖	多播少盖	多播对照	常播多盖	常播少盖	常播对照
播种—返青期	0.119	0.168	0.176	0.124	0.091	0.14
拔节期	2.141	3.091	2.515	2.529	1.762	2.744
抽穗—开花期	4.84	5.25	4.44	4.06	5.35	4.55
灌浆期	3.943	4.474	2.336	3.604	2.773	3.576
乳熟—成熟期	0.138	0.395	0.383	2.691	3.578	2.513
平均	2.236	2.676	1.97	2.602	2.711	2.705
2004 年	多播多盖	多播少盖	多播对照	常播多盖	常播少盖	常播对照
播种—返青期	2.085	2.155	2.162	1.301	1.197	1.183
拔节期	6.976	6.986	6.96	5.839	6.486	6.714
抽穗—开花期	4.518	6.168	6.339	3.795	5.804	5.13
灌浆期	2.659	4.67	4.129	3.088	3.832	4.417
乳熟—成熟期	8.05	8.818	8.904	8.807	6.876	7.325
平均	4.858	5.759	5.699	4.566	4.839	4.954

三、不同播量和覆盖量下冬小麦产量水平的水分利用效率

表6.12为两个年度不同播量和覆盖量处理冬小麦收获的情况。其中,2003年春季由于冬小麦病虫害十分严重,对产量有所影响,因此试验获得的产量数据偏低。2004年产量相对较高。两个年度收获的具体情况也不同。

表6.12　不同播量和覆盖量处理冬小麦收获情况

2003年	土壤水/mm	灌溉/mm	降水/mm	总耗水/mm	产量/(kg/m^2)	LWUE/(kg/m^3)	千粒重/g	收获指数
多播多盖	129.8	226.7	171.4	528	0.4189	0.793	29.9	0.412
多播少盖	132.1	211	171.4	514.5	0.4234	0.823	30.1	0.429
多播对照	142.3	211	171.4	524.7	0.4308	0.821	32.1	0.419
常播多盖	137.3	226.7	171.4	535.4	0.3489	0.652	28.9	0.426
常播少盖	137.6	211	171.4	520	0.37	0.712	29.4	0.425
常播对照	135.9	211	171.4	518.3	0.3836	0.74	30	0.421
2004年	土壤水/mm	灌溉/mm	降水/mm	总耗水/mm	产量/(kg/m^2)	LWUE/(kg/m^3)	千粒重/g	收获指数
多播多盖	177.9	145	199.9	522.8	0.6128	1.172	47.5	0.399
多播少盖	159.6	145	199.9	503.5	0.6177	1.227	47.9	0.419
多播对照	165.3	145	199.9	510.1	0.6697	1.313	46.5	0.409
常播多盖	183.2	145	199.9	528.1	0.6471	1.225	47.8	0.421
常播少盖	190.6	145	199.9	535.5	0.6122	1.143	47.4	0.423
常播对照	173.5	145	199.9	517.4	0.6642	1.284	46.9	0.411

从是否覆盖和覆盖量的多少对产量的影响来看,两个年度产量大体表现出对照>少覆盖>多覆盖的规律,说明秸秆覆盖不一定能增产,这与陈素英等(2002)和翟军海等(2004)的研究结果相似,与前述众多结果相反,可能是由于采用了不同的覆盖物、覆盖时间和覆盖量的原因,确切原因还有待进一步探讨。在相同覆盖量条件下,除个别处理外,多播量处理产量多数大于正常播量处理。从全生育期冬小麦田总耗水量来看,则表现为少覆盖<多覆盖<对照,说明覆盖能起到减小冬小麦田耗水量的作用,而且不同处理间比较,两个年度均为多播少盖处理麦田耗水量最低。从水分利用效率来看,两个年度大体表现为多播处理>常播处理,少盖处理>多盖处理,而且多播少盖处理的水分利用效率在2003年最高,2004年虽不是最高但其耗水量很小,其对减少耗水量的贡献弥补了对产量的负面影响。从冬小麦千粒重和收获指数来看,覆盖处理似乎起到了负面的作用,应该是覆盖在返青期的降温作用推迟冬小麦的生育期导致穗粒发育不充分的结果。从经济的角度进行分析,多播少盖处理比当地农民普遍采用的常播对照处理平均节水6.86m^3/亩。现阶段华北平原绝大部分地区的冬小麦田都采用常播对照的种植方式,若都改成多播少盖的种植方式,按华北平原作物总播种面积0.13亿hm^{2}计算,可节水13.4亿m^3,可以满

足60万人口的年用水量，如果用这些水来灌溉粮食，按0.89kg/m^{3}计，可生产粮食15亿kg。

第四节 冬小麦水分动态和水分利用效率综合模拟

气候资源是人类社会和动植物界赖以生存和发展的基本条件，人类的生产与生活反之也会对其产生影响。近年来大气中温室气体含量的迅速增长必将引起全球气候变化，气候变化势必给社会经济的各方面带来许多新问题。对于干旱半干旱地区以及低收入的农业人口较多的国家来说，气候变化对农业生产带来的影响巨大。像我国这样的农业大国，农业基础比较薄弱，一些地区的农业生产依然要靠天吃饭，气候的变暖、变冷、变湿、变干都会对粮食、经济作物等的生产产生巨大影响。据IPCC(2001)预测，1990～2100年全球地表温度将增加2～4.5℃，它将引发干旱半干旱地区降水的增加以及其他气候条件的变化，这已经引起全世界的关注。施雅风(1995)按照水量平衡与热量平衡结合的方法估算华北平原气候变化对当地水资源的影响：当降水增加10%，增温1～1.5℃时，蒸发能力亦增加10%，山区和平原河川径流量增幅为15%～20%，但这与50年代中期丰水期径流量相比还小的多。考虑2030年前人口还要增长相当的数量，经济发展对水资源的需求量继续扩大，即使降水量增加10%，水资源的供需矛盾仍难缓解。因此，发展节水农业，提高作物水分利用效率在未来几十年甚至更长时间内仍然十分重要。本节拟通过ENWATBAL动态模型模拟未来十年甚至几十年气候变化，主要是气温和降水的变化对冬小麦田蒸散量的影响。通过历史资料推测同期气候变化对冬小麦产量的影响，获得相应的冬小麦水分利用效率变化情况，为指导农业生产如何应对全球环境变化提供依据。

一、ENWATBAL模型描述

(一) 模型的描述

能量水分平衡(energy and water balance，ENWATBAL)模型是利用作物生长状况、土壤水热条件和气象因素的函数，分别计算土壤—作物—大气连续体中的作物蒸腾和土壤蒸发以及其他发生在作物、土壤界面的各种有关水分、能量平衡参数的大型动态机制模型。该模型可以解决研究蒸散的学者常会遇到的无法分别计算土壤蒸发和植物蒸腾的问题。模型由Lascano等(1987)在CONSERVB模型(van Bavel and Lascano，1980)，WATBAL模型(van Bavel et al.，1984)和MICROWEATHER模型(Goudriaan，1977；Chen，1984)的基础上提出，先后在美国得克萨斯地区对种植在砂质壤土上的棉花、高粱(Lascano，1991；Lascano and Baumhardt，1996；Lascano et al.，1987，1994；Krieg and Lascano，1990)，种植于黏壤土上的玉米和冬小麦(Evett et al.，1995a，1995b)和在日本鸟取地区种植于粗砂土上的高粱(Qiu et al.，1998，1999，2002)进行过验证和应用，在上述地区均证明可以分别正确地估算土壤蒸发和植物蒸腾。ENWATBAL模型不是作物生长模型，但能够预测土壤水分条件和温度，因而可以用来调查出苗、灌溉等与土壤水分和温度密切相关的农时。模型根据实际情况把土壤分为若干层,将作物冠层视为一个没有厚度的单层,这样冠层中无水分存储,大气则被定义为已知温度和水汽压的热量和水分的源/汇。模型分别计算土壤与大气间和作物冠层与大气间的能量和水分通量,因此若无作物冠层时,该模型计算的就是裸土的蒸发。

在模型里,土壤剖面被分为几个层,越接近表层厚度越小。土壤水分通量利用 Darcy 定律计算,下层土壤边界条件可以定义为基于当前土壤水势的单位梯度流量速率,或将水流通量设为接近零(适于封闭的蒸散仪);当降水量小于上层土壤的入渗能力且无积水时,水流通量上部边界条件即为降水速率,否则该边界条件即为积水深度,等于入渗速率与降水速率二者之差的累加和。土壤渗透能力(INCAP)由计算公式为

$$\mathrm{INCAP} = -\mathrm{HPOT}_1 \times [(\mathrm{SATCON} + \mathrm{COND}_1)/2] \times \mathrm{DIST}_1 \tag{6.20}$$

式中:HOPT_1 为顶层土壤水势(m);SATCON 为顶层土壤饱和导水率(m/s);COND_1 为顶层土壤在当前土壤水势下的导水率(m/s);DIST_1 为土表到顶层土层中部的距离。

土壤热通量依据 Fourier 定律借助用水汽通量纠正的热导率来计算。下部土壤的热通量边界条件为一个恒定的温度,由程序应用者在初始土壤水分、温度条件中给出。上部土壤热通量(包括潜热通量)的边界条件由一系列能量平衡方程计算,公式为

$$\begin{aligned}
&\mathrm{LWRS} = \sigma \times (T_s + 273.16)^4 \\
&\mathrm{NEBS} = \mathrm{GR} \times \mathrm{ABSS}\alpha + (1 - \mathrm{FTSR}) \times \mathrm{LWRC} + \mathrm{FTSR} \times \mathrm{SKL} - \mathrm{LWRS} \\
&H_O = 1.323 \times \exp[17.27 \times T_s/(237.3 + T_s)]/(273.16 + T_s) \\
&H_S = H_O \times \exp\{\mathrm{PPOT}_1/[46.97 \times (T_s + 273.16)]\} \\
&\mathrm{LEVS} = (H_S - H_A) \times \mathrm{LH/RS} \\
&A = (T_S - T_A) \times \mathrm{SH/RS} \\
&S = \mathrm{NEBS} - A - \mathrm{LEVS} \\
&0 = (T_S - \mathrm{TEMP}_1) \times (\mathrm{KOND}_1/\mathrm{DIST}_1) - S
\end{aligned} \tag{6.21}$$

式中:LWRS 为土壤长波辐射[J/(s·m^2)];σ 为 Stefan-Boltzmann 常量(σ=5.67×10^{-8} Jm/(K^4·s);T_s 为土表温度;NEBS 为土壤表面净辐射平衡;GR 为太阳短波辐射[J/(s·m^2)];ABSSα 为土壤吸收率;FTSR 为冠层透射率;LWRC 为冠层长波辐射[J/(s·m^2)];SKL 为天空长波辐射[J/(s·m^2)];H_O 为土表温度下的潜在湿度(kg/m^3);H_S 为表土层实际湿度(kg/m^3);PPOT_1 为顶层土壤水势(m);LEVS 为土壤与空气间的潜热通量[J/(s·m^2)];H_A 为空气绝对湿度(kg/m^3);LH 为水汽潜热(J/kg);RS 为空气动力学阻力(s/m),A 为土壤与空气间的显热通量[J/(s·m^2)];T_A 为空气温度(℃);SH 为空气热容量[J/(m^3·℃)];S 为土壤热通量[J/(s·m^2)];TEMP_1 为顶层土壤温度(℃);KOND_1 为顶层土壤导热率[J/(s·m·℃)];DIST_1 为土表到顶层土壤中心的距离(m)。

植物冠层的边界条件由一系列基于能量平衡理论的方程确定,公式为

$$\begin{aligned}
&\mathrm{LWRC} = \sigma \times (T_L + 273.16)^4 \\
&\mathrm{NRBC} = \mathrm{GR} \times \mathrm{ABSC} + (1 - \mathrm{FTSR}) \times (\mathrm{SKL} - \mathrm{LWRS}) \\
&H_L = 1.323 \times \mathrm{EXP}[17.27 \times T_L/(237.3 + T_L)]/(273.16 + T_L) \\
&\mathrm{LTR} = (H_L - H_A) \times \mathrm{LH/CRV}
\end{aligned} \tag{6.22}$$

$$\mathrm{SHCA} = \mathrm{LTR} - \mathrm{NRBC}$$
$$0 = (T_A - T_L) \times \mathrm{SH/CRH} - \mathrm{SHCA}$$

式中：LWRC 为冠层长波辐射[J/(s·m^2)]；NRBC 为输入到冠层的净长波辐射[J/(s·m^2)]；ABSC 为冠层吸收率；H_L 为叶片绝对湿度(kg/m^3)；T_L 为叶片温度；LTR 为蒸腾速率[J/(s·m^2)]，CRV 为潜热通量阻力(s/m)，SHCA 为冠—气显热交换[J/(s·m^2)]，CRH 为扰动阻力(s/m)。

冠层和土壤之间的能量水分平衡方程公式为

$$\mathrm{CL1} = f(\mathrm{WPOTCR})$$
$$\mathrm{CL} = 2/(\mathrm{CL1}^{-1} + \mathrm{CL2}^{-1})$$
$$\mathrm{RL} = \mathrm{CL}^{-1} \times \mathrm{LAI}^{-1}$$
$$\mathrm{CRV} = \mathrm{CRH} + \mathrm{RL}$$
$$\mathrm{LTR} = (H_L - H_A) \times \mathrm{LH/CRV}$$
$$0 = (\mathrm{WPSEFF} + \mathrm{WPCRMX} - \mathrm{WPOTCR}) \times (1000 \times \mathrm{LH}) \times (\mathrm{LAI/SRCR}) - \mathrm{LTR} \tag{6.23}$$

式中：CL1 为基于冠层水势的表皮导度(m/s)；WPOTCR 为冠层水势(m)；CL 为总的表皮导度(m/s)，CL2 为基于太阳辐射的表皮导度(m/s)；RL 为冠层气孔阻力(s/m)；CRV 为潜热通量阻力(s/m)；WPSEFF 为有效土壤水势(m)；WPCRMX 为最大冠层水势(m)。该模型不是作物生长模型，因此需要输入叶面积指数 LAI、根深度和最大根长密度所在的深度这三个植被参数。LAI 用来计算冠层—大气间和土壤—大气间的扰动阻力、冠层—土壤间的光学特性(如辐射的吸收和散失等)以及根系吸水能力。根系参数用来计算根带的有效土壤水势和根系吸水能力。

(二) 模型的输入与输出

ENWATBAL 模型需要输入的参数归纳起来包括三组——土壤参数、植被参数和气象参数，按照要求分别添加到模型的几个文件中，详见表 6.13(Evett and Lascano, 1993)。模型可以计算并输出一系列与土壤、植被、大气有关的参数，详见表 6.14。

表 6.13 ENWATBAL 模型输入参数文件

文件名	文件描述
ENWATBAL. FIL	包括其他文件的名称和介绍，模型模拟的起止时间，模拟结果的输出方式等
INIT. *	模拟起始日的土壤条件：各层土层厚度、土壤含水量、土壤温度，* 为起始日
IRR-PREC. *	模拟期间每日灌溉和降雨情况，* 为模型模拟时的年份
ENWATBAL. *	模拟期间每日的气象数据和植被生长数据，* 为模型模拟时的年份
ENWATBAL. CON	模型所用参数
ENWATBAL. FGN	模型方程所需的数据表
WP. DAT	每半小时的气象数据

表 6.14 ENWATBAL 模型输出参数

数据组	具体参数
温度	叶片温度、土表温度、顶层土壤平均温度
传导性	叶片表皮导度、叶片水势产生的叶片表皮导度、太阳辐射产生的叶片表皮导度
阻力	单位叶面积指数的叶片表皮阻力、显热通量冠层阻力、潜热通量冠层阻力
湿度	叶片内部绝对湿度、空气绝对湿度、土壤表面饱和湿度、顶层土壤平均绝对湿度
通量 1	天空长波辐射、作物净辐射平衡、土壤净辐射平衡、作物长波辐射、土壤反射率
通量 2	冠层与空气间显热通量、土壤长波辐射、土壤蒸发通量、土壤与空气间显热通量、土表热通量、冠层蒸腾量
势能	有效土壤水势、作物水势、顶层土壤平均水势
植物参数	叶面积指数、视角因数、作物短波吸收能力、不包括空气动力学阻力的对显热通量的冠层阻力、不包括空气动力学阻力的表层土壤阻力
蒸散	土壤蒸发、冠层蒸腾、蒸散、土壤热通量、渗透、深层排水、径流、水平衡、根系水分抬升
剖面	土壤体积含水量剖面、土壤温度剖面

二、ENWATBAL 模型验证

为便于利用蒸散仪实测值与模型模拟结果对比，利用 2003 年度春季蒸散仪内种植的冬小麦拔节到收获前（约 53d）的气象资料、植被和土壤资料输入 ENWATBAL 模型，运行模型，将模拟结果与大型蒸散仪的实测数据进行比较分析，为验证模型的适用性，计算了模拟值与实测值之间的绝对平均误差 MAE（Willmott，1982；Durar et al.，1995），公式为

$$\mathrm{MAE} = \frac{1}{N}\sum_{i=1}^{N}|S_i - M_i| \tag{6.24}$$

式中：S_i 和 M_i 分别为模拟值和实测值；N 为数据组数。

图 6.26 为冬小麦田日蒸散量的模拟值和实测值的比较。图中模拟值为 97～150d 的数据，由于期间有几天停电或降雨导致大型蒸散仪数据缺失，共有 42d 的数据。日蒸散量的模拟值和实测值之间一致性较好，相关系数为 $r^2=0.719$，二者间的绝对平均误差MAE=0.86mm/d。实测值 42d 的总蒸散量为 268.04mm，而模拟的相应 42d 的总蒸散量为 274.21mm。

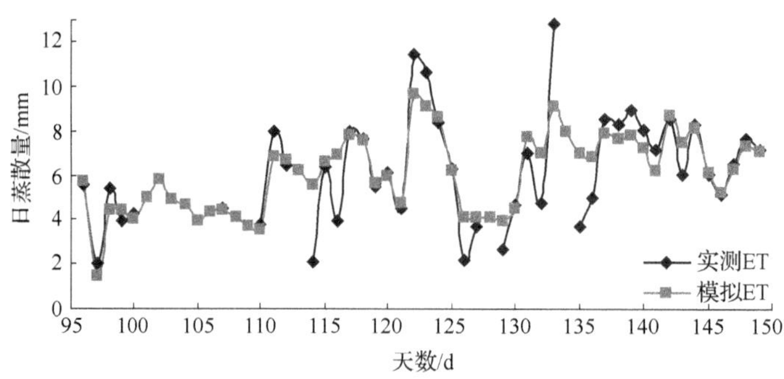

图 6.26 冬小麦田日蒸散量模拟值和实测值比较

图 6.27 为运用 ENWATBAL 模型模拟的冬小麦土壤蒸发和蒸腾的值与大型蒸散仪实测值的比较。其中模拟值为 52d 的数据，土壤蒸发和蒸腾的实测值由于有降雨或停电等原因缺测，因而分别为 38d 和 32d 的数据。可以看出，土壤蒸发的模拟值与实测值拟合较好，二者间相关系数 $r^2=0.885$，绝对平均误差 MAE=0.13mm/d，土壤蒸发 38d 的总和模拟值为 30.15mm，而实测值为 26.27mm。相比之下，蒸腾的拟合效果稍差，相关系数 $r^2=0.74$，MAE=0.86mm/d，蒸腾量 32d 的总和模拟值为 182.67mm，实测值为 175.57mm。由于蒸散仪内种植的冬小麦密度比农田中冬小麦密度大，模拟期间叶面积指数达到 6.28～7.25，因此不论是模拟还是实测，土壤蒸发占总蒸散量的比例都比较小，仅为 13%左右。但模拟结果的分析说明 ENWATBAL 模型可以用来预测冬小麦田土壤蒸发和植物蒸腾以及蒸散量。

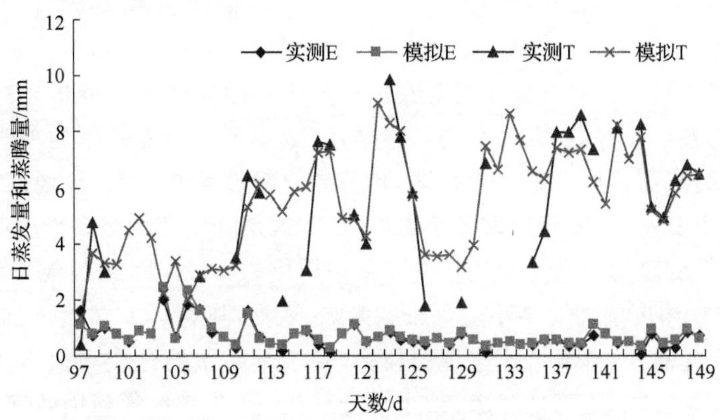

图 6.27　冬小麦土壤蒸发和蒸腾量模拟值和实测值对比

三、运用 ENWATBAL 模型模拟冬小麦对区域气候变化的响应

（一）全球气候变化对华北地区气候的影响

对于全球气候变化的未来趋势，近年来国内外科学家们的主流意见是由温室效应导致的气候变暖将控制 21 世纪，降水也将有相应的变化，不同地区有所区别(IPCC，2001)。据研究，我国的气候变暖幅度将比全球平均变暖幅度稍大一些，尤其在冬季，降水也有少量增加，其增加幅度要比温度变化小。陈新强等(2001)依托国家科学技术部“气候变化、气候资源与国家的可持续发展”课题对未来气候变化对农业可持续发展的影响进行研究，利用 GCM 模型模拟我国北方包括华北地区冬小麦主产区 2010～2050 年每隔 10a 与 2000 年相比的气候变化情景(表 6.15)。从表中可以看出，未来冬季增温幅度要稍高于其他季节，降水量的增加幅度也是冬季相对较高，降水增加幅度小于气温升高幅度，导致蒸发旺盛，引起土壤有效水分降低，这些气候条件的变化势必对冬小麦产量有所影响。

表 6.15　GCM 模型模拟的 2010～2050 年气候变化情景

年份	温度变化/℃				年平均	降水变化/%				年平均
	冬	春	夏	秋		冬	春	夏	秋	
2010	0.38	0.35	0.34	0.35	0.35	1.4	1.3	1.2	0.9	1.1
2020	0.69	0.63	0.62	0.64	0.65	2.6	2.3	2.1	1.6	1.9
2030	0.93	0.86	0.84	0.87	0.88	3.5	3.2	2.8	2.2	2.6
2040	1.12	1.04	1.02	1.05	1.06	4.2	3.8	3.4	2.5	3.2
2050	1.48	1.37	1.34	1.38	1.40	5.5	5.1	4.5	3.5	4.2

（二）气候变化对冬小麦产量的影响

闵瑾如和苏燕(1992)对气候变暖对我国小麦生产的影响进行分析,发现气温升高使华北地区冬小麦各个生育期内>0℃的积温增加,减少了冬小麦冬季的冻害,缩短了越冬期和其他生育期,从而缩短了整个生育期,容易导致籽粒灌浆不足;该地区未来降水增幅不大,不利于冬小麦发育,因此导致冬小麦的减产,这是气候变暖对冬小麦产量的负效应。

但是,在气候变暖的过程中,CO_2 的增温作用可占 65%,因此其他学者(陈新强等,2001)探讨了 CO_2 浓度增加对冬小麦生长的影响,认为:随着 CO_2 浓度增加,作为 C_3 植物的冬小麦光呼吸耗能减少,光合速率提高较多,利于干物质的合成和积累,气温的增加使冬小麦叶片气孔导度减小,降低蒸腾,减小水分散失,提高其水分利用效率。虽然增温使冬小麦生育期缩短,但冬季增温幅度大于其他季节,使冬小麦实际的有效生长天数相对增加,而且气温升高和生长期缩短可使冬小麦提前成熟,避开华北平原在冬小麦生长后期多发的干热风危害。以上是气候变暖对冬小麦产量的正效应。

由此看来,在探讨气候变化对冬小麦产量影响时,需要考虑诸多内容,不同学者的见解和研究结果也有所不同(李长军和刘焕斌,2004;王素艳等,2003;张俊香和延军平,2003;李军等,2001),还有待进一步的研究。下文就未来气候变化对冬小麦产量影响的分析也仅仅是一个探讨性研究。

若要利用 GCM 模型以及其他作物生长模型来预测气候变化下冬小麦产量的变化,需要大量的参数和数据,实现起来比较困难。考虑到 CO_2 浓度增加对光辐射变化问题的研究不是很多,因此本部分仅考虑气温和降水的变化对冬小麦产量的影响,根据栾城地区 1974～2004 年的逐年冬小麦单产记录序列以及当地气象观测站点同期的气象记录,序列回归拟合栾城地区冬小麦产量与小麦生育期内积温和降水量总和的关系公式为($r^2=0.5999$,显著度为 0.0519)

$$Y=-33\,388.677\,3+40.243\,5\times\sum T+4.222\,6\times\sum P-0.009\,7\times\sum T\hat{}2$$
$$+0.103\,4\times\sum P\hat{}2-0.015\,4\times\sum T\times\sum P \tag{6.25}$$

式中:Y 为冬小麦单产(kg/hm^2);$\sum T$ 为冬小麦生育期内积温(℃);$\sum P$ 为冬小麦生育期内降水量总和(mm)。利用上述公式结合表 6.15 中气温、降水变化情况,对 2010 年、2020

年、2030 年、2040 年和 2050 年冬小麦产量进行预测，结果分别为 6323.86kg/hm^2，6428.09kg/hm^2，6434.79kg/hm^2，6392.42kg/hm^2，6203.42kg/hm^2，而前 30a 的平均冬小麦单产为 6227.23kg/hm^2，而 2000～2004 年冬小麦平均单产为 6532.2kg/hm^2，因此，未来几十年内冬小麦产量为递减的总趋势，气温和降水的变化对冬小麦产量的影响为负效应。

（三）气候变化对冬小麦田蒸散量和水分利用效率的影响

利用表 6.15 中未来几十年内气温的变化资料，调整 ENWATBAL 模型中相应的气温参数。由于模型仅对冬小麦生育期内某一阶段进行模拟，降水在该阶段内的分配具有不确定性，因此没有对降雨的变化进行模拟，仅根据该阶段内每日气温的增减调整气温参数，运行模型，模拟相应条件下的蒸散量变化情况，得出 2010 年、2020 年、2030 年、2040 年、2050 年冬小麦田蒸散量分别为 360.46mm、364.28mm、375.21mm、386.87mm、391.75mm。根据上述对相应年度冬小麦产量的预测结果计算相应的水分利用效率分别为 1.754kg/m^3、1.764kg/m^3、1.715kg/m^3、1.652kg/m^3、1.584kg/m^3。可以看出在未来气温递增的情况下，冬小麦田蒸散量也在递增，产量则为递减的趋势，因此水分利用效率也为递减的总趋势。

第五节　本章主要结果

提高农田水分利用效率是节水农业研究的一个基础性问题，关系未来世界的农业生产和粮食安全，它涉及植物生理、农田生态、作物栽培、农业气象、土壤物理等众多学科领域，对这一问题进行深入分析和探讨必定需要依据大量的实测数据。本章依据生态水文学的有关理论，选取对冬小麦水分利用效率产生影响的一系列生理生态特征和其他影响因素，分析研究冬小麦在不同灌水量下、不同秸秆覆盖量与播种量条件下的生理生态反应和水分利用效率的变化，初步探讨了有效提高冬小麦水分利用效率的调控措施，得到如下结论：

冬小麦叶水势值的大小与其土壤水分条件正相关；受太阳辐射和空气湿度的影响，叶水势在一天中表现出早晚高、午间低的总趋势，午间最低值可达－2.4Mp，土壤水分条件差的冬小麦叶水势午间最低值出现时间比其他处理推迟 1～2h；叶片近轴面和远轴面气孔阻力不同，尤其旱作处理远轴面气孔阻力远比其他处理大，最大差别可达 600s/m。

冬小麦冠层温度日变化表现为早晚低午间高，最高冠层温度出现时间滞后于最高气温出现时间 2h 左右，傍晚冠层温度高于早晨 2～4℃；土壤水分条件好则冠层温度较低，不同处理间冠层温度早晚差别不大，午后差别最大，可达 6℃；试验结果表明，冠层温度能比其他水分生理指标更灵敏地反映出环境变化对植物的影响。运用三温模型计算的作物缺水指数 CWSI 表明：当 CWSI 达到 0.1 左右时，即需要进行灌溉。

冬小麦的光合速率、LWUE、气孔导度、蒸腾速率与光照强度之间均呈二次曲线关系，也就是说，随着光强的增大，上述诸因子均增大，但到一定值就趋于稳定而后下降，该最大值即为光饱和点。LWUE 的光饱和点低于光合速率的光饱和点,不同处理间的两种光饱和点不同,对应的最大光合速率和最高 LWUE 也不同。一般表现为光饱和点高则最大光合速率和最高 LWUE 也高,最大光合速率可达 18.34μmol CO_2/(m^2·s),对应的最高 LWUE 为 6.32μmol CO_2/mmol H_2O。气孔导度和蒸腾速率随土壤含水量的不同而不同,T_{2b}处理最高,二者分别在 0.6～0.7mol H_2O/(m^2·s)和 0.5～0.7mmol H_2O/(m^2·s)之间变动,说明不是水分条件越好越能提高冬小麦气孔导度和蒸腾速率。冬小麦旗叶叶—气温差与叶片气孔导度、蒸腾速率、LWUE 也为二次曲线的关系。冬小麦旗叶光合速率、蒸腾速率、气孔导度和 LWUE 的峰值时间分别出现在抽穗开花阶段、灌浆中后期、灌浆前期和抽穗-开花阶段。土壤水分条件对光合速率有一定影响。两个年度均是灌水一次处理(60 mm)的 LWUE 比较高,分别为 2.481μmol CO_2/mmol H_2O 和 3.266μmol CO_2/mmol H_2O。

拔节期和灌浆期冬小麦生长旺盛,干物质迅速积累,群体水分利用效率高,最高可达 9.167 kg/m^3,随灌溉量的增加,群体水分利用效率减小;水分利用效率一般在 1.152～2.127 kg/m^3,随灌溉量的增加而减小;冬小麦田总耗水量与水分利用效率间为二次函数关系,麦田总耗水量为 462.5 mm 和 203.3 mm 时,水分利用效率分别达最小值和最大值,因此并不是灌溉量越大越能获得冬小麦高产和高的水分利用效率。

秸秆覆盖有保墒作用,播种到返青期间,秸秆覆盖麦田表层土壤含水量最高比对照田高 12.3%,而深层土壤含水量则接近或低于对照,因此,覆盖对于表层土壤的保墒作用比对深层土壤作用明显,多播量(225 kg/hm^2)少覆盖(3000 kg/hm^2)处理保墒效果相对较好。越冬期和返青期覆盖对土壤温度的影响最为明显,覆盖有延缓地温变化的作用,覆盖量越大效果越明显;冬季多覆盖的保温作用仅限于表层土壤,少覆盖对上下土层的保温作用都比较理想;返青期覆盖会推迟地温回升,多覆盖处理表现更明显,对冬小麦的正常生长不利,因此覆盖量以 3000 kg/m^2 为宜。秸秆覆盖能明显减小土壤蒸发,多覆盖比少覆盖更能抑制土壤蒸发;在同等秸秆覆盖量的情况下,多播量处理更有利于减小土壤蒸发,多播多盖处理比常播对照处理 33d 少蒸发 19.7mm 的水;不同处理间比较来看,多播量少覆盖处理土壤蒸发最小。秸秆覆盖降低冬小麦出苗率,返青期的降温作用导致生育期推迟,最多能推迟 7d;不同播种量和覆盖量处理的冬小麦株高差异很小,但叶面积指数差别较大,多播量少覆盖处理冬小麦叶面积指数明显比其他处理大,最多差 1.3,其生物量总重和穗重占生物量总重的比例也比其他处理高。

不同播量和覆盖量的措施对冬小麦旗叶光合作用的影响不明显,旗叶光合速率与其他因子间无明显关系,原因有待进一步研究。不同播量和覆盖量措施主要通过改变冬小麦的水分和温度条件来调节其气孔行为,从而影响蒸腾作用,达到调节叶片水分利用效率的目的。多播量少覆盖处理叶片水分利用效率(CO_2/H_2O)比较高,达 2.492μmol/mmol,少覆盖处理可以提高群落水平的水分利用效率。从最终产量来看,秸秆覆盖不一定能增产,因此对覆盖是否有利于增产还有待进一步探讨。但秸秆覆盖明显地减小了冬小麦田的总耗水量,相应地提高了产量水平的水分利用效率;多播量对产量提高有一定贡献,因此考虑播量和覆盖量的综合效应,多播量少覆盖相结合能够在一定程度上提高产量和水分利用效率,由于品种的不同,两个年度里分别为 0.823 kg/m^3 和 1.227 kg/m^3,节水效果比较明显。

针对全球气候变暖引起的气候条件变化可能对冬小麦产量和蒸散量以及水分利用效率的影响问题，结合其他学者对未来几十年内气候变化情况的预测资料，利用历史资料和ENWATBAL模型分别模拟未来几十年内冬小麦产量和蒸散量的变化，最终计算水分利用效率的变化情况，得出的探索性的结论：在未来气温逐渐升高、降水有所增加的情况下，冬小麦产量比目前有所下降，蒸散量则表现为递增的趋势，相应的水分利用效率为减小的总趋势。但是由于模型条件的限制，没有模拟未来降水变化对蒸散量的影响，这是今后工作中需要寻求更好的方法来解决的问题。

参考文献

陈素英，张喜英，刘孟雨. 2002. 玉米秸秆覆盖麦田下的土壤温度和土壤水分动态规律. 中国农业气象，23(4)：34-37.

陈新强，郑国光. 2001. 可持续发展中的若干气候问题. 北京：气象出版社.

杜尧东，刘作新，赵国强，等. 2000. 冬小麦田秸秆覆盖的小气候效应. 生态学杂志，19(3)：20-23.

康绍忠，熊运章. 1991. 作物缺水状况的判别方法与灌水指标的研究. 水利学报，(1)：34-40.

康绍忠，刘晓明，熊运章. 1994. 土壤植物大气连续体水分传输理论及其应用. 北京：中国水利电力出版社.

康绍忠，熊运章. 1991. 作物缺水状况的判别方法与灌水指标的研究，水利学报，(1)：34-29.

克雷默 P J. 1989. 植物的水分关系. 北京：科学出版社.

朗格，卡彭. 1985. 水分与植物生活-问题与研究现状. 樊梦康，汤兆达，赵素娥，等译. 北京：科学出版社.

李长军，刘焕彬. 2004. 山东省气候变化及其对冬小麦生产潜力的影响. 气象，30(8)：49-53.

李军，王立祥，邵明安，等. 2001. 黄土高原地区小麦生产潜力模拟研究. 自然资源学报，16(2)：161-165.

刘文乾，杨富位，杨俊伟. 2004. 半干旱山区冬小麦秸秆覆盖栽培条件下土壤水分及增产效果研究. 甘肃农业，(2)：30，31.

闵瑾如，苏燕. 1992. 气候变暖对我国小麦生产的影响. 见：气候变化对农业影响及其对策课题组. 气候变化对农业影响及其对策. 北京：北京大学出版社.

逄焕成. 1999. 秸秆覆盖对土壤环境及冬小麦产量状况的影响. 土壤通报，30(4)：174，175.

沈彦俊. 1998. 土壤-作物-大气系统水能通量及界面调控初步研究. 中国科学院石家庄农业现代化研究所硕士学位论文：38-40，89-92.

施雅风. 1995. 中国气候与海平面变化及其趋势和影响. 第四卷：气候变化对西北、华北水资源的影响. 济南：山东科学技术出版社.

王会肖. 1997. 砂土土壤棵间蒸发的测定与模拟. 中国农业气象，18(4)：29-35.

王丽明，邱国玉，张清涛，等. 2005. 作物缺水指数新方法的验证. 中国农业气象，26(4)：229-232.

王素艳，霍治国，李世奎，等. 2003. 中国北方冬小麦的水分亏缺与气候生产潜力——近40年来的动态变化研究. 自然灾害学报，12(1)：121-130.

许翠平，刘洪禄，车建明，等. 2002. 秸秆覆盖对冬小麦耗水特征及水分生产率的影响. 灌溉排水，21(3)：24-27.

杨俊伟. 2004. 干旱半干旱地区冬小麦秸秆覆盖试验初报. 甘肃农业科技，(4)：25-27.

于沪宁，沈彦俊. 1999. 叶-气界面调控. 见：刘昌明，王会肖，吴凯，等. 土壤-作物-大气界面水分过程与节水调控. 北京：科学出版社：114-116.

于舜章，陈雨海，周勋波，等. 2004. 冬小麦期覆盖秸秆对夏玉米土壤水分动态变化及产量的影响. 水土保持学报，18(6)：175-178.

袁家富. 1996. 麦田秸秆覆盖效应及增产作用. 生态农业研究，4(3)：61-65.

袁小良，王会肖，张喜英，等. 1992. 冬小麦产量与耗水量的关系. 作物与水分关系研究. 北京：科学技术出版社.

翟军海，凌莉，高亚军，等. 2004. 补充灌溉、氮素营养与秸秆覆盖对冬小麦生长及产量的影响研究. 中国生态农业学报,12(1):130-132.

张俊香,延军平. 2003. 关中平原小麦产量对气候变化区域响应的评价模型研究. 干旱区资源与环境,17(1):85-90.

张喜英,冯广龙. 1999. 根系发育与根——土界面的水分传输. 见:刘昌明,王会肖,等. 土壤-作物-大气界面水分过程与节水调控. 北京:科学出版社:92-96.

张喜英. 1999. 作物根系与土壤水利用. 北京:气象出版社.

张永强,沈彦俊,刘昌明,等. 2002. 华北平原典型农田水、热与 CO_2 通量的测定. 地理学报, 57(3):333-341.

赵聚宝,徐祝龄. 1996. 中国北方旱地农田水分开发利用. 北京:中国农业出版社.

周凌云,周刘宗,徐梦雄,等. 1996. 农田秸秆覆盖节水效应研究. 生态农业研究,4(3):49-52.

周凌云,徐梦雄. 1997. 秸秆覆盖对麦田耗水与水分利用效率影响的研究. 土壤通报,28(5):205-206.

朱自玺,赵国强,邓天宏,等. 2000. 秸秆覆盖麦田水分动态及水分利用效率研究. 生态农业研究,8(1):34-37.

Al-Kaisi M M, Berrada A, Stack M. 1997. Evaluation of irrigation scheduling program and spring wheat yield response in southwestern Coloradl. Agricultural Water Management,34(2):137-148.

Alves I, Pereira L S. 2000. Non-water-stressed baselines for irrigation scheduling with infrared thermometers: a new approach. Irrigation Science,19(2):101-106.

Ben-Asher J, Neek D W, Hutmacher R B, et al. 1989. Computational approach to assess actual transpiration from aerodynamic and canopy resistance . Agron J, (81): 776-782.

Brogardh T, Johnson A. 1974. Oscillatory transpiration and water uptake of avena plants Ⅳ: Transpiratory response to sine shaped light cycle. Physiologia Plantatarum,31(4):311-322.

Burke J J,Hatfield J L, Wanjura D F. 1990. A thermal stress index for cotton. Agronmy Journal,82(3): 526-530.

Chen J. 1984. Mathematical analysis and simulation of crop micrometeorology. Doctoral dissertation. Department of Theoretical Production Ecology, Agricultural University, Wagningen, the Netherland.

Durar A A, Steiner J L, Evett S R, et al. 1995. Measured and simulated surface soil drying. Agronmy Journal, 87(2): 235-244.

English M J,Nakamura B C. 1989. Effects of deficit irrigation and irrigation frequency on wheat yields. ASCE,Journal of Irrigation and Drainage Engineering,115(2):172-184.

Evett S R, Howell T A, Schneider A D. 1995a. Energy and water balance for surface and subsurface drip irrigated corn. *In*: Proceedings of the Fifth International Microirrigation Congress. Orlando, FL. USA:135-140.

Evett S R, Howell T A, Schneider A D, et al. 1995b. Crop coefficient based evapotranspiration estimates compared with mechanistic model results. *In*: Espey W H,Combs P G. Water Resources Engineering. Vol. 2. Proceedings of the First International Conference, San Antonio, Texas. New York:ASCE:1585-1589.

Evett S R, Lascano R J. 1993. ENWATBAL. BAS: a mechanistic evapotranspiration model written in compiled basic. Agronomy Journal, 85(3): 763-772.

Ghahraman B, Sepaskhah A R. 1997. Use of a water deficit sensitivity index for partial irrigation scheduling of wheat and barley. Irrigation Science,18(1):11-16.

Goudriaan J. 1977. Crop micrometeorology: a simulation study. PUDOC, Wageningen, the Netherland.

Hatfield J L, Pinter P J, Chasseray E, et al. 1984. Effects of panicles on infrared thermometer measurements of canopy temperature in wheat. Agricultural and Forest Meteorology,32(2): 97-105.

Idso S B, Clawson K L. 1986. Foliage temperature: Effects of environmental factors with implication for plant water stress assessment and the CO_2/climate connection. Water Resour Res,22(12): 1702-1716.

Idso S B, Jackson R D, Pringter P J, et al. 1981. Normalizing the stress-degree-day parameter for environmental variability. Agricultural Meteorology,24:45-55.

Idso S B,Reginato R J, Jackson R D,et al. 1981. Measuring yield-reducing plant water potential depressions in wheat by infrared thermometry. Irrigation Science,2(4):205-212.

Idso S B. 1982. Non-water-stressed baselines: a key to measuring and interpreting plant water stress. Agric. Meteorol,27(1-2): 59-70.

IPCC. 2001. The IPCC data distribution center website. http://www. ipcc-nggip. iges. or. jp/.

Jackson R D, Idso S B, Reginato R J, et al. 1981. Canopy temperature as a crop water stress indicator. Water Resources Research, 17(4): 1133-1138.

Jackson R D, Kustas W P, Choudhury B J. 1988. A reexamination of the crop water stress index. Irrig. Sci., 9(4): 309-317.

Jackson R D. 1982. Canopy temperature and crop water stress. *In*: Hillel D. Advances in Irrigation. New York: Academic Press: 43-85.

Jones H G. 1992. Plants and Microclimate: A Quantitative Approach to Environmental Plant Physiology. 2nd ed. Cambridge University Press: 89-105.

Krieg D R, Lascano R J. 1990. Sorghum. *In*: Stewart B A, Nielsen D. Irrigation of Agricultural Crops. ASA, Madison, WI: 719-740.

Lascano R J, Baumhardt R L, Hicks S K, et al. 1994. Soil and plant water evaporation from strip-tilled cotton: measurement and simulation. Agron J, 86(6): 987-994.

Lascano R J, Baumhardt R L. 1996. Effect of crop residue on soil and plant water evaporation in a dryland cotton system. Theor. Appl. Climatol, 54(1-2): 69-84.

Lascano R J, van Bavel C H M, Hatfield J L, et al. 1987. Energy and water balance of sparce crop: simulated and measured soil and crop evaporation. Soil Sci Soc Am J, 51: 1113-1121.

Lascano R J. 1991. Review of models for predicting soil water balance. *In*: Sivakumar M V K, Wallace J S, Renard C, et al. Soil Water Balance in the Sudan-Sahelian Zone. IAHS Press: 443-458.

Mellouli H J, van Wesemael B, Poesen J, et al. 2000. Evaporation losses from bare soils as influenced by cultivation techniques in semi-arid regions. Agricultural Water Management, 42(3): 355-369.

Monteith J L, Unsworth M H. 1990. Principles of Environmental Physics. 2nd ed. London: Edward Arnold Press: 113-118.

Nielsen D C. 1994. Non-water-stressed baselines for sunflowers. Agric Water Manag, 26(4): 265-276.

Olufayo A, Baldy B, Ruelle P. 1996. Sorghum yield, water use and canopy temperature under different levels of irrigation. Agricultural Water Management, (30): 77-90.

Qiu G Y, Kazuro M, Tomohisa Y, et al. 1998. Separate estimation of evaporation and transpiration by ENWATBAL model. J Agric Meteorol, 54(3): 275-282.

Qiu G Y, Kazuro M, Tomohisa Y, et al. 1999. Experimental verification of a mechanistic model to partition evapotranspiration into soil water and plant evaporation. Agricultural and Forest Meteorology, (93): 79-93.

Qiu G Y, Miyamoto K, Sadanori S, et al. 2002. Comparison of the three temperatures and conventional models for estimation of transpiration. JARQ-Japan Agricultural Research Quarterly, 36(2): 73-82.

Qiu G Y, Momii K, Yano T. 1996a. Estimation of plant transpiration by imitation leaf temperature. Ⅰ. Theoretical consideration and field verification. Transaction of Japan Society of Irrigation, Drainage and Reclamation English, 64 (3): 401-410.

Qiu G Y, Yano T, Momii K. 1996b. Estimation of plant transpiration by imitation leaf temperature. Ⅱ. Application of imitation leaf temperature for detection of crop water stress. Transaction of Japan Society of Irrigation, Drainage and Reclamation English, 64 (5): 767-773.

Qiu G Y. 1996. A new method for estimation of evapotranspiration. Doctoral dissertation, the United Graduate School of Agriculture Science, Tottori University, Japan.

Ritchie J T. 1974. Atmospheric and soil water influence on the plant water balance. Agric For Meteorol, 14(1-2): 183-198.

Sankhyan N K, Bhushan B, Sharma P K. 2001. Effects of phosphorus, mulch and farm yard manure on soil moisture and productivity of maize in mid hills of Himachal Pradesh. Research on Crops, 2(2): 116-119.

Sepaskhah A R, Kashefipour S M. 1994. Relationship between leaf water potential, CWSI, yield and fruit quality of sweet lime under drip irrigation. Agricultural Water Management, 25(1):13-22.

Stockle C O, Dugas W A. 1992. Evaluating canopy temperature-based indices for irrigation scheduling. Irrig Sci, 13 (1): 31-37.

Theodore C H, Liu K X. 2005. Evapotranspiration and relative contribution by the soil and the plant. Crap Water-Use, 4:129-160.

Theodore C H, Liu K X. 2000. Sensitivity of growth of roots versus leaves to water stress: biophysical analysis and relation to water transport. Experimental Botany, 51(350):1595-1616.

van Bavel C H M, Lascano R J, Stroosnijder L. 1984. Test and analysis of a model of water use by sorghum. Soil Science, 137(6): 443-456.

van Bavel C H M, Lascano R J. 1980. CONSERVN: a numerical method to compute soil water content and temperature profiles under a bare surface. Remote Sensing Center, Texas, A&M University, College Station, TX, Technical Report RCS-134.

van den Honert T H. 1948. Water transport in plants as a catenary process. Disc Faraday Soc, (3): 146-153.

Willmott C J. 1982. Some comments on the evaluation of model performance. Bull Am Meteorol Soc, 63(11): 1309-1313.

Yazar A, Howell T A, Dusek D A, et al. 1999. Evaluation of crop water stress index for LEPA irrigated corn. Irrig Sci, 18(4): 171-180.

Zhang X Y, Pei D, Hu C S. 2003. Conserving groundwater for irrigation in the North China Plain. Irri Sci, 21(4): 159-166.

第七章　抑制农田土壤蒸发的节水措施及机理研究[①]

无效的农田土壤蒸发在总蒸散量中占有相当大的比例，设法通过简便易行的农业措施来减少土壤蒸发，将会大大提高农田水分利用效率，有利于实现农业节水和可持续发展的目标。本研究结合“863”计划项目“作物生理节水调控与非充分灌溉技术”(AA010002)开展试验，着重研究不同农业措施(不同行距、覆盖及播量、耕作方式)对冬小麦田土壤蒸发的抑制效果、机理以及不同措施下土壤蒸发的变化规律，为华北平原尤其是太行山山前平原减少土壤蒸发和提高水分利用效率提供理论依据。同时，对影响土壤蒸发的主要因素进行了分析，为探寻新的抑蒸节水措施提供科学依据。

第一节　田间试验设计及数据采集

一、田间试验设计与布置

1. 不同行距对冬小麦土壤蒸发和水分利用效率的影响试验

2002 年 10 月 5 日播种，播前深翻，供试冬小麦品种为 4185(*Triticum aestivum* L.)。不同行距播种量相同，即种植成本相同。2003 年 6 月 10 日收获，其田间管理与当地大田水平一致。分别于拔节期和开花期进行灌溉，每次灌水量约为 54.5mm，总灌溉量为 109mm。试验设计了三种行距，即 7.5 cm、15.0 cm 和 30.0 cm，加上裸地共 4 种处理，每种处理各 4 个重复，在田间交错排列。每个试验小区面积为 40 m^2。每种处理安装 4 个小型土壤蒸发器(MLS)来测土壤蒸发，并安装一个中子水分仪测土壤水分。土壤蒸发用自制的 MLS 进行测定。MLS 由 PVC(聚氯乙烯)圆管制成(选择 PVC 材料是为了尽量减小热传导的影响)，高 15 cm，壁厚 3 mm，内径分为 4 种——6.8 cm、11.8 cm、15.5 cm 和 10.4 cm，前三种分别放在行距为 7.5 cm、15.0 cm 和 30.0 cm 的小区里，最后一种放在裸地里。为了避免操作时破坏附近的土体结构，分别用内径稍大的 PVC 管做成各种内径的 MLS 外套，固定于行间。每次取土时，将 MLS 从土壤表面按下，按进土壤，留 0.5 cm 露出地面，以免人或风把土粒弄进 MLS 里面去。然后取出盛有未扰动原状土柱的 MLS，削去底部多余的土壤，用聚乙烯胶带封底，每天用精度为 0.1 g 的电子天平进行称重，根据两次之间的重量差和 MLS 的底面积换算得出日蒸发量。对于直径为 10.4 cm 的 MLS 来说，每 0.1 g 的变化相当于 0.011 772 mm 的蒸发。称重后，将其放回套筒中，让其在田间的环境里继续蒸发，下一次称量时再把它从套筒里提出来。为了保证土壤蒸发器内的土壤湿度与小麦行间土壤实际含水量一致，每 3～5d 更换土壤蒸发器中的原状

① 本章作者：张清涛、邱国玉、李瑞利。

土,雨后或灌溉后要马上换土,而且要保证雨后和灌溉后勤换土,1～3d 换一次。

2. 秸秆覆盖和播种量对冬小麦土壤蒸发和水分利用效率的综合影响试验

用玉米秸秆覆盖不同播量(密度)的冬小麦田。供试小麦品种为 4185。把玉米秸秆切成 5～10 cm 的小段,于播种后顺着小麦垅均匀地撒在冬小麦田里。施尿素 17.5kg/亩。本试验设计如表 7.1 所示。在表中,“CK”表示“对照”,即无覆盖。带“O”的表示有中子水分仪的小区,用来测量土壤水分。每个小区的面积是 $30m^2$(5m×6m)。

表 7.1　2002～2003 年冬小麦覆盖和播量试验设计图

多播量($225kg/hm^2$)		正常播量($150kg/hm^2$)	
CK	O 多覆盖	O CK	少覆盖
多覆盖	O 少覆盖(温度计)	O 多覆盖	CK
CK	O CK(温度计)	O 少覆盖	多覆盖
少覆盖	O 多覆盖(温度计)	O CK	CK
CK	O 少覆盖	O 多覆盖	少覆盖

试验分两种播量:左边两条地为正常播量,$150kg/hm^2$;右边两条地为多播量,$225kg/hm^2$,即加密播量 50%。每种播量按不同覆盖情况又分三种:少盖,多盖和无覆盖。秸秆覆盖量分别为:少盖 $3000kg/hm^2$,多盖 $6000kg/hm^2$。每个处理用 4 个内径为 10cm 的 MLS 来测量土壤蒸发。

各处理均浇三次水:于 11 月 18 日浇 63.3mm 的越冬水,4 月 16 日浇 80mm 的拔节水,5 月 6 日浇 66.7mm 的开花水,全生育期灌溉量为 210mm。

二、测定项目与方法

用 MLS 测定不同措施处理的土壤蒸发。各个处理均有 4 个 MLS,每天傍晚进行称重,两天内的重量差异即为土壤蒸发量。每隔 2～5d 更换 MLS 内的原状土。

作物蒸散耗水量由田间水分平衡方程式计算:

$$ET = P + I + \Delta W$$

式中:ET 为蒸散耗水量(mm);P 为降水量(mm);I 为灌溉水量(mm);ΔW 为计算时段内土壤储水量的减少量(mm)。

土壤含水量用烘干称重法或 TDR 来测。每 1～3d 测一次表层 0～10 cm 的土壤含水量。TDR 即时域反射仪,用来测量液体介电常数与频率的关系,后来大量用于测量土壤水分,其优点是操作简便,测定快捷。不过需要多取几个点,然后求平均数。用经验法测定,即在冬小麦生育期内进行抽样调查,用尺子量出叶子的长和宽,用公式“叶面积=长×宽×叶面积系数”计算得到。一般情况下,冬小麦的叶面积系数为 0.83。在作物生长的中后期,每隔 10d 测定 10 株植株的叶面积,量一次株高;同时,测定作物在这段时间内的密度。用冠层分析仪测不同行距冠层覆盖度一次。在冬小麦的几个主要生育期内,每 5d 观测一次生物量,每个处理取 20 株植株,用烘干法测冬小麦茎、叶、穗的生物量。用

Optic系统测定覆盖不同处理土壤表层、5cm、10cm深度的温度。Optic为地温自动测定系统,每隔1h测定一次。用附近气象观测场的观测资料(温度、湿度、风速、辐射和大气压等)。在冬小麦收获后每个处理随机选择10株作物进行考种,包括生物量、株高、穗数、穗粒重等指标。除去四周1m保护行,进行产量的实测。

水分利用效率由公式WUE=Y/ET计算,式中:WUE为水分利用效率(kg/m^3);Y为作物籽粒产量(kg);ET为蒸散耗水量(mm)。

第二节 行距对冬小麦土壤蒸发和水分利用效率的影响

为了达到农业节水的目的,必须想方设法提高水分利用效率。在农业生产过程中,有一部分水分不参与作物的生产,属于奢侈性耗水或无效耗水,如土壤蒸发。土壤蒸发是农田蒸散的重要组成部分,减少土壤蒸发的无效水分散失是提高水分利用效率的重要手段之一,也是实施农业节水的重要措施之一。目前,通过土壤—植物—大气系统水分运行的界面过程研究,取得了实现农业节水界面调控的基本认识,从而指导节水农业的实施,这对实现农业节水增产和缓减当前用水矛盾具有理论和实践意义。水分在土壤—植物—大气系统中的运动形成了水文循环,水文循环过程存在土壤水—地下水,土—根,植—气,土—气四个界面。水分由土壤到大气系统的传输过程,植物发挥着极其重要的作用。因此,通过生物措施来控制水循环,已经成为IGBP(国际地圈生物圈计划)的核心项目BAHC(水文循环的生物圈方面)研究的宗旨之一(刘昌明,1999)。在播种量相同的情况下,行距不同可导致作物冠层覆盖度不同,因而土壤蒸发也不同。通过调整行距大小来调控土壤蒸发,实质上就是通过调整作物冠层覆盖度这一生物措施来控制水循环。基于这种考虑,我们设计了不同行距对土壤蒸发影响的试验。为研究行距大小对土壤蒸发的影响,于2002~2003年麦季对华北平原的主要作物冬小麦进行了试验研究。试验共4种处理:7.5 cm、15.0 cm、30.0 cm行距冬小麦田和裸地。每种处理安装4个MLS来连续监测土壤蒸发。冬小麦整个生育期间的降水量为171.4 mm,各行距的播种量相同,管理水平均与当地大田一致。

一、行距对冬小麦土壤蒸发的影响

试验结果表明,7.5 cm、15.0 cm、30.0 cm行距冬小麦田全生育期总蒸发量分别为:89.1 mm、104.2 mm和121.9 mm,如图7.1所示。从图中可以看出,行距越大,土壤蒸发量越大。其中,7.5 cm行距比15.0 cm行距少蒸发15.1 mm,抑制率为14.5%;7.5 cm行距比30.0 cm行距少蒸发32.9 mm,抑制率为26.95%;15.0 cm行距比30.0 cm行距少蒸发17.7 mm,抑制率为14.55%。由此可见,窄行距对土壤蒸发的抑制效果很明显。主要原因有以下两点:一是窄行距的作物叶面积和冠层覆盖度大,叶片有效地阻挡了一部分太阳辐射到达土壤表面,从而减少了土壤蒸发;二是窄行距的行间空隙小,在一定程度上改变了农田局部的小气候,减小了到达土壤表面的风速,也就减少了土壤蒸发。3月24日测定的各行距十株冬小麦叶面积分别为:7.5 cm行距,534.20 mm^2;15.0 cm行距,

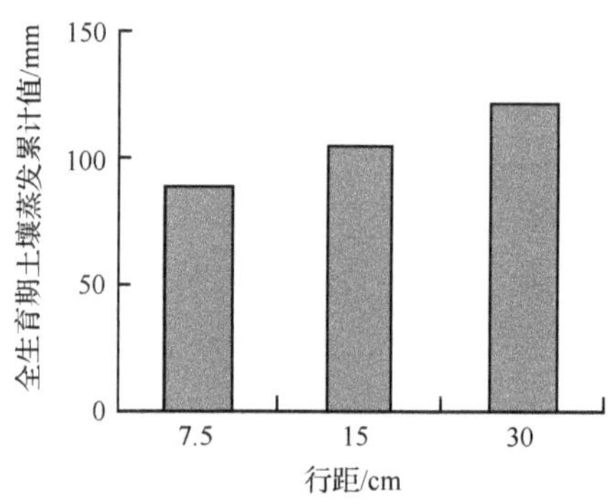

图 7.1　三种行距全生育期土壤蒸发累计值

410.27 mm²;30.0 cm 行距,360.09 mm²。可见,行距越小,叶面积越大,土壤蒸发越小。

利用 MLS 测定的各行距冬小麦生长期间的逐日土壤蒸发量和计算出的累积土壤蒸发量见图 7.2。不难看出,不论是逐日土壤蒸发量,还是累积土壤蒸发量,7.5cm 行距的土壤蒸发值最小,随着行距的增加,土壤蒸发也在增加,30.0cm 行距的土壤蒸发值在三种行距中最大。这说明行距越窄的冬小麦田,水分的无效散失越小;行距越宽的冬小麦田,水分的无效散失越大。同时发现,在每次明显的降水或灌溉后,冬小麦的土壤蒸发有明显的增加,但时间较短。这说明农田的土壤蒸发不仅与能量有密切的关系,与土壤的含水量也有密切的关系。图中显示,有时候蒸发为负值,这主要是因为空气湿度较大,土壤表面有凝结水造成的。

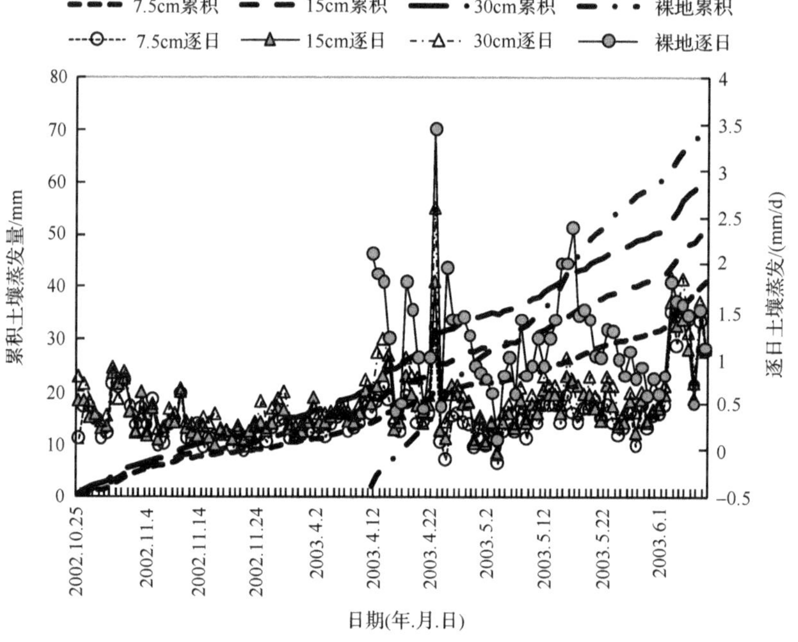

图 7.2　不同行距冬小麦逐日土壤蒸发和累积土壤蒸发的变化

我们于 2003 年 4 月 13 日开始逐日观测裸地的土壤蒸发。4 月 13 日以后裸地和各行距冬小麦逐日土壤蒸发和累积土壤蒸发的比较见图 7.3。土壤蒸发的大小为裸地＞30.0cm 行距＞15.0cm 行距＞7.5cm 行距，各区的土壤累积蒸发量分别为 70.5mm、40.7mm、34.1mm、27.3mm。在此期间内，7.5cm 行距土壤蒸发总量仅为裸地的 24.6%、30.0cm 行距的 67.3%、15.0cm 行距的 80.3%；15.0cm 行距土壤蒸发总量为裸地的 48.3%、30.0cm 行距的 83.8%；30.0cm 行距土壤蒸发总量为裸地的 57.7%。可见，裸地的土壤蒸发值远远大于冬小麦田的土壤蒸发值，这是因为植物冠层覆盖阻挡了一部分太阳辐射的缘故。

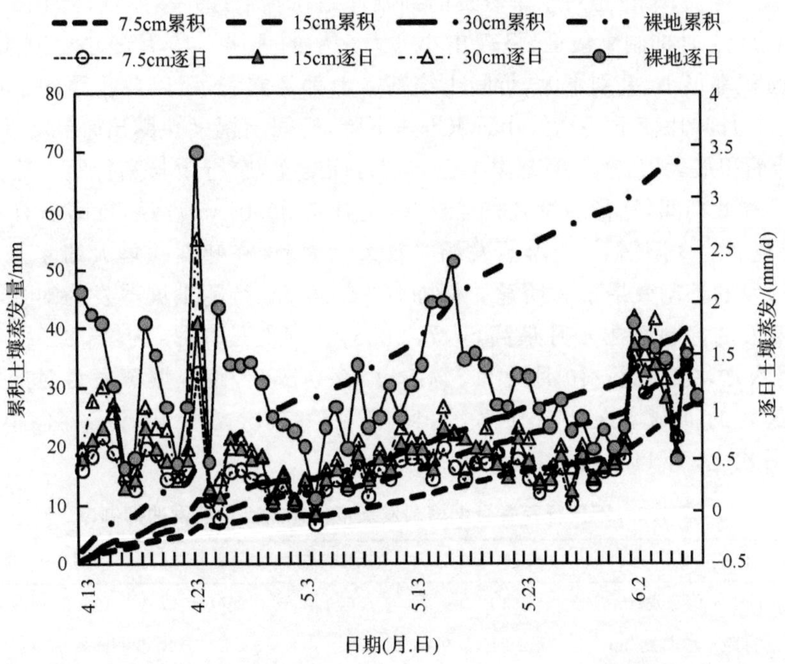

图 7.3　4 月 13 日以后各处理逐日土壤蒸发及累积土壤蒸发的比较

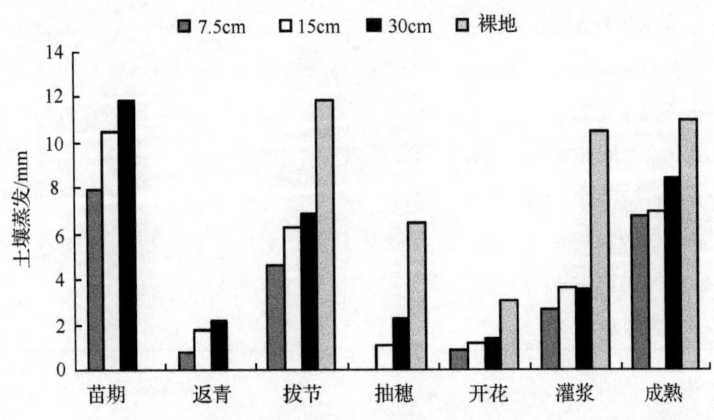

图 7.4　不同行距冬小麦各个生育期的土壤蒸发量

不同行距冬小麦各个生育期的土壤蒸发总量如图 7.4 所示，在冬小麦各个生育期内，土壤蒸发量都遵循以下规律:裸地>30.0 cm行距>15.0 cm行距>7.5 cm行距。这说明行距越窄越有利于抑制土壤蒸发。各行距冬小麦在冬前和越冬期间的土壤蒸发绝对值最大,主要是因为越冬期时间长,而且作物冠层覆盖度小,行间裸露土壤面积大,加上越冬期间的降水造成土壤的冻融作用,使土壤底层冻结而表层冻融交替,土壤表层比较湿润,从而导致土壤蒸发大。从返青开始一直到灌浆,由于冬小麦叶面积的不断增大,小麦行间逐渐封垄,裸露土壤减少,使土壤蒸发总量减少;从灌浆期开始由于植株叶片逐步变黄、枯萎、衰退,叶面积的逐步减少,土壤蒸发又逐渐增大。

由表7.2可知,窄行距对土壤蒸发的抑制作用在各个月并不一致,4月、5月抑制率最高,10月、6月、1月抑制率最低,呈现出小—大—小的规律。10月冬小麦刚出苗,各处理冬小麦叶面积都很小,差别不大,行间土壤基本上都裸露着,所以各行距的土壤蒸发量也相差无几。6月叶片变干、脱落,叶面积迅速下降,行间土壤又裸露出来。冬小麦在4月、5月达到叶面积最大值,窄行距基本上已实现行间封垄,窄行距与宽行距土壤蒸发之间的差值变大。在此期间,宽行距没有完全封垄,尤其是30.0 cm行距,行间仍有不少土壤裸露着,接受更多的太阳辐射,土壤蒸发相对较大。因此,在叶面积最大的4月、5月,窄行距对土壤蒸发的抑制效果最为明显。例如,以15.0 cm行距土壤蒸发为对照,7.5 cm行距对土壤蒸发的抑制率在4月最高,达到28.5%;其次是5月,为25.9%;6月最小,为0.8%;1月次之,为6.3%;10月为9.5%。以30.0 cm行距土壤蒸发为对照,7.5 cm行距对土壤蒸发的抑制率在4月最高,达到41.9%;其次是5月,为37%;6月最小,为13.1%;1月次之,为14.8%;10月为17.4%。

表7.2 不同行距各月土壤蒸发及窄行距对土壤蒸发的抑制率

土壤蒸发	10月	11月	12月	1月	2月	3月	4月	5月	6月(9d)
7.5 cm行距土壤蒸发/mm	19	7.72	7.6	7.5	7	9.5	10.95	9.79	10.02
15.0 cm行距土壤蒸发/mm	21	9.07	9	8	8	10.5	15.33	13.2	10.09
30.0 cm行距土壤蒸发/mm	23	10.72	10.6	8.8	10	12.9	18.85	15.54	11.52
裸地土壤蒸发/mm								33.88	11.69
7.5 cm与15.0 cm的蒸发差值/mm	2	1.35	1.4	0.5	1	1	4.38	3.41	0.08
7.5 cm对15.0 cm的蒸发抑制率/%	9.5	14.9	15.6	6.3	12.5	9.5	28.5	25.9	0.8
7.5 cm与30.0 cm的蒸发差值/mm	4	3	3	1.3	3	3.4	7.89	5.76	1.51
7.5 cm对30.0 cm的蒸发抑制率/%	17.4	28.2	28.3	14.8	30	26.4	41.9	37	13.1
15.0 cm与30.0 cm的蒸发差值/mm	2	1.65	1.6	0.8	2	2.4	3.52	2.34	1.43
15.0 cm对30.0 cm的蒸发抑制率/%	8.7	15.4	15.1	9.1	20	18.6	18.7	15.1	12.4
7.5 cm与裸地的蒸发差值/mm								24.09	1.67
7.5 cm对裸地的蒸发抑制率/%								71.1	14.3

二、行距对冬小麦农田蒸散(ET)和水分利用效率(WUE)的影响

根据水量平衡法计算得到各行距冬小麦全生育期蒸散耗水量,如表7.3所示。其中,

土壤含水量用取土烘干法测得，每 10～20 cm 土层取一个样，取到 2m 深处。由表中可知，7.5 cm 行距、15.0 cm 行距和 30.0 cm 行距冬小麦蒸散耗水量分别为 349.3 mm、372.0 mm 和 401.2 mm。随着行距增大，总蒸散量增加，农田耗水增多。在冬小麦整个生育期内，7.5 cm 行距比 15.0 cm 行距冬小麦蒸散耗水量少 22.8 mm，按华北平原作物总播种面积 1313.6 万 hm^2 计算（林耀明等，2000），7.5 cm 行距比 15.0 cm 行距节水 $2.99\times10^9 m^3$，相当于黄河多年平均径流总量的 0.52%（黄河多年平均径流总量为 574.5 亿 m^3）；15.0 cm 行距比 30.0 cm 行距冬小麦蒸散耗水量少 29.1 mm，按华北平原作物总播种面积 1313.6 万 hm^2 计算，15.0 cm 行距比 30.0 cm 行距节水 38.3 亿 m^3，相当于黄河多年平均径流总量的 0.67%；7.5 cm 行距比 30.0 cm 行距冬小麦蒸散耗水量少 51.9 mm，按华北平原作物总播种面积 1313.6 万 hm^2 计算，7.5 cm 行距比 30.0 cm 行距节水 68.1 亿 m^3，相当于黄河多年平均径流总量的 1.19%。所以，相对于宽行距而言，窄行距节水效果显著。

表 7.3 各行距冬小麦水分利用效率

处理	土壤储水量的减少量/mm	降水量/mm	灌溉/mm	土壤蒸发(E)/mm	蒸散耗水量(ET)/mm(Y)	产量/(kg/hm^2)	水分利用效率*(WUE)/(kg/m^3)
7.5 cm 行距	68.88	171.4	109	89.07	349.28	5 553.61	1.59
15.0 cm 行距	91.64	171.4	109	104.19	372.04	5 505.83	1.48
30.0 cm 行距	120.76	171.4	109	121.93	401.16	5 455.83	1.36

* WUE=Y/ET

7.5 cm 行距、15.0 cm 行距和 30.0 cm 行距冬小麦产量水平的水分利用效率分别为：1.59 kg/m^3、1.48 kg/m^3 和 1.36 kg/m^3，随着行距变宽，水分利用效率降低。这主要是因为窄行距的土壤蒸发较小，农田水分的无效奢侈散失较少的缘故。其中，7.5 cm 行距比 15.0 cm 行距冬小麦的水分利用效率高 0.11 kg/m^3，高出 7.43%；7.5 cm 行距比 30.0 cm 行距冬小麦的水分利用效率高 0.23 kg/m^3，高出 16.91%；15.0 cm 行距比 30.0 cm 行距冬小麦的水分利用效率高 0.12 kg/m^3，高出 8.82%。按我国现状 4000 亿 m^3 农业用水计算，7.5 cm 行距可比 30.0 cm 行距节水 676.4 亿 m^3，比黄河多年平均径流总量还高出 100 多亿立方米，节水效果十分显著。如果其中 2/3 用来生产粮食，按 1.5kg/m^3 计，可增产粮食 0.6764 亿 t，经济效益可观。

三、行距对冬小麦土壤蒸发占蒸散量的比例(E/ET)的影响

7.5 cm、15.0 cm 和 30.0 cm 行距冬小麦土壤蒸发占蒸散量的比例(E/ET)分别为 25.50%、26.68%和 27.04%。不难看出，行距越小，E/ET 越小，这说明农田用水中的无效损耗也就越小，越有利于节水农业的实施。本试验期间冬小麦全生育期降雨量为 171.4 mm，属于偏湿年份，土壤蒸发占蒸散量的比例比正常年份小一些，这与偏湿年份相对湿度大有关系。

四、各行距冬小麦的产量构成分析

由表7.4可以看出,冬小麦产量随着行距的增加略有下降,这说明窄行距有利于实现冬小麦增产。其中,7.5 cm行距比15.0 cm行距增产47.78 kg/hm^2,增产幅度为0.87%;15.0 cm行距比30.0 cm行距增产50 kg/hm^2,增产幅度为0.92%;7.5 cm行距比30.0 cm行距增产97.78 kg/hm^2,增产幅度为1.79%。按华北平原作物总播种面积1 313.6万hm^{2}计算,7.5 cm行距比15.0 cm行距增产62.8万t;15.0 cm行距比30.0 cm行距增产65.7万t;7.5 cm行距比30.0 cm行距增产128万t。各行距穗数随着行距的增加而下降,行距越窄,穗数越多。7.5 cm和15.0 cm行距冬小麦的穗数相差不大,30.0 cm行距冬小麦的穗数明显小于前两者。7.5 cm行距比30.0 cm行距多32.67万穗/hm^2,高出5.88%,其原因是窄行距处理的植株能得到均匀而充分的光热资源,所以穗数多。各行距的每穗子粒重也稍有差别。30.0 cm行距比7.5 cm行距冬小麦的每穗子粒重0.04 g/穗,高出4.26%。7.5 cm行距和15.0 cm行距冬小麦的每穗子粒重相同。每穗子粒重以30.0 cm行距为最高,但30.0 cm行距的穗数却很低,最终表现在产量上也最低。各行距株高均为70 cm左右,相差不大。生物量以15.0 cm行距为最高,比7.5 cm行距冬小麦的生物量多402.13 kg/hm^2,高出3.41%;30.0 cm行距比7.5 cm行距冬小麦的生物量多187.87 kg/hm^2,高出1.59%。

表7.4　各行距冬小麦产量构成

处理	穗数/(万穗/hm^2)	株高/cm	生物量/(kg/hm^2)	亩产/kg	产量/(kg/hm^2)	子粒重/(g/穗)
7.5 cm行距	588.26	70.30	11 796.83	368.91	5 553.61	0.94
15.0 cm行距	587.77	70.50	12 198.96	367.06	5 505.83	0.94
30.0 cm行距	555.59	69.25	11 984.70	363.72	5 455.83	0.98

五、各行距冬小麦表层土壤含水量的比较

各行距冬小麦表层(0～20 cm)土壤含水量如图7.5所示,总体差别不大。除0～5 cm土壤最表层外,各行距冬小麦表层土壤含水量均随着土层深度的增加而增加,均在15～20 cm土层达到最高。0～5 cm土层的土壤含水量比5～10 cm土层的土壤含水量高,原因是2002～2003年栾城冬小麦生育期内降水较多,尤其是4月、5月,降水量明显高于正常年份,这使土壤表层经常处于含水量较高的状态。裸地的表层土壤含水量最高,也是由于降水较多。在三种行距里面,0～5 cm、10～15 cm的土层含水量均以7.5 cm行距为最高,尤以10～15 cm土层最明显:7.5 cm行距比15.0 cm行距的10～15 cm土层含水量高1.485,高出7%;7.5 cm行距比30.0 cm行距的10～15 cm土层含水量高0.776,高出3.5%。

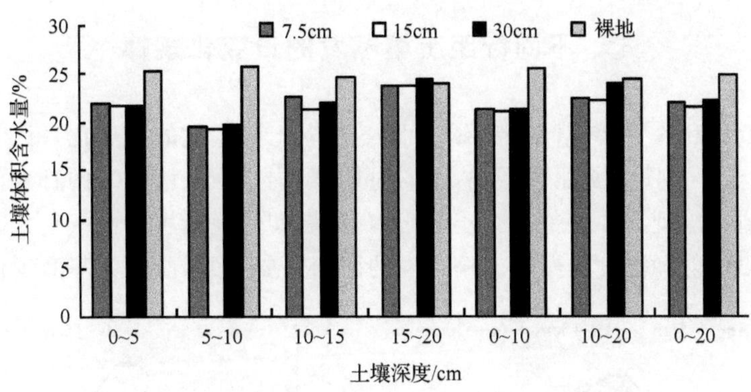

图 7.5 不同行距土壤表层平均土壤体积含水量的比较

六、行距大小对冬小麦冠层覆盖度的影响

于拔节期的 4 月 28 日用冠层分析仪测不同行距冬小麦的冠层覆盖度，7.5cm、15.0cm、30.0cm 行距的冠层覆盖度分别为 0.88、0.77、0.71，随着行距的增大，冠层覆盖度减小，说明窄行距有利于提高作物的冠层覆盖度，因此能减少土壤蒸发。7.5cm、15.0cm、30.0cm 行距 4 月 28 日的土壤蒸发分别为 0.28mm、0.52mm、0.53mm，随着行距的增加而增加。土壤蒸发与冠层覆盖度的关系如图 7.6 所示，土壤蒸发与冠层覆盖度是一种线性关系，二者的相关系数 $r^2=0.91$，说明二者的相关关系十分密切。因此可以设想，设法提高作物的冠层覆盖度，即可达到抑制土壤蒸发的目的。窄行距、农林复合生态系统都有提高作物冠层覆盖度、抑制土壤蒸发的功能，应该大力宣传并推广应用。另外，种植覆盖植物也可提高作物冠层覆盖度和抑制土壤蒸发。在冬春大风季节，有植物覆盖的土壤不仅受到很好的保护，避免了风蚀的危害，而且由于增加了农田的作物冠层覆盖度，从而减少了土壤蒸发。

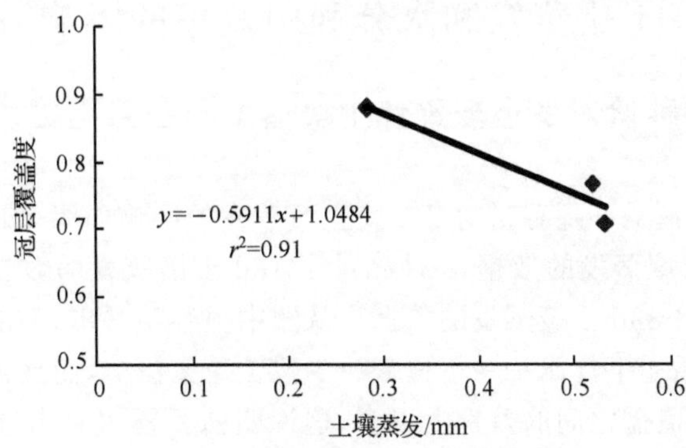

图 7.6 冠层覆盖度与土壤蒸发的关系

七、不同行距土壤蒸发的日变化规律

于 4 月 20 日和 5 月 20 日测定不同行距冬小麦土壤蒸发的日变化,每 2h 测一次。以上两日均为晴天。由图 7.7 可以看出,不同时期、不同行距土壤蒸发的日变化趋势是一致的,它们的峰值都出现在中午的两个小时之内,早晨和傍晚最小。中午的太阳辐射和温度都最高,而太阳辐射和温度是影响土壤蒸发的两个重要因素,所以中午蒸发量大。

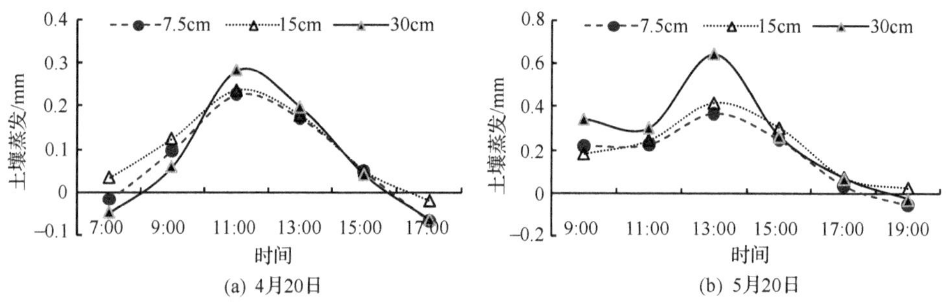

图 7.7　不同行距土壤蒸发日变化

试验结果表明,各行距土壤蒸发日变化的大小基本上遵循 30.0 cm 行距大于15.0 cm 行距小于 7.5cm 行距的规律,说明在一天之内,也可以看出窄行距抑制土壤蒸发的作用。4 月 20 日早晨,30.0 cm 行距蒸发反而小于两个窄行距,可能是因为窄行距较密的植物叶片阻挡了更多的露水。在 4 月 20 日和 5 月 20 日,30.0 cm 行距的土壤蒸发峰值远远高于 15.0 cm 和 7.5 cm,说明太宽的行距由于裸露的土壤面积大,接受的太阳直接辐射太多,造成土壤蒸发强烈,土壤失水严重,所以在干旱、半干旱地区不宜采用宽行距的种植方式。

第三节　秸秆覆盖和播种量对冬小麦土壤蒸发和水分利用效率的影响

一、覆盖量和播种量对冬小麦累计土壤蒸发和各月土壤蒸发的综合影响

在 4～6 月,秸秆覆盖和播种量对冬小麦土壤蒸发的影响如图 7.8 和图 7.9 所示。其中,4 月测量了 10d 土壤蒸发的数据,5 月测量了 18d 土壤蒸发的数据,6 月测量了 5d 土壤蒸发的数据,累计共 33d 土壤蒸发的数据。从图中很容易看出,无论是正常播量还是多播量,土壤蒸发都遵循如下规律——不覆盖>少覆盖>多覆盖,而且不覆盖和少覆盖之间的差别比少覆盖和多覆盖之间的差别大得多,这说明秸秆覆盖对土壤蒸发有明显的抑制作用,多覆盖比少覆盖更能抑制土壤蒸发。在同等秸秆覆盖量的情况下,多播量处理比正常播量处理的土壤蒸发小,说明多播量有利于抑制土壤蒸发。多播量各覆盖处理之间土壤蒸发的差别比正常播量各覆盖处理之间土壤蒸发的差别小,原因是多播量处理的作物密度大于正常播量处理,多播量处理冬小麦的冠层覆盖度和叶面积均大于正常播量处理,

多播量在一定程度上起到了与秸秆覆盖相似的抑制土壤蒸发的效果。多播量对土壤蒸发的抑制作用在无秸秆覆盖时体现得最为明显，如图 7.9 所示，在 4～6 月的柱形图里，“常播＋不盖”处理的土壤蒸发比“多播＋不盖”处理的土壤蒸发大得多。在各个月份里面，4 月和 6 月的日均土壤蒸发值较大，5 月的日均土壤蒸发值较小，原因主要是 5 月的叶面积大于 4 月和 6 月。试验结果表明，同时采用多播量和多覆盖的措施，可以收到抑制土壤蒸发的最佳效果。如图 7.8 所示，各处理土壤蒸发的大小顺序为“常播＋不盖”>“多播＋不盖”>“常播＋少盖”>“常播＋多盖”>“多播＋少盖”>“多播＋多盖”。各处理中土壤蒸发值最大的是“常播＋不盖”，最小的是“多播＋多盖”，前者比后者大一倍还多。“常播＋多盖”和“多播＋少盖”蒸发值十分相近，“常播＋少盖”和“多播＋不盖”的蒸发值相近，说明多播量和覆盖有相似的抑蒸效果。

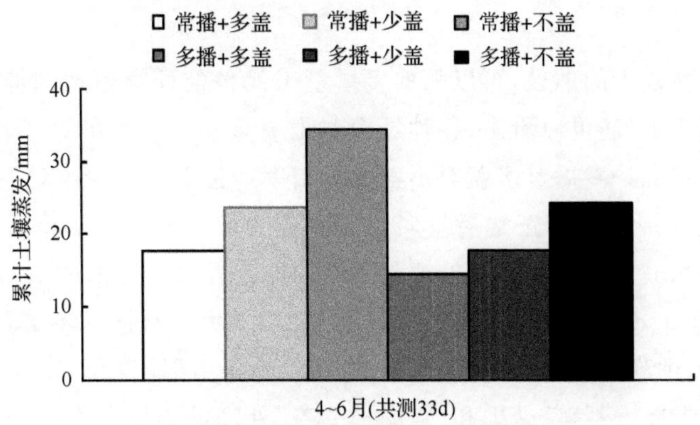

图 7.8　秸秆覆盖和播种量对累计土壤蒸发的影响

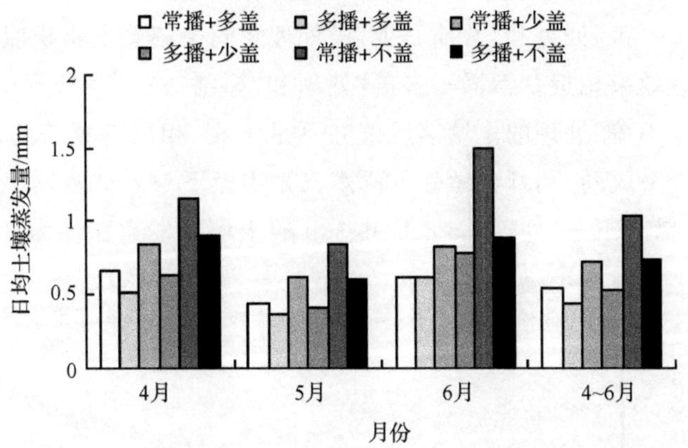

图 7.9　覆盖和播量对各月份日均土壤蒸发量的影响

由图 7.10 可知，4～6 月正常播量各覆盖处理对土壤蒸发的抑制率大于多播量各覆盖处理对土壤蒸发的抑制率，说明在正常播种量的情况下，更应该采取秸秆覆盖的措施来抑制土壤蒸发。多播量各覆盖处理对土壤蒸发的抑制率稍低的原因是多播量的密度和叶面积大，多播量本身对土壤蒸发有抑制作用，所以秸秆覆盖的一部分抑蒸功能被多播量所

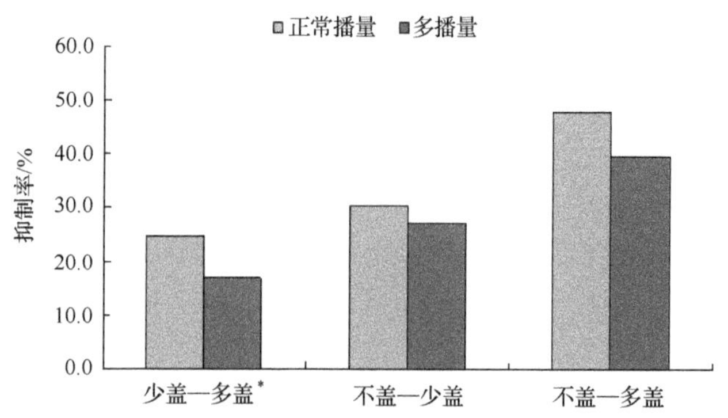

图 7.10　4～6 月正常播量和多播量各处理对土壤蒸发抑制率的比较

＊少盖与多盖相比较

代替。在玉米秸秆较少的地区,可以采取多播量来代替秸秆覆盖达到抑制土壤蒸发和节水的目的。由图 7.10 还可以看出,各种处理对土壤蒸发抑制率的大小顺序为:正常播量多盖对不盖的抑制率＞多播量多盖对不盖的抑制率＞正常播量少盖对不盖的抑制率＞多播量少盖对不盖的抑制率＞正常播量多盖对少盖的抑制率＞多播量多盖对少盖的抑制率。多播量少盖和多盖对土壤蒸发的抑制率之间的差异最小。由试验测出的覆盖和播量各处理 4～6 月共 33d 的土壤蒸发累积值如图 7.11 所示:“常播＋不盖”处理的土壤蒸发累积值最高,且远远高于处于第二、第三位的“多播＋不盖”处理和“常播＋少盖”处理的土壤蒸发累积值;“多播＋不盖”处理和“常播＋少盖”处理的土壤蒸发累积值远远高于处于第四、五位的“常播＋多盖”处理和“多播＋少盖”处理的土壤蒸发累积值;“常播＋多盖”处理和“多播＋少盖”处理的土壤蒸发累积值又远远高于土壤蒸发累积值最低的“多播＋多盖”处理。“多播＋不盖”处理和“常播＋少盖”处理之间土壤蒸发累积值的差异很小,说明这两种措施的抑蒸效果相近;“常播＋多盖”处理和“多播＋少盖”处理也是如此。在测量的前几天,“常播＋不盖”处理的土壤蒸发值并不是最高,相反有覆盖的却比较高,原因是下过两场小雨后天又放晴,秸秆截留住的雨水没来得及下渗就被蒸发掉,所以测出的土壤蒸发值偏大。“常播＋不盖”处理 4～6 月共 33d 的土壤蒸发累积值为 34.3 mm,“多播＋

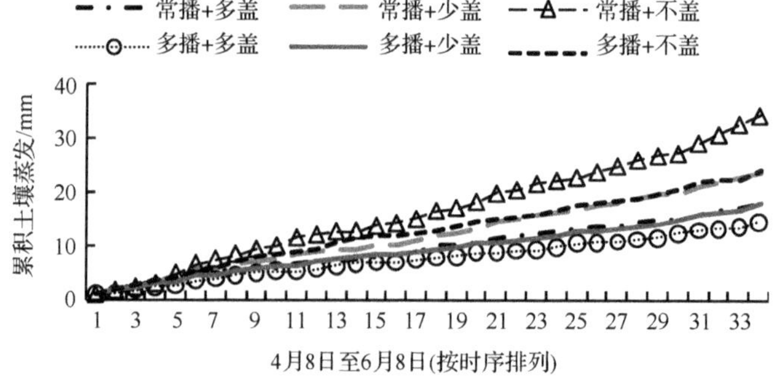

图 7.11　覆盖和播量各处理累积土壤蒸发的比较

多盖”处理 33d 的土壤蒸发累积值为 14.5 mm，前者是后者的 2.357 倍，即“多播＋多盖”处理比“常播＋不盖”处理少蒸发一倍以上。二者相差 19.7 mm，“多播＋多盖”处理对“常播＋不盖”处理的抑制率高达 57.58%。这说明“多播＋多盖”处理措施对土壤蒸发的抑制效果很理想。按华北平原作物总播种面积 1313.6 万 hm^2 计算，“多播＋多盖”这一措施在 33d 内比正常情况（“常播＋不盖”）少蒸发 2.59 亿 m^3，相当于黄河多年平均径流总量的 0.45%。

二、覆盖量和播种量对土壤蒸发日变化的综合影响

在冬小麦三个生育期（拔节期、灌浆期和成熟期）各选择一个晴天，利用 MLS 进行覆盖量和播种量土壤蒸发日变化的测定。其中，4 月 21 日没有雾，早晨有少量露水，5 月 11 日上午有大雾，5 月 30 日早晨有大量露水。测定从 8:00 开始到 18:00 结束，每 2h 观测一次。由图 7.12 和图 7.13 可知：土壤蒸发的日变化趋势为：各时期的峰值基本上都出现在 12:00～14:00，此时也正是一天当中气温最高、太阳辐射最强的时间段，说明在一天当中，土壤蒸发主要受气温和太阳辐射的影响，中午的蒸发最强烈。4 月 21 日，土壤蒸发值的大小顺序为：不盖＞少盖＞多盖。常播各处理的土壤蒸发值都是从中午向早晨和傍晚递减；多播各处理的土壤蒸发峰值比常播各处理提前两小时，出现在 10:00～12:00，土壤蒸发值从 11:00 向两侧递减。出现这种差异的原因主要是：早晨，多播各处理比少播量各处理凝结了更多的露水，即增加了土壤表面的含水量，这些露水基本上于11:00之前即蒸发完毕，使 10:00～12:00 的土壤蒸发值最高。从不同时期各处理土壤蒸发的日变化图中可以看出，常播不盖处理的土壤蒸发量大小顺序为：4 月 21 日最大，5 月 30 日次之，5 月 11 日最小。原因是冬小麦拔节期叶面积小于灌浆期，加上 4 月 16 日刚浇了 80 mm 的拔节水，土壤含水量较高。成熟期的叶面积也小于灌浆期，故 5 月 30 日的蒸发量也大于 5 月 11 日的蒸发量。

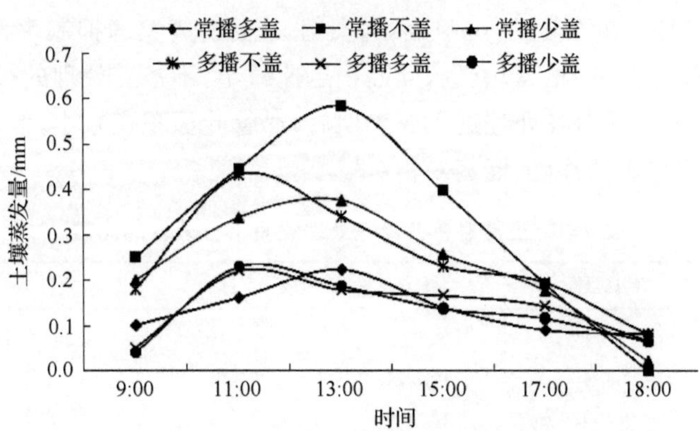

图 7.12　不同覆盖和播量 4 月 21 日土壤蒸发日变化

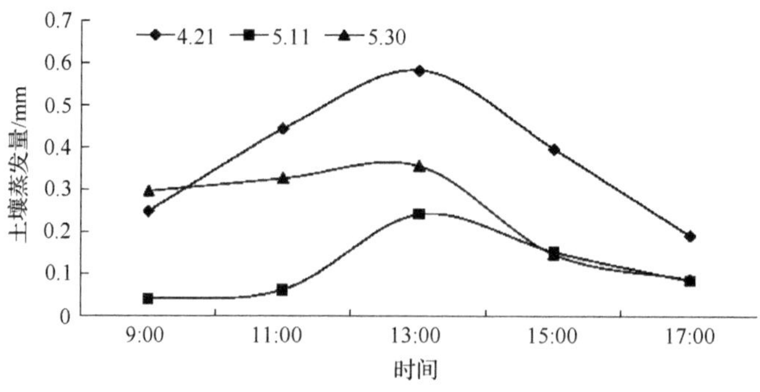

图 7.13　不同时期常播不盖土壤蒸发的日变化

三、正常播量各覆盖处理对土壤蒸发的影响

由表 7.5 可知:10、11、4、5、6 月正常播量各覆盖处理的土壤蒸发量均小于无覆盖的对照处理,而且各处理土壤蒸发都遵循如下规律:不覆盖>少覆盖>多覆盖,覆盖有明显的保墒抑蒸作用。其中,10、11、4、5、6 月的多覆盖处理比少覆盖处理平均每天少蒸发 0.162mm、0.082mm、0.183mm、0.171mm、0.200mm,抑制率分别为 29.5%、19.8%、21.5%、27.5%、24.3%。各月少覆盖处理比不覆盖处理平均每天少蒸发 0.035mm、0.077mm、0.306mm、0.226mm、0.665mm,抑制率分别为 6%、15.6%、26.5%、26.7%、44.7%。各月多覆盖处理比不覆盖处理平均每天少蒸发 0.197mm、0.159mm、0.489mm、0.397mm、0.866mm,抑制率分别为 33.7%、32.4%、42.3%、46.8%、58.1%。不难看出,各月对土壤蒸发的抑制率均以多覆盖处理为最高,说明多覆盖的抑蒸效果最好。试验结果表明,正常播量秸秆覆盖各处理的蒸发抑制率为 6%~58.1%,抑制率最高的出现在 6 月,是多覆盖对不覆盖土壤蒸发的抑制率,为 58.1%。抑制率最低的出现在 10 月,是少覆盖对不覆盖土壤蒸发的抑制率,为 6%。但在 10 月多覆盖对不覆盖土壤蒸发的抑制率仍然很高,为 33.7%。在 6 月的 5d 里面,各处理对土壤蒸发的抑制率都很高,是因为冬小麦成熟期植株叶片变黄、枯萎、衰退,叶面积迅速减小,不覆盖处理的行间地表裸露面积大,所以土壤蒸发大。覆盖各处理进入成熟期后,尽管叶面积也减小,但由于有秸秆覆盖,行间地表并未裸露在外,所以土壤蒸发相对较小。

表 7.5　正常播量各覆盖处理逐月土壤蒸发的比较

处理	10 月	11 月	4 月	5 月	6 月
多盖/mm	2.712	8.635	6.654	8.114	3.121
少盖/mm	3.846	10.771	8.480	11.193	4.122
不盖/mm	4.092	12.766	11.542	15.262	7.449
少盖—多盖/mm	1.134	2.136	1.825	3.080	1.001
少盖—多盖/(mm/d)	0.162	0.082	0.183	0.171	0.200
抑制率/%	29.5	19.8	21.5	27.5	24.3

续表

处理	10月	11月	4月	5月	6月
不盖—少盖/mm	0.246	1.995	3.062	4.069	3.327
不盖—少盖/(mm/d)	0.035	0.077	0.306	0.226	0.665
抑制率/%	6	15.6	26.5	26.7	44.7
不盖—多盖/mm	1.380	4.132	4.888	7.149	4.328
不盖—多盖/(mm/d)	0.197	0.159	0.489	0.397	0.866
抑制率/%	33.7	32.4	42.3	46.8	58.1

正常播量各处理4月和6月日均土壤蒸发量的比较如图7.14所示:不覆盖处理4月和6月日均土壤蒸发量分别为1.154mm、1.490mm,前者仅相当于后者的77.47%,二者之间的差别较大,原因是4月的冬小麦逐渐实现行间封垄,叶面积大,所以日均土壤蒸发小;6月叶片枯萎,叶面积很小,行间土壤裸露出来,接受更多的太阳辐射,所以日均土壤蒸发大。而其他两种覆盖处理4月和6月日均土壤蒸发量的差别很小,原因是6月叶面积减小后,秸秆覆盖的存在使得行间土壤不至于裸露在外,所以日均土壤蒸发并不大,和4月比较接近。两种覆盖处理6月的日均土壤蒸发量均略微小于4月,原因有二:一是因为4月16日浇了80 mm的拔节水,加上4月的降雨也比正常年份多,土壤含水量大,所以土壤蒸发也大;二是因为4月的风速比较大,导致土壤蒸发也较大。从图7.14还可以看出,不覆盖处理4月的日均土壤蒸发量大于两种覆盖处理6月的日均土壤蒸发量,这说明秸秆覆盖不仅起到了与叶面积和冠层覆盖度较大时(如4月)对土壤蒸发的抑制效果,而且抑制效果更好。

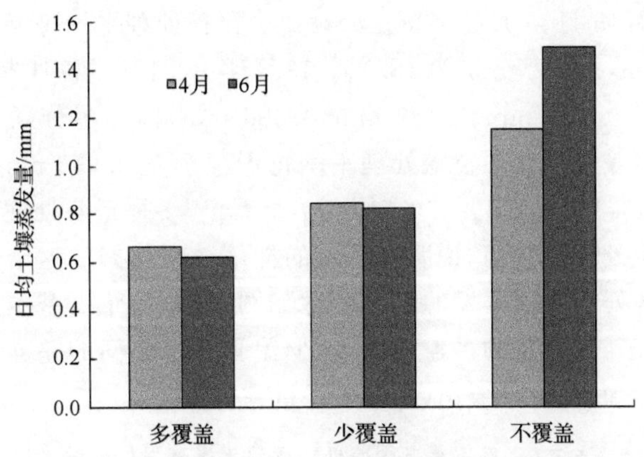

图7.14 正常播量各处理4月和6月日均土壤蒸发量的比较

正常播量各覆盖处理逐日和累积土壤蒸发的变化如图7.15所示:逐日土壤蒸发的大小顺序为不盖>少盖>多盖,而且不盖比少盖明显高出很多。两种覆盖处理和不覆盖处理的土壤蒸发的变化趋势基本一致,只是变化的幅度存在差异,这说明它们的操作技术基本不存在问题。土壤蒸发在4月比较旺盛,在后期只有某几日蒸发比较旺盛。4月土壤蒸发旺盛的原因是:4月气温和地温都已大幅度上升,太阳辐射也开始强烈起来,而叶面

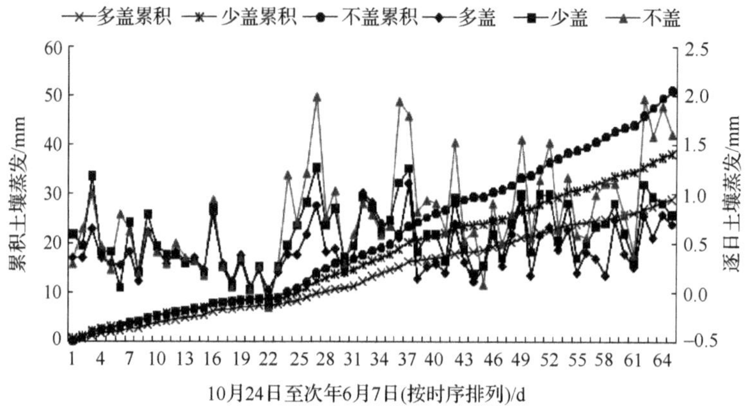

图 7.15　正常播量各处理逐日土壤蒸发和累积土壤蒸发

积和冠层覆盖度还比较小,所以土壤蒸发值较大。图中有一次出现负值的情况,这是因为空气湿度较大,土壤表面有凝结水造成的。多盖、少盖和不盖从 10 月 24 日至次年 6 月 7 日共 65d 的累积土壤蒸发量分别为 29.2 mm、38.4 mm 和 51.1 mm,多盖和少盖的累积土壤蒸发量分别为不盖的 57.2%和 75.2%,覆盖抑制土壤蒸发的效果非常显著。

四、多播量各覆盖处理对土壤蒸发的影响

由表 7.6 可知:4、5、6 月多播量各覆盖处理的土壤蒸发量均小于无覆盖的对照处理,而且各处理土壤蒸发都遵循如下规律:不覆盖>少覆盖>多覆盖,说明覆盖有明显的保墒抑蒸作用。其中,4 月、5 月、6 月的多覆盖处理比少覆盖处理平均每天少蒸发 0.114 mm、0.056 mm、0.175 mm,抑制率分别为 18.1%、13.4%、22.1%。各月少覆盖处理比不覆盖处理平均每天少蒸发 0.278 mm、0.189 mm、0.096 mm,抑制率分别为 30.5%、31.1%、10.9%。各月份多覆盖处理比不覆盖处理平均每天少蒸发 0.392 mm、0.245 mm、0.271 mm,抑制率分别为 43.1%、40.3%、30.5%。不难看出,多播量各处理各月份对土壤蒸发的抑制率均以多覆盖处理为最高,说明多覆盖的抑蒸效果最好。这个规律和正常播量各处理相似。多播量各处理土壤蒸发的逐日变化如图 7.16 所示。基本的变化趋势和正常播量一致,区别只在于:多播量的多盖和少盖、少盖和不盖之间的差异比正常播量的多盖和少盖、少盖和不盖之间的差异要小,这是多播量在起作用。

表 7.6　多播量各覆盖处理逐月土壤蒸发的比较

处理	4 月	5 月	6 月
多盖/mm	5.166	6.540	3.083
少盖/mm	6.310	7.550	3.957
不盖/mm	9.085	10.958	4.439

续表

处理	4月	5月	6月
少盖－多盖/mm	1.144	1.010	0.874
少盖－多盖/(mm/d)	0.114	0.056	0.175
抑制率/%	18.1	13.4	22.1
不盖－少盖/mm	2.775	3.408	0.482
不盖－少盖/(mm/d)	0.278	0.189	0.096
抑制率/%	30.5	31.1	10.9
不盖－多盖/mm	3.919	4.418	1.356
不盖－多盖/(mm/d)	0.392	0.245	0.271
抑制率/%	43.1	40.3	30.5

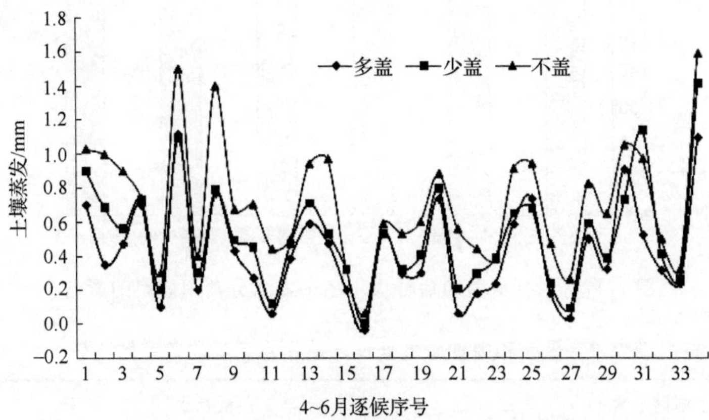

图 7.16　多播量各处理土壤蒸发的逐日变化

五、覆盖量和播种量对冬小麦蒸散耗水量、产量和水分利用效率的影响

如表 7.7 所示，覆盖和播量各处理蒸散耗水量 ET 的大小顺序为多播不盖＞常播不盖＞多播少盖＞多播多盖＞常播少盖＞常播多盖；基本趋势为多播量＞正常播量，不覆盖＞少覆盖＞多覆盖。多播量处理的作物密度大于正常播量处理，其蒸腾耗水量大于正常播量处理，使多播量处理的蒸散耗水量大于正常播量处理。蒸散量最大的多播不盖处理比蒸散量最小的常播多盖处理多耗水 44.17mm，费水 9%；多播少盖比常播不盖少耗水 10.28 mm，省水 1.9%。若仅从节水的角度考虑，应选择常播和多盖。各处理产量的大小顺序为多播不盖＞多播少盖＞多播多盖＞常播少盖＞常播不盖＞常播多盖；基本趋势为多播量＞正常播量，不/少盖＞多盖。多播量各处理产量高的原因是：多播量由于出苗较多，不容易出现因缺苗导致减产的现象，避免了玉米秸秆覆盖麦田后春季麦苗稀疏的问题。多盖产量低的原因是：玉米秸秆覆盖量过大，严重阻碍初春地温的回升，导致缺苗现象，使小麦长势不旺，推迟返青期，阻碍冬小麦的正常生长，造成减产。产量最高的多播不

盖处理比产量最低的常播多盖处理增产 1203.94 kg/hm^2,增产幅度为 34.5%;产量第二位的多播少盖处理比产量倒数第二位的常播不盖处理增产 791.90 kg/hm^2,增产幅度为 20.6%。

各处理水分利用效率的比较如图 7.17 和表 7.7 所示:按大小顺序排列为:多播少盖>多播不盖>多播多盖>常播少盖>常播不盖>常播多盖。这和各处理产量的顺序基本一致,只有多播少盖和多播不盖顺序互换了。多播不盖的产量高于多播少盖,水分利用效率却小于多播少盖,原因是多播不盖的蒸散耗水量比多播少盖高出很多。从提高水分利用效率的角度考虑,不提倡多盖,应提倡少盖和多播。

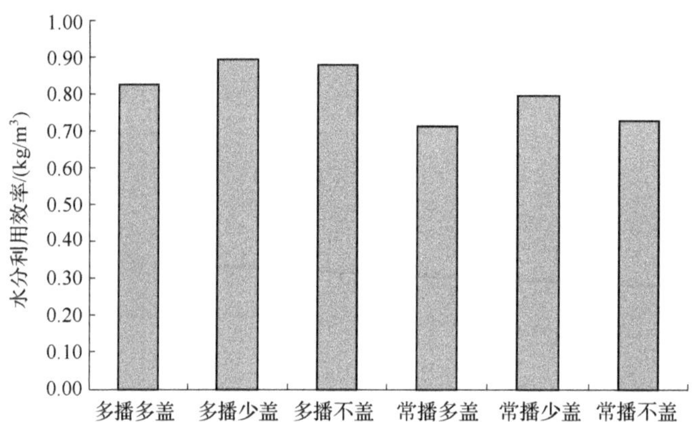

图 7.17 秸秆覆盖和播种量对冬小麦水分利用效率的影响

表 7.7 覆盖和播种量各处理产量和水分利用效率的比较

处理	土壤储水量的减少量/mm	降水量/mm	灌溉/mm	蒸散耗水量/mm	产量/(kg/hm^2)	水分利用效率/(kg/m^3)
多播多盖	126.62	171.40	210	508.02	4188.89	0.82
多播少盖	136.73	171.40	210	518.13	4628.01	0.89
多播不盖	151.82	171.40	210	533.22	4692.83	0.88
常播多盖	107.65	171.40	210	489.05	3488.89	0.71
常播少盖	115.90	171.40	210	497.30	3966.86	0.80
常播不盖	147.01	171.40	210	528.41	3836.11	0.73

多播少盖处理的水分利用效率最高,比水分利用效率最低的常播多盖处理高 0.18 kg/m^3,水分利用效率提高 25.4%;比常播不盖处理高 0.16 kg/m^3,水分利用效率提高 22.9%。按我国现状 4000 亿 m^3 农业用水计算,多播少盖可比常播不盖节水 916 亿 m^3,是黄河多年平均径流总量的 1.59 倍,节水效果十分显著。如果其中的 2/3 用来生产粮食,按 0.89 kg/m^3 计,可增产粮食 0.543 5 亿 t。

试验结果表明,"多播量+玉米秸秆少覆盖"处理的产量和水分利用效率都很高。多播少盖的亩产量比常播少盖的亩产量高出 44.08 kg/亩,减去播种时多播的 5 kg/亩,净增产 39.08 kg/亩。小麦价格按 0.325 元/kg 计算,多播少盖比常播少盖多收入 12.7 元/

亩。多播少盖比常播不盖的亩产量高出 52.78 kg/亩，去掉播种时多播的 5 kg/亩，还能净增产 47.78 kg/亩，折合人民币 15.5 元/亩。另外，多播少盖比常播不盖节水 6.86 m^3/亩。目前，农民实际上缴水价平均为 0.05 元/m^3，多播少盖比常播不盖节省 0.34 元/亩。增产和节水两项合计，多播少盖比常播不盖多收入 15.84 元/亩。若采用多播少盖这一措施，按每户 8 亩农田计算，每户可纯增收益 126.7 元。农民得到实惠，乐于接受这一措施，有利于秸秆覆盖这一节水措施的大面积推广。因此，“多播量＋少覆盖”这一措施具有重要的现实意义。

目前，华北平原地区的玉米秸秆过剩，大都没有被利用；在太行山前平原，当地农民多采用焚烧的办法处理大量闲置的玉米秸秆，不仅浪费了丰富的秸秆资源，还造成严重的空气污染，对环境非常不利。若采取少量秸秆覆盖措施，把闲置的秸秆资源合理利用起来，不仅有利于节水增产、提高土壤肥力、减少土壤风蚀和水蚀，还有利于保护生态环境。所以，在计算多播少盖处理的经济收益时，我们未计入秸秆成本。

现阶段华北平原绝大部分地区的冬小麦田都采用常播不盖的种植方式，若都改成多播少盖的种植方式，按华北平原作物总播种面积 1313.6 万 hm^2 计算，可增产 31.2 亿元，经济效益可观。由此可见，采取多播少盖的措施，既保留了覆盖减少土壤蒸发的优点，又克服了单纯的覆盖有时会造成减产这一缺点，从而达到了在节水的同时增产的目的，实现了生态效益和经济效益的双丰收，有利于在华北平原实现农业可持续发展的目标。

农田用秸秆覆盖后，由于覆盖层对太阳直接辐射和地面有效辐射的拦截、吸收作用，所以秸秆覆盖对土壤温度的影响很大。在秸秆覆盖条件下，在冬季土壤日平均温度一般比对照偏高，有保温作用；而在夏季比对照偏低，有降温作用(孙宏勇，2003)。

考虑到覆盖对温度的影响，于 2002～2003 年冬小麦生长季对覆盖处理的土壤温度进行了自动监测，监测为每小时测定一次。由于试验仪器较少，试验只对正常播量多覆盖、少覆盖和对照的 5cm、10 cm 的地温和多覆盖地表的温度进行同时测定。

在 11 月 22 日图 7.18，对照和多覆盖、少覆盖两处理的 5cm、10 cm 地温的变化趋势是相同的：从午夜 0：00 到上午 8：00 稍有下降，从 8：00～15：00 迅速上升，15：00 左右达到最高值，而后又下降。对照处理的地温从 0：00～10：00 都是小于其他两个处理，而多覆盖处理的温度变化幅度最小。覆盖处理对地温的变化有延缓作用，既能降低高温，又能增加低温，同时覆盖量越大效果越明显。一天当中覆盖处理的最高值和最低值均比对照推迟1～2h。越冬期覆盖具有增温效应，地温最高的是覆盖处理。5 cm 地温的变化，对照远远小于两种覆盖处理，少盖和多盖差别不大。一天当中，三种处理的最高温是少覆盖处理，出现在 17：00 左右，但平均温度还是多覆盖处理最大。在返青期的 3 月 3 日图 7.19，由于覆盖在返青期的降温作用，覆盖处理的地温明显低于对照。在 12：00 之前，多盖 5 cm 的地温高于对照，但 12：00 之后，多盖 5 cm 的地温远远低于对照，一天的平均地温也明显低于对照。同样，少盖的地温也低于对照。

研究结果表明，在越冬期前期和返青期秸秆覆盖对土壤温度的影响明显。返青期地温下降对冬小麦的正常生长非常不利，所以，在实施秸秆覆盖时，应尽量避免或减弱秸秆覆盖在冬小麦返青期的降温效应，秸秆覆盖量不应过大。

不同处理土壤表层积温的比较如图 7.18 所示。不同处理土壤总积温的大小顺序为:5 cm 土壤积温,对照>少盖>多盖。覆盖对 5 cm 土壤积温有明显的降温作用,多盖、少盖、对照的 5 cm 土壤总积温分别为 1 802.5℃、1 816.6℃、1 882.4℃,多盖、少盖分别比对照低 79.9℃、65.8℃。多盖土壤积温最低,这对冬小麦的正常生长不利,也不利于提高产量,所以,在太行山前平原不宜提倡多覆盖,但可大力发展少覆盖,以达到节水和增产的双重目的。

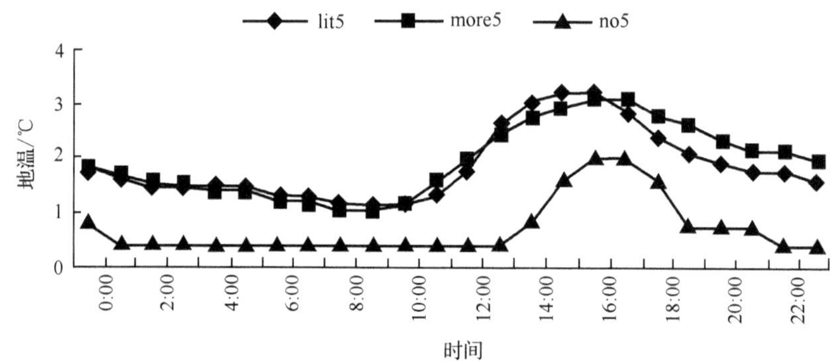

图 7.18 不同处理 11 月 22 日 5cm 地温的日变化

lit 代表少覆盖的处理;more 代表多覆盖的处理;no 代表无覆盖的对照处理

不同处理 5 cm 深度地温的逐日变化如图 7.19 至图 7.21 所示。地温从 10 月开始降低,到 11 月月底降至最低点,从 3 月开始又逐渐升高。大部分日期各处理地温大小的顺序为对照>少盖>多盖,尤以 3、4、6 月最为明显。

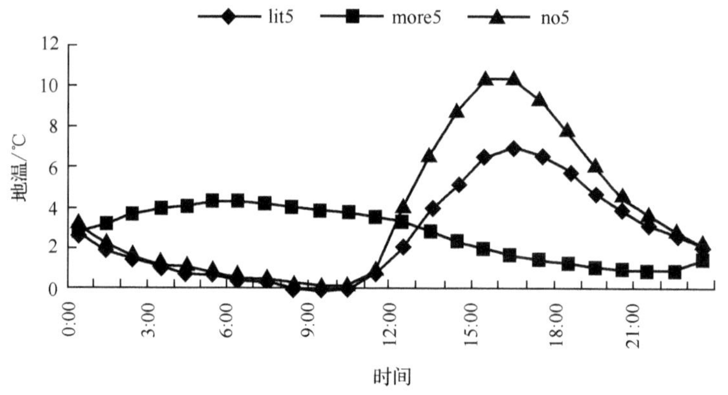

图 7.19 不同处理 3 月 3 日 5cm 地温日变化

lit 代表少覆盖的处理;more 代表多覆盖的处理;

no 代表无覆盖的对照处理;处理后的数字代表土壤的深度(cm)

在冬小麦的拔节、灌浆、成熟三个主要生育期内,用 TDR 法和取土烘干法对覆盖和播量各处理的表层土壤含水量进行了测定,每 1~7d 测一次。由图 7.22 可知,从拔节期到成熟期,各处理 0~10 cm 土壤表层含水量从拔节期到成熟期逐渐递减,主要是因为在这三个生育期内,土壤蒸发和植物蒸腾耗去了一部分土壤水分,使土壤含水量降低。在拔

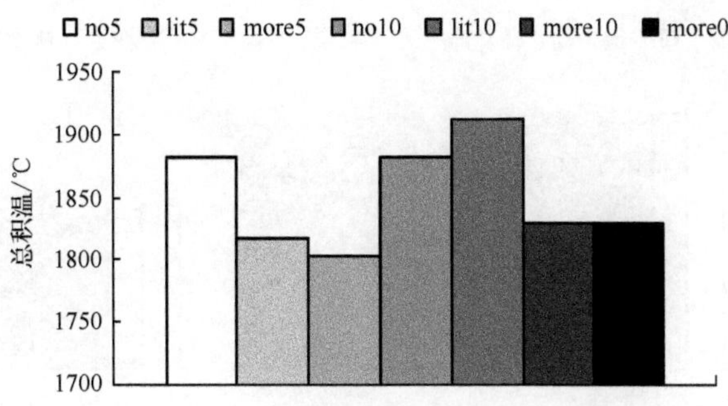

图 7.20　秸秆覆盖对土壤积温的影响

lit 代表少覆盖的处理；more 代表多覆盖的处理；
no 代表无覆盖的对照；处理后的数字代表土壤的深度(cm)

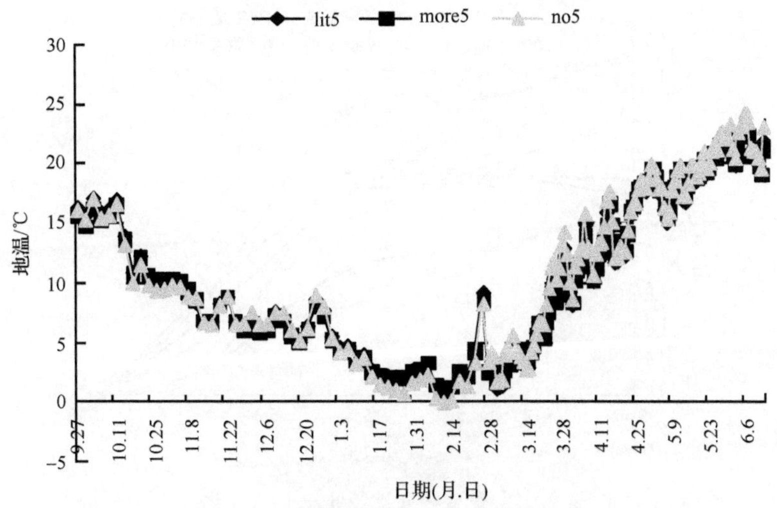

图 7.21　不同处理 5 cm 深度地温的逐日变化

lit 代表少覆盖的处理；more 代表多覆盖的处理；
no 代表无覆盖的对照；处理后的数字代表土壤的深度(cm)

节期内，各处理表层土壤含水量的大小顺序为常播多盖＞多播多盖＞多播少盖＞常播少盖＞多播不盖＞常播不盖，基本上遵循多盖＞少盖＞不盖和多播＞常播的规律，说明在拔节期，覆盖和多播量有很好的抑蒸保墒作用，覆盖量越大，保墒效果越好。在灌浆期和成熟期，多播各处理的表层土壤含水量均小于对应的少播各处理，原因是在拔节期后期和灌浆期，农田蒸散以植物蒸腾为主，多播各处理由于密度大，其植株蒸腾比常播各处理旺盛，消耗掉更多的土壤水分，致使多播各处理的表层土壤含水量较低。在成熟期内，各播量的表层土壤含水量均遵循多盖＞少盖＞不盖的规律，说明覆盖有很好的抑蒸保墒作用，覆盖量越大，保墒效果越好。

覆盖和播量对冬小麦叶面积指数 LAI 的影响如图 7.23 所示。5 月 6 日～6 月 9 日，各处理 LAI 呈下降趋势；5 月 24 日以后的十几天内，LAI 急剧下降，说明 LAI 从冬小麦开花期就已开始下降，灌浆期后期和成熟期迅速下降，叶片迅速老化、干枯、脱落。在各处

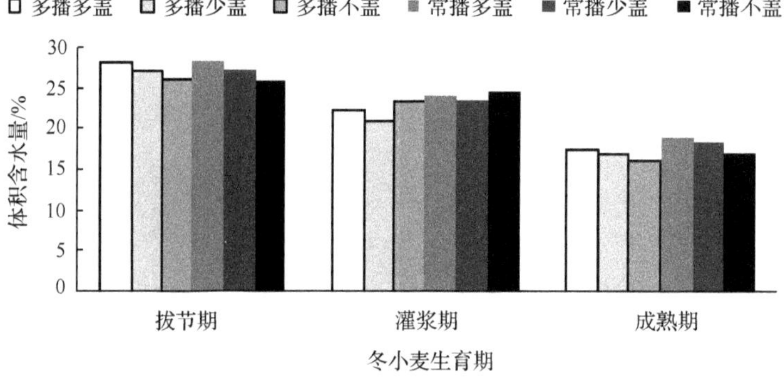

图 7.22 覆盖和播量对 0～10cm 表层土壤含水量的影响

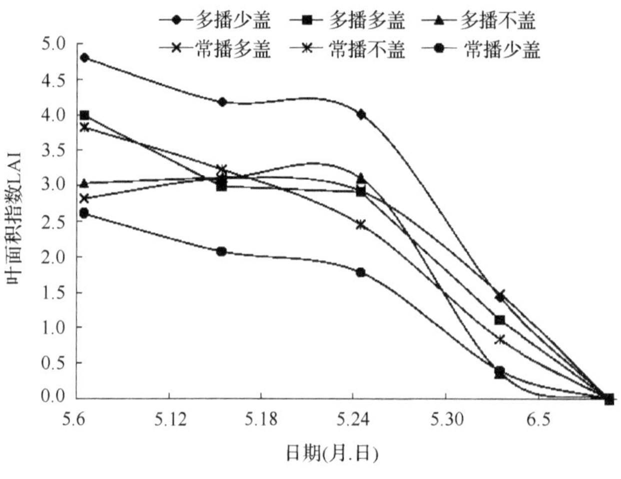

图 7.23 覆盖和播量各处理 LAI 变化

理中,LAI 最大的是多播少盖处理,而且比其他各处理高出很多,说明多播少盖最有利于冬小麦的生长和提高叶面积指数;而叶面积指数越大,越有利于抑制土壤蒸发。以 5 月 24 日为例,多播少盖、常播少盖和常播不盖的 LAI 分别为 4.0、1.8 和 2.5,多播少盖比常播少盖的 LAI 高出一倍以上,比常播不盖的 LAI 高出 60%,说明多播少盖这一措施比当地常用的常播不盖措施更有利于提高 LAI 和减少无效的土壤蒸发,更有利于冬小麦的生长。常播少盖的 LAI 远远小于多播少盖,说明在同样少覆盖量的情况下,多播量有很好的提高 LAI 和促进冬小麦生长的作用,值得提倡。

覆盖量和播种量对冬小麦生物量的影响如图 7.24 所示。4 月 13 日～6 月 7 日,各处理中生物量最大的是多播少盖处理,说明多播少盖处理的冬小麦长势最好,有利于提高冬小麦的生物量,即有利于冬小麦积累更多的干物质量。常播多盖和多播多盖的生物量均小于常播不盖和多播不盖处理,说明多覆盖的冬小麦比不覆盖的冬小麦长势还差,不利于作物干物质的积累,不宜提倡。这可能与多覆盖降低冬小麦的地温有关系。

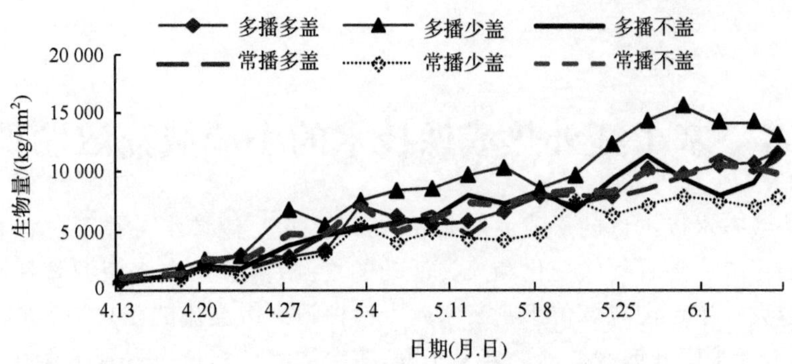

图 7.24　覆盖和播量对冬小麦生物量的影响

参考文献

林耀明，任鸿遵，于静洁，等．2000. 华北平原的水土资源平衡研究．自然资源学报，15(3)：252-258.

刘昌明. 1999. 水量调控. 见：黄秉维，郑度，赵名茶，等. 现代自然地理. 北京：科学出版社：84-85.

黄秉维，郑度，赵名茶，等．1999. 现代自然地理．北京：科学出版社．

孙宏勇．2003. 典型农田土壤蒸发规律及节水调控研究——以河北平原栾城为例．石家庄：中国科学院石家庄农业现代化研究所硕士学位论文．

第八章　基于红外热成像技术的小流域蒸散发观测①

蒸散发是液态水以水汽的形式返回大气的过程，它是流域水分循环过程和能量平衡中十分重要的环节。随着气候变化和人类活动的增强，蒸散发在水资源管理和利用方面的作用越来越大。东台沟流域位于密云水库上游白河一级支流的庄户沟流域内，自 20 世纪 80 年代对密云水库开展水源涵养恢复工程，东台沟流域植被也得到了很好的保护和恢复。然而近些年来，随着植被的恢复，该地区的地表径流量却逐渐减少直至完全消失，最近多年来流域内未见产流。虽然植被恢复后蒸散发量的增加被假定为径流消失的主要原因，但是由于缺乏观测数据的支持，这个假定一直没有被证实。

由于流域蒸散发受大气和下垫面许多因素的制约，蒸散发量是水分循环中最难测算的一部分。到目前为止，虽然已经有多种方法可以用来估算蒸散发量，但是对下垫面复杂的小流域尺度上蒸散发观测，仍然缺乏精度较高的方法。本研究尝试利用热成像技术对小流域的蒸散发量进行观测，并用 Penman-Monteith 方法对结果进行验证。

第一节　研 究 方 法

一、研究区概况

东台沟实验基地位于密云水库上游白河一级支流的庄户沟流域内，行政区划属于北京市怀柔区汤河口镇，距离北京市区 110km。地理坐标 40°45′3″N～40°45′12″N、116°37′12″E～116°37′30″E(图 8.1)。沟向为南北向，流域面积为 0.64km^2，海拔为 300～520m，平均坡度为 30°，部分坡度为 60°～75°。东台沟流域和所布设的坡面径流场在其所属的燕山山脉北部具有典型性和代表性。东台沟流域的 DEM 如图 8.2 所示。

东台沟流域的基岩以安山岩为主，部分岩体直接裸露于地表。山坡的土壤多为褐土和角砾石，土层浅薄，土壤贫瘠、有机质含量低。流域的北部有少量原状黄土，土壤层相对较厚。根据初步调查，坡地土壤层厚度不足 30cm 的面积约占总面积的 60%，超过 30cm 的约占总面积的 40%。土壤养分不足，氮、磷、钾含量低，有机含量低(王礼先和张志强，2001)。东台沟流域属于半干旱大陆性季风气候区，雨热同季，春冬季干旱少雨雪，夏季炎热多雨，多年平均气温 9～9.5℃，最冷 1 月气温－8～－7.5℃，最热 7 月平均气温 24～25℃，年积温 3900～4050℃。全年无霜期 160 天，年水面蒸发量 1200mm(E601 蒸发皿)，多年平均降水量 511.8mm，年均相对湿度 55%。降水年际年内分配极不平均，多集中在 6 月、7 月、8 月、9 月四个月，占全年降水量的 81.2%，且降水多以暴雨形式出现(王礼先和张志强，2001)。

① 本章作者：曾爽、邱国玉、李瑞利。

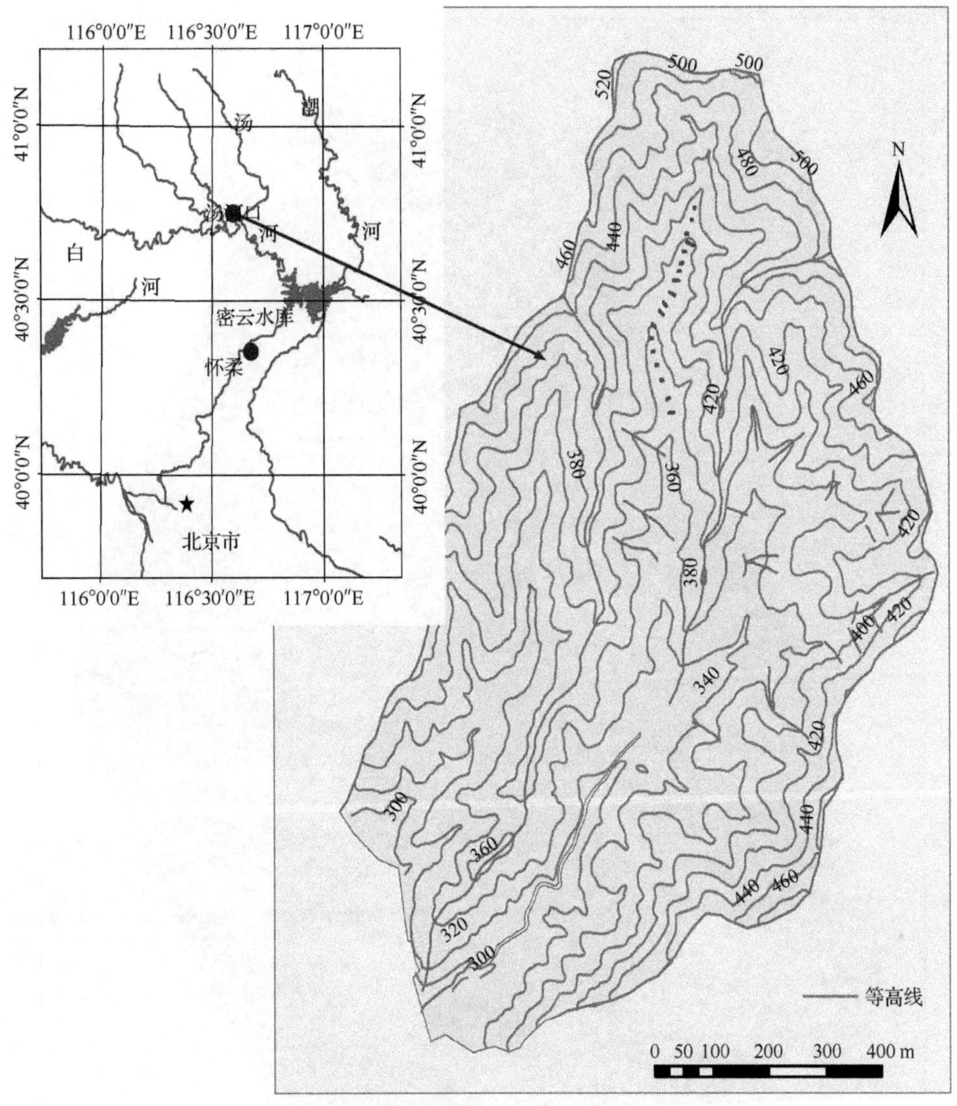

图 8.1　东台沟流域位置图(杨聪,2006)

东台沟流域内的植被在地带上属于北温带阔叶林亚带,包括低山丘陵区阔叶林及破坏后发育的次生灌草丛和人工栽培植被。由于人为干扰严重,加之相对海拔高差小,因而植被的垂直地带性分布规律不明显,植被的分布主要是以土壤条件及因坡向而产生的水热条件的分异为基础的。2005 年夏季进行了一次较为全面的植被调查,统计结果表明,该区有高等植物 44 个科,93 个属,120 个种(刘相超等,2006)。灌草植被以荆条(*Vitex-negundo* var. *heterophylla*)、酸枣(*Ziziphus jujube* var. *spinosa*)、披针叶苔草(*Carex lanceolata*)、黄背草(*Themeda japonica*)、白羊草(*Bothriochloa ischaemum*)为主,平均高度 0.3～0.5m,平均覆盖度约为 50%。落叶阔叶林主要包括人工刺槐林(*Robinia pseudoacacia*)、臭椿林(*Ailanthus altissima*)和沟谷疏林。沟谷疏林树种主要是人工种

图 8.2 东台沟流域的 DEM(杨聪,2006)

植的青杨(*Populus cathayana*)、臭椿、白梨(*Pyrus bretschneideri*)、山楂(*Crataegus pinnatifida*)等经济林种,还有少数侧柏(*Platycladus orientalis* L.)、栾树(*Koelreuteria paniculata*)、元宝槭(*Acer truncatum*)、榆树(*Ulmus pumila*)和桑树(*Morus alba*),群落

很稀疏。

在东台沟流域中，因土壤瘠薄和缺乏灌溉用水，农作物种植面积少，仅沟口相对平坦处有10余亩土地作为耕种之用(种植有西洋参和玉米)。沟道内有少量人工种植的山楂、白梨等经济树种，在阴坡的中部有少量人工油松林。土地利用和人类活动对东台沟的影响主要表现在流域的沟道内水保工程。从80年代初开始，北京市水土保持总站在东台沟流域的西支沟的沟道内修建了23座谷坊坝，在沟口修筑了量水堰(因为近年地表径流偏少，已经废弃多年)，用作水土保持研究。这些谷坊坝经过20余年的作用，拦截了大量洪积物，淤积厚度最大超过了2m(杨聪，2006)。

二、计算模型和实验方法

(一) 计 算 模 型

东台沟流域为丘陵地形，属于燕山山脉北侧，坡面土层浅薄，难以生长大型树木及森林，大部分为灌木丛和少量人工林。植被生长杂乱，无明显特征。近些年来，由于气候干旱，流域下方的河道已多年未产径流。对该地区蒸散量的观测，研究对象是坡面上的土壤和植被。通常对于自然界中蒸散量的观测，最大的难点在于如何将土壤和植被分离，作为两个独立的蒸散系统统计，因为两者的蒸散发原理不同，计算时不能同一论之。本实验中使用三温模型，该方法很好地解决了土壤和植被不同蒸散的问题。模型中土壤和植被将使用不同的计算方法，结合遥感观测，对每个像元中的不同种类加以区分，不同像元应用相应的计算方法，分别得出植被与土壤的蒸散结果。本研究在实验区选择具有代表性的地点(图8.3)，进行长期定点、定时的野外观测，同时对获取的观测数据进行相应处理，将其输入三温模型，计算流域蒸散发。此外，利用Penman-Monteith公式验证三温模型的精度。三温模型与Penman-Monteith公式介绍如下。

1. 三温模型原理介绍

三温模型是邱国玉近年来提出的测算蒸散量和评价环境质量的一种方法，该模型的核心是表面温度、参考表面温度和大气温度，因此被称为“三温模型”(邱国玉等，2006)。蒸散发可以发生在裸露土壤区或植被完全覆盖区，但更多的是植被与土壤的混合区。三温模型首先对露土壤区和植被全覆盖区分别建立了土壤蒸发计算模型和植被蒸腾模型，而对于植被与土壤的混合区，则引入植被覆盖度，根据其值对土壤蒸发和植被蒸腾进行加权，获得总蒸散量。

1) 土壤蒸发量估算

三温模型建立的基础是地表能量平衡方程：

$$\mathrm{LE} = R_n - G - H \tag{8.1}$$

式中：LE为潜热通量[E为土壤蒸发量/(mm/h)]，$L=2.49\times10^6\,\mathrm{W/(m^2\cdot mm)}$，为水汽的汽化潜热；$R_n$为净辐射通量($\mathrm{MJ/m^2}$)；$G$为土壤热通量($\mathrm{MJ/m^2}$)；$H$为显热通量($\mathrm{MJ/m^2}$)。对于裸露土壤区，其显热$G$通量$H$可以湍流形式表现为

$$H = \frac{\rho C_p (T_s - T_a)}{r_a} \tag{8.2}$$

式中：ρ 为空气密度(kg/m^3)；C_p 为空气定压比热[$MJ/(kg \cdot ℃)$]；ρC_p 表征空气的体积热容量，T_s 为土壤表面温度(℃)；T_a 为参考高度的空气温度(℃)；r_a 为空气动力学阻抗(s/m)。

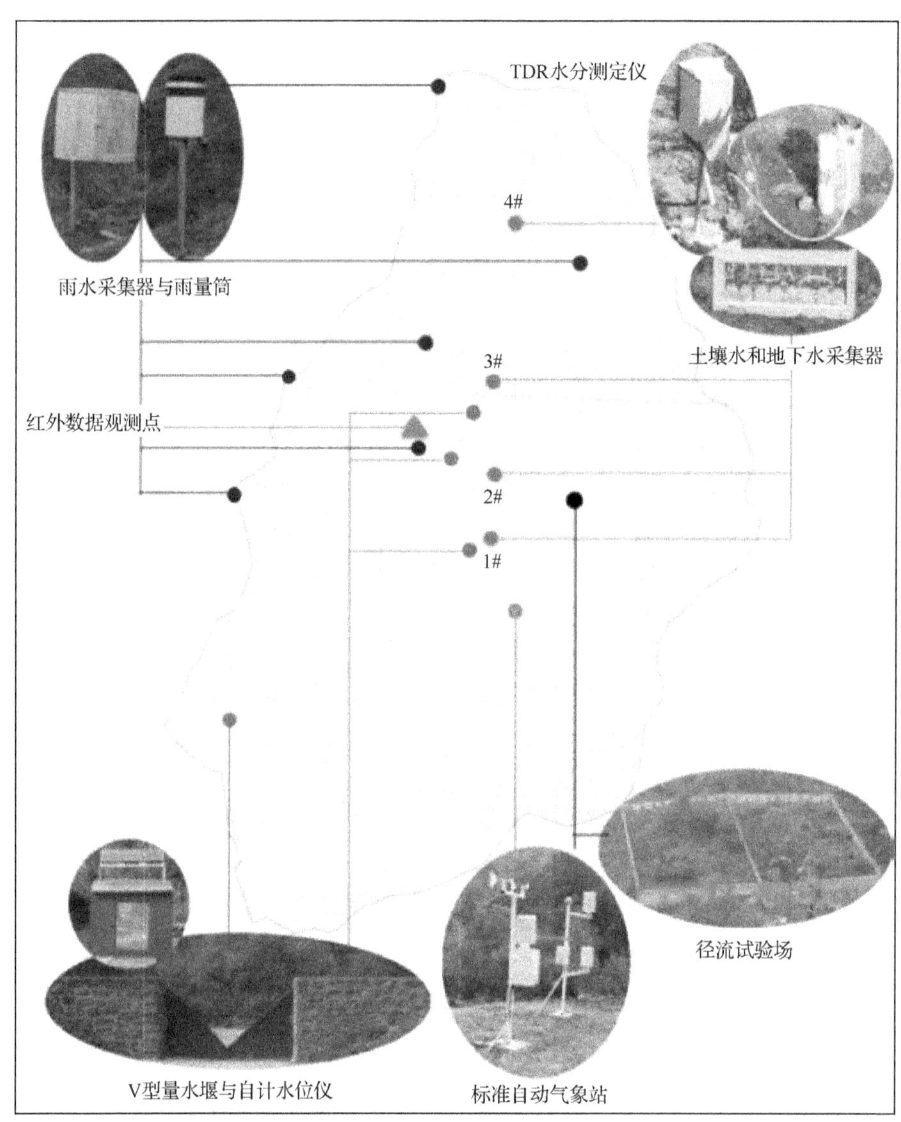

图 8.3　中国科学院地理科学与资源研究所东台沟实验基地仪器布置图(杨聪，2006)

邱国玉等(Qiu, 1996；Qiu et al.，1996a，1996b，1998，1999)通过试验研究引入参考土壤(无水分蒸发的干土壤)，分析得出微小面积的参考土壤的存在并不会导致周围大气条件发生显著的改变，参考土壤在参考高度上的空气温度、湿度、风速与周围蒸发土壤的条件是一样的，也就是说参考土壤和蒸发土壤的空气动力学阻抗 r_a 一样，从而 r_a 也就可

以表示为

$$r_a = \frac{\rho C_p (T_{sd} - T_a)}{R_{nd} - G_d} \tag{8.3}$$

式中：T_{sd}为参考土壤的表面温度(℃)，R_{nd}为参考土壤的净辐射通量(MJ/m^2)，G_d 为参考土壤热通量(MJ/m^2)。将式(8.1)、式(8.2)、式(8.3)合并，就可得土壤蒸发量的计算公式：

$$E = R_n - G - (R_{nd} - G_d) \frac{T_s - T_a}{T_{sd} - T_a} \tag{8.4}$$

2) 植被蒸散量的估算

三温模型首先假定在地面被植被完全覆盖的情况下，土壤热通量可忽略不计，感热通量可用一个一维梯度表达式模拟，植被冠层感热通量(H)可表述如下：

$$H = \frac{\rho C_p (T_0 - T_a)}{r_a} \tag{8.5}$$

式中：ρ 为空气密度(kg/m^3)；C_p 为空气定压比热[MJ/(kg·℃)]；T_0 为空气动力学温度(℃)，是冠层热量源汇处的空气温度；T_a 为参考高度处的空气温度(℃)；r_a 为空气动力学阻力(s/m)。Zhang 等 1995 年提出的单层阻力遥感模型中认为，在植被完全覆盖区，将空气动力学温度(T_0)用遥感数据反演得到的地表温度(T_c)代替来计算感热通量时，得到的蒸散量与观测值较为一致(Zhang et al.，1995)。因此，植被冠层感热通量(H)和没有蒸腾的参考植被的感热通量(H_p)又可分别表示为

$$H = \frac{\rho C_p (T_c - T_a)}{r_a} \tag{8.6}$$

$$H_p = \frac{\rho C_p (T_p - T_a)}{r_{ap}} \tag{8.7}$$

式中：T_c、T_p 分别为植被冠层表面温度、参考植被冠层表面温度(℃)；r_{ap}为没有蒸腾的参考植被的空气动力学阻力(s/m)。Qiu 等 1996 年指出，r_{ap}/r_a 的斜率接近 1，轴截距接近 0 (Qiu et al.，1996a)，故可得方程：

$$\frac{H}{H_p} \approx \frac{T_c - T_a}{T_p - T_a} \tag{8.8}$$

根据能量平衡方程，有

$$\frac{H}{H_p} = \frac{R_n - T}{R_{np}} \tag{8.9}$$

式中：H、H_p 分别为植被冠层感热通量和没有蒸腾的参考值被的感热通量；T 为有效绿水流(蒸腾量)；R_n 和 R_{np}分别为植被和参考植被的净辐射通量。联系式(8.6)、式(8.7)、式(8.8)、式(8.9)和地表能量平衡方程(8.1)，得到植被全覆盖区植被的蒸腾量：

$$T = R_n - R_{np} \frac{T_c - T_a}{T_p - T_a} \tag{8.10}$$

从式(8.4)和式(8.10)可见，三温模型的特点是使用参数少，操作简单，主要参数只有净辐射量，土壤热通量和温度。其中，气温可通过气象观测获得；表面温度数据可以使用红外遥测方法获取；参考面温度可现场测定。在三温模型中，式(8.1)和式(8.2)右边温度计算的部分是计算土壤和植被蒸散发的关键部分，称之为土壤、植被蒸腾扩散系数。

通过对方程的理论分析，可以得出土壤、植被蒸腾扩散系数 h_a 和 h_{at} 的取值范围均小于等于 1。

$$h_a = \frac{T_s - T_a}{T_{sd} - T_a} \tag{8.11}$$

$$h_{at} = \frac{T_c - T_a}{T_p - T_a} \tag{8.12}$$

2. Penman-Monteith 公式方法介绍

Penman 在 1948 年首先提出了无水汽水平输送条件下的参考作物蒸散量的计算公式，该公式由辐射项和空气动力项组成，是在下垫面表层为饱和的条件下由能量平衡定律推导出的，能够比较精确的计算参考作物蒸散。Monteith 在 Penman 等的工作基础上提出了以能量平衡和水汽扩散理论为基础的 Penman-Monteith 公式，它既考虑了空气动力项和辐射项的作用，又涉及下垫面植被的生理特征。Jensen 等(1990)分别对不同气候条件下计算参考作物蒸散量的主要方法进行了比较研究，结果表明，不论在湿润或干旱半干旱地区，Penman-Monteith 公式均能较准确的计算参考作物蒸散量，并以此作为标准确定新的作物系数和校验其他经验方法。其计算公式为

$$\lambda \mathrm{ET} = \frac{\Delta(R_n - G) + \rho_a C_p \left(\frac{e_s - e_a}{r_a}\right)}{\Delta + \gamma\left(1 + \frac{r_s}{r_a}\right)} \tag{8.13}$$

式中：Δ 为空气平均温度下的饱和水汽压随温度变化的斜率；R_n 为净辐射(MJ/m^2)；G 为土壤热通量(MJ/m^2)；ρ_a 为空气密度(kg/m^3)；C_p 为空气定压比热[MJ/(kg·℃)]；e_s 为空气温度下的饱和水汽压(kPa)；e_a 为空气中的水汽压(kPa)；γ 为湿度计常数 0.066；r_a 为空气动力学阻力系数(s/m)；r_s 为冠层阻力系数(s/m)。空气密度 ρ_a 和空气定压比热 C_p 均为常数值。在对东台沟流域的观测中，太阳辐射 R_s 可以由气象站观测数据直接得到，净辐射 R_n 通常利用以下两个公式联立求解：

$$R_n = (1 - \alpha)R_s + \Delta R_l \tag{8.14}$$

$$\Delta R_l = \left(0.4 + 0.6\frac{R_s}{R_{so}}\right)(\varepsilon_a \sigma T_a^4 - \varepsilon_s \sigma T_s^4) \tag{8.15}$$

土壤热通量 G 可根据 FAO 提供的经验公式计算：

$$G = 0.1R_n \tag{8.16}$$

e_s 是饱和水汽压，可通过气温 T 计算：

$$e_s = 0.6108\exp\left[\frac{17.27T}{T + 237.3}\right] \tag{8.17}$$

实际水汽压可根据相对湿度与饱和水汽压计算：

$$e_a = e_s \frac{RH}{100} \tag{8.18}$$

Δ 为某时刻温度下的饱和水汽压随温度变化的斜率，其计算公式为

$$\Delta = \frac{4098e_s}{T + 237.3} = \frac{4098\left[0.6108\exp\left(\frac{17.27T}{T + 237.3}\right)\right]}{(T + 237.3)^2} \tag{8.19}$$

空气动力学阻力 r_a 可通过下式计算：

$$r_a = \frac{\ln\left[\frac{z_m - d}{z_{om}}\right]\ln\left[\frac{z_h - d}{z_{oh}}\right]}{k^2 u_z} \tag{8.20}$$

式中：Z_m 为风速的测量高度；Z_h 为湿度的测量高度，本实验中均取 2m；d 和 Z_{om} 分别为零平面位移和粗糙度长度，在森林和大气之间动量、热量和物质交换等相互作用研究过程中，零平面位移和粗糙度长度是十分重要的参数，这两个参数的取值直接影响到森林—大气相互作用量的大小（钟中和韩士杰，2002）。因没有实测，在此利用经验式估算，Szeicz等（安志杰和裴铁璠，2002）概括了大量研究成果，给出了 Z 和冠层高度 H 的关系式：

$$\lg Z_{om} = 0.9971\lg H - 0.833 \tag{8.21}$$

Stanhill（Szeicz et al.，1969）则建立了零平面位移 d 和 H 的关系

$$\lg d = 0.979\lg H - 0.154 \tag{8.22}$$

叶片冠层阻力 r_s 根据下式计算：

$$r_s = \frac{r_l}{\mathrm{LAI}_{\mathrm{active}}} \tag{8.23}$$

式中：r_l 为光照充足条件下气孔阻力；$\mathrm{LAI}_{\mathrm{active}}$ 为有效叶面积指数，可以用以下公式计算：

$$\mathrm{LAI}_{\mathrm{active}} = \mathrm{LAI} \times 0.5 \tag{8.24}$$

可利用 LI-6400 测得叶片的气孔导度，通过换算得到（两者互为倒数）。Penman-Monteith 公式是目前测算实际蒸散法中较为准确的公式，一般作为其他计算结果的参考值，但需要参数多，应用起来不方便；三温模型在实际应用中简单方便，易于操作，从公式可以直观地看出其参数的特点。从表 8.1 中可以看出，三温模型所需参数少，计算方便，特别是不需要 r_a 和 r_s，这一点很重要，因为确定这两者的值是计算土壤蒸发量的难点。

表 8.1　用三温模型、温度差法和彭曼公式计算蒸散量所需参数的比较

方法	三温模型	温度差法	Penman-Monteith 公式
所需参数	温度	温度	温度
	净辐射通量	净辐射通量	净辐射通量
	土壤热通量	土壤热通量	土壤热通量
		水汽压	水汽压
		空气动力学阻抗	空气动力学阻抗
			土壤表面阻抗

资料来源：邱国玉等，2006。

3. 红外数据观测与处理方法

根据地形及植被生长状况，选取流域内合适的坡顶处架设红外热像仪，进行定点定时观测。其他相关气象数据，可以从离观测点约 100m 的东台沟气象站获得。获得的气象资料和观测数据都比较具有代表性，且符合要求。气象数据来自安装在流域内的自动气象站记录，其位置如图 8.3 所示，实验观测点位于离气象站约 100m 的坡顶处。该自动气象站是澳大利亚 Monitor Sensors 公司生产，用于常规气象参数和水热通量观测。本套自动气象站采用太阳能自动供电系统，共有 23 个传感器，每采集一组记录包括 23 个气象数

据,分别对应着干湿球温度(波文比系统)、相对湿度、风速、风向、大气压、降水量、蒸发量、有效光合辐射、土壤湿度、太阳总辐射、净辐射和土壤温度等;各传感器的测量精度均在4%内,数据的采集频率为汛期10min/条,非汛期30min/条,数据自动存储于气象站的内存,可以通过串口连接到计算机上进行下载,采集时间间隔30min。除气象站观测的降水量外,为了研究整个流域面上降水的空间分布变异情况,还在山脊上另设了6个降水监测点,能够实时监测降雨量和降雨历时。所采用的雨量桶型号为DATA LOGGING RAIN GAUGE,Onset Computer Corporation,Bourne,USA,精度0.2mm。

热红外数据观测使用的仪器是美国infrared solutions公司生产的IR Snap Shot红外热像仪观测,测温范围0~350°C,水平和垂直视角分别是17.5°,F/0.7;观测精度2℃或读数的2%;长波8~12μm。本研究选择的实验观测点位于气象站北偏西约100m的坡顶处,如图8.3所示,红外热像仪架设于气象站附近地势相对较高的坡顶。分别于2006年8月27日,2007年4月26日、5月25日、7月2日、8月29日进行实地观测采集数据。每次观测从上午8:00开始,到18:00结束。其间,根据天气状况,每隔1h或2h观测一次,包括连续拍摄以红外热像仪为中心的四周坡面,每隔45°观测记录一次,一周360°共有8张热红外影像,并利用数码相机拍摄每张热红外图像的可见光照片。同时记录下当时的气温,风速,参考干燥土壤温度以及参考叶片温度。每个观测点做3个重复。本实验中使用三温模型对东台沟小流域的蒸散发量进行计算,因为三温模型需要参数少,因此在实验过程中,对相关参数的观测比较简单方便。使用红外热像仪拍摄当日的温度图像,转换格式后,利用ENVI软件即可读取文件,获得各点温度数据。参考土壤和植被的温度数据可以在实验同时用测温仪测得。本研究所需数据除气象数据,热红外数据外,彭曼-蒙蒂斯公式的计算,需要对气孔导度进行观测;三温模型计算则需要对参考土壤和参考叶片瞬时温度进行观测。

1)参考温度观测

三温模型核心为大气温度、观测面温度、参考面温度三组数据,其中最关键的是参考面温度。参考面是指相同气象条件下,无水分蒸散发作用的干燥土壤或植被,这也是三温模型中需要确定的难点。本实验中,为了观测方便,参考土壤选择在观测点附近的地面上。东台沟流域水分不足,对于山坡顶部无植被斑块,在无降水的条件下,十分干旱,可视为干燥土壤。参考叶片的选择比较困难,植株上的叶片都存在蒸散作用,或者叶片本身细胞内都含有水分,实验中用绿色纸片代替干燥叶片。参考温度的观测与热红外图像同步进行,使用Raytek便携式红外测温仪,对参考面进行测温,每次做5个重复,取其平均值。

2)气孔导度观测

Penman-Monteith原理中需要知道叶片气孔阻抗,这是使用该公式的一个难点。在本实验中使用LI-6400便携式光合作用测定系统,测量气孔导度,求其倒数为气孔阻抗。主要观测了常见的荆条(*Vitexnegundo* var. *heterophylla*)和黄背草(*Themeda japonica*),每小时测两组数据。做光响应曲线,取最大光照度2000μmol/(m^2·s)时测出的气孔导度。仪器每观测一组数据需要约15min时间,在某时刻点,用两次重复观测值的平均值,代入计算。2007年5月26日和7月1日分别观测了叶片气孔导度值,对于其他时间的蒸散量计算,在此,只有这两组数据循环使用,结果难免产生误差。本次研究选择

ENVI遥感软件处理热红外影像。首先对原始数据进行格式转换，然后导入ENVI软件，获得观测区各像元点的温度数据。

三温模型公式较简洁，需要参数少，除实验获得数据外，其他相关气象数据由距观测点约100m的东台沟气象站提供，利用三温模型计算时，首先用软件读出温度图像，ENVI软件中直接应用编辑公式计算。分别代入植被蒸散量和土壤蒸发量计算公式，编辑相关参数，其中实际温度值用b1(band1)表示，即各像元温度，可以直接将各像元由温度值换算成蒸散发量。在图像上每个像元均可代表该点蒸散发值。热红外图像观测范围小，每个像元代表面积小，因此可视为均一下垫面。三温模型分离了植被蒸腾和土壤蒸发，但所获取的热红外影像没有地理坐标信息，需要人工进行判断。为提高结果的精度和可识别度，本次实验利用同期拍摄的与热红外影像相对应的可见光照片分辨植被与土壤(图8.4，图8.5)。

图8.4　2007年4月26日上午9:00坡面观测记录

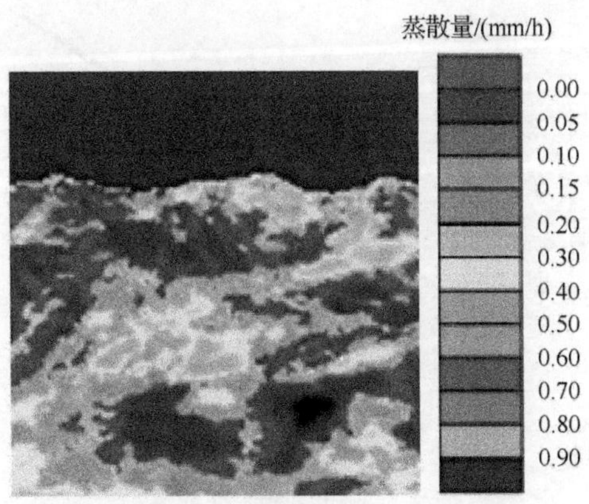

图8.5　热红外图像上显示蒸散量图

第二节　小流域不同尺度条件下的蒸散特征

一、模 型 验 证

三温模型研究至今已有数十年,在大田实验中,对其精度已有较好的验证,但对小流域植被的实际蒸散发尚未大范围应用。本实验将在东台沟流域利用三温模型计算其实际蒸散发,并用Penman-Monteith验证其精确度。Penman-Monteith的计算中,其难点在于气孔阻力的测量,在实验中用测出的气孔导度推导气孔阻力(倒数关系)。2007年5月25日和7月1日分别用LI-6400对东台沟流域植被进行观测,获得气孔导度值,进而求取叶片气孔阻力。应用Penman-Monteith公式进行蒸散量计算。同时,在东台沟流域,选取常见的,易于观测的灌木丛,进行定点观测,采集温度数据,利用三温模型进行计算。

两组数据同一时刻蒸散量,Penman-Monteith公式的计算对象为东台沟气象站附近的灌木丛,位于山脚水平面上,距气象站约100m,气象条件与数据采集点基本一致;三温模型观测同样为山脚下植株,热红外图像上,一颗植株有若干像元组成,因此取整个植株蒸散量平均值进行比较。两者计算结果如表8.2所示。

表8.2　三温模型与Penman公式计算蒸散量结果　(单位:mm/h)

3-T	0.6962	0.4933	0.7809	0.8694	1.142	0.6354	0.3891	0.844	0.678	1.046
P-M	0.5395	0.7192	0.9196	1.0103	1.0932	0.8568	0.6137	1.1918	1.058	0.9556
3-T	0.305	0.663	0.721	0.58	0.6233	0.605	0.966	0.57167	0.48	0.544
P-M	0.254	0.9902	1.199	0.674	0.703	0.811	1.02	0.561	0.364	0.7556

从图8.6中可以看出,两种方法计算结果的拟合结果为:$y=0.8574x+0.2968$,较为理想,因为观测数据有限,参与拟合的样本数量不多,R^2只有0.4167,MAE(绝对平均误

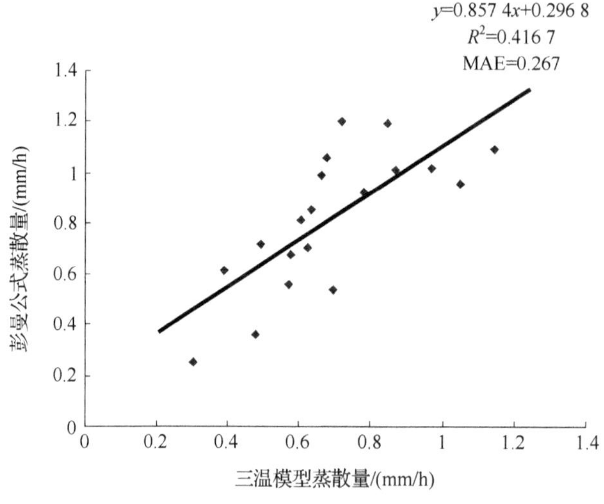

图8.6　三温模型和Penman公式计算结果比较

差)的值为 0.267。

表 8.2 中的数据显示，Penman 公式的计算结果普遍高于三温模型的结果，因为 Penman公式是在理想条件下，水分供给充分，垂直接受太阳辐射时，当日植被的实际蒸散量，所有气候参数取气象站观测数据。三温模型的观测结果比 Penman 公式计算值要低，因为受到很多观测实际条件影响，在利用三温模型观测时，观测点位于山脚处，某些时段会被山体投下阴影覆盖，阴影直接导致表面温度偏低。同时，在实际过程中，太阳辐射、气温、风速等参数会受地形、位置等条件制约，在阴阳坡面上接受到的能量并不相同，而实验中均以观测点实测值代入计算，因此达不到最理想的值。

二、植被斑块的蒸散及其特征

三温模型参数少，使用方便。2007 年 4 月 26 日对东台沟流域山脚灌木植株进行观测，同期记录太阳辐射、风速、气温、参考叶片温度等参数，对植被进行蒸散量的计算。以图 8.7 为例，介绍植被斑块蒸腾作用特征。从图中可以看出，对灌木的观测由于其背景是山体，影像特征不是很明显，温度主要分布在 13～17℃，蒸散量主要为 0.7～0.9mm/h。

(a) 灌木丛可视照片　(b) 与左图对应的温度图像

(c) 灌木丛蒸散量分布图　(d) 灌木丛蒸散量频率分布图

图 8.7　东台沟灌木斑块蒸腾作用特征图

三、植被土壤混合区斑块蒸散及其特征

对自然区域而言,蒸散发结果包括植被蒸腾作用和土壤蒸发作用,才能更好地反映流域水分蒸散情况。而将植被土壤分别计算,则是各种蒸散发计算模型的难点。Penman-Monteith 公式主要从植被生理学原理反映植被蒸腾作用,即使是反映实际蒸散发的蒸渗仪,也只能测出规定区域全部蒸散发量,难以将土壤植被分开计算。三温模型计算蒸散最大的特点是可以将植被土壤蒸散区别对待,对于土壤植被混合区,在热图像上温度差异较大,利用不同的公式,可以直接将两部分分离,从而求得不同区蒸散量计算结果。

从图 8.8 数码照片上可以看见,所选区域中植被土壤斑块混合,无明显界限,在热红外图像上,下垫面不同,温度值有较大差异,可以结合可视照片大致判断出下垫面种类,温度最低的浅绿色斑块,恰好对应照片上的 3 棵柏树,温度为 20～25℃,其周围的灌木丛温度为 25～30℃,为浅蓝色区域,土壤斑块温度较高,对应图中的红色区域。三温模型中土壤和植被蒸散量为两个独立的计算系统,因此,可以根据公式,计算得到两组不同的结果,如图 8.8 所示。土壤蒸发量主要结果为 0.1～0.25mm/h,图 8.8(c)中黄绿色部分所示;

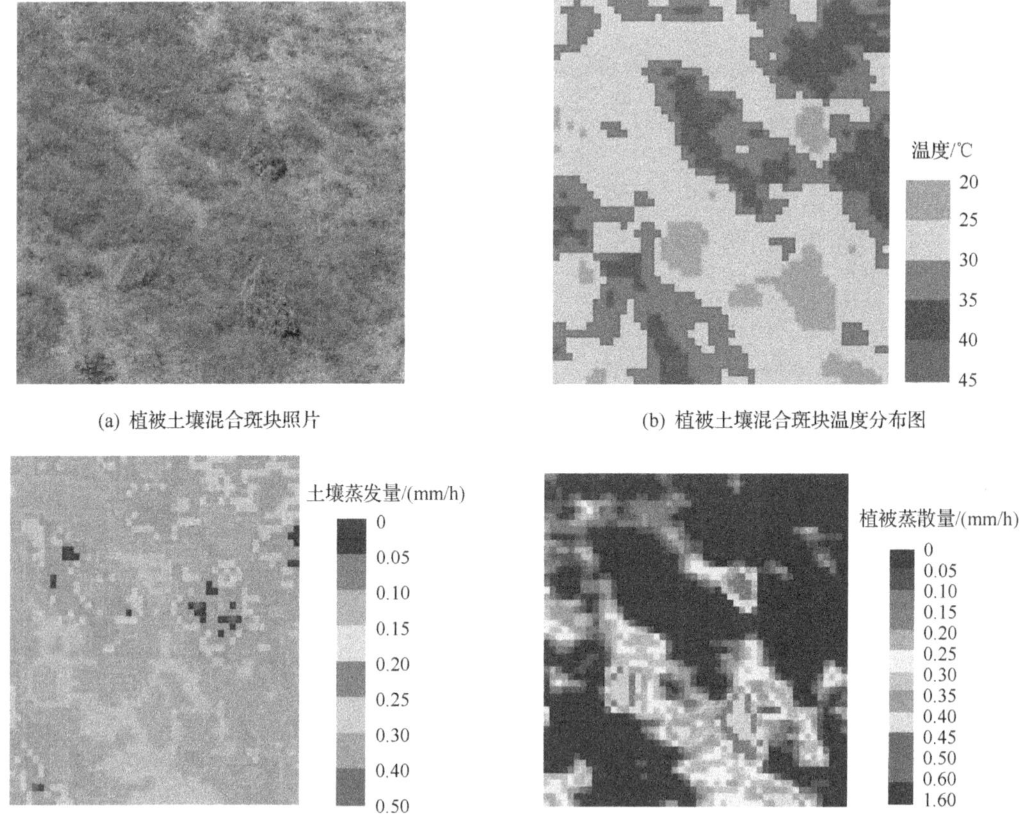

(a) 植被土壤混合斑块照片

(b) 植被土壤混合斑块温度分布图

(c) 土壤蒸发量分布图

(d) 植被蒸腾量分布图

图 8.8 植被土壤混合斑块蒸腾作用特征图

植被蒸散量根据计算结果，在图 8.8(d)中以黄绿色表示，多为 0.2～0.5mm/h，土壤斑块部分在此图计算结果值多为 0.05mm/h 以下，可以剔除。从植被和土壤蒸散结果图中，可以发现，虽然可以较好的将两种下垫面分离出来，并独立计算，但对于一些边缘地区，其温度受两种下垫面混合影响，用两组公式计算出的蒸散量均被认同，这里需要结合可视照片进行判断归类，方可保证计算结果准确度。

四、小流域坡面蒸散及其特征

本研究所在东台沟流域，大部分为丘陵地形，主要蒸散作用发生在坡面上，如同上节方法，对于实验中观测的坡面，同样用三温模型计算出土壤和植被的蒸散发量。其面积相对上节中的斑块更大，混合区边界更为模糊。本研究中对小流域蒸散量的计算，即通过对坡面观测计算植被土壤蒸散量而得。在对流域蒸散量的观测中，主要观测目标为流域内山地坡面，不是水平面上的植被，因此在实际应用公式中，应考虑到坡面倾斜对蒸散量结果造成的影响。在实际使用三温模型时，主要涉及的气象数据有太阳辐射，土壤热通量及三种温度，太阳辐射量数据由气象站提供，因设备原因，土壤热通量板没有正常工作，也有太阳辐射推导出来，参考面的温度及实际温度在实验中观测，大气温度也由气象站提供。从东台沟地形图中可以大概算出，该地区坡度为 20～30 种，由于各坡面具体小坡向不同，在此均统一为 30°方便计算，若求得更精确结果应区分对待不同坡面。这里主要受影响的参数为太阳辐射。气象站观测的太阳辐射量为垂直于地平面的太阳辐射量，坡面由于倾斜度较大，接受太阳辐射量与气象站观测数据有所差异，应该将坡面校正加入公式计算中。三温模型土壤蒸散量计算公式见式(8.4)。其中 R_n 由太阳辐射 R_s 和长波辐射 R_l 推导出，气象站观测到的太阳辐射量即太阳短波辐射 R_s，长波辐射 R_l 也可以有 R_s 推导出来，在对东台沟流域坡面进行蒸散量计算时，需要应考虑到坡度校正，在此将所有坡度以 30°计算，可以用 $R_s \cdot \cos30°$带入公式：

$$R_n = (1-\alpha)R_s \cdot \cos 30° + \Delta R_l \tag{8.25}$$

同样方法对植被蒸腾模型做坡面角度校正。

同混合斑块的计算一样，在坡面计算中也得出土壤和植被蒸散两组结果。从热图像 8.9(b)上可以明显看出，植被土壤温度分布于不同的区间，在此图上植被部分主要温度为 19～25℃，土壤部分温度为 28～33℃。若在夏季下午或其他一些时刻，植被土壤温差更显著，利用两组公式可以更理想的将土壤植被分离。例如，计算植被蒸散量时，由于土壤温度过高，图像中土壤部分可能为负值，或者过高的值，从而计算结果中可以较方便的剔除无用像元部分。

对照数码照片，从图 8.9(c)和图 8.9(d)中可以看出，利用土壤蒸发计算公式算出的结果，土壤蒸发量主要为 0.1～0.4mm/h，约占 4222 个像元数，此公式对植被部分的计算结果主要集中在 0.4～0.6mm/h，此公式根据土壤蒸发原理计算，植被部分为无效值，应当剔除。而植被部分，利用植被蒸散公式再次对图像进行计算，其中植被蒸散量为0.5～0.8mm/h，统计像元约 4426 个。由于观测时间为 4 月 26 日，春季气候温暖，植被和土壤温差不大，因此两种计算方法计算时，无效部分结果依然为连续值，需注意避免混淆。在此直接根据影像特征判断地表覆盖类型,在根据不同类型蒸散值区间来统计像元数,虽然可行,不过在精确度上还有待提高,对于一些临界区,不能很准确的判断。

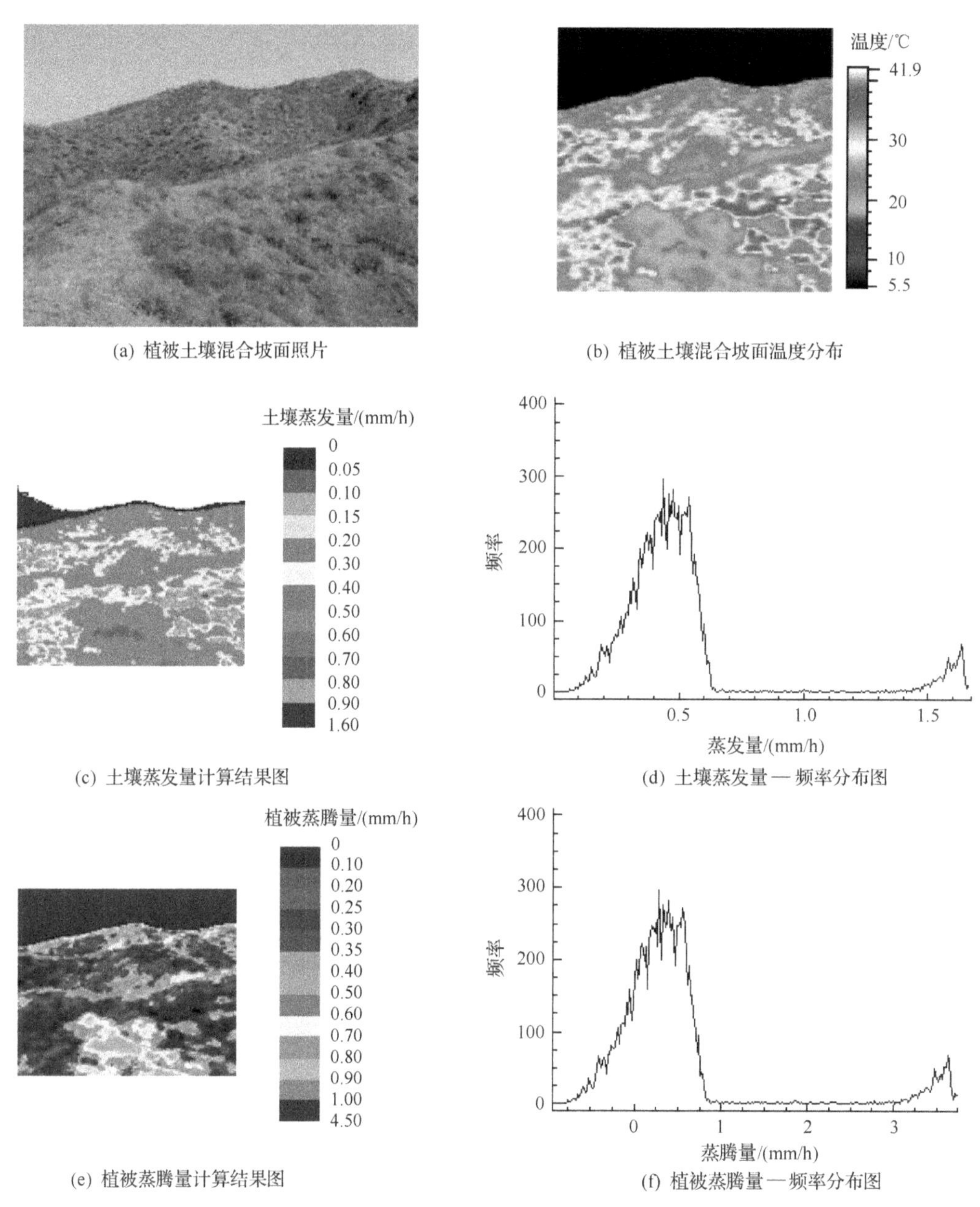

图 8.9　植被土壤混合坡面蒸腾作用特征图

五、小流域蒸散的日变化和季节变化特征

如上节所述,对整个流域而言,蒸散量包括了土壤和植被的混合区域,且无明显分离

界限。三温模型的建立将植被蒸腾和土壤蒸发很好的分离,若选取得当,其结果可以自觉地剔除无效区域,因此可以对流域内水分蒸散结果进行完整计算。利用上述三温模型校正后公式,分别计算 2007 年 4 月 27 日、5 月 26 日、8 月 29 日以及 2006 年 8 月 27 日的对应时间的蒸散发量,见表 8.3 至表 8.6。在计算中,三温模型可计算各像元点的蒸散,但数据量大,为了简单直观,本研究取各时点的平均值进行统计分析,结果如下列图表所示(表 8.3,图 8.10)。

表 8.3　2006 年 8 月 27 日土壤植被在各观测时的平均蒸散发量　(单位:mm)

项目	9:30	10:00	10:30	13:00	13:30	16:00	16:30
植被蒸散量	0.48	0.498	0.526	0.625	0.765	0.489	0.391
土壤蒸散量	0.241	0.262	0.324	0.267	0.369	0.204	0.161

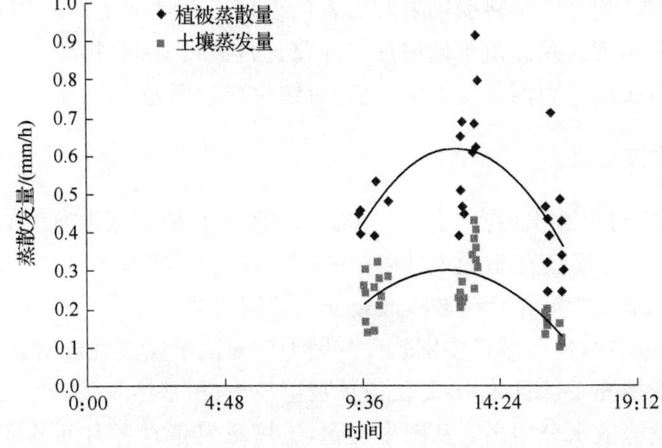

图 8.10　东台沟小流域的平均土壤蒸发量和植被蒸散量的日变化规律(2006 年 8 月 27 日)

表 8.4　2007 年 4 月 27 日土壤植被在各观测时的平均蒸散发量　(单位:mm)

项目	9:00	9:30	11:00	11:30	14:00	14:30	16:00	16:30
植被蒸腾量	0.304	0.365	0.548	0.631	0.595	0.559	0.204	0.162
土壤蒸发量	0.191	0.195	0.293	0.297	0.321	0.288	0.082	0.064

表 8.5　2007 年 5 月 26 日土壤植被在各观测时的平均蒸散发量　(单位:mm)

项目	8:00	8:30	10:00	10:30	12:00	12:30	14:00	14:30	16:00	16:30
植被	0.342	0.268	0.371	0.494	0.631	0.698	0.574	0.773	0.452	0.274
土壤	0.128	0.181	0.254	0.251	0.396	0.397	0.349	0.359	0.194	0.167

表 8.6　2007 年 8 月 29 日土壤植被在各观测时的平均蒸散发量　(单位: mm)

项目	8:00	8:30	10:00	10:30	12:00	12:30	14:00	14:30	16:00	16:30
植被	0.317	0.378	0.553	0.652	0.738	0.649	0.995	0.914	0.607	0.586
土壤	0.137	0.202	0.358	0.377	0.465	0.562	0.383	0.326	0.212	0.146

1. 蒸散量日变化

上列各表中数据为该时间点上整个流域坡面的平均值,而图中散点则代表每张热红外图像上的平均值,同一时刻,热红外图像观测旋转一周,有不同方位多张图像组成,因此曲线图中结果表示更为详细。从上述图中可以看出,流域蒸散发量的日变化均为开口向下的抛物线,正午蒸散量值最高。从(图 8.11,图 8.12,图 8.13)中也可以看出,同一时间,不同图像的平均值各有差异,有些地方差值比较大。这是由于实验时观测点固定,对四周坡面进行循环观测。各坡面方向角度不同,阴阳坡均有差异。而在计算时,所有像元使用了同一组参数,均为完全接受辐射时的各温度值。对坡面上的不同角度也未进行进一步校正,结果中出现误差。由于使用热红外仪进行温度观测,视角较小,整个流域需要若干张图像,且每张图像观测角度不同,也会对结果产生误差。

2. 蒸散量季节变化

从以上各图中可以看出,在东台沟流域,2006 年 8 月植被蒸散量为 0.37～1.21mm/h 波动,2007 年 4 月的植被蒸散量为 0.16～0.79mm/h 波动,2007 年 5 月大致范围为 0.32～0.95mm/h,2007 年 8 月植被蒸散量变化范围为 0.396～1.169mm/h,季节间存在较大差异。不同季节植被蒸散量差别较大。因为该地区季风性气候明显,夏季雨水充足,太阳辐射变高,水源充足。且 4～8 月正值植被生长季,植被生长使叶片覆盖度增加,蒸散量变化明显,植被蒸散水分增多。从图中看到,土壤蒸发量在各月间的变化不大,不受季节影响,年间变化也不明显,全天波动基本为 0.15～0.5mm/h,整体趋势、变化范围一致。因观测次数有限,数据中没有显示,土壤蒸发实际受降水影响较大,每次降水后,土壤湿润,含水量高,土壤蒸发值也会达到一个较高水平。

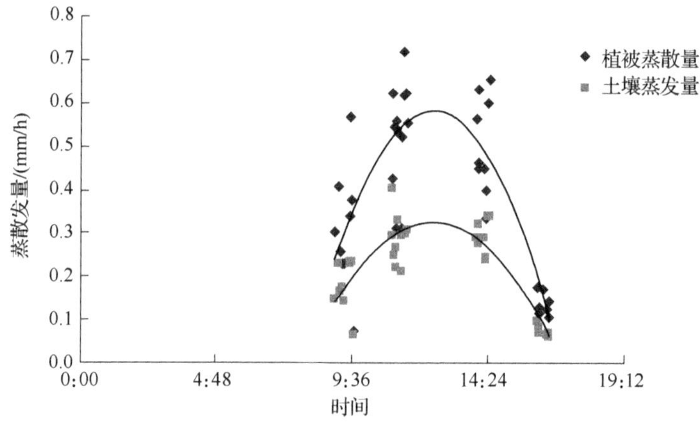

图 8.11　东台沟小流域的平均土壤蒸发量和植被蒸散量的日变化规律(2007 年 4 月 27 日)

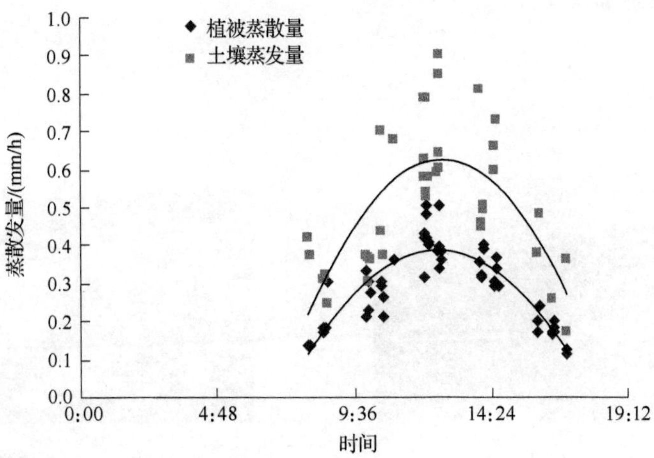

图 8.12　东台沟小流域的平均土壤蒸发量和植被蒸散量的日变化规律(2007 年 5 月 26 日)

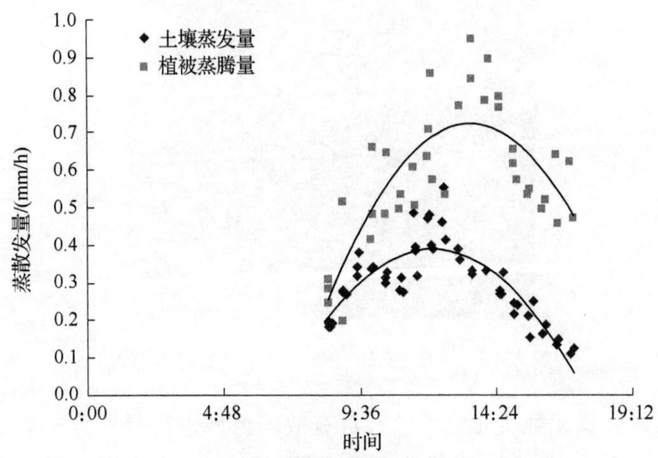

图 8.13　东台沟小流域的平均土壤蒸发量和植被蒸腾量的日变化规律(2007 年 8 月 29 日)

六、三温模型的应用前景

根据上述的结果,可以看出三温模型结果较为理想,精确度较高,且模型所需参数少、计算简便。若结合遥感技术,反演出地表温度,则可应用于不同尺度的区域计算蒸散量,可操作性强。对于东台沟小流域的观测,应用红外热像仪,对坡面各种地表类型进行分类统计,可以算出流域蒸散量(图 8.14、图 8.15、图 8.16)。以 2007 年 4 月 27 日观测为例。红外观测图像中,通过土壤蒸发和植被蒸腾模型,图像中土壤和植被蒸散量有对应结果,在同一图像中可以分别计算出两者,再做统计。如图 8.11 和图 8.12 所示,因为采用土壤植被蒸散量两组公式计算,两图中各点数据均不同。用植被蒸散量公式计算的结果图中,植被区蒸散量分布为 0.2～0.6mm/h,土壤蒸散计算结果图中,土壤蒸发量主要分布为 0.1～0.3mm/h,将这两部分有效结果提取出来,便于统计。将两图叠加,可以发现基本完整覆盖于整个坡面区域。

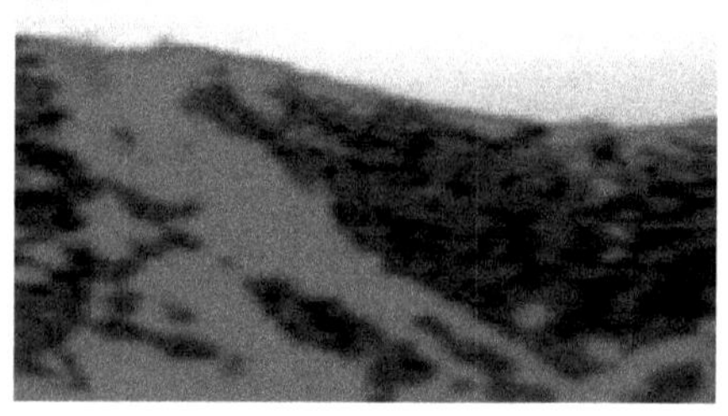

图 8.14　植被蒸散区

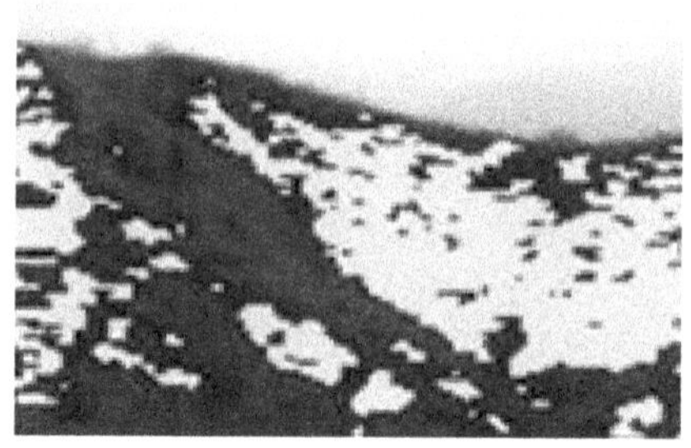

图 8.15　土壤蒸发区

图 8.16　4 月 27 日 上午 9:00 观测可视照片

红外热图像每张像元数为 120×120,对有效的区域进行提取分析后,ENVI 软件可统计出,在图 8.11 和图 8.12 中土壤蒸发区域像元 3096 个,植被蒸散部分占 3419 个。因为实验中视角不固定,且对观测对象没有进行面积测量,若确定面积,可计算出每个像元的面积,土壤与植被部分累计,统计出整个面上的实际蒸散发值。对小流域,在此可以用热成像图像进行观察计算,较大尺度的流域,则可用遥感图像进行模型计算,其难点依然在不同地表类型的分离。中、大尺度图像中,每个像元覆盖面积大,通常会包括植被区和土壤区,而温度为此点平均温度。计算时,通常以下垫面占更大比例的种类为主,整个像元视为同一种下垫面,结果同样存在误差,但较之前的遥感计算,其结果分成两部分,已有很大进步。

参考文献

刘相超,宋献方,夏军,等. 2006. 华北山区坡地土壤水分动态实验研究. 水文地质工程地质,(4):76-80.

邱国玉,王帅,吴晓. 2006. 三温模型——基于表面温度测算蒸散和评价环境质量的方法:I. 土壤蒸发. 植物生态学报,30(2):231-238.

王安志，裴铁璠．2002．长白山阔叶红松蒸散量的测算．应用生态学报，13(12)：1547-1550.

王礼先，张志强．2001．干旱地区森林对流域径流的影响．自然资源学报，16(5)：439-444.

杨聪．2006．华北山区典型流域水循环过程实验．中国科学院地理科学与资源研究所博士学位论文．

钟中，韩士杰．2002．长白山阔叶红松林冠层动力学参数的计算．南京大学学报(自然科学)，38(4)：565-571.

Jensen M E, Burman R D, Allen R G. 1990. Evapotranspiration and irrigation water requirements. ASCE Manuals and Reports on Engineering Practice, 70: 332.

Qiu G Y, Momii K, Yano T, et al. 1999. Experiment verification of a mechanistic model to partition evaporation into soil water and plant evaporation. Agriculture for Meteorology, 93(2): 79-93.

Qiu G Y, Momii K, Yano T. 1998. An improved methodology to measure evaporation from bare soil based on comparison of surface temperature with a dry soil. Journal of Hydrology, 210(1-4): 93-105.

Qiu G Y, Yano T, Momii K. 1996a. Estimation of plant transpiration by imitation leaf temperature. Ⅰ. Theoretical consideration and field verification. Transactions of the Japanese Society of Irrigation, Drainage and Reclamation Engineering, 64(3): 401-410.

Qiu G Y, Yano T, Momii K. 1996b. Estimation of plant transpiration by imitation leaf temperature. Ⅱ. Application of imitation leaf temperature for detection of crop water stress. Transactions of the Japanese Society of Irrigation. Drainage and Reclamation Engineering, 64(5): 767-773.

Qiu G Y. 1996. A new method for estimating evapotranspiration. Doctoral Dissertation, The United Graduate School of Agricultural Sciences, Tottori Univ, Japan.

Szeicz G, Endrodi G, Tajchman S. 1969. Aerodynamic and surface factors in evaporation. Water Resodr Res, 5(2): 380-394.

Zhang L, Lemeur R, Goutorbe J P. 1995. One-layer resistance model for estimating regional evapotranspiration using remote sensing data. Agricultural and Forest Meteorology, 77(3-4): 241-261.

第九章　半干旱区退耕草地水分收支的实验研究[①]

从 20 世纪 90 年代后期开始，我国大力推行“退耕还林还草”工作，以期能够起到水土保持、防风固沙等生态保护作用。我国的退耕还草区大部分分布在半干旱区，这里降水少、潜在蒸发量大，水资源短缺问题是制约植被恢复的重要因素。由于不同植被对水分的利用效率不同，不合理的还林还草还可能加剧半干旱区缺水的局面。

本章选取半干旱区农牧交错带的内蒙古太仆寺旗作为研究对象，通过气象数据观测、常规植被调查、土壤理化性质分析、土壤蒸发观测、定期土壤水分观测、波文比法蒸散发连续观测等方法，对不同退耕年龄草地（2000 年退耕、2004 年退耕、2006 年退耕）、原生草地和农地的水分收支开展了研究。结合植被、土壤、环境等因素，对照分析各样地水分收支各项的变化情况，从定性、定量的角度评估了退耕草地的水分平衡状态。

第一节　研究区概况与研究方法

一、实验研究区基本概况

研究区位于内蒙古锡林郭勒盟西南部的太仆寺旗境内，该区是中国北方典型的干旱、半干旱农牧交错生态脆弱带。太仆寺旗地处大兴安岭西南边缘，阴山山地东段察哈尔低山丘陵区。地理坐标为 114°51′E～115°49′E，41°35′N～42°10′N，海拔 1300～1800m。西北与正镶白旗接壤，东北与正蓝旗相连，东南与河北省沽源县交界，西与河北省康保县毗邻。北京师范大学资源学院太仆寺旗农田—草地生态系统野外站地处太仆寺旗头支箭镇，位于 207 国道旁。内蒙古锡林郭勒草原具有典型的半干旱区退耕草地，在北京师范大学资源学院太仆寺旗农田—草地生态系统野外站附近选取农地、退耕草地和原生草地来研究退耕措施对研究区水分收支的影响。根据各样地的地理位置，建立了 3 个观测区，共包含 7 类样地，同时在 3 个观测区分别架设了 3 套波文比观测系统（图 9.1），分别为农田—草地生态系统野外站原生草地（native grassland 1，ND1）观测区 1，观测塔 1（Bowen ratio station 1）；2000 年退耕草地（grassland restored in 2000，2000）与原生草地（native grassland 2，ND2）观测区 2，观测塔 2（Bowen ratio station 2）位于 2000 年退耕草地上；2004 年退耕草地（grassland restored in 2004，2004）、2006 年退耕草地（grassland restored in 2006，2006）、农田（cropland，CD）、原生草地（native grassland 3，ND3）观测区 3，观测塔 3（Bowen ratio station 3）位于 2006 年退耕草地上，3 个波文比观测系统的地理位置见表 9.1。

---

① 本章作者：谢芳、邱国玉、李瑞利。

图 9.1　实验地分布图(改自 Google Earth)

表 9.1　3 个波文比观测系统的地理位置

波文比观测系统	经度	纬度	高程/m
观测塔 1	115°29′10.11″E	42°06′44.65″N	1383
观测塔 2	115°28′51.70″E	42°06′00.00″N	1398
观测塔 3	115°26′29.20″E	42°07′37.30″N	1399

研究区属于中温带亚干旱大陆性气候，全区干旱少雨，风大，无霜期短，年平均气温 1.6℃，极端最高气温为 34.5℃，极端最低气温为 －35.7℃。多年平均绝对湿度 5.5mg/L，相对湿度 61%。多年平均降水量 200～400mm，年平均蒸发量 1750～2150mm，无霜期 100d 左右，年平均风速 3～5m/s，全年 7 级以上大风日数为 20～80d，且多集中于冬春两季。春霜期冻结束时间大致在 5 月下旬至 6 月上旬，秋霜冻到来时间在 9 月上旬。太仆寺旗主要以典型草原为主，代表群系为大针茅草原和羊草草原。草原植被一般在 4 月月底开始返青，而到秋季的 10 月月初就开始枯黄，生长期约为 150d，旱季生长期更短（焦燕等，2009）。地带性土壤多为栗钙土和淡栗钙土，土壤有机质含量较低，质地较粗，地表广泛分布疏松砂质、砂砾质沉积物，植物覆盖度低，土壤较贫瘠，农田土壤风蚀较严重。

自 2000 年以来，太仆寺旗先后启动了京津风沙源治理、退耕还林、禁牧舍饲、生态移民、易地移民搬迁五大生态建设工程。由于太仆寺旗宜林地少立地条件差，在农区逐步实现了除牛以外其他畜种全年禁牧，牧区实行季节性休牧和划区轮牧。由于多年生牧草种植要根据地理条件来决定，种植期间，采取禾本科和豆科混播的形式。干旱、高温天气会影响造林成活率，应充分利用退耕还林带间土地资源进行人工种草。

二、研究方法

1. 气象观测

在3个观测区分别选取有代表性、平坦的区域分别架设气象观测场,如图9.2所示。3套波文比观测系统均于2008年6月搭建或改装完毕,用自动气象站来观测各研究区的基础气象数据,包括降水量、太阳辐射、光合有效辐射、净辐射、风速、风向、土壤热通量、温湿度。各传感器的具体信息如表9.2所示。气象站采用太阳能驱动,利用数据采集仪(DT500 series 3, Datataker, Australia)周年连续自动观测和记录,数据采样间隔5s,每10min输出1次平均数据。

图9.2 自动观测站

表9.2 自动观测站的观测参数

观测要素	仪器型号	安装高度/m
风速和风向	05103,RM-YOUNG,USA 200-WS-02,NOVALYNX,USA	15.00 2.00
空气温度和湿度	225-050YA,NOVALYNX,USA	2.00,1.50
降水量	7852M-AB,DAVIS,USA	0.70
太阳辐射	PYP-PA,APOGEE,USA	2.00
光有效辐射	QSOA-S,APOGEE,USA	2.00
净辐射	240-100,NOVALYNX,USA	2.00
土壤热通量	HFP01,HUKSEFLUX,USA	−0.05,−0.01

2. 蒸散发观测(波文比法)

根据能量守恒定律,植被冠层接收的能量等于支出的能量,能量平衡方程为

$$R_n = LE + H + G \tag{9.1}$$

式中：R_n 为太阳净辐射[J/(m^2 · s)]；G 为土壤热通量[J/(m^2 · s)]；H 为显热通量[J/(m^2 · s)]；LE 为潜热通量(E 是垂直方向上的水汽通量)[kg/(m^2 · s)]；L 为水的汽化潜热系数(J/kg)。其中，R_n、G 可以实测得到，LE 潜热通量和 H 显热通量可以计算得出。

波文比(β)为某一个界面上显热通量与潜热通量的比值，且可以表示为垂直方向上温度梯度和湿度梯度的函数。假定乱流水汽交换系数与乱流热交换系数相等，$K_w = K_h$，β 可以定义为(Bowen，1926)

$$\beta = \frac{H}{LE} = \frac{\rho C_p K_h \dfrac{\partial T}{\partial z}}{\varepsilon L / P \rho K_w \dfrac{\partial e}{\partial z}} = \gamma \frac{\Delta T}{\Delta e} = \frac{C_P \Delta T}{L \Delta q} \tag{9.2}$$

式中：ρ 为空气密度(kg/m^3)；C_p 为空气定压比热[kJ/(kg · ℃)]；γ 为干湿表常数；$\varepsilon = 0.622$，为水汽和干燥空气的分子量之比；P 为气压(kPa)；ΔT 为上下层空气温度差；Δe 为上下层水汽压差；Δq 为上下层湿度差。根据波文比，可以分别计算出 LE、H 以及蒸散发量(ET)的值：

$$LE = \frac{R_n - G}{1 + \beta} \tag{9.3}$$

$$H = \frac{\beta(R_n - G)}{1 + \beta} \tag{9.4}$$

$$ET = \frac{R_n - G}{L(1 + \beta)} \tag{9.5}$$

3. 土壤水分观测

采用烘干称重法和 TDR300 手持式土壤水分速测仪对 3 个观测区的 7 类样地进行土壤水分含量测定。烘干称重法以大致 1 月的时间间隔采集一次数据(10 月下旬～3 月土壤进入冰冻期，未采集数据)，分别收集 0～70cm 深度的土样(8 个层次：0cm，5cm，10cm，15cm，20cm，30cm，50cm，70cm)，每个样地做 3 个重复(70cm 以下进入钙集层)。利用精度为 0.01g 的天秤称取土样鲜重，随后将铝盒装好的土样带回室内在 105℃ 的烘箱内烘 24h 至恒重测定土样的干重，土壤质量含水量的计算公式如式(9.6)所示：

$$m = \frac{m_1 - m_2}{m_2 - m_0} \times 100\% \tag{9.6}$$

式中：m 为土壤质量含水量；m_1 为烘干前铝盒及土样质量(g)；m_2 为烘干后铝盒及土样质量(g)；m_0 为烘干空铝盒质量(g)。

在植被生长季，借助手持式时域反射仪(TDR300)监测 7 个样地 0～20cm 深度的土壤体积含水量，每个样地做重复 5 个，大致取样间隔为 1～2d(降雨时除外)。因为 TDR 测土壤水分的不确定性，采用同一天烘干称重法获取的相应结果利用回归分析法来校正 TDR 观测数据。

4. 土壤蒸发观测

由于草地的土壤浅层根系丰富，利用口径比较小的小蒸渗仪可以避免土壤、植被的破坏。为此,本研究中我们使用小蒸渗仪观测土壤蒸发量。分别于2008年、2009年的6~8月,在3个观测区(7个样地)用小型蒸渗仪(3个重复)观测各样地的土壤蒸发量。小型蒸渗仪由环刀(直径70mm×高52mm,容积约200cm^3)制成,由于容积相对较小,草原土壤水分含量小且蒸发大,因此采用每天换土,早晚称重的方式,按日记录每天的土壤蒸发量(降雨时除外)。

5. 植被调查

我们于2008年7月16~18日,采用常规草地植被调查方法,在农田—草地生态系统野外站原生草地(ND1)、2000年退耕草地(2000)、原生草地(ND2)、2004年退耕草地(2004)、2006年退耕草地(2006)与原生草地(ND3)6块样地上随机选取样方,共布置样方16个,其中ND1布置了4个样方;2006年、2004年各自3个样方;ND2、2000、ND3各自2个样方。样方大小为1m×1m(图9.3)测定了物种类、高度、盖度、总盖度、多度和地上生物量(干重)。在调查的同时用手持GPS对调查地点定位,并记录调查地点的海拔,地形地貌特征。

6. 土壤采样与土壤理化性质测定

采用挖土壤剖面的方法分层采样。土壤剖面一般是宽80cm、深100cm(图9.4),在退耕草地、原生草地等6块样地上随机选点,结合土壤剖面情况进行分层,依次记录土壤剖面性质(松紧度、孔隙状况、湿度、植物根系状况、石块情况),并分层均匀采样。同时用容积为100cm^{3}的环刀取原状土,每层3个重复,以求土壤的容重。在调查的同时用手持GPS对调查地点定位,记录调查地点的海拔、地形地貌特征。

图9.3 植被样方

图9.4 样地土壤剖面

另外,在农地的土壤容重测定时,为了不破坏农地的植被生长环境,利用土钻取样,并用环刀取土测定土壤容重。

$$m = \frac{W}{V} \tag{9.7}$$

式中：m 为土壤容重(g/cm^3)；W 为土壤干重(g)；V 为土壤体积(cm^3)。

内业分析方面，为了具体分析不同样地土壤质地情况，采用吸管法划分不同样地的颗粒组成(国际制)。另外采用研磨过筛法对土样进行处理，相关土壤化学性质测试项目如表 9.3 所示。

表 9.3　土壤化学性质测试项目表

分析项目	全氮	全磷	速效磷	速效钾	pH	有机质	阳离子交换量
方法	凯氏定氮法	酸溶—分光光度法	$NaHCO_3$ 浸提—分光光度法	NH_4AC 浸提—火焰光度法	电位法	油浴外加热—$K_2Cr_2O_2$ 容量法	NH_4Cl-NH_4AC 法

7. 数据解析

波文比能量平衡法的测量精度主要由波文比决定。日出、日落(R_n-G 接近于 0)或发生水平降水，以及气温较低时，β 值多无意义，这在很多文献中已有过论证(Valentijin et al.，2006；Kalthoff et al.，2006；Richard et al.，2000；吴家兵等，2005)。因此在波文比值的取舍上，有人建议将－0.7～－1.3 的值除去，也有人选择淘汰大于 10 以及小于－0.7的值(Valentijin et al.，2006)。Perez 等(1999)提出了结合温湿度传感器的精度来动态决定波文比的取值范围的方法。结合净辐射和土壤热通量，分为 5 种筛选情况，如表 9.4所示。

表 9.4　波文比值的取舍条件

条件	波文比值
$R_n - G > 0$ and $\Delta e > 0$	$\beta < -1 + \lvert\varepsilon\rvert$
$R_n - G > 0$ and $\Delta e < 0$	$\beta > -1 - \lvert\varepsilon\rvert$
$R_n - G < 0$ and $\Delta e > 0$	$\beta > -1 - \lvert\varepsilon\rvert$
$R_n - G < 0$ and $\Delta e < 0$	$\beta < -1 + \lvert\varepsilon\rvert$
T 和 e 剧烈变化时	

误差值(ε)由式(9.8)计算：

$$\varepsilon = \frac{\delta\Delta e - \gamma\delta\Delta T}{\Delta e} \tag{9.8}$$

式中：$\delta\Delta T$、$\delta\Delta e$ 分别为温度、湿度传感器的测量精度；γ 为干湿表常数。

通过筛选计算，很多早春、晚秋、冬季，以及夜晚的数据不能用，所以主要选取生长季白天的数据进行分析。

受自然和人为因素的影响，在我们的观测中有部分净辐射数据缺失。根据净辐射的经验公式：

$$R_n = (1-\alpha)R_s\downarrow + \varepsilon_a\sigma T_a^4 - \varepsilon_s\sigma T_s^4 \tag{9.9}$$

式中：ε_a 为无云天气的大气有效发射率；ε_s 为地表发射率；T_a 为参考高度(一般距地面

2m)的空气温度(℃);T_s 为地表辐射温度;α 为地表反照率;σ 为斯特藩—玻耳兹曼常数,5.67×10^{-8}[W/($m^2\cdot K^4$)]。利用地表净辐射与总辐射及其他参数(同期月平均气温、地面温度、相对湿度、降水量等)之间的关系,采用多元线性回归的方法来补充缺失的数据(刘新安等,2006;翁笃鸣和高庆先,1993;孟平等,2005)。考虑季节变化的影响,可以分季度来建立回归方程(任鸿瑞等,2006;Alados et al.,2003)。

根据不同时间数据缺失的具体情况,我们选用以下两种方法进行数据补充:①用两个塔对应时间的净辐射按季节建立回归方程1,来推求其中一个塔的净辐射。②用一个塔的净辐射与其对应时间的总辐射、土壤热通量、气温、实际水汽压按季节建立多因子逐步回归方程2来推求未观测到的净辐射值。收集到的数据为2008年6月~2009年10月,考虑季节天气变化的特点,分季节建立回归,3、4、5月分别对应11、10、9月,6~8月为一组,12、1、2月为一组。

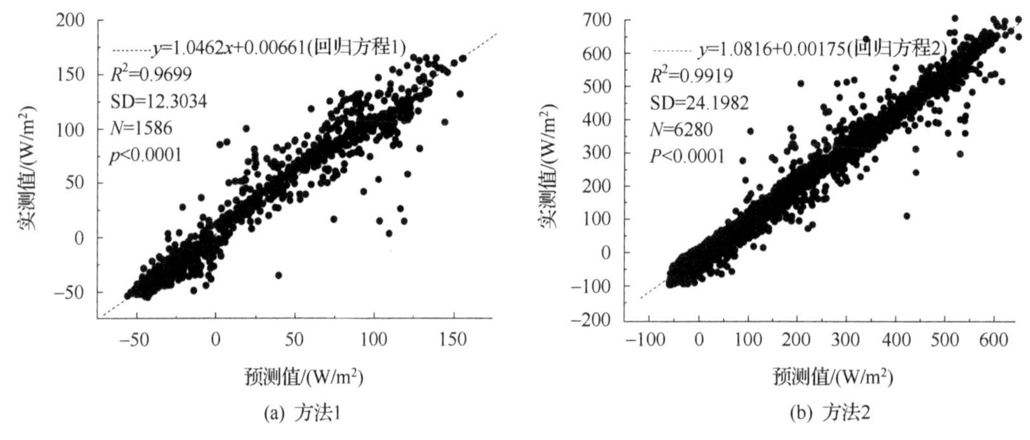

图9.5 预测值与实测值的散点图

对于净辐射相互补充法,在验证上采用2008年12月的实测净辐射 R_{n2} 与净辐射 R_{n3} 建立回归方程2,利用2009年1月的实测净辐射 R_{n2} 代入方程2计算出净辐射 R_{n3} 的预测值,再用同期对应的 R_{n3} 实测值来检验回归效果。预测值与实测值的平均绝对误差为 8.5W/m²,平均相对误差为0.05,其二者的散点图如图9.5(方法1)所示。

为了验证多因子逐步回归方法的精度,我们用2008年8月观测塔3的净辐射与总辐射、土壤热通量、气温、实际水汽压建立逐步回归方程1,利用2009年8月观测塔3对应的实测数据代入方程1计算出 R_{n3} 的预测值,再与同期的 R_{n3} 实测值进行对比。预测值与实测值的平均绝对误差为24.6W/m²,平均相对误差为0.17,二者的散点图如图9.5(方法2)所示。

结果两种补充方法均能到达精度要求,其中净辐射相互补充法的精度大于多因子逐步回归法,所以在实际计算中优先考虑用两个观测塔已有的净辐射进行相互补充,条件不足的部分选用多因子回归法。

第二节　蒸散发特征及其分析

一、能量平衡特征

有研究对半干旱区内蒙古锡林河流域的能量通量进行了分析，结果显示在6～8月潜热通量会逐渐增大，7月以后与显热通量相当，而其他月份则显热通量占据上风（吕达仁等，2005；Hao et al.，2007，2008；Ketzer et al.，2008）。在本研究中，我们对3个观测塔对应的样地（原生草地1、2000年退耕草地、2006年退耕草地）进行对比分析。

1. 生长季初期

根据数据分析的结果，我们选取2009年4月15～25日的数据平均值来说明原生草地（ND1），2000年退耕草地（2000）与2006年退耕草地（2006）的净辐射（R_n）、显热（H）、潜热（LE）以及地表热通量（G）的变化情况。在观测期间，总降水量为14.6mm。由于是4月，处于生长季初期，植被处于发芽状，3个样地的显热、潜热通量都远小于R_n。ND1的LE稍大于H，而2000和2006的LE与H则大致相当。在中午温度较高时，H值会稍大于LE值（图9.6）。

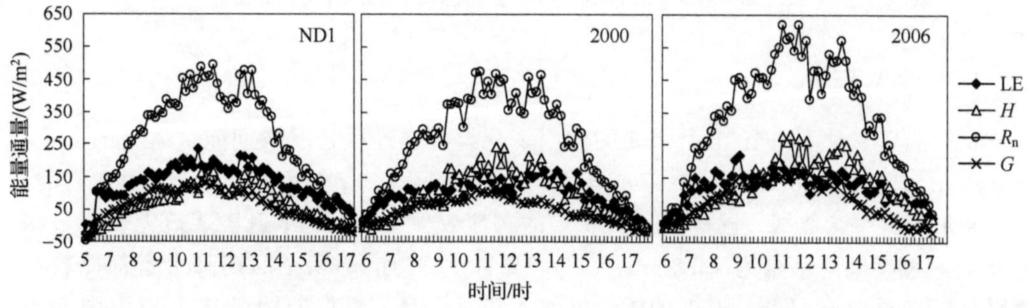

图9.6　2009年4月15～25日三个样地白天能量通量平均值

ND1：原生草地1；2000：2000年退耕草地；2006：2006年退耕草地

2. 生长季中期

生长季中期植被生长旺盛，植被覆盖度和叶面积指数增大，使得蒸腾量增加。图9.7包括了2008年7月18～31日和2009年7月18～31日的各能量通量的日平均数据。需要说明的是，在2009年的相应观测期，2000年的退耕草地上的波文比观测塔2受损，从4月起无观测数据。2008年的观测期，降水量为27.2mm，2009年为41.9mm。分析2008年的数据，可见LE与H明显增高，且三个样地的LE均大于H。其中ND1和2000的LE明显大于H，2006样地白天受净辐射变化的影响，部分正午时的LE约等于H。观测期2009年的降水量远大于2008年，从2009年的数据可以发现无论是ND1还是2006，两个样地的LE均远大于H，而接近与R_n，可见降水为土壤提供了丰富的水源，使得样地潜热通量也随之增大。

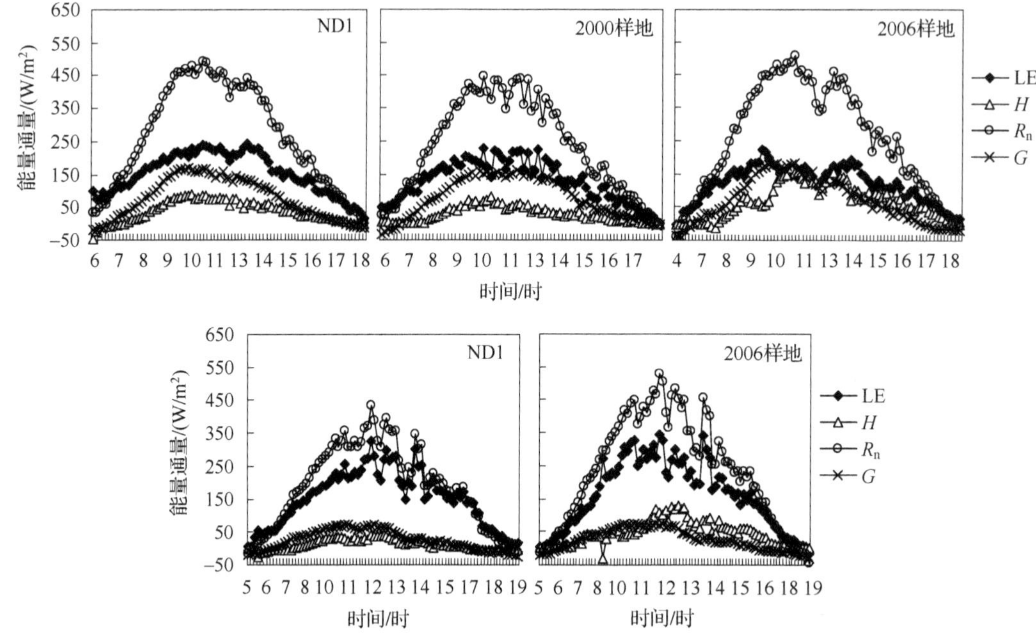

图 9.7 2008 年 7 月 18～31 日(上),2009 年 7 月 18～31 日(下)样地白天能量通量平均值

ND1:原生草地 1;2000:2000 年退耕草地;2006:2006 年退耕草地

3. 生长季末期

我们选择 9 月下旬至 10 月上旬的数据来分析各样地生长季末期能量通量的变化情况。图 9.8 包括了 2008 年 9 月 17 日至 10 月 4 日和 2009 年 9 月 17 日至 10 月 4 日的各能量通量的日平均数据。同样,在 2009 年的相应观测期,2000 年退耕草地无观测数据。2008 年观测期间降水量为 13.8mm,2009 年降水为 9.1mm,两个时期降水量都比较小。对照分析各样地的结果,ND1 的 LE 仍然大于 H,但二者的差距已比生长季中期小。2000 退耕地的 LE 大致与 H 相当,而 2006 的 H 则占据优势地位,远大于 LE。

通过分析可见,2006、2000 退耕草地的变化与他人的结果类似;而原生草地 ND1 则不同,其潜热通量在整个生长季明显占据优势地位。

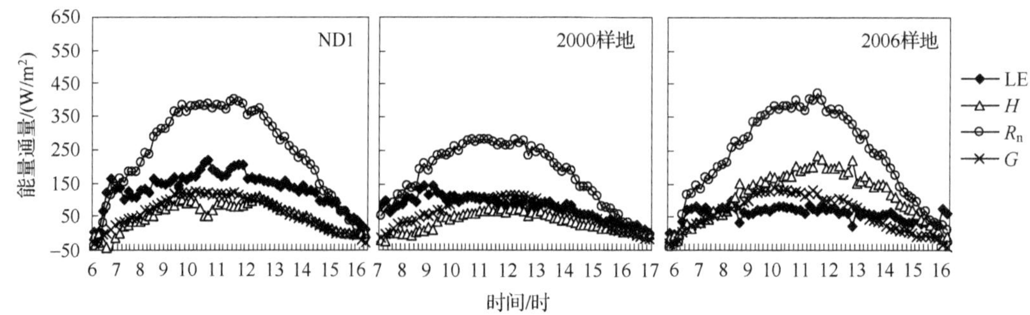

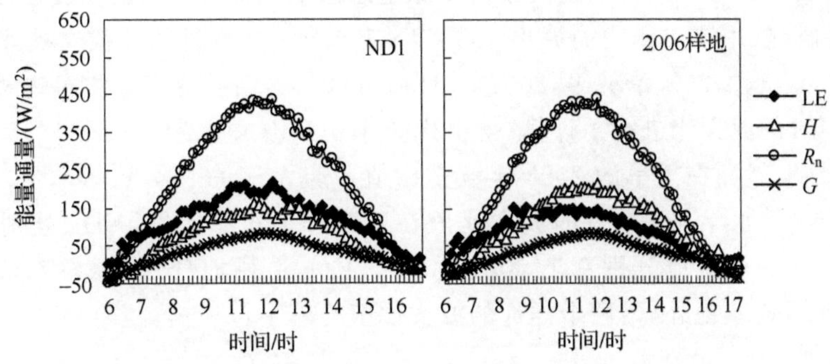

图 9.8　2008 年 9 月 17 日～10 月 4 日(上)、2009 年 9 月 17 日～10 月 4 日(下)样地白天能量通量平均值

二、不同退耕年龄草地的蒸散发特征

1. 生长季的波文比变化特征

图 9.9 表示的是 2008 年和 2009 年的波文比的月均值，通过分析发现生长季中期6～8 月波文比最低，初期与末期波文比相对较高。2006 年退耕草地的波文比(β_3)最高，其次为 2000 年退耕草地的波文比(β_2)，原生草地 ND1 的波文比(β_1)值最小。Kalthoff 等(2006)通过总结前人的结果，得出干旱区的“绿洲效应”条件，即在绿洲或灌溉地，其波文比可以到达－0.26，而潜热通量甚至超过了净辐射的情况，而在典型干旱地区，波文比值却可达到 10 以上(Kalthoff et al.，2006)。在 2008 年，ND1、2000 年退耕地和 2006 年退耕地在生长季中期的波文比平均值分别为 0.04、0.2 和 0.6，原生草地 ND1 更接近与“绿洲效应”。而在 2009 年，ND1 生长季中期的波文比平均值 0.2，2006 年退耕草地为 0.5，可见原生草地受降水减少的影响波文比增大，而退耕草地变化不大。

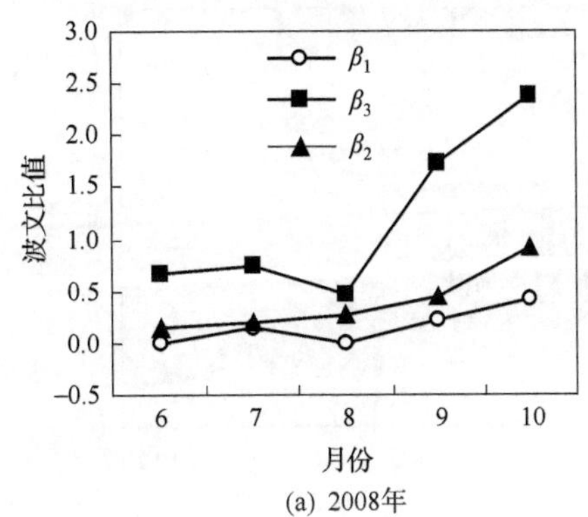

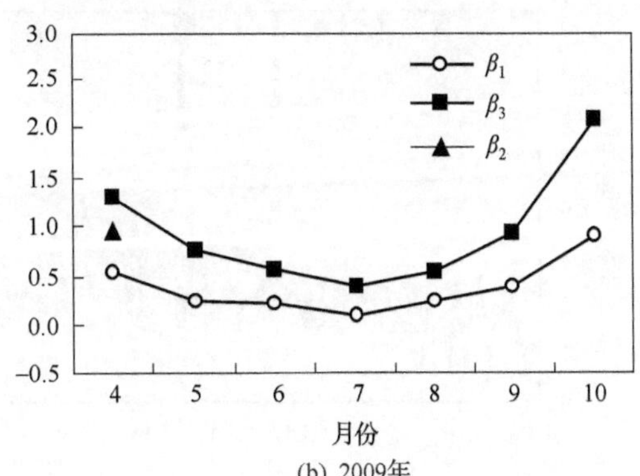

图 9.9　观测期波文比月均值

β_1：原生草地 ND1 的波文比；β_2：2000 年退耕草地的波文比；β_3：2006 年退耕草地的波文比

朱治林等(2002)对中国科学院内蒙古草原生态系统定位研究站的恢复性沙地针茅和冷蒿草地开展研究，用波文比法测算出1998年(丰水年)5～8月的日波文比平均值分别为1.26、1.42、0.41、0.2(朱治林等，2002)。Hao等(2008)用涡度相关法对锡林河流域草地2004(丰水年)的波文比进行了计算，得出生长季初期波文比为1.07～1.95，生长季中期为0.49～0.93，然而在干旱的2005年波文比值普遍大于1(Hao et al.，2008)。在本研究中，2008年(平水年)6～8月的波文比值在三个样地均有差别，ND1分别为0.008，0.13，-0.01；2000退耕地分别0.14，0.19，0.27；2006退耕地分别为0.67，0.73，0.47。可见除2006年退耕草地外，另两个样地的波文比值均较小。

2. 蒸散发的日变化规律

图9.10是2008年和2009年3个退耕草地的日蒸散发变化及其相应的降水量。总体看来，日蒸发量大致在1.0～4.0mm/d。

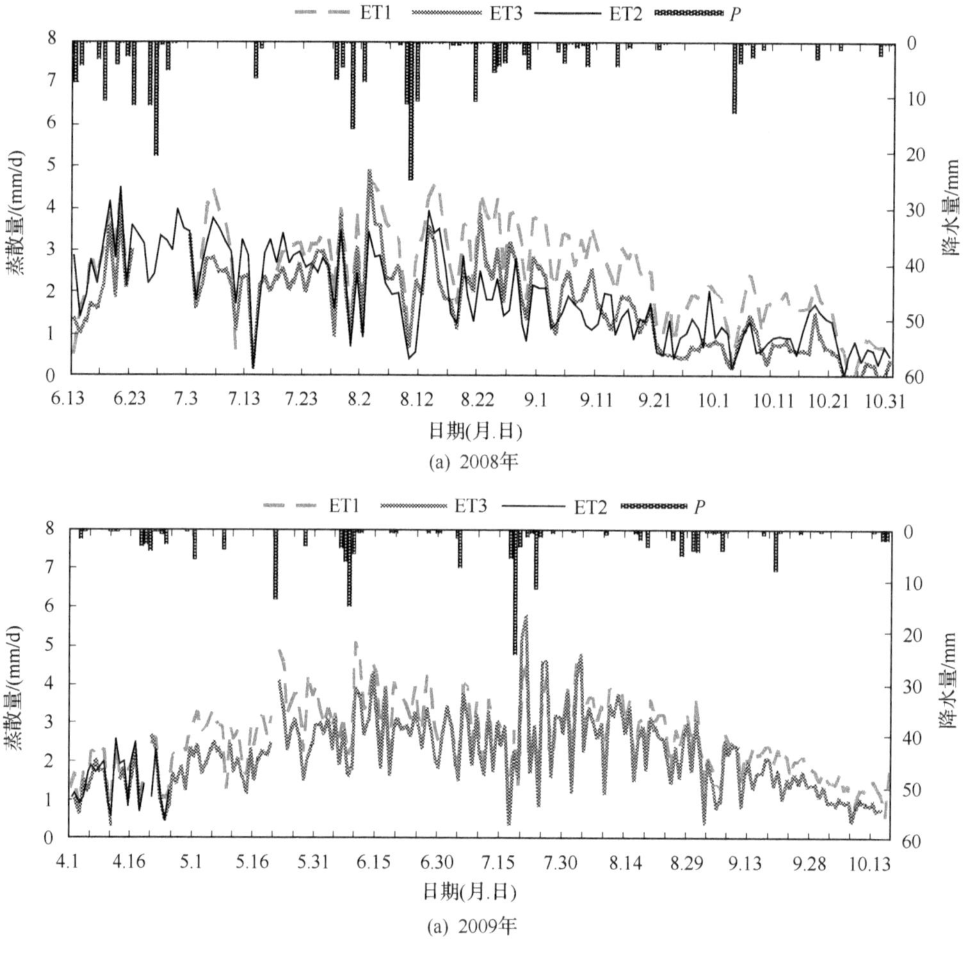

图9.10　2008年、2009年三个样地的日蒸散变化情况

ET1. 原生草地ND1的蒸散量；ET2. 2000年退耕草地蒸散量；ET3. 2006年退耕草地蒸散量；*P*. 降水量

Hao 等(2007,2008)分析了内蒙古锡林河流域羊草草原丰水年和干旱年的蒸散发数据,丰水年的最大日蒸散发为 4mm/d,而干旱年的最大日蒸散发为 3.3mm/d。Miao 等(2009)采用涡度相关法测得内蒙古多伦典型草原丰水年的最大日蒸散为 5.69mm/d,生长季蒸散量变化范围为 0.2～5.69mm/d。宋炳煜(1995)采用土柱称重法测得羊草草原的最大日蒸散量为 6.3mm/d。2008 年生长季 6 月～10 月,ND1 的最大日蒸散量为 4.6mm/d,2000 年退耕地为 4.5mm/d,2006 年退耕地为 4.8mm/d;ND1 的平均日蒸散量为 2.5mm/d,2000 年退耕地为 2.0mm/d,2006 年退耕地为 1.8mm/d。三个样地的最大日蒸散量大致相当,结果与他人的观测值相差不大,且小于羊草草原的值,但是蒸散量的平均值随着退耕年龄的减少而减小。2009 年生长季4～10 月,ND1 的最大日蒸散量为 5.0mm/d,2006 年退耕地为 5.7mm/d;ND1 的平均日蒸散量为 2.5mm/d,2006 年退耕地为 2.1mm/d。2009 年研究区的总降水量小于 2008 年,从平均日蒸散的数据来看,2009 年 ND1 的结果与 2008 年的结果类似,而 2006 年退耕草地的结果却大于 2008 年的数据。

由图 9.10 可以发现,整体上研究区 6～8 月日蒸散量最大,8 月后日蒸散量逐渐减少。原生草地(ND1)的蒸散量最大,2000 年退耕草地(2000)次之,2006 年退耕草地(2006)的日蒸散量最小。随着退耕年限的增加,日蒸散量呈增大的趋势。由于部分数据的缺失,使得 2009 年的数据不齐,通过已有数据比较可以发现 2000 年退耕草地的蒸散量仍大于 2006 年退耕地。

3. 蒸散发的月变化规律

图 9.11 表示的是 2008 年 6 月中旬至 10 月以及 2009 年 4～10 月的月蒸散量数据。分析 2008 年的数据,7、8 月是生长季蒸散量最大的月份,ND1 和 2006 年退耕草地均在 8 月达到月蒸散最大值,之后减少。2000 年退耕草地在 6、7 月蒸散量大致与 ND1 相当,而 7 月后蒸散量则开始减少。生长季后期,ND1 在 9 月的月蒸散量约为 70mm,而 2000 年、2006 年退耕草地则减少到 40mm 左右。从 2009 年的数据来看,月蒸散总量仍与 2008 年大致相当。随着天气转暖、植被返青,ND1 的日蒸散增长较快,到 6 月达到最大值,之后

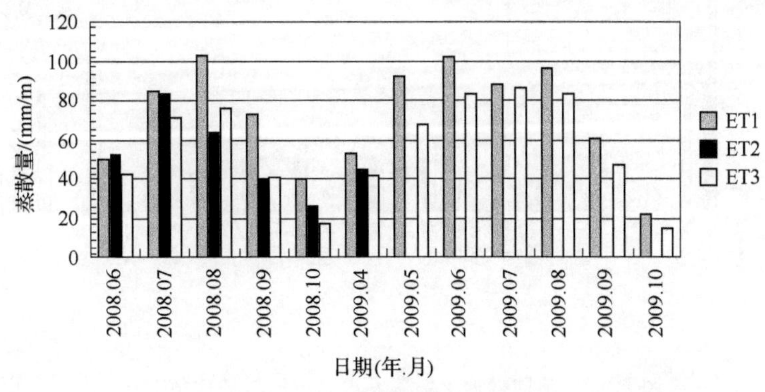

图 9.11　不同样地蒸散发月变化

ET1. 原生草地 ND1 的蒸散量;ET2. 2000 年退耕草地蒸散量;ET3. 2006 年退耕草地蒸散量

由于降水的减少7月、8月的蒸散量开始减少，但其结果总体仍与2008年相当。到9月、10月，ND1的蒸散量则明显减少，且小于2008年的结果。2006年退耕地在2009年的月变化仍然是正态分布，7月具有月蒸散的最大值，且从整体看，月蒸散的结果均大于2008年的数据，与ND1的蒸散量差距开始减小。

三、不同退耕年龄草地的土壤蒸发特征

土壤蒸发受降水以及土壤水分影响较强。根据土壤含水量分析结果，原生草地的土壤含水量最低，而随着退耕年限的增加，土壤含水量也有所减少。分析不同地点能量平衡的状况是分析水分收支的基础，而结合蒸腾与蒸散的分离，对比分析样地的水分收支状况具有一定的现实意义(Moran et al.，2009)。结合图9.12的结果，在长期无雨的时期，各样地的土壤蒸发差别很小，而在降雨过后各样地的土壤蒸发开始出现分别。通过分析可见，降雨过后，更短退耕年限的退耕草地具有更大的土壤蒸发速度和更多的土壤水分消耗量，原生草地的土壤蒸发量最小。而在无雨的时期，原生草地则表现出更大的土壤蒸发量。

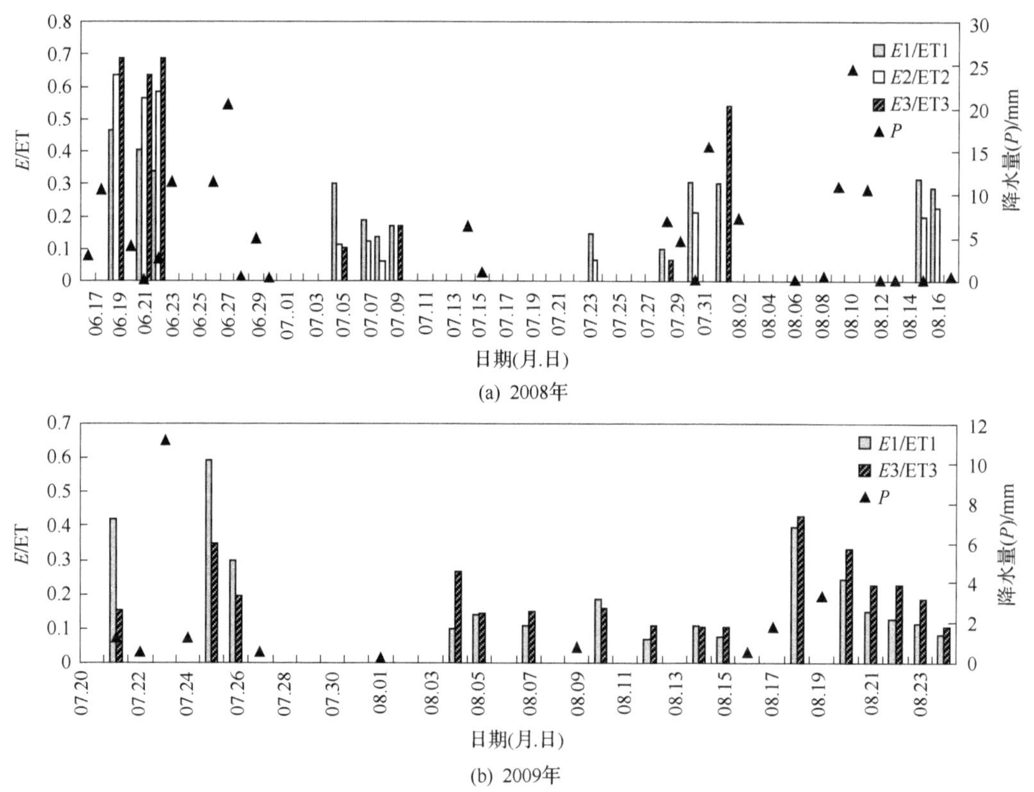

图9.12 不同样地土壤蒸发占总蒸散量的比值对比

*E*1/ET1. 原生草地ND1的值；*E*2/ET2. 2000年退耕草地的值；*E*3/ET3. 2006年退耕草地的值；*P*. 降水量

在土壤蒸发与总蒸散量的比值上(图9.12)，在较强降水以及连续降水使得土壤得到

充分湿润的情况下，各样地的土壤蒸发的比值均明显增加，其中2006的比值最大，其次为2000。2008年6月17～23日总降水量为31.8mm，两个退耕草地的土壤蒸发比值均在0.5以上，大于其植被蒸腾的比值，而原生草地仍然是蒸腾占据更大的优势地位。在降水稍小，或无连续降水的情况下，原生草地的土壤蒸发比值则最大。在2009年的观测期，最大日降水量为11.1mm，除7月25日原生草地的土壤蒸发比值达到了0.58外，其他时期的值均在0.5以下，可见在较干旱期植被蒸腾量更大。

分析其原因，短期的降水对土壤水分的作用受土壤物理性质以及植被盖度影响较大。结合不同样地的总盖度来看，原生草地的盖度均大于退耕草地，且随着退耕年限的增加，植被盖度也在增加。由于在相同的条件下，地表覆盖能减少土壤水分蒸发(Miao et al.，2009)，这也使得退耕草地的土壤蒸发相对更大。另外退耕草地受以往耕作的影响，上层土壤的孔隙度相对较大，使得在降雨后上层土壤水分含量较高，能够提供更多的水分来进行土壤蒸发。而在长期无雨的阶段，自然植被具备更好的水分保持能力，能够保证有足够的水分应对干旱的影响。

四、不同退耕年龄草地的蒸散发差别原因探析

从蒸发与蒸散的比值来看，在生长季大部分时间其值小于0.5，植被蒸腾占据更高的优势地位。植被因素即植被的水分利用效率、盖度等是影响研究区蒸散量变化的主要因素，这与其他人的结论类似(王永芬等，2008)。原生草地由于具有更大的植被盖度与水分利用效率，植被蒸腾量较大，使得蒸散量也更大。尽管降水促使了土壤蒸发的增加，但是退耕草地的植被蒸腾量仍小于原生草地，总蒸散量稍小。且随着退耕年限的减少，蒸散量也越小。

在本研究区，降水的影响不是最大因素。从两年的数据来看，降水量相差较大，而各样地的蒸散量年差别不大。在有效降水的情况下，水分的充足会使样地之间由于植被水分利用效率不同而影响蒸散量，但是大部分时间研究区的降水都为无效降水，土壤蒸发对区域的整体影响稍小。

蒸散量与土壤水分的变化联系密切。退耕草地的土壤水分大于原生草地，而蒸散量小于原生草地。可见原生草地由于蒸散作用消耗了更多的土壤水分，同时更利用了较深层的土壤水分，这使得土壤含水量相对较低。

耕作以及放牧作用会减少区域的总蒸散量(Miao et al.，2009；Chen et al.，2009；韩跃成等，1995)，耕作活动通过改变植被的种类从而影响植被蒸腾作用，放牧活动会减弱土壤淋溶从而增加地表径流。宋炳煜(1996)从地面因子的角度对草原蒸发、蒸腾作用进行了分析，得出群落蒸发与牧压呈线性正相关，群落蒸腾与牧压呈线性负相关，群落退化导致群落蒸发升高，蒸腾降低；相应的群落恢复导致群落蒸发降低，蒸腾升高(宋炳煜，1996)。2006年退耕草地退耕时间短，耕作的影响最大，同时观测区3为自由放牧区，而观测区2和观测区1为禁牧区，因此2006年退耕草地受人为因素的影响远大于另外两个样地，其蒸散量也最小。

第三节　水分收支特征

一、研究区的水量平衡方程

水分收支(水量平衡)是生态系统研究中物质平衡的一部分。水通过循环,将水分与大气、土壤、植被联系在一起,达到区域的水分平衡。一般的水分收支方程为

$$P + I + W = \mathrm{ET} + \Delta Q + D + R \tag{9.10}$$

式的左边主要包括了降水量 P,灌溉水量 I 和地下水补给量 W。公式的右边包括蒸散发量 ET,土壤水分储量变化量 ΔQ,深层渗漏量 D 和地表径流量 R。

水分收支方程式中涉及的分量很多,而且有的分量准确测定较为困难,所以可以根据具体情况对表达式做一定的简化。一般来说,如果土壤系统是封闭的(如土壤层很浅或者具有很深的地下水位),深层渗漏量 D 和地下水补给量 W 就可以忽略,而 ΔQ 也可以很容易地获取(Rana and Katerji,2000)。吕达仁等(2005)通过研究证明在考虑干旱和一般降水年的土壤水平衡时,不必考虑深层水渗漏。Yamanak 等(2007)通过在蒙古的实验,也证明在相对平坦的草地,可以不考虑深层水渗漏。在本研究区,土壤钙积层浅,土壤厚度不大,地下水位较深,因此深层渗漏量 D 和地下水补给量 W 可以忽略,而研究区无灌溉,I 可以忽略;降水少、地形普遍平坦,土壤松厚,一般无地表径流 R。由此,式(9.10)可简化为

$$P = \mathrm{ET} + \Delta Q \tag{9.11}$$

由式(9.11)可见,降水、蒸散发、土壤含水量的变化是研究区内蒙古太仆寺旗草地水分收支的决定因素,只有三者之间达到了平衡,才能满足当地的生态需水量。

二、不同退耕年龄草地在生长季的水分收支

图 9.13 是研究区的水分收支各项的变化,其中 ET 是通过式(9.11)计算得到的蒸散量。通过分析可见 2008 年原生草地的 ET 值相对更大,随着退耕年限的增加,ET 值也增加,总体上 ET 均小于或约等于降水量 P。波文比法计算得到的 $\mathrm{ET_{Bowen}}$ 的与 ET 的变化趋势一致,但 $\mathrm{ET_{Bowen}}$ 值大于用水量平衡方程得到的 ET 值。2006 年退耕地与 2000 年退耕地的 $\mathrm{ET_{Bowen}}$ 由与 P 大致相当,而 ND1 的 $\mathrm{ET_{Bowen}}$ 则远大于 P 的值。

2009 年的 ET 均大于 P,各样地的水分都处于亏损状。而与 2008 年相比,各样地的 ET 呈现相反的变化趋势,退耕年限越短,ET 也就越大,原生草地 ND1 的 ET 最小,大致与 P 相当。利用波文比法计算的 $\mathrm{ET_{Bowen}}$ 仍然大于 ET,同样 ND1 的 $\mathrm{ET_{Bowen}}$ 大于 2006 年退耕草地的 $\mathrm{ET_{Bowen}}$,但二者的差距在缩小。

通过土壤剖面调查,我们发现研究区大概在 1m 深度处土壤出现钙积层,由于打土钻法获取土样的方式受实际条件限制,取样深度只达到了 70cm 左右,所以再往下的土壤储水量未能计算到土壤含水量变化中,会造成水分储量 ΔQ 偏低的情况。由于水分平衡法在较短的时期内受土壤水分波动的影响较大,另外,观测期外的降水(冬季)也会对水量平

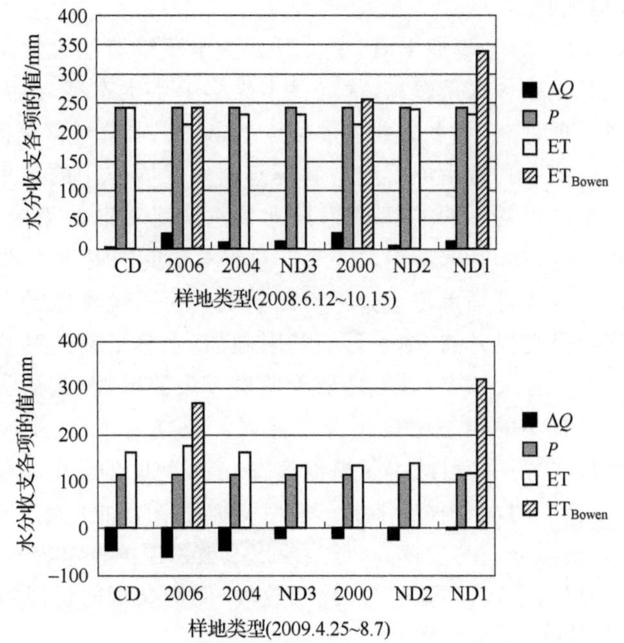

图 9.13　2008 年、2009 年生长季水分收支各项的值

ΔQ 为土壤水分储量变化量；P 为降水量；ET、ET_{Bowen} 分别为水分平衡法、波文比法计算的蒸散量；
ND1：原生草地 1；2000：2000 年退耕草地；ND2：原生草地 2；2004：2004 年退耕草地；
ND3：原生草地 3；2006：2006 年退耕草地；CD：农地

衡法产生影响，由此会造成 ET 值偏小。另外用波文比法计算蒸散量与涡度相关法、蒸渗仪测蒸散法相比均存在测定值偏大的情况（戚培同等，2008；朱治林等，2002），因此这也是波文比法计算结果大于水分平衡法的原因。

三、退耕还草对水分收支的影响

在本研究中，2008 年（平水年）、2000 年退耕草地以及 2006 年退耕草地的水分收支大体平衡，而原生草地蒸散量稍大于降水量。在 2009 年（干旱年），退耕草地与原生草地的蒸散量均大于降水量，水分处于亏损状态。在降水较为充足的时期，原生草地由于具有更高的水分利用效率，植被由于消耗了更多的土壤水分，蒸散量稍大于降水量。而退耕草地受人为耕作以及放牧的影响，植被水分利用效率相对较低，随着退耕年限的缩短，蒸散量也开始减少，总体上蒸散量约等于降水量，降水基本能满足退耕草地的需求。在降水较少时期，各样地水分都处于亏损状态，植被不仅消耗了当年的降水，还包括冬季的融雪、土壤较深层的水分以及往年积累的水分。原生草地 ND1 的蒸散量虽然大于 2006 年退耕草地的蒸散量，但二者的差距在缩小。退耕草地由于前期储备的水量相对更大，所以使得其在 2009 年的蒸散发量有所增加，与原生草地的蒸散差距缩小。研究区的原生草地受放牧的影响存在不同程度的退化，其水分收支也受到一定的影响。农地退耕后，蒸散量也相应减少，水资源含量出现暂时的富足，但这在退耕时间较短的样地表现不明显，因此还需加强退耕更长时间的样地观测。

从太仆寺旗未退化的原生草原来看,主要可分为羊草草原和大针茅草原。由于羊草草原的生境较为湿润,土壤含水量较高,优势种多为旱中生生态型;而大针茅草原的生境较干旱,土壤含水量较低,优势种多为典型的旱生生态型。羊草群落蒸散主要来自群落蒸腾作用,而大针茅群落蒸散则是由群落蒸腾和群落蒸发共同作用的结果(宋炳煜,1995)。有研究证明,在半干旱区内蒙古的羊草草原,降水能够满足蒸散的需求,其水分收支是大体上是平衡的(王永芬等,2008;宋炳煜,1995)。对于本研究中退化了的原生草地,加强禁牧措施,促进植被的恢复演替是重建水分平衡的基础。而退耕草地受以往耕作以及放牧作用的双重影响,同时受气温升高、降水影响的限制,其水分平衡的影响因素更多。尽管在降水较多的年份,其水分大体充足,但是随着退耕年限的增加,其消耗量也在增加。在退耕时间较短的草地,较小的植被盖度增大了裸露的土壤面积,造成沙尘与土壤蒸发加大,而杂草的优势地位在这一阶段减少了植被蒸腾,造成暂时的蒸散量偏小。因此暂时的水分充足并不一定是真正的水分收支平衡。采用秋翻地来增加土壤的蓄水保墒能力减少沙尘(胡霞等,2006);选择合适的牧草,降低浅层以及较深层的土壤容重,在充分利用降水的情况下避免土壤干层的形成;加强管理,控制放牧,促进杂草向优质牧草的演替将是保障退耕工作的有效措施。

参考文献

韩跃成,宋炳煜,来理.1995.草原群落的蒸发蒸腾与水分利用.中国草地,6:24-28.

胡霞,刘连友,严平,等.2006.农牧交错带不同地表土壤水分特征研究——以内蒙古太仆寺旗为例.水土保持研究,13(2):105-137.

焦燕,赵江红,徐柱.2009.内蒙古农牧交错带土地利用对土壤性质的影响.草地学报,17(2):234-238.

刘新安,于贵瑞,何洪林,等.2006.中国地表净辐射推算方法的研究.自然资源学报,21(1):139-145.

吕达仁,陈佐忠,陈家宜,等.2005.内蒙古半干旱草原土壤-植被-大气相互作用综合研究.气象学报,63(5):274-395.

孟平,张劲松,高峻.2005.果树冠层太阳总辐射与净辐射分形特征的相关分析.林业科学,41(1):1-4.

戚培同,古松,唐艳鸿,等.2008.三种方法测定高寒草甸生态系统蒸散比较.生态学报,28(1):202-211.

任鸿瑞,罗毅,谢贤群.2006.几种常用净辐射计算方法在黄淮海平原应用的评价.农业工程学报,22(5):140-146.

宋炳煜.1995.草原区不同植物群落蒸发蒸腾的研究.植物生态学报,19(4):319-328.

宋炳煜.1996.几个主要地面因子对草原群落蒸发蒸腾的影响.植物生态学报,20(6):485-493.

王永芬,莫兴国,郝彦宾,等.2008.基于VIP模型对内蒙古草原蒸散季节和年际变化的模拟.植物生态学报,32(5):1052-1060.

翁笃鸣,高庆先.1993.总辐射与地表净辐射相关性的气候学研究.南京气象学院学报,16(3):288-294.

吴家兵,关德新,张弥,等.2005.涡动相关法与波文比-能量平衡法测算森林蒸散的比较研究——以长白山阔叶红松林为例.生态学杂志,24(10):1245-1249.

朱治林,孙晓敏,张钊华,等.2002.内蒙古半干旱草原能量物质交换的微气象方法估算.气候与环境研究,7(3):351-358.

Alados I,Foyo-Moreno I,Olmo F J, et al. 2003. Relationship between net radiation and solar radiation for semi-arid shrub-land. Agricultural and Forest Meteorology, 116(3-4): 221-227.

Bowen I S. 1926. The ratio of heat losses by conduction and by evaporation from any water surface. Physical Review, 27(6):779-787.

Chen S P, Chen J Q, Lin G H, et al. 2009. Energy balance and partition in Inner Mongolia steppe ecosystems with different land use types. Agricultural and Forest Meteorology, 149(11):1800-1809.

Hao Y B, Wang Y F, Huang X Z, et al. 2007. Seasonal and interannual variation in water vapor and energy exchange over a typical steppe in Inner Mongolia, China. Agricultural and Forest Meteorology, 146(1-2):57-69.

Hao Y B, Wang Y F, Mei X R, et al. 2008. CO_2, H_2O and energy exchange of an Inner Mongolia steppe ecosystem during a dry and wet year. Acta Oecologica, 33(2):133-143.

Holger J, Per-Erik J. 1991. Water balance and soil moisture dynamics of field plots with barley and grass ley. Journal of Hydrology, 129(1-4):149-173.

Kalthoff N, Fiebig-Wittmaack M, Meiβner C, et al. 2006. The energy balance, evapo-transpiration and nocturnal dew deposition of an arid valley in the Andes. Journal of Arid Environments, 65(3):420-443.

Ketzer B, Liu H Z, Bernhofer C. 2008. Surface characteristics of grasslands in Inner Mongolia as detected by micrometeorological measurements. Int. J. Biometeorol. 52(7):563-574.

Miao H X, Chen S P, Chen J Q, et al. 2009. Cultivation and grazing altered evapotranspiration and dynamics in Inner Mongolia steppes. Agricultural and Forest Meteorology, 149(1):1810-1819.

Perez P J, Castellvi F, Ibañez M, et al. 1999. Assessment of reliability of Bowen ratio method for partitioning fluxes. Agricultural and Forest Meteorology, 97(3):141-150.

Rana G, Katerji N. 2000. Measurement and estimation of actual evapotranspiration in the field under Mediterranean climate: a review. European Journal of Agronomy, 13(2-3):125-153.

Richard W T, Steven R E, Terry A H. 2000. The Bowen ratio-energy balance method for estimating latent heat flux of irrigated alfalfa evaluated in a semi-arid, advective environment. Agricultural and Forest Meteorology, 103(4):335-348.

Valentijin R N P, Roceland S. 2006. Comparison of different methods to measure and model actual evapotranspiration rates for a wet sloping grassland. Agricultural Water Management, 82(1-2):1-24.

Yamanaka T, Kaihotsu I, Oyunbaatar D, et al. 2007. Summertime soil hydrological cycle and surface energy balance on the Mongolian steppe. Journal of Arid Environments, 69(1):65-79.

第三部分　气候变化背景下的区域水分收支的遥感研究

第十章 密云水库上游汤河流域水资源的遥感评价[①]

人类活动对水文过程的影响集中体现在对下垫面的改变上，下垫面条件发生改变，生态水文过程的各环节也相应发生变化。森林植被调节径流的作用主要是通过改变流域的下垫面状况，增加降水入渗与蒸散能力，从而影响河川年径流量。蒸散发作为反映土地覆盖变化所引起地表水热变化的敏感因子，在陆地生态系统变化对气候反馈影响研究中有着重要的意义，也是当今全球变化研究的焦点之一。

北京市属于严重缺水地区，水资源条件先天不足，是世界上缺水最严重的大城市之一。而北京市饮用水的"水龙头"密云水库自 1998 年因水质恶化、蓄水量少等原因已不能作为生活饮用水源，因而国家和政府为了增加密云水库蓄水量和保护水质在潮白河上游布置了许多生态建设项目，均以增加植被覆盖率为首要目标。然而上游的生态建设工程对密云水库蓄水量是否有影响还是值得探讨的问题。为此，本章选择位于密云水库上游水源涵养区的汤河流域为研究对象，利用两期 TM/ETM＋影像(1987 年 7 月 8 日和 1999 年 7 月 1 日)，反演相关的区域地表参数及植被结构参数，并结合气象数据，反演了研究区的绿水通量，对其空间、时间差异进行了分析，探讨了研究区植被覆盖度变化与蒸散量变化之间的关系，并进一步探讨了地表参数同蒸散量之间的关系。

第一节 基于三温模型的蒸散发计算及验证

自 1802 年 Dalton 提出计算蒸散发的公式以来人们对于蒸散发的研究已有 200 多年的历史，从不同角度进行了深入研究，总结了一系列的蒸散发计算方法，但这些传统方法都是以点为基础，只适用于较小区域内均匀分布、完全覆盖的某一类作物。对于较大区域内蒸散发的计算，由于下垫面几何结构与物理性质在空间上的高度变化，研究成果难以得到应用。但人口剧增、全球变暖、水资源短缺等全球问题的加剧使得区域性蒸散发通量的研究越来越得到重视，中大尺度区域蒸散发通量的估算成为研究这些问题的关键。多波段卫星遥感技术的发展为中大尺度区域蒸散发通量的计算提供了基础，利用在时空上具有连续性与大跨度的遥感信息可以为区域蒸散发通量的计算反演出基本的地表参数，从而将有限的站点的观测结果扩展到整个区域，使得常规蒸散发通量计算方法在区域上得到应用，并促进了一些新方法的产生。

基于地表能量平衡方程的三温模型就是一种利用温度影像与气象数据进行蒸散发评价的有效方法，并在田间试验中得到了很好的验证。通过引入参考土壤(干燥，无水分蒸发的土壤)和参考植被(干燥，无植被蒸腾的植被)的概念，不需要输入空气动力学阻抗就可以计算蒸散发流。它的主要优点是所需参数少、计算较为简单，便于遥感应用。在数据

---

① 本章作者：吴秀芹、邱国玉、李瑞利。

收集和野外观测的基础上,本文首次尝试用三温模型估算区域蒸散发流问题,以期为大中尺度区域蒸散发研究提供一种简单易行的方法,进一步为区域水资源的管理与利用提供决策依据。

一、三温模型简介

三温模型是邱国玉近年(1996)提出的测算蒸散发和评价环境质量的一种方法,因其模型的核心是表面温度、参考表面温度和气温,故称为“三温模型”。该模型包括五个基本模型,即土壤蒸发模型、土壤蒸发扩散系数(评价土壤水分状况和土壤环境质量)、植被蒸腾模型、植被蒸发扩散系数(评价植被水分状况和植被环境质量)和作物水分亏缺系数。该模型由于所含参数少、计算简单、容易遥感观测等特点,简便适用,在基于地面的遥感应用中已经得到了较好的验证(Qiu,1996;Qiu et al.,1996a,1996b,1998,1999)。

自然条件下蒸散发可以发生在裸露土壤区或植被完全覆盖区,而更多的是植被与土壤的混合区。三温模型首先对裸露土壤区和植被完全覆盖区分别建立了无效蒸散发流计算模型(土壤蒸发计算模型)和有效蒸散发计算模型(植被蒸腾模型),而对于植被与土壤的混合区,则引入植被覆盖度,根据其值对土壤蒸发和植被蒸腾进行加权,获得总蒸散发。

1. 无效蒸散发的估算

三温模型建立的基础是地表能量平衡方程:

$$\mathrm{LE} = R_n - G - H \tag{10.1}$$

式中:LE 为潜热通量[E 为无效蒸散发(蒸发量);$L=2.49\times10^6\,\mathrm{W/(m^2\cdot mm)}$,为水汽的汽化潜热];$R_n$ 为净辐射通量;G 为土壤热通量;H 为显热通量。对于裸露土壤区,其显热通量 H 可以湍流形式表现为

$$H = \frac{\rho C_p (T_s - T_a)}{r_a} \tag{10.2}$$

式中:ρ 为空气密度;C_p 为空气定压比热;ρC_p 为空气的体积热容量;T_s 为土壤表面温度;T_a 为参考高度的空气温度;r_a 为空气动力学阻抗。

邱国玉等通过试验研究引入参考土壤(无水分蒸发的干土壤),分析得出微小面积的参考土壤的存在并不会导致周围大气条件发生显著的改变,参考土壤在参考高度上的空气温度、湿度、风速与周围蒸发土壤的条件是一样的,也就是说参考土壤和蒸发土壤的空气动力学阻抗 r_a 一样,从而 r_a 也就可以表示为

$$r_a = \frac{\rho C_p (T_{sd} - T_a)}{R_{nd} - G_d} \tag{10.3}$$

式中:T_{sd} 为参考土壤的表面温度;R_{nd} 为参考土壤的净辐射通量;G_d 为参考土壤热通量。将式(10.1)、式(10.2)、式(10.3)合并,可得到无效蒸散发的计算公式:

$$E = R_n - G - (R_{nd} - G_d)\frac{T_s - T_a}{T_{sd} - T_a} \tag{10.4}$$

2. 有效蒸散发的估算

三温模型首先假定在地面被植被完全覆盖的情况下，土壤热通量可忽略不计，感热通量可用一个一维梯度表达式模拟，植被冠层感热通量(H)可表述如下：

$$H = \frac{\rho C_p (T_0 - T_a)}{r_a} \tag{10.5}$$

式中：ρ 为空气密度；C_p 为空气定压比热；T_0 为空气动力学温度，是冠层热量源汇处的空气温度；T_a 为参考高度处的空气温度；r_a 为空气动力学阻力。Zhang 等(1995)年提出的单层阻力遥感模型中认为，在植被完全覆盖区，将空气动力学温度(T_0)用遥感数据反演得到的地表温度(T_c)代替来计算感热通量时，得到的蒸散量与观测值较为一致(Zhang et al.,1995)。因此，植被冠层感热通量(H)和没有蒸腾的参考植被的感热通量(H_p)又可分别表示为

$$H = \frac{\rho C_p (T_c - T_a)}{r_a} \tag{10.6}$$

$$H_p = \frac{\rho C_p (T_p - T_a)}{r_{ap}} \tag{10.7}$$

式中：T_c、T_p 分别为植被冠层表面温度、参考植被冠层表面温度；r_{ap}为没有蒸腾的参考植被的空气动力学阻力。Qiu 等(1996)指出，r_{ap}/r_a 的斜率接近 1，轴截距接近 0，故可得方程：

$$\frac{H}{H_p} \approx \frac{T_c - T_a}{T_p - T_a} \tag{10.8}$$

根据三温模型，有

$$\frac{H}{H_p} = \frac{R_n - T}{R_{np}} \tag{10.9}$$

式中：H、H_p 分别为植被冠层感热通量和没有蒸腾的参考值被的感热通量；T 为有效蒸散发(蒸腾量)；R_n 和 R_{np} 分别是植被和参考植被的净辐射通量。联系上述式(10.6)、式(10.7)、式(10.8)、式(10.9)和地表能量平衡方程式(10.1)，得到植被全覆盖区植被的蒸腾量(有效蒸散发)：

$$T = R_n - R_{np} \frac{T_c - T_a}{T_p - T_a} \tag{10.10}$$

3. 植被与土壤混合区蒸散发的估算

对于植被与土壤的混合区，三温模型通过引入植被覆盖度的概念分别给出无效蒸散发(E)和有效蒸散发(T)的权重，用式(10.11)计算蒸散发的总量：根据植被覆盖区和裸露土壤区所占比例表示：

$$\mathrm{ET} = (1 - f) \times E + f \times T \tag{10.11}$$

式中：f 为植被覆盖度。

可以看出，三温模型中包括的参数种类比较少。在计算无效蒸散发时，需要的参数有 3 个：净辐射、土壤热通量和温度。在计算有效蒸散发时，只需要两个参数：净辐射和温度。由于这些用遥感方法估算时相对比较容易，三温模型在遥感应用上具有一定优势。

二、地表净辐射通量计算

1. 向上的长波辐射

$$R_{L\uparrow} = \varepsilon \cdot \delta \cdot T_s^4 \tag{10.12}$$

式中:ε 为地表比辐射率;T_s 为地表温度;δ 为 Stefan-Boiltzmann 常数 $\delta=5.6704\times10^{-8}$ $W/(m^2 \cdot K^4)$。

2. 向下的长波辐射

大气向下的长波辐射,即大气逆辐射,计算较困难。理论上应当垂直积分辐射通量散度方程,实用上则采用简单的方法。采用如下简单公式计算(Bastiaanssen et al.,1998):

$$R_{L\downarrow} = 1.08(-\ln\tau_{sw})^{0.265} \cdot \delta \cdot T_a^4 \tag{10.13}$$

式中:τ_{sw}为大气透过率;δ 为 Stefan-Boiltzmann 常数;T_a 为空气温度,可用气象站温度。

3. 向下的短波辐射

$$R_{S\downarrow} = G_{sc} \cdot \cos(\theta) \cdot d \cdot \tau_{sw} \tag{10.14}$$

式中:G_{sc}为太阳常数($1367W/m^2$);θ 为太阳天顶角;d 为日地距离;τ_{sw}为大气透射率,可由公式(10.15)计算:

$$\tau_{sw} = 0.75 + 2\times10^{-5}\times Z \tag{10.15}$$

式中:Z 为海拔(m),可通过 DEM 数据得到。

4. 地表净辐射通量的估算

1)地表净辐射通量计算公式

地表净辐射是地表的主要能量来源,可根据辐射平衡方程由入射能量减去出射能量求得

$$R_n = (1-a)R_{S\downarrow} + (R_{L\downarrow} - R_{L\uparrow}) - (1-\varepsilon)R_{L\downarrow} \tag{10.16}$$

式中:a 为地表反射率。

2)地表净辐射通量时空分布图

地表净辐射是地面能量、物质输送与交换过程中的原动力,是气候形成及气候变化的主要依据,也是驱动水汽逸出地表的能源,因此净辐射通量的变化将导致地表热量平衡中其他分量的变化。图 10.1 和图 10.2 分别为研究区 1987 年 7 月 8 日和 1999 年 7 月 1 日地表净辐射通量分布图,由图可见,地表覆盖类型从裸地—植被—水体,净辐射通量逐渐增大,并且随着地表植被覆盖度的提高地表净辐射通量也随之增加,这主要是由于低植被覆盖度区域特别是裸地具有较高的反射率。净辐射通量值主要分布在 300~680(W/m^2)之间,区域内地表净辐射通量平均值 1999 年 7 月 1 日为 $543.08W/m^2$,明显高于 1999 年 7 月 1 日的 $465.78W/m^2$,这主要是由后期植树造林导致植被覆盖度的增加引起的。在区域分布上,植被覆盖度较高的西北部地区地表净辐射通量明显高于植被覆盖度相对偏

低的东南部河流谷地。

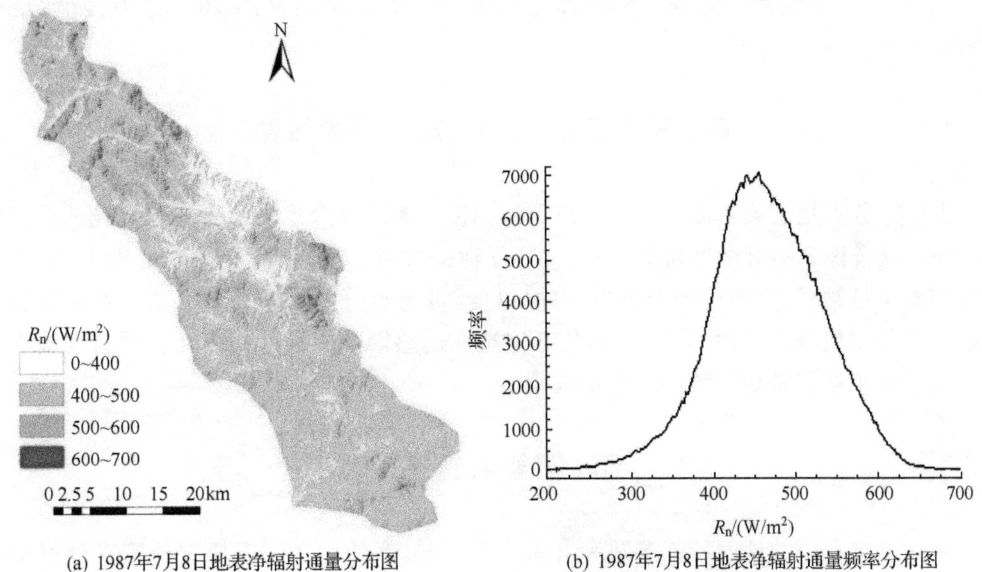

(a) 1987年7月8日地表净辐射通量分布图　　(b) 1987年7月8日地表净辐射通量频率分布图

图 10.1　1987 年 7 月 8 日地表净辐射通量分布图

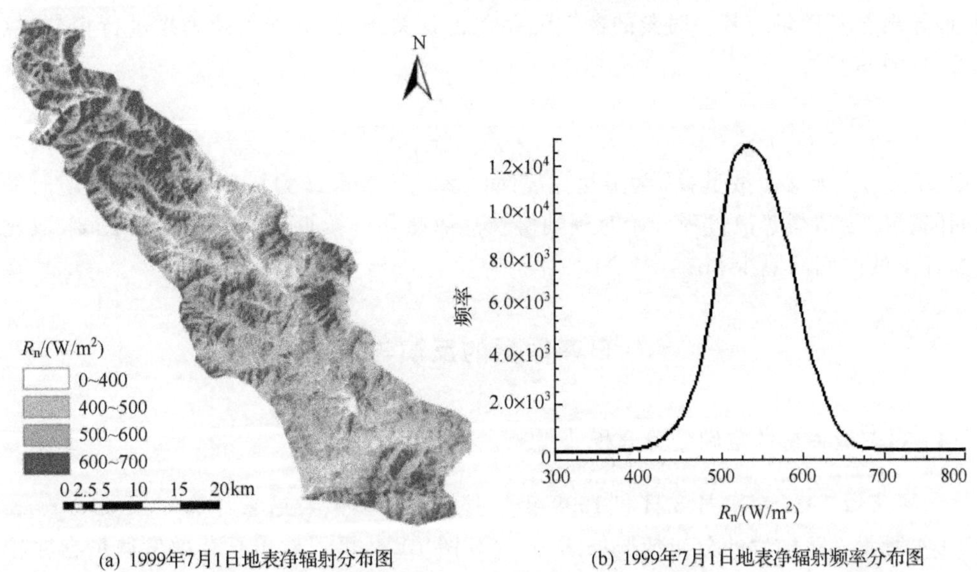

(a) 1999年7月1日地表净辐射分布图　　(b) 1999年7月1日地表净辐射频率分布图

图 10.2　1997 年 7 月 1 日地表净辐射通量分布图

三、土壤热通量的估算

土壤热通量 G 用于改变土壤中的能量，是一个相对较小的量，直接计算较为困难，对于裸露土壤区，三温模型采用 G 与 R_n 的关系计算：

$$G = 0.2R_n \tag{10.17}$$

对于干燥土壤的热通量,本次研究采用干燥土壤净辐射的10%作为其值(Qiu,1996)。

四、表面温度(T_s、T_c、T_{sd}、T_p)的估算

T_s、T_c 分别是土壤表面温度和植被冠层温度。利用混合像元组分排序对比法(PCA-CA)分离混合像元组分温度得到。T_{sd}、T_p 分别是参考土壤(无水分蒸发的干土壤)表面温度和参考植被(没有蒸腾的干植被)冠层温度,可通过野外实验观测得到。本次试验由于缺少野外实地观测数据,T_{sd}、T_p 的值分别选取遥感影像中具有代表性区域的极端干裸地和极端干植被覆盖地区域的值近似模拟。

五、日蒸散量计算

通过遥感获得的地面特征参数和有关气象资料,利用上述三温模型计算得到卫星过境时刻的区域瞬时蒸散量。

谢贤群根据晴天天气条件下任意时刻的太阳辐射通量密度的日变化是正弦关系的原理,推导出日蒸散量与某一时刻的蒸散量存在正弦关系,并对该正弦关系进行积分得(谢贤群,1991):

$$\frac{E_d}{E_i} = \frac{2N_E}{\pi \cdot g\sin(\pi t / N_E)} \tag{10.18}$$

式中:E_d 为全天总蒸散量;E_i 为卫星过境瞬间区域蒸散量;t 为从日出到卫星过境时的时间间隔;N_E 为清晨蒸散过程开始时刻到傍晚蒸散减弱到接近于0时的时间长度,取比日出到日落的时间间隔少2h。

六、日蒸散量的反演与对比

1. 日蒸散发量的空间差异分析

汤河流域1987年7月8日和1999年7月1日日蒸散发通量计算结果如图10.3和图10.4所示。蒸散发的分布情况如图10.3和图10.4,可以看出日蒸散发通量存在较大变幅,在空间分布上存在分异性。从区域日蒸散发通量分布图来看,汤河上游西北部区域由于林地、灌丛和草地面积较大,植被覆盖度普遍较高,对应的植被覆盖区日蒸散发通量的值也较高;流域中部的水体由于水分充足,蒸散发通量也相对较高;自流域西南部河流出水口沿河流逆流而上的河谷地带,裸露土壤面积较大,蒸散发通量与植被覆盖区的蒸腾相比明显较小。

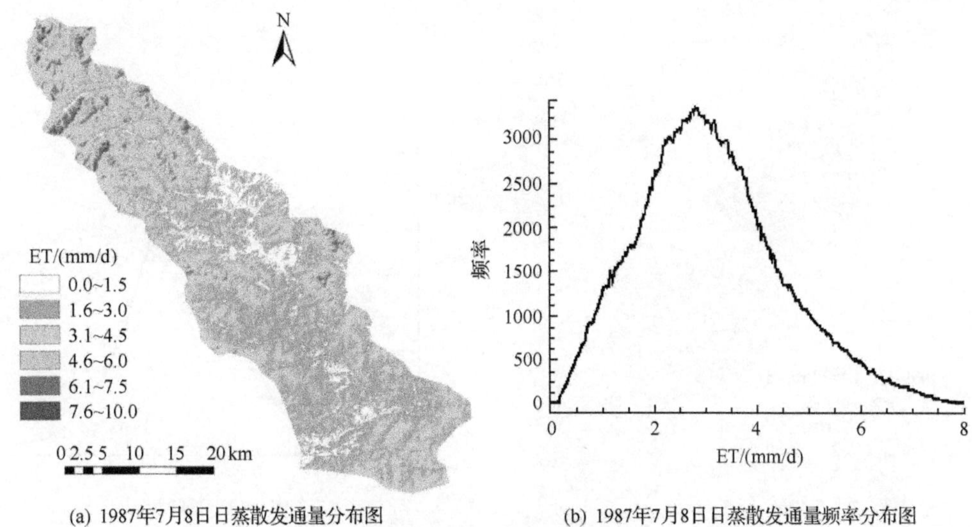

(a) 1987年7月8日日蒸散发通量分布图 (b) 1987年7月8日日蒸散发通量频率分布图

图 10.3 1987 年 7 月 8 日日蒸散发通量分布图

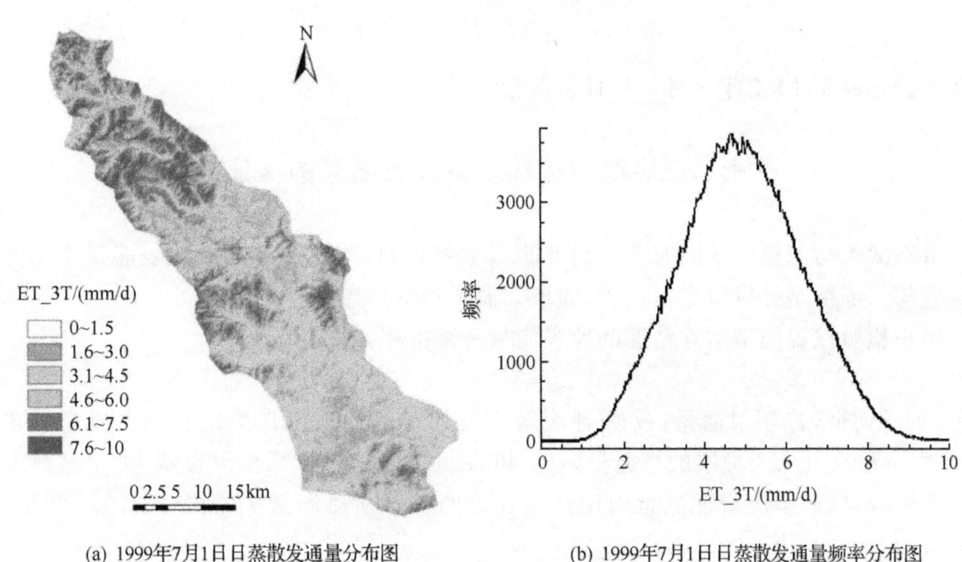

(a) 1999年7月1日日蒸散发通量分布图 (b) 1999年7月1日日蒸散发通量频率分布图

图 10.4 1999 年 7 月 1 日日蒸散发通量频率分布图

2. 日蒸散发的时间差异分析

汤河流域在 1987 年 7 月 8 日的平均日蒸散量为 3.09mm/d，远低于 1999 年 7 月 1 日的 4.83mm/d。其中，1987 年 7 月 8 日日蒸散量的值主要分布为 0～6mm/d，而 1999 年 7 月 1 日日蒸散量的值主要分布为 2～8mm/d，其中 3～6mm/d 的像元个数高达总像元个数的 65%，最大日蒸散量值更可高达 8.5mm/d。从研究区的两期日蒸散量差值频率分布图 10.5 可以看出，日蒸散量的差值主要分布为－2～5mm/d，频率分布图的峰值为 2mm/d。对日蒸散量差值统计得出，日蒸散量差值的平均值为 1.778mm/d，说明 1999 年 7 月 1 日

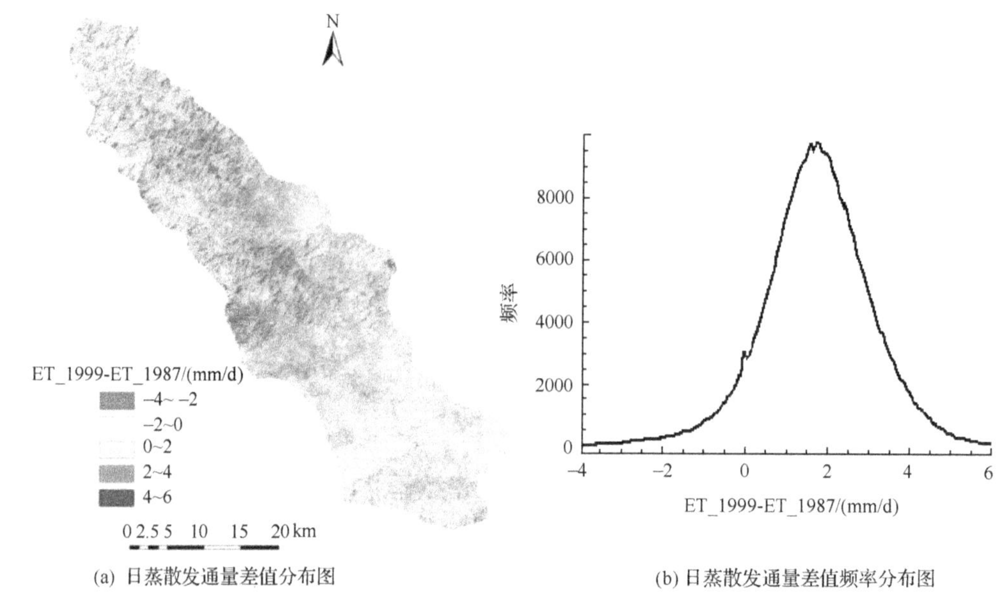

(a) 日蒸散发通量差值分布图

(b) 日蒸散发通量差值频率分布图

图 10.5 日蒸散发通量差值分布图

日蒸散量远高于 1987 年 7 月 8 日日蒸散量。

七、三温模型蒸散发量计算结果的验证

由于缺乏与卫星过境同时的地面实测蒸散发资料,本次试验利用地表能量平衡方程计算值与三温模型计算值进行比较,验证三温模型的遥感估算精度。

用来检验三温模型估算精度的地表能量平衡方程为

$$\mathrm{LE} = R_n - G - H \tag{10.19}$$

式中:R_n 为地表净辐射通量;H 为地表至大气的显热通量;LE 为地表至大气的潜热通量;G 为由地表进入土壤层的热通量。R_n 和 G 可通过遥感影像反演得到,由于显热通量的计算比较复杂,本次验证试验采用江东提出的计算显热通量 H 的公式计算(江东等,2003):

$$H = (a_c + a_r)(T_0 - T_a) \tag{10.20}$$

式中:a_c、a_r 分别为地表阻抗和大气阻抗(约为 4 和 6);T_0、T_a 分别为地表温度、大气温度。

1. 模型精度验证

根据地表能量平衡方程计算出 1999 年 7 月 1 日汤河流域的日蒸散发通量值(图 10.6),对三温模型反演结果进行精度验证。将两种结果做相关散点图(图 10.7),并进行差值运算(图 10.8)。

结果表明,用两种方法得出的日蒸散发通量总的来说比较一致,斜率为 0.835 4,较接近于 1,截距为 0.0912,极接近于 0,相关系数的平方为 0.68。尤其在日蒸散发通量值小

于 6mm/d 范围内，估算精度较高。对差值运算结果统计分析可得，绝对误差在 1mm/d 以内的像元个数占流域总像元数的 72.05%，全流域平均误差为 0.529mm/d，在许多区域的实际应用中，这个精度是可以满足要求的。

但是，在日蒸散发通量值较大范围上，计算值与能量平衡方法所得到的结果还有一定误差。造成差值原因可能是研究区气象台站数有限，以及三温模型中参考土壤温度值和参考植被温度值的反演上还有待于进一步提高。但总体上分析模拟结果仍具有较高的精度，在区域蒸散发通量的遥感反演中仍具有较高的研究和应用价值。

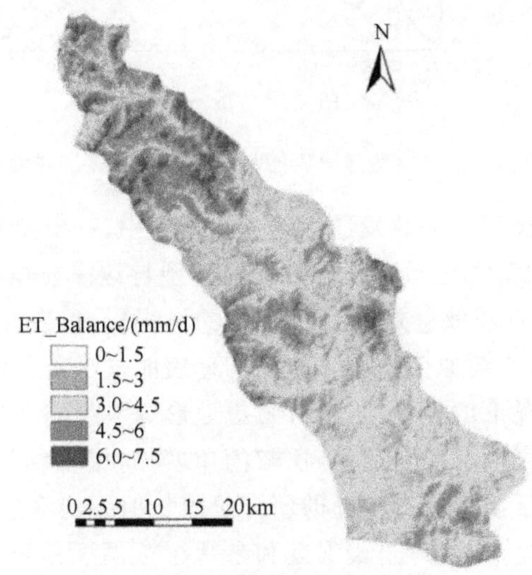

图 10.6　1999 年 7 月 1 日蒸散发通量地表能量平衡方程计算值分布图

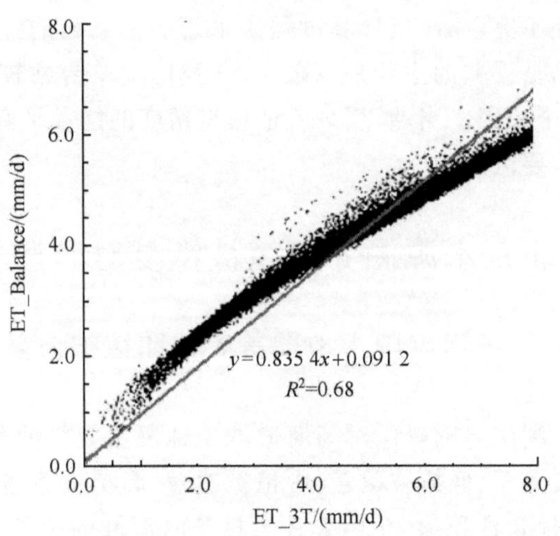

图 10.7　三温模型与地表能量平衡方程日蒸散发通量相关散点图

2. 误差分析讨论

三温模型自 1996 年提出以来，本次试验为其应用于估算区域蒸散发通量的首次尝

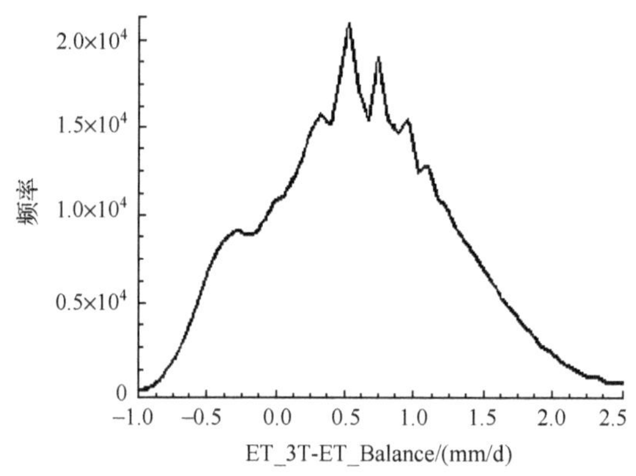

图 10.8　三温模型与地表能量平衡方程日蒸散量差值图

试。在借助遥感技术估算区域蒸散发通量的众多模型中，三温模型是一个所需参数少、计算较为简单，便于应用的新方法。通过分析三温模型与地表能量平衡方程日蒸散发通量相关散点图(图 10.7)和日蒸散量差值图(图 10.8)可得出，地表能量平衡方程计算结果普遍低于三温模型的结果，主要原因是用来验证的地表能量平衡方程中，在显热通量的计算时选取的是理想均一状况下的经验值，没有考虑地形等引起的许多实际条件的影响。

利用三温模型反演区域蒸散发通量，比较简单实用，模拟结果具有相当高的精度，在区域蒸散发通量的遥感反演中具有较高的研究价值。但影响蒸散发量反演精度的敏感因子的确定仍然是重点和难点，参考土壤温度和参考植被温度是影响模型反演精度的两个敏感因子，据计算结果分析参考土壤温度或参考植被温度每相差 1℃ 可导致蒸散量 0.14mm/d的误差。本次试验误差产生的主要原因是关键参数参考土壤温度值和参考植被温度值的反演方法还不完善，由于计算过程中采用了一系列的经验公式(如比辐射率、大气透射率等的估算)，是误差的主要来源之一；研究区气象台站较少导致的气象数据缺乏，也是误差产生的一个原因。当然，用来验证模型精度的能量平衡方程本身存在的误差也是一个不容忽视的重要因素。

第二节　北京水源涵养区植被恢复对蒸散发的影响

一、汤河流域土地覆盖变化和植被恢复

前文中已经讨论了利用遥感影像对汤河流域土地覆盖等级的分类，结果把汤河流域的植被覆盖分为无植被覆盖、低植被覆盖、中植被覆盖、高植被覆盖、全植被覆盖五大类，分别得到了 1987 年 7 月 8 日和 1999 年 7 月 1 日汤河流域的植被覆盖等级图(图 10.9，图 10.10)。对研究区 1987 年 7 月 8 日和 1999 年 7 月 1 日各植被覆盖等级类型图统计可得各植被覆盖等级所占面积和比例及面积变化百分数。

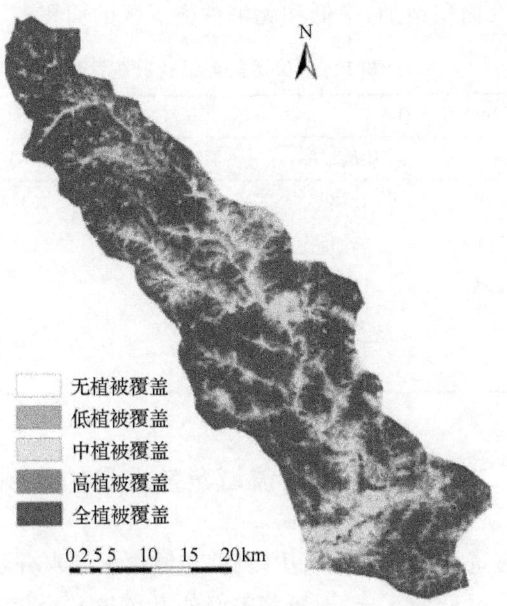

图 10.9　1987 年 7 月 8 日植被覆盖等级图

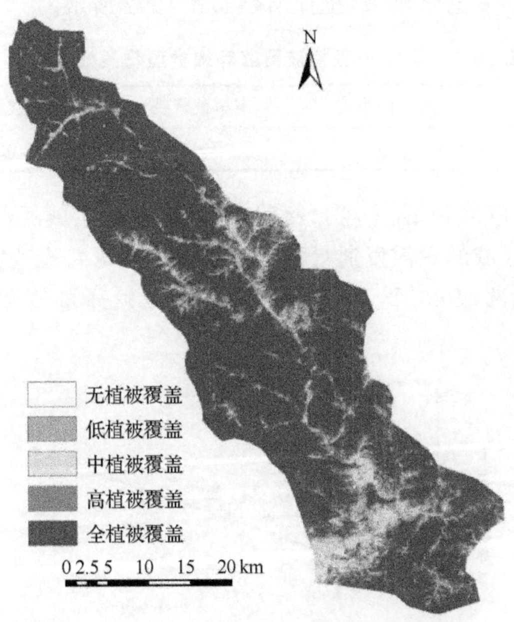

图 10.10　1999 年 7 月 1 日植被覆盖等级图

从表 10.1 可以看出，1999 年 7 月 1 日汤河流域全植被覆盖区域远大于 1987 年 7 月 8 日，提高了 21.1216％；而 1999 年 7 月 1 日研究区的无植被覆盖区、低植被覆盖区、中植被覆盖区和高植被覆盖区的面积均有不同程度的降低；结合野外观测结果分析，此变化主要是由后期实施的大规模人工造林增加了林地的面积，林地大面积增加是后期土地利用变化的主要特色，其主要来源是草地及部分耕地的退耕。而 7 月正值植被的生长旺季，故全植被覆盖区域有了大面积增加,中低和无植被覆盖区的面积有了不同程度的减少。

表 10.1 植被覆盖等级状况统计表

分类	1987 年 7 月 8 日		1999 年 7 月 1 日		面积变化值/%
	面积/km^2	比例/%	面积/km^2	比例/%	
全植被覆盖	655.427	48.80	939.090	69.92	21.1216
高植被覆盖	380.751	28.35	249.635	18.59	−9.7629
中植被覆盖	177.100	13.19	105.928	7.80	−5.2995
低植被覆盖	119.565	8.90	53.116	3.40	−5.5073
无植被覆盖	10.157	0.76	2.744	0.20	−0.5520

二、植被恢复对流域蒸散发量的影响

前文在分析蒸散发通量的空间分析中得到,流域内土壤水分状况相同的情况下,裸露土壤区是蒸散发量水平最低的区域,而覆盖较好的高植被和全植被覆盖区蒸散发量水平较高。为了得到蒸散发通量与植被覆盖等级类型的关系,分别统计了 1999 年 7 月 1 日各种土地利用类型的蒸散发通量水平,统计结果如表 10.2 所示。

表 10.2 区域内各植被覆盖等级类型日蒸散发通量表 (单位:mm/d)

分类	无植被覆盖	低植被覆盖	中植被覆盖	高植被覆盖	全植被覆盖
均值	1.95	2.38	3.05	4.05	5.58

从表 10.2 中结果可以看出,全植被覆盖、高植被覆盖区域的蒸散发通量值明显高于裸地和中低植被覆盖区域的蒸散发通量值。为了进一步研究蒸散发通量与植被覆盖度的关系,在研究区内随机选取 40 个点,根据它们的蒸散发通量值和植被覆盖度作散点图(图 10.11)。

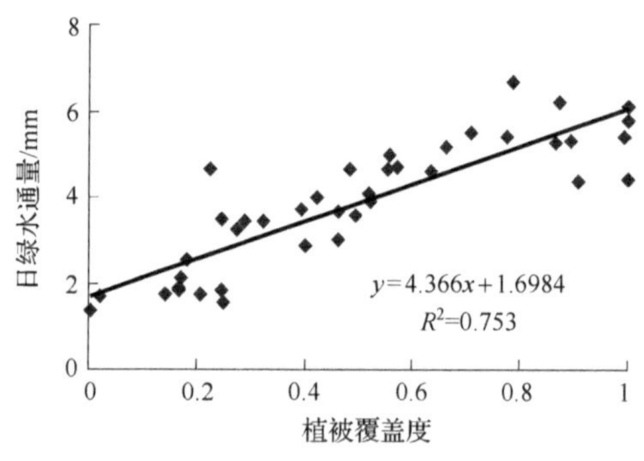

图 10.11 典型点日蒸散发通量与植被覆盖度关系图

从图 10.11 可以推断,植被覆盖度同蒸散发通量之间存在显著的正相关关系。一般说来,蒸散发通量有随着植被覆盖度增加而增大的趋势,这与我们上面分析的蒸散发通量与地表植被覆盖等级类型的关系是一致的。因此,前面的计算结果显示 1999 年 7 月 1 日植被覆盖度大幅增大后的研究区日蒸散发通量较 1987 年 7 月 8 日低植被覆盖度时有了很大程度的增加。

三、地表反射率与 NDVI 的关系

地表反照率控制着陆面净辐射，从而影响到陆面及其周围环境的热量效率，是控制陆面水分和能量平衡的重要参数之一。在干旱半干旱地区，反射率的增加会导致地表吸收的太阳辐射能减少，以及对流减弱，最终导致降水减少，地面蒸发也可能因此减少并抑制降水。在比较均一的地表组成物质和水分背景下，反射率对地表覆盖类型的影响极为突出。由于 NDVI 综合反映了像元内植被的生长状态和植被覆盖信息，因此在本研究中选取了较为典型的 30 个样点做地表反射率与 NDVI 的散点分布图，结果如图 10.12 所示。

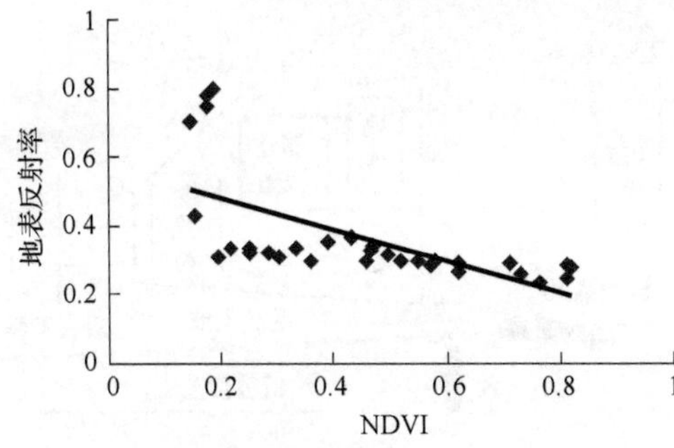

图 10.12　典型点地表反射率同 NDVI 关系图

图 10.12 中散布点反映出 NDVI 与地表反射率两者具有相关关系，经显著性检验，两者呈现显著的负相关(位于河流谷地的沙地地区反射率较大，最大值大于 0.6)。结合前面反演得到的地面反射率图分析可得，地表覆盖类型对地表反射率的影响较大，裸地的反射率明显高于植被覆盖区域的反射率。

四、蒸散发量与地表温度的关系

归一化植被指数 NDVI 综合了 LANDSAT TM 对植被敏感的可见光(Band 3)和近红外(Band 4)波段反射光谱信息，是反映植物生长状态最为直接和灵敏的指标之一，是区域地表植被覆盖度与植物长势的函数。

1. 地表温度(T_s)-NDVI 特征空间基本特征

遥感手段获得的植被指数和地表温度构成的特征空间已经综合应用于很多方面的研究中。Ptihofko 和 Goward(1997)发现 T_s-NDVI 的值与地表蒸散速率有一定的函数关系；Nemani 和 Running(1989)建立了 T_s-NDVI 与气孔阻抗及蒸散之间的关系，并指出 T_s/NDVI 构成的空间受到很多因素的影响，如植被类型。

不同的土地覆盖类型、不同的地表水分状况，在以 T_s 和 NDVI 为主轴构成的二维空

间中,呈现出较好分异规律。图 10.13 将土地覆盖类型大致分为裸地、植被部分覆盖和植被全覆盖三种。在图上的裸土区,地表温度与地表水分含量高度相关。图中 A 点和 B 点分别代表干旱裸土(低 NDVI,高 T_s)和富水裸土(低 NDVI,低 T_s),随着植被盖度的增加,表面温度降低,图中 C 点代表的是植被盖度高、土壤水分含量低的情况,此时蒸散阻抗大(高 NDVI,较高 T_s),点 D 代表的是植被盖度高、土壤水分含量充足的情况,此时蒸散阻抗小(高 NDVI,低 T_s)。因此,图中的 A-C 为低蒸散线,反映的是干旱条件;B-D 为潜在的最大蒸散线,反映的是地表水分供给良好的状态。A、B、C、D 四点代表了 T_s/NDVI 特征空间中四种极端情况,在生长季,各种类型都囊括在多边形 $ABCD$ 围绕的区域内,在生长季节以外,一些受低温影响的地区(即高纬度地区),其轨迹会部分地超出该范围。

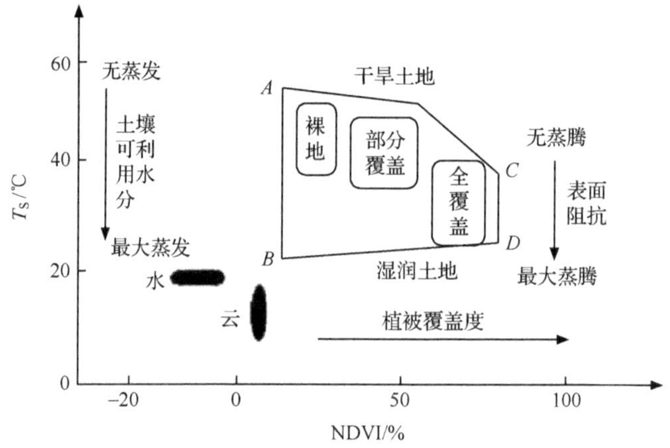

图 10.13　地表温度(T_s)植被指数特征空间(NDVI)(江东等,2001)

2. 研究区 T_s/NDVI 特征空间研究

本研究中选取了研究区三种典型覆盖类型作为研究对象:高植被覆盖地(植被盖度大于 60%)、中植被覆盖地(植被盖度 30%~60%)和裸地(无植被覆盖),把这些地物类型的 T_s/NDVI 数据投放到坐标系中,所得结果如图 10.14 所示。

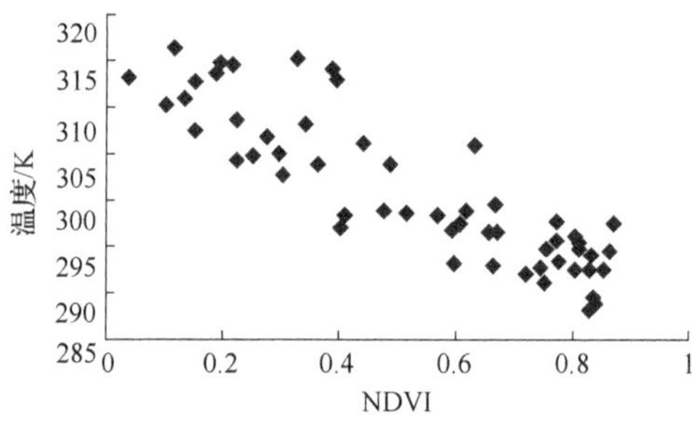

图 10.14　典型地物的 T_s-NDVI 特征空间

由所得结果可以看出，随裸地、中植被覆盖、高植被覆盖地的 NDVI 值依次增加，其地表温度有依次小的趋势，$T_{s裸地} > T_{s中植被覆盖} > T_{s高植被覆盖}$，结合前面的蒸散量的计算结果可知裸地、中植被覆盖、高植被覆盖地的蒸散量有逐渐增加的趋势，$ET_{s裸地} < ET_{s中植被覆盖} < ET_{s高植被覆盖}$，从研究区的 T_s-NDVI 特征空间中可以看出三类地物能够较为清楚地区分。

第三节 本章主要结果

本章以三温模型为手段，分别利用 TM 和 ETM＋影像对研究区日绿水通量进行了估算，并通过与地表能量平衡方程获取的绿水通量对比，分析了三温模型在区域绿水资源评价中实用性和精度问题。本次实验是三温模型自 1996 年提出以来首次尝试用来估算区域绿水资源问题，研究结果表明，三温模型可以有效地评价区域绿水资源。

汤河流域 1999 年 7 月 1 日平均日绿水通量为 4.83mm/d，远高于 1987 年 7 月 8 日的 3.09mm/d。日绿水通量在空间分布上存在较大分异性。整体来看，汤河流域日绿水通量的分布基本上呈现西北偏高，而自流域西南部河流出水口沿河流逆流而上的河谷地带绿水通量明显较小的特征。河流两岸的沙地和裸地也零星分布着部分绿水通量水平较低(接近于 0)的区块。水体、高覆盖度和中覆盖度地区的绿水通量明显高于低植被覆盖和无植被覆盖的裸露地区。

汤河流域自 1960 年后的 40 多年平均降水量为 455.7mm，除年际正常波动外，并无明显上升或下降趋势，且进入 70 年代中期以后年际的波动开始趋于缓和。本次研究表明汤河流域 1999 年绿水通量远高于 1987 年同期绿水通量，根据流域水量平衡原理，多年平均降水量不变，绿水通量增加，则径流量减小，这与统计资料中汤河流域 40 年来的平均径流量呈明显下降趋势吻合。

植被覆盖度同绿水通量之间存在显著的正相关关系。一般说来，绿水通量有随着植被覆盖度增加而增大的趋势。植被覆盖度大幅增加后的 1999 年 7 月 1 日比植被覆盖度相对较小的 1987 年 7 月 8 日日绿水通量平均高出 1.78mm/d。

从研究区的表面温度 T_s-NDVI 特征空间中能够较为清楚地区分全植被覆盖区、高植被覆盖区、中植被覆盖区、低植被覆盖区和裸地，这几种地物类型的地表温度、NDVI、蒸散量的变化规律符合 T_s-NDVI 特征空间的机理。

参考文献

江东，王建华，杨小唤，等. 2003. 黄河流域主要水文参数遥感反演. 水科学进展，14(6)：736-739.

江东，王乃斌，杨小唤，等. 2001. 植被指数-地面温度特征空间的生态学内涵及其应用. 地理科学进展，20(2)：146-152.

谢贤群. 1991. 遥感瞬时作物表面温度估算农田全日蒸散总量. 环境遥感，6(4)：253-259.

Bastiaanssen W G M, Pelgrum H, Wang J, et al. 1998. A remote sensing surface energy balance algorithm for land (SEBAL)：part 1 formulation. Journal of Hydrology：212-213.

Nemain R R, Running S W. 1989. Estimation of regional surface resistance to evapotranspiration from NDVI and thermal-IR AVHRR data. Journal of Applied Meteorology, 28：276-284.

Ptihofko L, Goward S N. 1997. Estimation of air temperature from remotely sensed surface observations. Remote

Sensing of Environment, 60(3):335-346.

Qiu G Y, Momii K, Yano T, et al. 1999. Experiment verification of a mechanistic model to partition evaporation into soil water and plant evaporation. Agriculture for Meteorology, 93(2):79-93.

Qiu G Y, Momii K, Yano T. 1998. An improved methodology to measure evaporation from bare soil based on comparison of surface temperature with a dry soil. Journal of Hydrology, 210(1-4):93-105.

Qiu G Y, Yano T, Momii K. 1996a. Estimation of plant transpiration by imitation leaf temperature. Ⅰ. Theoretical consideration and field verification, Transactions of the Japanese society of irrigation. Drainage and Reclamation Engineering, 64(3):401-410.

Qiu G Y, Yano T, Momii K. 1996b. Estimation of plant transpiration by imitation leaf temperature. Ⅱ. Application of imitation leaf temperature for detection of crop water stress, Transactions of the Japanese society of irrigation. Drainage and Reclamation Engineering, 64(5):767-773.

Qiu G Y. 1996. A new method for estimating evapotranspiration. Doctoral Dissertation, The United Graduate School of Agricultural Sciences, Tottori Univ, Japan.

Zhang L, Lemeur R, Goutorbe J P. 1995. One-layer resistance model for estimating regional evapotranspiration using remote sensing data . Agricultural and Forest Meteorology, 77(3-4):241-261.

第十一章　河北平原东部土壤湿度的遥感观测①

土壤湿度作为陆面水资源形成、转化和消耗过程研究中的基本特征参数，是联系地表水和地下水的纽带，也是研究地表能量交换的基本要素，直接控制着地表与大气间的水热输送和平衡，对全球气候环境变化有着重要影响。因此，大面积区域土壤湿度资料的获取对农业生产、资源与环境的定量监测等具有十分重要的作用，遥感技术则是满足这一需求的有效手段。然而，由于目前的土壤湿度遥感监测方法中，许多方法本身比较复杂，并且常常依赖于一些地面观测数据，它们的应用和推广受到限制。基于此，本章根据光学遥感和雷达微波遥感的特点，利用 MODIS(moderate resolution imaging spectroradiometer)和 ASAR(advanced synthetic aperture radar)两种遥感数据，结合河北东部平原的土壤水分试验，利用以 MODIS 数据为基础的三温模型和 ASAR 数据为基础的散射模型，研究区域土壤湿度监测问题，探讨相对简便和准确的遥感监测模型。

第一节　试验区域选择与研究方法

一、试验区域选择及概况

由于沧州滨海平原在河北平原中的典型代表性，因此本研究选取沧州作为研究区域(图 11.1)，并利用地面试验获取的土壤湿度作为卫星的准同步观测资料。沧州地处黄淮海平原的东部，东近渤海，38°02′N，116°41′E，海拔12.3m，光照丰富，年日照时数 2600h，年均气温 13.1℃，极端最高气温 40℃，最低气温 －19℃，无霜期 197d，年均降水量 550mm。降水主要集中在 7、8 月，约占总降水量 60％。

由于研究的主要目的确定为利用 MODIS、ASAR 数据监测土壤含水量的空间变化，而华北平原的普遍特点是实行农村联产承包责任制后，农田地块十分破碎，无法满足 MODIS 分辨率 1km×1km 像元的要求，一般同一像元内往往农田、村庄混合，即使是农田，一般地块都十分破碎，各农户灌溉条件不一致，很难确定单个象元内的土壤水分。因而实验 1(Exp. 1)位置的选择主要借助 Google Earth 在空间上选取范围比较大，无灌溉或灌溉比较一致的区域，最后实验地选在位于河北省沧州的南皮县(图 11.1)。结合 Google Earth 并通过实地调查我们发现，该地区与周围农田有明显区别(图 11.2)，该地块为大浪淀水库未来扩容的预留地，为非正常耕作农田，不属于任何农户的承包田，因而即使农户利用该地块进行小麦收获(非种植)、种植少量抗旱作物(如棉花)，都不是十分正规，特别是表现在无灌溉条件，这样可避免各农户灌溉时间不一造成的土壤水分的破碎分布，有利于土壤水分变化的空间监测，加上整个研究区的地势平坦，因此特别是针对

① 本章作者：赵少华、杨永辉、邱国玉。

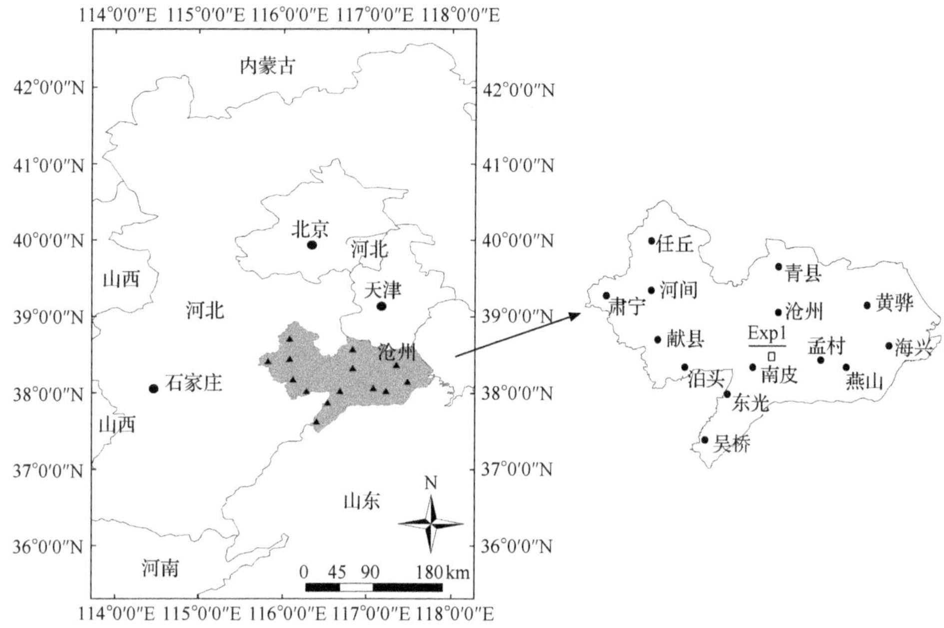

图 11.1 研究区位置示意图

图 11.2 Google Earth 上研究区的位置图

MODIS 数据土壤水分矫正的空间监测。由于试验区没有灌溉条件,区内土地类型主要是荒地和低矮稀疏植被(春夏季为零星小麦,秋季为棉花和少量玉米),试验区夏收后 6 月中旬的概况如图 11.3 所示。另外该研究区紧临中国科学院南皮农业生态试验站

(116°42′E,38°06′N),该站具有良好的试验条件和完善的基础设施,同时还有 20 余年的农业气象、水文等辅助资料的积累,便于依托该站开展各种试验研究。

图 11.3　试验区 6 月中旬概况图

试验 2(Exp.2)分布于沧州地区的 14 个气象台站,其土壤湿度资料来自河北省气象局的全省气象台站的网络监测,全省气象站点的分布见图 11.4。该试验于每旬的 8 号进

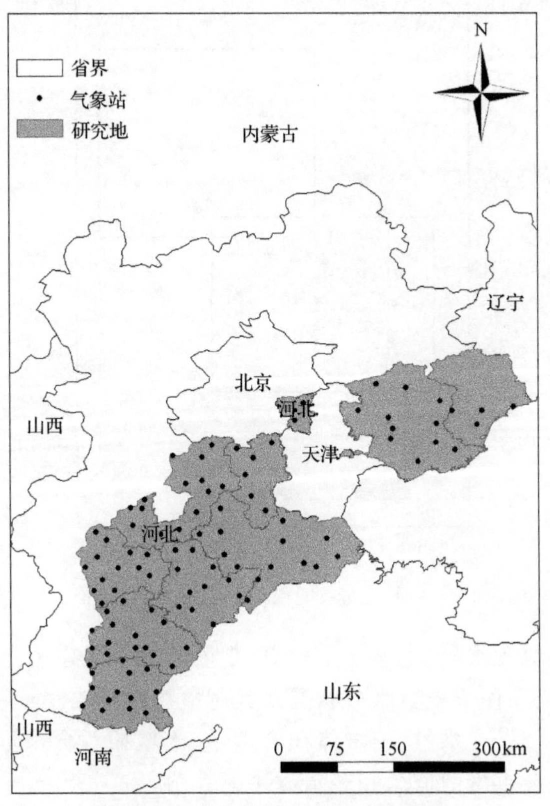

图 11.4　河北平原气象站点分布图

行，主要是监测土壤墒情变化，测定的项目包括土壤重量含水量、土壤容重、田间持水量等。

二、研究方法

根据研究区和遥感数据的特点，本研究探索用高分辨率（30m）的高级合成孔径雷达ASAR和中等分辨率（1km）的成像光谱仪 MODIS 的遥感手段监测土壤湿度，同时在河北省沧州市布置与卫星同步地面土壤水分试验。试验 1 来自中国科学院知识创新工程项目课题的设置，试验在两个约 $1km^2$ 大小的网格上进行，每个网格内选取 9 个样点，样点间距大概为 300m，具体采样时有所不同（样点的分布图见图 11.5），每个样点在三个层次（0～5cm、5～10cm、10～20cm）上采用土钻法取样，105℃下烘干 24h 测定土壤含水量，土壤容重采用环刀法，环刀的规格为 $100cm^3$。样点之间间距 300m 左右，其地理坐标根据GPS 定位（global positioning system）。每月在天空无云或少云的日子取样三次，分别在上中下旬进行，取样的同时测定取样点的空气温度。

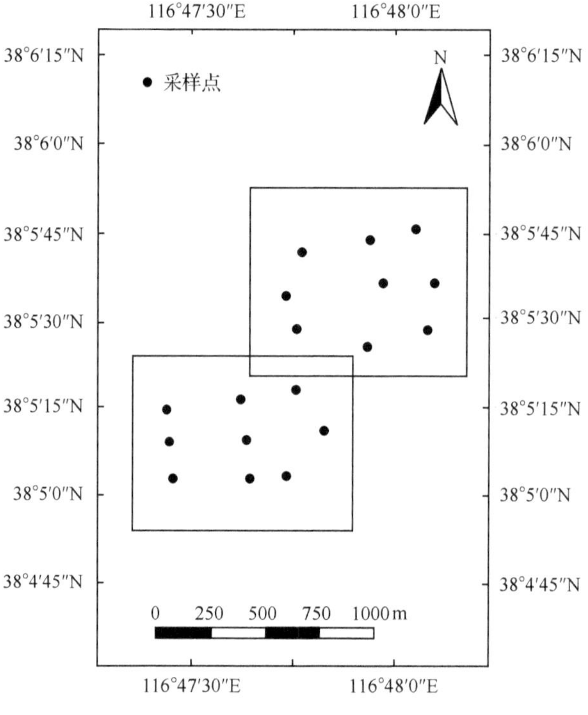

图 11.5 网格内样点分布图

土壤湿度又称土壤含水量、土壤含水率等，是衡量土壤含有水分的多少或比率的一种数量概念，可用来研究和评价土壤水分状况及其对植物的有效性。它有多种表示方法，但遥感中常用的有土壤重量含水量、土壤体积含水量、土壤相对含水量和土壤有效含水量。下边分别介绍这几种含水量的概念和表示方法。

土壤重量含水量(%):土壤水分的重量占土壤水的百分数,无量纲,这是土壤含水量最基本的表示法。

$$m_w = \frac{w_{wet} - w_{dry}}{w_{dry}} \tag{11.1}$$

式中:w_{wet}、w_{dry}分别是土壤的湿重、干重。

土壤体积含水量(%):土壤水分的体积占土壤体积的百分数,单位为 g/cm^3,它表明土壤水填充土壤孔隙的程度,可以据此知道土壤中三相物质的比例。它是土壤重量含水量 m_w 和土壤容重 ρ_b 的乘积。

$$m_v = \left(\frac{w_{wet} - w_{dry}}{w_{dry}}\right)\rho_b \tag{11.2}$$

土壤相对含水量:土壤含水量与田间持水量之比。

土壤有效含水量:是指土壤中能被植物吸收的有效水分与最大有效水分含量之比。最大有效含水量通常为萎蔫点和田间持水量之间的土壤水分。

土壤由固体物质、水分和充满空气的孔隙组成,一般情况下,土壤水分体积量小于土壤中的孔隙,即土壤是不饱和的。当降雨或灌溉时,土壤中的孔隙就会逐渐减少,直到全部充满,这时土壤达到饱和,从而形成径流、积水或者下渗。因此在表征土壤含水量时,土壤重量含水量大小可能超过100%,对于表达和计算很不便,同时在遥感中也不便于区域上的比较,因此其表示方法逐步被体积含水量取代(戈建军,2003)。

本研究中土壤湿度采用土壤体积含水量表示。

试验1从2006年9月11日开始到2007年9月21日结束,历时为一年时间,其中冬天不取样(12月、1月和2月),个别月份(2006年10、11月)只有一次取样。试验2的土壤湿度资料来自河北省气象局,根据其提供的土壤墒情、容重和田间持水量资料求出土壤体积含水量,取样时间为2006年9月18日和2006年10月28日,该试验用来验证构建的土壤含水量模型。

第二节 应用MODIS监测河北平原的土壤湿度

一、MODIS数据介绍

(一)MODIS数据特点

Terra(EOS-AM1),极地轨道环境遥感卫星,于1999年12月成功发射,是美国国家航空航天局(NASA)地球行星使命计划中总数15颗卫星的第一颗,也是第一个提供对地球过程进行整体观测的系统。其主要目标是实现从单系列极轨空间平台上对太阳辐射、大气、海洋和陆地进行综合观测,获取有关海洋、陆地、冰雪圈和太阳动力系统等信息,进行土地利用和土地覆盖研究、气候季节和年际变化研究、自然灾害监测和分析研究、长期气候变率和变化研究以及大气臭氧变化研究等,实现对地球环境变化的长期观测和研究。Aqua(EOS-PM1)卫星上同样携带有MODIS传感器,它于2002年5月发射。

MODIS是新一代的卫星遥感信息源，具有高时间、高光谱的分辨率及中等尺度的空间分辨率以及全球免费接收的优势，在生态学、环境监测、全球气候变化以及农业资源调查等诸多研究中具有广泛的应用前景。它主要有三个特点。

其一，NASA对MODIS数据实行全世界免费接收的政策（TERRA卫星除MODIS外的其他传感器获取的数据均采取公开有偿接收和有偿使用的政策），这样的数据接收和使用政策对于目前我国大多数科学家来说是不可多得的、廉价并且实用的数据资源。其二，MODIS数据涉及波段范围广（36个波段）、数据分辨率比NOAA－AVHRR有较大的进展（250m、500m和1000m）。这些数据均对地球科学的综合研究和对陆地、大气和海洋进行分门别类的研究有较高的实用价值。其三，TERRA和AQUA卫星都是太阳同步极轨卫星，TERRA在地方时上午过境，AQUA将在地方时下午过境。TERRA与AQUA上的MODIS数据在时间更新频率上相配合，加上晚间过境数据，可以得到每天最少两次白天和两次黑夜更新数据。这样的数据更新频率，对实时地球观测和应急处理（如森林和草原火灾监测和救灾）有较大的实用价值。

Terra/Aqua卫星上载有五种对地观测仪器：先进的空间热辐射反射辐射计（ASTER）、云和地球辐射能量系统（CERES）、多角度成像光谱辐射计（MISR）、中分辨率成像光谱仪（MODIS）、对流层污染探测装置（MOPITT）。为了充分了解地球系统的变化，EOS观测系统将提供系统的、连续的地球观测信息。MODIS是该计划中最有特色的仪器之一，是其平台上唯一进行直接广播的对地观测仪器。MODIS是当前世界上新一代"图谱合一"的光学遥感仪器，具有36个光学通道，分布在0.4～14μm的电磁波谱范围内。MODIS仪器的地面分辨率分别为250m、500m和1000m，扫描宽度为2330km，在对地观测过程中，每秒可同时获得6.1Mbp的来自大气、云边界、云特性、海洋水色、浮游植物、生物地理、化学、大气中水汽、地表温度、云顶温度、大气温度、臭氧核云顶高度等特征的信息，用于对陆表、生物圈、固态地球、大气和海洋进行长期全球观测。每一个MODIS仪器的设计寿命为5a，将计划发射4颗卫星。由此估计，利用MODIS仪器至少将获得15a、36个光谱波段的地球综合信息，这些数据对于开展自然灾害与生态环境监测、全球环境和气候变化研究以及进行全球变化的综合性研究等将是非常有意义的。MODIS具体技术指标表见表11.1。

MODIS数据接收处理系统具有精度高，跟踪速度快，造价低等特点；可实现高速率、大容量数据进机和快速存储并可实时快视；解码技术先进；预处理系统定位准确度高、定标精度高；整体系统运行稳定可靠，抗干扰能力强。EOS-MODIS资料可广泛用于气象、环境、林业、渔业、港口、交通、自然灾害监测等领域。目前国内已有国家卫星气象中心、海洋局预报中心、地理所全球环境变化研究中心、中国林业科学院、武汉大学等多家单位安装了MODIS数据接受处理系统，其中国家卫星气象中心承担的MODIS数据接收处理技术课题组，跟踪国际领先技术，成功研制开发了接收MODIS数据的接收处理系统，实现整体技术集成，在我国首先实现该数据的实时接收，获得了很好的中分辨率成像光谱图像。

表 11.1 MODIS 技术指标表

项 目	指 标
轨道	705km,降轨,上午 10:30 过境,升轨下午 1:30 过境,太阳同步,近极地圆轨道
扫描频率	20.3rad/min,与轨道垂直
测绘带宽	2330km×10km
望远镜	直径 17.78cm
体积	1.0m×1.6m×1.0m
重量	250kg
功耗	225W
数据率	11Gbps
量化	12bp
空间分辨率	250m、500m、1000m
设计寿命	5a

EOS 卫星 MODIS 数据采用的数据格式为 HDF(heirarchical data format)格式。HDF 是美国国家高级计算应用中心(National Center for Supercomputing Application)为了满足各种领域研究需求而研制的一种能高效存储和分发科学数据的新型数据格式。一个 HDF 文件中可以包含多种类型的数据如栅格图像数据、科学数据集、信息说明数据。HDF 的这种数据结构,方便了我们对于信息的提取。当用户打开一个 HDF 数据文件时,除了可以读取影像信息以外,还可以很容易的查取其经纬度信息、轨道参数、图像噪声等各种信息参数。

到目前为止,在世界各国发射的卫星所获得的数据中,应用最广的是 NOAA-AVHRR 数据。MODIS 保留了 AVHRR 功能的同时,在数据波段数目和数据应用范围、数据分辨率、数据接收和数据格式等方面都作了相当大的改进。NOAA-AVHRR(14)是 5 个波段,MODIS 被设计成 36 个波段(表 11.2)。AVHRR 数据的分辨率是 1100m。MODIS 在 36 个波段中有两个波段分辨率是 250m,5 个波段是 500m,其余 29 个波段是 1000m。其中 250m 分辨率的两个波段主要是对陆地的观测。由于 MODIS 数据在波段和分辨率方面的改进,使得 MODIS 数据量大幅度地增加(大约相当于 AVHRR 同期数据量的 18 倍左右)。它们的对比如表 11.3 所示。

表 11.2 MODIS 波段分布和主要应用

基本用途	波段序号	波段宽度/nm	光谱灵敏度/[W/(m^2 · μm · sr)]	信噪比
陆地与云的界限	1	620～670	21.8	128
同上	2	841～876	24.7	201
陆地与云的性质	3	459～479	35.3	243
同上	4	545～565	29.0	228
同上	5	1230～1250	5.4	74

续表

基本用途	波段序号	波段宽度/nm	光谱灵敏度/[W/(m^2·μm·sr)]	信噪比
同上	6	1628～1652	7.3	275
同上	7	2105～2155	1.0	110
海洋颜色、水体表层性质、生物化学	8	405～420	44.9	880
同上	9	438～448	41.9	838
同上	10	483～493	32.1	802
同上	11	526～536	27.9	754
同上	12	546～556	21.0	750
同上	13	662～672	9.5	910
同上	14	673～683	8.7	1087
同上	15	743～753	10.2	586
同上	16	862～877	6.2	516
大气水分	17	890～920	10.0	167
同上	18	931～941	3.6	57
同上	19	915～965	15.0	250
地表/云温度	20	3.660～3.840	0.45(300K)	0.05
同上	21	3.929～3.989	2.38(335K)	2.00
同上	22	3.929～3.989	0.67(300K)	0.07
同上	23	4.020～4.080	0.79(300K)	0.07
大气温度	24	4.43～4.498	0.17(250K)	0.25
同上	25	4.482～4.549	0.59(275K)	0.25
卷云	26	1.360～1.390	6.00	150(SNR)
水汽	27	6.535～6.895	1.16(240K)	0.25
同上	28	7.175～7.475	2.18(250K)	0.25
同上	29	8.400～8.700	9.58(300K)	0.05
臭氧	30	9.580～9.880	3.69(250K)	0.25
地表/云温度	31	10.780～11.280	9.55(300K)	0.05
同上	32	11.770～12.270	8.94(300K)	0.05
云顶高度	33	13.185～13.485	4.52(260K)	0.25
同上	34	13.485～13.785	3.76(250K)	0.25
同上	35	13.785～14.085	3.11(240K)	0.25
同上	36	14.085～14.385	2.08(220K)	0.25

表 11.3　MODIS 与 AVHRR 数据对比表

主要用途	波段数	波段序数	空间分辨率
陆地与云的界限	2	1～2	250m
陆地与云的性质	5/2*	3～7/1～2*	500m/1100m*
海洋颜色、水体表层性质、生物化学	9	8～16	1000m
大气水分	3	17～19	1000m
地表/云温度	4/1*	20～23/3*	1000m/1100m*
大气温度	2	24～25	1000m
卷云	1	26	1000m
水分	3	27～29	1000m
臭氧	1	30	1000m
地表、云表温度	2/2*	31～32/4～5*	1000m/1100m*
云顶性质	4	33～36	1000m

* 为 AVHRR 数据，其余的为 MODIS 数据。

（二）MODIS 数据分级分类

MODIS 数据产品分级系统：MODIS 标准数据产品分级系统由 5 级数据构成，它们分别是：0 级、1 级、2 级、3 级和 4 级。

(1) 0 级数据：卫星地面站直接接收到的、未经处理的、包括全部数据信息在内的原始数据为 0 级数据。

(2) 1 级数据：对没有经过处理的、完全分辨率的仪器数据进行重建，数据时间配准，使用辅助数据注解，计算和增补到 0 级数据之后为 1 级数据。

(3) 2 级数据：在 1 级数据基础上开发出的、具有相同空间分辨率和覆盖相同地理区域的数据为 2 级数据。

(4) 3 级数据：3 级数据时以统一的时间-空间栅格表达的变量，通常具有一定的完整性和一致性。在 3 级水平上，将可以集中进行科学研究如：定点时间序列，来自单一技术的观测方程和通用模型等。

(5) 4 级数据：通过分析模型和综合分析 3 级以下数据得出的结果数据为 4 级数据。

MODIS 标准数据产品根据内容的不同分为 0 级、1 级数据产品，在 1B 级数据产品之后，划分 2～4 级数据产品，包括：陆地标准数据产品、大气标准数据产品和海洋标准数据产品等三种主要标准数据产品类型，总计分解为以下 44 种标准数据产品类型。

MOD01：即 MODIS1A 数据产品。

MOD02：即 MODIS1B 数据产品。

MOD03：即 MODIS 数据地理定位文件。

MOD04：大气 2、3 级标准数据产品，内容为气溶胶产品，Lambert 投影空间分辨率 1km，地理坐标 30s 空间分辨率，每日数据为 2 级数据产品，每旬、每月数据合成为3级数据产品。

MOD05:可降水量。2级大气产品。

MOD06:大气2、3级标准数据产品,内容为云产品,Lambert投影空间分辨率1km,地理坐标30s空间分辨率,每日数据为2级数据产品,每旬、每月数据合成为3级数据产品。

MOD07:大气2、3级标准数据产品,内容为大气剖面数据,Lambert投影空间分辨率1km,地理坐标30s空间分辨率,每日数据为2级数据产品,每旬、每月数据合成为3级数据产品。

MOD08:大气3级标准数据产品,内容为栅格大气产品,1km空间分辨率。每日、每旬、每月合成数据。

MOD09:陆地2级标准数据产品,内容为表面反射;空间分辨率250m;白天每日数据。

MOD10:陆地2、3级标准数据产品,内容为雪覆盖,每日数据为2级数据,空间分辨率500m,旬、月数据合成为3级数据,空间分辨率500m。

MOD11:陆地2、3级标准数据产品,内容为地表温度和辐射率,Lambert投影,空间分辨率1km,地理坐标为30s,每日数据为2级数据,每旬、每月数据合成为3级数据。

MOD12:陆地3级标准数据产品,内容为土地覆盖/土地覆盖变化,1km,1/4°,季节的,生物地球化学循环,土地覆盖变化,3级数据产品。

MOD13:陆地2级标准数据产品,内容为栅格的归一化植被指数和增强型植被指数(NDVI/EVI),空间分辨率250m。

MOD14:陆地2级标准数据产品,内容为热异常—火灾和生物量燃烧,空间分辨率1km,确定火灾发生的位置、火灾等级以及暗火与燃烧比。

MOD15:陆地3级标准数据产品,内容为叶面积指数和光合有效辐射,空间分辨率1km,每天的及旬、月合成产品。

MOD16:陆地4级标准数据产品,内容为蒸腾作用,空间分辨率1km,旬、月合成产品。

MOD17:陆地4级标准数据产品,内容为植被产品,NPP,空间分辨率为250m,1km,旬、月度频率。

MOD18:海洋2、3级标准数据产品,内容为标准的水面辐射,全球洋面,空间分辨率1km,日、旬、月,海洋叶绿素。

MOD19:海洋2、3级标准数据产品,内容为色素浓度,全球洋面,空间分辨率1km,日、旬、月度数据。

MOD20:海洋2、3级标准数据产品,内容为叶绿素荧光性,全球洋面,空间分辨率1km,叶绿素水平大于2.0mg/m^2,日、旬、月度数据。

MOD21:海洋2级标准数据产品,内容为叶绿素—色素浓度,空间分辨率1km,日、旬、月度数据。

MOD22:海洋2、3级标准数据产品,内容为光合可利用辐射(PAR),全球洋面,1km,

日、旬、月度数据。

MOD23:海洋3级标准数据产品,内容为悬浮物浓度。

MOD24:海洋3级标准数据产品,内容为有机质浓度。

MOD25:海洋2、3级标准数据产品,内容为球石浓度,全球洋面,空间分辨率1km、20km,日、旬、月度数据。

MOD26:海洋3级标准数据产品,内容为海洋水衰减系数。

MOD27:海洋2、3级标准数据产品,内容为海洋初级生产力,全球洋面,空间分辨率1km,日、旬、月度数据。

MOD28:海洋2、3级标准数据产品,内容为海面温度,全球洋面,空间分辨率1km,每天的,每周的/昼夜的,能量和水平衡,气候变化模型。

MOD29:海洋2级标准数据产品,内容为海冰覆盖,海洋,空间分辨率1km,日、旬数据。

MOD30:(未定)。

MOD31:海洋2、3级标准数据产品,内容为藻红蛋白浓度,空间分辨率1km,日、旬、月度数据。

MOD32:海洋2级标准数据产品,内容为处理框架和匹配的数据库,空间分辨率1km,日、旬、月度数据,用于海洋叶绿素、海洋生产力计算。

MOD33:陆地3级标准数据产品,内容为雪覆盖,空间分辨率500m,日、旬、月度数据。

MOD34:(未定)。

MOD35:大气2级标准数据产品,内容为云掩膜,空间分辨率250m和1km,日数据。

MOD36:海洋3级标准数据产品,内容为总吸收系数,空间分辨率为1km,日、旬、月度数据。

MOD37:海洋2、3级标准数据产品,内容为海洋气溶胶特性,空间分辨率1km,日、旬、月度数据。

MOD38:(未定)。

MOD39:海洋2、3级标准数据产品,内容为纯水势,空间分辨率1km,日、旬、月度数据。

MOD40:陆地3级标准数据产品,内容为栅格的热异常,空间分辨率1km,日、旬、月度数据。

MOD41:(未定)。

MOD42:海洋3级标准数据产品,内容为海冰覆盖,空间分辨率1km,日、旬、月度数据。

MOD43:陆地3级标准数据产品,内容为表面反射,BRDF/Albedo参数,空间分辨率1km,日、旬、月度数据。

MOD44:陆地3级标准数据产品,内容为植被覆盖转换,250m,季度、年度,判定植被覆盖转换的发生和类型。另外,还有两类特殊数据产品。

MOD45:在MOD02(1B)数据基础上,经过BOWTIE处理后的数据产品。

MOD46：在 MOD02(1B)数据基础上，经过 BOWTIE 处理后，并经过除云后的数据产品(其他特殊数据产品待列)。

(三) MODIS 陆地数据产品生产流程

本研究中由于主要应用陆地数据产品，因此下面介绍陆地产品的生产规范(图 11.6)。

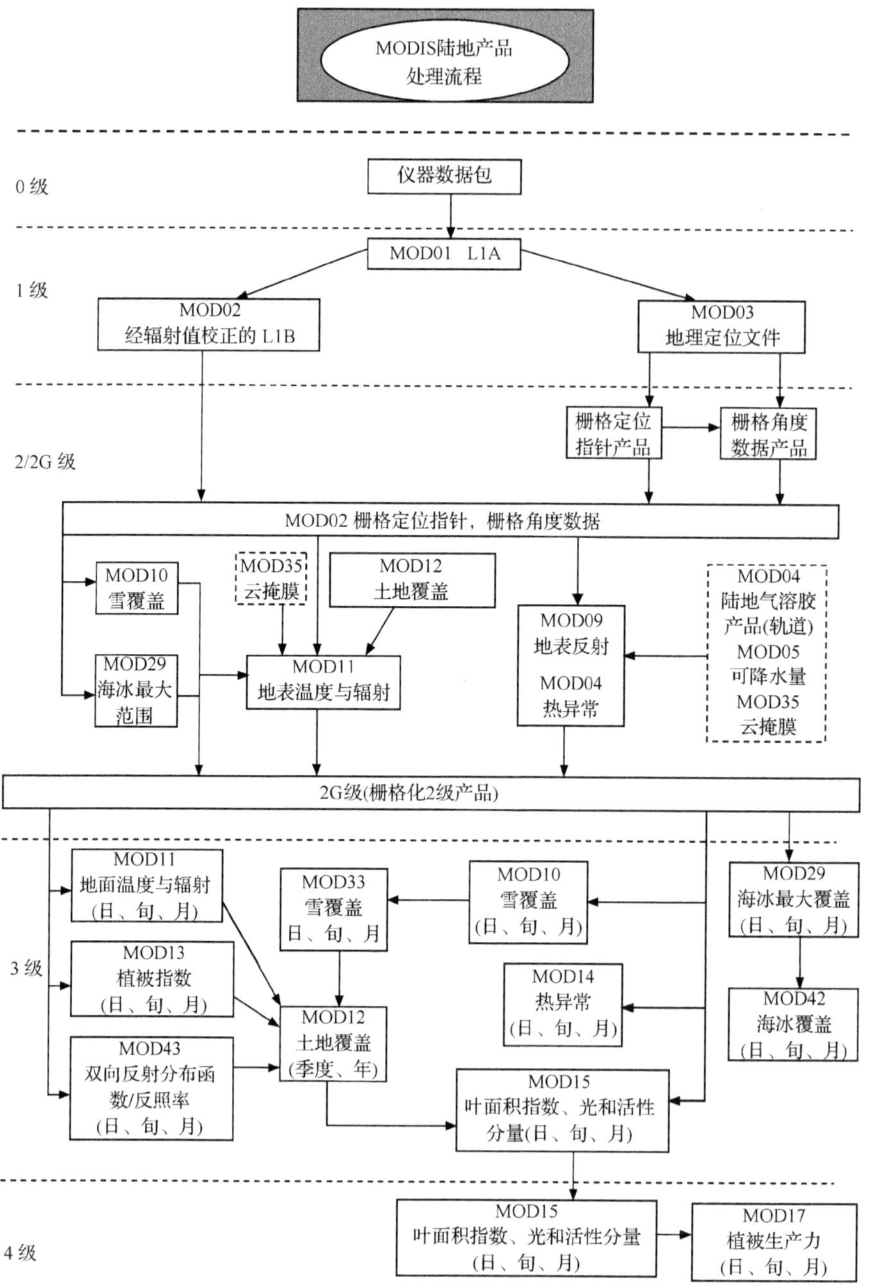

图 11.6 MODIS 陆地产品流程图

二、地表温度的反演

地表温度(land surface temperature)是全球和区域尺度上陆气界面过程之间相互作用和能量通量传输的一个重要参数,被广泛应用于国防军事、农业环境、资源生态等各种科学研究之中,特别是在农业环境方面的研究,是一个重要领域,因此准确获取其分布的时空状况具有非常重要的意义(Sellers et al.,1988)。然而空间上大范围地表温度的获得,依靠传统的地面测量已经不能满足其需求,而借助于遥感技术的各种卫星传感器(如AVHRR、MODIS)等给其估算提供了一个有效途径。

目前在地表温度的反演中,应用最多最成熟的是劈窗算法(Becker and Li,1990;Sobrino et al.,1994,2003;Caselles et al.,1997;Wan,1999;Qin et al.,2001;毛克彪等,2005),特别是在MODIS的应用上,劈窗算法应用最多。MODIS是基于某些地物在第31和第32热红外波段比辐射率稳定性的原理来监测地表温度,针对MODIS数据特点,Wan(1999)、Sobrino和Raissouni(2000)、Sobrino等(2003)及Mao等(2005)等分别发展了不同的劈窗算法。

1. 亮温的计算

在应用劈窗算法反演地表温度前,首先根据普朗克方程求出亮温。本书采用覃志豪等(2005)的方法获得亮温:

$$T_i = \frac{C_2}{\lambda_i \ln\left[1 + \frac{C_1}{\lambda_i^5 I_i}\right]} \tag{11.3}$$

式中:$T_i(i=31、32)$为MODIS第31、32波段的亮温;λ_i为第31、32波段的有效中心波长,此处取$\lambda_{31}=11.03\mu m$,$\lambda_{32}=12.02\mu m$;C_1和C_2为光谱常数($C_1=1.191\ 043\ 56\times10^{-16}$ W/m^2,$C_2=1.438\ 768\ 5\times10^4\mu$mK.);$I_i$为MODIS第31、32波段的热辐射度,可从MODIS L1B数据中获取。为方便计算,令$K_{i1}=C_1/\lambda_i^5$和$K_{i2}=C_2/\lambda_i$,对式(11.3)简化得

$$T_i = K_{i2}/\ln(1 + K_{i1}/I_i) \tag{11.4}$$

式中:K_{i1}、K_{i2}为常量,对于$i=31$波段,$K_{31,1}=729.541\ 636$W/(m^2·sr·μm),$K_{31,2}=1\ 304.413\ 871$K;对于$i=32$波段,$K_{32,1}=474.684\ 780$W/(m^2·sr·μm),$K_{31,2}=1196.978\ 785$K。

2. 地表温度的劈窗算法

1) 地表温度的估算

Sobrino和Raissouni(2000)发展的反演温度的二次方程如下:

$$T_s = T_{31} + a_1 + a_2(T_{31} - T_{32}) + a_3(T_{31} - T_{32})^2 + (a_4 + a_5 W)(1-\varepsilon) + (a_6 + a_7 W)\Delta\varepsilon \tag{11.5}$$

式中:T_s为地表温度;T_{31}和T_{32}为MODIS第31和第32波段的亮温;a_1、a_2、a_3、a_4、a_5、a_6、a_7为劈窗算法的系数,其值分别为1.02、1.79、1.20、34.83、−0.68、−73.27、−5.19;

W 为大气水汽含量；$\varepsilon[\varepsilon=(\varepsilon_{31}+\varepsilon_{32})/2]$ 为 MODIS 第 31 和 32 波段的有效比辐射率；$\Delta\varepsilon(\Delta\varepsilon=\varepsilon_{31}-\varepsilon_{32})$为 MODIS 第 31 和第 32 波段的比辐射率差值。水汽含量和比辐射率的计算将在下面的几节中详细讨论。

2）地表比辐射率的估算

比辐射率的估算应用 NDVI 阈值法（Sobrino et al. ,2001）。

a. 裸土像元

当 NDVI<0.2 时，像元视为裸地（此时的植被比例 P_v 为 0，其定义见混合像元部分），包括稀疏植被和裸土。根据 MODIS 第 1 波段的反射率（ρ_1），ε 和 Δε 计算如下：

$$\mathrm{NDVI}=(\rho_2-\rho_1)/(\rho_2+\rho_1) \tag{11.6}$$

$$\varepsilon=0.9832-0.058\rho_1 \tag{11.7}$$

$$\Delta\varepsilon=0.0018-0.060\rho_1 \tag{11.8}$$

式中：ρ_1，ρ_2 为 MODIS 的第 1（红外）和第 2（热红外）波段的反射率。

b. 混合像元

当 0.2<NDVI<0.5 时，像元被视为包括植被和裸地的混合像元，此时 ε 和 Δε 计算如下：

$$\varepsilon=0.971+0.018P_v \tag{11.9}$$

$$\Delta\varepsilon=-0.006(1-P_v) \tag{11.10}$$

式中：P_v 为像元中的植被比，可通过 NDVI 由式（11.11）计算获得（Carlson and Ripley，1997）：

$$P_v=\frac{(\mathrm{NDVI}-\mathrm{NDVI}_{min})^2}{(\mathrm{NDVI}_{max}-\mathrm{NDVI})^2} \tag{11.11}$$

c. 植被像元

当 NDVI>0.5 时，像元被视为植被（此时的植被比例 P_v 为 1）

$$\varepsilon=0.985+d\varepsilon \tag{11.12}$$

$$\Delta\varepsilon=0 \tag{11.13}$$

式中：$d\varepsilon=0.005$。

3）大气水汽含量的估算

由于在卫星过境时对大气水汽含量的测定比较困难，所以很多研究（Frouin et al.，1989；Gao et al.，1993；Bouffiès et al.，1997；King et al.，1992）采用波段比的方法反演水汽含量。对 MODIS 数据来说，第 17、18 和 19 波段是吸收波段，第 2 和第 5 波段是大气窗口。本研究中只利用第 2 和第 19 波段的比率来反演水汽含量（Kaufman and Gao，1992；Mao et al.，2005）。

$$\tau_w(19/2)=\rho_{19}/\rho_2 \tag{11.14}$$

$$\tau_w(19/2)=\exp(\alpha-\beta\sqrt{w}) \tag{11.15}$$

式中：ρ 为波段反射率；$\alpha=0.02$；$\beta=0.651$；τ_w（透过率）可以从 MODIS 影像中获得，因此根据式（11.15）即可得到水汽含量 W。

$$W=\left(\frac{0.02-\ln\tau_w}{0.651}\right) \tag{11.16}$$

3. 地表温度的反演实例

采用 Aqua-MODIS 的 Ll 1B (MYD02 1km)白天产品和全球 1km 分辨率每天的温度产品 L3(MYD11A1)。数据的获取日期分别是 2006 年 3 月 28 日和 2006 年 11 月 14 日，数据来源是美国 NASA 网站(http://edcimswww.cr.usgs.gov/pub/imswelcome/)，LST 产品是 SIN 投影的 HDF 格式,可利用 MRT(MODIS Reprojection Tool 到相关网页下载,具体网址是:http://lpdaac.usgs.gov/landdaac/tools/modis/index.asp。软件重新投影为 Albers 等积投影的 GeoTIFF 格式。所有的 MODIS 数据均选择为大气无云或少云的条件下获取。温度产品 LST/E 是对 MODIS 初级产品进行地理定标、几何精校正、去云处理及考虑并剔除大气温度、水汽含量和土地覆盖类型等因素影响后而获取,其精度可达到 1K(Wan et al.,2002)。采用 ENVI 软件对 MODIS 1B 数据进行地理定标、几何校正、去除蝴蝶结效应、云检测掩膜等预处理。

根据上述的劈窗算法选择两个日期(2006 年 3 月 28 日和 2006 年 11 月 14 日)反演河北平原的地表温度。为了比较反演的精度,需用地面实测值验证,然而由于地面实测值获取困难,故本文采用精度达 1K 的 MODIS LST 产品代替地面实测值进行验证比较,并采用 MAE(mean absolute error)[式(11.17)]和 RMSE(root mean square error)[式(11.18)]评价,结果如表 11.4 和图 11.7、图 11.8 所示。

$$\mathrm{MAE} = \frac{1}{N}\sum_{i=1}^{n} \mid E_i - M_i \mid \tag{11.17}$$

$$\mathrm{RMSE} = \sqrt{\frac{1}{N}\sum_{i=1}^{n}(E_i - M_i)^2} \tag{11.18}$$

式中:E_i 和 M_i 分别为估测值和测定值;n 为样品数。

表 11.4　河北平原气象站点的反演结果与温度产品的统计特征

日期(站点数)	最大值/K			最小值/K			平均值/K		
	反演	产品	误差	反演	产品	误差	反演	产品	误差
2006 年 3 月 28 日(84)	300.17	300.34	−0.17	290.39	290.32	0.07	296.17	295.62	0.55
2006 年 11 月 14 日(104)	293.19	292.54	0.65	283.64	283.50	0.14	289.64	288.92	0.71

从表 11.4 可知,河北平原气象站点 LST 的反演值和产品值相比在最大值、最小值和平均值方面均具有较小的误差,其平均值的误差为 0.63K。图 11.7、图 11.8 中反演的气象站点的 LST 与其产品吻合较好,具有较小的 RMSE 和 MAE,两个日期的 RMSE 和 MAE 分别是 1.11K,0.88K 和 1.09K 和 0.89K,平均为 1.10K 和 0.89K。由此可以看出,该劈窗算法反演 LST 的精度较高。文中以 11 月 14 日的影像为例利用该算法把河北平原反演的 LST 与温度产品对比(图 11.9),从图可知二者图像效果非常接近,表明该温度反演方法的结果可靠。赵少华等(2008)曾利用该法反演了山西省三个时相的地表温度,结果显示该法具有较高的精度,其平均误差和均方根误差分别为 0.75K 和 1.30K。

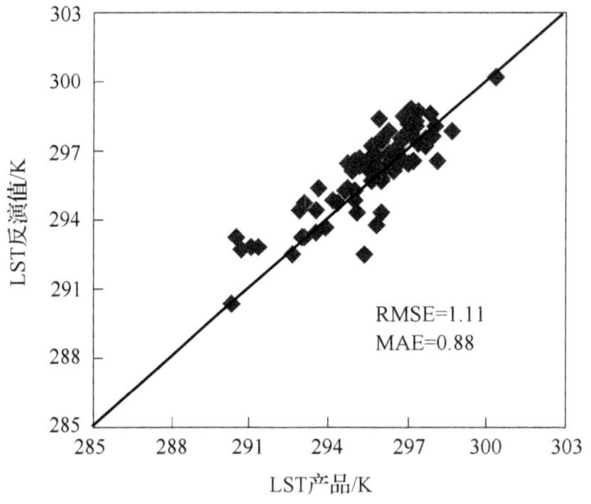

图 11.7 2006 年 3 月 28 日河北平原气象站点 LST 反演值和产品比较

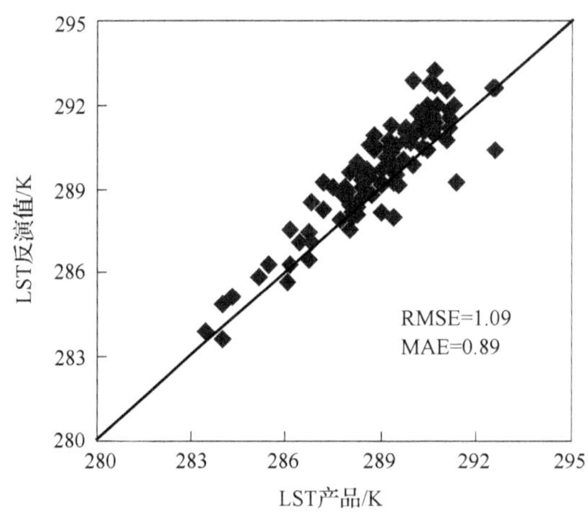

图 11.8 2006 年 11 月 14 日河北平原气象站点 LST 反演值和产品比较

三、MODIS 对土壤湿度的监测

(一) 三温模型和 h_a

三温模型是邱国玉(Qiu,1996;Qiu et al. ,1996,1998,1999,2000,2002,2003)近年提出的一种测算蒸散量和评价环境质量的方法,因为该模型的核心是表面温度、参考表面温度和气温,所以被称为"三温模型"。该模型由于所含参数少、容易遥感观测等特点,被称为是"应用遥感技术观测实际水文过程非常有价值,非常有意义的一步"。

三温模型包括五个基本模型:土壤蒸发模型、土壤蒸发扩散系数(评价土壤水分状况和土壤环境质量)、植被蒸腾模型、植被蒸腾扩散系数(评价植被的水分状况和植被环境质量)和作物水分亏缺系数。三温模型通过引入参考土壤的概念,不需要输入阻抗就可以计算土壤蒸发量,其土壤蒸发的子模型如下:

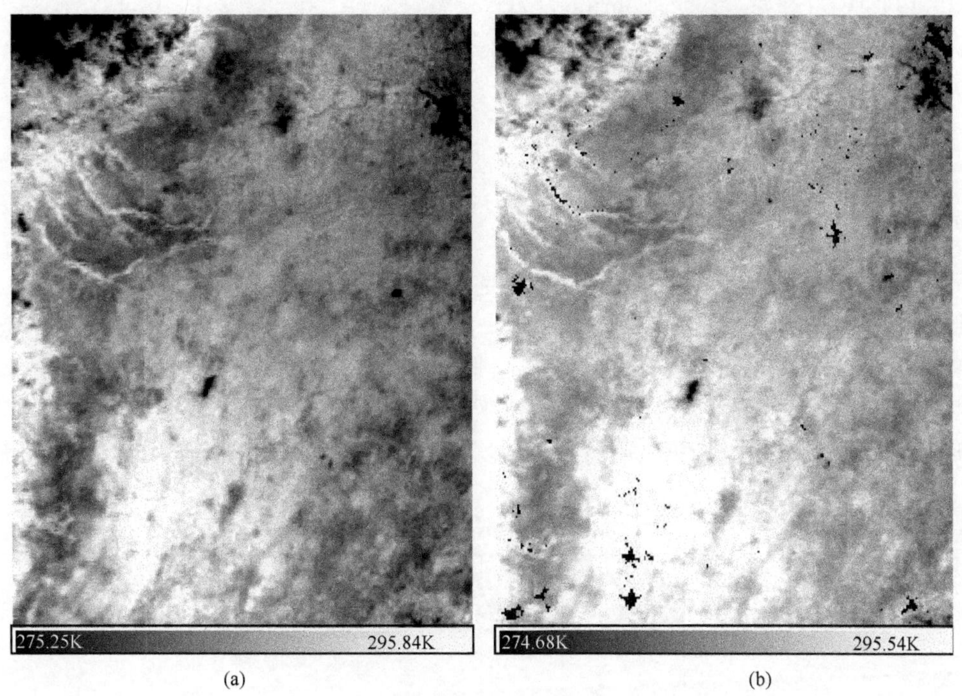

图 11.9　2006 年 11 月 14 日河北平原的 LST 反演图(a)和产品(b)

$$E = R_n - G - (R_{nd} - G_d)\frac{T_s - T_a}{T_{sd} - T_a} \tag{11.19}$$

式中：E 为蒸发；R_n 为太阳净辐射；G 为地表热通量；R_{nd} 为参考土壤的净辐射；G_d 为参考土壤的热通量；T_s 为蒸发土壤的表面温度；T_a 为气温；T_{sd} 为参考土壤的表面温度。土壤蒸发扩散系数是用来表征土壤蒸发扩散的能力，用无量纲的 h_a 表示($0 \leqslant h_a \leqslant 1$)：

$$h_a = \frac{T_s - T_a}{T_{sd} - T_a} \tag{11.20}$$

该模型中的土壤蒸发扩散系数可用来评价土壤水分状况(Qiu et al.，2006)，因此本研究的目的就是讨论该系数和土壤湿度的定量关系，并探讨其在遥感上的应用，以期为我国的水资源评价和管理提供参考。由于土壤的表面温度可由遥感获得，气温可通过气象台站的地面实测，关键的是参考土壤表面温度的确定。三温模型中，参考土壤定义为烘干土，就是蒸发为零的土壤。在本研究中，因为要大面积的应用遥感技术，所以参考土壤可用遥感反演的地表温度中的最大值替代，近似认为其没有蒸发。而确定地表温度最大值的面积范围可由研究区域的大小而定，一般温度的跨度不能太大，本研究以一个地级市的区域为宜。因此基于三温模型的三个参数均比较容易获取，所以本研究就尝试探讨其和土壤湿度的定量关系和利用该模型监测土壤湿度的可行性。三温模型之所以能应用于遥感是因为作为发热的地物表面，其温度参数的获取可通过热红外技术实现，模型中地表温度通过热红外仪测定，而本研究中应用的 MODIS 传感器具有 16 个热红外通道，完全可以满足地表温度的获取，国内外对此已有大量成熟的研究(Price，1985；Ulivieri et al.，1985；Becker and Li，1990；Prata and Platt，1991；Vidal，1991；Ulivieri et al.，1996；May et al. ,1992;Coll et al. ,1994;Sobrino et al. ,1991;Kerr et al. ,1992;Prata,1993;Caselles et al. ,1997;Wan,1999;Sobrino et al. ,2003;覃志豪等,2005;毛克彪等,2005)。

(二) h_a 估算土壤湿度模型的构建

1. ha和土壤湿度关系的理论分析

Qiu等(2006)研究表明,蒸散随时间的变化曲线如图11.10所示,我们可以分为三个阶段:第一阶段蒸发速率恒定阶段,此阶段为土壤水分处于饱和阶段,在蒸发的前期,蒸发速率恒定,随着土壤水分的减少,进入第二阶段,即土壤蒸发速率下降阶段,此时土壤蒸发速率随时间的变化近似呈线性或对数函数,随着土壤蒸发的继续,土壤水分持续减少,当减少至萎蔫点附近时,进入第三阶段,即土壤蒸发速率较低阶段,此时土壤的水分已经很少,土壤蒸发速率很低,接近恒定。

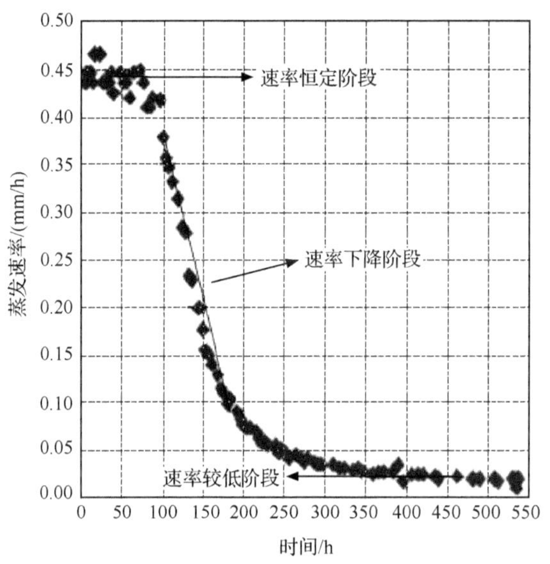

图11.10 可控条件下土壤蒸发速率随时间的变化(Qiu et al. ,2006)

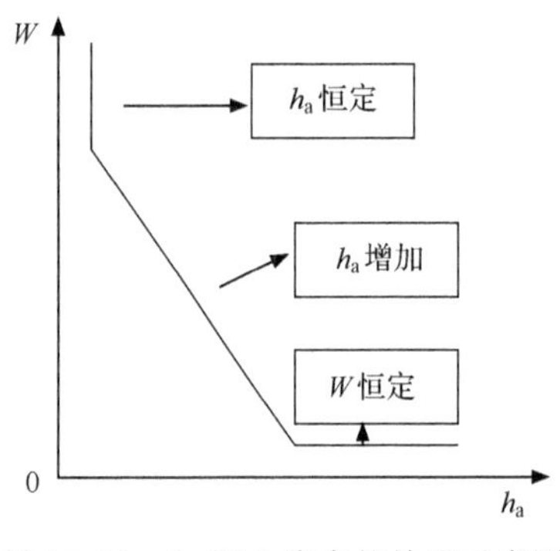

图11.11 h_a 和土壤水的关系示意图

由于蒸发过程伴随着土壤水分的减少,因此三温模型中的土壤蒸发扩散系数 h_a 可用来表征土壤湿度的变化。可以看出蒸发过程中,蒸发与 h_a 负相关,因此,我们把 h_a 与土壤湿度的关系也分为三个阶段:h_a 恒定阶段,h_a 增加阶段和 h_a 低速率阶段。自然野外条件下,土壤湿度很少处于极端条件,如高于田间持水量或低于萎蔫点,即第一和第三阶段,而大多位于两个阶段间的第二阶段。因此,我们可粗略地把 h_a 和土壤水的关系示意图描述如图11.11所示。

2. h_a 和土壤湿度的定量关系

基于上述分析，我们假设 h_a 和土壤湿度呈对数关系，即下式（Zhao et al.，2010）：

$$M_v = a \times \ln(h_a) + b \tag{11.21}$$

式中：M_v 为土壤体积含水量；a 和 b 分别为回归系数。因为 h_a 是一个遥感相对容易获取的参数，所以本研究将通过田间实测数据验证和应用该假设的关系模型。

在应用上述该关系模型前，我们用邱国玉在生长室内可控条件下的实验室数据（Qiu et al.，2006）进行检验。该试验在日本鸟取大学的干燥地研究中心进行，试验的详细说明参见邱国玉的研究。经过对 h_a 与土壤湿度关系的拟合结果比较（图 11.12），发现对数关系最优，其相关性达 0.78，达极显著相关水平（$P<0.01$），因此证明了上述我们假设的关系模型是正确的（Zhao et al.，2010）。

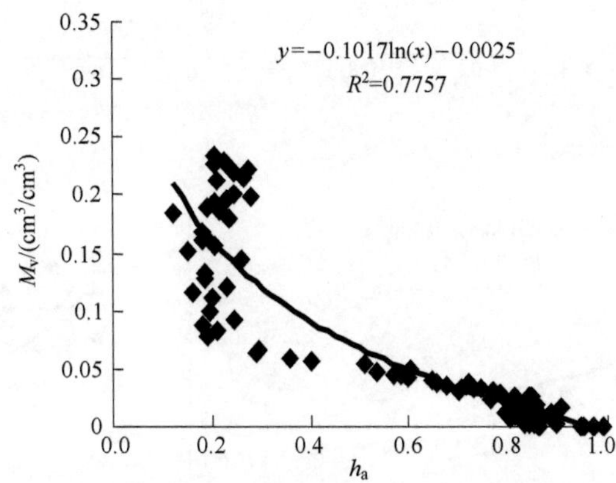

图 11.12　土壤湿度（M_v）和土壤蒸发扩散系数（h_a）的关系

需要说明的是，在 h_a 的估算中，参考土壤的温度按两种方法计算：一种是能量平衡法，另一种是最大温度法。

地表能量平衡法是基于地表能量平衡方程来获取参考土壤温度，如式（11.22）所示

$$T_{sd} = \frac{R_n - G}{\rho C_p} r_a + T_a \tag{11.22}$$

式中：ρ 为空气密度（约 1.2kg/m^3）；C_p 为空气比热（约 1010J/kg）（Qiu et al.，2006）；r_a 为空气动力学阻抗，采用 Liu 和 Zhao（2006）的方法计算；其中 $R_n=(1-\alpha)R_{swd}+\varepsilon\varepsilon_a\sigma T_a^4-\varepsilon\sigma T_s^4$，$R_{swd}=\tau SR\cos\theta$，$G=0.23R_n$，$\tau=0.75+2\times10^{-5}\times h$，$\varepsilon_a=9.2\times10^{-6}\times T_a^2$，$R=1+0.0342\cos[2\pi(d_n-1)/365]+0.00128\sin[2\pi(d_n-1)/365]$；$R_n$ 为净辐射；R_{swd} 为太阳短波辐射；α 为地表反射率，采用 Liang（2000）计算方法；S 为太阳常数；R 为校正因子；G 为土壤热通量，参考沈彦俊等（2006）在华北平原的研究结果；σ 为 Boltzmann 常数；T_a 为气温，通过实地观测或气象站获取；τ 为大气透过率；ε 为地表比辐射率［采用 Sobrino 等（2001）的 NDVI 阈值法获取］；ε_a 为大气比辐射率；d_n 为儒略日。

区域最大温度法是对地表能量平衡法的较大简化，即认为一个区域内的最大地表温度为干土像元，从而简化参考温度的计算。本研究按一个县（大概为 1°×1°的经纬度网

格)最大的地表温度计算。

根据河北南皮设置的土壤水分试验,利用 MODIS 的温度产品 MYD11A1 获得地表温度,利用反射率产品 MYD09 获取大气校正后的反射率,进而再得到反照度等。按照两种方法计算 T_{sd},最终获得的 h_a 和土壤湿度的拟合结果如图 11.13 所示,对两种方法估算的 h_a 和土壤体积含水量的关系模型归纳如表 11.5 所示。

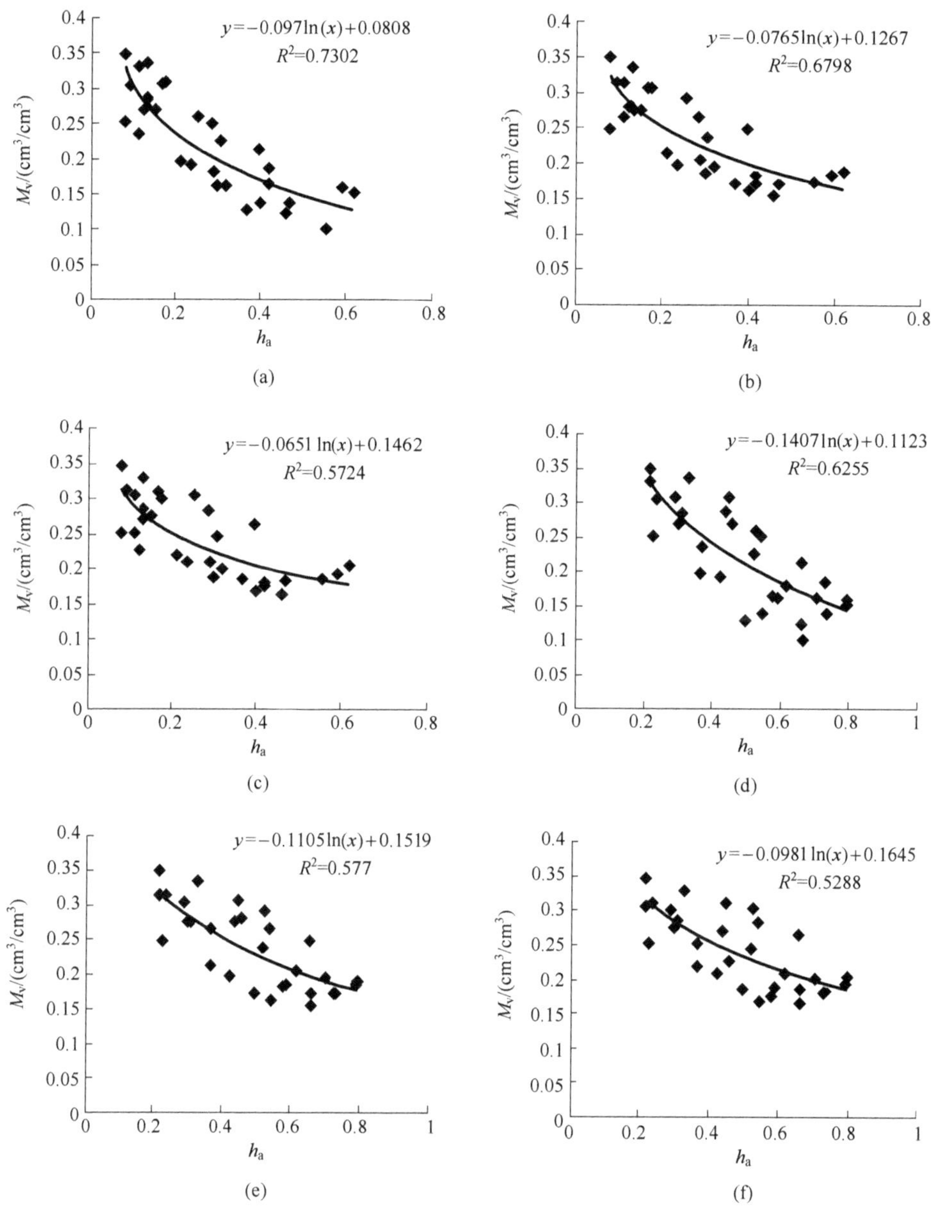

图 11.13 两种方法获得的 h_a 和土壤湿度的关系比较

地表能量平衡法[(a),(b),(c)];区域最大温度法[(d),(e),(f)];(a)和(d):5cm;(b)和(e):10cm;(c)和(f):20cm

表 11.5　利用 h_a 估算土壤体积含水量的经验模型

方法	土壤深度范围/cm	回归模型	模型序号
地表能量平衡法	0～5	$M_v=-0.097\times(h_a)+0.0808$	1
	0～10	$M_v=-0.0765\times(h_a)+0.1267$	2
	0～20	$M_v=-0.0651\times(h_a)+0.1462$	3
区域最大温度法	0～5	$M_v=-0.1407\times(h_a)+0.1123$	4
	0～10	$M_v=-0.1105\times(h_a)+0.1519$	5
	0～20	$M_v=-0.0981\times(h_a)+0.1645$	6

两种利用卫星遥感数据估算参考土壤温度进而获得的 h_a 和土壤湿度均具有极显著的相关性($P<0.01$)，表明野外自然条件下利用 h_a 系数监测土壤含水量及干旱情况是有效可行的。然而，模型还需要进行精度的验证和评价。对这两种方法获得的上述关系模型(图 11.13 和表 11.5)，我们采用 2006 年 11 月 28 日河北平原气象站的试验数据和卫星数据进行验证，选用该日期的原因是因为河北平原的作物已经收获，小麦刚播种上，可以视为裸土。利用 10cm 和 20cm 实测的土壤湿度初步验证结果如图 11.14 所示。

从图中可以看出，地表能量平衡法和区域最大温度法均具有较高的精度，误差较小。在 10cm 土壤层内，二者的监测精度均小于 $0.05cm^3/cm^3$，20cm 层次内，监测精度有所下降，这是因为光学卫星信号仅能反映地表较浅层次内的土壤水分信息(小于 10cm)，深层次的土壤水分和卫星信号的良好相关性是因为大多数情况下，土壤表层水分和土壤深层水分密切相关。

相比较而言，能量平衡方程法的精度更高，而区域最大温度法的精度稍低，但其计算相对简便，并且都能满足需要。虽然地表能量平衡法精度较高，但该法所需的参数较多，不易获取，因此实际应用中，为了快速获得地表水分状况，推荐采用区域最大温度法。

当然，区域最大温度法还存在一些问题，比如区域的界定暂时还没有一个统一的标准，因为区域的大小不同会导致最大温度的不同。然而，根据作者和一些学者的研究表明，如果采用 1°×1°的经纬度网格分区，则有望获得更好的结果。因为，在这样一个网格内，地表能量的收入，即热量条件较为一致，下垫面也较为均一，便于该模型的应用。同时，本研究所提出的模型目前还仅适用于裸土，对于植被稀疏覆盖区，还需要考虑植被的影响，建议采用 h_a 与 NDVI 的比值或者引入其他植被指数；对于纯植被覆盖区，需要采用三温模型中的植被蒸腾扩散系数，该系数也可以用来估算植被含水量，这也是下一步的研究工作。

模型的构建和验证也存在一些问题，由于试验所在的年份降雨相对稍多，所以获取的土壤湿度数据普遍偏高，低土壤含水量的数据较少，因此在建模和验证中低含水量的点缺乏，以后的研究将需要较广范围的土壤湿度数据。因此上述这些问题还需要进一步研究。

尽管如此，该研究为土壤湿度的遥感监测提供了一个新思路。

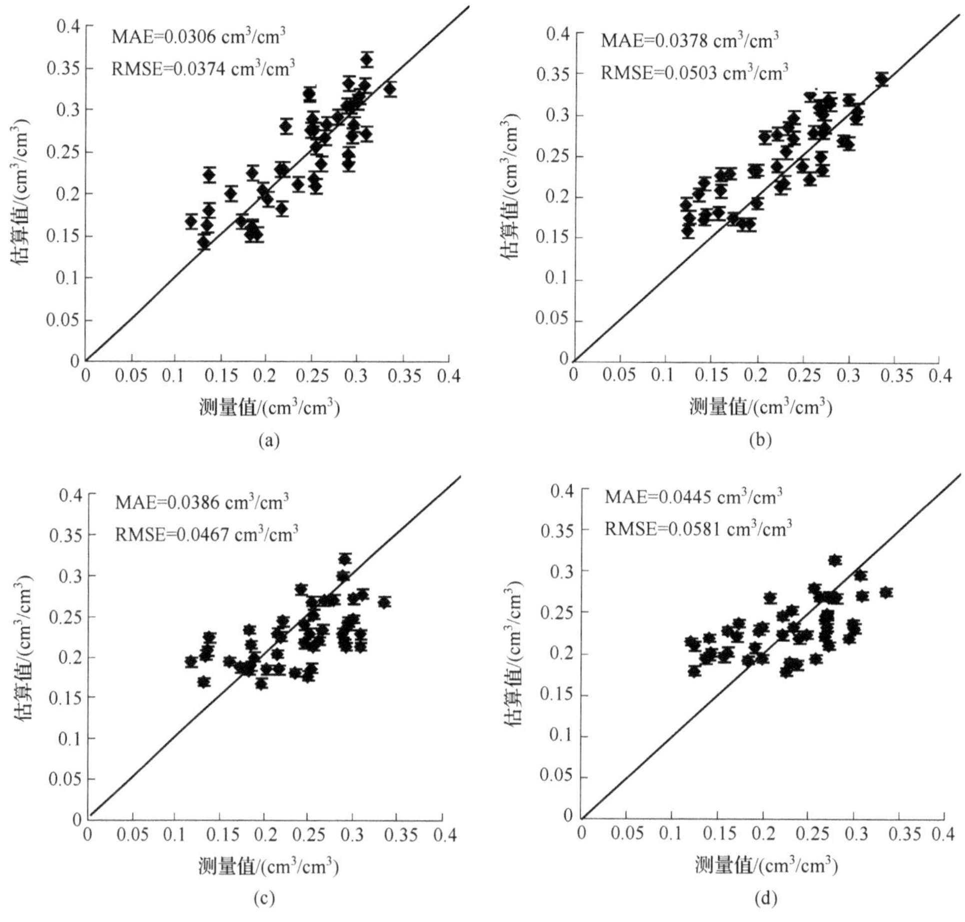

图 11.14　10cm 与 20cm 的土壤湿度(M_v)实测值和两种方法估算值的验证比较：能量平衡方程[(a)和(b)]；最大温度法[(c)和(d)]

(三) 遥感估算气温的初探

然而，虽然上文介绍的三温模型-h_a 方法可有效监测土壤湿度，但 h_a 所依赖的三个温度中气温则需要测定或者从气象站获取，所以该资料的获取是受一定限制的。根据地表能量平衡方程的原理可知，地表受热则会对近地层的温度加热，从而使得其气温升高，基于此地表温度和近地层气温的密切关系，因此本研究利用沧州南皮布置的地面试验和河北省气象局的资料来定量分析地表温度和气温的关系，探讨利用遥感手段获取近地层气温的可行性。目前利用遥感获取气温的研究目前大多集中在利用微波和光学遥感获取大气温度廓线的分布上(陈洪滨和和林龙福，2003；李万彪等，2003；姚志刚和林龙福，2005；黄兵等，2007)，齐述华等(2005)则利用 MODIS 数据根据植被表层温度近似等于气温的原理，基于 NDVI-T_s 特征空间法估算了植被覆盖区的气温。

利用南皮试验和河北省气象站点从 2006 年 3 月～11 月每月 8 号的气温资料与

MODIS的温度产品分别建立回归关系，结果如图 11.15、图 11.16 所示。从图可以看出，遥感反演的地表温度和气温之间具有良好的相关性，无论是南皮小区域上的时间序列，还是河北平原上的时间序列，二者均达到极显著相关水平（$P<0.001$），从而说明通过遥感估算地温进而间接获取气温是可行的。为检验该法在三温模型应用中的可行性，利用图 11.16中更具代表性的回归模型来估算气温。然而，从图中可以看出，地温和气温之间有时差距较大，特别是在高温区间的表现更明显，因此根据该图中的回归模型估算的南皮试验样地的气温与实测值之间在高温时也有较大误差（图 11.17），这种误差在三温模型计算 h_a 时将会带来更大误差，当气温高于地温时甚至出现负值，因此为保证该法监测土壤湿度的实用性，提高遥感估算气温的精度是关键，这就需要更多的站点并且分区域建立经验的统计关系，或者考虑大气水汽含量的影响而直接由遥感估算气温，这些方面等还需要进一步研究。

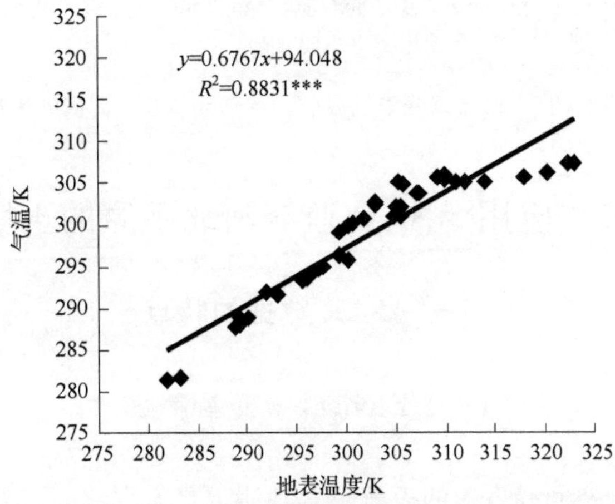

图 11.15　南皮试验中反演的地表温度和气温的关系

＊＊＊表示极显著（$P<0.001$），下同。

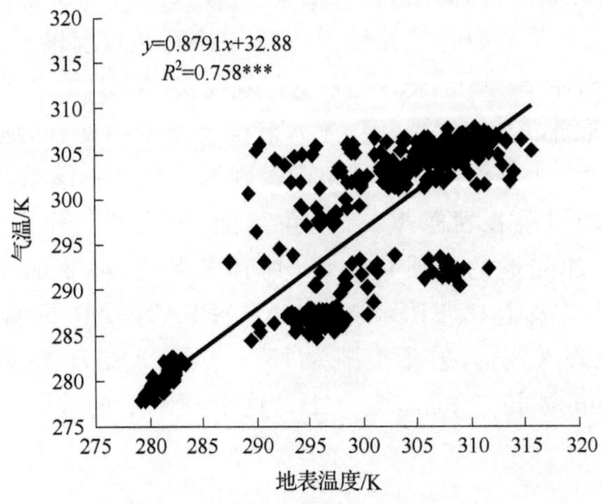

图 11.16　河北平原气象站点的地表温度和气温的关系

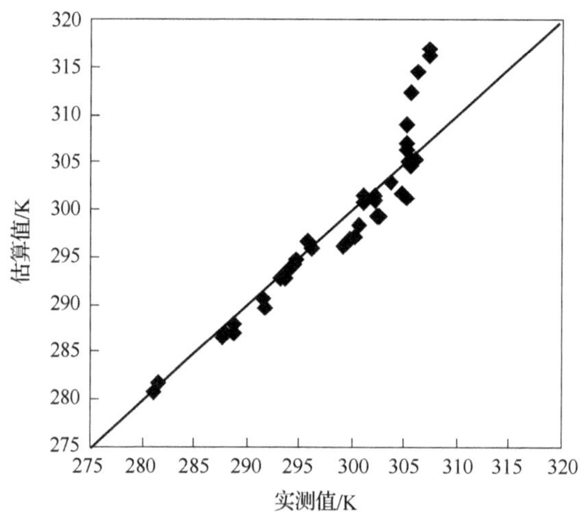

图 11.17　南皮试验中气温(T_a)的估算值和实测值的比较

第三节　应用 ASAR 监测河北平原的土壤湿度

一、ASAR 数据的特点

(一) Envisat-1 卫星参数

Envisat-1 是欧洲空间局发射的极轨对地观测卫星系列之一(表 11.6)，于 2002 年 3 月 1 日发射升空，卫星高度 800km，重访周期 35 天。作为 ERS(European remote sensing)-1/2 合成孔径雷达卫星 SAR 的延续，Envisat-1 数据主要用于监测环境，即对地球表面和大气层进行连续的观测，供制图、资源勘查、气象及灾害判断之用。星上载有 10 种探测设备，其中最大的设备是高级合成孔径雷达(ASAR)，是目前世界上最先进的星载合成孔径雷达传感器。ASAR 是基于 ERS-1/2 主动微波仪(AMI)的基础上建造的，目的是继续用 SAR 进行对地观测，提供有关海浪、海冰范围及运动情况、陆地冰雪的分布范围、地表地形及陆地表面特性、土壤湿度及湿地范围等观测信息。它继承了 ERS-1/2AMI 中的成像模式和波模式，增强了在覆盖率、入射角范围、极化和工作模式上的功能，可生成海洋、海岸、极地冰冠和陆地的高质量图像，具有多极化、可变观测角度和宽幅成像的特性，在陆面和海面监测上比 ERS-SAR、RADARSAT-SAR 更具优势(ESA，2006)。ASAR 使用主动相控阵天线，入射角范围为 15°～45°。ASAR 工作在 C 波段，可为每个轨道连续地获取 30min 波长 5.6cm，5.3GHz，这个频率下的大气干扰可以忽略(Ulaby et al.，1981)。

表 11.6 Envisat-1 卫星的一些主要参数指标

发射时间	2002 年 3 月 1 日(欧洲中部时间)
运载工具	阿里亚纳 5 号火箭
发射重量	8200kg
有效载荷质量(仪器)	2050kg
设计寿命	5～10a
星上仪器数量	10
轨道	太阳同步,高度 800km
轨道倾角	98°
单圈时间	101min
重复周期	35d
耗资	大约 20 亿欧元
主要参与国家	奥地利,比利时,加拿大,丹麦,法国,芬兰,德国,意大利,挪威,西班牙,瑞典,瑞士,荷兰和英国

(二) ASAR 工作模式

ASAR 传感器共有五种工作模式,高数据率的三种,即 Image 模式、Alternating Polarisation 模式和 Wide Swath 模式供国际地面站接收,低数据率的 Global Monitoring 模式和 Wave 模式仅供欧洲空间局的地面站接收。

与 ERS 的 SAR 传感器相比,ASAR 传感器具有以下突出的优点。

(1) Image 模式可以提供 7 种不同入射角的成像。

(2) Alternating Polarisation 模式提供同一地区的两种不同极化方式的图像,用户可根据需要从以下三种极化方式组合中选择:VV 和 HH;HH 和 HV;VV 和 VH。

(3) Wide Swath 模式采用 ScanSAR 技术,可以提供更宽的成像条带,但图像的空间分辨率有所降低。五种工作模式见表 11.7,每种工作模式有 7 种入射角可以选择(表 11.8)。

表 11.7 Envisat-1 卫星 ASAR 传感器工作模式

模式	Image	Alternating Polarisation	Wide Swath	Global Monitoring	Wave
成像宽度/km	100～56 7 个条带	100～56 7 个条带	406 5 个条带	406 5 个条带	5 任何条带
入射角/(°)	145	145	17～43	17～43	145
下行数据率/(Mbit/s)	100	100	100	0.9	0.9
极化方式	VV 或 HH	VV/HH 或 VV/VH 或 HH/HV	VV 或 HH	VV 或 HH	VV 或 HH
分辨率/m	30	30	150	1000	10

表 11.8 ASAR 成像条带参数

成像位置代号	幅宽/km	与星下点距离/km	入射角范围/(°)
IS1	105	187～292	15.0～22.9
IS2	105	242～347	19.2～26.7
IS3	82	337～419	26.0～31.4
IS4	88	412～500	31.0～36.3
IS5	65	490～555	35.8～39.4
IS6	70	550～620	39.1～42.8
IS7	56	615～671	42.5～45.2

通过利用不同极化和入射角的组合，ASAR 提供了高(成像模式)、中(宽条带模式)和低(全球监测模式)分辨率 37 种不同波束位置的雷达图像，而对这些波束位置的操作主要取决于用户对数据的要求。Wave 模式相对于其他模式来说是独立的，这是一个低速率模式(low rate mode)，主要作为全球性飞行任务获取海洋方面的数据，它采用与成像模式相同的扫描条带和极化方式，然而不需要连续的数据条带，可以沿着扫描条带对欲成像的一小块海域按一定的间隔成像，在 100km 的照射宽度内采集面积为 5km×5km 的海浪谱图像。Global Monitoring 模式的空间分辨率较低(1000m)，它和 Wave 模式一样在成像时使用星上磁带记录设备记录数据。

(三) ASAR 数据产品

ASAR 的产品可分为 Level 0 和 Level 1B 产品。

Level 0 产品是经过处理系统重新格式化后，以时间为序的卫星数据。Level 0 产品中的数据为原始信号，不是图像。Level 0 产品是 ENVISAT 产品中级别最低的产品。利用 Level 0 产品，我们可以处理出 Level 1B 及级别更高的产品。

原始数据及 Level 0 产品可以通过成像算法并利用标定数据生成 Level 1B 产品。Level 1B 产品可以是单景产品或条带产品。单景产品是按“景”定购，而条带产品则包含了整个数据段(segment)的图像，每个条带产品的最大时间可以达到 10min。经初步检验，Level 1B 产品的绝对定位精度约为 200m。根据欧空局的定义，所有 Level 1B 产品在存储时都是以时间增长为序的方式存储的，这使得下行轨道的图像为左右镜像，而上行轨道的图像为上下镜像。数据处理系统在生成 ASAR Level 1B 产品时，可以运用不同的处理方式，从而得到不同的 ASAR Level 1B 产品供用户选择。

1. Image 模式、Alternating Polarisation 模式

这两种模式的 Level 1B 产品分为三类：Precision Image、Single Look Complex Image 和 Medium Resolution。

Precision Image 是多视、地距图像，产品像元尺寸为 12.5m，适合于大多数的应用。

Single Look Complex(SLC)Image 是单视复型产品，产品的像元尺寸由成像的模式

决定，可被用于SAR图像质量评估、标定和干涉、或风/海浪应用。在处理中较少对数据进行修正，以允许用户可以更自由的将数据处理为其他产品。

Medium Resolution 是像元尺寸为75m的图像产品，产品的其他特性同 Precision Image。

各类产品均在产品中提供了完整的标定参数。

2. Wide Swath 模式

Wide Swath 模式只提供像元尺寸为75m的 Medium Resolution 图像产品，在产品注解中也提供了完整的标定参数。

所有欧洲空间局接收设备获取的ASAR高速率数据都将被实时地、系统地进行处理，生成中等分辨率(大约150m)图像和浏览产品(browse product)，浏览产品可以在线获得。高分辨率产品会根据用户的需要进行近实时(near real time)或脱机处理。所有中等分辨率和高分辨率产品都会提供给用户。ASAR的标准数据产品规格如表11.9所示(黄庆妮等，2004)。

表11.9 ASAR的标准数据产品规格

ID	标称的分辨率/(距离×方向)	标称的像元间距/(距离×方向)	幅宽	视数
IMP	30×30	12.5×12.5	56－100×100	>3
IMS	9×6	Natural	56－100×100	1
IMM	150×150	75×75	56－100×100	40
IMB	450×450	225×225	56－100×100	80
APP	30×30	12.5×12.5	56－100×100	>1.8
APS	9×12	Natural	56－100×100	1
APB	150×150	75×75	56－100×100	50
APB	450×450	225×225	56－100×100	75
WSM	150×150	75×75	400×400	11.5
WSB	1800×1800	900×900	400×400	30～48

注：P为精图像产品；S为单视复型产品；M为中等分辨率产品；B为浏览产品。

对于所有的ENVISAT产品，均含有以下的数据记录：Main Product Header(MPH)主产品头记录；Specific Product Header(SPH)产品细节头记录；Data set(DS)数据集。

二、ASAR数据的处理

(一) 数 据 来 源

本研究数据采用ASAR前两种工作模式下的Level 1B的多视、地距图像(Precision Image)，即ASA_IMP_1P和ASA_APP_1P产品，数据分辨率均为30m，产品像元尺寸

12.5m。数据从欧洲空间局订购。根据研究区域结合影像的合适时相,本节分别选取2006年和2007年的五景影像,其详细特征见表11.10。其中对于研究区来说,2006年10月15日、10月18日和2007年5月4日的影像视为裸地和稀疏植被的时相,其他两景影像视为有植被覆盖的时相。

表 11.10 ASAR 影像的主要特征

日期/(dd-mm-yy)	通道	轨道	航迹	刈	极性	倾斜角/(°)	产品类型	分辨率/m
15-10-06	A	24 184	82	IS2	HH/VV	23	APP	30
18-10-06	A	24 227	125	IS3	HH	29	IMP	30
04-05-07	D	27 054	447	IS2	VV	23	IMP	30
13-07-07	D	28 056	447	IS2	VV	23	IMP	30
21-09-07	D	29 058	447	IS2	VV	23	IMP	30

(二) 数 据 处 理

1. 后向散射系数提取

获取的 ASAR 数据采用欧洲空间局提供的 BEST(Basic Envisat SAR Toolbox)软件提取后向散射系数 σ°,包括头文件分析、全分辨率提取、幅度至强度的转换和 σ° 的提取,最后输出为 Geo TIFF 文件,其流程如图 11.18 所示。在提取 σ° 过程中,选择生成 dB 数据,还要根据不同的工作模式和入射角等输入不同的定标常数,定标常数可从欧洲空间局网站上的 XCA 定标文件中获取(http://earth.esa.int/services/auxiliary_data/asar/current/),该文件及 ASAR 数据的头文件等可利用欧洲空间局提供 EnviView 软件打开,以获取相关信息。σ° 的提取就是原始影像的绝对定标过程,图像上的 DN 值与 σ° 的关系为

$$\sigma^{0} = \frac{\langle \mathrm{DN}^{2} \rangle}{K} \sin\theta \tag{11.23}$$

式中:DN 为图像上的灰度值;K 为绝对定标因子(即上文中的定标常数);θ 为雷达入射角,可从对应图像的头文件中获取(Rosich and Meadows,2004)。这里 σ° 是以强度(m^2/m^2)表示的雷达后向散射系数,分析研究中需要根据公式 $\sigma^{0}(\mathrm{dB}) = 10\log_{10}\sigma^{0}(m^2/m^2)$ 转换为小数的分贝(dB)形式。

2. 影像配准

在有准确地理坐标的 TM 影像上选择有明显地物标志(如道路或河流的交叉点)的地面控制点 GCP(ground control point),利用 ENVI/IDL 遥感图像处理软件对 ASAR 影像进行配准,从而达到几何精校正的目的。配准误差控制在 0.1 个像元之内,之后再利用已经配准过的 ASAR 影像作为基准对其他影像进行配准。由于研究区地势平坦,因此不考虑地形校正。

3. 去噪滤波

SAR 获得的影像是地物对雷达波散射特性的反映，由于 SAR 发射的相干信号之间的干涉作用会使影像产生相干斑点噪声，即在同一片均匀区域，分辨单元中有的呈亮点，有的呈暗点，使得图像灰度剧烈变化，从而降低了图像的分辨率和信噪比，影响了图像的可解译性，甚至导致地物特征的消失，这种噪声严重影响了影像的判读效果和特征值的提取，因此，去除噪声对 SAR 影像的有效使用具有十分重要的意义。

图 11.18　BEST 软件提取 ASAR 影像后向散射系数流程简图

改善和滤除噪声影响的技术手段可分为两类,一类是利用边缘检测或区域增长进行图像分割,并将分割后各均值区域内像元灰度的平均值作为整个区域的灰度值(Smith,1996);另一类是成像后的去斑点噪声滤波技术。目前利用较广泛的噪声滤波算法有中值平滑滤波、均值平滑滤波、Frost 自适应滤波、Lee 自适应滤波和 Gamma 自适应滤波等。本研究选择 Gamma 自适应滤波,因为该滤波考虑了斑点的特点和地物目标散射特征的统计规律,在平滑斑点的同时还能很好地保护图像纹理(杜培军,2002;燕英和周荫清,2003)。

经过上述步骤的数据处理,可以得到研究区雷达影像的后向散射系数。图 11.19、图 11.20分别是研究区 2006 年 10 月 15 日双极化和 2007 年 7 月 13 日、9 月 21 日的原始影像示意图。图 11.21 是研究区两个网格所有影像的平均后向散射系数时间序列图,从图上可以看出,研究区的后向散射系数时间上呈现先减少后增加的趋势,由于许多研究表明后向散射系数和土壤含水量之间基本为正相关(Moran et al.,2000;Pampaloni et al.,2004;Romshoo, 2004;Bindlish and Barros,2001),即土壤含水量越高,后向散射系数就越大,据此可以认为土壤含水量也呈现先减少后增加的趋势。然而,由于后两期影像即2007 年 7 月 13 日、9 月 21 日的影像有植被覆盖,因此其总的后向散射系数中需要扣除掉植被散射的影响,所以这两个时相的土壤湿度并不一定增加。而地面土壤水分的实测值显示后两期影像的土壤湿度是减少的,故根据影像的后向散射系数时间变化推断的土壤湿度变化符合实际情况,另外需要说明的是 2006 年土壤湿度整体较高而 2007 年较低是因为 2006 年降雨较多的缘故。

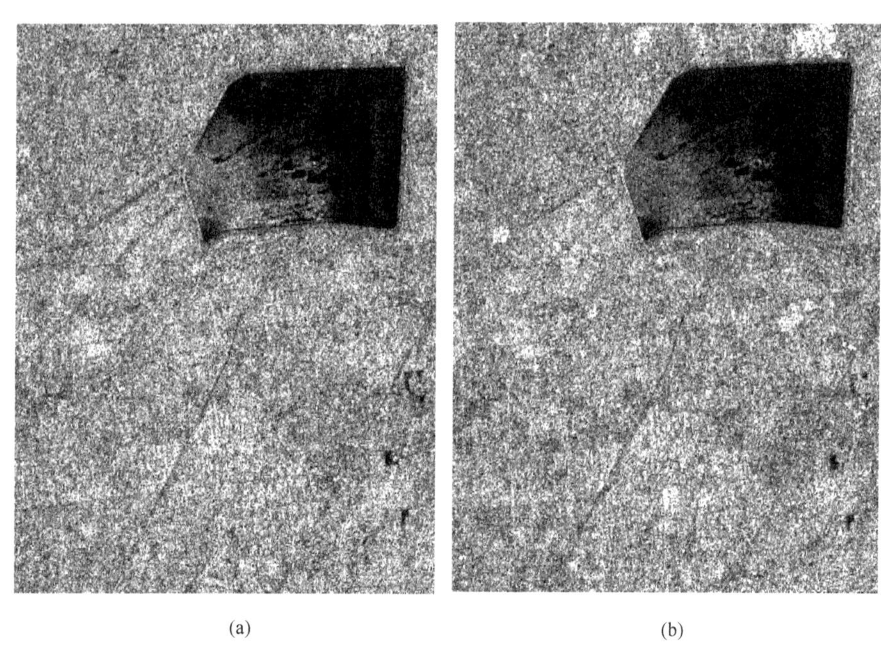

(a) (b)

图 11.19 2006 年 10 月 15 日 ASAR 影像截图

(a) HH 极化;(b) VV 极化

(a) 2007年7月13日

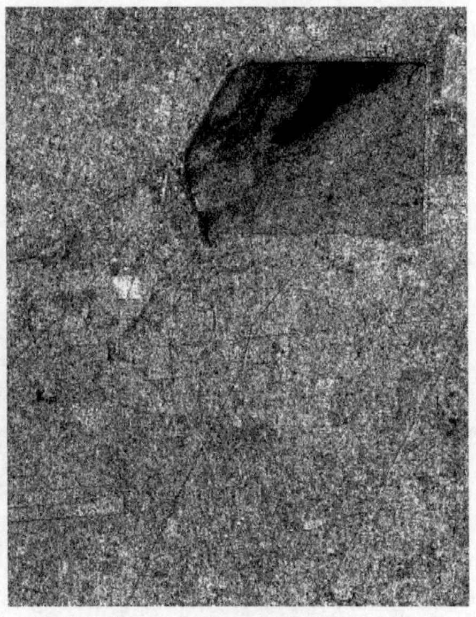

(b) 2007年9月21日

图 11.20　2007 年 7 月 13 日和 9 月 21 日的 ASAR 影像截图

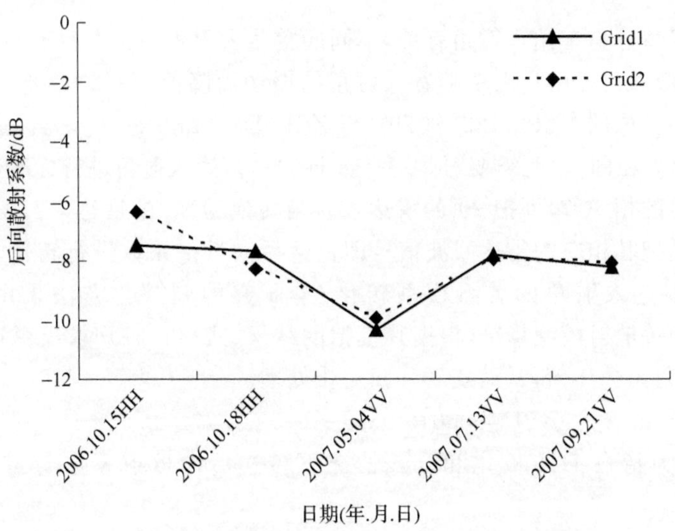

图 11.21　两个网格上 ASAR 平均后向散射系数的时间序列

三、ASAR 对裸地和稀疏植被区的监测

（一）Zribi-Dechambre 模型

本研究采用 Zribi-Dechambre(2002)经验模型反演计算裸地土壤的含水量，该模型经

过一系列的田间试验获得,适合较大范围的粗糙度和土壤湿度变化,考虑了地表粗糙度对 σ°的影响,因此能够较为准确地估算土壤含水量(误差仅为 4%)。由于单独反演地表粗糙度的两个参数 s(均方根高度)和 l(表面相关长度)比较困难,因此该模型中应用一个新的地表粗糙度参数 Z_s 代替 s 和 l 来反映其对 σ°的影响,其计算公式为

$$Z_s = s^2/l \tag{11.24}$$

由于 Z_s 和 σ°具有良好的相关性,因此假设土壤湿度在干季的短期内(3～5 天)恒定,利用不同时相和不同入射角的后向散射系数差来计算 Z_s。通过试验研究发现,Z_s 和 $\Delta\sigma^{\circ}$的关系如式(11.25):

$$Z_s = -\frac{1}{3}\ln\left(\frac{\Delta\sigma^0}{6.48}\right) \tag{11.25}$$

$\Delta\sigma^{\circ}$是根据 23°和 39°入射角的 HH 极化情况下获知($\Delta\sigma^{\circ}=\sigma^{\circ}_{\text{low}}-\Delta\sigma^{\circ}_{\text{high}}$),有了 Z_s 后,即可采用文中的模型反演土壤湿度(体积含水量,M_v):

$$M_v = 4.55\sigma^0 - 7.09\ln\left\{\ln\left[\left(\frac{\Delta\sigma^0}{6.48}\right)^{-1/3}\right]\right\} \tag{11.26}$$

此处 $\Delta\sigma^{\circ}$一般情况下小于 6.48dB,但是如果土壤表面比较光滑,那么其值可能大于 6.48dB,此时 Z_s 取 0.05cm。

1. 雷达入射角的归一化

雷达的散射特性与雷达入射角有关,不同的雷达入射角将会产生不同的散射机制,一般来说,来自分散散射体的反射率随着入射角的增加而降低(刘伟,2005)。本研究中,由于所采用的两幅影像的入射角(23°和 29°)与 Zribi-Dechambre(2002)经验模型中的入射角(23°和 39°)不太相同,因此需要对 10 月 18 日的高雷达入射角进行标准归一化处理,使之和经验模型中的相一致,即把 29°的雷达入射角转换为 39°的雷达入射角。雷达入射角归一化的目的是把其相应的雷达回波信号即雷达后向散射系数进行转化,即根据雷达后向散射系数和雷达入射角的关系模型转化,本研究的归一化方法采用 Monsiváis 等(2006)介绍的相关散射模型算法,根据其模拟的结果[式(11.27)]求出雷达入射角在 29°和 39°的后向散射系数比值,从而实现其归一化处理。

$$\sigma_{\text{HH-AS}}(\theta) = 0.010\,069\theta - 0.931\,82\theta + 2.648\,1 \tag{11.27}$$

式中:$\sigma_{\text{HH-AS}}(\theta)$为指在 HH 极化和升轨情况下雷达后向散射系数与雷达入射角 θ 的函数。

2. 地表粗糙度和湿度的反演

土壤粗糙度一直是微波遥感领域中研究的一个重点,在地面与雷达波相互作用的过程中,地表粗糙度参数是影响雷达波的后向散射特征的一个决定性因素。一些研究表明(Oh et al.,1992;Dubois et al.,1995;Sano et al.,1998),雷达后向散射系数对土壤粗糙度比对土壤湿度更敏感,因此在利用后向散射模型反演土壤湿度的过程中,考虑土壤粗糙度的影响对于提高反演精度具有重要的意义。

研究采用 2006 年 10 月 15 日和 10 月 18 日两个时期 HH 极化的影像,研究区内的土

地类型主要为荒地和接近收获的棉田等，植被覆盖很少，故可视为裸地和稀疏植被区。因两景影像间隔时间较短，土地类型没有变化，因此可假定此时段土壤粗糙度恒定，同时该期间没有降水发生，故假定土壤湿度也没有变化。基于此根据两幅不同入射角影像的$\Delta\sigma^{\circ}$，采用该模型反演出 Z_s 和 M_v，反演结果根据美国 Golden 软件公司生产的 Surfer 地理信息制图软件进行 Kriging 插值，分别得到其粗糙度和土壤湿度的等值线分布图 11.22 和图 11.23。

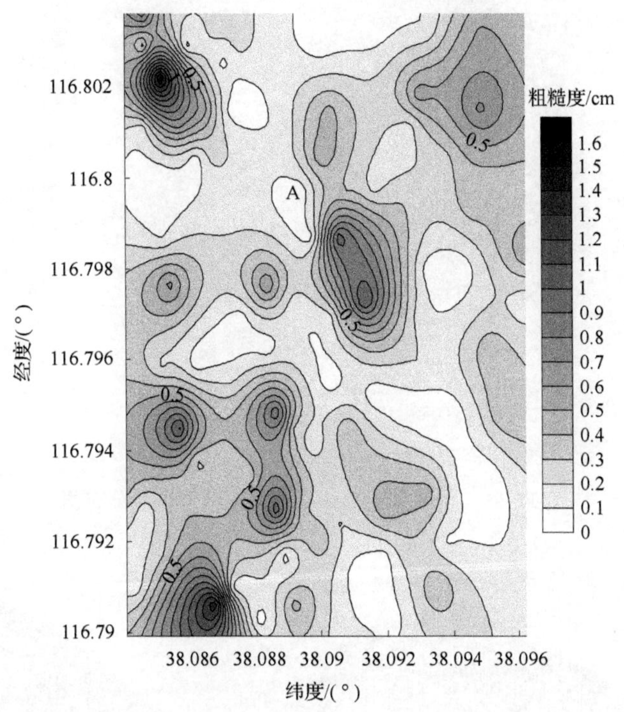

图 11.22　研究区土壤表面粗糙度(cm)的等值线分布图

从图 11.22 和图 11.23 可以看出，研究区内地表粗糙度主要分布为 0.0～0.5cm，土壤体积含水量主要分布为 10%～34%，这与实际调查情况相一致。因为区内地势平坦，地表属于中低粗糙度水平，由于模型土壤湿度和地表粗糙度基本成负相关，即粗糙度越大，土壤湿度越低，从两图中对应的位置可以看出这种情况。然而模型对 $\Delta\sigma^{\circ}$大于6.48dB 的像素，Z_s 认为等于 0.05cm，说明该点粗糙度较小，地面较为平滑如小路、道旁等，这些区域的土壤湿度一般较低，如图 11.22 和图 11.23 中的 A 处，这就是图中那些粗糙度小而土壤湿度也低的区域的原因。图 11.23 中个别区域土壤湿度较高是因为一些积水沟渠，如 B 处。

对该研究区的土壤湿度 M_v 插值后与 Z_s、$\Delta\sigma^{\circ}$及两景影像的雷达后向散射系数作三维图得图 11.24，从图中可以很好地看出这它们之间的关系分布。

3. 模型的验证和评价

模型反演的精度可根据模拟值和实测值之间的 MAE 和 RMSE(前文所述)进行评

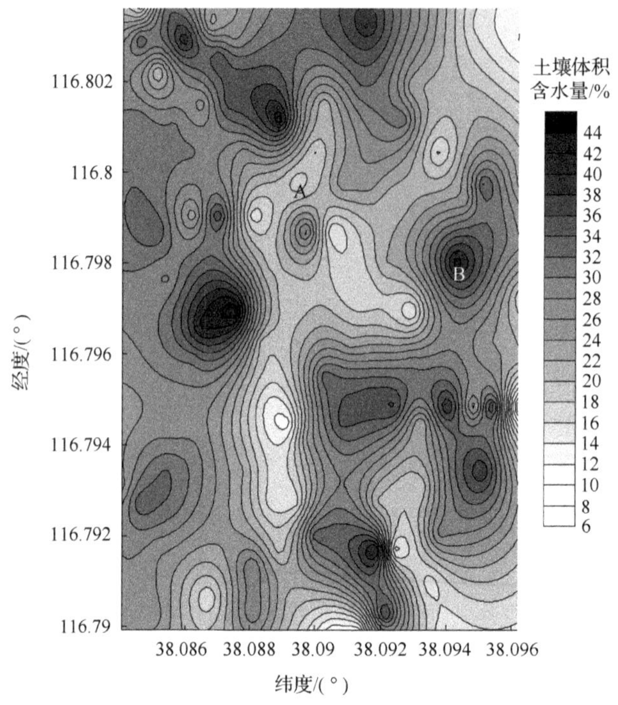

图 11.23　研究区土壤体积含水量的等值线分布图

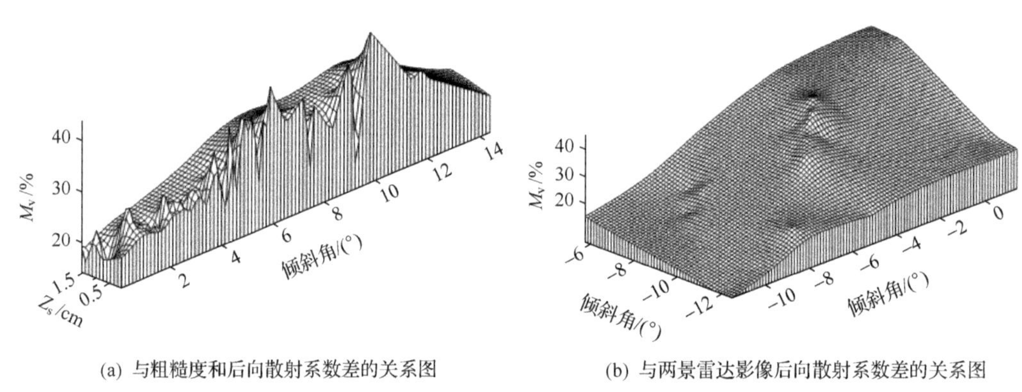

图 11.24　研究区土壤体积含水量

价。由于地面试验仪测定了土壤含水量,对粗糙度没有测定,只进行了定性的判断,因此只能用土壤湿度的实测值来评价模型的精度。

地面试验中获取的样点数为 18 个,分布在相邻的两个 1km^2 的网格上,剔除掉雷达对应影像的 $\Delta\sigma^{\circ}$为负值的样点后,采用剩余的 13 个样点对土壤体积含水量的模拟值和实测值比较,结果如图 11.25,图中斜线是 1∶1 线,由此可以看出,模拟值和实测值具有良好的相关性,MAE 为 4.13%,RMSE 为 5.08%,具有较高的模拟精度,虽然没有地表粗糙度的实测值验证,但土壤湿度是考虑地表粗糙度的影响而计算得来,而由于土壤湿度实测值的验证结果良好，因此不难推断反演的地表粗糙度也具有较高的准确性，从而证明该法反演地面粗糙度和土壤水分的可靠性。然而，由于地面试验选取的样点是在含水量高的农田和荒地中，没有对研究区中小路、道旁等低含水量区进行采样，因此实测值和模拟值的比较中没有低含水量的样点，以后的研究中将会增加对地表粗糙度和低含水量样点的测定。

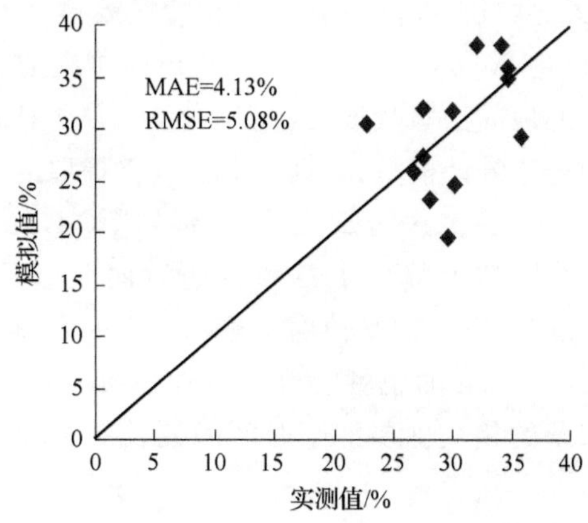

图 11.25 土壤体积含水量(M_v)的实测值和模拟值比较

在没有地面先验知识的情况下，本研究介绍了一种适合反演裸地和低植被土壤湿度的方法，并用地面实测值进行了验证，其 RMSE 为 5.11%。根据模型适用的情况，首先对研究用的雷达入射角归一化，之后反演出土壤粗糙度，进而再反演出土壤湿度。反演的地表粗糙度主要分布为 0.05～0.5cm，土壤体积含水量主要分布为 10%～34%，局部地区含水量较高是因为研究区内的一些积水的沟渠，从而造成土壤湿度较高。

土壤粗糙度和土壤湿度是影响裸土后向散射系数的重要因素，由于土壤粗糙度对后向散射的影响要大于土壤湿度，因此在利用后向散射系数的土壤湿度反演模型中扣除掉土壤粗糙度的影响后，与没有考虑表面相关长度 l 的经验模型如 Oh(Oh et al.，1992)、Dubois(Dubois et al.，1995)相比，将会得到更准确的湿度信息。通过本研究发现该法简单易行，仅需要时间相隔较短(这段时间内可假定土壤湿度和粗糙度不变)的双时相和不同入射角的两景 HH 同极化 ASAR(IMP/APP 影像)影像，即可获取地表湿度信息，适合快速准确地监测区域的土壤湿度，从而为农业生产和水资源监测研究等提供一个有效的途径。

（二）统计散射经验模型

许多已有的土壤湿度研究表明(Dobson and Ulaby，1986；Holah et al，2005；Sano et al.，1998；Ulaby et al.，1978)，土壤湿度微波遥感的反演方法是基于特定入射角和裸露地表情况下获得的雷达平均回波信号(σ^0)与土壤体积含水量(m_v)(Zribi et al.，2005)之间的简单线性关系。其经验模型如下：

$$\sigma^0(\mathrm{dB}) = a \cdot m_v(\%) + b \tag{11.28}$$

式中:a、b 为回归系数,它们随雷达入射角、极化方式和地表粗糙度的变化而变化。该研究中,由于覆盖裸地和稀疏植被的 ASAR 影像中,没有和地面采样试验在时间上相匹配的,因此采用二者间隔最短的影像,这里选择了 2006 年 10 月 18 日的 HH 极化影像和 2007 年 5 月 4 日的 VV 极化影像(其主要特征见表 11.10),而对应的地面试验分别是在 2006 年 10 月 22 日和 2007 年 5 月 2 日进行。由于雷达获取影像时间和地面采样时间相差较短,分别为四天和两天,并且此期间没有降雨和灌溉等事件发生,因此可以假定此期间土壤湿度变化不大,故可用 2006 年 10 月 22 日的地面试验数据代替 2006 年 10 月 18 日的,用 2007 年 5 月 2 日的地面试验数据代替 2007 年 5 月 4 日的。

基于此假设和上述的经验统计模型,根据 BEST 软件提取的雷达影像后向散射系数,与土壤水分数据分别建立三个层次的回归关系,分别如图 11.26 和图 11.27。从图可以看出,两个时相 0~5cm 表层的土壤含水量和雷达后向散射系数达到显著相关($P<0.05$),R^2 分别为 0.2562 和 0.2791,而其他两个更深层次的则没达到显著水平,说明雷达微波遥感更适合监测表层 0~5cm 的土壤湿度。另外还可看出,时间间隔较短的影像上雷达回波信号与土壤含水量的相关性要好于时间间隔长的影像,图 11.27(a)的 R^2 高于图11.26(a)。

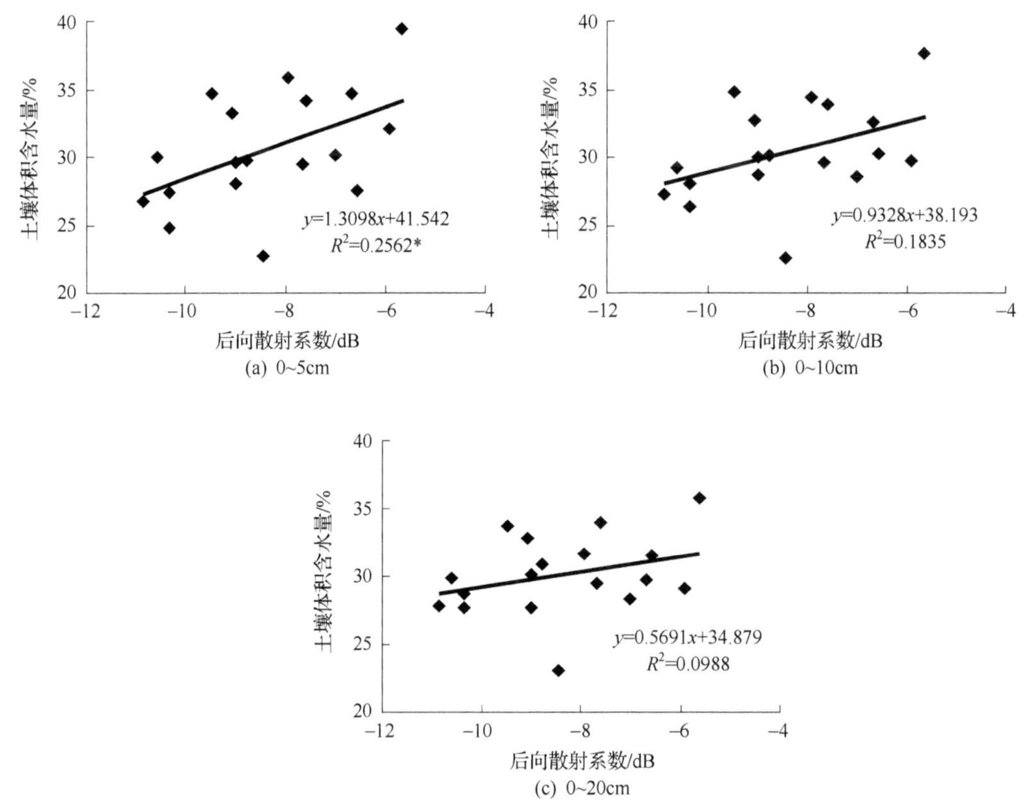

图 11.26　2006 年 10 月 18 日雷达后向散射系数和土壤体积含水量的关系

然而，尽管表层的土壤水分和雷达回波信号相关性达到显著水平，但与国外同类研究相比，其相关系数低很多，这主要是因为地面试验的采样时间和雷达过境的扫描时间不一致造成的，第一个时相相差 4d（采样时间为 2006 年 10 月 22 日），第二个时相相差 2d（采样时间为 2007 年 5 月 2 日）。还有一点就是地面试验布置的不是很完善，比如样点的数量密度太小，应该增加采样点数量，以使得其平均值更能反映雷达影像上后向散射系数的变化。还有取样的时候操作可能不太规范，没有严格按照试验设计进行，如果这些问题解决，相信其相关性将会有较大的提高。

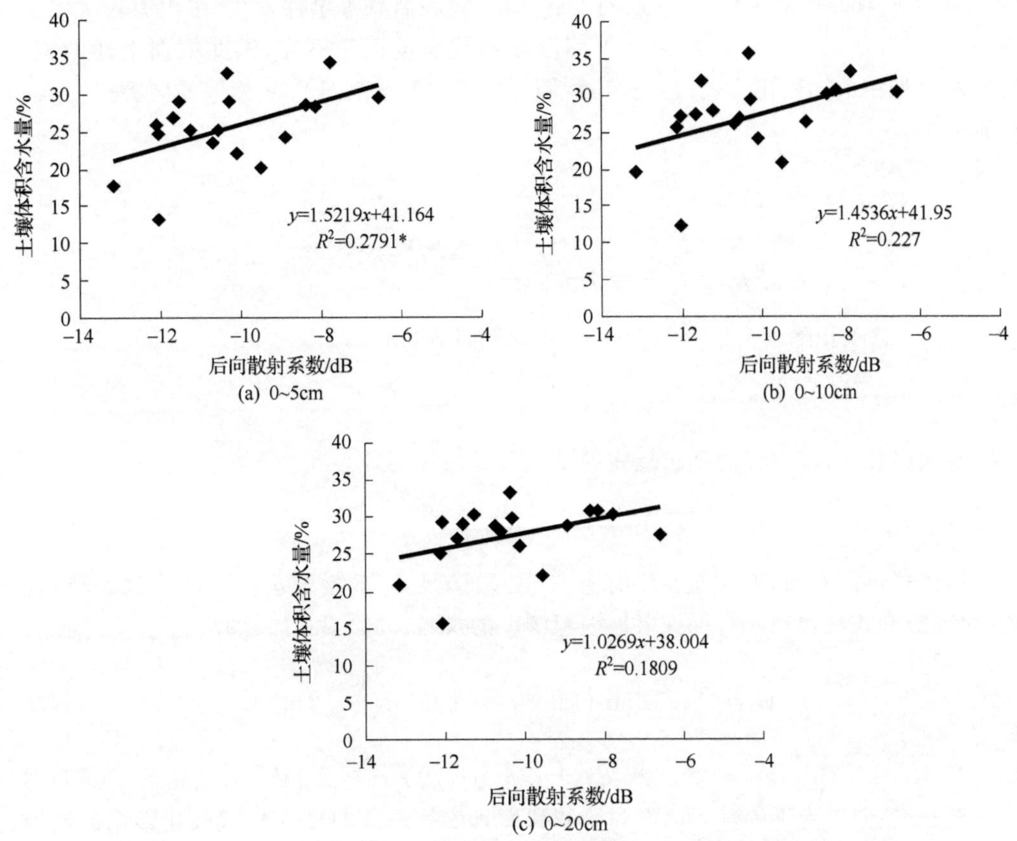

图 11.27　2007 年 5 月 4 日雷达后向散射系数和土壤体积含水量的关系

（三）新的半经验模型

下面介绍一种基于该模型改进的只需两景 HH/VV 同极化影像即可获知地表土壤湿度的新的半经验模型。首先，OSU Π(2002)模型描述如下：

$$\sigma_{vh}^{0} = 0.11 M_{v}^{0.7} (\cos\theta)^{2.2} \{1 - \exp[-0.32(ks)^{1.8}]\} \tag{11.29}$$

$$p \equiv \frac{\sigma_{hh}^{0}}{\sigma_{vv}^{0}} = 1 - \left(\frac{\theta}{90^{\circ}}\right)^{0.35 M_{v}^{-0.65}} \cdot e^{-0.4(ks)^{1.4}} \tag{11.30}$$

$$q \equiv \frac{\sigma_{vh}^0}{\sigma_{vv}^0} = 0.1\left(\frac{s}{l} + \sin 1.3\theta\right)^{1.2}\{1 - \exp[-0.9(ks)^{0.8}]\} \tag{11.31}$$

式中：σ_{vh}^0、σ_{hh}^0、σ_{vv}^0分别为雷达交叉极化和同极化（HH/VV）散射系数；M_v 是土壤湿度；θ 为雷达入射角；k 为波数$=2\pi/\lambda$；s 为均方根长度；l 为表面相关长度；p、q 分别为同极化和交叉极化比。模型适合范围较大的地表条件（$0.04<M_v<0.291\text{m}^3/\text{m}^3$，$0.13<ks<6.98$）。

对于裸地或低植被覆盖区域，假设我们有两景时相相距很近（时间间隔在一周之内）的 HH/VV 双极化雷达影像，这期间没有降雨/雪和灌溉等事件发生，也没有较大的人类农业活动等，所以我们可以认为其土壤湿度和粗糙度恒定不变，因此根据上述 OSU Π(2002)模型中的同极化比式(11.30)，我们可以得到两景 HH/VV 影像的同极化比 p_1、p_2 分别如下：

$$p_1 = \frac{\sigma_{hh_1}^0}{\sigma_{vv_1}^0} = 1 - \left(\frac{\theta_1}{90°}\right)^{0.35M_v^{-0.65}} \cdot e^{-0.4(ks)^{1.4}} \tag{11.32}$$

$$p_2 = \frac{\sigma_{hh_2}^0}{\sigma_{vv_2}^0} = 1 - \left(\frac{\theta_2}{90°}\right)^{0.35M_v^{-0.65}} \cdot e^{-0.4(ks)^{1.4}} \tag{11.33}$$

p_1、p_2 移项相除消去地表粗糙度 ks 再化简得式(11.34)：

$$\left(\frac{\theta_2}{\theta_1}\right)^{0.35M_v^{-0.65}} = \frac{1-p_2}{1-p_1} \tag{11.34}$$

对式(11.34)解方程得到求地表湿度的公式(11.35)：

$$M_v = 0.2\left(\log_{\frac{1-p_2}{1-p_1}}\frac{\theta_2}{\theta_1}\right)^{1.54} \tag{11.35}$$

从该式可以看出，要保证 M_v 有意义，必须满足 θ_1 不等于 θ_2。再把式(11.35)代入式(11.32)和式(11.33)中，得到求地表粗糙度的式(11.36)或式(11.37)。

$$ks = -1.92\{\ln[(1-p_1)(\theta_1/90°)^{\log_{\frac{1-p_2}{1-p_1}}\frac{\theta_1}{\theta_2}}]\}^{0.71} \tag{11.36}$$

$$ks = -1.92\{\ln[(1-p_2)(\theta_2/90°)^{\log_{\frac{1-p_2}{1-p_1}}\frac{\theta_1}{\theta_2}}]\}^{0.71} \tag{11.37}$$

至此，我们得到不依赖于地面先验知识而只依靠两景 HH/VV 双极化影像的同极化比和不同的雷达入射角即可获知地表土壤湿度和粗糙度的半经验模型。由于该模型是在 OSU Π(2002)模型的基础上推演而来，因此也适合较广的地表范围。该模型应用的关键是两景时相相邻的 HH/VV 双极化影像，并且时相间隔内无降雨和改变地表粗糙度的人类活动发生，从而可以忽略土壤湿度及地表粗糙度的变化而假定其是恒定的。

由于在地面试验进行时研究区内没有满足该模型的影像，因此这里用 2005 年 4 月北京的两景 ASAR 影像来反演土壤湿度。影像从国家科技基础条件平台对地观测系统的 Envisat 数据共享网站获取（http://ds.rsgs.ac.cn/index.aspx），其详细特征见表11.11。

表 11.11　2005 年 ASAR 影像的主要特征

参数	日期	
	2005 年 4 月 12 日	2005 年 4 月 13 日
通道	A	D
轨道	16 297	16 304
航迹	211	218
刈	IS7	IS2
极性	HH/VV	HH/VV
产品类型	APP	APP
倾斜角/(°)	44	23
分辨率/m	30	30
像元空间/m	12.5by12.5	12.5by12.5

图 11.28、图 11.29 分别是所采用的两景预处理过的 ASAR 的 HH/VV 极化影像，预处理包括辐射标定、几何精校正、滤波等。图中间较亮的白色区域是城镇像元，这里是北京市区，黑色的斑块是湖泊水体等。由于两景影像的时间分别是 2005 年 4 月 12 日和 4 月 13 日，相差仅一天，期间没有降水、灌溉事件发生等，因此可以认为土壤湿度没有变化。研究中选取了北京昌平区的小汤山镇和顺义区的赵全营镇进行土壤湿度的反演，之所以选择这两个地方，是因为作为北京市的郊区，这里地势较为平坦，因此可以忽略地形校正，另外具有相对较多斑块的裸地，加上区内此时种植的小麦长势不高，因此可视为裸地和稀疏植被区，比较适合该模型的应用。

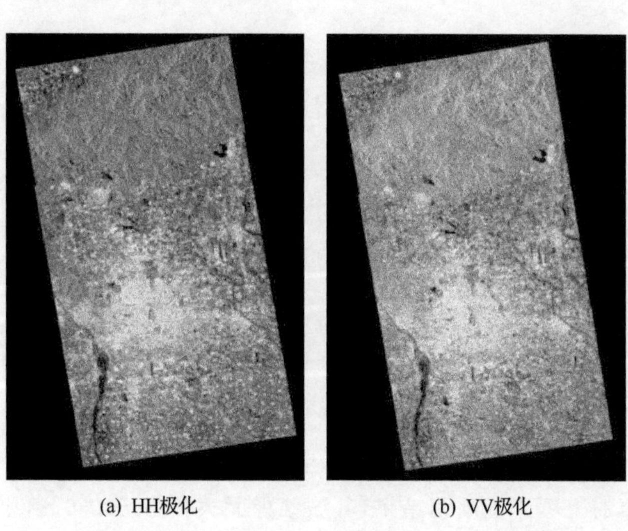

(a) HH极化　　(b) VV极化

图 11.28　2005 年 4 月 12 日 ASAR 影像图

反演过程中，对于研究区内的城镇、道路等像元，由于这部分的后向散射系数(dB)大于零，所以令其土壤湿度为 0，对于体积含水量大于 1 的像元，均令其为 1，这部分主要是水体等。我们把反演的土壤湿度分为 4 个等级，其结果如图 11.30 至图 11.31 所示。基

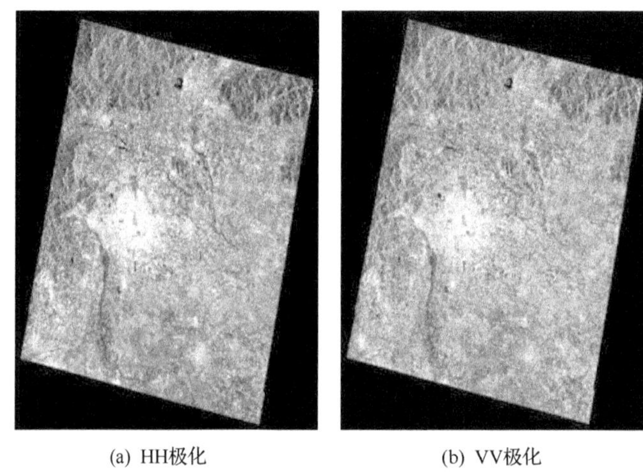

图 11.29　2005 年 4 月 13 日 ASAR 影像图

于此,对于小汤山镇的土壤湿度反演结果,其城镇像元大概占 54.09%,土壤体积含水量在 0%～10%的像元占 23.68%,10%～20%的像元占 7.88%,20%～30%的像元占 3.56%,>30%的像元占 10.79%,其比例分布图见 11.30。从不同土壤湿度等级所占的比例可以看出,土壤体积含水量主要分布在 0%～30%,高土壤体积含水量的像元则较少,如果扣除掉城镇、道路等像元,土壤含水量在 0%～30%的像元将会达到 76.50%。

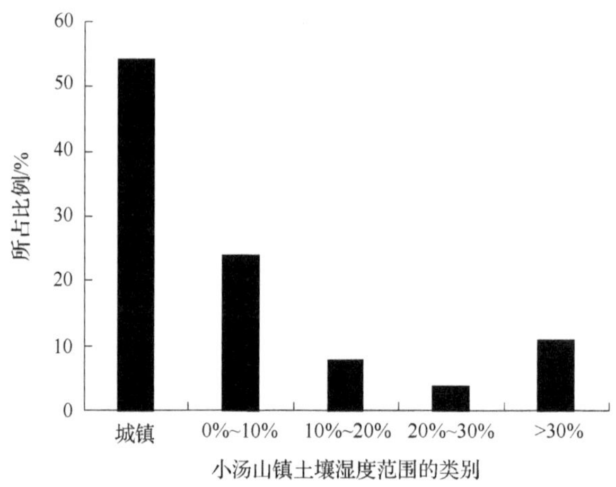

图 11.30　北京市昌平区小汤山镇的土壤湿度范围分类

对于赵全营镇的土壤湿度反演结果,其城镇像元大概占 54.60%,土壤体积含水量在 0%～10%的像元占 22.76%,10%～20%的像元占 7.77%,20%～30%的像元占 3.64%,>30%的像元占 11.23%,其比例分布图见图 11.31。从不同土壤湿度等级所占的比例可以看出,土壤体积含水量主要分布在 0%～30%,高土壤体积含水量的像元则较少,如果扣除掉城镇、道路等像元,土壤含水量在 0%～30%的像元将会达到 75.26%。

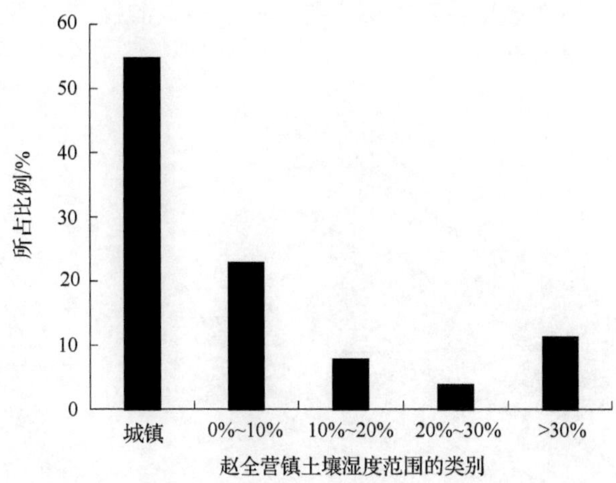

图 11.31　北京市顺义区赵全营镇的土壤湿度范围分类

因此，从上述两个镇的反演结果来看，土壤体积含水量主要分布在 0%～30%，高于 30%的像元则较少，基本符合模型适合的地表范围（$0.04 < M_v < 0.291 m^3/m^3$，$0.13 < ks < 6.98$，$10° < \theta < 70°$）。这里虽然没有土壤水分的实测值进行验证，但结合有关的土地利用类型及历史资料，发现反演结果比较符合实际情况。

至此，本研究又介绍了一种只需两景同双极化的雷达影像，不依赖地面参数的先验知识即可获得裸地表层土壤湿度和粗糙度信息的半经验模型。该模型适合较宽的地表条件，其应用的关键是两景时相的间隔时间较短，并且没有降雨、灌溉以及较强人类活动的影响，以至于这期间土壤湿度和粗糙度的变化可以忽略，而假定其恒定。

四、ASAR 对植被区的监测（water-cloud 模型）

半经验模型是介于物理模型和经验模型之间的一种模型，它的根基来源于物理机制，但由于自然界的有些事物影响因素太多，从一定时空尺度衡量，其变换是随机的，因此必须走物理机制与随机统计有机结合的方法，这种方法是解决有些问题的有效措施。单纯的物理模型结果往往与实测数据有很大差距，解决的办法是调整参数使之比较接近实测资料，而以统计为基础的半经验模型尽管其成因机理解释不甚明确，但其计算结果较好，基本与实测数据相符，因此半经验模型在实际应用中占据着相当大的比例。

因此本研究中对于植被覆盖区采用半经验的水云模型，该模型是 Attma 和 Ulaby 等以农作物为研究对象，在 1978 年提出的估算农作物覆盖地表土壤水分的模型，它简单描述了农作物覆盖地表的后向散射机制，将农作物覆盖地区的总的雷达后向散射回波分为两个部分，即农作物直接反射回来的体散射项和经作物双次衰减后地表的后向散射项，以图 11.32 表示（刘伟，2005）。它建立在辐射传输模型基础之上，通常使用很少的参数，但这些参数具有一定机理性的意义，在将模型用到具体的研究时，模型参数用实测数据来确定。其建立的基本假设为：①植被被假设为水平均匀的云层，土壤表层与植被顶端之间分布着均匀的水粒子;②不考虑植被和土壤表层之间的多次散射;③模型中的变量仅为植被高度、植被含水量和土壤湿度。

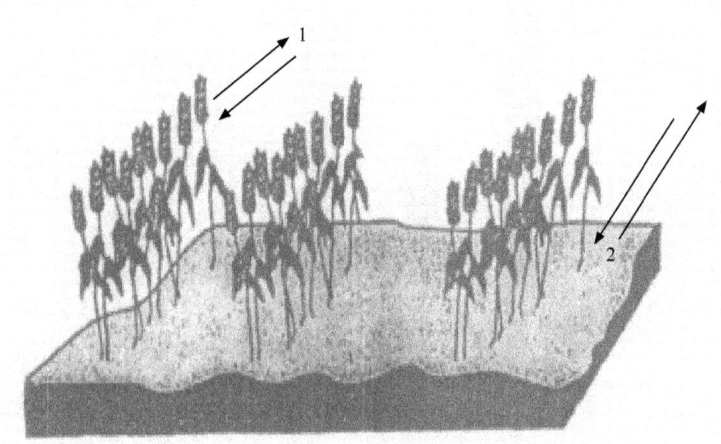

图 11.32　水云模型中描述的植被层后向散射

1. 来自植被层的直接体散射;2. 经植被层双次衰减后的下垫面的地表散射

水云模型描述形式如式(11.38):

$$\sigma^0 = \sigma^0_{veg} + \tau^2 \sigma^0_{soil} \tag{11.38}$$

式中:σ^0 为植被覆盖地表下总的后向散射系数;σ^0_{veg} 为植被层的后向散射系数;σ^0_{soil} 为直接地表后向散射系数;τ^2 为农作物的双程衰减因子。其中:

$$\sigma^0_{veg} = A \cdot M_v \cdot \cos\theta \cdot (1 - \tau^2) \tag{11.39}$$

$$\tau^2 = \exp(-2BM_v \sec\theta) \tag{11.40}$$

式中:A 和 B 分别为依赖于植被类型的参数;M_v 为植被含水量(kg/m^2)。对于植被含水量的计算,如果是光学遥感的 TM/ETM 影像,可利用 Jackson 等(2004)的经验公式获得:

$$M_{v\text{-corn}} = 9.82\text{NDWI} + 0.05 \tag{11.41}$$

$$M_{v\text{-soybeans}} = 1.44\text{NDWI}^2 + 1.36\text{NDWI} + 0.34 \tag{11.42}$$

$$\text{NDWI} = \frac{R_{\text{NIR}} - R_{\text{SWIR}}}{R_{\text{NIR}} + R_{\text{SWIR}}} \tag{11.43}$$

式中:NDWI 为归一化水分指数(normalized difference water index);R_{NIR},R_{SWIR} 分别为对应 TM/ETM 影像的第 4(780～900nm)和第 5(1550～1750nm)波段。

如果是 MODIS 影像,则利用 Chen 等(2005)的经验公式获得

$$M_{v-\text{corn}} = 9.44\text{NDWI}_{1640} + 1.37 \tag{11.44}$$

$$M_{v-\text{soybeans}} = 1.78\text{NDWI}_{1640} + 0.28 \tag{11.45}$$

这里的 NDWI_{1640} 指的利用 MODIS 的短波红外 SWIR 在 1640nm 处的波段,即第 6 波段。

需要说明的是,这里之所以采用 NDWI 而不采用 NDVI 是因为 NDVI 对植被的反应

比较容易达到饱和，反映植被的情况比较滞后，因此本研究采用对植被更敏感的 NDWI。

下边介绍一下植被类型参数 A、B 的确定，Bindlish 和 Barros(2001)在用植被散射模型来估算土壤湿度的研究中，根据 Washita 1994 年的田间试验，首先利用 IEM 模型的前向模式来计算裸地的后向散射系数 σ_{soil}^0，再利用实测的后向散射系数及由式(11.38)得到植被的透射率 τ^2，由于 M_v 和 θ 已知，故可以根据式(11.40)得到参数 B，根据式(11.38)得到 σ_{veg}^0，结合式(11.39)求出参数 A。不同土地利用类型的植被参数 A、B 如表 11.12 所示。

表 11.12　半经验模型中所用的植被参数值

参数	所有植被	牧地	冬小麦	草地
A	0.0012	0.0009	0.0018	0.0014
B	0.091	0.0032	0.138	0.084

对于植被参数 A、B，我们采用所有植被的取值，即 $A=0.0012$、$B=0.0091$。因此根据水云模型，来自植被层的后向散射系数可以表示为

$$\sigma_{veg}^0 = 0.0012 \cdot M_v \cdot \cos\theta \cdot [1-\exp(-2 \cdot 0.091 \cdot M_v \cdot \sec\theta)] \tag{11.46}$$

土壤的后向散射系数则为

$$\sigma_{soil}^0 = \frac{\sigma^0 - \sigma_{veg}^0}{\tau^2} = \frac{\sigma^0 - \sigma_{veg}^0}{\exp(-2 \cdot 0.091 \cdot M_v \cdot \sec\theta)} \tag{11.47}$$

本研究中，采用 MODIS 影像来获取 NDWI 从而得到植被含水量，然后利用 ENVI 软件重采样到 30m 分辨率以便和 ASAR 的像元匹配。根据上述方法，采用两景 ASAR IMP VV 极化的影像进行植被覆盖区的土壤含水量反演研究，日期分别是 2007 年 7 月 13 日和 2007 年 9 月 21 日。在研究区域，对于雷达时相获取时间对应的地面植被是玉米和棉花，而 Chen 等(2005)利用 MODIS 影像估算植被含水量时，采用的作物分别是玉米和大豆，由于棉花和大豆高度相当，因此这里用大豆的计算公式来估算棉花的植被含水量，对于玉米和棉花的混合植被像元(MODIS 区分不出来)则采用上述 MODIS 影像估算植被含水量的两个公式系数的加权，即式(11.48)：

$$\begin{aligned} M_{v\text{-mixed}} &= [f_{corn} \times 9.44 + (1-f_{corn}) \times 1.78]\mathrm{NDWI}_{1640} \\ &\quad + [f_{corn} \times 1.37 + (1-f_{corn}) \times 0.28] \end{aligned} \tag{11.48}$$

式中：f_{corn} 为混合像元中玉米占的比例，在该研究区中，由于棉花较多，玉米较少，所以其值取 0.20。同时，在确定植被参数 A、B 时，由于研究区域中含有一定斑块的裸地，因此对于这些裸地斑块，参数 A、B 均取 0，这些像元的后向散射系数即是总的后向散射系数。按照这种原则，利用水云模型来计算扣除掉植被影响的土壤的雷达回波信号，下面分别显示利用水云模型扣除植被影响前后的雷达后向散射系数与土壤体积含水量的关系，分别如图 11.33、图 11.34、图 11.35 和图 11.36 所示。

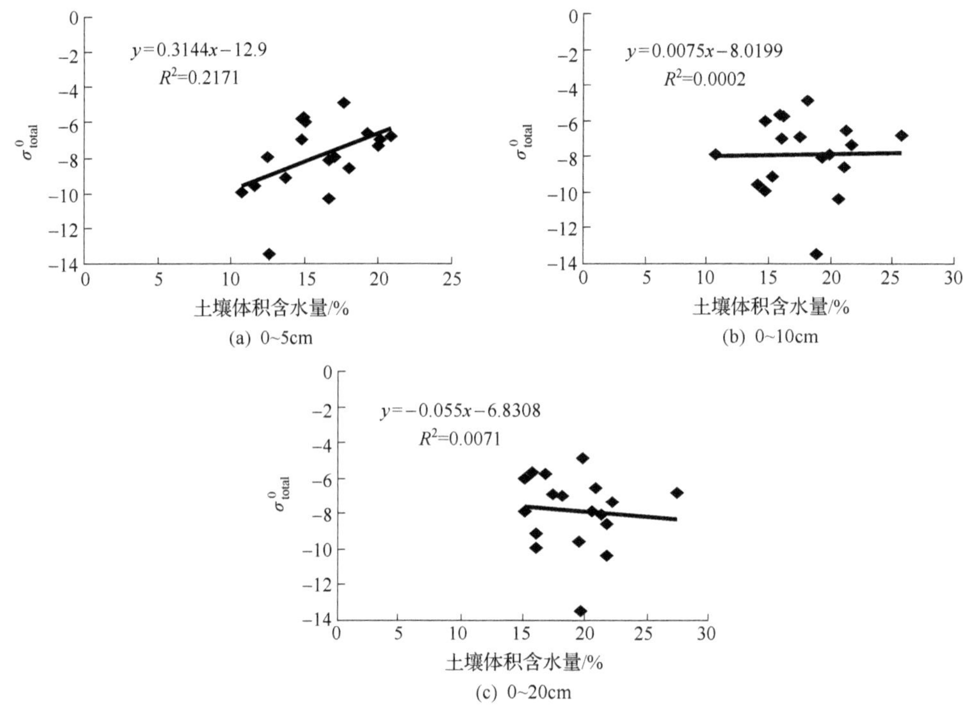

图 11.33 2007 年 7 月 13 日总的雷达后向散射系数 σ^0_{total} 和土壤体积含水量的关系

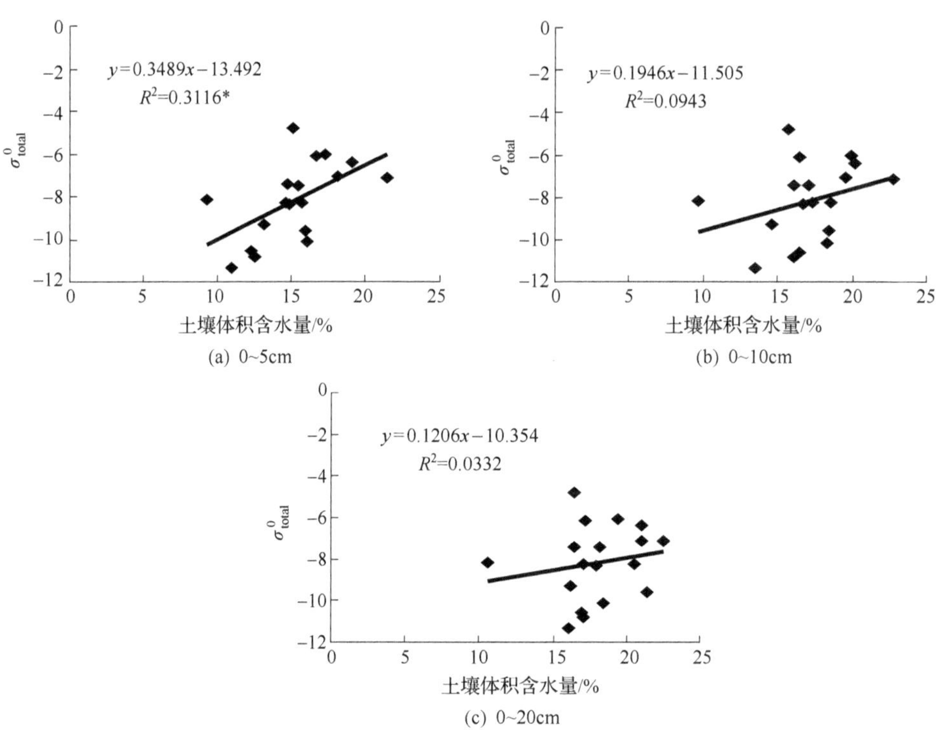

图 11.34 2007 年 9 月 21 日总的雷达后向散射系数和土壤体积含水量的关系

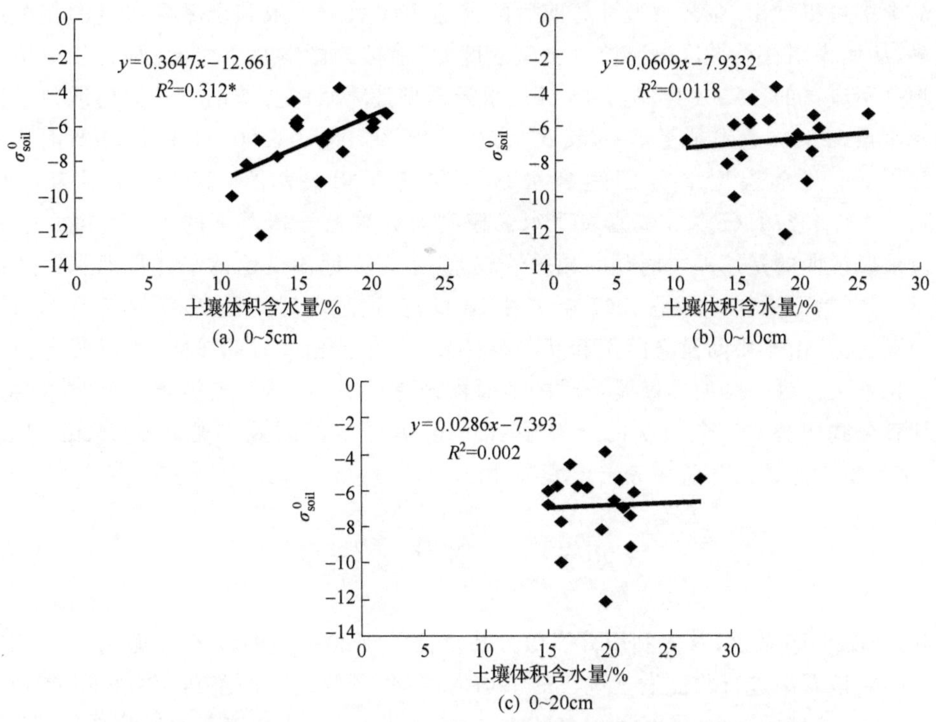

图 11.35 2007 年 7 月 13 日土壤的雷达后向散射系数和土壤体积含水量的关系

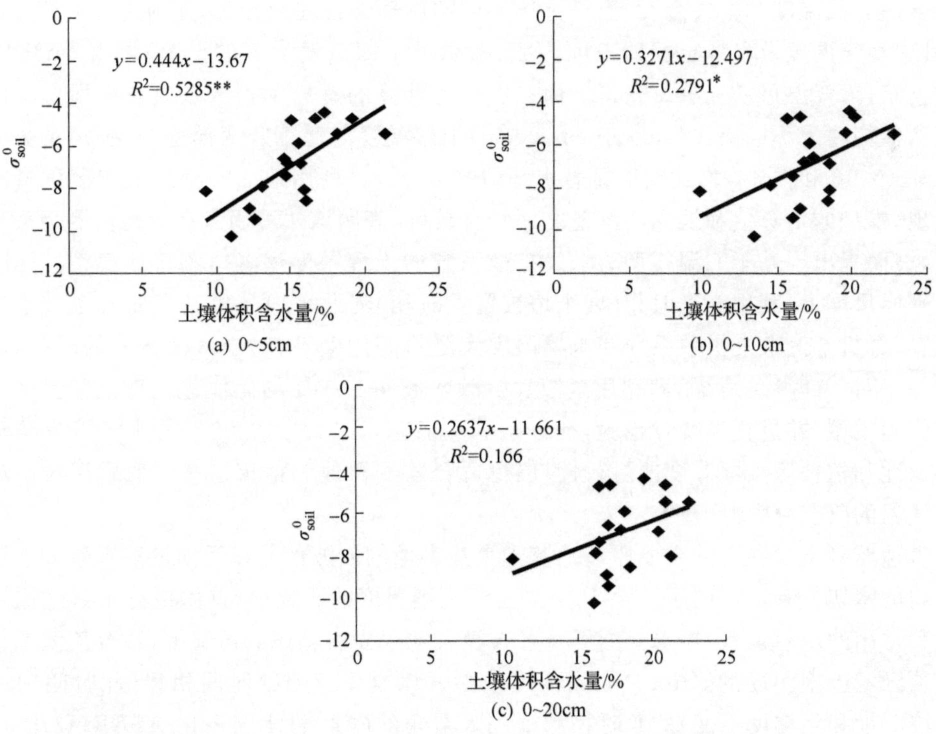

图 11.36 2007 年 9 月 21 日土壤的雷达后向散射系数和土壤体积含水量的关系

从图中可以看出，水云模型计算前后的雷达后向散射系数和土壤含水量的相关性明显提高，从而说明在植被区遥感监测土壤湿度时，植被的影响是不可忽视的，扣除掉植被的影响是不应该的。2007年7月13日经水云模型计算后的土壤的雷达后向散射系数和土壤含水量在5cm达到显著相关，其R^2为0.312($P<0.05$)，2007年9月21日时二者在5cm和10cm两个层次上分别达到极显著和显著相关水平，其R^2分别为0.5285($P<0.01$)和0.2791($P<0.05$)，表明水云模型对计算植被覆盖下的土壤湿度是有效可行的。需要说明的是第一个时相的相关性较差，是因为地面试验的采样日期和雷达影像时间不一致，地面采样时间是2007年7月10日，雷达过境时间是2007年7月13日，这期间相隔三天，由于中间没有降雨和灌溉事件发生，并且相差时间较短，所以假定为土壤湿度变化不大。另一个原因就是当时的地面植被是棉花，而估算植被含水量时用的是大豆的计算公式代替。三个层次的结果显示，5cm表层的监测效果要好于10cm和20cm的，证明了雷达比较适合监测表层土壤湿度。

第四节 本章主要结果

利用MODIS数据，首先利用分裂窗算法反演了河北平原的地表温度，用MODIS的温度产品对该算法进行验证发现该法的平均值误差、平均绝对误差和均方根误差RMSE(root mean square error)分别为0.63K、0.89K和1.10K，具有较高的反演精度，适合用来获知地表温度信息，监测地表温度变化。随后对三温模型(主要参数包括地表温度，参考土壤的表面温度和空气温度)监测土壤湿度的原理进行理论分析，并构建有关的理论模型，其中地表温度及参考土壤的表面温度(指烘干土即蒸发为零的土壤)可由MODIS遥感数据获得，气温可从气象站获得。由三温模型计算的蒸散发扩散系数与地面土壤湿度的实测值构建了不同层次(5cm、10cm、20cm)土壤湿度的遥感监测模型，其决定系数分别为0.51、0.46和0.43，均达到极显著水平($P<0.01$)。利用地面实测的土壤湿度资料验证发现，模型的估算值和地面实测值之间吻合较好，表明该法可用来有效地监测地表土壤湿度，进而提出了基于三温模型蒸散发扩散系数的土壤湿度遥感监测普适模型。同时在河北平原尺度上，利用6个时相(四个植被覆盖时相)河北平原气象站点的气温及土壤湿度资料，分析了蒸散发扩散系数和土壤湿度实测值间的关系，对于植被覆盖的时相，模型中增加了对NDVI的考虑，即利用蒸散发扩散系数和NDVI的比值建立与土壤湿度实测值的回归模型，并进行了统计检验，统计检验达显著水平($P<0.05$)，证明了该方法遥感监测裸地和植被区土壤湿度的可行性，但更适合监测裸地和稀疏植被。最后探讨了遥感估算气温的研究。

雷达监测土壤湿度的主要原理是基于雷达影像的回波信号即后向散射系数和土壤湿度之间的密切关系。在利用ASAR数据监测土壤湿度的研究中，首先概述了雷达遥感的基础和常用的散射模型，接着介绍了一种在没有地面先验知识的情况下，适合反演裸地和低植被区域土壤湿度的Zribi-Dechambre模型。该模型仅需要时间相邻(此时间内可假定土壤湿度和粗糙度不变)的双时相和不同入射角的两景HH同极化ASAR(IMP/APP影像)影像，即可获取地表湿度信息，适合快速准确地监测中小尺度上的区域土壤湿度，从而为农业生产和水资源的应用监测等研究提供一个有效的途径。该模型具有较高的精度，在沧州的试验区用地面实测值验证时其 RMSE 为 5.11%，表明适合在华北地区的应用。另外，在 OSU Π(2002)半经验模型的基础上，我们推演得到了一个适合较广粗糙度范围内监测裸地土壤湿度的新模型，该模型不依赖于地面先验知识而只依靠两景 HH/VV 双极化影像的同极化比和不同的雷达入射角即可获知地表土壤湿度和粗糙度的半经验模型。该模型应用的关键是两景时相相邻的 HH-VV 双极化影像，并且时相间隔内无降雨和改变地表粗糙度的人类活动发生，从而可以忽略土壤湿度及地表粗糙度的变化而假定其恒定。由于研究区没有适合的影像，因此依据该模型，对北京昌平区小汤山镇和顺义区赵全营镇的土壤湿度进行反演，反演结果符合实际情况，可有效地监测土壤湿度的空间分布。

在植被覆盖区，首先引入归一化水分指数 NDWI 根据有关模型来遥感估算植被含水量，然后利用水云模型估算植被区的土壤湿度。结果表明：与扣除掉植被影响前的总的雷达后向散射系数相比，根据水云模型获得的扣除掉植被影响的土壤的后向散射系数与土壤表层 0～5cm 的体积含水量的相关性明显提高，2007 年 9 月 21 日和 7 月 13 日两个时相的 R^2 分别为 0.5285($P<0.01$)和 0.312($P<0.05$)，从而说明该模型可以有效地监测植被区的表层土壤湿度。

最后结合本研究和土壤湿度定量遥感的特点，指出三温模型中如果能够借助遥感技术获取准确的气温信息将会大大提高模型的实用性，摆脱对地面参数的依赖。另外还提出地面土壤水分试验应该与卫星过境时间同步及地面试验设计时应该尽量完善等研究中存在的一些问题和不足，明确了今后努力和发展的方向。作为 ASAR 数据和用三温模型的 MODIS 数据在河北平原土壤湿度遥感监测应用中的初次探讨，希望为将来有关的研究等提供一些参考。

参考文献

陈洪滨，林龙福．2003．从 118.75GHz 附近六通道亮温反演大气温度廓线的数值模拟研究．大气科学，27(5)：894-900.

杜培军．2002．RADARSA T 图象滤波的研究．中国矿业大学学报，31(2)：132-137.

戈建军．2003．土壤湿度微波遥感研究．南京：南京大学硕士学位论文.

黄兵，白洁，刘建文，等．2007．红外超光谱资料(AIRS)反演“云娜”台风外围晴空大气温度廓线的研究．热象学报，23(4)：1-8.

黄庆妮，唐伶俐，戴昌达．2004．环境卫星(Envisat-1)ASRA 数据特性及其应用潜力分析．遥感信息，3：56-59.

李万彪，吴龙涛，张呈祥．2003．气象卫星遥感探测海面大气温度垂直廓线．北京大学学报(自然科学版)，39(5)：656-665.

刘伟．2005．植被覆盖地表极化雷达土壤水分反演与应用研究．北京：中国科学院遥感应用研究所，中国科学院研究生院博士学位论文．

毛克彪，覃志豪，施建成．2005．用 MODIS 影像和辟窗算法反演山东半岛的地表温度．中国矿业大学学报，34(1)：46-50.

齐述华，王军邦，张庆员，等．2005．利用 MODIS 遥感影像获取近地层气温的方法研究．遥感学报，9(5)：570-575.

沈彦俊，夏军，张永强．2006．陆面蒸散的双源遥感模型及其在华北平原的应用．水科学进展，17(3)：371-375.

覃志豪，高懋芳，秦晓敏，等．2005．农业旱灾监测中的地表温度遥感反演方法——以 MODIS 数据为例．自然灾害学报，14(4)：64-71．

燕英，周荫清．2003．基于分割途径的 SAR 单视图像斑点噪声抑制方法．北京航空航天大学学报，29(2)：132-135．

姚志刚，林龙福．2005．星载微波辐射计遥感大气温度廓线的数值模拟．解放军理工大学学报(自然科学版)，6(5)：491-496．

赵少华，杨永辉，邱国玉，等．2008．基于双时相 ASAR 影像的土壤湿度反演研究．农业工程学报，24(6)：184-188．

Attema E, Ulaby F T. 1978. Vegetation modeled as a water cloud. Radio Science, 13(2): 357-364.

Becker F, Li Z L. 1990. Towards a local split window method over land surface. International Journal of Remote Sensing, 11(3): 369-393.

Bindlish R, Barros A P. 2001. Parameterization of vegetation backscatter in radar-based soil moisture estimation. Remote Sensing of Environment, 76(1): 130-137.

Bindlish R, Jackson T J, Wood E, et al. 2003. Soil moisture estimates from TRMM microwave imager observations over the Southern United States. Remote Sensing of Environment, 85: 507-515.

Bouffiès S, Bréon F M, Tanré D, et al. 1997. Atmospheric water vapor estimate by a differential absorption technique with the polarization and directionality of the Earth reflectances (POLDER) instrument. Journal of Geophysical Research, 102(3): 3831-3841.

Carlson T N, Ripley D A. 1997. On the relation between NDVI, fractional vegetation cover, and leaf area index. Remote Sensing of Environment, 62(3): 241-252.

Caselles V, Coil C, Valor E. 1997. Land surface emissivity and temperature determination in the whole HAPEX-Sahel area from AVHRR data. International Journal of Remote Sensing, 18(5): 1009-1027.

Chen D, Huang J, Jackson T J. 2005. Vegetation water content estimation for corn and soybeans using spectral indices derived from MODIS near- and short-wave infrared bands. Remote Sensing of Environment, 98(2-3): 225-236.

Coll C, Caselles V, Sobrino J A, et al. 1994. On the atmospheric dependence of the split-window equation for land surface temperature. International Journal of Remote Sensing, 15(1): 105-122.

Dobson M C, Ulaby F T. 1986. Active microwave soil moisture research. Geoscience and Remote Sensing Society, GE-24(1): 23-36.

Dubois P C, van Zyl J, Engman E T. 1995. Measuring soil moisture with imaging radars. IEEE Transction on Geoscience and Remote Sensing, 33(4): 915-926.

Frouin R, Deschamps P Y, Lecomte P. 1989. Determination from space of atmospheric total water vapour amounts by differential absorption near 940nm: theory and airborne verification. Journal of Applied Meteorology, 29(6): 448-460.

Gao B C, Goetz F H, Westwater E R, et al. 1993. Possible near-IR channels for remote sensing precipitable water vapor from geostationary satellite platforms. Journal of Applied Meteorology, 32(12): 1791-1801.

Holah N, Baghdadi N, Zribi M, et al. 2005. Potential of ASAR/ENVISAT for the characterization of soil surface parameters over bare agricultural field. Remote Sensing of Environment, 96(1): 78-86.

Jackson T J, Chen D, Cosh M, et al. 2004. Vegetation water content mapping using Landsat data derived normalized difference water index for corn and soybeans. Remote Sensing of Environment, 92(4): 475-484.

Kaufman Y J, Gao B C. 1992. Remote sensing of water vapor in the near IR from EOS/MODIS. IEEE Transactions on Geoscience and Remote Sensing, 30(5): 871-884.

King M D, Kaufman Y J, Menzel W P, et al. 1992. Remote sensing of cloud aerosol and water vapor properties from the moderate resolution imaging spectrometer (MODIS). IEEE Transaction Geoscience Remote Sensing, 30(1): 2-27.

Mao, K, Qin Z, Shi J, et al. 2005. A practical split-window algorithm for retrieving land surface temperature from MODIS data. International Journal of Remote Sensing, 26(10): 3181-3204.

Monsiváis A, Chénerie I, Baup F, et al. 2006. Angular normalization of ENVISAT ASAR data over Sahelian-grassland using a coherent scattering model. Progress in Electromagnetic Research Symposium, Cambrige, USA, 2(1): 94-98.

Moran M S, Hymer D C, Qi J, et al. 2000. Soil moisture evaluation using multi-temporal synthetic aperture radar SAR in semiarid rangeland . Agricultural and Forest Meteorology, 105(1-3): 69-80.

Oh Y, Sarabandi F T, Ulaby F. 1992. An empirical model and an inversion technique for radar scattering from bare soil surfaces . IEEE Transactions on Geoscience and Remote Sensing, 30(2): 370-381.

Pampaloni P, Santi E, Paloscia S, et al. 2004. Radar remote sensing of soil moisture. Deliverable NO. 8, D_4-WP2: 5-8.

Prata A J, Platt C M R. 1991. Land surface temperature measurements from the AVHRR. Proc. of 5th AVHRR Data Users Conference, Tromso, Norway, EUM P09: 433-438.

PRATA A J. 1993. Land surface temperatures derived from the AVHRR and ATSR, 1, Theory. Journal of Geophysical Research, 89(D9): 16 689-16 702.

Price J C. 1985. On the analysis of thermal infrared imagery: The limited utility of apparent thermal inertia. Remote Sensing of Environment, 18(1): 59-73.

Qin Z, Dall'Olmo G, Karnieli A, et al. 2001. Derivation of split window algorithm and its sensitivity analysis for retrieving land surface temperature from NOAA-advanced very high resolution radiometer data. Journal of Geophysical Research, 106(D19): 22 655-22 670.

Qiu G Y, Ben-Asher J, Yano T, et al. 1999. Estimation of soil evaporation using the differential temperature method. Soil Science Society of American Journal, 63(6): 1608-1614.

Qiu G Y, Sase S, Shi P, et al. 2003. Theoretical analysis and experimental verification of a remotely measurable plant transpiration transfer coefficient. JARQ-Japan Agricultural Research Quarterly, 37(3) : 141-149.

Qiu G Y, Sase S, Short T H, et al. 2000. Evaluation of structural characteristics of naturally ventilated multi-span greenhouses using computer simulation. Japan Agricultural Research Quarterly, 34(4): 247-256.

Qiu G Y, Shi P J, Wang L M. 2006. Theoretical analysis of a remotely measurable soil evaporation transfer coefficient. Remote Sensing of Environment, 101(3): 390-398.

Qiu G Y, Yano T, Momii K. 1996a. Estimation of plant transpiration by imitation leaf temperature. Ⅰ. Theoretical consideration and field verification. Transactions of the Japanese Society of Irrigation, Drainage and Reclamation Engineering, 64(3): 401-410.

Qiu G Y, Yano T, Momii K. 1996b. Estimation of plant transpiration by imitation leaf temperature. Ⅱ. Application of imitation leaf temperature for detection of crop water stress. Transactions of the Japanese Society of Irrigation, Drainage and Reclamation Engineering, 64(5): 767 -773.

Qiu G Y, Yano T, Momii K. 1998. An improved methodology to measure evaporation from bare soil based on comparison of surface temperature with a dry soil. Journal Hydrology, 210(1-4): 93-105.

Qiu G Y. 1996. A new method for estimation of evapotranspiration. The United Graduate School of Agriculture Science, Tottori University, Japan.

Romshoo S A. 2004. Geostatistical analysis of soil moisture measurements and remotely sensed data at different spatial scales. Environmental Geology, 45(3): 339-349.

Rosich B, Meadows P. 2004. Absolute calibration of ASAR level 1 products generated with PF-ASAR. ENVI-CLVL-EOPG-TN-03-0010, Issue I, Rev. 4, 23 Jan.

Sano E E, Huete A R, Troufleau D. 1998. Relation between ERS-1 synthetic aperture radar data and measurements of surface roughness and moisture content of rocky soils in a semiarid rangeland. Water Resources Research, 34(6): 1491-1498.

Sellers P, Hall F, Asrar G, et al. 1988. The First ISLSCP Field Experiment (FIFE) . Bulletin of the American Meteorological Society, 69(1): 22-27.

Smith D M. 1996. Speckle reduction and segmentation of synthetic aperture radar images. International Journal of Remote Sensing, 17(11): 2043-2057.

Sobrino J A , Coll C, Caselles V. 1991. Atmospheric correction for land surface temperature using NOAA-11 AVHRR channels 4 and 5. Remote Sensing of Environment, 38(1):19-34.

Sobrino J A, Kharraz E L J, Li Z L. 2003. Surface temperature and water vapour retrieval from MODIS data. International Journal of Remote Sensing, 24(24):5161-5182.

Sobrino J A, Li Z L, Stoll M P, et al. 1994. Improvements in the split window technique for land surface temperature determination. IEEE Transaction Geoscience Remote Sensing, 32(2):243-253.

Sobrino J A, Raissouni N, Li Z L. 2001. A comparative study of land surface emissivity retrieval from NOAA data. Remote Sensing of Environment, 75(2): 256-266.

Sobrino J A, Raissouni N. 2000. Toward remote sensing methods for land cover dynamic monitoring: Application to Morocco. International Journal of Remote Sensing, 21(2):353-366.

Ulaby F T ,Batlivala P P, Dobson M C. 1978. Microwave backscatter dependence on surface roughness, soil moisture, and soil texture: part I-bare soil. Geoscience Electronics, 16(4):286-295.

Ulaby F T, Fung A K, Moore R K. 1981. Microwave and Remote Sensing: Active and Passivein. Norwood, MA: Artech House.

Ulivieri C, Borzelli G, Ciappa A, et al. 1996. A new perspective on oil slick detection from space by NOAA satellites. International Journal of Remote Sensing,17(7):1279-1292.

Ulivieri C, Cannizzaro G. 1985. Land surface temperature retrievals from satellite measurements. Acta Astronautica, 12(12):977-985.

Wan Z, Zhang Y, Zhang Q, et al. 2002. Validation of the land-surface temperature products retrieved from Terra Moderate Resolution Imaging Spectroradiometer data. Remote Sensing of Environment, 83(1-2): 163-180.

Zhao S, Yang Y, Qiu G,et al. 2010. Remote detection of bare soil moisture by using a surface-temperature-based soil evaporation transfer coefficient. International Journal of Applied Earth Observation and Geoinformation,12(5):351-358.

Zribi M,Dechambre M. 2002. A new empirical model to retrieve soil moisture and roughness from C-band radar data. Remote Sensing of Environment. 84(1):42-52.

Zribia M, Baghdadib N, Holah N. 2005. New methodology for soil surface moisture estimation and its application to ENVISAT-ASAR multi-incidence data inversion. Remote Sensing of Environment, 96(3-4):485-496.

第十二章 基于地面温度的区域蒸散发遥感模型及其应用[①]

蒸散发是地球水文循环中不可或缺的关键环节之一，它的发生伴随着能量和水分在土壤—植被—大气之间相互转移，调节局部或区域气候。因此，蒸散发不仅是水量平衡中的关键部分，而且还是地表能量平衡中的重要组成部分。鉴于地表能量交换与水分循环这两个重要的过程能在很大程度上决定环境的特征，蒸散发的定量研究受到了广泛关注，尤其是在水量平衡与水资源管理方面。

虽然过去对蒸散发的研究取得了许多重要成果，但在定量估算区域蒸散发时仍然面临很多亟待解决的问题，各种定量模型均有各自的优缺点，到目前还没有普适性的模型。现阶段区域蒸散发的定量研究仍然处于对已有模型进行改进或提出新算法的阶段，以满足不同研究领域的需要。本章在蒸散发定量研究系统总结的基础上，发现基于地表温度的方法在区域蒸散发估算中具有较为广泛的应用前景。其中，近年提出的"三温模型"有一定的代表性，但在区域遥感应用时参数的获取不可能通过测量获得，需要改进。通过对三温模型的再定义和改进，得到了可在区域尺度上结合遥感技术应用的蒸散发模型。经过对再定义的模型进行验证、敏感性评价和进一步改进，并结合在流域尺度上(泾河流域)的实际应用，探讨模型在区域水资源管理中的作用。

第一节 基于温度差的区域蒸散发模型及其参数反演

一、模型在区域应用中的再定义

在三温模型中，土壤蒸发模型、植被蒸腾模型都是针对纯粹的土壤或植被，在遥感应用中可理解为纯净像元。然而，自然界中土壤与植被经常是分不开的，完全的裸露土壤或完全的植被区数量极少。这些信息反映到遥感影像中，形成了以混合像元占优势的结构。在此情况下，混合像元的蒸散发成为计算的重点，而三温模型中仅提到通过植被指数加权土壤蒸发和植被蒸腾，没有对该算法进行详细研究，其正确性和精度无从考证。有鉴于此，迫切需要引入计算土壤与植被混合区的蒸散发模型。此外，三温模型是在引入参考土柱、参考植被的基础上推导而得，参考土柱、参考植被是三温模型存在的前提条件，在小尺度应用中它们是人为设置的实体，因此三温模型中需要的参考参数可以通过实际观测获得，但在区域尺度的应用中是不可能人为布设大量参考实体的，急需对参考面进行拓展，一方面必须使其在遥感应用中切实可行、参考参数能够计算，另一方面必需满足三温模型中的假设，即参考面的微气象条件必需近似等于其周围蒸发或蒸腾面的。

---

① 本章作者：熊育久、邱国玉。

在遥感应用中,可以将下垫面在影像中的属性归结为纯净像元与混合像元。因此,可将区域蒸散发模型定义为:对于纯净土壤像元,直接利用土壤蒸发模型;对于纯净植被像元,直接利用植被蒸腾模型;对于两者的混合像元,可将其分别看作土壤或植被,通过参数分离后,分别计算土壤蒸发、植被蒸腾。其数学公式为

$$\mathrm{LE_s} = R_{\mathrm{n,s}} - G_\mathrm{s} - (R_{\mathrm{n,sd}} - G_{\mathrm{sd}})\frac{T_\mathrm{s} - T_\mathrm{a}}{T_{\mathrm{sd}} - T_\mathrm{a}} \quad \text{土壤} \tag{12.1}$$

$$\mathrm{LE_c} = R_{\mathrm{n,c}} - R_{\mathrm{n,cp}}\frac{T_\mathrm{c} - T_\mathrm{a}}{T_{\mathrm{cp}} - T_\mathrm{a}} \quad \text{植被} \tag{12.2}$$

$$\mathrm{ET} = (1-f)E_\mathrm{s} + fE_\mathrm{c} \quad \text{土壤、植被混合体} \tag{12.3}$$

或

$$\mathrm{ET} = E'_\mathrm{s} + E'_\mathrm{c} \quad \text{土壤、植被混合体} \tag{12.4}$$

式中:下标 s、c 分别为土壤、植被;a 为大气;d 为参考土壤;p 为参考植被;E 为所需求算的蒸散发;其他参数可统称为陆面参数,其中 R_n 为太阳净辐射、G 为土壤热通量、T 为温度、f 为植被盖度。

式(12.3)可以理解为,当某像元为混合像元时,先将其看作土壤纯净像元,利用该像元所代表的各种陆面参数(平均混合值),代入土壤蒸发模型计算出 E_s,再将其看作植被纯净像元,同样利用平均混合值在植被蒸腾模型中计算出 E_c,再通过植被盖度 f 加权土壤蒸发与植被蒸腾,获得蒸散发。与式(12.3)不同,式(12.4)可理解为混合像元的蒸散发来源于该像元中的土壤蒸发(E'_s)与植被蒸腾(E'_c),其特点是先将混合像元代表的各种陆面参数进行分离,即将混合温度分离为土壤温度、植被冠层温度,混合净辐射分离为土壤吸收的净辐射、植被吸收的净辐射,然后再将分离后所得的陆面参数分别代入土壤蒸发模型或植被蒸腾模型,计算出 E'_s或 E'_c。两种处理方式出发点不同,类似于双层模型中的补丁模式或系列模式与平行模式,可根据实际情况(如下垫面状况、陆面参数分离难易程度等)选择。

对于式(12.1)~式(12.4)中的参考面及其参数,在遥感应用时,因为不可能人为地在每个像元对应的实地位置布置参考面,因此,参考面的概念可拓展到像元尺度,即参考面都是基于每个像元而存在。因为像元是遥感数据中的最小单位,这样能够保证应用的可行性。此外,根据三温模型的假设,参考面与其周围蒸发或蒸腾面的微气象环境条件一致,才能保证参考面的阻抗与周围的近似一致,从而约掉计算复杂的阻抗。在遥感应用中,因为像元是最基本的单位,其代表相应实地面积的平均状态,因此可认为每个像元所反映的下垫面的气象条件近似相等。在此基础上,可假设在每个纯净土壤像元中都存在一个参考蒸发面、每个纯净植被像元中都存在一个参考蒸腾面,而在每个混合像元中,同时存在一个参考蒸发面与参考蒸腾面。这里提出的参考面是一个理想(无蒸发或无蒸腾)的虚拟体(可实际存在、也可不存在),其在像元中的具体位置并不确定,其尺寸也不确定,但应小于等于像元大小(图 12.1)。

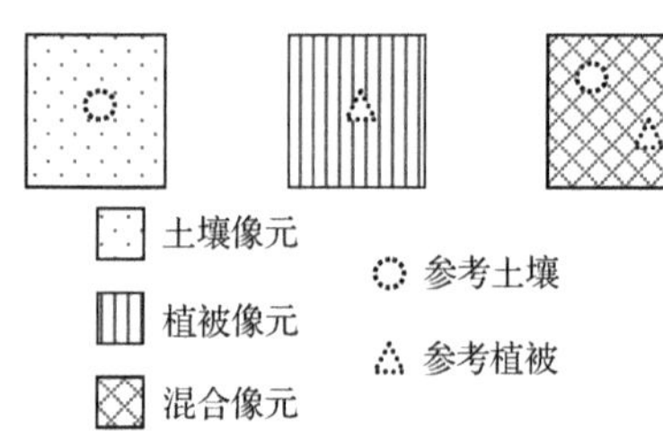

图 12.1　基于像元的参考面示意图

参考面确定后,可将参考参数定义如下:对于某个像元而言,参考温度是指在该像元所处的环境状况下,该像元达到无蒸发或无蒸腾时所需具有的理论温度;对于某个像元而言,参考净辐射是指在该像元的温度达到参考温度时,该像元特定为土壤或植被时所吸收的太阳辐射;对于某个土壤像元而言,参考土壤热通量是指在参考净辐射作用下,该像元所具有的土壤热通量值。

至此,在三温模型的基础上,本节构建了基于温度差的区域蒸散发模型。可见,要利用新提出的蒸散发模型,首先,需要确定下垫面的情况(纯净土壤像元、纯净植被像元、植被与土壤混合像元),才能选择利用土壤蒸发子模型、植被蒸腾子模型或者蒸散发子模型;其次,需要分离混合像元代表的各种陆面参数;最后,需要重新界定参考面及其参数。

(一) 纯净植被像元、土壤像元及其两者混合像元的判断

从理论上说,植被指数亦能作为反映地球表面状况的一个指标。虽然植被指数的种类繁多(江樟焰,2006)(表 12.1 列出常见的 6 种),但遥感应用中的大量研究与实践表明,利用归一化植被指数 NDVI 的阈值,可以判断下垫面的状况(Agam et al., 2007; Carlson et al., 1995)。其原理是通过设置一对阈值——$NDVI_{min}$ 和 $NDVI_{max}$,分别代表裸露土壤(100%土壤)和完全植被覆盖处(100%植被)的 NDVI 值,当下垫面的 $NDVI \leqslant NDVI_{min}$ 时,该区为裸露土壤;当下垫面的 $NDVI \geqslant NDVI_{max}$ 时,该区为植被完全覆盖;当下垫面的 NDVI 值介于 $NDVI_{min}$ 和 $NDVI_{max}$ 之间时,该区属于土壤与植被的混合区。

NDVI 的定义如表 12.1 所示,在公式中,ρ_r 是红波段的反射率;ρ_{nir} 是近红外波段的反射率。NDVI 的取值介于[−1,1],其算法可以部分消除与太阳高度角、卫星观测角、地形、云、阴影和大气条件有关的辐照度变化的影响。此外,对于陆地表面主要覆盖类型而言,云、水、雪在可见光波段比近红外波段有较高的反射作用,因而其 NDVI 值为负,岩石、裸土在两波段有相似的反射作用,故其 NDVI 值接近 0,而在有植被覆盖的情况下,NDVI 为正值,并且随植被盖度的增大而增大。

表 12.1 6 种常见的植被指数

植被指数 (VI)	算法	参考文献
比值植被指数(RVI)	$RVI=\frac{\rho_{nir}}{\rho_r}$	Jordan, 1969
差值植被指数(DVI)	$DVI=\rho_{nir}-\rho_r$	Richardson and Everitt, 1992
归一化植被指数(NDVI)	$NDVI=\frac{\rho_{nir}-\rho_r}{\rho_{nir}+\rho_r}$	Rouse et al., 1974
垂直植被指数(PVI)	$PVI=\sin(a)\rho_{nir}-\cos(a)\rho_r$	Richardson and Wiegand, 1977
土壤调节植被指数(SAVI)	$SAVI=\frac{1.5(\rho_{nir}-\rho_r)}{\rho_{nir}+\rho_r+0.5}$	Huete, 1988
转换型土壤调整指数(TSAVI)	$TSAVI=\frac{s(\rho_{nir}-s\rho_r-a)}{a\rho_{nir}+\rho_r-as+0.08(1+s^2)}$	Baret and Guyot, 1991

NDVI 的阈值可通过其直方图确定,即取两端 3%的均值(Walthall et al.,2004)。或者选用已有的研究结果(表 12.2)。

表 12.2 NDVI 的阈值及其来源

NDVI 阈值		来源
max	min	
0.75	0	Carlson et al.,1995
0.70	0.05	覃志豪等,2004
0.77	0.099	张仁华等,2004

因此,在遥感应用时可以认为:当某像元的 $NDVI \leqslant NDVI_{min}$ 时,该区属于裸露土壤纯像元,其蒸发可通过蒸发子模型计算;当某像元的 $NDVI \geqslant NDVI_{max}$ 时,该区属于植被完全覆盖纯像元,其蒸腾可通过蒸腾子模型计算;当某像元的 NDVI 值介于 $NDVI_{min}$ 和 $NDVI_{max}$ 之间时,该区属于混合像元,可利用蒸散发子模型,通过植被盖度与土壤蒸发和植被蒸腾的关系,求取蒸散发。

综上所述,可将式(12.1)~式(12.4)定量地改写为

$$LE_s = R_{n,s} - G_s - (R_{n,sd} - G_{sd})\frac{T_s - T_a}{T_{sd} - T_a} \quad NDVI \leqslant NDVI_{min} \tag{12.5}$$

$$LE_c = R_{n,c} - R_{n,cp}\frac{T_c - T_a}{T_{cp} - T_a} \quad NDVI \geqslant NDVI_{max} \tag{12.6}$$

$$\begin{aligned} ET &= E'_s + E'_c \quad NDVI_{min} < NDVI < NDVI_{max} \\ LE'_s &= R_{n,sm} - G_{sm} - (R_{n,sdm} - G_{sdm})\frac{T_{sm} - T_{am}}{T_{sdm} - T_{am}} \\ LE'_c &= R_{n,cm} - R_{n,cpm}\frac{T_{cm} - T_{am}}{T_{cpm} - T_{am}} \end{aligned} \tag{12.7}$$

式中:下标 m 为植被与土壤的混合区域;其他参数的意义同前文所述。

由式(12.5)~式(12.7)可知,本节模型中计算蒸散发所需的参数有净辐射、土壤热通量、三种不同的温度。因为净辐射是以地表温度、气温为主要变量的函数,土壤热通量是净辐射的函数,可推知地表温度是本文模型的关键参数。

(二) 混合像元陆面参数的分离

1. 地表温度的分离

根据 Norman 等(1995)的研究,土壤表面温度和植被冠层温度与辐射温度(directional radiometric temperature, T_{rad})之间关系为

$$T_{rad}^4 = fT_{cm}^4 + (1-f)T_{sm}^4 \tag{12.8}$$

式中:T_{rad} 为辐射温度;T_{cm} 为混合像元中植被冠层温度(下标 cm 表示混合像元中的植被,下同);T_{sm} 为混合像元中土壤表面温度(下标 sm 表示混合像元中的土壤,下同);f 为植被盖度。

由于一个方程不可能求解两个未知参数,科研人员通过增加方程的方法,构建出不同

的分离算法。例如，张仁华等(2004)对式(12.8)中的植被盖度求导，构建出一个新方程，再联立求解土壤表面温度与植被冠层温度。本节选用 Lhomme 等(1994)的求解算法，该算法先将式(12.8)进行简化，去掉方程中的 4 次幂指数，再加入一个经验公式，联立求解土壤表面温度与植被冠层温度[见式(12.9)]。

$$T_{rad} = fT_{cm} + (1-f)T_{sm}$$
$$T_{sm} - T_{cm} = a(T_{rad} - T_a)^m \tag{12.9}$$

式中：a 和 m 为经验系数，可通过观测实验数据求取，或利用 Lhomme 等提供的数值($a=0.1$、$m=2$)。其他参数与式(12.8)中的定义一致。

2. 净辐射的分离

虽然有文献直接利用植被盖度 f 分离混合像元中土壤与植被的净辐射[如式(12.10)，Chen et al.，2005]，但本文利用 Kustas 和 Norman(1999)的算法[式(12.11)、式(12.12)]。该算法以比尔定律(Beer's Law)为基础，以叶面积指数(leaf area index，LAI)为权重，反映植被或土壤对净辐射的吸收能力，从而分离混合像元的净辐射($R_{n,mix}$)，分别获得土壤吸收的净辐射($R_{n,sm}$)与植被吸收的净辐射($R_{n,cm}$)：

$$R_{n,cm} = fR_{n,mix}$$
$$R_{n,sm} = (1-f)R_{n,mix} \tag{12.10}$$
$$R_{n,c} = R_n[1-\exp(-0.45\text{LAI})] \tag{12.11}$$
$$R_{n,s} = R_n\exp(-0.45\text{LAI}) \tag{12.12}$$

3. 土壤热通量的分离

对于土壤热通量而言，本节采用的算法已考虑了土壤与植被的关系，并且假设植被覆盖处的土壤热通量可忽略不计，像元尺度所代表的土壤热通量全部来源于土壤，因此不再对其进行分离。

二、模型中陆面参数的反演

从式(12.5)～式(12.7)与混合像元参数分离的公式中可知，基于温度差的蒸散发模型所需的参数有：归一化植被指数(NDVI)、植被盖度(f)、叶面积指数(LAI)、地表温度(包括植被温度 T_c 与土壤温度 T_s)、气温(T_a)、净辐射(R_n)、土壤热通量(G)以及参考温度(参考植被温度 T_{cp} 与参考土壤温度 T_{sd})、参考净辐射(参考植被净辐射 $R_{n,cp}$ 与参考土壤净辐射 $R_{n,sd}$)、参考土壤热通量(G_{sd})。

在具体区域应用时，地表温度可以通过热红外遥感数据反演获得；气温可利用气象站观测数据经过插值后获得；净辐射亦可通过遥感数据结合气象等资料计算获得；土壤热通量与净辐射存在相关性，可通过净辐射计算获得；由于参考面是特殊的下垫面(无蒸散发或无蒸腾)，其参数可通过修改上述参数计算中的某些特定项目获得。因此，基于温度差的蒸散发模型可在大尺度上结合遥感技术展开应用，其整体思路如图 12.2 所示。各参数的反演算法分别介绍如下。

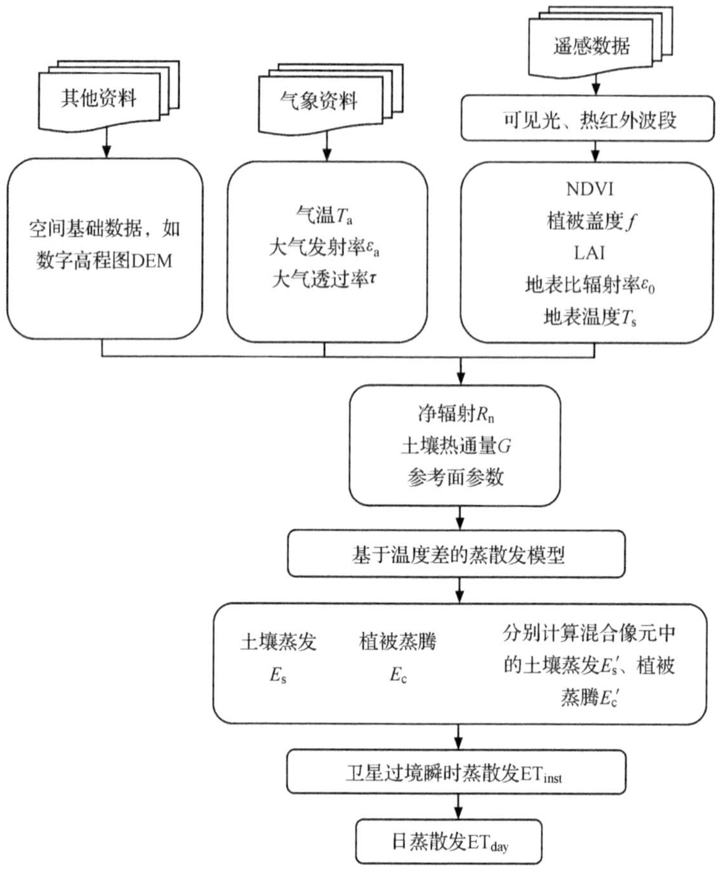

图 12.2　基于温度差的区域蒸散发模型应用流程示意图

(一) 无量纲指数的反演

此处所指的无量纲指数包括归一化植被指数(NDVI)、植被盖度(f)、叶面积指数(LAI)。由于这三种指数之间存在较强的相关性，并且后两种指数都是建立在 NDVI 基础之上，因此将其归为一类介绍。

1. 归一化植被指数

NDVI 的反演方法很简单，它是近红外波段的反射率与红波段反射率之差与两者之和的比值(详见表 12.1)。在具体应用时，根据不同传感器中的波段设置，将近红外波段、红波段的 DN 值换算为反射率或经大气校正后的反射率带入公式计算。例如，在 TM/ETM＋中，近红外波段、红波段分别对应第 4、第 3 波段，此时 NDVI 的计算公式为

$$\mathrm{NDVI}_{\mathrm{TM/ETM+}} = \frac{\rho_4 - \rho_3}{\rho_4 + \rho_3} \tag{12.13}$$

而 MODIS 中近红外波段、红波段分别对应第 2、第 1 波段，其 NDVI 的计算公式则

变为

$$\mathrm{NDVI_{MODIS}} = \frac{\rho_2 - \rho_1}{\rho_2 + \rho_1} \tag{12.14}$$

2. 植被盖度

植被盖度是 NDVI 的函数，其计算方法[式(12.15)，Kerr et al.，1992；式(12.16)，Carlson et al.，1995]主要有

$$f = \frac{\mathrm{NDVI} - \mathrm{NDVI_{min}}}{\mathrm{NDVI_{max}} - \mathrm{NDVI_{min}}} \tag{12.15}$$

$$f = \left(\frac{\mathrm{NDVI} - \mathrm{NDVI_{min}}}{\mathrm{NDVI_{max}} - \mathrm{NDVI_{min}}}\right)^2 \tag{12.16}$$

式中：$\mathrm{NDVI_{min}}$ 是裸露土壤的 NDVI 值；$\mathrm{NDVI_{max}}$ 是植被完全覆盖时的 NDVI 值。

当 NDVI 及其阈值确定后，即可计算获得相应的植被盖度。可见，f 的取值介于[0，1]之间。式(12.16)的优点在于：f 能够避免遥感数据不确定性的影响，即在没有植被的地方 NDVI 不一定为零，因为在大气效应的影响下土壤的反射率在近红外波段与红波段可能会不相等，从而使 NDVI 为负值(Campbell and Norman，1998)。有鉴于此，本次研究采用式(12.16)计算植被盖度。

3. 叶面积指数

叶面积指数(LAI)是单位面积上所有叶子的单面表面积之和(Watson，1947)，对于针叶等特殊叶片，LAI 则等于单位面积上所有叶片面积总和的一半(Chen and Black，1992)。LAI 能够定量地体现植物叶子的生长状况和密度的变化，是植物光合作用(Running and Nemani，1988)、蒸腾作用(McCulloch and Hunter，1983)等研究中不可或缺的参数，尤其是在研究作物生长(Moulin et al.，1998；Zhang et al.，2005)、生物量(Maire et al.，2008)、生态系统功能(Running and Nemani，1988)等方面，得到了广泛应用。

利用卫星遥感数据反演 LAI，其算法比较成熟(Asrar et al.，1985；Best and Harlan，1985；Peterson et al.，1987；Price，1992；Price and Bausch，1995；Walthall et al.，2004)，大致可分为回归统计法和光学模型法两种。本次研究直接选用 Walthall 等(2004)提出的利用植被盖度 f 计算 LAI 的经验算法：

$$\mathrm{LAI} = -2\ln(1 - f) \tag{12.17}$$

(二) 地表温度的反演

地表温度的反演算法因选用的热红外传感器不同而不同，但各种算法都起源于普朗克辐射方程(planck radiation formula)，可归纳为辐射传输方程法、单窗算法与劈窗算法。辐射传输方程是使用热红外窗口通道测得的辐射率，通过校正大气效应来确定地表温度(赵英时等，2003)。单窗算法适用于只有一个热红外波段的遥感数据如 TM/ETM+(Artis and Carnahan，1982；Jiménez-Muñoz and Sobrino，2003；Qin et al.，2001；覃志豪等，2001)；劈窗算法适用于具有至少两个热红外波段的遥感数据，如 AVHRR、MODIS

(Becker and Li, 1990; Sobrino et al., 1994,2003; Caselles et al., 1997; Wan, 1999; Qin et al., 2001; Mao, 2005)。这些地表温度反演算法均比较成熟,反演结果精度可达±2K(Sobrino et al., 2004)甚至±1K(Wan et al., 2002),本书仅介绍两种本次研究中所采用的针对 TM/ETM+、MODIS L1B 遥感数据的算法。在具体应用中,可根据所选用的遥感数据确定相应的反演算法。

1. TM/ETM+单窗反演算法

TM(thematic mapper)、ETM+(enhanced thematic mapper plus)是陆地卫星(Landsat)所搭载的传感器,作为 TM 的升级版,ETM+不仅延续了 TM 的基本特征,还增加了一个全色波段(表 12.4)。由于它们的独特特点(表 12.3、表 12.4),尤其是具有中、高空间分辨率、长时间序列的对地观测科学数据,在资源环境等领域得到广泛的应用。从发射升空到目前为止,Landsat 的 5 号、7 号卫星仍在轨运行,除 2003 年 5 月 31 日后,Landsat-7 卫星上 ETM+的扫描行校正器 SLC(scan line corrector)发生故障,使影像上出现坏行数据外(约占整景的 22%)(图 12.3),两种传感器仍然向地面传输数据。

(a) 第六波段全景影像

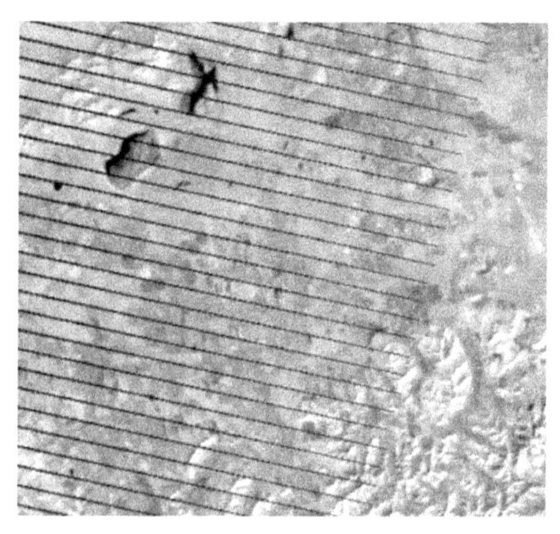

(b) 局部放大图

图 12.3 ETM+坏行数据示意图(P124R31,2008 年 9 月 2 日)

表 12.3 Landsat 5、7 号卫星技术指标表

项 目	指 标
轨 道	近极近环行太阳同步轨道,高度 705km
倾 角	98.22°
扫描带宽	185 km×185 km
运行周期	98.9min
重复周期	16d

表 12.4　TM/ETM+传感器的特征

传感器		波段	光谱范围/μm	空间分辨率/m
ETM+	TM	1	0.450～0.515	30
		2	0.525～0.605	30
		3	0.630～0.690	30
		4	0.750～0.900	30
		5	1.550～1.750	30
		7	2.080～2.350	30
		6	10.400～12.500	120 (TM)
				60 (ETM+)
		8	0.520～0.900	15

Landsat TM/ETM+都只有一个热红外通道，常用的地表温度反演算法是单窗算法。其中，Artis、Jiménez-Muñoz、覃志豪等分别提出的单窗算法反演精度较高(Artis and Carnahan, 1982;Jiménez-Muñoz and Sobrino, 2003;Qin et al., 2001;覃志豪等,2001)。本文采用 Artis 等(Artis and Carnahan, 1982)的反演算法，具体介绍如下。

$$T_s = \frac{T_{sensor}}{1 + (\lambda T_{sensor}/A)\ln\varepsilon_0} \tag{12.18}$$

式中：T_s 为地表温度(K)；T_{sensor} 为亮度温度(brightness temperature)(K)；λ 为对应热红外波段的中心波长(m)，且 $\lambda=11.5\ \mu$m(Markham and Barker, 1985)；ε_0 为地表比辐射率(land surface emissivity, LSE)；A 为 Planck 常数与光速之积再除以 Boltzmann 常数，约为 1.439×10^{-2} mK。其中，亮度温度可由 TM/ETM+影像热红外波段的灰度值(digital number)通过以下公式求得(Chander and Markham, 2003)：

$$T_{sensor} = \frac{K_2}{\ln(1 + K_1/L_\lambda)} \tag{12.19}$$

$$K_1 = \frac{C_1}{\lambda^5} \tag{12.20}$$

$$K_2 = \frac{C_2}{\lambda} \tag{12.21}$$

$$L_\lambda = \frac{(L_{max} - L_{min})(QCAL_i - QCAL_{min})}{QCAL_{max} - QCAL_{min}} + L_{min} \tag{12.22}$$

式中：K_1、K_2 为传感器校正系数，C_1、C_2 为传感器的光谱常数，表 12.5 直接给出了 TM/ETM+分别对应的 K_1、K_2 值；L_λ 为传感器接收的光谱辐亮度(spectral radiance)[W/(m^2·sr·μm)]；QCAL 为像元灰度值，下标 max、min、i 分别表示最大值、最小值、任意值，而 L_{max}、L_{min} 分别为 $QCAL_{max}$、$QCAL_{min}$ 对应的光谱辐亮度值，这些最值可从遥感数据对应的头文件中读取，表 12.6 给出了 TM/ETM+各波段对应的参数。对于地表温度反演来说，L_λ 特定为热红外波段数据(第六波段)。

表 12.5 TM/ETM+热红外波段校正系数 K 的取值

传感器	K_1/[W/(m^2·sr·μm)]	K_2/K
TM	607.76	1260.56
ETM+	666.09	1282.71

资料来源：Chander 等，2009。

表 12.6 Landsat 5 TM、Landsat 7 ETM+各波段校正参数

传感器	波段	2003 年 5 月 4 日前的数据		2003 年 5 月 5 日后的数据	
		L_{Min}	L_{Max}	L_{Min}	L_{Max}
TM	1	−1.5200	152.100	−1.5200	193.000
	2	−2.8400	296.810	−2.8400	365.000
	3	−1.1700	204.300	−1.1700	264.000
	4	−1.5100	206.200	−1.5100	221.000
	5	−0.3700	27.190	−0.3700	30.200
	6	1.2378	15.303	1.2378	15.303
	7	−0.1500	14.380	−0.1500	16.500

传感器	波段	2000 年 7 月 1 日前的数据				2000 年 7 月 2 日后的数据			
		低增益		高增益		低增益		高增益	
		L_{Min}	L_{Max}	L_{Min}	L_{Max}	L_{Min}	L_{Max}	L_{Min}	L_{Max}
ETM+	1	−6.20	297.50	−6.20	194.30	−6.20	293.70	−6.20	191.60
	2	−6.00	303.40	−6.00	202.40	−6.40	300.90	−6.40	196.50
	3	−4.50	235.50	−4.50	158.60	−5.00	234.40	−5.00	152.90
	4	−4.50	235.00	−4.50	157.50	−5.10	241.10	−5.10	157.40
	5	−1.00	47.70	−1.00	31.76	−1.00	47.57	−1.00	31.06
	6	0.00	17.04	3.20	12.65	0.00	17.04	3.20	12.65
	7	−0.35	16.60	−0.35	10.93	−0.35	16.54	−0.35	10.80
	8	−5.00	244.00	−5.00	158.40	−4.70	243.10	−4.70	158.30

资料来源：TM(Chander and Markham，2003)；ETM+(NASA，Landsat 7 Sicence Data Users Handbook，http://landsathandbook.gsfc.nasa.gov/handbook/handbook_htmls/chapter11/htmls/LMIN_LMAX.html)。

地表比辐射率(LSE)是地表温度反演中的一个重要参数，是地表物体向外辐射电磁波的能力表征，它不仅依赖于地表物体的组成，而且与物体的表面状态(粗糙度等)及物理性质(介电常数、含水量等)有关，并随着采用的测定波长和观测角度的变化而变化。在大尺度上对比辐射率精确测量的难度很大，目前只是基于某些假设获得比辐射率的相对值。一种可供选择的、有效的 LSE 估计方法是通过归一化植被指数或植被盖度等获得(Van De Griend and Owe，1993；Olioso，1995；Valor and Caselles，1996；Sobrino and Raissouni，2001；Sobrino et al.，2004；覃志豪等，2004)，其原理是

$$\varepsilon_0 = a\ln\mathrm{NDVI} + b \tag{12.23}$$

$$\varepsilon_0 = \varepsilon_v f + \varepsilon_s(1 - f) + d_\varepsilon \tag{12.24}$$

式中：a、b 为经验系数；ε_v、ε_s 分别为植被、土壤的平均比辐射率（常数）；d_ε 为自然表面的几何分布与内部反射效应而引起的发射率，亦是植被盖度 f 的函数。

本节直接采用 Sobrino 等(2004)对 TM 的研究结果，其公式如下所示：

$$\varepsilon_0 = 0.004f + 0.986 \tag{12.25}$$

2. MODIS 劈窗反演算法

MODIS(Moderate-resolution Imaging Spectroradiometer)是中分辨率成像光谱仪，它是 EOS(Earth Observation System)中 Aqua 卫星和 Terra 卫星上搭载的传感器。第一个搭载 MODIS 的是 Terra 卫星，于 1999 年年底发射，在 2000 年 2 月开始传输数据，其技术指标见表 12.7。

表 12.7　MODIS 技术指标表

项　目	指　标
轨　道	705km，降轨上午 10:30 过境，升轨下午 1:30 过境，太阳同步，近极地圆轨道
扫描频率	20.3rad/min，与轨道垂直
测绘带宽	2330 km×10 km
望远镜	直径 17.78cm
体　积	1.0m×1.6m×1.0m
重　量	250kg
功　耗	225W
数据率	11GBit/S
量　化	12Bit
设计寿命	5a

MODIS 数据波段光谱范围广，从 0.405 μm 延伸到 14.385 μm，一共包括 36 个波段，各波段范围及用途见表 12.8。并且数据具有三种不同的空间尺度：250 m(2 个波段)、500m(5 个波段)和 1km(29 个波段)。在运行过程中，传感器每秒可同时获得 6.1Mbp 来自大气、海洋和陆地表面的信息。多波段数据可以同时提供反映陆地、云边界及其特性、云顶温度、海洋水色、浮游植物、大气水汽和温度、臭氧、地表温度等特征信息，它们对地球科学的综合研究，以及对陆地、大气和海洋的研究具有较高的实用价值。另外，Aqua 和 Terra 卫星都是太阳同步极轨卫星，Aqua 卫星在地方时下午过境，而 Terra 卫星在地方时上午过境，使得 MODIS 数据在时间更新频率上相配合，每天可以得到至少两次白天和两次黑夜更新数据。由于更新频率快，对实时监测、应急处理等研究具有非常重要的价值。总之，由于 MODIS 具有高时间、高光谱分辨率以及全球免费接收的优势，在生态学、环境监测、全球气候变化等诸多研究中具有广泛的应用前景。

表 12.8 MODIS 波段分布和主要应用

波段号	主要应用	分辨率/m	波段宽度/μm	频谱强度	信噪比
1	植被叶绿素吸收	250	0.620～0.670	21.8	128
2	云和植被覆盖变换	250	0.841～0.876	24.7	201
3	土壤植被差异	500	0.459～0.479	35.3	243
4	绿色植被	500	0.545～0.565	29	228
5	叶面/树冠差异	500	1.230～1.250	5.4	74
6	雪/云差异	500	1.628～1.652	7.3	275
7	陆地和云的性质	500	2.105～2.155	1	110
8	叶绿素	1 000	0.405～0.420	44.9	880
9	叶绿素	1 000	0.438～0.448	41.9	838
10	叶绿素	1 000	0.483～0.493	32.1	802
11	叶绿素	1 000	0.526～0.536	27.9	754
12	沉淀物	1 000	0.546～0.556	21	750
13	沉淀物,大气层	1 000	0.662～0.672	9.5	910
14	叶绿素荧光	1 000	0.673～0.683	8.7	1087
15	气溶胶性质	1 000	0.743～0.753	10.2	586
16	气溶胶/大气层性质	1 000	0.862～0.877	6.2	516
17	云/大气层性质	1 000	0.890～0.920	10	167
18	云/大气层性质	1 000	0.931～0.941	3.6	57
19	云/大气层性质	1 000	0.915～0.965	15	250
20	洋面温度	1 000	3.660～3.840	0.45	0.05
21	森林火灾/火山	1 000	3.929～3.989	2.38	2
22	云/地表温度	1 000	3.929～3.989	0.67	0.07
23	云/地表温度	1 000	4.020～4.080	0.79	0.07
24	对流层温度/云片	1 000	4.433～4.498	0.17	0.25
25	对流层温度/云片	1 000	4.482～4.549	0.59	0.25
26	红外云探测	1 000	1.360～1.390	6	150
27	对流层中层湿度	1 000	6.535～6.895	1.16	0.25
28	对流层中层湿度	1 000	7.175～7.475	2.18	0.25
29	表面温度	1 000	8.400～8.700	9.58	0.05
30	臭氧总量	1 000	9.580～9.880	3.69	0.25
31	云/表面温度	1 000	10.780～11.280	9.55	0.05
32	云高和表面温度	1 000	11.770～12.270	8.94	0.05
33	云高和云片	1 000	13.185～13.485	4.52	0.25
34	云高和云片	1 000	13.485～13.785	3.76	0.25
35	云高和云片	1 000	13.785～14.085	3.11	0.25
36	云高和云片	1 000	14.085～14.385	2.08	0.35

MODIS 标准数据产品分为 5 级：level 0、level 1(L1A 和 L1B)、level 2、level 3 和 level 4。Level 0 数据是指卫星地面站直接接收到的、未经处理的、包含全部数据信息在内的原始数据；L1A 数据是指对没有经过处理的、完全分辨率的仪器数据进行重建、时间配准以及进行辅助数据注解后的数据；L1B 数据是指将 L1A 数据定位定标处理后的数据；level 2 数据是指在 L1B 基础上开发出的、具有相同空间分辨率和覆盖相同地理区域的数据；level 3 数据是指以统一的时间一空间栅格为变量的数据，通常具有一定的完整性和一致性；level 4 数据是指通过分析模型和综合分析 3 级以下数据所得的结果数据。根据需要，科研人员把 L1B 数据进行加工处理后的 MODIS 数据(level 2、3、4)分解成 44 种标准数据产品类型，包括陆地标准数据产品(如地表温度、地表反照率等)、大气标准数据产品(如云掩膜)和海洋标准数据产品(如洋面温度、海洋净初级生产力)。不管 MODIS 数据级别的高低，其存储格式均为 EOS-HDF。HDF(Hierarchical Data Format)是一种多对象的、能高效存储和分发科学数据的新型数据格式。每个 HDF 文件都包括信息文件、一个以上的数据描述块和若干(或零个)数据块。当用户打开一个 HDF 数据时，不仅可以读取影像信息，还可以获取相关的信息如经纬度、轨道参数、图像噪声等。

地表温度反演是以 level 1B 数据为基础(本节中涉及的 MODIS 地表温度反演数据均指该级别数据)，该数据由 4 个文件构成，见表 12.9。

表 12.9 MODIS Level 1B 数据

简略文件名		产品内容
Terra	Aqua	
MOD02QKM	MYD02QKM	定标后 250m 分辨率数据
MOD02HKM	MYD02HKM	定标后 500m 分辨率数据，包括将 250m 分辨率数据重采样为 500m 分辨率的数据
MOD021KM	MYD021KM	定标后 1000m 分辨率数据，包括将 250m、500m 分辨率的数据重采样为 1000m 分辨率的数据
MOD02OBC	MYD02OBC	星载定标器(OBC)数据和工程数据

MODIS 的热红外波段相对较多，有 7 个，包括第 20～23、29、31、32 波段，其地表温度的反演基本采用劈窗算法，且大多采用第 31、32 两个热红外波段(Becker and Li, 1990; Sobrino et al., 1996; Wan and Dozier, 1996; Wan and Li, 1997; Sobrino and Raissouni, 2000; Mao et al., 2005)。本节选用 Sobrino 和 Raissouni(2000)提出的劈窗算法，简要介绍如下。

$$T_s = T_{31} + a_1 + a_2(T_{31} - T_{32}) + a_3(T_{31} - T_{32})^2 + (a_4 + a_5 W_v)(1 - \varepsilon) + (a_6 + a_7 W_v)\Delta\varepsilon \tag{12.26}$$

式中：T_s 为地表温度；T_{31}、T_{32} 为 MODIS 第 31、第 32 波段的亮温，可根据式(12.19)～(12.22)计算，其中 MODIS 第 31、32 波段对应的校正系数 K 根据式(12.20)、式(12.21)计算，结果见表 12.10；a_i(i=1,2,……,7)为系数，见表 12.11。

表 12.10 MODIS 第 31、第 32 波段的校正参数 K_1、K_2

MODIS 光谱常数	波段	中心波长 /μm	K_1 /[W/(m^2·sr·μm)]	K_2/K
$C_1 = 1.191\,07 \times 10^8$ Wμm^4/(m^2·sr)	31	11.018 6	733.34	1 305.82
$C_2 = 1.438\,83 \times 10^4$ μmK	32	12.032 5	472.24	1 195.79

注：MODIS 光谱常数、中心波长数据取自 Pinheiro 等，2007。

表 12.11 a_i 系数取值

i	1	2	3	4	5	6	7
a	1.02	1.79	1.20	34.83	−0.68	73.27	5.19

资料来源：Sobrino and Raissouni，2000。

大气水汽含量采用 Kaufman 和 Gao(1992)提出的方法计算：

$$W_v = \frac{0.02 - \ln\tau_w}{0.651} \tag{12.27}$$

$$\tau_w = \rho_{19}/\rho_2 \tag{12.28}$$

式中：W_v 为水汽含量；τ_w 为水汽透过率；ρ_{19}、ρ_2 分别为第 19、第 2 波段的反射率。

地表比辐射率根据 Sobrino 等(2003)提出的 NDVI 阈值法计算，即根据 NDVI 的阈值($\mathrm{NDVI_{min}}$和 $\mathrm{NDVI_{max}}$)，分别建立不同植被覆盖条件下的算法，其原理可用公式表达为

$$\begin{cases} \varepsilon = 0.9832 - 0.058\rho_1 \\ \Delta\varepsilon = 0.0018 - 0.060\rho_1 \end{cases} \quad \mathrm{NDVI} < 0.2 \tag{12.29}$$

$$\begin{cases} \varepsilon = 0.9710 + 0.018f \\ \Delta\varepsilon = -0.006(1-f) \end{cases} \quad 0.2 \leqslant \mathrm{NDVI} \leqslant 0.5 \tag{12.30}$$

$$\begin{cases} \varepsilon = 0.9900 \\ \Delta\varepsilon = 0 \end{cases} \quad \mathrm{NDVI} > 0.5 \tag{12.31}$$

式中：ρ_1 为 MODIS 第 1 波段的反射率；f 为植被盖度。

(三) 太阳净辐射的反演

太阳净辐射是地表吸收的长波、短波辐射之和减去其释放的长波、短波辐射之和，可表示为

$$R_n = R_{swd} - R_{swu} + R_{lwd} - R_{lwu} \tag{12.32}$$

式中：R_{swd}、R_{swu}分别为吸收与释放的短波辐射；R_{lwd}、R_{lwu}分别为吸收与释放的长波辐射，单位均为 W/m^2。

1. 短波净辐射

短波净辐射是地表吸收与释放的短波辐射之差，可表示为

$$R_{swd} - R_{swu} = (1-\alpha)R_{swd} \tag{12.33}$$

R_{swd}可表示为

$$R_{swd} = \tau S E_0 \cos\theta \tag{12.34}$$

$$E_0 = 1/d^2 \tag{12.35}$$

$$d^2 = \frac{1}{1+0.033\cos(2\pi \mathrm{DOY}/365)} \tag{12.36}$$

式中：S为太阳常数(1367 W/m^2)；E_0为地球轨道偏心率校正系数(也称日地距离校正系数)；d为日地距离(天文单位)；DOY是天数(1月1日为1,12月31日为365或366)；其他参数同前所述。

地表反照率(surface albedo, α)可通过传感器记录的数据进行反演。目前的反演算法大致分为两类：第一，计算遥感影像各窄波段的表观反照率(the narrow-band planetary albedo)，将各窄波段的表观反照率加权求和，获得宽波段的大气上界反照率(the broad-band planetary albedo)，再从中剔除大气影响后求得地表反照率；第二，直接利用遥感影像各窄波段的行星反照率求取地表反照率。第一类算法以SEBEL为代表，第二类算法以梁顺林为代表，给出了常用遥感影像的地表反照率反演算法(Liang, 2001)(表12.12)。

表12.12　几种常见遥感数据的窄波段地表反照率算法

传感器	算法
ASTER	$\alpha = 0.484\alpha_1 + 0.335\alpha_2 - 0.324\alpha_5 + 0.551\alpha_6 + 0.305\alpha_8 - 0.367\alpha_9 - 0.0015$
AVHRR-14	$\alpha = -0.3376\alpha_1^2 - 0.2707\alpha_2^2 + 0.7074\alpha_1^2 + 0.2915\alpha_1 + 0.5256\alpha_2 + 0.0035$
GOES-8	$\alpha = 0.0759 + 0.7712\alpha$
TM/ETM+	$\alpha = 0.356\alpha_1 + 0.130\alpha_3 + 0.373\alpha_4 + 0.085\alpha_5 + 0.072\alpha_7 - 0.0018$
MODIS	$\alpha = 0.160\alpha_1 + 0.291\alpha_2 + 0.243\alpha_3 + 0.116\alpha_4 + 0.112\alpha_5 + 0.081\alpha_7 - 0.0015$
POLDER	$\alpha = 0.112\alpha_1 + 0.388\alpha_2 - 0.266\alpha_3 + 0.668\alpha_4 + 0.0019$
VEGETATION	$\alpha = 0.3512\alpha_1 + 0.1629\alpha_2 + 0.3415\alpha_3 + 0.1651\alpha_4 - 0.0022$

资料来源：Liang, 2001。

第一类算法用公式表示如下：

$$\alpha_{P,\lambda} = \frac{\pi L_\lambda d^2}{\mathrm{ESUN}_\lambda \cos\theta} \tag{12.37}$$

$$\alpha_P = \sum W_\lambda \alpha_{P,\lambda} \tag{12.38}$$

$$W_\lambda = \frac{\mathrm{ESUN}_\lambda}{\sum \mathrm{ESUN}_\lambda} \tag{12.39}$$

$$\alpha_S = \frac{\alpha_P - \alpha_{path\_radiace}}{\tau^2} \tag{12.40}$$

式中：$\alpha_{P,\lambda}$为表观反照率、α_P为宽波段的大气上界反照率、α_S为地表反照率，均无量纲；L_λ为传感器接收的光谱辐亮度[W/(m^2·sr·μm)]；d为日地距离(天文单位)；ESUN$_\lambda$为大气顶层的平均光谱辐照度(mean solar exo-atmospheric irradiance)[W/(m^2·μm)]，传

感器在设计时各波段均取某常数（表 12.13 给出了 TM/ETM+的对应值）；θ 是太阳天顶角，单位为弧度；W_λ 是加权系数；$\alpha_{path\_radiance}$ 是大气层辐射值，对不同影像其值为 0.035～0.74（Bastiaanssen，2000）；τ 是大气单向透过率，对于晴朗且干燥的大气条件，可利用高程（h，m）根据 Allen 等（1994）的经验公式［式（12.41）］推算；在其他通常大气条件下，可根据式（12.41）～式（12.44）计算（Masahiro，2003）：

$$\tau = 0.75 + 2 \times 10^{-5} \times h \tag{12.41}$$

$$\tau = K_B + K_D \tag{12.42}$$

$$K_B = 0.98\exp\left[\frac{-0.00146P}{K_t \sin\theta} - 0.075\left(\frac{W}{\sin\theta}\right)^{0.4}\right] \tag{12.43}$$

$$K_D = \begin{cases} 0.35 - 0.36K_B & K_B \geq 0.15 \\ 0.18 + 0.82K_B & K_B < 0.15 \end{cases} \tag{12.44}$$

式中：P 为大气压（kPa），无观测数据时可根据气温（T_a/K）和高程（h/m）用式（12.45）计算（Allen et al.，1994）；W 为晴空大气可降水量（precipitation water in the cloudless atmosphere）（mm），可根据实际水气压（e_a，kPa）、相对湿度（Rh）进行计算［式（12.46）］，Garrison and Adler，1990）；$0<K_t\leqslant 1$，是大气混浊度系数，当空气非常洁净时 $K_t=1$，当空气非常浑浊时（如沙尘、大气污染），$K_t=0.5$；ϕ 为太阳高度角，单位为弧度，与太阳天顶角 θ 互为余角。

$$P = 101.3\left(\frac{T_a - 0.0065h}{T_a}\right)^{5.26} \tag{12.45}$$

$$W = 0.14e_a P + 2.1 \tag{12.46}$$

在式（12.46）中，实际水气压 e_a 可根据气温（K）和相对湿度计算［式（12.47），Allen et al.，1994］：

$$e_a = \frac{\mathrm{Rh}}{100}\left[0.6108\exp\left(\frac{17.27(T_a - 273.15)}{(T_a - 273.15) + 237.3}\right)\right] \tag{12.47}$$

表 12.13 Landsat 系列卫星 ESUN 的值

波段	卫星/传感器	
	Landsat 5/TM	Landsat 7/ETM+
1	1957	1969
2	1826	1840
3	1554	1551
4	1036	1044
5	215	225.7
7	80.67	82.07
8	N/A	1368

资料来源：Chander et al.，2009。

2. 长波净辐射

长波净辐射是地表吸收与释放的长波辐射之差，可表示为

$$R_{\text{lwd}} - R_{\text{lwu}} = \varepsilon_0 \varepsilon_a \sigma T_a^4 - \varepsilon_0 \sigma T_s^4 \tag{12.48}$$

式中：σ 为 Stefan-Boiltzmann 常数[5.67×10^{-8} W/(m^2 · K^4)]；ε_a 为大气发射率，可利用气温根据式(12.49)求取(Swinbank，1963)；ε_0 是地表比辐射射率；T_a 是气温、T_s 是地表温度，单位均为 K。

$$\varepsilon_a = 9.2 \times 10^{-6} \times T_a^2 \tag{12.49}$$

（四）土壤热通量的反演

土壤热通量与净辐射、植被指数存在良好的关联性(Moran et al.，1989；Su et al.，2001)。本文选取 Su 等(2001)的算法，通过植被与太阳净辐射的关系，求取土壤热通量。

$$G = R_n [\Gamma_c + (1-f)(\Gamma_s - \Gamma_c)] \tag{12.50}$$

式中：Γ_c、Γ_s 为经验系数，Γ_c 为对应植被，当下垫面为全植被覆盖时(100%植被)，$\Gamma_c=0.05$(Monteith，1973)；Γ_s 为对应土壤，当下垫面为完全裸露土壤时(100%土壤)，$\Gamma_s=0.315$(Kustas and Daughtry，1990)；其他参数同前文一致。

（五）参考面参数的反演

1. 参考温度

对于某个像元而言，参考温度是指在该像元所处的环境状况下，该像元达到无蒸发或无蒸腾时所具有的理论温度。据此，令能量平衡方程中的蒸散发项为零，即可推导出参考温度的计算公式(Shuttleworth and Gurney，1990)：

$$T_{\text{sd}} = \frac{R_{\text{n,s}} - G_{\text{s}}}{\rho_{\text{air}} C_{\text{p}}} r_{\text{a,s}} + T_{\text{a,s}} \tag{12.51}$$

$$T_{\text{cp}} = \frac{R_{\text{n,c}}}{\rho_{\text{air}} C_{\text{p}}} r_{\text{a,c}} + T_{\text{a,c}} \tag{12.52}$$

式中：右边的下标“s”、“c”分别代表土壤、植被。各参数意义同前文一致。其中 r_a 的计算采用 SEBEL 中的算法(Bastiaanssen，2000)：

$$r_a = \frac{1}{ku_*} \ln \frac{Z_{\text{ref}}}{Z_{0\text{h}}} \tag{12.53}$$

$$u_* = \frac{ku_Z}{\ln\left(\frac{Z}{Z_{0\text{m}}}\right)} \tag{12.54}$$

$$Z_{0\text{m}} = \exp(-5.809 + 5.62\text{SAVI}) \tag{12.55}$$

式中：u_* 为摩擦速度(m/s)；k 为 von Karman 常数(k=0.41)；Z_{ref} 为参考高度，等于像元分辨率除以 10；Z 为参数测量高度(m)；U_Z 为高度 Z 处的风速(m/s)；$Z_{0\text{m}}$ 为动量传输粗糙长度(m)；SAVI(soil adjusted vegetation index)是土壤调节植被指数，其定义见表 12.1；$Z_{0\text{h}}$ 为热量传输粗糙长度(m)，其计算公式如下(Kustas et al.，1989)：

$$Z_{0h} = Z_{0m} \exp(-kB^{-1}) \tag{12.56}$$

$$kB^{-1} = S_{kB} u (T_{rad} - T_a) \tag{12.57}$$

式中：$S_{kB}=0.15$(Zhan et al.，1996)；u 为 2m 处风速；其他参数同前文一致。

2. 参考净辐射

对于某个像元而言，参考净辐射是指在该像元的温度到达参考温度时，该像元特定为土壤或植被时所吸收的太阳辐射。据此，参考净辐射可根据式(12.32)计算，但需要将公式中的反照率、地表发射率换成裸土或植被的值，替换后可表示为

$$R_{n,r} = (1-\alpha_r)R_{swd} + \varepsilon_r\varepsilon_a\sigma T_a^4 - \varepsilon_r\sigma T_r^4 \tag{12.58}$$

式中：下标 r 为参考面，其他定义同前文一致。对于干燥土壤(参考土壤)来说，$\alpha_r=0.275$(Qiu et al.，1998)、$\varepsilon_r=0.970$(Sobrino et al.，2004)、$T_r=T_{sd}$；对于无蒸腾的植被(参考植被)来说，$\alpha_r=0.225$(Qiu et al.，1996)、$\varepsilon_r=0.990$(Sobrino et al.，2004)、$T_r=T_{cp}$。

3. 参考土壤热通量

对于某个土壤像元而言，参考土壤热通量是指在参考净辐射作用下，该像元所具有的土壤热通量值。据此，参考土壤热通量可根据式(12.50)推导而得

$$G_{sd} = 0.315R_{n,sd} \tag{12.59}$$

三、日蒸散发的计算

从上文介绍可见，模型反演获得的蒸散发量是卫星过境时的瞬时结果。要使结果具有实用性，至少是在日的时间尺度上。由瞬时蒸散发计算日蒸散发结果，可以通过时间步长积分，或应用前人研究的经验公式，如(Jackson et al.，1983)：

$$ET_d = \frac{2N(ET_i)}{\pi\sin(\pi t/N)} \tag{12.60}$$

式中：ET_d 为日蒸散发；ET_i 为瞬时蒸散发；N 为日出到日落的时间段，可用式(12.61)～式(12.63)计算；t 是从日出到卫星过境时的时差。

$$N = a + b\sin^2[\pi(d_n+10)/365] \tag{12.61}$$

$$a = 12.0 - 5.69\times10^{-2}L - 2.02\times10^{-4}L^2 + 8.25\times10^{-6}L^3 - 3.15\times10^{-7}L^4 \tag{12.62}$$

$$b = 0.123L - 3.10\times10^{-4}L^2 + 8.00\times10^{-7}L^3 + 4.99\times10^{-7}L^4 \tag{12.63}$$

式中：L 为纬度，单位为度。

第二节　模型反演的日蒸散发量及其验证

一、地表能量平衡方程逐像元对比验证

本节的模型来源于地表能量平衡方程，可以对比研究两种计算方法结果的差异性，从理论上验证该模型的正确性与精度。结合课题组的研究项目“北方干旱化与人类适应之第五子课题——干旱化及其阶段性转折对我国北方粮食、水和土地资源安全的影响及适应对策（2006CB400505）”，选择基础资料相对丰富的泾河流域作为验证区。

（一）研究区简介

泾河流域处于黄土高原的中部，位于106°14′E～108°42′E、34°46′N～37°19′N，流域总面积44 650 km^2（图12.4）。流域内主要河流是泾河，是渭河的第一大支流、黄河的三级支流，发源于宁夏泾源县的六盘山，干流全长455.1 km，流经宁夏、甘肃、陕西三省（区）。整个流域地势西北高、东南低，水系较发达，丘陵沟壑、高原沟壑面积大，以致地形破碎，且植被稀少。泾河流域属于大陆性气候，为暖温带-温带、半湿润-半干旱过渡带。气温南高北低，年均气温8～13℃，1月平均气温2～7℃，7月平均气温24～27℃。年平均降水量390～560mm，年蒸发量1000～1200 mm，降水集中于7～9月，占全年降水量的50％～60％，且多以暴雨形式出现。

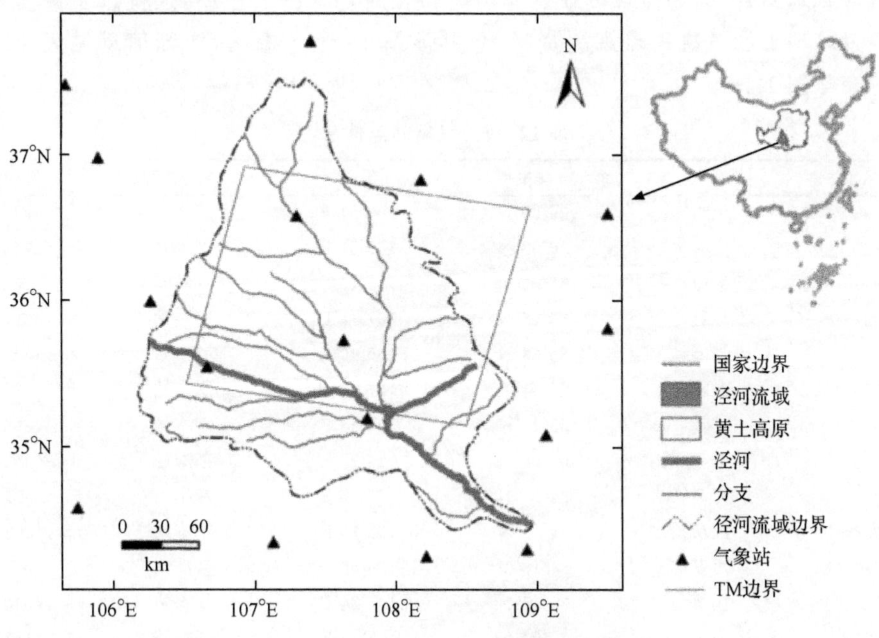

图12.4　泾河流域及其地理位置示意图

近半个世纪以来,在气候变化和人类活动的双重影响下,原本脆弱的生态环境进一步恶化,其中最突出的问题就是水资源日益短缺(施雅风等,2003;王兮之等,2006)、水土流失严重(为黄河中游之最)(冉大川和吴永红,2003;冉大川等,2006),成为制约当地发展的瓶颈。鉴于泾河流域的问题能够代表我国西北地区的现状,故选其为典型区,开展相关研究。

(二)数据准备

根据需要,收集的数据包括:遥感数据、地面数据(指地面观测数据)、基础空间地理数据(地形数据、矢量边界等)、辅助数据(植被覆盖图等相关历史资料)。

1. 遥感数据

本文以 Landsat-5 TM 影像为遥感数据。由于难以获得覆盖整个流域的多景同日数据,因此本次验证随机选取了一景覆盖大部分流域面积的影像(图 12.5)。卫星过境日期为 1987 年 8 月 28 日,轨道号为 P128R35。

2. 气象数据

气象数据是国家基准站、基本站的逐日观测值(1960~2000 年),来源于国家气象局气象资料中心,包括平均气温、相对湿度、气压、2m 处的风速、风向、降水量等观测项目。数据以普通文本 txt 格式记录。

根据卫星的过境日期以及从气象资料代表性的角度,选择了泾河流域内所有的国家基准站(或基本站)。因为流域内仅有 4 个分布相对均匀的气象站,还挑选了离流域最近的、卫星过境当天的气象站点观测资料,总共涉及 15 个气象站,详细信息见表 12.14 所示,其分布见图 12.4。

表 12.14 气象站点信息

气象站 ID	站名	纬度	经度	基站类型	高程/m
53738	吴旗	36°50′N	108°11′E	基本站	1272.6
53810	同心	36°59′N	105°54′E	基本站	1343.9
53817	固原	36°00′N	106°16′E	基准站	1753.0
53821	环县	36°35′N	107°18′E	基本站	1255.6
53915	平凉	35°33′N	106°40′E	基本站	1346.6
53923	西峰	35°44′N	107°38′E	基准站	1421.0
53929	长武	35°12′N	107°48′E	基本站	1206.5
57006	天水	39°48′N	116°28′E	基本站	1141.7
57016	宝鸡	34°21′N	107°08′E	基本站	612.4
57034	武功	34°15′N	108°13′E	基本站	447.8
57036	西安	34°18′N	108°56′E	基准站	397.5
53723	盐池	37°47′N	107°24′E	基本站	1348.9
53705	中宁	37°29′N	105°40′E	基本站	1183.3
53942	洛川	35°49′N	109°30′E	基准站	1159.8
53845	延安	36°36′N	109°30′E	基本站	957.8

3. 基础空间地理数据

利用的空间地理数据包括：90m 数字高程模型（DEM）（Jarvis et al.，2008），来源于国际农业研究咨询组织（Consultative Group on International Agricultural Research，CGIAR）的空间信息联盟（the Consortium for Spatial Information，CSI）；1∶400 万中国国界，来源于国家地理信息中心；黄河流域、泾河流域等边界、流域内的地形图等，均来源于“973”课题项目组。

4. 辅助数据

辅助数据包括植被覆盖图及相关的历史图集资料。

（三）数据处理

1. 遥感数据

遥感数据的处理主要包括大气校正、几何校正及坏数据、云的剔除。其中：大气校正的参数利用 6S 模型模拟得出；几何校正是根据地形图选择控制点进行的，最终结果为通用横轴麦卡托投影坐标系；坏数据及云通过赋予特定的值进行区别其他正常数据，并提取相应的矢量边界。

由于 TM 热红外波段的空间分辨率为 120m，处理过程中将其重采样为 30m。

此外，为了便于其他分析，还对遥感数据进行了监督分类。

2. 气象数据

首先，检查各气象站观测数据的完备性，是否有缺测数据等，若有，进行相应剔除或插值处理。其次，将各站点中所需的观测数据整理成为数据库 dbf 格式，并增加经度、纬度等字段（单位：度，精确至小数点后四位）。最后，将整理好的 dbf 文件导入 ArcGIS 软件，通过投影转换生成通用横轴麦卡托投影坐标系的矢量文件（与遥感影像的一致），再利用该软件的空间分析模型进行插值，插值算法选择距离权重倒数法（IDW），并分别输出空间分辨率为 30m、范围与 TM 影像大小一致的结果。

3. 基础空间地理数据

首先，将各种数据进行坐标投影转换，全部投影到通用横轴麦卡托投影坐标系，以保证地理数据与输出的遥感影像的坐标系统一致。其次，对于栅格数据如 DEM，则需要重采样到 30m 空间分辨率。

（四）模型参数的反演

归一化植被指数计算结果见图 12.5，植被盖度结果见图 12.6，叶面积指数结果见图 12.7，地表温度的反演结果见图 12.8，净辐射的反演结果见图 12.9。土壤热通量利用净辐射计算结果见图 12.10，参数见表 12.15，参考温度计算中涉及的中间参数计算见表 12.16。

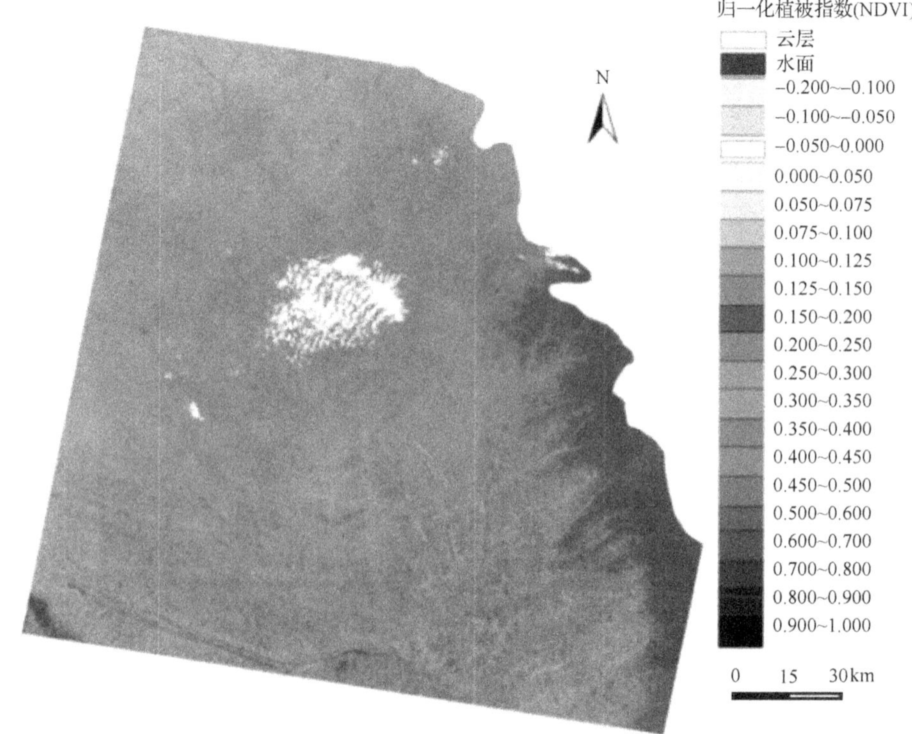

图 12.5 TM 数据计算的研究区 NDVI

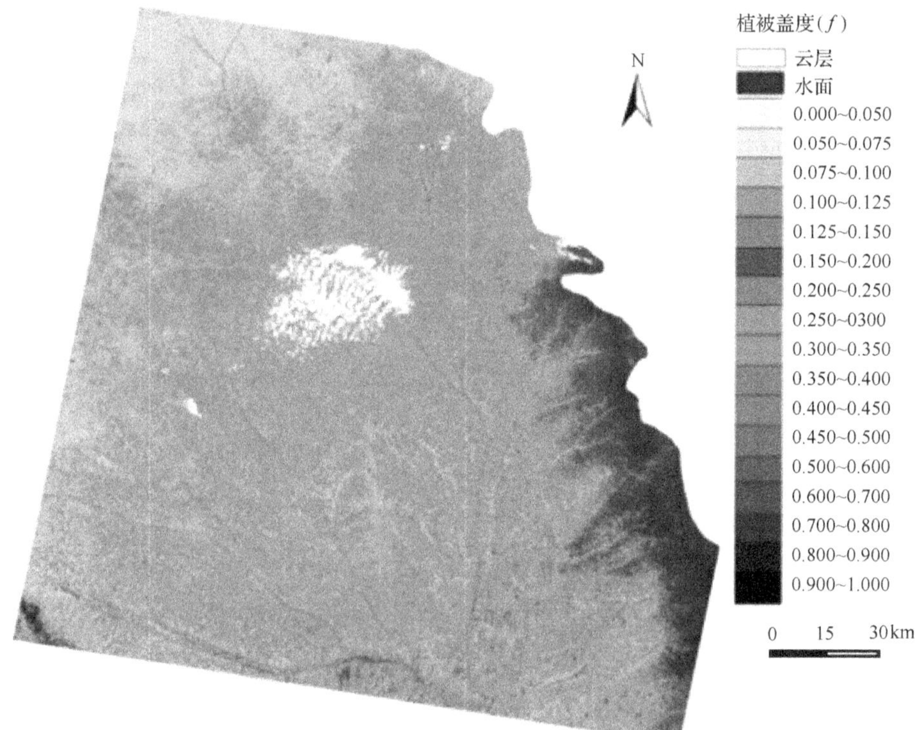

图 12.6 TM 数据计算的研究区植被盖度

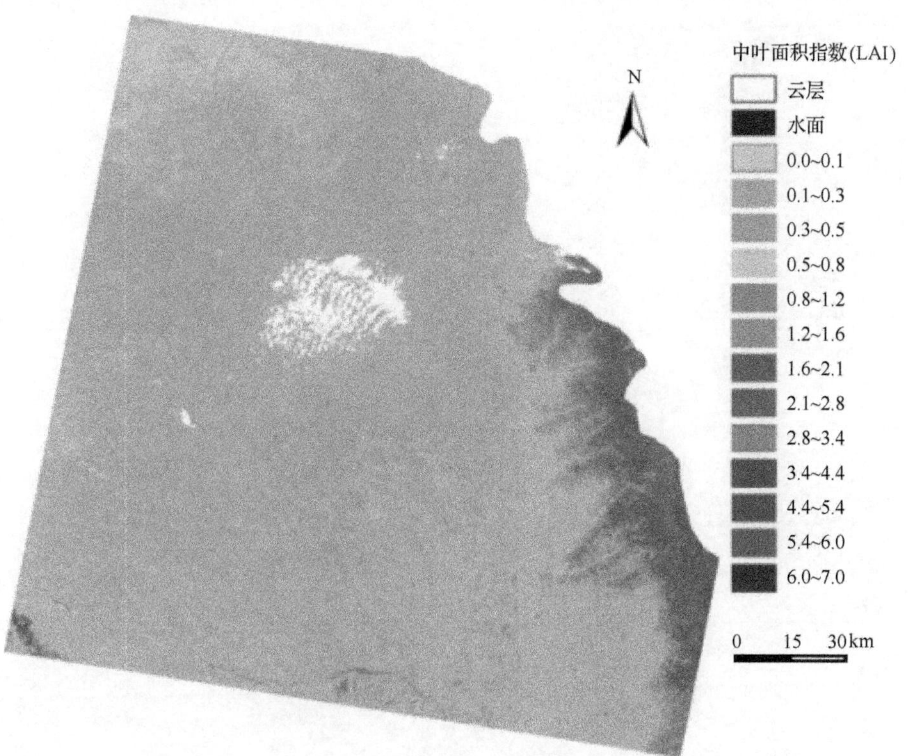

图 12.7　TM 数据计算的研究区 LAI

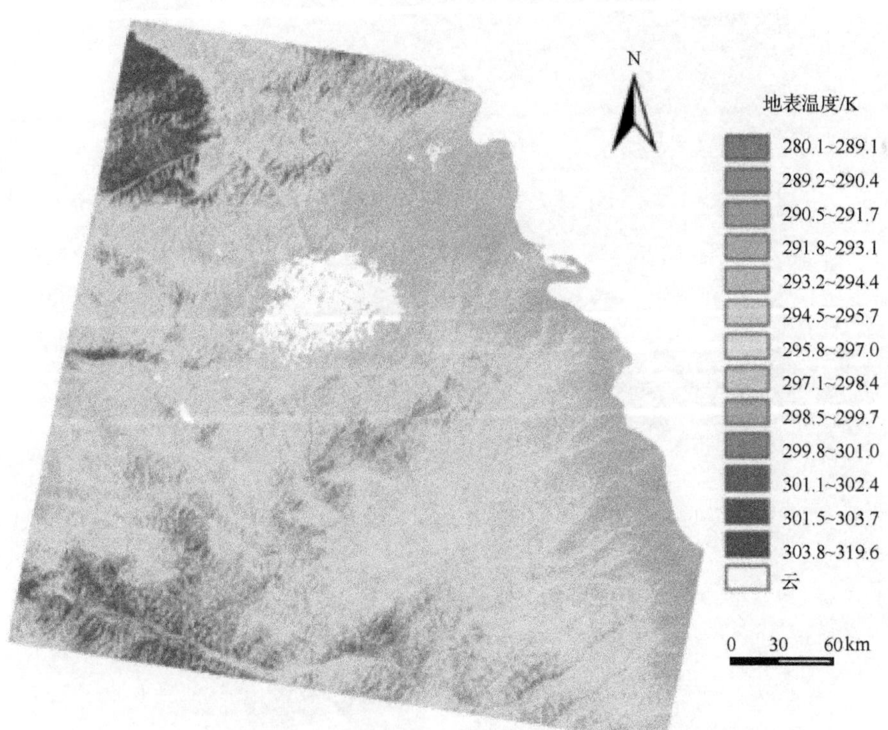

图 12.8　TM 数据反演的研究区地表温度

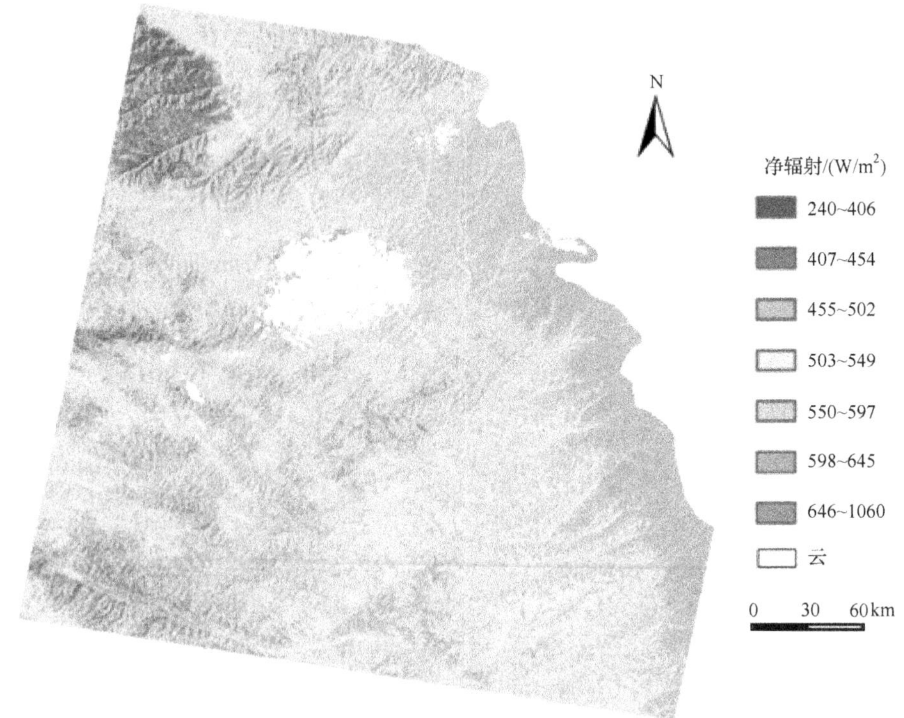

图 12.9 TM 数据反演的研究区净辐射

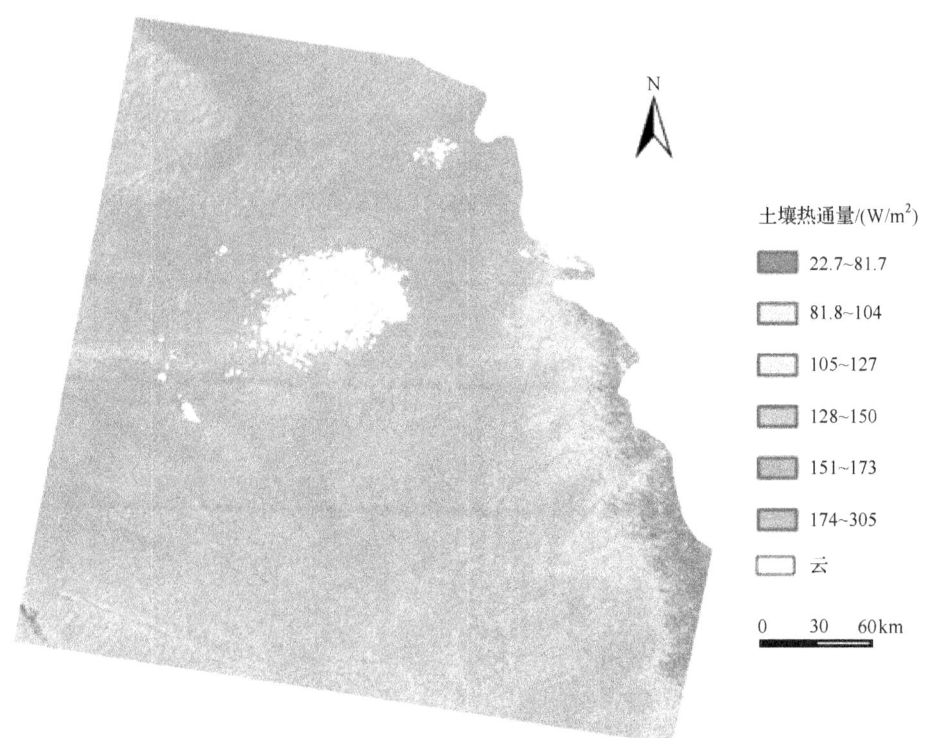

图 12.10 TM 数据反演的研究区土壤热通量

表 12.15　计算净辐射所需的输入参数

参数	单位	取值/来源
α	—	根据 Liang(2001)提出的 TM 反照率公式计算(见表 12.12),其中 $i(i=1,3,4,5,7)$是经过大气校正后的波段反射率
τ	—	根据通常大气条件下的方法计算[式(12.42)~式(12.44)]
H	m	根据 DEM 提取
Rh	—	气象站观测数据插值结果
ϕ	度	52,TM 影像头文件中读取
DOY	—	240
Θ	度	38,与 ϕ 互为余角
T_a	K	气象站观测数据插值结果
T_s	K	TM 反演的地表温度结果
ε_a	—	利用 T_a 计算[式(12.49)]
ε_0	—	利用 f 计算[式(12.25)]

表 12.16　计算参考温度所需的输入参数

参数	单位	取值/来源
u	m/s	气象站 2 m 处观测数据插值结果
T_a	K	气象站观测数据插值结果
T_{rad}	K	TM 反演的地表温度结果
Z_{ref}	M	3
Z	M	2
SAVI	—	根据 TM 第 3、4 波段的反射率计算(表 12.1)
$R_{n,c}$	W/m^2	将反演的 R_n 带入式(12.11)
$R_{n,s}$	W/m^2	将反演的 R_n 带入式(12.12)
G_s	W/m^2	上文反演结果

(五)蒸散发量的计算

将计算好的各种陆面参数带入蒸散发模型即可获得研究区的瞬时蒸散发,日蒸散发(ET_P)计算结果如图 12.11、图 12.12 和图 12.13 所示。

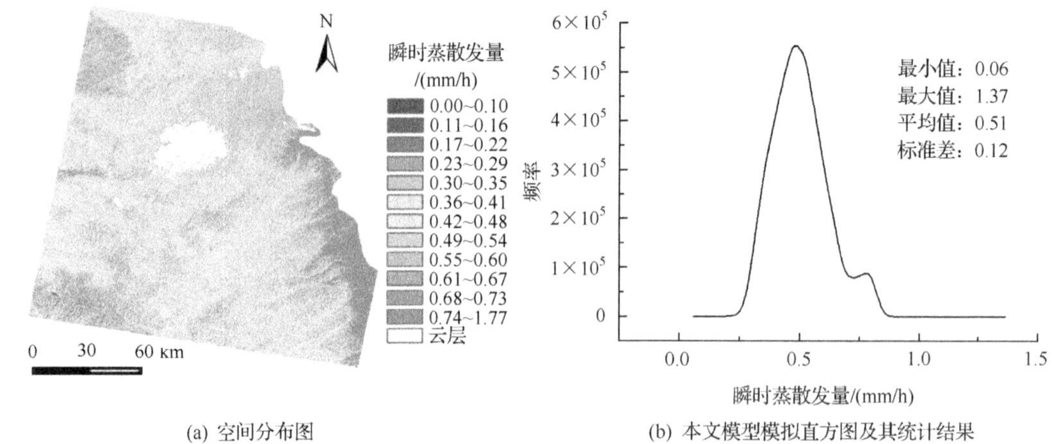

(a) 空间分布图　　(b) 本文模型模拟直方图及其统计结果

图 12.11　基于 TM 数据的瞬时蒸散发量

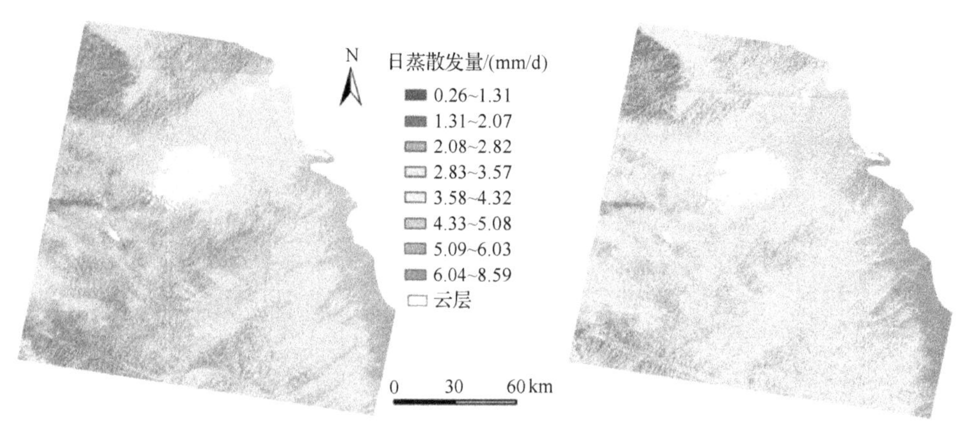

(a) 温度差模型模拟　　(b) 地表能量平衡方程模拟

图 12.12　基于 TM 数据的日蒸散发量

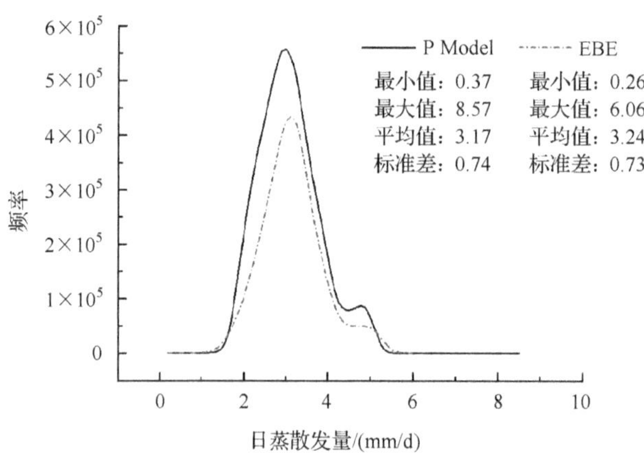

图 12.13　两种方法计算的蒸散结果直方图及其统计结果

EBE. 地表能量平衡方程，P. 本文模型

（六）对比验证与分析

地表能量平衡方程中所需的各参数在上文计算蒸散发的模型中均有所涉及，因此可直接将前文反演所得的净辐射、土壤热通量、空气动力学阻抗、地表温度和插值的气温带入地表能量平衡方程，即可获得卫星过境时的瞬时蒸散发结果，再将其带入式(12.60)求得日蒸散发(ET_{EBE})(图 12.12)。在此基础上，可将本文模型反演的蒸散发结果(ET_P)与地表能量平衡方程计算的 ET_{EBE} 进行逐像元对比验证。验证过程中采用了绝对误差、平均绝对误差(Willmott, 1982)及一系列常见指标(表 12.17)量化说明模拟的蒸散发结果与理论值之间的关系。

表 12.17　评价模型的定量化指标及其定义

指标	定义
平均值($\overline{ET}$)	$\overline{ET_P} = \frac{1}{n}\sum_{i=1}^{n} ET_{Pi}$ 和 $\overline{ET_{Theory}} = \frac{1}{n}\sum_{i=1}^{n} ET_{Theroryi}$
标准差(SD)	$\left[\frac{1}{n-1}\sum_{i=1}^{n}(ET_{Pi}-\overline{ET_P})\right]^{1/2}$ 或 $\left[\frac{1}{n-1}\sum_{i=1}^{n}(ET_{Theory}-\overline{ET_{Theory}})\right]^{1/2}$
截距(A)	$\overline{ET_P} - B\,\overline{ET_{Theory}}$
斜率(B)	$\sum_{i=1}^{n}(ET_{Pi}-\overline{ET_P})(ET_{Theory}-\overline{ET_{Theory}}) \Big/ \sum_{i=1}^{n}(ET_{Theory}-\overline{ET_{Theory}})^2$
相关系数(R)	$\sum_{i=1}^{n}(ET_{Pi}-\overline{ET_P})(ET_{Theory}-\overline{ET_{Theory}}) \Big/ \left[\sum_{i=1}^{n}(ET_{Pi}-\overline{ET_P})^2\sum_{i=1}^{n}(ET_{Theory}-\overline{ET_{Theory}})^2\right]^{1/2}$
绝对误差(AD)	$\lvert ET_{Pi} - ET_{Theory} \rvert$
平均绝对误差(MAD)	$\frac{1}{n}\sum_{i=1}^{n}\lvert ET_{Pi} - ET_{Theory} \rvert$

注：ET_P 为本文模型模拟的结果；ET_{Theory} 为理论计算的结果或实测值。

从图 12.12 中可以直观地看出，两种方法计算的蒸散发量具有相似的空间分布：①从整体上看，蒸散值较大的区域均出现在流域东面的林地，并且从南到北，蒸散发量随着气候从半湿润向半干旱过渡而递减；②本文模型模拟的结果略低于地表能量平衡方程的。

从统计结果看：地表能量平衡方程的最大值为 6.06 mm/d，最小值为 0.26 mm/d，平均为 3.24 mm/d；本文模型反演的最大值为 8.57 mm/d，最小值为 0.37 mm/d，平均为 3.17 mm/d。两种方法计算的蒸散发量的平均值的绝对误差仅为 0.07 mm/d。

此外，本节还对比验证了模型中的土壤蒸发、植被蒸腾、混合像元蒸散发子模型，结果见表 12.18。

表 12.18 利用能量平衡方程对比验证本文模型

模型	像元数/%		总像元数
	≤0.2①	≤0.3②	/%
植被蒸腾子模型	83.16	97.15	100
土壤蒸发子模型	85.93	97.95	100
混合像元子模型	91.57	98.23	100

①为绝对误差≤0.2mm/d；②为绝对误差≤0.3mm/d。

在表中，本书将反演结果与地表能量平衡方程计算结果的绝对误差分为两个级别：小于等于 0.2 mm/d(判断标准一)；小于等于 0.3 mm/d(判断标准二)。对土壤蒸发子模型反演的蒸发量来说，纯净土壤像元中有 85.93%的像元达到判断标准一、97.95%的像元达到判断标准二；对蒸腾子模型反演的蒸腾量来说，纯净植被像元中有 83.16%的像元达到判断标准一、97.15%的像元达到判断标准二；对混合像元子模型反演的蒸散发量来说，91.57%的像元达到判断标准一、98.23%的像元达到判断标准二。

从表中的数据可知，在三种针对不同下垫面的子模型中，当绝对误差的标准一致时，混合像元蒸散发子模型的精度最高，其次是土壤蒸发子模型，第三是植物蒸腾子模型。由此可见，第二章中对混合像元蒸散发算法的定义是合理的。考虑到中低空间分辨率的遥感影像均以植被、土壤混合像元为主(在本节案例研究中混合像元占总像元个数的 99.99%)，纯净植被像元或纯净土壤像元所占比例基本可以忽略不计，整体精度可以用混合像元子模型的代表。因此可推断，在每天允许±0.3 mm/d 误差的情景下，本文模型在 30 m 空间尺度反演结果的精度很高，可达 98.23%。

本文还从另外一种角度对模型进行了验证，即从研究区中的五种主要地类中随机抽取部分样点，对两种方法计算的结果做散点图，比较散点的分布状况及其拟合方程(图 12.14)。

从图可见，本次验证从各种地类像元中随机抽取的样点(N)均超过 20 万个，具有较好的代表性。在五种不同的地类中：第一模型在低覆盖草地模拟的结果最接近地表能量平衡方程的结果，拟合方程的斜率为 0.99、截距为 0.09，相关系数 R^2 为 0.98，标准差 0.11 mm/d；第二是在耕地，拟合方程的斜率为 0.93、截距为 0.29，相关系数 R^2 为 0.96，标准差 0.10 mm/d；第三是在高覆盖草地，拟合方程的斜率为 0.93、截距为 0.32，相关系数 R^2 为 0.98，标准差 0.07 mm/d；第四是在林地，拟合方程的斜率为 1.10、截距为 −0.40，相关系数 R^2 为 0.98，标准差 0.05 mm/d；第五是在未利用地，拟合方程的斜率为 1.24、截距为−0.68，相关系数 R^2 为 0.98，标准差 0.06 mm/d。除林地、未利用地中部分散点偏离 1∶1 线外，其他三种地类的蒸散发散点基本沿着 1∶1 线对称分布。在林地中部分模拟的蒸散发量小于地表能量平衡方程的结果，可能与计算林地的空气阻抗时参考高度取值有关(像元分辨率的 1/10，约 3 m)，使参考高度落入树林的冠层内。在未利用地中，明显有部分像元的模拟结果大于地表能量平衡方程的结果，这可能是在分类结果中未利用地包含的范畴太大，不仅包括裸地，还有难利用地等，导致其结果不理想。

总体来说，本节模型所模拟的蒸散发量与地表能量平衡方程的相差不大，表明其反演精度基本与地表能量平衡方程的一致。

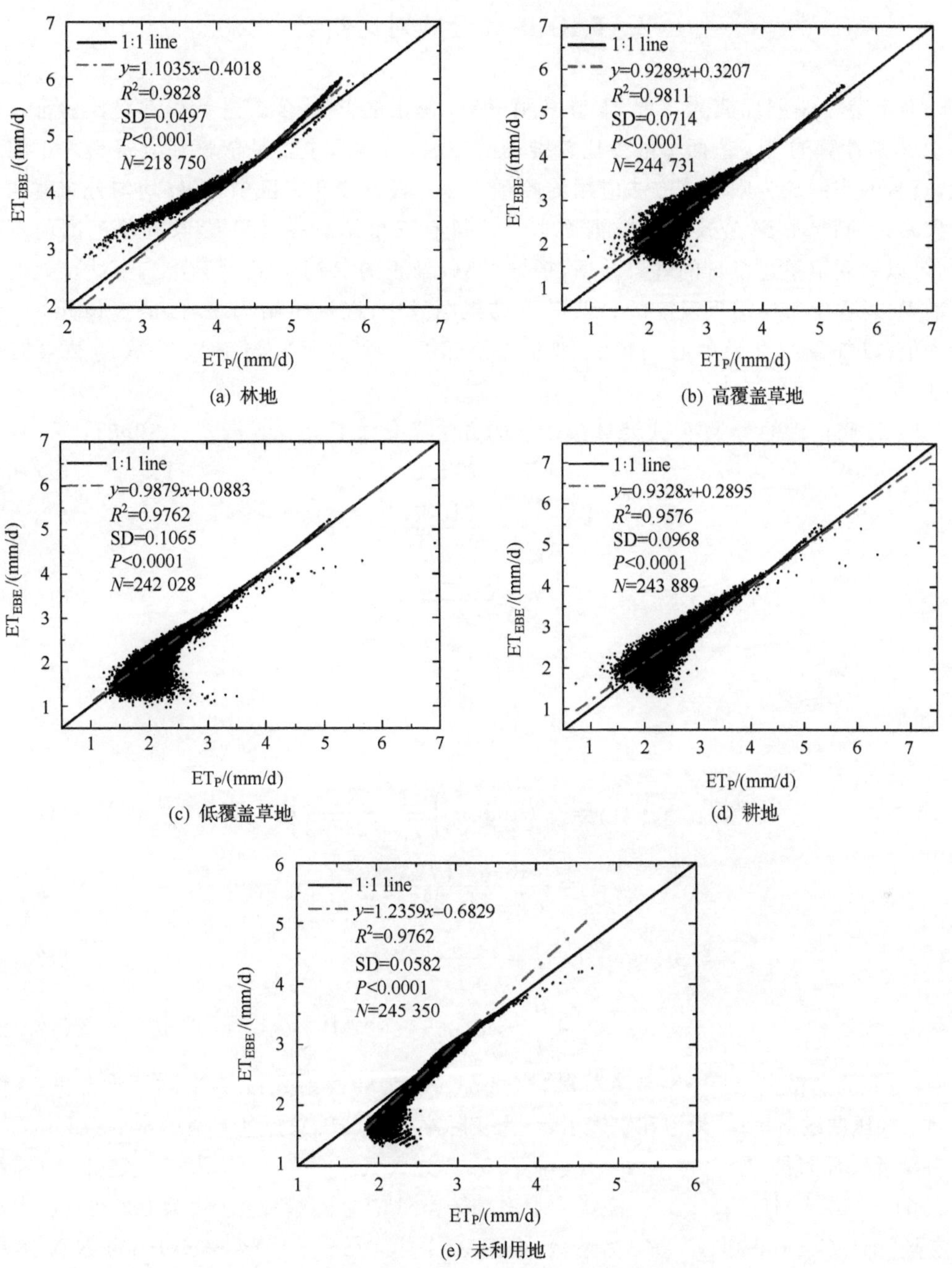

图 12.14　不同土地利用类型的蒸散发散点及其拟合方程

ET_P. 本文模型计算的结果；ET_{EBE}. 地表能量平衡方程计算的结果

二、FAO P-M 公式对比验证

对上节中模型反演的结果,本节采用 FAO 修正的 P-M 公式进行局部对比验证。P-M 公式是计算均匀下垫面蒸散发比较准确的方法,其输入主要是依赖观测资料。正因如此,资料的来源成为限制该方法应用的瓶颈之一。在本文研究区中,正好均匀分布着四个气象站,可满足 P-M 公式中的数据需求。并且有三个站点在 TM 影像覆盖范围内。因此,可以利用卫星过境日的气象数据,根据 FAO 修正的 P-M 公式计算出三个站点处的日蒸散发,再在上节中模型反演的日蒸散发结果图像中,以气象站为中心,取 3 像元×3 像元均值(以气象站点为中心的像元加上其相邻的 8 个像元),与 P-M 公式的结果对比验证。

FAO 修正后的 P-M 公式计算蒸散发的方法简介如下(Allen et al. , 1998):

$$\mathrm{ET} = K_{\mathrm{c}}\mathrm{ET}_0 \tag{12.64}$$

$$K_{\mathrm{c}} = K_{\mathrm{a}} + \frac{I-10}{30}(K_{\mathrm{b}} - K_{\mathrm{a}}) \tag{12.65}$$

$$\mathrm{LET}_0 = \frac{\Delta(R_{\mathrm{n}} - G) + \rho C_{\mathrm{p}}(e_{\mathrm{s}} - e_{\mathrm{a}})/r_{\mathrm{a}}}{\Delta + \gamma(1 + r_{\mathrm{s}}/r_{\mathrm{a}})} \tag{12.66}$$

$$e_{\mathrm{a}} = \frac{\mathrm{Rh}}{100}e_{\mathrm{s}} \tag{12.67}$$

$$e_{\mathrm{s}} = \frac{e^0(T_{\max}) + e^0(T_{\min})}{2} \tag{12.68}$$

$$e^0(T_{\mathrm{i}}) = 0.6108\exp\left[\frac{17.27T_{\mathrm{i}}}{T_{\mathrm{i}} + 237.3}\right] \tag{12.69}$$

$$\Delta = \frac{4098e^0(T_{\mathrm{mean}})}{(T_{\mathrm{mean}} + 237.3)^2} \tag{12.70}$$

$$T_{\mathrm{mean}} = \frac{T_{\max} - T_{\min}}{2} \tag{12.71}$$

$$\gamma = \frac{C_{\mathrm{p}}P}{\varepsilon_{\mathrm{ratio}}L} = 0.665 \times 10^{-3}P \tag{12.72}$$

式中:ET 为蒸散发、ET_0 为参考蒸散发(mm);K_{c} 为转换系数;I 为平均下渗深度;Δ 为饱和水气压曲线斜率;e_{s} 为饱和水气压、e_{a} 为实际水气压(kPa);γ 为干湿球常数(kPa/℃);r_{s} 为参考表面阻抗,取 70m/s;T 为气温(℃);P 为大气压(kPa);C_{p} 为空气定压比热[约为 1.013×10^{-3} MJ/(kg·℃)];$\varepsilon_{\mathrm{ratio}}$ 为水汽和干空气的分子量比值(约为 0.622);L 为汽化潜热[MJ/(kg·℃)];K_{a}、K_{b} 为系数,在 FAO Irrigation and Drainage Paper NO. 56 中可通过查图获得。根据各气象站的部分观测值(表 12.19)。计算 P-M 公式中所需的参数,再代入式(12.64),可求得各气象站点处的日蒸散发量($\mathrm{ET}_{\mathrm{P\text{-}M}}$),见表 12.20 P-M 公式中各参数计算结果。

表 12.19　各气象站 1987 年 8 月 28 日的观测值

气象站 ID	最高气温/℃	最低气温/℃	气压/kPa	相对湿度/%
53821	29.1	13.7	86.94	72
53915	29.0	15.6	86.07	65
53923	26.8	15.2	85.33	67

表 12.20　P-M 公式中各参数计算结果

气象站 ID	K_c	Δk/(Pa/℃)	e_s/kPa	e_a/kPa	γ/(kPa/℃)	r_a/(m/s)	R_n/(W/m^2)	G/(W/m^2)
53821	0.42	0.072	2.798	2.015	0.058	104.337	536.97	150.38
53915	0.41	0.068	2.889	1.878	0.057	108.146	529.41	155.87
53923	0.41	0.064	2.626	1.759	0.057	110.155	519.66	155.43

注：各气象站均没有实测的净辐射与土壤热通量，两者及空气动力学阻抗的值均取前节中反演结果相应位置 3 像元×3 像元均值。

由表 12.21 的数据可知，在影像范围内的三个气象站点，本节模型反演的蒸散发量与 P-M 公式的比较接近，绝对误差分别为 0.16 mm/d、0.43 mm/d、0.27 mm/d，整体平均绝对误差为 0.29 mm/d。可见模型的结果具有较高的精度。此外，从气象站的空间分布看，三个气象站的分布比较均匀，直线距离大致相等，约为 90 km，基本能够代表研究区从南到北（从半湿润过渡为半干旱）、从西到东的不同气候条件，表明本节模型在半湿润、半干旱地区反演的蒸散发结果合理、精度高。

表 12.21　FAO 修正的 P-M 公式对比验证模型模拟结果　（单位：mm/d）

气象站 ID	$ET_{P\text{-}M}$	ET_P	绝对误差
53821	3.28	3.12	0.16
53915	3.33	2.90	0.43
53923	3.07	2.80	0.27
平均值			0.29

三、波文比能量平衡法测算数据验证

为了更进一步验证本文模型的精度，在国家自然基金“半干旱区退耕草地的水分收支研究(40771037)”的支持下，获取了 2008 年 6～10 月波文比系统定点观测的数据，以波文比能量平衡法计算的日蒸散发量为标准，验证本节模型反演的结果。

(一) 研究区概况

研究区位于内蒙古太仆寺旗北偏东大约 30 km 的草地生态系统野外站(图 12.15),它是北京师范大学地表过程与资源生态国家重点实验室的一个组成部分,总面积 4000 亩。研究基地周边地势较为平坦、开阔,土地覆盖类型以原生草地、耕地、退耕草地为主,但土壤有机质含量低,土壤较贫瘠,质地较粗,颗粒组成以中粗砂为主(占 50%以上),植被覆盖率较低。

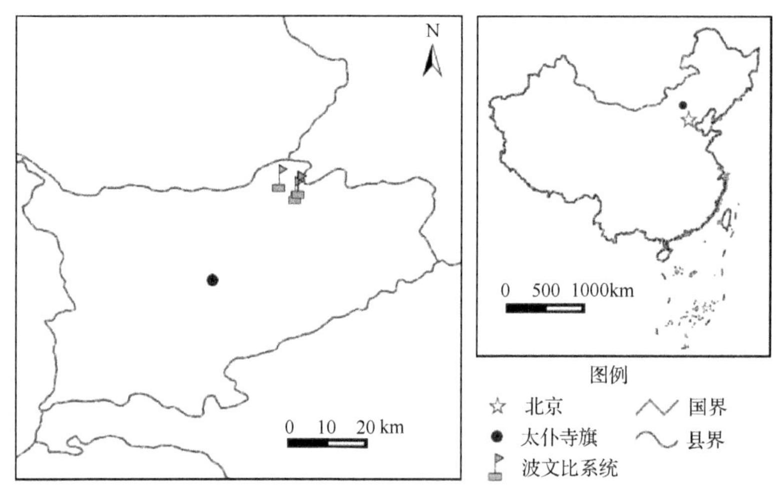

图 12.15 研究区地理位置

太仆寺旗位于内蒙古锡林郭勒盟西南部,地处大兴安岭西南边缘,阴山山地东段察哈尔低山丘陵区。它位于 114°51′E～115°49′E、41°35′N～42°10′N。根据太仆寺旗气象站近 30 年(1971～2000 年)的气象观测资料,其年平均气温较低,仅有 1.6 ℃;年均风速 3.41 m/s,4 月风速最大,平均 4.75 m/s,最大值高达 20 m/s 以上,而且受蒙古高压气团的控制,全年多西北风,且风力强劲,年均风速大于 17 m/s 的日数 54 d;太仆寺旗年降水量少,为 407 mm,多集中在 7、8、9 月,占全年总降水量的 65%,但其年均蒸发量却高达 1900 mm。

(二) 数据准备

数据包括遥感数据、太仆寺旗实验基地波文比系统日观测资料、基础空间地理数据。鉴于波文比系统的野外观测记录始于 2008 年 6 月 12 日,验证所用的遥感数据必须是该日期之后的。从数据的可获得性考虑,本次研究选用了美国地质调查局(United States Geological Survey, USGS)免费发布的 Landsat-7 ETM+遥感数据以及美国国家航空航天局(National Aeronautics and Space Administration, NASA)的 MODIS L1B 数据。Landsat-7 ETM+空间分辨率较高(15～60m),其像元尺度所反映的下垫面比较精细,有利于开展验证，但其重访周期为16d，加上传感器自身及云等不确定性因素，导致可用数据不多(表12.23)；虽然MODIS数据空间分辨率虽然较低(250～1000m)，但其时间分辨率很高，每天均有过境数据。然而，MODIS数据受云的影响特别严重，根据NASA发布的真彩色合成影像图判断，每月研究区不受云影响或影响不大的数据仅有几张(图12.16)，最终能够应用的数据如表12.22所示。

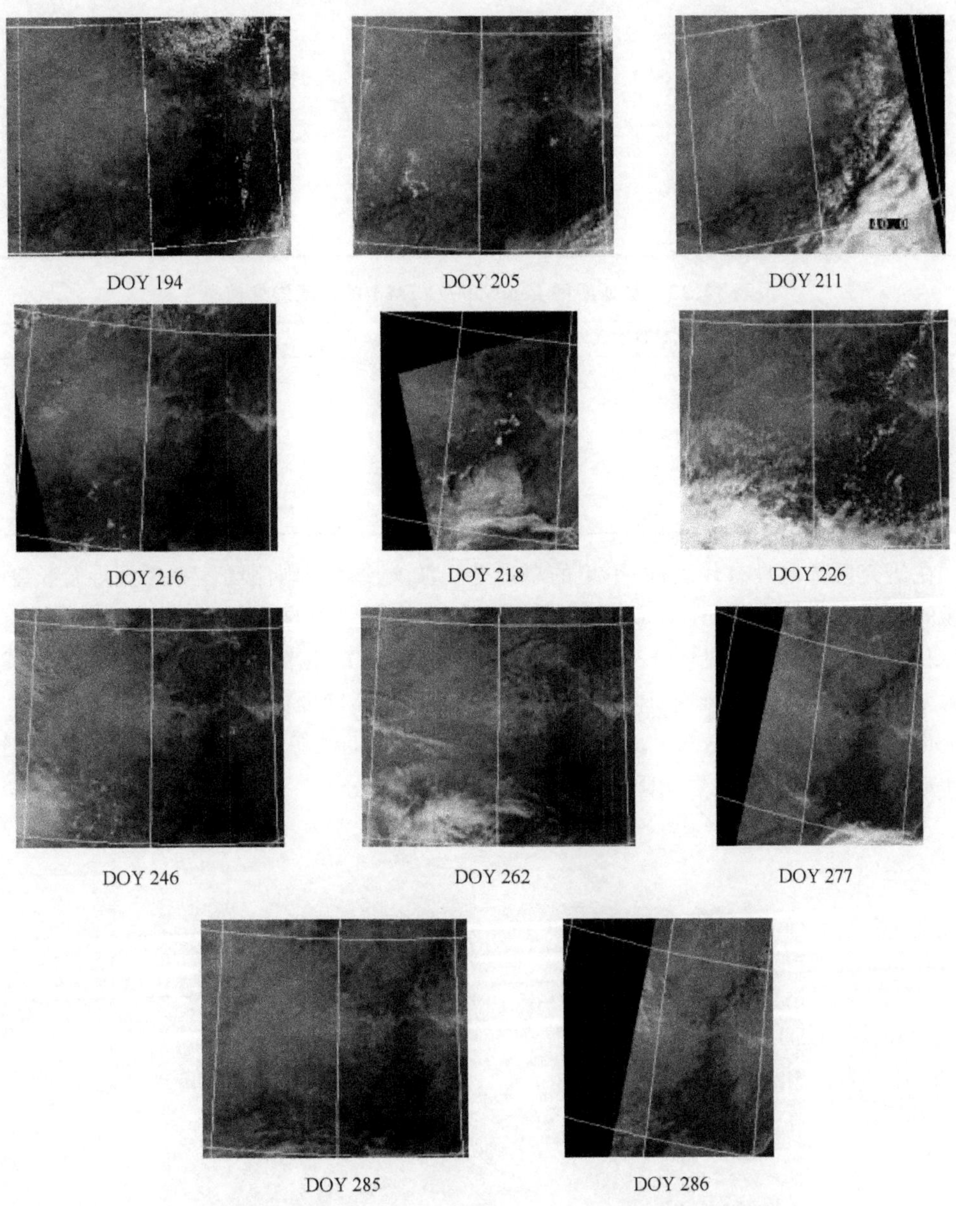

图12.16　受云影响小的MODIS L1B真彩色合成图

图中：黄色线为经纬线，5°×5°网格，且每幅图中的中间经线为115°；图底纬线为40°。研究区基本位于图像的中央。影像来源于NASA，http://ladsweb.nascom.nasa.gov

表 12.22　验证期间挑选的 MODISL1B 影像信息

卫星	过境日期与时间(世界标准时间,UTC)	DOY
Terra	2008-07-12 03:40	194
Terra	2008-07-23 03:20	205
Aqua	2008-07-29 06:05	211
Aqua	2008-08-03 04:45	216
Aqua	2008-08-05 04:30	218
Aqua	2008-08-14 05:20	226
Terra	2008-09-02 03:15	246
Terra	2008-09-18 03:16	262
Terra	2008-10-03 02:30	277
Terra	2008-10-11 03:20	285
Terra	2008-10-12 02:25	286

表 12.23　验证期间 LandSat 7/ETM+的过境影像信息

过境时间(世界标准时间,UTC)	云量/%	是否可用
2008-07-16 02:48	33	否
2008-08-01 02:48	85	否
2008-09-02 02:48	0	是
2008-09-18 02:47	15	是
2008-10-20 02:47	37	否

在研究区选取具有代表性、平坦的草地建立波文比系统观测场。考虑到混合长度,观测场的面积不小于 200 m×200 m,并布设了三台美国生产的 DT500 系列 3 自动气象站(如图所示,其位置分布见图 12.17、图 12.18、表 12.24),主要观测项目包括①:2 m 高度处的太阳辐射、净辐射、风速、风向、温度、湿度;1.5 m 高度处的气温和湿度;以及降水量、土壤热通量(距地表 1 cm、5 cm 两个不同深度)等。自动气象站以太阳能驱动,周年连续自动观测和记录,数据记录间隔为 10 min,记录格式为 dat。

图 12.17　DT500 系列 3 自动气象站

① 1 号自动气象站处的能量观测只有太阳辐射,未安装净辐射传感器与土壤热通量传感器;降水数据仅在 1 号气象站处有记录。

图 12.18 气象站分布图

资料来源：Google Earth

表 12.24 自动气象站地理信息

气象站 ID	纬度	经度	高程/m
1	42°06′44.65″N	115°29′10.11″E	1 383
2	42°06′00.00″N	115°28′51.70″E	1 398
3	42°07′37.30″N	115°26′29.20″E	1 399

利用的空间地理数据包括：90m 数字高程模型(DEM)(Jarvis et al.，2008)，来源于国际农业研究咨询组织(Consultative Group on International Agricultural Research，CGIAR)的空间信息联盟(the Consortium for Spatial Information，CSI)；1∶400 万中国国界，来源于国家地理信息中心。

(三) 数 据 处 理

1. 遥感数据与基础地理数据

对于 ETM＋数据，本次研究仅做了简单的几何校正处理。ETM＋数据由于有坏行，还根据气象站点的坐标检查各波段数据是否可用。所幸挑选的数据在气象站点处均不受坏数据影响。为减小运算量，裁剪出覆盖研究区的局部数据。由于 ETM＋热红外波段的空间分辨率为 60 m，处理过程中将其重采样为 30 m。

根据 MODIS 数据的特点，本次研究仅做了简单的处理。首先，从 36 个波段中挑选出蒸散发反演中所需的 9 个波段，即第 1～5、7、19、31、32 波段。其次，从 MODIS 数据的附带信息中筛选出太阳天顶角、纬度等，生成相应的波段。最后，在 ENVI 软件 Georeference MODIS L1B 模块中，利用 L1B 数据自带的经纬度信息，对其进行几何校正，输出空间分辨率为 1 km 的 UTM(WGS84、UTM zone 50N)坐标影像。与此同时,为了提高计算速度,处理中仅选择了研究区及周边大约 5°×5°的影像范围。

对于基础地理空间数据,主要是 DEM,将其进行坐标投影转换,全部投影到通用横轴麦卡托投影坐标系,以保证地理数据与输出的遥感影像的坐标系统一致,并将其重采样到 30 m 或 1 km 空间分辨率。

最后,根据前节中的方法,分别反演出研究区两种不同尺度的日蒸散发。

2. 波文比系统观测数据

首先,从 3 个自动气象站的数据采集器中分别将记录数据导出到计算机中,从中挑选出卫星过境日的所有观测数据,并整理为一个 dbf 数据库,获得每 10min 的平均结果。其次,根据波文比的计算原理,即两个不同高度的温湿度差值之比[式(12.73)],计算出波文比的值。最后,根据波文比能量平衡法[式(12.74)]即可计算出每十分钟的平均蒸散发。

$$\beta = \frac{C_p \Delta T}{L \Delta q} = \frac{C_p P \Delta T}{L \varepsilon \Delta e_a} = \frac{C_p P (T_{1.5} - T_{2.0})}{L \varepsilon (e_{1.5} - e_{2.0})} \tag{12.73}$$

式中:β 为波文比(无量纲);C_p 为空气定压比热[MJ/(kg·℃)];L 为水汽的汽化潜热[MJ/(kg·℃)];Δq 为不同高度的湿度差;ΔT 为不同高度的温差(℃),本处特定为 1.5m 处的气温($T_{1.5}$)与 2m 处的气温($T_{2.0}$)之差;Δe_a 为不同高度的实际水汽压差(kPa),本处特定为 1.5m 处的水汽压($e_{1.5}$)与 2.0m 处的水汽压($e_{2.0}$)之差,其计算方法参考式(12.67)~式(12.69)。

$$\mathrm{LE} = \frac{R_n - G}{\beta + 1} \tag{12.74}$$

式中:LE 为潜热(W/m^2);β 为波文比;R_n 为净辐射(W/m^2),G 为土壤热通量(W/m^2),均有观测结果,其中的土壤热通量是取两个深度观测数据的平均值。

在利用 10min 的瞬时蒸散发求算日蒸散发量时,根据蒸散发产生的物理特点及波文比能量平衡法的理论基础,对数据采取了两个筛选措施:①蒸散发始于日出,在日落后结束,并且日出到日落期间净辐射小于零的时刻不产生蒸散发。②当波文比的取值接近−1 时,根据式(12.74)计算的潜热通量会产生不切实际的结果,根据 Andreas 和 Cash(1996)、Pauwels 和 Samson(2006)的研究方法,本节将波文比的范围限定在两个范围之间:−10.0~−1.3、−0.6~10.0,对不在该范围内的数据进行剔除。满足以上条件的称为有效数据,反之称为无效数据。由于无效数据的存在,该时段的瞬时蒸散发量会缺失,对于缺失数据较少(如每天少于 12 个)的天数,利用无效数据前后的有效数据插值生成替代结果,再累加获得日蒸散发量(ET_β);但对于无效数据较多(如每天大于 30 个)的天数,取当日所有有效数据计算的瞬时蒸散发量的平均值,再乘以日照时数,作为日蒸散发(ET_β)。

（四）模型验证与分析

验证方法均是根据自动气象站点观测数据，以波文比能量平衡法计算的日蒸散发量为标准，验证影像上气象站四周 3 像元×3 像元反演结果的均值，以判断模型的精度。之所以选择 3 像元×3 像元（以气象站点为中心的像元加上其相邻的 8 个像元），是考虑几何校正的精度可控制在 1 个像元内，这样气象站点不会由于几何校正带来的误差而偏离其实际的地理位置。由于 1 号气象站处缺少能量观测数据，没有计算蒸散发，验证是基于 2 号、3 号气象站的结果。

1. 30 m 空间尺度

将波文比能量平衡法计算的日蒸散发与利用 ETM＋卫星数据反演的结果分别进行比较，见表 12.25、图 12.19。

表 12.25　模型反演的日蒸散发量及其验证　　（单位：mm/d）

日期(年-月-日)	气象站 ID	ET_β	ET_{P30}	绝对误差
2008-09-02	2	3.09	2.78	0.31
	3	3.14	3.08	0.06
2008-09-18	2	2.60	2.41	0.19
	3	2.15	2.54	0.39
	平均绝对误差			0.24

注：ET_β 表示利用观测数据以波文比能量平衡法计算的蒸散发量；ET_{P30} 表示利用 ETM＋数据反演的蒸散发量。

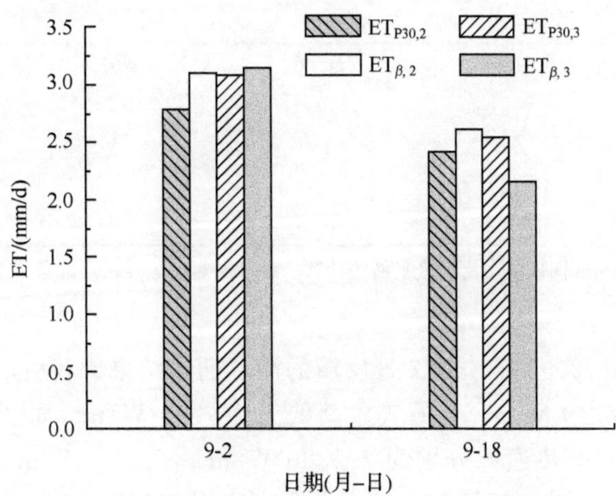

图 12.19　两种方法计算的日蒸散发量(ET)比较

$ET_{P30,i}$：利用 ETM＋数据反演的日蒸散发量，$ET_{\beta,i}$：利用观测数据以波文比能量平衡法计算的日蒸散发量，其中 i＝2、3，为气象站编号

从表可见，在两次验证期间，模型反演蒸散发的精度比较好。2008 年 9 月 2 日反演的蒸散发结果整体较好，2 号气象站蒸散发反演的结果为 2.78 mm/d，3 号气象站的为 3.08 mm/d，与相应位置观测数据计算结果相比(2 号、3 号气象站的蒸散发量分别为：3.09 mm/d、3.14 mm/d)，其绝对误差分别为 0.31 mm/d、0.06 mm/d。2008 年 9 月 18 日模型反演的蒸散发量与观测数据计算的结果在两个气象站处绝对误差的差值比 2008 年 9 月 2 日的大，其中 2 号气象站处反演的蒸散发结果较好，与波文比法计算的结果相比，其绝对误差为 0.19 mm/d(模型反演的结果为 2.41 mm/d、波文比法计算结果为 2.60 mm/d)，而在 3 号气象站处的绝对误差稍大，为 0.39 mm/d。

为了避免误差累积的影响，本节还对卫星过境时反演的瞬时潜热通量、净辐射以及土壤热通量进行了验证，即利用自动气象站瞬时观测结果(10min 观测数据平均值，见表 12.26)，分别验证模型反演的中间参数与潜热通量(蒸散发)结果。卫星过境瞬时尺度潜热通量、瞬时净辐射、瞬时土壤热通量验证的结果分别如表 12.27 所示。

表 12.26 波文比系统观测数据及其计算的瞬时结果 (单位：W/m^2)

卫星过境时间	气象站 ID	LE_{obs}	β	$R_{n,obs}$	G_{obs}
2008 年 9 月 2 日	2	295.80	0.10	454.06	129.24
10:48	3	258.96	0.35	527.09	177.89
2008 年 9 月 18 日	2	237.39	0.08	383.50	127.93
10:47	3	141.32	1.29	470.18	146.45

注：LE_{obs}表示利用观测数据以波文比能量平衡法计算的瞬时潜热通量，$R_{n,obs}$、G_{obs}分别表示观测的瞬时净辐射与土壤热通量。

表 12.27 瞬时潜热通量(LE_{inst})的验证 (单位：W/m^2)

卫星过境时间	气象站 ID	LE_{obs}	$LE_{P30,inst}$	绝对误差
2008 年 9 月 2 日	2	295.80	276.49	19.31
10:48	3	258.96	287.14	28.18
2008 年 9 月 18 日	2	237.39	247.69	10.30
10:47	3	141.32	261.19	119.87

注：LE_{obs}表示利用观测数据以波文比能量平衡法计算的瞬时潜热通量；$LE_{P30,inst}$表示利用 ETM＋数据反演的瞬时潜热通量。

从表 12.27 可见，2008 年 9 月 2 日反演的潜热通量结果比较稳定，2 号气象站反演的瞬时潜热通量为 276.49 W/m^2，3 号气象站的为 287.14 W/m^2，而 2 号、3 号气象站波文比法计算的同步瞬时潜热通量分别为 295.80 W/m^2、258.96 W/m^2，其绝对误差分别为 19.31 W/m^2、28.18 W/m^2，反演产生的误差分别占对应观测数据的 6.53%、10.88%；但在 2008 年 9 月 18 日，两个气象站处观测数据计算的瞬时潜热相差很大(高达 96.07 W/m^2)，而在反演的潜热通量结果基本接近的情况下，导致两个气象站处的误差差值很大(在 2 号气象站处的误差很小，观测结果与反演结果的绝对误差仅为 10.30 W/m^2，反演产生的误差仅占观测数据的 4.34%；而在 3 号气象站处的误差很大，观测结果与反演结果的绝对误差高达 119.87 W/m²，反演产生的误差占观测数据的 84.82%）。这是由于 3 号气象站计算的波文比值较大的缘故，该站点卫星过境时刻的波文比值大约是 2 号站的 16 倍（表 12.28）。由此可见，本文蒸散发反演模型计算的瞬时潜热通量精度较好，绝对误差小于 29 W/m² 的结果占验证总数的 75%。

表 12.28　瞬时净辐射（$R_{n,inst}$）的验证　　（单位：W/m²）

卫星过境时间	气象站 ID	$R_{n,obs}$	$R_{P30,inst}$	绝对误差
2008 年 9 月 2 日	2	454.06	510.72	56.66
10:48	3	527.09	548.03	20.94
2008 年 9 月 18 日	2	383.50	473.83	90.33
10:47	3	470.18	496.27	26.09

注：$R_{n,obs}$表示观测的瞬时净辐射数据；$R_{P30,inst}$表示利用 ETM+数据反演的瞬时净辐射。

由表 12.28 可见，2008 年 9 月 2 日反演的瞬时净辐射结果比较稳定，2 号气象站的瞬时净辐射反演结果为 510.72 W/m²，3 号气象站的为 548.03 W/m²，与此同时 2 号、3 号气象站观测的瞬时净辐射分别为 454.06 W/m²、527.09 W/m²，其绝对误差分别为 56.66 W/m²、20.94 W/m²，反演产生的误差分别占对应观测数据的 12.48%、3.97%；但在 2008 年 9 月 18 日，两个气象站处观测数据相差很大（高达 86.68 W/m²），但反演的净辐射基本接近，在此情况下，导致两个气象站处的误差差值很大：在 3 号气象站处的误差很小，观测结果与反演结果的绝对误差仅为 26.09 W/m²，反演产生的误差仅占观测数据的 5.55%；而在 2 号气象站处的误差很大，观测结果与反演结果的绝对误差高达 90.33 W/m²，反演产生的误差占观测数据的 23.55%。经检查 9 月 18 日净辐射的原始观测数据，发现 2 号气象站在卫星过境前后时段的净辐射观测值有较大波动，造成观测值与反演值之间差异大。

表 12.29　瞬时土壤热通量（G_{inst}）的验证　　（单位：W/m²）

卫星过境时间	气象站 ID	G_{obs}	$G_{P30,inst}$	绝对误差
2008 年 9 月 2 日	2	129.24	153.96	24.72
10:48	3	177.89	162.09	15.80
2008 年 9 月 18 日	2	127.93	144.35	16.42
10:47	3	146.45	149.20	2.75

注：G_{obs}表示观测的瞬时土壤热通量数据；$G_{P30,inst}$表示利用 ETM+数据反演的瞬时土壤热通量。

从表 12.29 可见，瞬时土壤热通量的反演结果较好，除 9 月 2 日 2 号气象站处的绝对误差较大外（为 24.72 W/m²，该误差占观测数据的 19.13%），其他模拟结果基本接近观测值。由于土壤热通量是根据净辐射计算的，可以间接推断出瞬时净辐射反演结果的精度较高，而表 12.28 中 9 月 18 日 2 号气象站反演的瞬时净辐射误差较大，极有可能是观测的瞬时净辐射受云等影响偏小所致，因为土壤热通量传感器是埋在土壤中，不受大气变化的影响。

综上所述，本文蒸散发模型反演日蒸散发量产生的平均绝对误差为 0.24 mm/d，最大绝对误差为 0.39 mm/d。由此推断本文模型在 30 m 空间分辨率尺度上的反演精度比较理想，在应用中产生的平均绝对误差小于 0.3 mm/d。

2. 1 km 空间尺度

以波文比能量平衡法计算的日蒸散发量为标准，验证利用 MODIS L1B 卫星数据反演的日蒸散发量(表 12.30)。

表 12.30 模型反演的日蒸散发量的验证 (单位：mm/d)

日期(年-月-日)	气象站 ID	ET_β	ET_{P1000}	绝对误差
2008-07-12	2	5.96	3.18	2.78
	3	3.15	3.31	0.16
2008-07-23	2	3.60	4.19	0.59
	3	2.50	3.84	1.34
2008-07-29	2	5.44	5.20	0.24
	3	4.62	4.48	0.14
2008-08-03	2	5.45	6.68	1.23
	3	5.11	5.97	0.86
2008-08-05	2	4.66	4.88	0.22
	3	4.40	5.03	0.63
2008-08-14	2	4.59	4.96	0.37
	3	3.97	4.34	0.37
2008-09-02	2	3.09	3.27	0.18
	3	3.14	3.25	0.11
2008-09-18	2	2.60	2.83	0.23
	3	2.15	2.76	0.61
2008-10-03	2	2.71	2.82	0.11
	3	1.18	2.75	1.57
2008-10-11	2	1.40	2.94	1.54
	3	1.25	2.89	1.64
2008-10-12	2	2.18	2.60	0.42
	3	1.23	2.58	1.35

注：ET_β 为利用观测数据以波文比能量平衡法计算的日蒸散发量；ET_{P1000} 为利用 MODIS L1B 数据反演的日蒸散发量。

从表 12.30 可见，在 11d 的验证中，本节模型反演的日蒸散发量与利用观测数据计算的结果相比波动较大，最小绝对误差仅有 0.11 mm/d、但最大绝对误差高达 2.78 mm/d，绝对误差的平均值为 0.76 mm/d。为了揭示其规律，分别从不同角度进行具体分析。

（1）按每天反演的日蒸散发量趋势看，同一天中两个气象站处反演结果的绝对误差基本接近的天数有 4d（两站点绝对误差差值的绝对值≤0.1 mm/d），表明这 4d 反演的日蒸散发量与观测数据计算的结果变化趋势一致，按接近程度由高到低依次为：2008 年 8 月 14 日（差值为 0，2、3 号气象站的绝对误差分别为 0.37 mm/d、0.37 mm/d）、9 月 2 日（差值为 0.07 mm/d，2、3 号气象站的绝对误差分别为 0.18 mm/d、0.11 mm/d）、7 月 29 日（差值为 0.10 mm/d，2、3 号气象站的绝对误差分别为 0.24 mm/d、0.14 mm/d）、10 月 11 日（差值为 0.10 mm/d，2、3 号气象站的绝对误差分别为 1.54 mm/d、1.64 mm/d）。其他 7d 中两个气象站处的绝对误差差值波动比较剧烈，大于 0.7 mm/d 的有 4d，按波动程度轻重依次为 2008 年 7 月 23 日（差值为 0.75mm/d，2、3 号气象站的绝对误差分别为 0.59mm/d、1.34mm/d）、10 月 12 日（差值为 0.93mm/d，2、3 号气象站的绝对误差分别为 0.42mm/d、1.35mm/d）、10 月 3 日（差值为 1.46mm/d，2、3 号气象站的绝对误差分别为 0.11mm/d、1.57mm/d）、7 月 12 日（差值为 2.62mm/d，2、3 号气象站的绝对误差分别为 2.78mm/d、0.16mm/d），考虑到两个气象站的直线距离仅有 3km，但两个站点在同一天的观测计算结果却存在明显的差异，很有可能是其中一个气象站观测数据计算的波文比出现异常而导致的；其他 3d 的绝对误差差值在 0.4mm/d 左右，分别是 2008 年 9 月 18 日（差值为 0.38mm/d，2、3 号气象站的绝对误差分别为 0.23mm/d、0.61mm/d）、8 月 3 日（差值为 0.37mm/d，2、3 号气象站的绝对误差分别为 1.23mm/d、0.86mm/d）、8 月 5 日（差值为 0.41mm/d，2、3 号气象站的绝对误差分别为 0.22mm/d、0.63mm/d），这种情况难以进行判断。

（2）按每个气象站分别统计看，2 号气象站处绝对误差小于 0.5mm/d 的共有 7d，3 号气象站处达到该标准的只有 4d，表明在以观测数据计算结果为标准的情况下，2 号气象站处反演的日蒸散发结果略优于 3 号气象站处的。在 2 号气象站处：绝对误差小于 0.3mm/d 的有 5d，按其从小到大的顺序依次为 2008 年 10 月 3 日（绝对误差为 0.11mm/d）、9 月 2 日（绝对误差为 0.18mm/d）、8 月 5 日（绝对误差为 0.22mm/d）、9 月 18 日（绝对误差为 0.23mm/d）、7 月 29 日（绝对误差为 0.24mm/d）；绝对误差小于 0.5mm/d 但大于 0.3mm/d 的有两天，按误差从小到大的顺序依次为 2008 年 8 月 14 日（绝对误差为 0.37mm/d）、10 月 12 日（绝对误差为 0.42mm/d）；绝对误差大于 0.5mm/d 的有 4d，分别为 2008 年 7 月 23 日（绝对误差为 0.59mm/d）、8 月 3 日（绝对误差为 1.23mm/d）、10 月 11 日（绝对误差为 1.54mm/d）、7 月 12 日（绝对误差为 2.78mm/d）。在 3 号气象站处：绝对误差小于 0.3mm/d 的有 3d，按其从小到大的顺序依次为 2008 年 9 月 2 日（绝对误差为 0.11mm/d）、7 月 29 日（绝对误差为 0.14mm/d）、7 月 12 日（绝对误差为 0.16mm/d）；绝对误差小于 0.5mm/d 但大于 0.3mm/d 的的有 1d，为 8 月 14 日（绝对误差为 0.37mm/d）；绝对误差大于 0.5mm/d 的有 7d，按误差由小到大依次为 2008 年 8 月 5 日（绝对误差为 0.63mm/d）、8 月 3 日（绝对误差为 0.86mm/d）、9 月 18 日（绝对误差为 0.96mm/d）、7 月 23 日（绝对误差为 1.34mm/d）、10 月 12 日（绝对误差为 1.35mm/d）、10 月 3 日（绝对误差为 1.57mm/d）、10 月 11 日（绝对误差为 1.64mm/d）。

根据观测记录的原始数据及其计算过程,发现7月23日正午后的观测数据出现断裂、10月11日与10月12日计算的波文比值基本小于-1,使潜热通量出现负值,比较异常,将这3d剔除后,利用其他8d原始观测数据较合理的计算结果来评价本文的蒸散发反演模型(图12.20)。

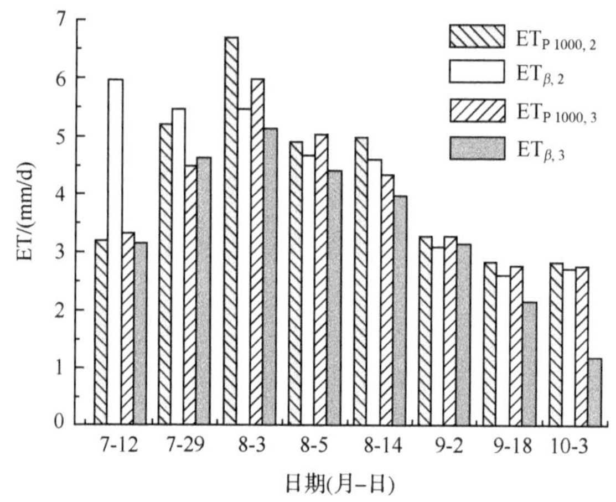

图12.20　两种方法计算的日蒸散发量(ET)比较

$ET_{P1000,i}$. MODIS数据反演的结果;$ET_{\beta,i}$. 波文比能量平衡法计算的结果;其中i=2、3,代表气象站编号

从图中可见,绝大多数反演的蒸散发量与利用观测数据以波文比能量平衡法计算的相接近,反演结果与观测计算结果相差较剧烈(>1mm/d)的有3对数据(7月12日2号气象站、8月3日2号气象站、10月3日3号气象站)。经统计发现,剔除异常观测数据后,绝对误差的平均值从未剔除前的0.76mm/d下降至0.61mm/d,但最大误差与最小误差仍然不变,分别为2.78mm/d、0.11mm/d。由于7月12日两气象站观测数据计算的日蒸散发量相差太大(达2.81mm/d),根据前文两气象站的距离分析,这是不合理的,经检查计算过程,发现2号气象站的日波文比值平均为-0.17,使潜热通量计算结果偏大。将其作为异常值剔除后,此时的最大绝对误差变为1.57mm/d,且绝对误差的平均值下降到0.47mm/d。

鉴于MODIS遥感数据的空间分辨率较粗,每个像元覆盖的地面面积为$1km^2$,本节所取的验证范围为$9km^2$面积(3像元×3像元),而波文比能量平衡法计算蒸散发最准确的尺度是在0.1~1km范围内(Rana and Katerji,2000),要用一个点上的观测数据对比验证$9km^2$面积的平均值,肯定会存在各种不确定性因素(如两个气象站的直线距离仅有3km,在局部气象因子云等因素影响下,同一天两个地方的观测结果都存在明显差异性),增加了验证难度。因此,基于以上分析,可以认为本节蒸散发反演模型在1km空间分辨率尺度下的精度是可接受的。

第三节　区域蒸散发模型的敏感性分析及模型简化

一、模型的敏感性分析

(一) 原　　理

在各种不确定性的影响下,模型中的输入参数或变量本身包含着一定的系统误差,如果模型的输出结果(模拟值)对变量的系统误差太敏感,就能导致模拟值与观测值(或理论值)的显著差异,降低模型的精确度与鲁棒性。要测定模型对某个参数(或某几个)是否敏感,其原理是:假定要分析的参数从某个数值开始变化,且每次变化增减的比例相同,计算参数每次变化后的模拟结果,在某参数发生相同变化率的情况下,比较该参数对模拟结果影响的大小,达到判断其敏感程度的目的。

借鉴 Zhan 等(1996)的研究方法,将其用于分析显热通量反演模型敏感性的方法,应用于分析本文模型的敏感性,将原始算法中的显热通量用蒸散发替代后,可用公式表达为

$$S_p(X\%) = \left| \frac{ET_- - ET_+}{ET_0} \right| \tag{12.75}$$

式中:S_p 为模型相对于某参数 p 的敏感性系数;ET_0、ET_-、ET_+ 分别为模型在参数 p 的初始值 p_0、$p_- = p_0(100-X)\%$、$p_+ = p_0(100+X)\%$时模拟的蒸散发量。在操作过程中,与参数 p 独立的参数保持其初始值不变,与参数 p 有联系的参数则会随之发生变化。

由式(12.75)可见,S_p 是参数 p 在$\pm X\%$的不确定性范围内的一个衡量系数,若其值越大,表明模型对参数 p 越敏感。

(二) 敏感性分析

在本节的模型中,运算都是基于像元进行的,而不是一个平均值。因此,为了判断模型在所有像元上的敏感性,分析中以输入参数的图像为初始值,之后再对该参数人为地进行误差变化,计算获得敏感性系数 S_p 的结果,最后对其进行统计,以最大值、最小值、平均值、标准差来衡量模型对输入参数 P 的敏感性。

在具体分析过程中,选用第三章中 30 m 分辨率的 TM 数据,即以 1987 年 8 月 28 日的泾河流域 TM 数据反演获得的日蒸散发量为基础,对本文模型中所需的所有输入参数,根据式(12.75)逐一进行敏感性分析,且各参数的误差变化限定在$\pm 10\%$之间,结果见表 12.31。

表 12.31 模型模拟的日蒸散发量对输入参数±10%误差的敏感性

参数/变量	单位	初始值 p_0			敏感性系数 S_p			
		平均值	最小值	最大值	平均值	最小值	最大值	标准差
NDVI	—	0.37	−0.15	1	0.04	0.00[a]	1.52	0.04
$NDVI_{min}$	—	0.104	—	—	0.01	0.00[a]	0.09	0.00[a]
$NDVI_{max}$	—	0.78	—	—	0.03	0.00[a]	1.53	0.04
f	—	0.19	0.00[a]	1	0.02	0.00[a]	1.01	0.03
LST	℃	23.21	6.91	46.40	0.34	0.00[a]	2.50	0.15
LST[†]	℃	23.21	6.91	46.40	0.30	0.00[a]	2.07	0.13
T_a	℃	20.77	19.61	22.58	0.32	0.00[a]	2.23	0.14
$T_a^‡$	℃	20.77	19.61	22.58	0.16	0.00[a]	1.04	0.07
T_{sd}	℃	42.99	19.33	67.49	0.07	0.00[a]	1.16	0.09
T_{cp}	℃	27.05	19.94	51.91	0.10	0.00[a]	1.29	0.09
R_n	W/m²	524.65	293.01	1057.2	0.27	0.00[a]	1.48	0.08
G	W/m²	137.91	23.14	304.73	0.10	0.00[a]	0.69	0.04

注：a 表示该值小于 0.005；† 表示地表温度(LST)产生±2 K 时的结果；‡ 表示气温(T_a)产生±1 K 时的结果。

从表 12.31 中可见，除地表温度、气温、净辐射的变化会使其对应的敏感性系数 S_p 的平均值较大外(0.3 左右)，其他参数(植被指数及其阈值、植被盖度、参考温度、土壤热通量)即使产生±10%的误差，S_p 的平均值几乎都小于等于 0.1，表明本文模型对这些参数不敏感。相对而言，模型最敏感的参数依次是地表温度、气温、净辐射，其相应的 S_p 平均值分别为 0.34、0.32、0.27。这与 Qiu 等(1998)在实验中的结论是一致的。

对于地表温度来说，目前各种算法的反演精度基本为±2 K(Sobrino et al.，2004)，而表中地表温度的平均值为 23.21 ℃，10%的误差比 2 K 稍微偏大，但即使将误差变化范围控制在±2 K，相应的敏感性系数 S_p 虽然略有降低，其平均值仍然达到 0.30 (表 12.31)。可见地表温度是本文模型的关键参数之一。

对于气温插值结果而言，10%的误差不太可能。在本节的案例研究中(表 12.31)，气温的平均值为 20.77 ℃，10%的误差约为 2 K，但研究表明目前气温的插值精度可达到 0.5 K(Robeson，1994)。因此，假设气温插值方法引起的误差即使达到 1 K，相应的平均敏感性系数 S_p 可下降一半，仅为 0.16。可见，气温对模型模拟结果的影响能够随着其精度的增加而降低。

对于净辐射而言，其计算是以地表温度和气温为基础的，因此，本节的模型对净辐射的敏感性在很大程度上与这两个因子有关。

综上所述，假如各种参数分别产生±10%波动(误差)，对本节模型的影响不大，表明模型对这些参数变化的敏感性不强。

二、模型的简化

在对模型的再定义过程中，虽然提出了参考温度的计算方法，但该方法仍然需要难以准确计算的空气动力学阻抗。第三章的验证结果表明模型是正确、合理的，但为了使模型不受空气动力学阻抗的影响与制约，本节旨在探索剔除空气动力学阻抗，简化参考温度的计算方法，以使模型更加简单实用。

（一）参考温度的简化思路与算法的提出

从参考面的本质考虑，它是无蒸发或无蒸腾的，相对于其他具有蒸发或蒸腾的地方，参考面的温度是最大的，因此可考虑在研究区内下垫面性质比较一致的地方，布设少量参考面，实测其值代表该区域的参考温度。在此基础上，根据建模的原理，还可以将实测的参考温度值与同期反演的地表温度等参数建立某种回归关系，获得参考温度的预测方程。

在本节参考温度简化研究中，由于暂时没有实测数据，在简化思路的基础上，本文提出三种替代性的简化方案，用公式表达如下（表 12.32）。

表 12.32 参考温度简化算法

简化算法	参考温度	
	T_{sd}	T_{cp}
1	$T_{sd}=T_{s,max}$	$T_{cp}=T_{c,max}$
2	$T_{sd}=f(T_s)$	$T_{cp}=f(T_c)$
3	$T_{sd}=k_s(R_{n,s}-G_s)+T_{a,s}$	$T_{cp}=k_cR_{n,c}+T_{a,c}$

注：下标 s、c 分别为土壤与植被；T_{max}为最大温度；$f(T)$为以地表温度 T 为自变量的函数；k 为系数；T_a 为气温。

表 12.32 中的简化算法 1，可称为地表温度最值法，第二种称为地表温度函数法，第三种称为多变量系数法。地表温度最值法可表述为：在具有相似特点的区域中，利用土壤像元的最大温度代替参考土壤温度（$T_{sd}= T_{s,max}$）、植被像元的最大温度代替参考植被温度（$T_{cp}= T_{c,max}$），即假设具有最大温度处的像元是理想状态的参考面，无蒸发或无蒸腾。在实际操作中，具有相似特点的区域可根据某些条件进行划分，如降水量、气温、海拔等因子。对于地表温度函数法，可先通过地表温度与参考温度之间存在的关系，根据建模的原则建立某种函数关系。而多变量系数法，则是在现有的参考温度计算公式之上，令公式(12.52)中的空气动力学阻抗与空气密度、比热之比为一系数 k，再求解该系数。

从总体看，第一种方法操作简单，比较简便，但在应用中可能会引起误差。因为最大温度处的像元可能不处于无蒸发或无蒸腾状态，尤其是对植被而言，自然界中几乎不可能找到理想的、无蒸腾的实体。第二、第三种方法需要根据建模的方式求取各个系数，故其结果可能会受到经验值的影响，使获得的参数不具备普遍性，只适用于某个区域。

(二)参考温度简化算法的案例研究

利用泾河流域 30 m 空间分辨率 TM 数据反演的相关参数结果,探讨三种简化参考温度计算方法的可行性与精度。

首先是地温温度最值法(简化算法 1),在本次探索研究中,本节未将研究区分区,直接求取整张影像中土壤、植被的最高温度,作为参考温度,结果见表 12.33。

表 12.33 参考温度简化

简化算法	参考温度/K	
	T_{sd}	T_{cp}
1	$T_{s,max}=327.728$	$T_{c,max}=301.747$
2	$T_{sd}=T_s f(x_s)$ $f(x_s)=\begin{cases}1.084-0.101f+0.028f^2 & f\neq 0\\ 1.126 & f=0\end{cases}$	$T_{cp}=T_c f(x_c)$ $f(x_c)=\begin{cases}0.994+0.125f-0.012f^2 & f\neq 1\\ 1.018 & f=1\end{cases}$
3	$T_{sd}=k_s(R_{n,s}-G)+T_{a,s}$ $k_s=\begin{cases}\dfrac{1}{11.535+11.025f} & f\neq 0\\ 0.095 & f=0\end{cases}$	$T_{cp}=k_c R_{n,c}+T_{a,c}$ $k_c=\begin{cases}\dfrac{1}{12.226+9.437f} & f\neq 1\\ 0.040 & f=1\end{cases}$

注:$T_{s,max}$、$T_{c,max}$分别为土壤、植被的最大温度;$f(x)$为以植被盖度 f 为自变量的函数;T_s、T_c、T_a 分别为土壤、植被温度与气温;f 为植被盖度。

其次是地表温度函数法(简化算法 2),通过反复研究利用空气动力学阻抗计算的参考温度、反演的地表温度等数据,发现参考温度与地表温度的比值和植被盖度有良好的相关关系(图 12.21、图 12.22、表 12.33),因此建立以植被盖度为中间变量的函数,结果见表 12.34。

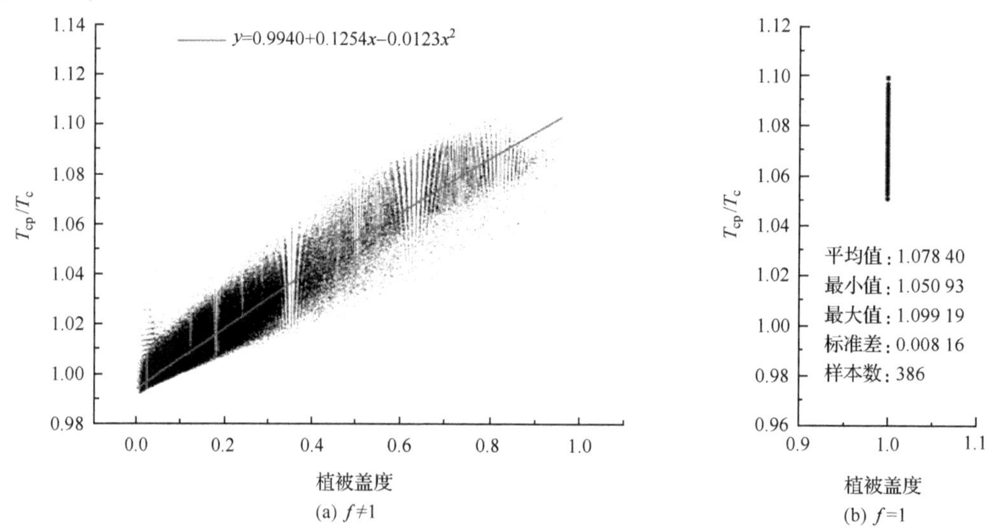

图 12.21 植被参考温度(T_{cp})与植被冠层温度(T_c)比值和植被盖度的关系

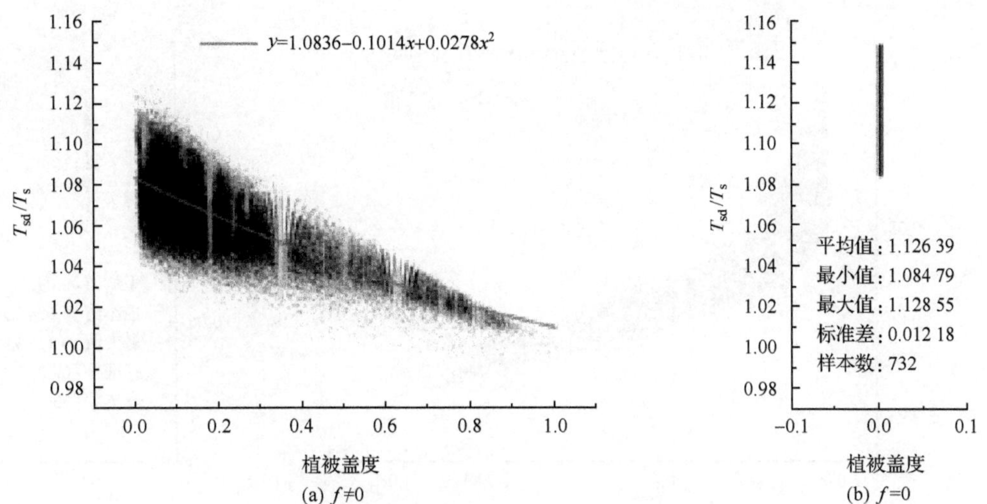

图 12.22 土壤参考温度(T_{sd})与土壤温度(T_s)比值和植被盖度的关系

表 12.34 简化算法 2 中函数 $f(x)$ 的评价指标

函数	拟合方程	中间参数及其取值		误差
$f(x_s)$	$A_{s0}+A_{s1}f+A_{s2}f^2$	A_{s0}	1.084	0.000†
	$R^2=0.590$	A_{s1}	−0.101	0.000†
	$N=239\ 502$	A_{s2}	0.028	0.000†
$f(x_c)$	$A_{c0}+A_{c1}f+A_{c2}f^2$	A_{c0}	0.994	0.000†
	$R^2=0.932$	A_{c1}	0.125	0.000†
	$N=239\ 507$	A_{c2}	−0.012	0.000†

注：† 表示取值小于 0.000。

最后是多变量系数法(简化算法 3)，将利用空气动力学阻抗计算的参考温度(理论温度)、气温、净辐射、土壤热通量等代入表 12.33 中的算法 3，进行线性拟合，求取回归系数 k_s、k_c。但在计算过程中，根据反复对比研究，发现空气动力学阻抗与常数(空气密度和比热之积)的比值和植被盖度存在明显的相关性(图 12.23、图 12.24)，因此直接将前面计算的空气动力学阻抗与常数(空气密度和比热之积)的比值同植被盖度进行拟合，最终获得回归系数 k_s、k_c，结果见表 12.35。

表 12.35 简化算法 3 中 k_s、k_c 系数拟合方程及其评价指标

参数	拟合方程	中间参数及其取值		误差
k_s	$1/(a_s+b_sf)$	a_s	11.535	0.003
	$R^2=0.759$ $N=239\ 502$	b_s	11.025	0.015
k_c	$1/(a_c+b_cf)$	a_c	12.226	0.001
	$R^2=0.932$ $N=239\ 507$	b_c	9.437	0.008

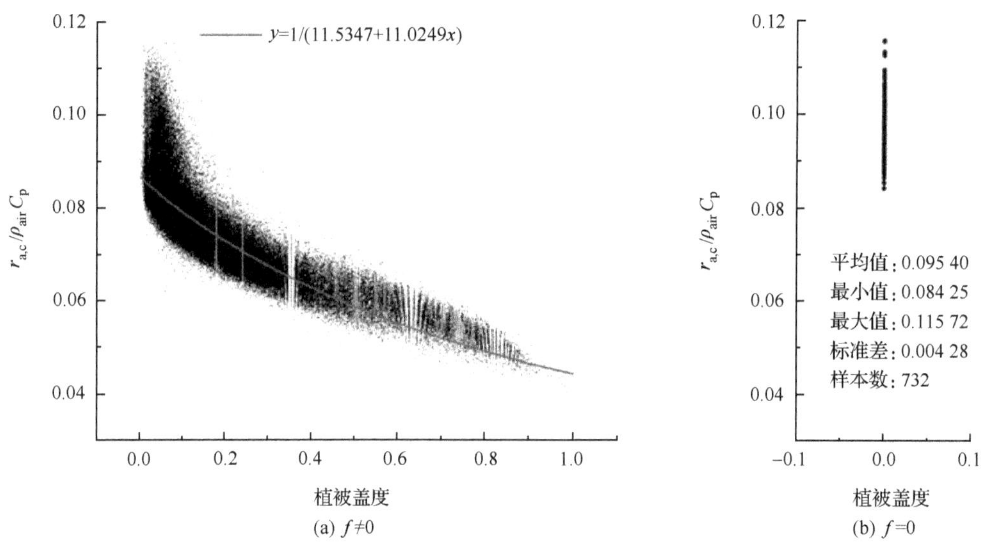

图 12.23　土壤空气动力学阻抗与常数比值和植被盖度的关系

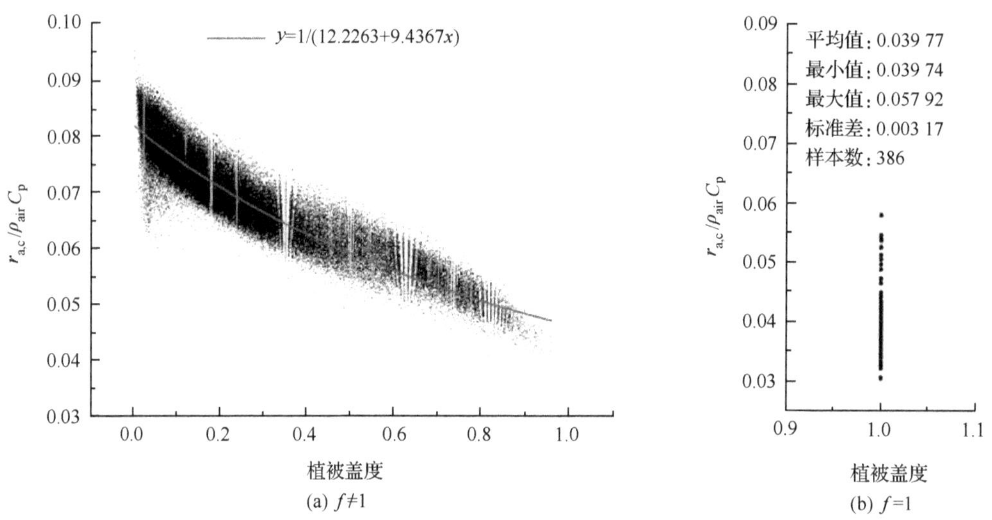

图 12.24　植被空气动力学阻抗与常数比值和植被盖度的关系

根据表中的简化算法,重新计算参考温度,替换利用空气动力学阻抗计算的参考温度,可反演获得新的日蒸散发量。将采用简化参考温度后模型反演的日蒸散发量($ET_{P,S}$)与地表能量平衡方程计算的结果(ET_{EBE})进行对比,判断采用参考温度简化算法后模型反演的精度,结果见表 12.36。

表 12.36　利用能量平衡方程对比验证简化后模型的精度

模型	像元数/%						总像元数/%
	绝对误差≤0.2 mm/d			绝对误差≤0.3 mm/d			
	简化算法 1	简化算法 2	简化算法 3	简化算法 1	简化算法 2	简化算法 3	
植被蒸腾子模型	7.77	6.99	81.87	9.33	8.29	99.74	100
土壤蒸发子模型	91.80	83.33	88.39	99.45	94.13	99.18	100
混合像元子模型	78.50	93.61	92.86	88.72	96.87	98.58	100

从表 12.36 中可见，当以地表能量平衡方程计算的结果作为标准，衡量采用三种参考温度简化算法后模型反演的精度时，整体而言，第三种简化算法应用最为成功，在三个子模型中获得的结果均是最好的；第一、第二两种简化算法在土壤蒸发子、混合像元子模型中应用精度较好，但在植被蒸腾子模型中应用精度很差；第一种简化算法在土壤蒸发、植被蒸腾子模型中应用的精度高于第二种简化算法的，但在混合像元子模型中的应用精度却低于第二种简化算法的。详细定量化比较如下：

当模型反演的日蒸散发量与地表能量平衡方程计算结果的绝对误差控制在小于等于 0.2 mm/d 时(判断标准)：在土壤蒸发子模型反演的结果中，若采用第一种参考温度简化算法，有 91.80%的结果满足判断标准，若采用第二种参考温度的简化算法，有 83.33%的结果满足判断标准，若采用第三种参考温度的简化算法，有 88.39%的结果满足判断标准，由此可推知在土壤蒸发子模型中，采用各种参考温度简化算法后反演的土壤蒸发结果均比较理想，其中以采用第一种参考温度简化算法后的精度最高，第三种简化算法的精度略优于第二种简化算法的；在植被蒸腾子模型反演的结果中，若采用第一种参考温度的简化算法，有 7.77%的结果满足判断标准，若采用第二种参考温度的简化算法，有 6.99%的结果满足判断标准，若采用第三种参考温度的简化算法，有 81.87%的结果满足判断标准，由此可推知在植被蒸腾子模型中，只有采用第三种简化算法才能获得满意的结果；在混合像元子模型反演的结果中，若采用第一种参考温度的简化算法，有 78.50%的结果满足判断标准，若采用第二种参考温度的简化算法，有 93.61%的结果满足判断标准，若采用第三种参考温度的简化算法，有 92.86%的结果满足判断标准，由此可推知在混合像元子模型中，采用各种参考温度简化算法后反演的蒸散发量均比较理想，其中第二、第三种简化算法的精度差别不明显，第一种参考温度简化算法的精度相对较低。当判断标准提高到≤0.3 mm/d 时，采用各种参考温度简化算法后各子模型反演的精度均有不同程度的提高，趋势与上文中分析的基本一致。

第一、第二种参考温度简化算法在植被蒸腾子模型中应用不成功，与其简化方法有很大关系。在纯净的植被像元中：第一种参考植被温度简化算法取植被的最大温度作为参考温度，因为自然界中难以存在无蒸腾的植被，此时取得的最大温度值还达不到无蒸腾时的理论温度值，导致参考植被的简化算法精度偏低；第二种参考植被温度简化算法在对待纯净植被时取了一个常数，导致得到的参考植被温度结果不能正确反映实际值。但是，正如上面分析指出，虽然采用第一、第二种参考温度简化算法时植被蒸腾子模型反演的精度较低，但是因为纯净植被像元所占比例较小(可忽略不计)，整体精度取决于混合模型的，从这个角度而言，采用参考温度简化算法后模型反演的精度同样比较高。

与采用空气动力学计算参考温度时的非简化算法验证结果相比[①]，在混合像元中，采用参考温度简化算法与非简化算法的精度相差较小。以判断标准小于等于 0.3 mm/d 时为例，在参考温度计算方法不进行简化时，满足判断标准的混合像元有 98.23%，而当采用简化的参考温度计算方法时，满足该判断标准的混合像元分别有 88.72%（简化算法 1）、96.87%（简化算法 2）、98.58%（简化算法 3），简化前后精度的最大差值为 9.21%、最小为 0.35%。由此可见，在采用本节提出的参考温度简化算法后，模型反演的精度与采用非简化算法时的没有明显差异，但简化后模型的应用大为简单。

第四节　简化模型在泾河流域水资源管理中的应用

一、泾河流域水资源概况

1. 河流水系

泾河流域内的主要河流是泾河，它是渭河的第一大支流、黄河的三级支流，发源于宁夏泾源县的六盘山，干流全长 455.1 km，流经宁夏、甘肃、陕西三省（区）。泾河支流较多，集水面积大于 1000 km^2 的支流有洪河、蒲河、马莲河、三水河、汭河、黑河、泔河。其中马莲河为泾河最大的支流，流域面积 1.91 万 km^2，占泾河流域面积的 42%，河长 374.8 km。按行政界线划分，泾河干流及其支流的大部分位于甘肃省，在该省的流域面积约为 3.12 万 km^2，约占泾河流域总面积的 70%。虽然泾河支流多，但作为黄河的子水系，均秉承了相同的特点，即流域面积大，但水量少、且河流的季节性强。

2. 降水与蒸发

泾河流域处于半干旱区与半湿润区的过渡地带（自北向南），降水是其主要的水资源，亦是河川径流补给的主要来源。对泾河流域降水的研究结果表明（谢高地等，2007；陈操操等，2007；雷红刚，2008）：流域内降水的空间分布是自西北向东南逐渐递增，多年平均值为 453 mm（1961～2004 年）。流域内降水的时间分布极不均匀，主要集中在夏秋两季的汛期，占全年降水的 70%～80%，并且该期间短历时大强度的暴雨所占比例较大，为 30%～50%；过去几十年来，整体上流域内的降水有逐年减少的微弱趋势。

蒸发量大是泾河流域的特点之一。王佩等（2008）对泾河流域器皿蒸发量的研究结果表明：流域内器皿蒸发量的空间分布是自西北向东南逐渐递减（趋势与降水相反），多年平均值为 1502 mm（1957～2002 年），并且整体上流域内的器皿蒸发量呈逐年下降趋势。

3. 径流量

据泾河流域出口水文控制站张家山站的统计结果，泾河流域多年（1950～2005 年）平

---

① 虽然第二、第三种参考温度简化算法中的系数均是根据非简化算法时计算的结果拟合而得，但两者仍然具有可比性。这主要是因为拟合数据是随机抽取的，且每次抽取的数据占总像元个数的比例小（每次抽取不到 1%，见表 12.34、表 12.35）。

均径流量为16.73亿m^3(中华人民共和国水利部,2007),且年径流量总体上明显地呈逐年下降趋势,但其中由洪水产生的径流量却呈现逐年增加的趋势(冉大川等,2001)。由于水资源靠降水补给,径流的产生与降水息息相关,其时间上的分布规律与降水类似,即年内分配不均匀,汛期(7～10月)来水量大,约占全年的60%。

4. 水资源总量

泾河流域水资源以降水产生的径流为主,地下水资源(与地表径流不重复计算)大约仅有0.76亿m^3,在此基础上,加上多年平均径流量,流域内多年平均水资源总量为17.49亿m^3。

二、泾河流域与水资源相关的主要问题

1. 水资源匮乏

按水资源总量为17.49亿m^3、流域面积4.32万km^2、人口600万①计算,泾河流域人均占有水资源量291.50 m^3,流域内每公顷土地占有水资源量404.86 m^3,远远低于全国平均水平,由此可以从科学数据上定量揭示泾河流域水资源总量不足的程度,明显属于严重缺水地区。

2. 水环境污染严重

虽然泾河流域的水资源非常短缺,但流域的水资源污染却非常突出。监测数据表明,1986～2006年,泾河干流的Ⅰ、Ⅱ类水质逐年减少,Ⅲ类水质基本无变化,Ⅳ类水质有所下降,但Ⅴ类和劣Ⅴ类水质呈上升趋势(雷红刚,2008)。污染物以有机物最为严重如全磷、硝态氮(韩景卫,2003;韩凤朋等,2006;雷红刚,2008;赵治文,2008)。根据我们2007年在泾河流域的实地考察,情况确实如此,大部分河沟变干了,有水的几条河沟中水也变脏变臭。

3. 水土流失严重

在水的化学成分发生劣变的同时,其物理成分也发生剧烈变化,主要反映在水体中的泥沙含量高、输沙量大。张家山水文站观测的多年(1950～2005年)平均含沙量为140 kg/m^3,高含沙量导致高的输沙量,同期的多年输沙量高达2.34亿t,在黄河主要支流中位列第二(中华人民共和国水利部,2007)。可见流域内的水土流失严重,为黄河中游之最(冉大川等,2003,2006),并且水土流失的面积广,达到3.95万km^2,土壤侵蚀强度大,导致土地退化、生态环境恶化。

总体来说,泾河流域水资源领域的主要矛盾是水资源短缺、水污染加剧、水土流失严重,在很大程度上影响了流域的可持续发展。首先表现在水资源短缺制约农业发展。在

---

① 流域面积4.32万km^2是指流域出口张家山水文站以上的面积,不包括控制站以下的小部分地区,本文其他计算中采用的流域实际面积为4.465万km^2;人口600万是最小估计值,来源于国家发展和改革委员会2007年公布的渭河流域重点治理规划。

工业、农业与城乡生活用水量中，农业用水量在泾河流域所占比重最大，以 2000 年数据为例，三部门国民经济用水消耗总量 5.28 亿 m^3，农业用水量约占 46%，达 2.42 亿 m^3。经分析我们 2007 年在泾河流域的社会调查资料，当地农民普遍反映降水量与 20 年前相比有很大程度的减少。例如，在流域中的宁南地区，由以前的十年九旱变为现在的十年十旱。不仅降水量减少、河流呈现干涸化，水质亦受到严重污染。然而，农业生产是农民维持生活的主要方式，农作物得不到足够的灌溉，进而导致减收减产，农民生活得不到保障。在没有科学方针指导的情况下，农民要么通过盲目地扩大耕地解决问题，要么通过过度放牧解决问题，从而导致植被破坏、水土流失加剧等一系列恶性循环。可见，水问题是以泾河流域为代表的广大北方干旱、半干旱地区的核心问题。

基于泾河流域的现状，其水资源管理中有很多亟待解决的问题，但考虑到该地区农业用水量巨大，但用水效率不高。例如，在甘肃省，单位灌溉面积用水量高达 10 170 m^3/hm^2，远远高于全国平均水平 6900 m^3/hm^2（耿艳辉等，2006）。提高农业用水效率，节约有限的水资源，是缓解泾河流域水资源短缺的重要途径之一。而提高农业用水效率的方式可以通过合理灌溉、减少水分在裸露土壤中无效蒸发实现。但前提是必须掌握流域内农业用地蒸散发的状况，重点是将其量化并分离为作物蒸腾量（有效水资源）与土壤蒸发量（无效水资源）。在这些科学数据的基础上，确定合理的灌溉水量，减少无效水资源的浪费。因此，本章拟将第四章中简化后的模型应用于该领域，为水资源管理提供基础数据和科学依据。

本章在利用简化模型反演泾河流域年尺度蒸散发的基础上，分析流域内蒸散发的特点，探讨流域内水分收支状况，以指导流域内水资源的调配或分配。同时将土壤蒸发与植被蒸腾分别定量化，为减少土壤水分无效蒸发、确定合理灌溉水量提供科学依据。

三、研 究 方 法

首先，采用上述三种参考温度简化算法，利用简化模型定量反演出泾河流域年尺度的蒸散发，然后利用流域出口水文控制站实测资料计算的蒸散发量验证反演结果，从三种反演结果中挑选出精度最高的结果，在此基础上分析泾河流域内蒸散发的空间分布特征。其次，结合降水数据、从水分收支的角度，以蒸散发量与降水量差值的大小，判断流域内的水分收支状况，为水资源分配方案等提供基础数据。最后，以耕地为研究对象，通过简化模型将蒸散发定量分离为土壤蒸发、作物蒸腾，根据两者数值上的差距，探讨耕地上水分的利用效率，为确定合理灌溉水量提供科学依据。

四、泾河流域年尺度蒸散发的定量计算

（一）数据准备及其处理

1. 遥感数据

考虑遥感数据的连续性与可获得性，本次研究选用空间分辨率为 1 km 的 MODIS 产

品(版本5)作为本文模型的基础输入数据,时间覆盖2003～2006年,包括地表温度产品(MOD11A2)、植被指数产品(MOD13A2)、叶面积指数产品(MOD15A2)、地表反照率产品(MCD43B3),所有数据均来源于NASA。所有产品主要为本文提供模型的输入参数,或者提供中间参数以计算输入参数,各产品具体作用见表12.37。

表12.37　选用的MODIS产品及其作用

产品名称	时间分辨率	提供的参数	作用
MOD11A2	8d	地表温度 T_s	模型中的关键输入参数
		归一化植被指数NDVI	判断下垫面属性、计算植被盖度 f
MOD13A2	16d	日数DOY	计算日地距离,用于净辐射反演
		太阳天顶角 θ	计算太阳高度角,用于净辐射反演
MOD15A2	8d	叶面积指数LAI	分离土壤、植被吸收净辐射的参数
MCD43B3	16d	地表窄波段黑空反照率	计算地表反照率,用于净辐射反演

除模型所需的参数外,在分析研究中还涉及土地覆盖/土地利用数据。因为MODIS产品中亦提供该数据集(MCD12Q1),从NASA网上获取了2003～2005年的土地覆盖/土地利用数据。

数据处理主要是对MODIS产品进行投影变换与研究区裁剪。因为MODIS产品的原始投影类型为圆柱等距投影(Sinusoidal),需将其投影到与研究区基础地理空间数据一致的坐标系统(WGS84、UTM zone 48N),所有投影变换处理均在MODIS Conversion Toolkit模块中进行(依赖于ENVI软件),它是利用IDL语言编写、针对MODIS数据投影转换的工具(White, 2008)。此外,需要将泾河流域从投影后的结果影像中裁剪出来,一方面可以减小计算量,另一方面与DEM等基础数据相匹配。

由于四种MODIS产品合成的时间分辨率不相同,为了获得代表相同时期的数据,本次数据处理中以产品时间分辨率的最小公倍数16d为周期。因此,需要将时间分辨率为8天的MOD11A2、MOD15A2数据进行合成处理,方法是取两个相邻数据的平均值。例如,在16天分辨率的MOD13A2植被指数产品中,某个文件代表2003年1月9日开始到2003年1月24日结束的结果,则需要将MOD11A2或MOD15A2中分别代表2003年1月9～16日、2003年1月17～24日的两个数据取平均值,以代表16天的数据。

2. 气象数据

本文模型中所需的气温参数(T_a),以及计算净辐射所需的相对湿度(Rh),均取自国家气象观测台站。本节涉及的气象站点与前节中相同,但由于一些站点的更换,为保证获得研究期间覆盖泾河流域的结果,补充了其他3个气象站,具体细信息如表12.38所示。

表 12.38 气象站信息

气象站 ID	站名	纬度	经度	高程/m	备注
57006	天水	34°35′N	105°45′E	1141.7	数据终于 2003 年
57014	天水北	34°34′N	105°52′E	1085.2	数据始于 2004 年,替代 57006
57016	宝鸡	34°21′N	107°08′E	612.4	数据终于 2004 年
57025	凤翔	34°31′N	107°23′E	781.1	数据始于 2005 年,替代 57016
57036	西安	34°18′N	108°56′E	397.5	数据终于 2005 年
57131	泾河	34°26′N	108°58′E	410.0	数据始于 2006 年,替代 57036

由于遥感数据按 16d 为周期,需要将逐日观测的气象数据处理为同期的结果,即计算某 16d 内气温、相对湿度日观测值的平均结果,作为这段时期的代表值,进行插值处理得到模型所需的 1 km 空间分辨率输入数据。

另外,由于用水量平衡法验证模型的反演结果时,需要获得流域内的降水数据,因此,先根据逐日观测值分别求出各气象站点的年总值,再用同样的插值方法处理,最后将整个流域插值结果的平均值作为流域年降水量,结果见表 12.39。

3. 其他基础数据

首先是模型反演中所需的流域的基础地理空间数据,主要有 DEM 数据与泾河流域矢量边界。

其次是水量平衡法中涉及的实际观测数据。对于泾河流域而言,其年尺度的水量平衡收入项主要为该年的总降水量,支出项为同年流域总蒸散发量和出口断面处的总径流量,在假定流域一年内始末蓄水量不变时,泾河流域的水量平衡方程可表示为

$$P = R + \mathrm{ET} \tag{12.76}$$

式中:P 为降水量,取流域年尺度插值结果的平均值;R 为径流深,利用流域出口水文控制站年尺度的径流量根据式(12.77)换算而得;ET 为流域年尺度的蒸散发量。式(12.76)中各项水文要素的单位均为 mm,其中径流深 R 的计算公式如下:

$$R = W/(1000S) \tag{12.77}$$

式中:W 为径流总量(m^3);S 为流域面积(km^2)。

在观测水文数据的基础上[降水数据来源于气象站观测资料,径流量数据来源于泾河流域出口水文控制站——张家山水文站(中华人民共和国水利部,2005,2007)],利用式(12.76)即可计算出流域内的年蒸散发量,结果见表 12.39。

表 12.39 泾河流域实测水量平衡要素

年份	降水量/mm	径流量/亿 m^3	径流深/mm	蒸散发量/mm
2003	716	21.20	47	669
2004	422	9.86	22	400
2005	449	10.00	22	426
2006	467	8.33	19	448
多年平均	513	12.35	28	486

(二)泾河流域蒸散发的反演

由于采用了MODIS产品,本文简化模型所需参数中归一化植被指数、叶面积指数与地表温度已准备齐全,其余的植被盖度、净辐射、土壤热通量均可根据第二章介绍的理论基础及相应的反演算法求出,而参考温度则利用前节中的简化算法计算,在此基础上计算参考净辐射与参考土壤热通量。主要参数反演中所需的中间参数计算方法或取值见表12.40所示。

表12.40 简化模型中所需的输入参数

模型输入	中间参数及单位		取值/来源
R_n	α	—	将处理后的MCD43B3产品中窄波段黑空反照率的第1~5、7波段代入Liang提出的MODIS反照率公式计算
	τ	—	根据通常大气条件下的方法计算[式(12.42)~式(12.44)]
	h	m	根据DEM提取
	Rh	—	气象站观测数据处理后的插值结果
	ϕ	°	从MOD13A2产品中获取
	DOY	—	从MOD13A2产品中获取
	θ	°	与ϕ互为余角
	T_a	K	气象站观测数据处理后的插值结果
	T_s	K	从MOD11A2产品中获取
	ε_a	—	利用T_a计算[式(12.49)]
	f	—	用处理后MOD13A2产品中的NDVI计算[式(12.16)]
	ε_0	—	利用f计算[式(12.29)~式(12.31)]
G	R_n	W/m^2	根据上面反演的净辐射计算[式(12.50)]
T_{sd} T_{cp}	$T_{s,max}$	K	先从MOD11A2产品的地表温度结果中分离出土壤温度[式(12.9)],再求其最大值
	$T_{c,max}$	K	先从MOD11A2产品的地表温度结果中分离出植被温度[式(12.9)],再求其最大值
	T_s	K	从MOD11A2产品的地表温度结果中分离[式(12.9)]
	T_c	K	从MOD11A2产品的地表温度结果中分离[式(12.9)]
	T_a	K	气象站观测数据处理后的插值结果
	$R_{n,c}$	W/m^2	根据上面反演的R_n与LAI(由MOD15A2产品提供)计算[式(12.11)]
	$R_{n,s}$	W/m^2	根据上面反演的R_n与LAI(由MOD15A2产品提供)计算[式(12.12)]
	G_s	W/m^2	上文反演结果
	其他回归系数		取值见表12.35
$R_{n,r}$	T_{sd}、T_{cp}	K	根据上面反演的参考温度计算[式(12.58)]
G_{sd}	$R_{n,r}$	W/m^2	根据上面反演的参考净辐射计算[式(12.59)]

由于涉及的中间参数数据很多,每反演一期蒸散发结果需要输入12个文件,因此以IDL语言编程进行批处理,所有平台依赖于ENVI软件。每期反演的蒸散发量是代表16天的平均状况,所以将其乘以16得到该时期的总量,再逐次累加获得年尺度的蒸散发量,

最后取整个流域的平均值,代表该年度的流域蒸散发量。计算结果见图 12.25。

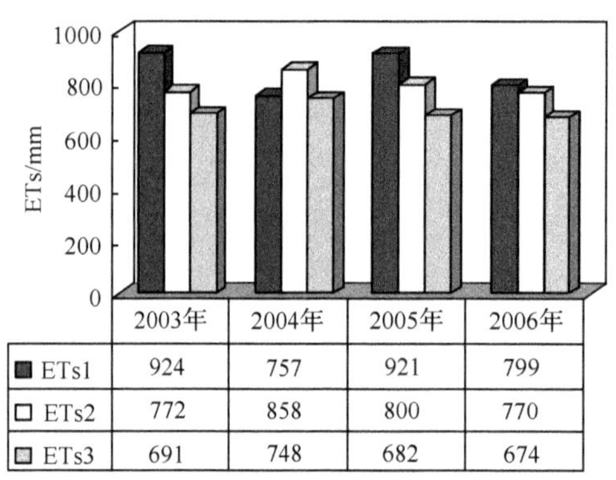

	2003年	2004年	2005年	2006年
ETs1	924	757	921	799
ETs2	772	858	800	770
ETs3	691	748	682	674

图 12.25　本文简化模型反演的泾河流域年蒸散发量

ETs. 模型中利用参考温度简化方法计算的蒸散发量;1、2、3 分别为第一、第二、第三种简化算法

从图中可知,三种参考温度简化算法计算获得的同年蒸散发量有一定差异。其中:采用第一种简化算法得到的蒸散发量最大(除 2004 年外),采用第三种简化算法得到的蒸散发量最小,采用第二种简化算法的结果介于前两者之间。三种结果的变化趋势大致相似,都在 2004 年发生转折,总体呈下降趋势,但第一种简化算法得到结果的变化趋势是先降低再升高,第二、第三种结果是先升高再下降。

经比较表 12.39 与图中的数据,发现简化模型反演的年蒸散发量均大于实测值。这是由于将模型反演的瞬时结果(16d 平均值)积分到 16d 时,假设每天的蒸散发量都等于 16d 平均值导致的。因为根据 MODIS 产品的合成原理,其结果代表合成期内天气最好的结果(可以认为是晴空或接近晴空时的结果),在本文案例中进行时间尺度转换时都乘以 16,得到的总结果必然会偏大。例如,在 2006 年(图 12.26),采用三种不同参考温度简化算法时,简化模型反演的同期(16d)平均蒸散发量基本相等,平均值为 2.22 mm/d,最大值为 3.67 mm/d,最小值为 0.88 mm/d,且蒸散发量随着月份的变化逐渐增加,在 7 月到达最大值,然后再逐渐减小,是比较合理的。可见,简化模型计算得到的年蒸散发量偏大是时间尺度转换引起的,因此,在根据卫星反演得到的瞬时蒸散发量推导长时间段的结果时,还需要考虑瞬时值所具有的代表性,以此设计出相应的权重因子,才能根据瞬时值计算出其代表时间段内比较准确的蒸散发量。根据本节采用 MODIS 产品的合成特点,其代表合成期内晴空状态下的结果(最优),考虑引入云量作为权重因子衡量合成期内各天的阴晴状况,提出由晴空蒸散发量计算非晴空(有云)蒸散发量的公式:

$$ET_{cloud} = [a(f_{cloud} - 2)]ET_{clear} \tag{12.78}$$

式中:ET_{cloud}、ET_{clear} 分别为有云和晴空条件下的蒸散发量;f_{cloud} 为总云量(气象观测资料);$f_{cloud}-2$ 为云的影响(因为气象中晴空的定义是云量低于 20%);a 为云量调节系数,可根据式(12.78)进行拟合,本文取 $a=0.184$①。

① 拟合时 ET_{cloud} 取表 12.1 中实测值的多年平均值,ET_{clear} 取简化模型反演结果的多年平均值,f_{cloud} 取流域内气象站观测的多年平均值。

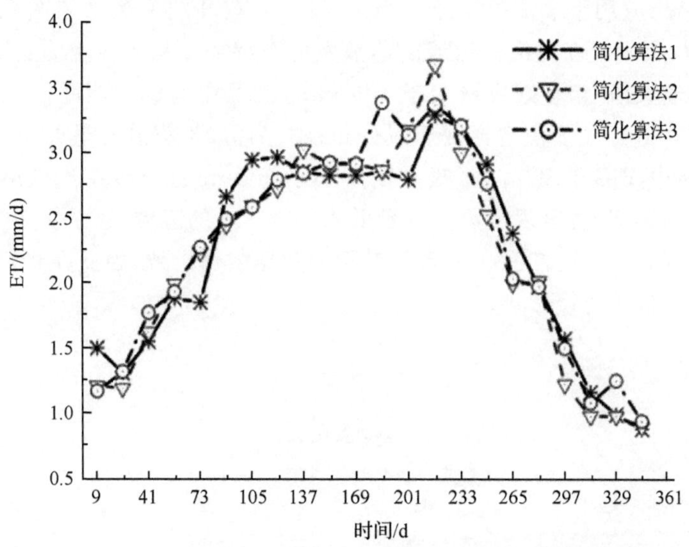

图 12.26　采用简化模型反演的 2006 年每 16d 平均蒸散发量(ET)

将图中的数据和总云量数据代入式(12.78)，可以得到修正后的蒸散发量，见表 12.41所示。整体来说，修正后的结果中，在 2004～2006 年，采用第三种参考温度简化算法时得到的蒸散发量最接近实测值，而在 2003 年采用第一种参考温度简化算法时计算的蒸散发量最接近实测值。由此可见，在反演的瞬时结果基本相等时，计算得到的年尺度结果却有明显差异，表明时间尺度的转换需要深入研究。

表 12.41　根据式(12.78)修正后的泾河流域年蒸散发量　(单位：mm)

年份	蒸散发量		
	简化算法 1	简化算法 2	简化算法 3
2003	622	520	466
2004	422	478	417
2005	581	505	430
2006	504	486	425

表 12.42　泾河流域实测蒸散发量与修正后的模拟值比较　(单位：mm)

年份	实测蒸散发量	模拟蒸散发量	绝对误差
2003	669	622†	47
2004	400	417‡	17
2005	426	430‡	4
2006	448	425‡	23
多年平均	486	474	23

注：† 表示取第一种参考温度简化算法的结果；‡ 表示取第三种参考温度简化算法的结果。

本节从修正后的结果中挑选最接近实测值的蒸散发数据(表 12.42)，探讨如何将定量化的蒸散发结果应用于水资源管理。首先,将精度较高的反演结果图像制作成专题图(图 12.27),可从空间上获得泾河流域的蒸散发分布特征。从整体上看:流域北部的蒸散发量小于南部,最大值(年蒸散发量大于 800 mm)出现在流域东西两侧;高值(年蒸散发量处于 400～800 mm)主要沿着泾河干流分布;中、高值(年蒸散发量处于 300～400 mm)主要分布在流域中间部分;低值(年蒸散发量小于 300 mm)分布在流域最北的区域。在流域出口(南部的尾部)也出现了蒸散发量低于 300 mm 的区域,这是由于采用的 MODIS 数据中的地表反照率、温度产品在大多数时段无数据数据导致,因此在将每期数据反演的蒸散发量累加时,造成总量偏小。

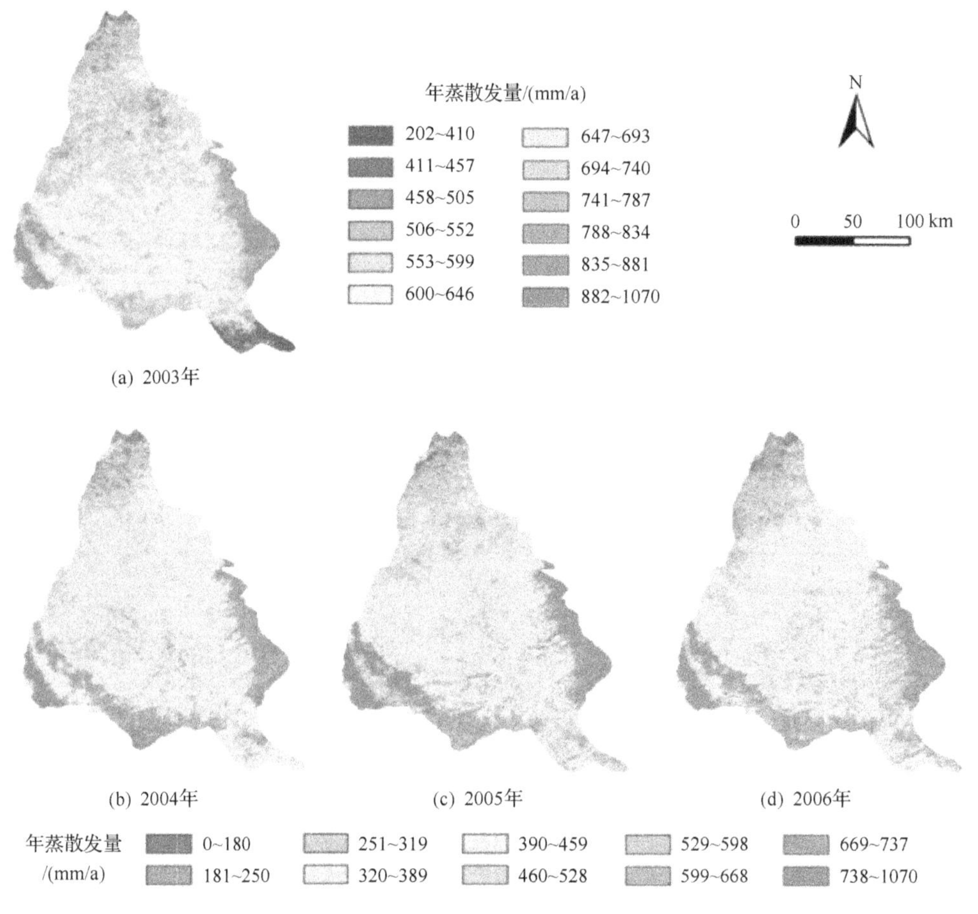

图 12.27 泾河流域年蒸散发量空间分布图

蒸散发量的最大值分布在泾河流域的东、西两侧,与流域内森林的分布一致,即流域西侧的六盘山与东侧的子午岭,两地植被覆盖率较高(70%以上),这是符合常理的。蒸散发量的高值主要分布于南部、而中低值分布于北部,这可以根据流域南北部的气候特点进行解释:泾河流域南部地区基本属于半湿润气候区、北部属于半干旱区,南部的水分条件较北部好,植被覆盖率也比北部高,因此南部的蒸散发量大,相比之下北部水少、植被覆盖率低,蒸散发量必然较小。

五、以蒸散发量为基础指导流域内水资源分配

本节认为，通过定量分析流域内多年的蒸散发量与降水量在空间上的大小关系，当降水量大于蒸散发量时，该区域水分收支处于平衡状态，而当降水量小于蒸散发量时，其水分收支难以达到平衡，进而定量判断流域内任意区域的水分收支状态，为制定全流域的水资源调配或分配方案提供科学依据。本节以前节中计算的 2003～2006 年泾河流域蒸散发量为例，分析流域内的水分收支状况，为流域内分配水资源提供依据。图 12.28 为流域内年降水量与年蒸散发量的差值结果。

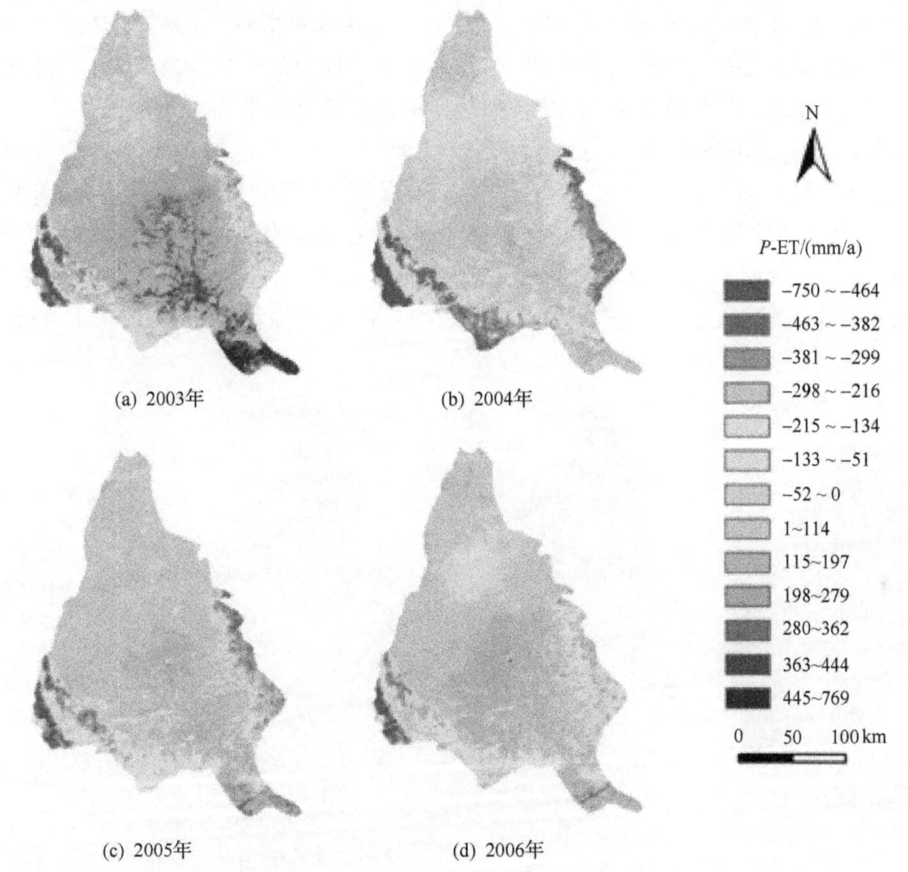

图 12.28 泾河流域年降水量(P)与蒸散发量(ET)差值图

从图 12.28 中降水量与蒸散发量的差值结果判断，2003～2006 年泾河流域各年的水分收支特征基本一致：在流域东西两侧年蒸散发量最大的地方，其水分收入远远小于支出，年亏损量大于 300 mm；流域中部、南部沿泾河干流分布的区域水分收入略高于支出外(2003 年的水分收入明显高于支出，这是该年度降水量较其他年大的缘故，其降水量高达 700 多毫米，而其他年份仅为 400 多毫米)，其他地方基本是水分支出大于收入(年亏损量为 100～300 mm)。以此为依据，在流域有可调用的水资源时或确定不同区域的取水

量时,可将水资源合理调配或分配给常年水分亏缺的指定区域,以满足其基本生态耗水需求。此外,还可以考虑在水分略有盈余的地方建立雨水收集等措施,补给到周边缺水、需水的地方。

六、定量土壤蒸发与植被蒸腾以判断水分利用效率

从水分利用的角度看,水分通过土壤蒸发直接返回大气,没有被植物利用,是一种浪费,被称为无效水,或非生产性绿水;而水分通过植被蒸腾进入大气前,参与了植物有机合成的过程,通过植物生理作用产生并积累了生物量,水分得到不同程度的利用,被称为有效水,或生产性绿水(Rockström, 1999)。为提高水分的利用效率,尤其是在农业生产领域,可以通过减少无效水的产生而实现,这就要求对土地中的土壤蒸发与植被蒸腾进行准确定量化,为准确判断无效水多寡、提高水分利用效率提供科学翔实的数据。

本节以泾河流域内的耕地为研究对象,将2003～2006年的耕地从对应年度的土地利用分类结果(图12.29)中提取出来(由于没有2006年的数据,暂用2005年的数据代替),利用本文的简化模型定量计算出耕地中的土壤蒸发量(非生产性绿水)与作物蒸腾量(生产性绿水),分析流域内耕地的水分利用效率,为科学确定农业用水灌溉量、合理利用水资源提供依据。图12.30、图12.31分别为计算的土壤蒸发量与作物蒸腾量。

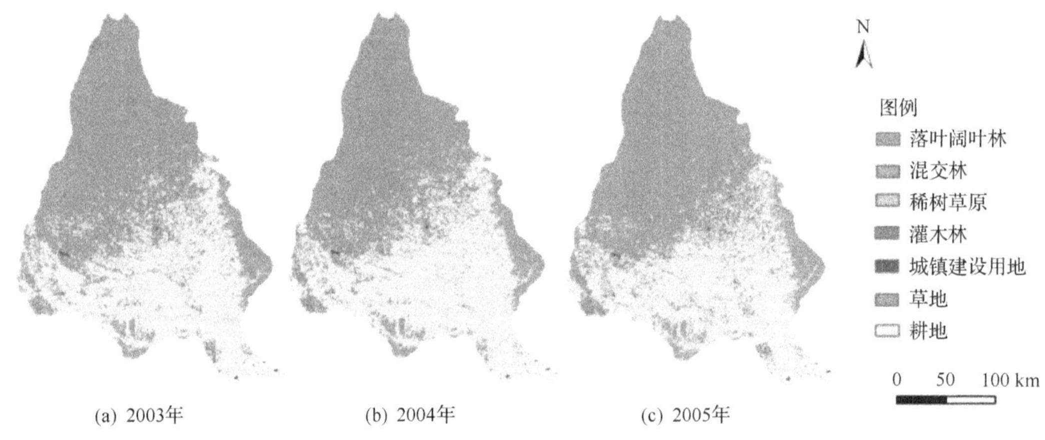

图12.29 泾河流域MODIS土地覆盖/土地利用产品

在图12.30中,耕地的年土壤蒸发量大多为110～180 mm,在流域东、西两侧的土壤蒸发量比较高,几乎都大于250 mm/a,并且土壤蒸发量随纬度的增加而增大。在图12.31中,耕地的年作物蒸腾量大多处于240～490 mm,高值同样出现在流域东、西两侧,为490～600 mm/a,并且作物蒸腾量随纬度的降低而增大。根据图12.29的分类结果,流域出口(最南端的尾部)基本都是耕地,但由于MODIS产品数据缺失,导致计算的结果偏小,在图中将这部分不符合逻辑的数据剔除,所以出现白色无值区域。

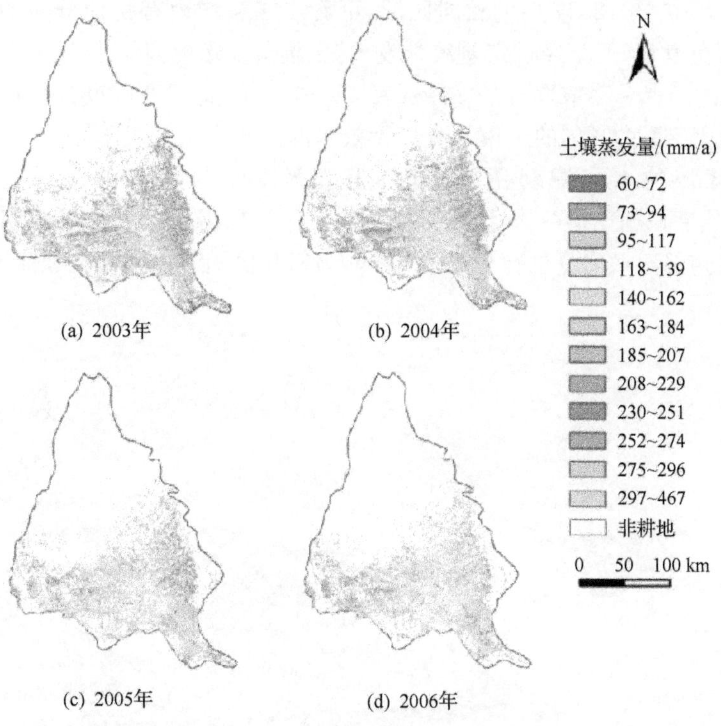

图 12.30 泾河流域耕地的年土壤蒸发量

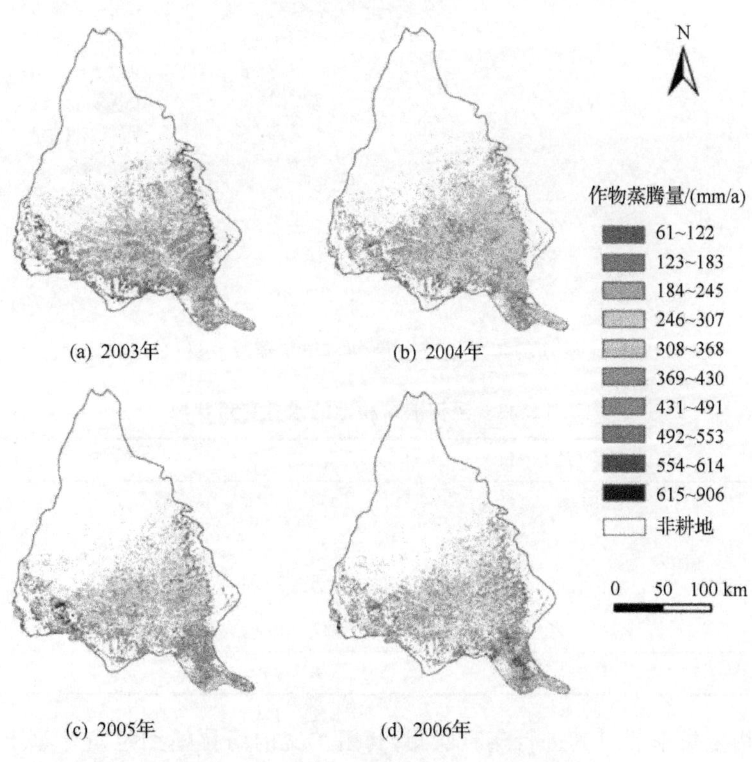

图 12.31 泾河流域耕地的年作物蒸腾量

对比图 12.30、图 12.31 中的相同区域,可看出在流域内有耕地分布的地方,作物蒸腾量大于土壤蒸发量,但是经过定量统计发现,土壤蒸发量的多年平均值可占作物蒸腾量同期结果的 50%,占总蒸散发量的 33%(表 12.43)。由此可见,流域内耕地中的水资源利用效率比较低,超过 30%的土壤水分以无效水的形式直接蒸发返回大气。为分析流域耕地中不同区域的水资源利用效率,将土壤蒸发量与总蒸散发量进行比值运算(图 12.32),然后根据比值的大小判断各区域水分的利用状况。结果表明,大部分区域中土壤蒸发量与总蒸散发量的比值为 0.27~0.45,其值随着纬度的增加而增大。

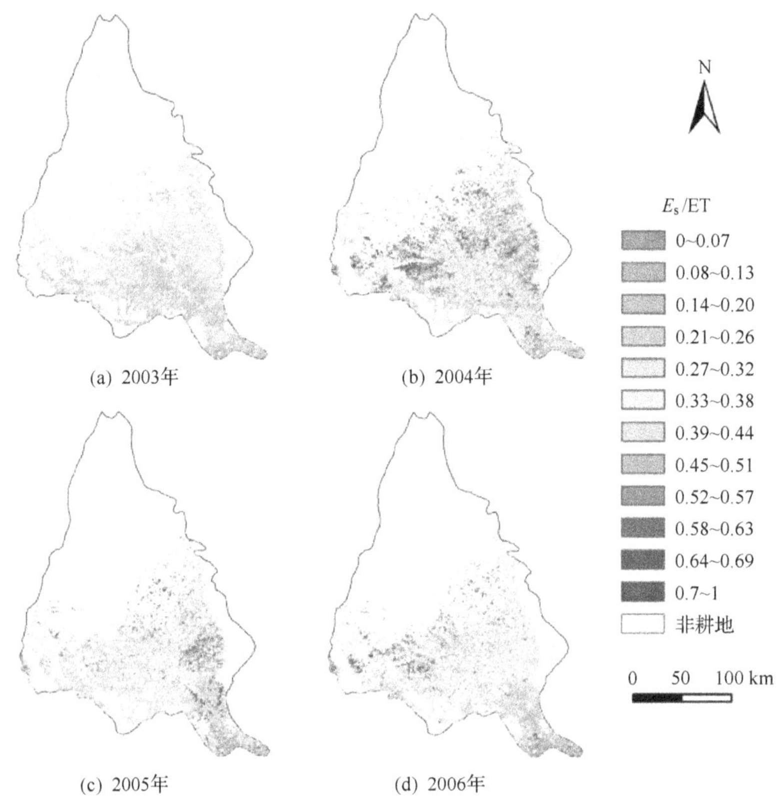

图 12.32 耕地的年土壤蒸发量(E_s)与年蒸散发量(ET)的比值

表 12.43 泾河流域耕地的水分利用状况

年份	土壤蒸发量(E_s)/mm	作物蒸腾量(E_c)/mm	E_s/E_c	$E_s/(E_c+E_s)$
2003	181	356	0.51	0.34
2004	173	310	0.56	0.36
2005	166	339	0.49	0.33
2006	154	347	0.44	0.31
多年平均	168	338	0.50	0.33

若在作物生长季节对其进行实时监测,利用本文的简化模型定量计算土壤蒸发与作物蒸腾,即可根据两者数值的大小或土壤蒸发量与总蒸散发量的比值大小,对农业灌溉水

量进行合理调整:当土壤蒸发量≥作物蒸腾量时,可以减少灌溉水量,并且可通过作物蒸腾量确定作物的实际需水量;当土壤蒸发量与总蒸散发量的比值达到某个阈值(如 0.2 时),可推断耕地中有无效水产生,以此确定合理灌溉水量,或采取覆盖裸露土壤等措施,增加土壤的保水能力,避免土壤水分以无效水的形式直接从土壤返回大气。

第五节　本章主要结果

在三温模型原有的土壤蒸发、植被蒸腾计算公式的推导基础之上,对参考面的概念进行延伸,将参考土壤(无蒸发土柱)、参考植被(无蒸腾植被)等实际物体延伸为基于每个像元而存在的虚拟体,经再定义后给出了每个参考参数计算的方法,以使这些参数可以通过遥感反演,而不是靠实际测量获得,为模型在区域尺度的遥感应用奠定了基础。同时,针对遥感数据以混合像元(植被和土壤混合)占主导地位的特点,提出了计算混合像元蒸散发的具体方法,弥补了三温模型只能应用于土壤或植被的不足。在此基础上,完成对三温模型的再定义,获得了以净辐射、土壤热通量、地表温度以及相对应的参考净辐射、参考土壤热通量、参考温度、气温为输入参数的、可在区域尺度上应用的蒸散发模型,并详细介绍了各种输入参数的获取方法或反演方法。

不同方法的验证结果表明:本章模型在 30 m 空间尺度反演的日蒸散发量较理想,精度能达到±0.3 mm/d;而模型在 1 km 空间尺度反演的日蒸散发量较 30 m 空间尺度反演的差,精度约为±0.5 mm/d。其表现为:①在黄土高原中部泾河流域 30 m 空间尺度的对比验证中,本文模型以 TM 数据为基础反演的日蒸散发量与地表能量平衡方程计算的结果相比,其平均绝对误差仅为 0.07 mm/d;在允许绝对误差小于等于 0.3 mm/d 的情景下,逐像元对比结果表明,本章模型中土壤蒸发子模型的精度为 97.95%、植被蒸腾子模型的为 97.15%、混合像元蒸散发子模型的为 98.23%;此外,反演的日蒸散发量与 FAO 修订的 P-M 公式计算的结果相比,本章模型反演的日蒸散发量的平均绝对误差为 0.29 mm/d。②在半干旱草原区的内蒙古太仆寺旗以波文比系统定点观测数据计算的日蒸散发量为标准验证时,在 30 m 空间尺度上,本章模型以 ETM+数据为基础反演的日蒸散发量的平均绝对误差为 0.24 mm/d,在 1 km 空间尺度上,以 MODIS L1B 数据为基础反演的日蒸散发量的平均绝对误差为 0.47 mm/d。

敏感性分析结果表明:当模型中输入的单个参数产生±10%的系统误差时,计算获得的敏感性评价系数大多小于等于 0.1,可见模型对这些参数变化的敏感性不强;仅有地表温度、气温、净辐射的敏感性评价系数较大,分别为 0.34、0.32、0.27。经过深入分析,发现模型对地表温度最敏感,地表温度是本文模型的关键参数。

针对参考温度算法中需要难以准确计算的空气动力学阻抗,提出了不利用空气动力学阻抗的简化思路,并在泾河流域 30 m TM 数据反演结果的基础上,推导出三种不需要空气动力学阻抗的简单方法计算参考温度。在泾河流域的案例研究表明,同样以地表能量平衡方程计算的结果为标准、在允许绝对误差小于等于 0.3 mm/d 的情景下,参考温度计算方法采用空气动力学阻抗不进行简化时模型的精度为 98.23%,而当采用简化的参考温度计算方法时,模型的精度分别为 88.72%(简化算法 1)、96.87%(简化算法 2)、

98.58%(简化算法3),简化前后精度的最大差值为9.21%、最小差值为0.35%,与不简化时相比,无明显差距,但简化后模型的应用大为简单。

在泾河流域水资源管理中,用本章简化模型以1 km分辨率MODIS产品为基础数据,反演的流域年散蒸发量(2003~2006年)分别为622 mm、417 mm、430 mm、425 mm,与流域内实测水文要素计算的年蒸散发量相比,平均绝对误差为23 mm/a,其中最大绝对误差为47 mm/a,最小绝对误差为4 mm/a,说明模型计算的结果具有较高的可信度和较好的实用性。在此基础上,结合降水数据定量分析了流域内水分收支状况,2003~2006年的整体结果表明:泾河流域东、西两侧的水分收入远远小于支出,年亏损量大于300 mm;流域中部以南沿着泾河干流分布的区域水分收入略高于支出(0~100 mm/a);其余区域基本是水分支出大于收入,年亏损量为100~300 mm,该结果可以为制定流域水资源的调配或分配方案提供科学依据。对耕地中土壤蒸发与作物蒸腾的定量研究结果表明,土壤蒸发量的多年平均值占同期作物蒸腾量的50%,占总蒸散发量的33%,泾河流域耕地中的水资源利用效率低,超过30%的土壤水分以无效水的形式直接蒸发返回大气。据此,可以确定合理的农业灌溉用水量,减少水资源的无效蒸发,提高水分利用效率。

在本文的研究过程中,创新点主要有:①将前人在田间尺度实验中提出的土壤蒸发、植被蒸腾模型进行重新定义、拓展与改进,获得了可在区域尺度上结合遥感应用的蒸散发模型,经验证,模型具有较好的应用精度,丰富了区域蒸散发的定量研究;②对再定义后模型中的输入参数和涉及的中间参数的反演方法进行了归纳总结,可为陆面过程相关领域的研究提供借鉴;③对再定义后的模型进行改进,简化了模型中参考温度的计算方法,剔除了难以准确计算的空气动力学阻抗,使模型应用的大为简单,但模型的精度却没有因此而降低;④模型的应用为解决区域水资源管理中面临的难点问题——土壤蒸发与植被蒸腾难以准确定量化,导致在水资源量的分配或调配、合理灌溉量的确定、水分利用效率的提高等管理决策方面缺乏理论依据,提供了快速、易于操作的解决方法,对水资源尤其短缺的干旱、半干旱地区,具有重要应用价值:通过模型计算的蒸散发量及其空间分布,结合降水数据可以判断指定区域内水分收支状况,以指导水资源的调配或分配;通过模型将蒸散发定量区分为土壤蒸发(无效水)与植被蒸腾(有效水),可以判断指定区域的水资源利用效率,为提高水资源利用效率提供科学数据。

参考文献

陈操操,谢高地,甄霖. 2007. 泾河流域降雨量变化特征分析. 资源科学,29(2):172-177.

耿艳辉,闵文庆,成升魁. 2006. 西北地区种植业需水分析——以泾河流域. 生态与农村环境学报,22(4):30-34.

韩凤朋,郑继勇,张兴昌. 2006. 黄河6条支流域非点源污染分布现状. 西北农林科技大学学报(自然科学版),34(8):75-81.

韩景卫. 2003. 泾河和渭河的水质特征研究. 西北大学学报(自然科学版),33(3):341-348.

江樟焰. 2006. 基于红光、近红外反射率的遥感光谱植被指数的线性和土壤背景影响分析. 北京师范大学博士学位论文.

雷红刚. 2008. 泾河干流水资源变化趋势分析. 甘肃水利水电技术,44(5):319-320.

覃志豪,Zhang M H,Arnon K,等. 2001. 用陆地卫星TM6数据演算地表温度的单窗算法. 地理学报,56(4):

456-466.
覃志豪,李文娟,徐斌,等．2004. 陆地卫星 TM6 波段范围内地表比辐射率的估计．国土资源遥感,3:28-32.
冉大川,刘斌,罗全华,等.2001.泾河流域水沙变化水文分析.人民黄河,23(2):9-11.
冉大川,刘斌,王宏,等．2006. 黄河中游典型支流水土保持措施减洪减沙作用研究．郑州:黄河水利出版社．
冉大川,吴永红．2003. 泾河流域水土保持生态环境建设与治理方略刍议．水土保持研究,10(2):58-59.
施雅风,沈永平,胡汝骥．2003. 西北气候由暖干向暖湿转型的信号、影响和前景的初步探讨．科技导报,24(2):54-57.
王佩,邱国玉,尹婧,等．2008. 泾河流域温度与器皿蒸发量时空特征及变化趋势．干旱气象,(1):17-22.
王兮之,索安宁,洪军,等．2006. 泾河典型流域水沙变化及其景观格局分析．水土保持研究,13(4):260-263.
谢高地,甑霖,陈操操,等．2007. 流域宏观尺度降雨-景观-径流变化的相互作用．资源科学,29(2):156-163.
张仁华,孙晓敏,王伟民,等．2004. 一种可操作的区域尺度地表通量定量遥感二层模型的物理基础．中国科学 D 辑,34(S2):200-216.
赵英时,等．2003. 遥感应用分析原理与方法．北京:科学出版社．
赵治文．2008. 泾河流域水资源质量调查评价．甘肃水利水电技术,44(2):107,108.
中华人民共和国水利部．2005. 中国河流泥沙公报 2004. 北京:中国水利水电出版社．
中华人民共和国水利部．2007. 中国河流泥沙公报 2006. 北京:中国水利水电出版社．
Agam N, Kustas W P, Anderson M C, et al. 2007. A vegetation index based technique for spatial sharpening of thermal imagery. Remote Sensing of Environment, 107 (4): 545-558.
Allen R G, Pereira L S, Raes D, et al. 1998. Crop evapotranspiration-Guidelines for computing crop water requirements. FAO Irrigation and Drainage Paper, 56.
Allen R G, Smith M, Pereira L S, et al. 1994. An update for the calculation of reference evapotranspiration. ICID Bulletin, 43 (2): 35-92.
Andreas E L, Cash B A. 1996. A new formulation for the bowen ratio over saturated surfaces. Journal of Applied Meteorology, 35 (8): 1279-1289.
Artis D A, Carnahan W H. 1982. Survey of emissivity variability in thermography of urban areas. Remote Sensing of Environment, 12 (4): 313-329.
Asrar G, Kanemasu E T, Yoshida M. 1985. Estimates of leaf area index from spectral reflectance of wheat under different cultural practices and solar angle. Remote Sensing of Environment, 17 (1): 1-11.
Baret F, Guyot G. 1991. Potentials and limits of vegetation indices for LAI and APAR assessment. Remote Sensing of Environment, 35 (2-3): 161-173.
Bastiaanssen W G M. 2000. SEBAL-based sensible and latent heat fluxes in the irrigated Gediz Basin, Turkey. Journal of Hydrology, 229 (1-2): 87-100.
Becker F, Li Z L. 1990. Towards a local split window method over land surface. International Journal of Remote Sensing, 11 (3): 369-393.
Best R G, Harlan J C. 1985. Spectral estimation of green leaf area index of oats. Remote Sensing of Environment, 17 (1): 27-36.
Campbell G S, Norman J M. 1998. An Introduction to Environmental Biophysics . 2nd ed. New York: Springer Press: 164.
Carlson T N, Capehart W J, Gillies R R. 1995. A new look at the simplified method for remote sensing of daily evapotranspiration. Remote Sensing of Environment, 54 (2): 161-167.
Caselles V, Coil C, Valor E. 1997. Land surface emissivity and temperature determination in the whole HAPEX-Sahel area from AVHRR data. International Journal of Remote Sensing, 18 (5): 1009-1027.
Chander G, Markham B L. 2003. Revised Landsat-5 TM radiometric calibration procedures and postcalibration dynamic ranges. IEEE Transactions on Geoscience and Remote Sensing, 41(11): 2674-2677.
Chander G, Markham B L, Helder D L. 2009. Summary of current radiometric calibration coefficients for Landsat

MSS, TM, ETM+, and EO-1 ALI sensors. Remote Sensing of Environment, 113 (5): 893-903.

Chen J M, Black T A. 1992. Defining leaf area index for non-flat leaves. Plant, Cell and Environment, 15 (4): 421-429.

Chen Y H, Li X B, Li J, et al. 2005. Estimation of daily evapotranspiration using a two-layer remote sensing model. International Journal of Remote Sensing, 26 (8): 1755-1762.

Garrison J D, Adler G P. 1990. Estimation of precipitable water over the United States for application to the division of solar radiation into its direct and diffuse components. Solar Energy, 44(4): 225-241.

Huete A R. 1988. A soil-adjusted vegetation index (SAVI). Remote Sensing of Environment, 25 (3): 295-309.

Jackson R D, Hatfield J L, Reginato R J, et al. 1983. Estimation of daily evapotranspiration from one time-of-day measurements. Agricultural Water Management, 7 (1-3): 351-362.

Jarvis A, Reuter H I, Nelson A, et al. 2008. Hole-filled SRTM for the globe version 4, available from the CGIAR-CSI SRTM 90m database. http://srtm. csi. cgiar. org.

Jiménez-Muñoz J C, Sobrino J A. 2003. A generalized single channel method for retrieving land surface temperature from remote sensing data. Journal of Geophysical Research, 108 (D22): 4688, doi: 10. 1029/2003JD003480.

Jordan C F. 1969. Derivation of leaf area index from quality of light on the forest floor. Ecology, 50 (4): 663-666.

Kaufman Y J, Gao B C. 1992. Remote sensing of water vapor in the near IR from EOS/MODIS. IEEE Transactions on Geoscience and Remote Sensing, 30(5): 871-884.

Kerr Y H, Lagouarde J P, Imbernon J. 1992. Accurate land surface temperature retrieval from AVHRR data with use of an improved split window algorithm. Remote Sensing of Environment, 41 (2-3): 197-209.

Kustas W P, Daughtry C S T. 1990. Estimation of the soil heat flux/net radiation ratio from spectral data. Agricultural and Forest Meteorology, 49 (3): 205-223.

Kustas W P, Norman J M. 1999a. Evaluation of soil and vegetation heat flux predictions using a simple two-source model with radiometric temperatures for partial canopy cover. Agricultural and Forest Meteorology, 94(1): 13-29.

Kustas W P, Norman J M. 1999b. Reply to comments about the basic equations of dual-source vegetation-atmosphere transfer models. Agricaltural and Forest Meteorology, 94 (3-4): 275-278.

Kustas W P, Choudhury B J, Moran M S, et al. 1989. Determination of sensible heat flux over sparse canopy using thermal infrared data. Agricultural and Forest Meteorology, 44 (3-4): 197-216.

Lhomme J -P, Monteny B, Amadou M. 1994. Estimating sensible heat flux from radiometric temperature over sparse millet. Agricultural and Forest Meteorology, 68 (1-2): 77-91.

Liang S L. 2001. Narrowband to broadband conversions of land surface albedo I Algorithms. Remote Sensing of Environment, 76 (2): 213-238.

Mao K, Qin Z, Shi J, Gong P. 2005. A practical split-window algorithm for retrieving land surface temperature from MODIS data. International Journal of Remote Sensing, 26(10): 3181-3204.

Markham B L, Barker J K. 1985. Spectral characteristics of the LANDSAT Thematic Mapper sensors. International Journal of Remote Sensing, 6 (5): 697-716.

Masahiro T. 2003. Progress in operational estimation of regional evapotranspiration using satellite imagery. Ph. D. Thesis, University of Idaho, USA.

McCulloch L, Hunter D M. 1983. Identification and monitoring of Australian plague locust habitats from landsat. Remote Sensing of Environment, 13 (2): 95-102.

Monteith J L. 1973. Principles of Environmental Physics . 2nd ed. London: Edward Arnold Press: 241.

Moran M S, Jackson R D, Raymond L H, et al. 1989. Mapping surface energy balance components by combining landsat thematic mapper and ground-based meteorological data. Remote Sensing of Environment, 30 (1): 77-87.

Moulin S, Bondeau A, Delecolle R. 1998. Combining agricultural crop models and satellite observations: from field to regional scales. International Journal of Remote Sensing, 19(6): 1021-1036.

Norman J M. Kustas W P, Humes K S. 1995. Source approach for estimating soil and vegetation energy fluxes in observations of directional radiometric surface temperature. Agricultural and Forest Meteorology, 77 (3-4): 263-293.

Olioso A. 1995. Simulating the relationship between thermal emissivity and the normalized difference vegetation index. International Journal of Remote Sensing, 16(16): 3211-3216.

Pauwels V R N, Samson R. 2006. Comparison of different methods to measure and model actual evapotranspiration rates for a wet sloping grassland. Agricultural Water Management, 82 (1-2): 1-24.

Peterson D L, Spanner M A, Running S W, et al. 1987. Relationship of thematic mapper simulator data to leaf area index of temperate coniferous forest. Remote Sensing of Environment, 22 (3): 323-341.

Pinheiro A C T, Descloitres J, Privette J L, et al. 2007. Near-real time retrievals of land surface temperature within the MODIS rapid response system. Remote Sensing of Environment, 106 (3): 326-336.

Price J C, Bausch W C. 1995. Leaf area index estimation from visible and near-infrared reflectance data. Remote Sensing of Environment, 52 (1): 55-65.

Price J C. 1992. Estimating vegetation amount from visible and near infrared reflectance measurements. Remote Sensing of Environment, 41 (1): 29-34.

Qin Z, Dall'Olmo G, Karnieli A, et al. 2001. Derivation of split window algorithm and its sensitivity analysis for retrieving land surface temperature from NOAA-advanced very high resolution radiometer data. Journal of Geophysical Research, 106 (D19): 22655-22670.

Qiu G Y, Yano T, Momii K. 1996. Estimation of plant transpiration by imitation leaf temperature I. Theoretical consideration and field verification. Transactions of the Japanese Society of Irrigation, Drainage and Reclamation Engineering, 64 (3): 401-410.

Qiu G Y, Yano T, Momii K. 1998. An improved methodology to measure evaporation from bare soil based on comparison of surface temperature with a dry soil. Journal of Hydrology, 210 (1-4): 93-105.

Richardson A J, Everitt J H. 1992. Using spectra vegetation indices to estimate rangeland productivity. Geocarto International, 7 (1): 63-69.

Richardson A J, Wiegand C L. 1977. Distinguishing vegetation from soil background information. Photogrammetric Engineering and Remote Sensing, 43: 1541-1552.

Rana G, Katerji N. 2000. Measurement and estimation of actual evapotranspiration in the field under Mediterranean Climate: a review. European Journal of Agronomy, 13 (2-3): 125-153.

Robeson S M. 1994. Influence of spatial sampling and interpolation on estimates of air temperature. Climate Research, 4 (2): 119-126.

Rockström J. 1999. On-farm green water estimates as a tool for increased food production in water-scarce regions. Physical Chemical Earth (B), 24 (4): 375-383.

Rouse J W, Haas R H, Schell J A, et al. 1974. Monitoring the vernal advancement of retrogradation of natural vegetation. NASA/GSFC, Type III, Final Report, Greenbelt, MD:371.

Running S W, Nemani R R. 1988. Relating seasonal patterns of the AVHRR vegetation index to simulated photosynthesis and transpiration of forests in different climates. Remote Sensing of Environment, 24 (2): 347-367.

Shuttleworth W J, Gurney R J. 1990. The theoretical relationship between foliage temperature and canopy resistance in sparse crops. Quarterly Journal of the Royal Meteorological Society, 116 (492): 497-519.

Sobrino J A, Raissouni N. 2000. Toward remote sensing methods for land cover dynamic monitoring: application to morocco. International Journal of Remote Sensing, 21 (2): 353-366.

Sobrino J A, Kharraz J E L, Li Z L. 2003. Surface temperature and water vapour retrieval from MODIS data. International Journal of Remote Sensing, 24(24): 5161-5182.

Sobrino J A, Jiménez-Munoz J C, Paolini L. 2004. Land surface temperature retrieval from LANDSAT TM 5. Remote Sensing of Environment, 90 (4): 434-440.

Sobrino J A, Li Z L, Stoll M P, et al. 1994. Improvements in the split window technique for land surface temperature determination. IEEE Transction Geoscience Remote Sensing, 32 (2): 243-253

Sobrino J A, Li Z L, Stoll M P, et al. 1996. Multi-channel and multiangle algorithms for estimating sea and land surface temperature with ATSR data. International Journal of Remote Sensing, 17 (11): 2089-2114.

Sobrino J A, Raissouni N, Li Z L. 2001. A comparative study of land surface emissivity retrieval from NOAA data. Remote Sensing of Environment, 75 (2): 256-266.

Su Z, Schmugge T, Kustas W P, et al. 2001. An evaluation of two models for estimation of the roughness height for heat transfer between the land surface and the atmosphere. Journal of Applied Meteorology, 40 (11): 1922-1951.

Swinbank W C. 1963. Long-wave radiation from clear skies. Quarterly Journal of the Royal Meteorological Society, 89 (381): 339-348.

van De Griend A A, Owe M. 1993. On the relationship between thermal emissivity and the normalized divergence vegetation index for natural surfaces. International Journal of Remote Sensing, 14 (6): 1119-1131.

Valor E, Caselles V. 1996. Mapping land surface emissivity from NDVI: Application to European, African, and South American areas. Remote Sensing of Environment, 57 (3): 167-184.

Walthall C, Dulaney W, Anderson M, et al. 2004. A comparison of empirical and neural network approaches for estimating corn and soybean leaf area index from landsat ETM+ imagery. Remote Sensing of Environment, 92 (4): 465-474.

Wan Z M, Dozier J. 1996. A generalized split-window algorithm for retrieving land-surface temperature from space. IEEE Transction Geoscience and Remote Sensing, 34 (4): 892-905.

Wan Z M, Li Z L. 1997. A physics-based algorithm for retrieving land-surface emissivity and temperature from EOS/MODIS data. IEEE Transction Geoscience and Remote Sensing, 35 (4): 980-996.

Wan Z M, Zhang Y L, Zhang Q C, et al. 2002. Validation of the land-surface temperature products retrieved from Terra Moderate Resolution Imaging Spectroradiometer data. Remote Sensing of Environment, 83 (1-2): 163-180.

Wan Z M. 1999. MODIS land-surface temperature algorithm theoretical basic document (v3.3). http://modis.gsfc.nasa.gov/data/atbd/atbd_mod11.pdf.

Watson D J. 1947. Comparative physiological studies in the growth of field crops. I. Variation in net assimilation rate and leaf area between species and varieties, and within and between years. Annals of Botany, 11 (1): 41-76.

White D A. 2008. The MODIS conversion toolkit (MCTK) user's guide. http://nsidc.org/data/modis/tools.html.

Willmott C J. 1982. Some comments on the evaluation of model performance. Bulletin of the American Meteorological Society, 63 (11): 1309-1313.

Zhan X, Kustas W P, Humes K S. 1996. An intercomparison study on models of sensible heat flux over partial canopy surfaces with remotely sensed surface temperature. Remote Sensing of Environment, 58 (3): 242-256.

Zhang P, Anderson B, Tan B, et al. 2005. Potential monitoring of crop production using a satellite-based climate-variability impact index. Agricultural and Forest Meteorology, 132 (3-4): 344-358.

第四部分　气候变化背景下区域水分收支的模拟研究

第十三章　气候变化对泾河流域器皿蒸发量和流域干旱化的影响①

近几十年来泾河流域暖干化趋势明显，并对流域粮食、水和土地资源安全产生了较大的影响。除人类活动因素影响外，全球变暖所引发的流域气候、水文过程的变化也是干旱化加剧的主要原因。随着全球增暖的加剧，升温引起蒸发能力的变化已经对地表湿润状况产生了重要作用，研究流域气候变化对水分蒸发及其对干旱化的影响有重要的理论及现实意义。本章旨在揭示流域干旱化这一基本事实基础上，探讨流域的气候变化对水分蒸发和干旱化的影响及其原因，预测未来气候变化情景下，流域干旱化趋势，为更好适应流域干旱化提供科学参考。

第一节　研 究 方 法

一、数据获得与处理

通过查阅统计年鉴及流域水文资料，掌握泾河流域的自然、社会与经济概况，收集流域周边的国家气象站多年观测气象资料，全面把握和理解流域的气候变化及其影响。赴泾河流域调研，以深入农户问卷结合走访相关研究机构与当地政府的方式，调查流域干旱化及其适应现状及存在的问题，为流域适应对策提供数据支持。选取泾河流域内部及周边 14 个国家基准气象站点，由于 1957～2005 年的资料比较均一、完整，因此对 1957～2005 年逐日观测数据进行分析(表 13.1)。日观测项目包括器皿蒸发、最高温度、最低温度及平均温度、日降水量、相对湿度、风速、日照时数资料，以及周边 4 个站点 1961～2003 年的逐日太阳总辐射资料，对缺测日值分别采取时间差值，空间内插，及线性内插方法，保证时间序列统一性和完整性，并对数据处理的全程进行了质量控制，剔除奇异值及连续缺测 3 年以上的站点，以保证长时间序列的可靠性(表 13.2)。

表 13.1　泾河流域主要国家气象基准站点

区站号	站点	省份	纬度	经度	海拔/m	开始年月(年.月)	截止年月(年.月)
53810	同心	宁夏	36°58′N	105°54′E	1339.3	1955.01	2005.12
53817	固原	宁夏	36°00′N	106°16′E	1753.0	1956.10	2005.12
53821	环县	甘肃	36°35′N	107°18′E	1255.6	1957.01	2005.12
53845	延安	陕西	36°36′N	109°30′E	958.5	1951.01	2005.12
53903	西吉	宁夏	35°58′N	105°43′E	1916.5	1957.02	2005.12

① 本章作者：王佩、邱国玉、李瑞利。

续表

区站号	站点	省份	纬度	经度	海拔/m	开始年月(年.月)	截止年月(年.月)
53915	平凉	甘肃	35°33′N	106°40′E	1346.6	1951.01	2005.12
53923	西峰镇	甘肃	35°44′N	107°38′E	1421.0	1951.01	2005.12
53929	长武	陕西	35°12′N	107°48′E	1206.5	1956.09	2005.12
53942	洛川	陕西	35°49′N	109°30′E	1159.8	1954.11	2005.12
53723	盐池	宁夏	37°48′N	107°23′E	1349.3	1954.01	2005.12
53725	定边	陕西	37°35′N	107°35′E	1360.3	1989.01	2005.12
53738	吴旗	陕西	36°55′N	108°10′E	1331.4	1956.10	2005.12
57034	武功	陕西	108°13′N	34°15′E	4491	1954.4	2001.12
57036	西安	陕西	108°56′N	34°18′E	3986	1951.1	2001.12
57016	宝鸡	陕西	107°08′N	34°21′E	6136	1951.9	2005.12

表 13.2 流域气象辐射资料台站信息表

区站号	站名	省份	级别	纬度	经度	海拔/m	资料年份	缺测年月
53817	固原	宁夏	3	36°00′N	106°16′E	17 530	1985.1~2003.12	
53845	延安	陕西	3	36°36′N	109°30′E	9 585	1990.1~2003.12	
57036	西安	陕西	2	34°18′N	108°56′E	3 975	1961.1~2003.12	
53614	银川	宁夏	2	38°29′N	106°13′E	11 114	1961.1~2003.12	1967.8~1972.12

二、研 究 方 法

1. 时间序列特征分析

本节采用线性回归方法计算气候趋势系数、气候倾向率定量描述各气候要素变化程度,以 Mann-Kendall 秩次相关法检验显著程度,说明各气候要素的长期变化趋势。有研究(施能等,1995)认为,引入气候趋势系数和气候倾向率可用来研究泾河流域的气候变化特征。气候趋势系数的算法为:设某站某气象要素时间序列为 y_1、y_2、…、y_i、…、y_n,它可以用 1 个多项式来表示,即 $y_n(t)=a_0+a_1t_1+a_2t_2+\cdots+a_mt_n(m<n)$,式中,$t$ 为时间,单位为 a。一般来讲,温度和降水的气候趋势用一次直线方程和二次曲线方程就能满足。本节用一次直线方程来定量描述,即 $y(t)=a_0+a_1t$,则趋势变化率方程为 $\mathrm{d}y(t)/\mathrm{d}t=a_1$,其中把 a_1 把称作气候趋势系数。$a_1\times 10$ 称作气候倾向率,其单位为℃/10 a 或 mm/10 a,方程中的系数可用最小二乘法或经验正交多项式来确定,文中使用最小二乘法来确定系数。Kendall 非参数秩次相关检验法已经广泛地用于检验气象水文时间序列的趋势成分,包括水质、流量、气温和降雨序列等,在过去研究中,国际、国内关于 M-K 方法应用研究的实例非常之多(Hirsch and Slack, 1984; Gan, 1998; Douglas et al., 2000)。对序列 $X_t=(x_1, x_2, \cdots, x_n)$,先确定所有对偶值 $(x_i, x_j, j>i)$ 中 x_i 与 x_j 的大小关系(设为 τ)。趋势检验的统计量为

$$U_{MK} = \frac{\tau}{[\mathrm{Var}(\tau)]^{1/2}} \tag{13.1}$$

式中

$$\tau = \sum_{i=1}^{n-1}\sum_{j=i+1}^{n} \mathrm{sgn}(x_j - x_i);\ \mathrm{sgn}(\theta) = \begin{cases} 1 & \text{if } \theta > 0 \\ 0 & \text{if } \theta = 0 \\ -1 & \text{if } \theta < 0 \end{cases} \tag{13.2}$$

$$\mathrm{Var}(\tau) = \frac{n(n-1)(2n+5) - \sum_{i=1}^{n} t_i i(i-1)(2i+5)}{18} \tag{13.3}$$

当 $n>10$ 时，U_{MK} 收敛于标准正态分布。

原假设为该序列无趋势，采用双边趋势检验，在给定显著性水平 α 下，在正态分布表中查得临界值 $U_{\alpha/2}$，当 $|U_{MK}| < U_{\alpha/2}$ 时，接受原假设，即趋势不显著；若 $|U_{MK}| > U_{\alpha/2}$，则拒绝原假设，即认为趋势显著。

2. 空间数据处理

利用流域 14 站气象数据空间插值到整个流域，分析各要素的空间分布特征及变化趋势，本文使用交叉验证对 Surfer 7.0 中的 9 种方法的插值效果进行验证，发现反距离加权法(Cressie, 1990)及普通克里格线性半方差及克里格球形半方差法(Deutsch and Journel, 1992)插值效果相对较好表 13.3；对以上三种方法进一步筛选，对插值后的值及原数据进行了相关检验，最后选用相关性最高且较简便的普通克里格(线形半方差)插值方法将各站点流域 14 站的气候要素插值到整个流域，来分析空间上的变率差异。

表 13.3　反距离加权、普通克里格(线性半方差)、普通克里格(球形半方差)三种插值方法比较

相关系数		年器皿蒸发	年温度	年降水
方法	反距离加权	0.71	0.64	0.65
	普通克里格线性半方差	0.72	0.64	0.68
	普通克里格球形半方差	0.73	0.64	0.67

注：表中的相关系数来自交叉校正验证结果。

3. Penman-Monteith(简写 P-M)公式计算参考蒸散发

在众多的作物参考蒸散发计算方法中，选择用 FAO Penman-Monteith(Allen and Pereira, 1998)公式来计算。FAO Penman-Monteith 公式是 FAO 1998 年推荐使用的具有相对较小误差的计算可能蒸散量的方法。该模型综合考虑了植物的生理学特性和空气动力学特性，反映了蒸发必须具备的条件：蒸发潜热所需要的能量和水汽移动必须具有的动力结构，具有理论基础坚实、物理意义明确，能够反映各气候要素的综合影响等特点，被 FAO 专家组成员定为计算潜在蒸散量的标准方法。式(13.4)中定义可能蒸散量为一种假想参照作物冠层的蒸散速率，假设作物植株高度为 0.12 m，固定的作物表面阻力为 70 m/s，反射率为 0.23，非常类似于表面开阔、高度一致、生长旺盛、完全遮盖地面而不缺水的绿色草地的蒸散量。FAO Penman-Monteith 修正公式表达如下：

$$ET_0 = \frac{0.408\Delta(R_n - G) + \gamma \dfrac{900}{T+273}U_2(e_a - e_d)}{\Delta + \gamma(1 + 0.34U_2)} \tag{13.4}$$

式中：ET_0 为参考蒸散蒸发量(mm/d)；R_n 为地表净辐射[MJ/(m^2 · d)]；G 为土壤热通量[MJ/(m^2 · d)]；T 为日平均气温℃；U_2 为 2 m 高处风速(m/s)；e_s 为饱和水汽压 kPa；e_a 为实际水汽压 9 kPa；$e_a - e_d$ 为饱和水汽压赤字 kPa；Δ 为饱和水汽压曲线斜率(kPa/℃)；γ 为干湿表常数(kPa/℃)。

以下为各参数的详细计算说明。

1) 日平均气温(T_{mean})

由于 FAO Penman-Monteith 公式中湿度资料的非线性分布，某时段水汽压以此时段的日最高气温、日最低气温计算得来。FAO Penman-Monteith 公式中用到的日平均气温(T_{mean})时，建议由日最高气温(T_{max})和日最低气温(T_{min})的平均值计算得到，而不是当日 24h 逐时(或一日 4 次、8 次)观测气温的平均值。

$$T_{mean} = \frac{T_{max} + T_{min}}{2} \tag{13.5}$$

2) 实际水汽压 e_a

就是露点温度 dew T/℃下的饱和水汽压，单位为 kPa。由于缺乏露点温度，本节采用如下计算公式：

$$e_a = \frac{RH_{mean}}{100}\left[\frac{e^\circ(T_{max}) + e^\circ(T_{min})}{2}\right] \tag{13.6}$$

式中：e_a 为实际气温为 T 时的饱和水汽压(kPa)；RH_{mean} 为空气相对湿度；T_{max} 为日最高气温，T_{min} 为日最低气温，单位为(℃)；$e^\circ(T)$ 为气温为 T 时的饱和水汽压。

3) 饱和水汽压 e_s

饱和水汽压与气温相关，计算公式如下：

$$e^\circ(T) = 0.6108\exp\left[\frac{17.27T}{T + 237.3}\right] \tag{13.7}$$

$$e_s = \frac{e^\circ(T_{max}) + e^\circ(T_{min})}{2} \tag{13.8}$$

式中：$e^\circ(T)$ 为气温为 T 时的饱和水汽压(kPa)；T 为空气温度；T_{max} 为最高气温；T_{min} 为日最低气温(℃)。

4) 饱和水汽压曲线斜率 (Δ)

饱和水汽压与温度的斜率计算公式：

$$\Delta = \frac{4098e_s}{(T + 237.3)^2} \tag{13.9}$$

式中：Δ 为在气温为 T 时的饱和水汽压斜率(kPa/℃)；T 为空气气温(℃)；e_s 为饱和水汽压(kPa)。

5) 净辐射(R_n)

净辐射 R_n 是收入的净短波辐射 R_{ns} 和支出的净长波辐射 R_{nl} 之差，如下所示：

$$R_n = R_{ns} - R_{nl} \tag{13.10}$$

6）日地球外辐射(R_a)

$$R_a = \frac{24(60)}{\pi} G_{sc} d_r [\omega_s \sin(\varphi)\sin(\delta) + \cos(\varphi)\cos(\delta)\sin(\omega_s)] \tag{13.11}$$

式中：R_a 为地球外辐射[MJ/(m^2·h)]；G_{sc}为太阳常数，0.0820 MJ/(m^2·min)；d_r 为反转日地平均距离，计算见式(13.12)；太阳磁偏角(弧度)，计算见式(13.13)；纬度，单位为弧度，具体转换见式(13.14)；ω_s 为日出角(弧度)，计算见式(13.15)。

$$d_r = 1 + 0.033\cos\left(\frac{2\pi}{365}J\right) \tag{13.12}$$

$$\delta = 0.409\sin\left(\frac{2\pi}{365}J - 1.39\right) \tag{13.13}$$

式中：J 为日序，取值范围为 1～365 或 366，1 月 1 日取日序为 1。

$$[\text{Radians}] = \frac{1}{180}[\text{Decimaldegrees}] \tag{13.14}$$

$$\omega = \arccos[-\tan(\varphi) \times \tan(\delta)] \tag{13.15}$$

7）太阳辐射(R_s)

$$R_s = \left(a_s + b_s \frac{n}{N}\right) R_a \tag{13.16}$$

式中：R_s 为太阳辐射或短波辐射[MJ/(m^2·d)]；n 为实际日照时数，单位为小时(h)；N 为最大可能日照时数，单位为小时(h)；n/N 为相对日照；R_a 地球外辐射[MJ/(m^2·d)]；a_s= 0.25，b_s=0.50 使用 FAO 推荐值。

8）太阳净辐射或短波净辐射(R_{ns})

$$R_{ns} = (1 - \alpha) R_s \tag{13.17}$$

式中：R_{ns}为太阳净辐射或短波净辐射[MJ/(m^2·d)]；α 为反照率，此处取绿色草地参考作物的反照率 0.23；R_s为接收的太阳辐射[MJ/(m^2·d)]。

9）长波净辐射 (R_{nl})

$$R_{nl} = \sigma\left[\frac{(T_{max,k})^4 + (T_{min,k})^4}{2}\right]\left(0.34 - 0.14\sqrt{e_a}\right)\left(1.35\frac{R_S}{R_{So}} - 0.35\right) \tag{13.18}$$

式中：R_{nl}为长波辐射净支出[MJ/(m^2·d)]；σ 为 Stefan-Boiltzmann 常数，数值为 4.903×10^{-9} MJ/(K^4·m^2·d)；$T_{max,k}$为一天(24 h)中最高绝对温度(K)；$T_{min,k}$为一天(24 h)中最低绝对温度(K)；e_a 为实际水汽压(kPa)；R_s/R_{so}为相对短波辐射(≤1.0)；R_s为太阳辐射[MJ/(m^2·d)]；R_{so}为晴空辐射[MJ/(m^2·d)]；$\left(0.34 - 0.14\sqrt{e_a}\right)$ 为空气湿度的订正项，如果空气湿度增加，它的值将变小。云的影响表示为 $\left(1.35\frac{R_S}{R_{So}} - 0.35\right)$，如果云量增加，$R_s$ 将减少，它的值也相应减少。这两个订正项的值越小，长波辐射净通量也越小。

10）土壤热通量(G)

在日尺度上参考草地的土壤热容量相当小，可以忽略不计：

$$G_{day} \approx 0 \tag{13.19}$$

11) 风速(U)

$$U_2 = U_z \cdot \frac{4.87}{\ln(67.8Z - 5.42)} \tag{13.20}$$

式中:U_2 为 2m 高处的风速(m/s);U_z 为 z 米高处测量的风速(m/s);z 为风速计仪器安放的离地面高度(m)。

参考蒸散发及各参数的计算均按照 FAO Irrigation and Drainage Paper No.56 中第三章计算步骤进行。

4. 各因子对参考蒸散发的敏感性分析

敏感性分析利用各个因子的相对变化量来描述流域参考蒸散发对各气候要素变化的敏感度,进一步理解各气候因子引起的参考蒸发的贡献量。敏感性分析方法很多(Qiu et al., 1998; Paturel et al., 1995),最简单而实用的敏感性分析方法是计算和图示输入因子的和输出因子的相对变化量,这种方法得到了广泛的应用(Xu and Vandewiele, 1994; Goyal, 2004; Xu et al., 2006)。本文选取实测的 4 个气象因子及参考蒸散的相对变化量,来说明各气象因子对参考蒸散的敏感度。

本文设计 9 个情景,如式(13.21)所示:

$$X(t) = x(t) + \Delta x, \Delta x = 0、\pm 5\%、\pm 10\%、\pm 15\%、\pm 20\% \tag{13.21}$$

式中:X 为某种气象因子;t 为时间单位/天;Δx 为变化情景步长。

5. DFA 法定量关键因子对参考蒸发的贡献量

DFA(detrended fluctuation analysis)法在水文学中有很多应用(Xu et al., 2006; Koscielny-Bunde et al., 2006; Matsoukas et al., 2000; Montanari et al., 2000; Kantelhardt et al., 2003),Hu 等(2001)对比分析了该方法的效果,认为去除可能的趋势,使时间序列其呈随机变动,是定量研究因子变动趋势对应变量贡献的较好的方法。本文选取下降趋势显著的太阳净辐射和风速,选用 DFA 较简单的去除其线性趋势方法,具体如下:设某站某气象要素时间序列为 y_1、y_2、…、y_i、…、y_n,它可以用 1 个多项式表示为

$$Y_n(t) = a_0 + a_1 t_1 + a_2 t_2 + \cdots + a_n t_n \tag{13.22}$$

式中:t 为时间(a)。一般来讲,太阳辐射和风速的气候趋势用一次直线方程就能满足。本文用一次直线方程来定量描述,即

$$Y(t) = a_0 + a_1 t_1 \tag{13.23}$$

式中:Y 为某种气候要素观测值;t 为时间。

构造气候趋势系数为 a_1 构造时间序列 $\bar{Y}(t)$:

$$\bar{Y}(t) = a_1 t_1 \tag{13.24}$$

式中:t 取对应的年数;a_1 为气候趋势系数。

$$Y_{\mathrm{DFA}} = Y(t) - \bar{Y}(t) \tag{13.25}$$

式中:Y_{DFA} 即为去线性趋势后该气候要素时间序列。

量化估计对参考蒸散下降趋势贡献量具体步骤如下:①去除风速和太阳辐射的线性下降趋势,使其成随机变化状态;②其他要素不变,用去除趋势的风速或太阳辐射分别替

代原计算参考蒸散发数据中的风速或太阳净辐射，重新计算参考蒸散发；③对比原有的和去趋势后的参考蒸散发参考蒸发，二者的差值即为该因子线性趋势引起的蒸散量的变化。

6. 未来气候变化情景下，干旱化趋势的预测

依据 IPCC 及项目设计的未来增温、降水增加的 9 种情景（黄庆旭等，2006），假设其他要素均保持在 1980～1999 年平均水平，计算 2010～2030 年流域的参考蒸发及干旱指数，同 1980～1999 年平均干旱指数比较，对未来气候变化背景下水分蒸发及干旱化的转折或加剧趋势做出预测。

第二节 流域水分蒸发与地表湿润指数变化特征及原因分析

描述水分蒸发的专业术语很多，一般而言，有下面几种：①水面蒸发指来自开放水体的蒸发，如来自湖泊、水库及河道干流的蒸发。②潜在蒸散发指在充分供水条件下，均一低矮的作物布满不满下垫面时的蒸散发。并没有指具体那一种植物，所以满足此条件的低矮均一的作物很多，没有具体化。③作物参考蒸散发“指来自假定作物参考面的蒸散发”，很具体地规定了参考面的特征。指假设平坦地面被特定矮秆绿色作物（高 0.12m，地面反射率为 0.23，表面阻抗为 70S/m）全部遮蔽，同时土壤保持充分湿润情况下的蒸散量，也称可能蒸散量（Allen and Pereira，1998）。④实际蒸散发指在自然条件下，来自所有蒸发面（土壤、植物）上的蒸发和蒸腾之综合。

参考蒸散发在研究水分蒸发中具有重大的意义，不仅是水灌溉管理输入关键参数之一，而且是众多水分平衡模型的主要参数；目前实际蒸发主要是通过潜在蒸发和土壤湿度等信息来进行估算的，并且在众多水文模型中，要模拟实际蒸散发，也首先要模拟参考蒸散量。较潜在蒸散发而言，参考蒸散发可以看成大气强迫的函数，剔除了同类作物表面类型的影响，而仅考虑气象因子的影响。目前我们一般使用参考蒸散发来研究不考虑作物类型、作物生长和实际管理的流域水分蒸发能力。

利用器皿蒸发来模拟参考蒸散发也是常用的参考蒸散估算方法之一，器皿蒸发是我国水文、气象台站常规观测项目之一，资料累积序列长。长期以来一直是水资源评价、水文研究、水利工程设计和气候区划的重要参考指标。器皿蒸发虽不能直接代表潜在蒸散量，但它与潜在蒸散量之间存在很好的器皿折算系数，其变化趋势可以近似的表征潜在蒸散量的变化趋势。

一、观测到的水分蒸发——器皿蒸发变化及其原因

（一）器皿蒸发多年平均及变率空间分布

图 13.1 为近 50a 平均器皿蒸发及变率等值线图，自流域由南向北，蒸发量逐渐增加，干旱区蒸发量较大，中宁、同心、盐池站高出流域平均 300mm 以上，而其对应的年降水量普遍低于流域平均；而位于湿润区的站点如西安、武功、宝鸡、长武，其多年器皿蒸发距平

为－100～－300mm。各站点器皿蒸发量变化趋势不尽一致，有 12 站呈下降趋势，两站(宝鸡、吴旗)呈微弱上升趋势，流域整体总体呈显著下降趋势；蒸发变化存在明显的地域性差异，不同于温度和降水，蒸发变率无显著地域性规律。流域固原站为低值中心，其倾向率为－127.4mm/10a，为 14 站中的最小值，可能与地处上游高海拔关系密切(杜军等，2008)。

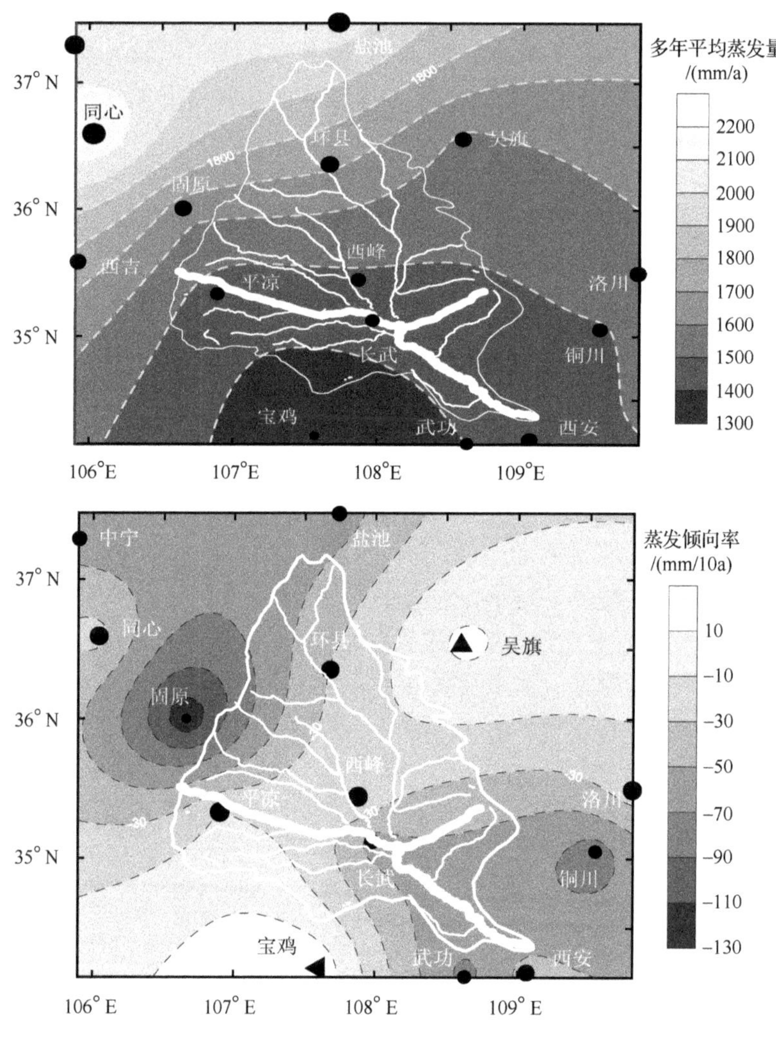

图 13.1　泾河流域多年平均器皿蒸发及其倾向率(1957～2006 年)

图中●代表下降趋势，▲三角代表上升趋势

(二) 时间序列变化特征

图 13.2 是流域 1957～2006 年器皿蒸发量时间序列，可以看出，年器皿蒸发量呈明显下降的趋势，蒸发倾向率为－40.6mm/10a，高于全国平均水平－34.5mm/10a，并通过了 99％的信度检验水平。其 10a 滑动平均可以看出，在过去的 50a 中，90 年代前期，器皿蒸发呈下降趋势，90 年代后，总体呈上升趋势。泾河流域近 50a 平均蒸发量为

1 655.56mm，其距平图 13.3 可以看出，1964 年达最低，1960 年为最高，累积图显示，60～80 年代，蒸发量较高，1980～1993 年显著下降，1993～2000 年处于上升趋势。

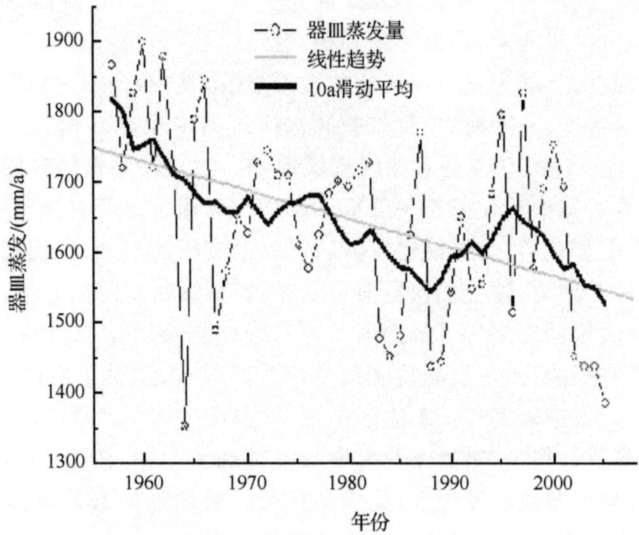

图 13.2　泾河流域器皿蒸发量时间序列及趋势（1957～2006 年）

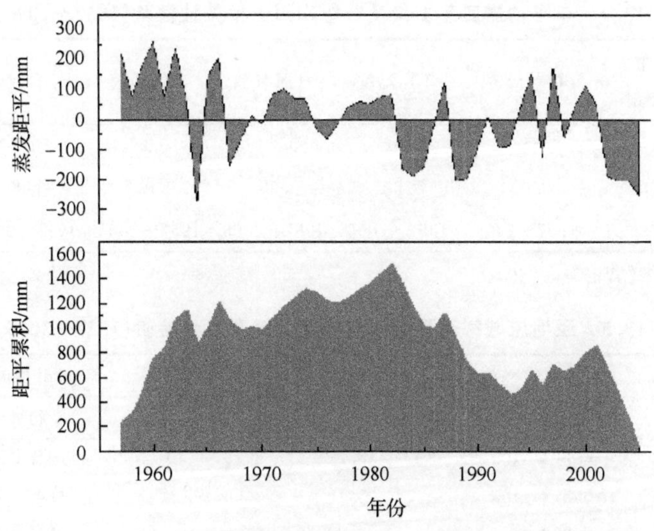

图 13.3　泾河流域器皿蒸发量距平及其累积（1957～2006 年）

（三）器皿蒸发下降原因探讨

"蒸发悖论"的出现是基于温度升高的同时，其他的因子保持不变的假设，然而，在自然界，其他影响因子也同时在变化，并且各因子之间相互影响。对于泾河流域来讲，无论是平均温度还是最高温，最低温度均呈显著上升，而同时器皿蒸发量在显著下降，同样存在"蒸发悖论"；在泾河流域，温度升高的同时，太阳辐射总量及风速显著下降、这些因子的变化趋势都会引起器皿蒸发量下降。相对于其他促进器皿蒸发下降的因子，温度的上升对器皿蒸发的影响并不显著，因此，在流域变暖的同时，器皿蒸发在下降，二者并不矛盾。

引起流域器皿蒸发变化的原因是什么？这是一个很难确切回答的问题。为探讨器皿蒸发和各气候要素之间的关系，采用多元线性相关方法来探讨器皿蒸发和各因子之间的关系，如表 13.4 统计结果所示，器皿蒸发和相对湿度、日照时数、日较差、饱和水汽压差显著相关，而与平均温度、年降水量及风速相关性不显著，其中，太阳总辐射与器皿蒸发相关度最大，其次为相对湿度、日照时数、日较差和水汽压赤字均显著相关。以上气候要素均通过 99%的信度检验。表 13.5 是对泾河流域近 49a 的气候要素的气候倾向率及趋势检验结果，结合各要素对器皿蒸发的相关分析，可以看出，相对湿度有微弱下降趋势(统计上不显著)，其耦合温度变化后，最终使得流域的饱和水汽压差增加，说明随着流域温度的升高，大气对水汽的需求增大，这会加快器皿蒸发，进而减缓其下降的趋势，因此，相对湿度、水汽压赤字是减缓流域器皿蒸发下降的因子。日较差自身变化趋势并不显著，因此对器皿蒸发下降几乎没有影响；风速虽与器皿蒸发相关性很差，但其下降趋势显著，是促进器皿蒸发下降的因子。太阳辐射是众多因子中，与器皿蒸发相关度最高的；且年下降趋势显著，对器皿蒸发下降贡献很大；对器皿蒸发增加宝鸡和吴旗站气候因子分析中，发现宝鸡站主要是风速增大导致器皿蒸发变大，吴旗站日照时数增加所致器皿蒸发略有增加。可见，太阳辐射和风速显著降低可能是器皿蒸发下降的原因。

表 13.4　年平均器皿蒸发量及各影响因子相关性检验(1957～2006)

普通相关系数	太阳总辐射	相对湿度	年均温度	日照时数	年均风速	年日较差	饱和水汽压差
器皿蒸发量	0.56(**)	−0.55(**)	0.07	0.54(**)	0.27	0.50(**)	0.35(**)
显著性	0.000	0.000	0.627	0.000	0.062	0.00	0.014
时间序列	1961～2001	1957～2005	1957～2005	1957～2005	1957～2005	1957～2005	1957～2005

** 在 0.01 水平显著相关（双边）。

表 13.5　泾河流域气候要素的气候倾向率及趋势检验(1957～2006)

序列名称	气候要素变化倾向率	非参数 Mann-Kendall 检验				
		U	$U_{\alpha/2}$	H_0	趋势	年份
年均温度	0.27℃/10a	3.75	2.58	R	显著上升	1957～2005
最高温度	0.27℃/10a	3.75	2.58	R	显著上升	1957～2005
最低温度	0.28℃/10a	3.77	2.58	R	显著上升	1957～2005
年日较差	0.022℃/10a	−0.36	1.96	N.R	无变化	1957～2005
太阳总辐射	−0.57mJ/(d·m^2·10a)	−4.93	2.58	R	显著下降	1961～2001
年均风速	−0.068 m/(s·10a)	−6.77	2.58	R	显著下降	1957～2005
相对湿度	−0.13%/10a	−0.13	1.96	N.R	无变化	1957～2005
日照时数	−0.44 h/10a	−3.07	1.96	N.R	显著下降	1957～2005
实际水汽压	0.009kPa/10a	1.47	1.96	N.R	无变化	1957～2005
饱和水汽压	0.024kPa/10a	3.16	2.58	R	显著上升	1957～2005
水汽压赤字	0.014kPa/10a	2.39	1.96	R	上升	1957～2005

注：H_0，无趋势；R 拒绝；N.R 接受；$\alpha=1\%$($U_{\alpha/2}=2.58$)和 5%($U_{\alpha/2}=1.96$)显著水平。

二、计算的水分蒸发——参考蒸散发变化及原因分析

（一）多年平均时间序列变化

图 13.4 是计算得到 1957～2005 年参考蒸发量时间序列，流域的年参考蒸发量是将 14 站的数据算术平均得来，可以看出，年参考蒸发量呈下降趋势，其降幅小于器皿蒸发，同器皿蒸发相关系数达 0.71。其距平累计图 13.5 表明参考蒸发量变化趋势大体同器皿蒸发。

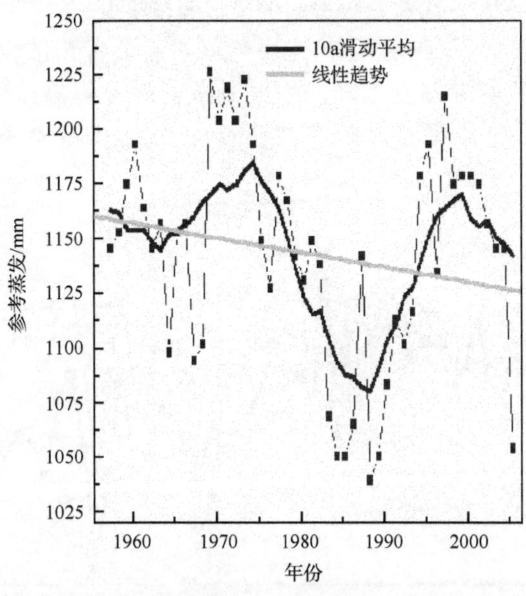

图 13.4　泾河流域 P-M 参考蒸散发量时间序列及趋势(1957～2005 年)

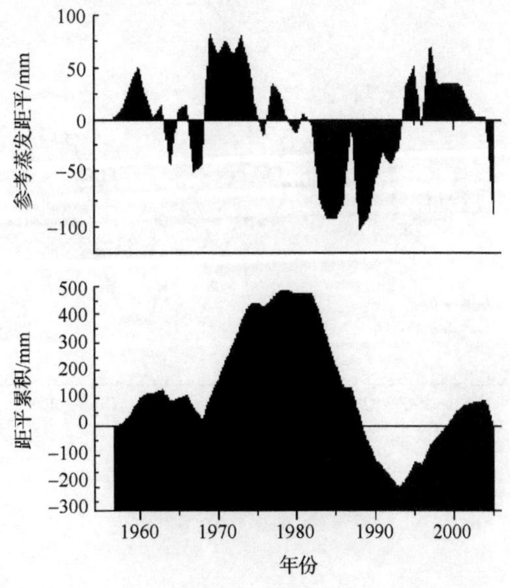

图 13.5　泾河流域 P-M 参考蒸散发距平及其累积(1957～2006 年)

(二) 气象因子对参考蒸散发下降趋势贡献量量化分析

各气候因子对参考蒸发的影响同器皿蒸发,太阳辐射和风速显著降低是参考蒸发下降的原因。为了定量研究太阳净辐射和风速对参考蒸散发的贡献量,找寻流域蒸发能力下降的根本原因。本节采用了下列方法步骤:①去除风速和太阳辐射的线性下降趋势,使其成随机变化状态;②其他要素不变,用去除趋势的风速或太阳辐射分别替代原计算参考数据中的风速或太阳净辐射,重新计算参考蒸发 ET_0;③对比原有的和去除趋势后的参考蒸发,二者的差值即为该因子线性趋势引起的蒸散量的变化。

分析对比结果如图 13.6 所示,①风速去趋势前后参考蒸散发存在较大差异,说明风速下降引起的较大的参考蒸发下降。②太阳净辐射去趋势前后参考蒸散发差异明显,但较风速次之。以上结果显示风速的下降是引起流域参考蒸散发下降的主要原因。

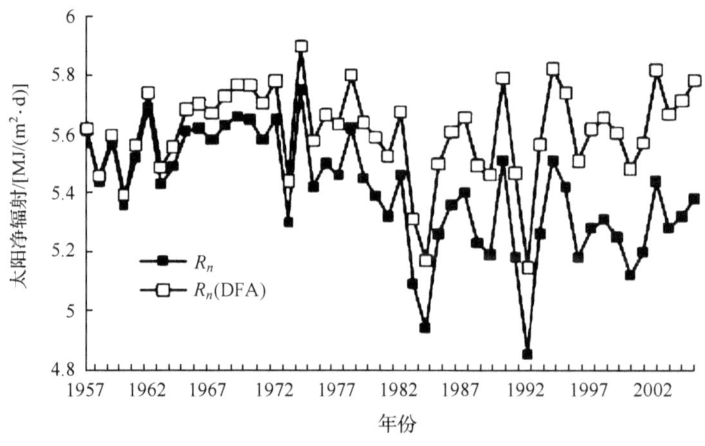

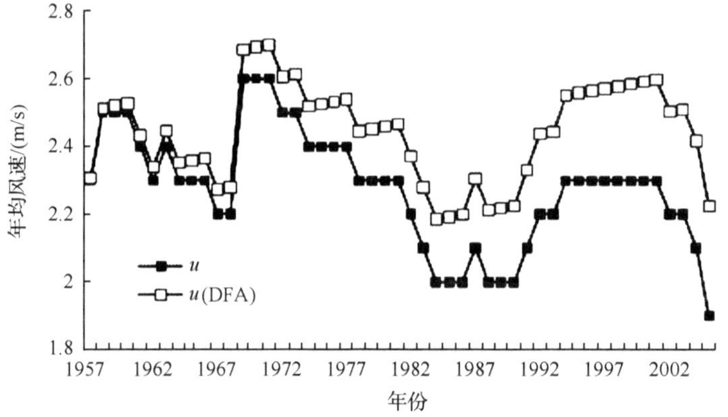

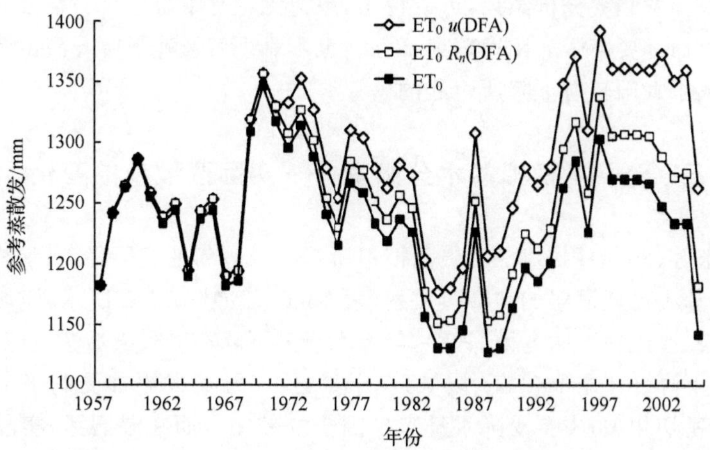

图 13.6 太阳净辐射、风速去趋势前后对比及去趋势前后参考蒸散量变化（1957～2006）

（三）各因子的敏感性分析

为了更进一步说明参考蒸散发变化机制，本节对参考蒸发及各气象要素之间做了敏感性分析，最简单而实用的敏感性分析方法是计算和图示输入因子的和输出因子的相对变化量。选取实测的 4 个气象因子及参考蒸散的相对变化量，来说明各气象因子对参考蒸散的敏感度。

本文设计了 9 个变动情景，具体如下所示：

$$X(t) = x(t) + \Delta x, \quad \Delta x = 0、\pm 5\%、\pm 10\%、\pm 15\%、\pm 20\%$$

式中：X 为气象因子；t 为时间(月)；Δx 为情景步长。

如图 13.7 所示，参考蒸散发对于相对湿度和风速的变化非常敏感，太阳净辐射和温

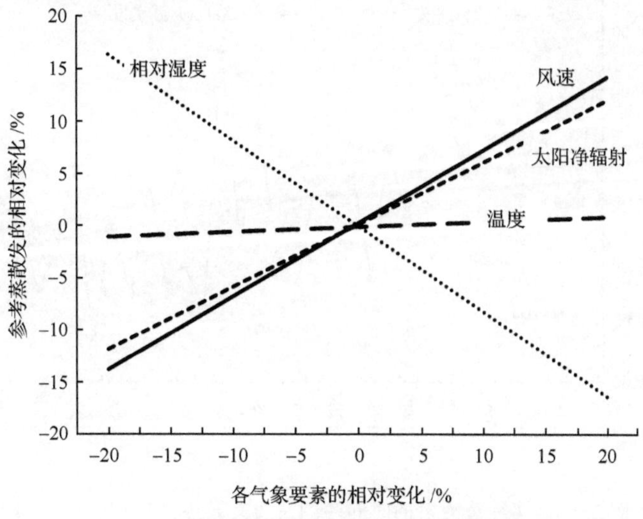

图 13.7 各因子对参考蒸散发的敏感性分析

度次之。结合前面的趋势分析结果,可以得出,风速无论是下降幅度方面及其对于参考蒸散发的敏感性方面都要高于太阳净辐射,因此,也不难理解风速下降导致的参考蒸散发的下降也就远远大于太阳辐射下降所引起的。

三、SWAT模拟的水分蒸发——实际蒸散量的变化

依据邱国玉等(2008)用SWAT模型模拟所得流域逐年的实际径流量,根据多年流域水平衡方程,可算出流域逐年的实际蒸散发(表13.6)。如图13.8所示:流域的实际蒸散发下降趋势显著,原因在于两方面:其一,年降水量的下降;其二,流域蒸发能力(同流域的参考蒸散发)的下降。依据Budyko假说,在干旱区,实际蒸发更加受制于水因子的可获取性,同降水量密切相关,主要受降水量多少因子的控制。而在湿润区,实际蒸发主要取决于获得的能量及流域的潜在蒸发,实际蒸发多少取决于潜在蒸散发大小。分析流域年实际蒸发与年降水量具很高相关性,二者相关系数为0.932;与蒸发能力相关性较差。说明流域实际蒸散任属于水因子制约型,属于典型的干旱区型蒸发。实际水分蒸发多少主要取决于能获取的水分多少。

表13.6 流域降水、径流、水分蒸发年代际(20世纪)变化统计 (单位:mm)

年代	年径流深	降水	实际蒸散发	参考蒸散发	器皿蒸发
70	63.23	611.59	548.36	1277.71	1800.35
80	85.60	582.31	496.71	1173.03	1782.42
90	73.96	548.27	481.70	1236.35	1762.66
20	64.36	571.57	481.43	1232.20	1855.62

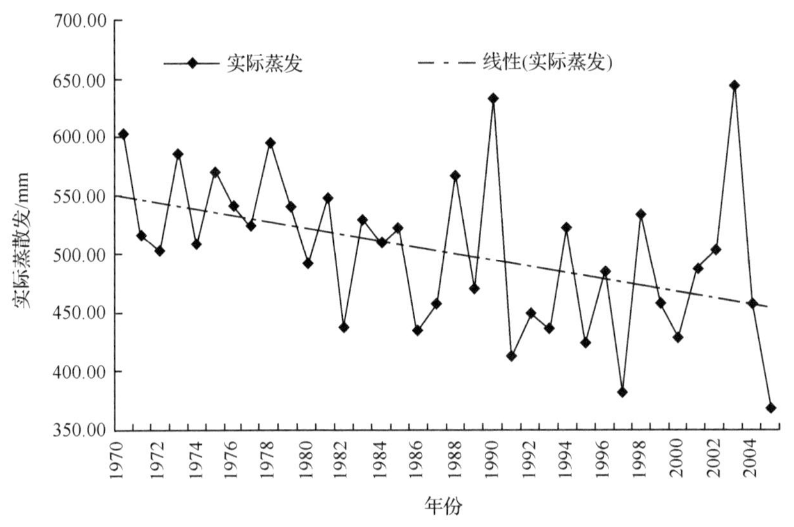

图13.8 实际蒸散发的时间序列及线性趋势(1970～2005年)

如图 13.9 所示，在 90 年代前期，流域实际蒸发稳定下降，80～90 年代其下降趋势显著，与同期参考蒸散发对比，可以看出，90 年代前期，流域蒸发能力下降，可蒸发水量（降水量）的下降耦合导致了实际蒸发的下降，换句话说，流域蒸发能力的下降一定程度上缓解了流域干旱化。90 年代以后，流域蒸发能力逐步上升，而实际蒸发仍下降。说明可供流域蒸发的水分在减少，实际蒸发的下降主要由于年降水量锐减的结果。蒸发能力的上升一定程度是缓解了流域的实际蒸发的下降，促进了流域干旱化。

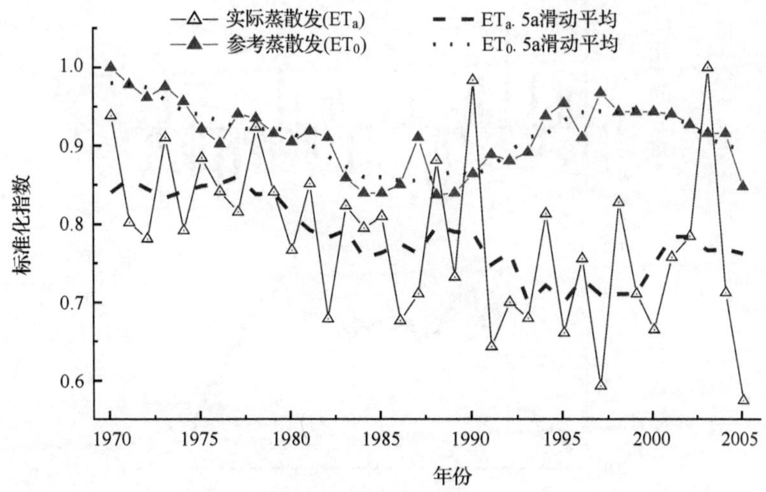

图 13.9　实际蒸散发与参考蒸散发标准化对比分析（1970～2000 年）

四、流域地表湿润指数的变化及原因分析

年地表湿润指数 H 的定义为 $H=\dfrac{P}{\mathrm{ET}_0}$，$P$ 为年降水的观测值，ET_0 为年潜在蒸发总量，用计算得到日蒸散量加和而成年蒸发总量 ET_0。地表湿润指数，它的基本物理过程就是考虑了影响地表干湿状况变化的两个主要影响因子：降水和蒸发潜力（潜在蒸发）。降水增多有利于地表变湿，而地表蒸发潜力增大可使地表变干它的意义就在于既考虑了降水变化又考虑了温度及其他因子变化对地表湿润状况的影响，这弥补了仅用降水变化研究地表干湿变化的缺陷。

如图 13.10 所示，近 50a 流域地表湿润指数显著下降，下降速率为－0.023/10a，说明流域在逐渐变干，1964 年最湿润年份为 0.717，1997 年最干燥年份为 0.334，趋势同年降水最值。特别是在 1990 年以后尤为显著，如湿润指数距平图，仅 2005 年超过 50a 平均，其余各年均低于流域多年平均。其距平累积图同降水累积图趋势很相似，60～70 年代为流域的湿润期，70～90 年代以后缓慢下降，80 年代中期可能是流域湿润指数发生转折的重要年份。

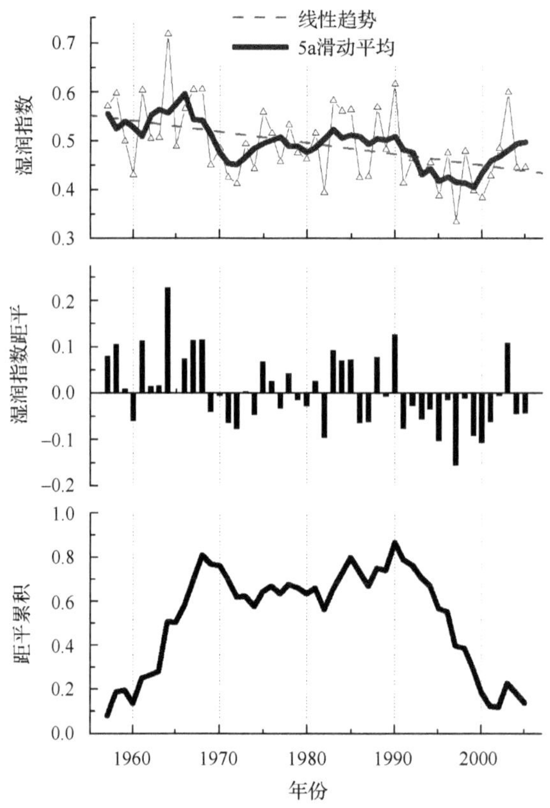

图 13.10　地表湿润指数变化趋势和距平及其累积图(1957～2005 年)

流域地表湿润指数变化是流域降水和蒸发能力作用的结果,如图所示,在 1970 年以前流域比较湿润,70～90 年代较稳定,90 年代以后流域变干趋势异常显著。其变化率趋势同降水极为相似。1990 年以后的降水量锐减以及蒸发能力上升是流域地表示润指数锐减原因。90 年代前期,蒸发能力持续下降,一定程度上缓解了流域湿润指数的减小。而 90 年代以后,伴随着年降水量的锐减,蒸发能力的上升加速了流域干旱化进程。也就是说,前期流域变暗,风速下降一定程度上缓解了流域的干旱化趋势,90 年代后期,随着风速及太阳辐射的增强,蒸发能力也会逐步增强,一定程度上加速了流域的干旱化趋势。若流域降水量持续下降,将来流域干旱化趋势会进一步加剧。在未来的气候变化情景下,干旱化是否加剧还是转折?在未来候变化情景下,干旱化变化趋势为我们更好地适应干旱化提供参考。

第三节　未来流域蒸发能力和干旱化程度的变化预测

未来气候变化情景下干旱化预估是科学家、公众和政策制定者共同关心的话题,尤其是近几十年的干旱化预测,与流域制定将来的社会经济发展规划密切相关。未来预估干旱化趋势,必须事先知道未来的气候变化情景。尽管风速和太阳辐射对于水分蒸发能力影响很大,但是对于未来的风速及其太阳辐射的未来变化情景几乎没有科学的预测和报告，为此，依据 IPCC 第四次报告及气候变化国家评估报告模拟的未来气候变化情景，本节只计算和探讨了在 2010～2030 年不同的增温和降水增加的情景下的水分蒸发能力变化及其对流域干旱指数的影响，预测未来气候变化背景下，流域的干旱化变化趋势。

一、2010～2030 年气候变化情景

依据 IPCC 的情景预测，本文气候要素变化基点以 1980～1999 年的各个要素的平均值为基准值，在此基础上以如下情景变化。

1. 温度变化情景

在 2010～2030 年，有三种增温情景如图 13.11 所示：

(1) 高排放情景增温明显（T_1），期间增 2℃，即 未来气候温度倾向率为 1℃/10a，年变幅 0.1℃；

(2) 中排放情景增温稳定（T_2），期间增 1℃，倾向率为 0.5℃/10a，年变幅 0.05℃；

(3) 低排放情景增温缓慢（T_3），增幅 0.5℃，倾向率 0.25℃/10a，年变幅 0.025℃。

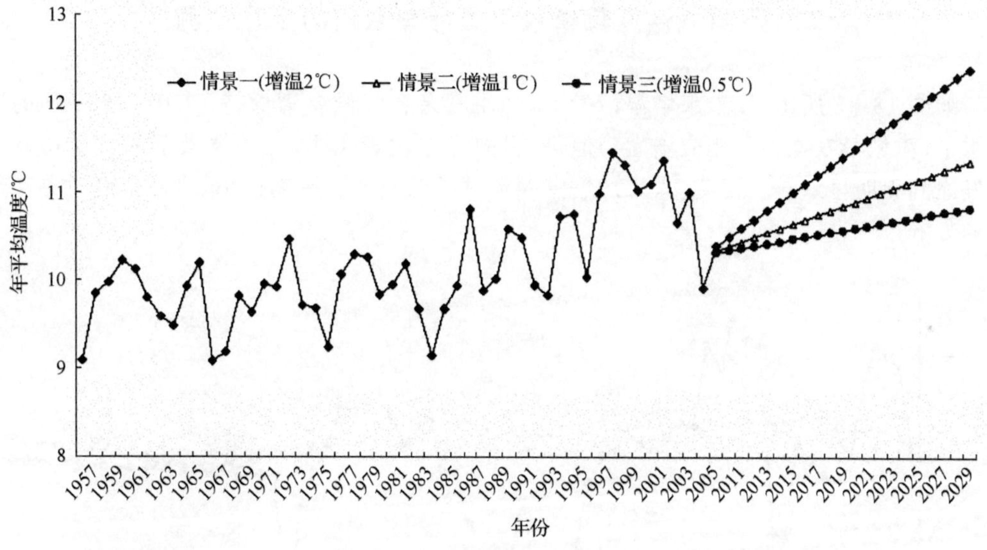

图 13.11　未来气候变化的三种温度变化情景（2010～2030 年）

2. 降水变化情景

在 2010～2030 年，有三种降水增加情景，如图 13.12 所示：

(1) 降水不变（J_1），即未来 20a 持续维持在 1980～1999 年降水的平均值水平；

(2) 降水稳定增加（J_2）5％，即倾向率为 2.5％/10a，年变幅 0.25％；

(3) 降水明显增加（J_3）10％，即倾向率为 5％/10a，年变幅 0.5％。

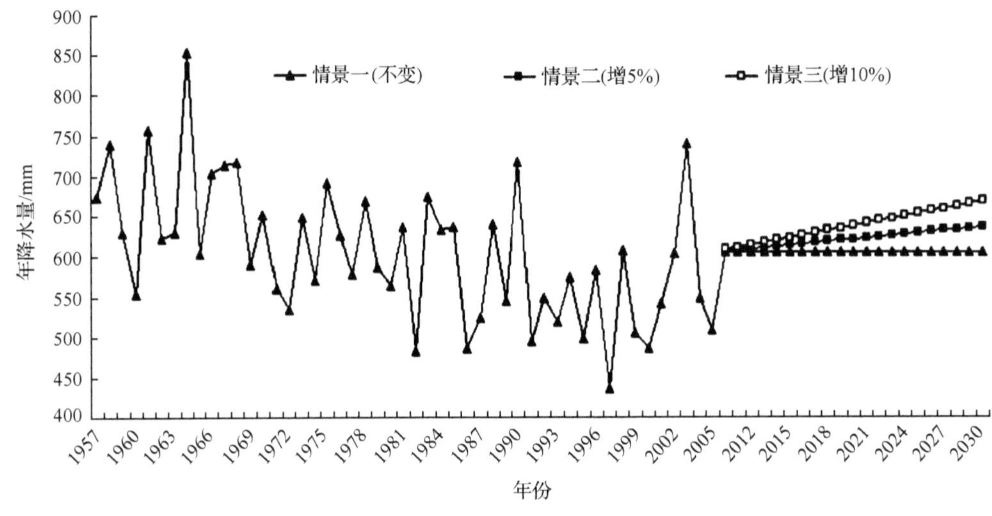

图 13.12　未来降水三种变化情景(2010～2030 年)

二、不同气候变化情景下参考蒸散发的变化预测

如图 13.13 所示,在未来增温情景下,如果其余各气候要素保持 1980～1999 年的平均水平,流域蒸发能力会相应增大。但是,组内方差比较表明,三种情景下的日平均参考蒸发之间无明显差异。因此,未来的增温对流域的蒸发能力影响很小,增温幅度对参考蒸发的影响也不显著。

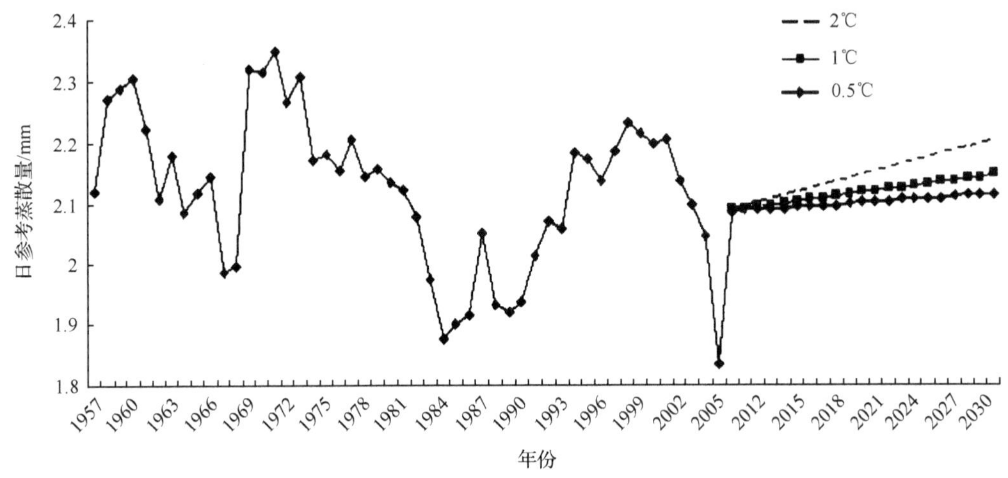

图 13.13　未来温度增加情景下,流域参考蒸发(ET_0)的变化(2010～2030 年)(单位:mm/10a)

因为参考蒸发量是太阳辐射等要素的函数,与年降水量无直接的关系。年降水量的变化是通过影响流域的相对湿度和水汽压来间接影响流域的参考蒸发。如前所述,过去几十年的水汽压变化很小,因此本节暂不考虑降水变化对水汽压的影响,而假定在未来不

同的降水情景下，实际水汽压维持1980～1999年平均水平。结果如图13.14所示，在未来不同降水情景下，流域蒸发能力保持不变。

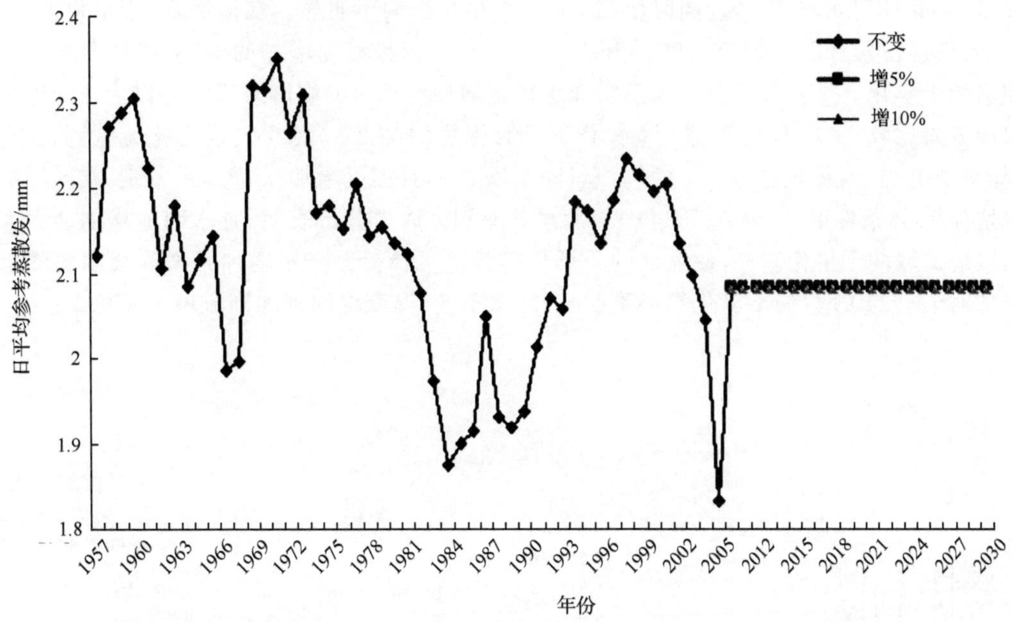

图13.14　未来不同降水变化情景下流域参考蒸发量的变化(2010～2030年)

三、不同气候变化情景下干旱指数的变化预测

本节采用降水和温度的9种耦合情景(具体参数及意义如表13.7所示)，计算了流域未来的参考蒸发及降水，进而计算出流域的湿润指数，以此来阐述流域未来干旱化趋势。

表13.7　未来2010～2030年气候变化情景下流域干旱化趋势(相对于1980～1999年平均值而言)

变化情景	具体参数	意义	地表湿润指数	趋势/10a	干旱化
J_3T_3	P+10%和T+0.5℃	降水增10%，且温度增加0.5℃	增加	0.019	转折
J_3T_2	P+10%和T+1℃	降水增10%，且温度增加1℃	增加	0.016	转折
J_3T_1	P+10%和T+2℃	降水增10%，且温度增加2℃	增加	0.01	转折
J_2T_3	P+5%和T+0.5℃	降水增5%，且温度增加0.5℃	增加	0.008	转折
J_2T_2	P+5%和T+1℃	降水增5%，且温度增加1℃	增加	0.005	转折
J_0T_0	P+0%和T+0℃	气候不变	不变	0	不变
J_2T_1	P+5%和T+2℃	降水增5%，且温度增加2℃	不变	−0.001	不明显
J_1T_3	P+0%和T+0.5℃	降水不变，且温度增加0.5℃	减小	−0.003	加剧
J_1T_2	P+0%和T+1℃	降水不变，且温度增加1℃	减小	−0.006	加剧
J_1T_1	P+0%和T+2℃	降水不变，且温度增加2℃	减小	−0.012	加剧

如图13.15所示，在情境Ⅰ(干旱化发生转折)下的气候变化情景有J_3T_3、J_3T_2、J_3T_1

J_2T_3、J_2T_2。分析表明，J_3T_3 会大大的缓解流域的干旱化趋势，J_3T_2、J_3T_1、J_2T_3、J_2T_2 气候情景对缓解干旱的作用依次减弱。在情境Ⅱ（干旱化不明显）下的气候情景有，无变化和 J_2T_1，说明降水增加 5%、同时增温 2℃对干旱化影响不明显。在情境Ⅲ（干旱化加剧）下，的气候情景有 J_1T_1、J_1T_2、J_1T_3 和 J_2T_1。降水不变且温度增加的 J_1T_1 情景会显著加剧流域干旱化。显著增温会大大削弱降水稳定增加对干旱的缓解效果。对以上情景进行组内方差比较，发现 J_2T_1 情景（降水增 5%，且温度增加 2℃）和无气候变化无差别，J_3T_1（降水增 10%，且温度增加 2℃）和 J_2T_3（降水增 5%，且温度增加 0.5℃）无差别；在同样降水增加 10%条件下，增温 0.5℃和 1℃无显著差别。以上分析表明：降水明显增加会大大的缓解流域的干旱化趋势，使流域的干旱化趋势发生转折。降水增加且增温会削弱降水增加对干旱的缓解，使干旱化趋势不明显；降水不变，温度增加则加剧流域干旱化。

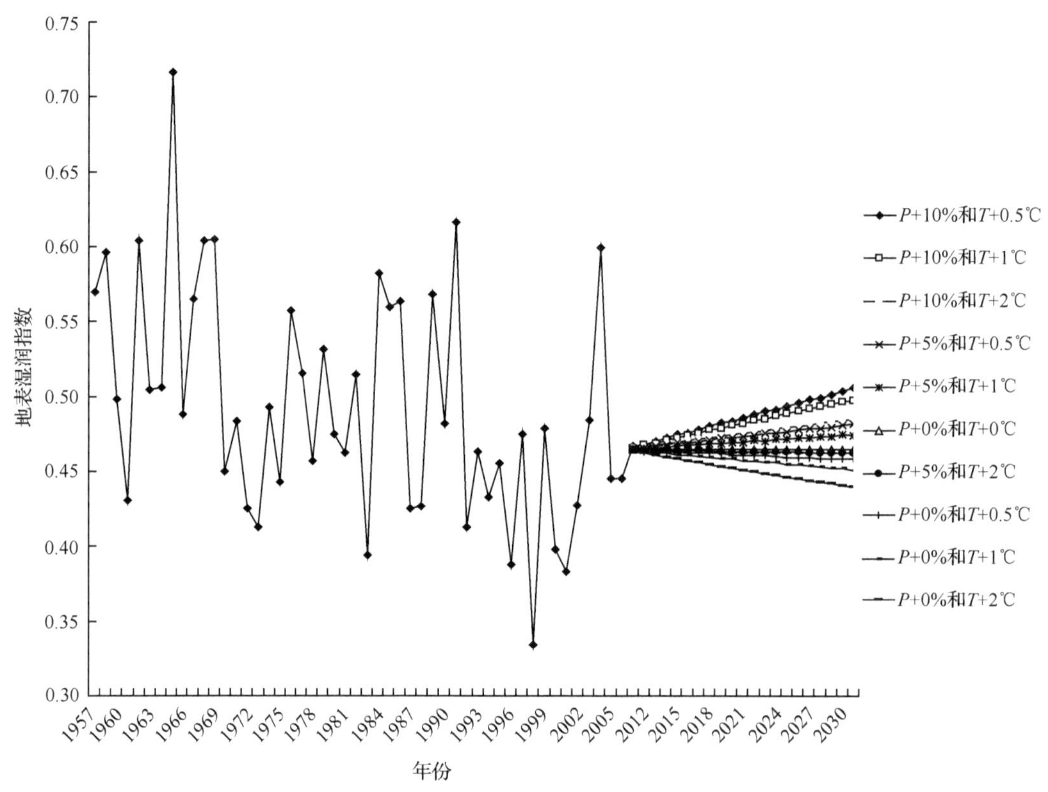

图 13.15　泾河流域未来温度、降水变化背景下流域干旱指数的变化预测（2010～2030 年）

第四节　流域干旱化适应对策探讨

一、流域干旱化事实及其影响

本节通过对泾河流域观测数据的分析及实地考察访谈，发现流域的干旱化趋势最终取决于关键因子水。目前，泾河流域的面临的缺水问题日益突出，剖析各种水问题的产生原因，既有自然的因素，也有人类活动造成的影响。一方面，流域水资源有限、降水量又逐年下降、时空分布不均，水分供应日益紧张，另一方面，用水量在逐年增加、再加上自然植被破坏，水土流失与水环境的污染等问题，迫切要求我们积极主动适应干旱化问题。结合2006年7～9月、2007年7月两次流域调查及访谈结果整理如下。

1. 当地人对干旱化的认知

针对干旱化，人们对水短缺的认知进行了访谈，“你认为当地：a水资源不稀缺、b稀缺、c严重稀缺”，发现在访谈的27人中，有21人认为严重稀缺，4人认为稀缺，仅2人认为不稀缺。人们普遍认为，当地干旱化越来越严重，归纳访谈的内容，主要有以下方面表现：①降水一年比一年少，在固原站，以前降水平均达470 mm，近些年均在400 mm以下，以前地表水和浅层地下水比较多，有鱼生长，现在鱼没了，水也变少了，仅有的水体污染严重，水变脏了；②过去常有连阴天，现在很少；③在张家山水文站，以前的自涌泉已消失；④泾河干流下游经常断流，河道经常干枯；⑤地下水深在下降，平凉过去打井深度5～10m，现在需30～50m；⑥降水更加集中在6～7月，冬季无积雪，春季降雨越来越少；⑦工业用水、城镇化使用水大大增加，农业用水的比例从1990年的约90%下降到2000年的64%，如平凉热电厂大大增了当地的用水量。

2. 干旱化的影响

干旱化已经对当地粮食问题和居民生活造成很大的影响，具体归纳如下：①粮食生产越来越受限于灌溉，干旱化使当地农业产量大大减少，农民收入下降；②过去靠地表水及浅层地下水灌溉，目前已转向井水灌溉，随着地表水资源的日益减少，当地农民越来越多的抽取地下水，维持灌溉及饮水，近年来，井深增加，维持农业灌溉成本升高；③旱作农业区，亩产约200斤，而成本约150元，种粮食已无经济效益，大多的年轻人选择外出打工，村内剩余劳力老龄化，留守儿童较多，农地荒废现象严重；④长武冬春小麦交界区，由于温度水分的变化，部分冬小麦种植区已不适合继续种植；⑤春旱更加严重，在作物关键需水期，降水保证率在逐年下降，导致农产量大大减少。

3. 政府相关部门和农民对干旱化的适应

政府及有关部门对当地干旱化情况已作出了很多的适应措施，具体如下：①进行有关法律法规的制定，法规已明确规定河流属于国家所有，地下水抽取以不危害当地的环境为原则，鼓励各部门及管理机构开展当地水资源的优化配置及管理；②实施退耕还林还草工程，大部分坡耕地实行退耕还草，并对退耕农田进行补贴；③水土保持工程建设，包括梯田建设，淤地坝的修建，如庄浪县的农地全部开垦为梯田；④建立典型的“小康村舍”示范工程；⑤退耕后禁牧，圈养；⑥当地的政府部门及农业技术推广站引种选用冬小麦新品系适应气候变化，引进经济作物种植，如洋槐枣树，引进化肥、套种方法等，推广如何充分利用当地水资源等技术；⑦水利工程建设，主要包括流域干流蓄水坝、淤地坝建设。

当地农民有很多的方式适应当地干旱化，主要包括：①打井灌溉，以前主要是整个社区或村庄公用，目前私人打井较多，大多的公用井逐渐私有化，调研中还发现，有人专门从事打井的生意,说明已逐步形成地下水市场;②修集雨面集水井、对有限的降水进行收集、储存利用;③流域大面积种植作物为小麦和玉米,当用水成本提高后,农民会自动的调整种植的作物种类和品种,或改种果树等经济林,当无水分来源时,选择弃耕,进城务工;④采用了传统的节水技术,如旱作梯田,垄作,薄膜及秸秆覆盖,耕作保墒等方式;⑤当用水成本升高时,削减用水量,加大循环用水,对当地污水净化循环利用。

4. 主要存在问题

对于目前的适应性对策,主要存在以下问题:①相对于地表水,地下水的管理方式较滞后。相对于(比如洪水控制、地表水管理局等)专门从事地下水管理的政府部门较少,并且,由于地下水含水层界限不易划分及其他特点,相对复杂,不易管理,导致地下水资源过度开采利用。②在政策或项目执行时,对整体有利的节水措施,但对农民个体吸引机制不够,导致农民参与积极性不高,大大地削弱了政策及项目的效果。③受到干旱化影响,当地用水成本逐渐增加,这有利于整体上水资源的节约利用,但同时,农民经济收入下降,地下水开采严重。④对于农民自发适应干旱化方式,一方面有利于节约水资源,提高当地的水资源利用率,另一方面,由于以上做法是自发的,也会使当地水资源恶化,如不断地打井,抽取地下水等方式,并且这种方式规模较大,如不予以正确地引导及管理,会放大其不利的影响。

二、干旱化适应对策

干旱化缓解与否,主要取决于未来的降水及温度的变化,其他要素都通过水因子对干旱化产生影响。适应措施也应与未来的干旱化情景相适应。本节依据未来的三种干旱化情景下,流域主要存在问题,提示相应的适应对策。流域干旱化对策,其实质是对流域水问题适应。无论是采用上述的工程措施,进行技术革新,还是颁布和实施法律条令,或者执行行政命令都需要考虑其经济性上的可行性。促进流域的经济发展和提高生活水平是人们追求的重要目标。因此,解决水问题的难点是在保障经济持续增长的同时,要促进水资源的有效供给、减轻水土流失程度、减缓水环境恶化趋势、维持生态系统稳定,因此要进行流域水资源需求管理。

1. 干旱化加剧或持续情景下的适应对策

干旱化持续或加剧背景下,水资源短缺加剧或持续紧张,对于现有的水资源要加大“开源节流”力度,保障流域的生态经济安全。针对干旱化加剧,我们提出以下几条适应性对策,以供参考:

(1) 首先要认识到,各项政策及措施最终要落实到具体的社区及农民才会有效果。因此,建立农民参与的节水抗旱的激励机制,是应对未来干旱的关键。

(2) 建立合理的水价制度,利用经济杠杆约束浪费用水和低效用水,保护地表水和地下水资源。

(3) 采取虚拟水战略,因地制宜的开发当地优势资源,鼓励劳务输出。

(4) 基于水权国家共有模糊引起"公地悲剧"的状况,学习借鉴其他地区水权管理实践的经验,界定水权,明确水权主体的责、权、利,保障生态用水。

因此,在干旱化加剧背景下,要广泛发动政府部门引导、社区广泛发动、农民积极参与等三级抗旱体系,采取经济、法规、节水技术、农艺技术多种手段,保障流域的水、土、粮食资源的安全。

2. 干旱化转折情景下的适应对策

在干旱化转折情景下,水资源紧张会有所缓和,需要抓流域的产业结构及基础水利建设、加大流域的植被,增加保水性能。同时要严格控制水污染及水土流失问题。针对以上问题提出以下几条适应性对策,以供参考:

(1) 建立节水型流域,在流域自身水资源贫乏条件下,要逐步转变以往粗放的生产模式,转为集约的生产模式,将节水和减污作为提高水资源承载能力和水环境承载能力的主要手段。

(2) 调整现有的产业结构,基于农业用水占总用水量绝大部分的现状,抓住提高农民生活水平的契机,制定区域发展战略,调整单一的种植结构,使农林牧协调发展,从开荒扩耕转向种植结构调整和节水增效。

(3) 继续加大退耕还草工程建设,加大水土保持力度。对于因大量破坏植被、挤占生态用水等人类活动因素造成的水生态不安全,需要制定法律和规章,进行封山育林、涵养水源,开展水土保持。

(4) 加强水利基础建设,可以通过修建水库等蓄水工程调蓄洪水,利用先进技术进行污水处理。

(5) 积极发挥政府的宏观调控作用,对投资节水设施、应急生态输水、污水回收利用和开展水土保持等有利于促进水资源合理利用的行为给予政策优惠、资金支持。

第五节　本章主要结果

在1957～2005年,泾河流域器皿蒸发量下降趋势明显,其变化存在明显的地域性差异。年参考蒸发量下降趋势显著,其变化趋势大体同器皿蒸发,下降幅度小于器皿蒸发。20世纪90年代前,器皿蒸发和参考蒸散发呈下降趋势,90年代后,总体呈上升趋势。通过相关性分析,发现器皿蒸发和参考蒸散发相关系数为0.71,二者同太阳辐射的相关性最高、相对湿度次之、和饱和水汽压差、日较差也显著相关。通过敏感性分析,发现参考蒸散发对相对湿度和风速非常敏感,太阳辐射和温度次之。DFA法可去除时间序列的可能趋势,是定量研究因子变动趋势对应变量贡献的较好的方法。本章用DFA法去除风速和太阳辐射的线性下降趋势,量化估计其下降趋势对流域蒸发力下降的贡献量,结果显示:风速的下降是流域蒸发能力下降的主要原因,太阳净辐射次之。

流域的实际蒸散发显著下降;流域实际蒸发主要受制于水分的可获取性,主要是年降水量锐减造成的结果。20世纪90年代前,流域风速减弱及变暗导致其蒸发能力持续下降,一定程度上加剧了实际蒸散发的下降;90年代后,蒸发能力的上升减缓了实际蒸发的下降。

流域地表湿润指数显著下降,说明流域地表在逐渐变干。1990年后,下降尤为显著。90年代前,流域风速减弱及变暗导致其蒸发能力持续下降,缓解了流域的干旱化趋势;1990年后,蒸发能力的上升加速了流域干旱化进程。

根据项目框架下气候变化情景,对2010～2030年干旱化预测,结果显示:J_3T_3(降水增10%,且温度增加0.5℃)气候情景会大大的缓解流域的干旱化趋势,J_2T_1(降水增5%,且温度增加2℃)气候情景下,对干旱化影响不明显。J_1T_1(降水不变,且温度增加2℃)气候情景下,流域干旱化加剧。

本研究通过对泾河流域的实地考察及访谈,试图描述目前流域干旱化的事实以及政府部门及农民的适应方式,分析了主要面临的问题,并结合未来的干旱化情景,提出了适应性对策。在干旱化持续和加剧情景下,首先,要建立农民参与的节水抗旱的激励机制,以更加有效地引导和促进当地农民的积极性。其次,合理的水价机制,利用经济杠杆约束浪费用水和低效用水,保护地表和地下水资源。最后,可采取虚拟水战略,鼓励劳务输出。在干旱化转折情景下,水资源紧张有所缓和,需严格控制水污染及解决水土流失问题,进行流域的产业结构调整及基础水利建设,增加流域内保水性能为首选适应性对策。

参考文献

杜军,边多,鲍建华,等. 2008. 藏北高原蒸发皿蒸发量及其影响因素的变化特征. 水科学进展,19(6):786-791.

黄庆旭,史培军,何春阳,等. 2006. 中国北方未来干旱化情景下的土地利用变化模拟. 地理学报,61(12):1-11.

邱国玉,尹婧,熊育久,等. 2008. 北方干旱化和土地利用变化对泾河流域径流的影响. 自然资源学报,23(2):211-218.

施能,陈家其,屠其璞. 1995. 中国近100年来4个年代际的气候变化特征. 气象学报,53(4):431-439.

Allen, R G. 1998. Utah crop evapotranspiration guidelines for computing crop water requirements FAO Irrigation and Drainage. Utah State University Logan, Utah, USA.

Cressie N A C. 1990. The origins of kriging. Mathematical Geology, 22(3): 239-252.

Deutsch C V, Journel A G. 1992. GSLIB-Geostatistical Software Library and User's Guide. New York: Oxford University Press.

Douglas E M, Vogel R M, Kroll C N. 2000. Trends in floods and low flows in the United States: impact of spatial correlation. Journal of Hydrology, 240(1-2): 90-105.

Gan T Y. 1998. Hydro climatic trends and possible climatic warming in the Canadian Prairies. Water Resource Research, 34 (11): 3009-3015.

Goyal R K. 2004. Sensitivity of evapotranspiration to global warming: a case study of arid zone of Rajasthan (India). Agr Water Manag, 69(1): 1-11.

Hirsch R M, Slack J R. 1984. Non-parametric trend test for seasonal data with serial dependence. Water Resource Research, 20 (6): 727-732.

Hu K, Ivanov P, Chen Z. 2001. Effect of trends on detrended fluctuation analysis. Physical Review E, 64(1): 1-19.

Kantelhardt J W, Rybski D, Zschiegner S A, et al. 2003. Multifractality of river runoff and precipitation: Comparison of fluctuation analysis and wavelet methods. Physica, 330(1-2): 240-245.

Koscielny-Bunde E, Kantelhardt J W, Braun P, et al. 2006. Long-term persistence and multifractality of river runoff records: detrended fluctuation studies. Journal of Hydrology, 322(1-4): 120-137.

Matsoukas C, Islam S, Rodriguez-Iturbe I. 2000. Detrended fluctuation analysis of rainfall and streamflow time series. J Geophys Res Atmosph, 105(23): 29165-29172.

Montanari A, Rosso R, Taqqu M S. 2000. A seasonal fractional ARIMA model applied to the Nile River monthly flows at Aswan. Water Resour Res, 36 (5): 1249-1259.

Paturel J E, Servat E, Vassiliadis A. 1995. Sensitivity of conceptual rainfall-runoff algorithms to errors in input data case of the GR2M model. Hydrol, 168(1-4): 111-125.

Qiu G Y, Yano T, Momii K. 1998. An improved methodology to measure evaporation from bare soil based on comparison of surface temperature with a dry soil surface. Journal of Hydrology, 210(1-4): 93-105.

Xu C Y, Gong L B, Jiang T. 2006. Analysis of spatial distribution and temporal trend of reference evapotranspiration and pan evaporation in Changjiang (Yangtze River) catchment. Journal of Hydrology, 327(1-2): 81-93.

Xu C Y, Vandewiele G L. 1994. Sensitivity of monthly rainfallrunoffmodels to input errors and data length. Hydrol Sci J, 39(2): 157-176.

第十四章 气候变化和土地利用变化对泾河流域生态水文过程的影响①

由于气候变化和人类活动引起的土地利用/覆盖变化(LUCC)对陆地生态水文过程的影响日益深刻,这要求我们及时把握变化环境下的水资源形成与演化规律,保障水资源安全,实现水资源的可持续利用。近几十年来,在气候变化和人类活动的双重影响下,原本脆弱的生态环境进一步恶化,需要迫切地研究气候变化和LUCC对流域水循环和水资源的影响。本章采用实验、调查、遥感和模型(SWAT模型)相结合的方法,探讨气候变化和LUCC对泾河流域生态水文过程的影响。在年和月的时间尺度上量化了1970～2006年泾河流域气候变化和LUCC对径流和蒸散发的影响及其贡献率。

第一节 研究区概况及研究方法

一、泾河流域自然地理状况

泾河位于黄土高原中部,处于六盘山和子午岭之间(106°20′～108°48′E,34°24′～37°20′N),发源于宁夏回族自治区泾源县关山东麓。流经宁夏、甘肃、陕西3省区,于陕西高陵县注入渭河,流域干长450 km,总落差2180 m,为渭河的一级支流,黄河的二级支流,是黄河的十大水系之一。泾河流域面积为45 421 km^2,其中张家山水文站控制面积为43 216 km^2。泾河流域地处西北地区东部,地形比较特殊,四面环山,主流域地势呈"簸箕"形,"口"开向关中平原。西边是海拔较高的六盘山(海拔2842.8 m)和陇山。泾河的多数支流源于此处,有茹河、洪河、汭内河、黑河;北边白于山是泾河最长支流马莲河的发源地,东边是子午岭,南面是海拔不太高曲折的秦岭支脉。由于整个流域处在一个盆地内,可作为整体对象来研究。研究区流域位置如图14.1所示。

1. 地貌

泾河流域地形西北高、东南低,总体地势是东北西三面向东南倾斜。流域内地貌复杂多样,主要有黄土高原丘陵沟壑区、黄土高原沟壑区、土石山区、黄土丘陵区4个地貌类型区,其中以黄土丘陵沟壑区、黄土高原沟壑区所占面积最大,分别为18 775 km^2,18 053 km^2,占流域总面积的41.13%和39.17%,是流域两种主要的地貌类型。

---

① 本章作者:尹婧、邱国玉。

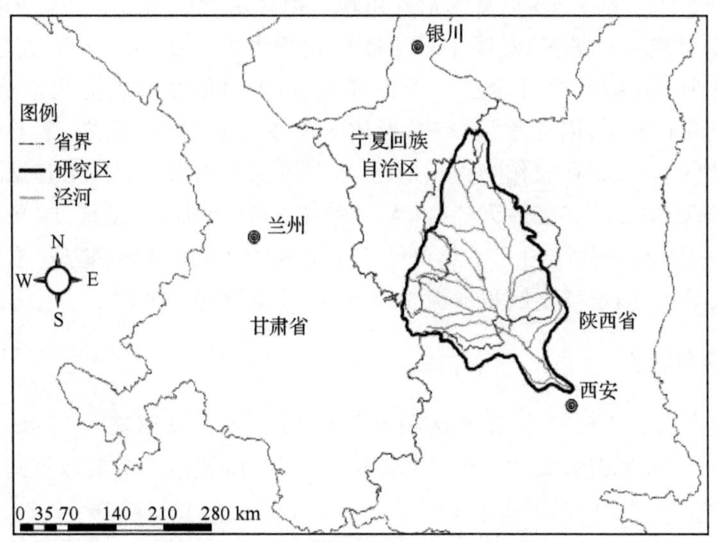

图 14.1　泾河流域地理位置示意图

黄土丘陵沟壑区：该区海拔 1500 m 以上。地貌特征是丘陵起伏，沟壑纵横，山多川少，河流冲刷切割严重，沟谷多呈 V 形发育，切割深度 50～100 m，谷间呈梁峁状，连绵起伏，梁峁顶部与沟谷底部高差可达 150 m 以上，水土流失严重，粮食产量低而不稳。黄土高塬沟壑区：该区海拔大部为 1100～1600 m，地貌单元有塬面、残塬、梁峁、沟坡、沟谷、河川。塬是黄土高原的主体地貌，地形起伏小，开阔平坦。塬边向沟谷倾斜，塬与塬之间为河谷和河谷所分割，因受水力和风力长期侵蚀，塬面受到严重破坏，被切割成狭窄塬面的称为残塬，呈不连续零散分布，面积小，坡度大，总计有 200 余条，大者在 10 km^2 左右，小者在 1km^2 上下。沟坡是塬面与沟谷之间的倾斜角，经人为开垦整修，阳坡多为梯田，阴坡多为草地。沟谷是沟线到流水线之间的陡坡地，沟谷中常有悬崖峭壁出现，呈树枝状分布。子午岭中低山丘陵区：该区海拔为 1400～1700 m，地形以梁峁为主，两侧多沟谷，短小狭窄。沟谷间有梁峁状黄土丘陵分布，区内地形起伏大，植被覆盖度大，水土流失少，是一个水源涵养林区。

2. 气候

泾河流域深居内陆，属温带半干旱半湿润大陆性季风气候，为暖温带-温带、半湿润-半干旱过渡带。其特点是：雨热同季，降水变率大，气象灾害频繁。

气温南高北低，年均气温 8～13℃，1 月平均气温 2～7℃，7 月平均气温 24～27℃。5～9 月是泾河流域作物生长的旺盛期，此期内日照时数 1100～1300h，太阳总辐 2800～3300 MJ/m^2，分别占年总量的 50％和 55％以上；同期总降水量为 300～500 mm，占年降水量(400～650 mm)的 75％～85％；同期日平均气温 12～22℃，日温差 10～16℃。形成高温多雨、水热同季、日温周期适宜的气候生态环境，有利于农作物(特别是喜温大秋作物)的生长发育。

年平均降水量为 390～560 mm，年蒸发量为 1000～1200 mm，降水集中 7～9 月，占全年降水量的50%～60%,多以暴雨形式出现。但降水量的年变化多呈单峰型,以12月降水量最少,7月或8月最多,月降水量年际变化相当大。在旱作区作物生长期内,如果某月降水量特少或连续几个月降水少于正常年份,干旱就会给农业生产造成严重威胁。该地区大陆性气候强烈,因受季风影响,形成了冬季冷长、夏季短热、冬干夏湿的气候特征,有明显的生产季节。在农作物生长期内,气象要素年际变化大,尤其是降水不均所形成的干旱,是该区主要的灾害性天气(冉大川和吴永红,2003)。据统计,平均情况是三年一小旱,十年一大旱。另外,由于水热条件失衡造成的冰雹、暴雨、霜冻、冻害、低温冷害、大风等农业气象灾害,也都不同程度地相继出现(邓振镛等,2000)。

3. 水资源和泥沙

泾河流域内水系比较发达,集水面积大于1000 km^2 的支流就有13条,大于500 km^2 的支流有26条。张家山水文站位于泾河流域出口附近,该站以上流域控制面积为43 216 km^2,张家山水文站1956～1970年实测径流量为17.47亿 m^3,1971～1980年为11.45亿 m^3,1981～1990年为13.74亿 m^3,1991～2000年为11.21亿 m^3,实测径流量总体呈现下降趋势。

泾河为黄河十大水系之一,由于流域全域均位于水土流失严重的黄土高原,自古以来就以洪水猛烈、输沙量大著称,是黄土高原水土流失最严重的流域之一,也是黄河泥沙的主要来源地。泾河是渭河的最大支流,其来沙量是黄河中游4大支流(无定河、渭河、泾河和北洛河)中来沙量最多的一条支流。多年平均实测泥沙总量占渭河实测入黄泥沙总量的52.1%。泾河泥沙主要来自马莲河,集水面积占泾河流域总面积的41%,来沙量占泾河泥沙的55%。1956～1989年的资料统计,泾河流域水沙来源不一。马莲河雨落坪径流量占张家山径流量的24.3%,输沙量却占张家山输沙量的48.9%;干流杨家坪径流量占张家山径流量的43.2%,输沙量只占34.3%;雨落坪、杨家坪至张家山区间径流量占32.5%,产沙量占16.8%,说明泾河流域水沙异源,支流马莲河水少沙多,是主要的产沙区。

4. 植被和土壤

泾河全流域中黄绵土是最主要的土壤类型,占地面积达到29 104 km^2,占到流域面积的75.10%。其次是黑垆土,占全流域面积的13.29%。褐土、灰褐土、红黏土、粗骨土、山地草甸土在流域内也有一定的分布。

泾河流域地处黄土高原森林草原区和干草原区,区内子午岭等高山地区具有湿润的植物群落和半干旱植物群落组成的地带群落交错的特征,具有发育良好的山地森林和农林牧复合生态系统,是黄土高原的“湿岛”和下游关中平原的重要灌溉水源,也是生物资源丰富多样的一座巨大的“基因库”和典型的农村景观生态区。概括起来,泾河流域可以大致分为以下几个植被区。

(1) 子午岭山地森林草原植被小区:该区森林所存不多,仅在分水岭及其东坡有些次生林,主要由山杨(*Populus davidiana* Dode.)、白桦(*Betula platyphalla* Sak.)、辽东栎(*Quercus liaotungensis* Koidz.)等落叶阔叶树,以及油松(*Pinus tabulaeformis* Carr.)、

侧柏[*Platycladus orientalis*(L.)Franco]等针叶树。其西坡和北部，则为灌木草原，有白刺花狼牙刺(*Sophora viciifolia* Hance.)、酸枣(*Zizyphus jujuba* Mill.)、虎榛子(*Ostryopsis davidiana* Decne.)，黄蔷薇(*Rosa hugonis* Hemsl.)等灌丛。草本油长芒针茅(*Stipa grandis* P. Smirn)、大油芒(*Spodiopogon sibiricus* Trin.)、艾蒿(*Artemisia argyi* Levl.)、日本菅(*Themeda triandra* var. japonica)等。

(2) 黄土高原中部典型草原植被区：自然植被均被开垦，常见植物有长芒针茅(*Stipa bungeana*)、短花针茅(*Stipa breviflora* Griseb.)、阿尔泰狗娃花(*Heteropappus altaicus* Willd.)、兴安胡枝子[*Lespedeza daharica* (Laxm.) Schird.]、铁杆蒿(*Artemisia sacrorum* Ledeb.)，茵陈蒿(*Artermimisia capillaris* Thunb.)、冷蒿(*Artemisia frigida* Willd.)等。丘陵坡地还有百里香(*Thymus serpyllum* L.)、针茅(*Stipa capillata* L.)、阿尔泰针茅(*Stipa krylovii* Roshev.)、大针茅(*Stipa grandis* P. Smirn.)、小黄菊(*Chrysanthemum neofruticulosum* Ledeb.)等。河岸阶地与滩地由糙隐子草[*Cleistogenes squarrosa* (Trin.) Keng]、白草(*Pennisetum centrasiaticum* Tzvel.)、猪毛蒿(*Artemisia scoparia* Waldst. et Kit.)、珍珠猪毛菜(*Salsola passerine* Bge.)、合头草(*Sympegma regelii* Bunge.)等。该区农作物一年一熟，大部分为春小麦，秋作物有糜、谷、荞、豆类、胡麻、油菜、洋芋等。海拔较高地区则以青稞、燕麦、莜麦、洋芋、油菜为主，河谷阶地还有各种瓜类，果树有桃、杏、梨、枣、苹果等。

(3) 黄土残塬森林草原植被小区：暖温性森林草原，主要建群植物有白羊草、茭蒿、长芒针茅等。在海拔1000m以下河谷地，有野古草(*Arundinella anomala* Steud.)、大油芒、黄背草等暖性禾草。果树有桑、柿、李、石榴、苹果等，农作物除冬小麦外，杂粮有高粱、谷子、玉米等，可种植棉花、红薯、花生、芝麻等暖性作物，基本上是两年三熟制，在低山丘陵还出现酸枣、白刺花狼牙刺、虎榛子等灌木，山地有辽东栎、油松、侧柏、华山松(*Pinus armandii* Francher.)等(黄大燊，1997)。

5. 社会经济

泾河流域包括宁夏东部的盐池县以及东南部的固原市原州区、泾源县彭阳县；甘肃东部的平凉市崆峒区、泾川县、灵台县、崇信县、华亭县和庆阳市的西峰区、庆城县、环县、华池县、合水县、正宁县、宁县、镇原县；陕西的定边县、陇县、千阳县、麟游县、渭城区、乾县、泾阳县、礼泉县、永寿县、彬县、长武县、旬邑县、淳化县等共计30个县(区)。

泾河流域2000年拥有人口528万，其中农村人口占87.5%。土地面积6 675万亩，其中耕地占17.8%，农田实际灌溉面积仅有125万亩。农业主要以种植业为主，2000年粮食产量为198万t，油料产量8.2万t，饲养大牲畜106.1万头，小牲畜282万只。工业产值175亿元，农业产值54亿元，国内生产总值128亿元，人均GDP为2424元。我们以流域内有代表性的4个县1987～2002年社会经济指标来进一步说明这里的社会经济状况(表14.1)。

表 14.1 泾河流域内 4 个县社会经济统计数据

县名	年份	年末总人口/人	耕地面积/万亩	国内生产总值/万元	人均国内生产总值/元
西峰	1991	272 890	61.0	30 165	632.5
	1995	297 380	59.93	55 576	1 041.12
	1998	312 900	60.13	80 450	1 601
	2002	324 300	58.72	119 811	1 886
庆阳	1991	279 911	82.8	15 135	455.93
	1995	300 100	82.72	111 505	842.41
	1998	316 100	82.7	167 583	1 436.25
	2002	321 300	81.88	222 014	1 513.56
合水	1991	145 414	37.8	14 305	538.28
	1995	156 821	38.40	24 221	912
	1998	162 800	38.48	29 864	1 220.04
	2002	168 300	35.72	35 526	1 329.4
宁县	1991	455 722	97.2	32 245	492.16
	1995	481 240	97.15	44 972	858.74
	1998	506 400	96.93	36 774	1 285
	2002	522 300	95.57	80 200	1 472.03

二、研究方法

(一) 数据采集

本研究数据建立在较为庞大的数据库基础之上。这主要包括流域长序列的日水文、气象观测数据、土地利用/覆被变化数据、土壤物理属性数据。泾河流域搜集、整理的数据情况如表 14.2 所示。

表 14.2 SWAT 模型输入数据

数据类型	尺度	格式	数据描述	来源
DEM 数据	1∶50 000	ArcInfo-ArcView GRID	划分子流域,确定子流域坡度、坡长、主河道长度	北京师范大学
土壤图	1∶1 000 000	ArcInfo-ArcView Shape	土壤属性	数字化
土地利用	1 期 MSS 影像 1 期 ETM 影像 2 期幅 TM 影像	ArcInfo-ArcView GRID or Shape	土地利用类型分类	马里兰大学
气象	63 个气象站	dBase Table	降水、气温、风速、辐射和相对湿度等日数据	国家气象局
水文	9 个水文站	dBase Table	流量、泥沙日数据	水文年鉴

在水文年鉴上搜集整理到泾河流域出口控制水文站——张家山水文站1965～1985年日径流、泥沙数据;泾河流域平凉、庆阳、杨家坪、毛家河、泾川、洪德、袁家庵和雨落坪1980～1997年日径流观测数据。

通过两次泾河流域考察,搜集到泾河流域内环县、固原、西峰、平凉、泾川、华池、正宁、华亭、庆阳和长武10个雨量站1970～2005年的日降雨观测数据,以及流域周边洪德、淳化、西安、耀县、盐池和天水6个雨量站1970～1986年的日降雨观测数据。搜集到泾河流域内长武、环县、固原、西峰和平凉5个气象站1970～2005年的日系列数据,包括日最高、最低气温、日风速、日相对湿度观测数据;泾河流域周边宝鸡、洛川、天水、同心、吴旗、西安和盐池7个气象站1970～2005年的日过程系列数据。搜集到泾河流域内固原1个辐射站点1985～2005年日太阳总辐射数据,流域周边6个辐射站点:西安、银川、兰州和侯马1961～2005年日太阳总辐射数据,延安和安康1990～2005年日太阳总辐射数据。

(二)数据处理

本节仅采用了1∶100万中国土壤数据。首先将原图按照研究区所处位置大致分割出所在地区土壤类型图,进行投影转换,然后用研究流域边界将研究区土壤类型图切割出来,得到最终的研究区土壤类型图。

数字高程模型DEM是地表单元上的高程集合,是模型进行流域划分、水系生成和水文过程模拟的基础。利用DEM数据可以计算子流域的地形参数如坡度、坡长,还可以通过汇流分析生成河网,确定河网特征。在Arc/Info系统下使用TIN模块将得到的矢量格式的地形等高线转换为TIN数据格式,再借助于LATTICE/GRID模块转换为栅格类型,经过投影变换和流域界限划分等几个步骤得到研究区的DEM影像图。

1. 遥感数据选择

Landsat TM/ETM+(enhanced thematic mapper plus)数据适中的多光谱特征、空间分辨率、可获取性、性能价格比等,具有其他遥感数据无法比拟的优越性。本节应用泾河流域1978年、1989年、1999年和2006年同季节的TM/ETM数据,基于这4期遥感数据,可以获得研究区在20世纪70年代至2006年的土地利用动态变化。

2. 遥感数据输入转换

借助于ERDAS IMAGINE的数据输入、输出功能,对TM/ETM图像数据进行输入转换,是遥感影像应用的第一步。从遥感数据分发机构获得的TM/ETM+数据,往往是经过系统校正以后的单波段普通二进制数据文件、外加一个说明头文件,对于这种数据,必须按照Generic Binary格式来输入。而ETM图像数据也可能是HDF格式,需要按照TM Landsat 7 HDF Format方式读取转换。同时,按照ERDAS IMAGINE系统要求,对于Generic Binary格式的TM图像数据,首先需要将各波段数据(Band Data)依次输入,转换为 ERDAS IMAGINE 的 IMG 文件,然后再将单波段图像文件组合(Stack)成一个多波段图像文件。

3. 遥感影像的辐射纠正

对图像进行辐射纠正的目的主要是消除大气、太阳高度角、视角和地形等对地面光谱反射信号的影响。要准确地纠正图像的辐射特性即对图像进行绝对辐射纠正,需要对大气的辐射传输过程进行有效的模拟,确定太阳入射角和传感器的视角以及地形起伏之间的相互关系等。这类方法一般都很复杂,最好在图像获取时也同时测得大气的光学厚度等特性。由于目前绝大多数遥感图像的获取无法满足这一条件,因此,人们采用模拟的方法估计大气对地面信号的干扰状况。用于消除大气干扰,比较流行的程序有 MODTRAN 和 6S,均可以免费获得。美国对地观测系统卫星(EOS-AM)上载有许多传感器,可以对全球每天一次获取图像;其中,中等分辨率成像光谱仪(MODIS)可同时获取关于地表、海洋和大气等的光学和温度特征(宫鹏等,1996),将大大改善对地面观测数据的大气纠正效果。

4. 遥感影像的几何较正

遥感影像几何校正(geometric correction)就是将图像数据投影到平面上,使其符合(conform)地图投影系统的过程;而将地图坐标系统赋予图像数据的过程,称为地理参考(geo-referencing)。由于所有地图投影系统都遵从于一定的地图坐标系统,所以几何校正包含了地理参考(党安荣等,2002)。

对不同时间遥感图像的几何纠正可以分为两类,一类是图像与图像之间的相对纠正,又称图像匹配;一类是由图像坐标转变为某种地图投影的绝对纠正,或对图像进行地理编码(georeferencing)。本研究是应用 ERDAS 提供的图像几何校正计算模型(geometric correction model)进行图像几何校正。

5. 土地利用分类

分类重编码(recode),主要是进行分类的合并,并对分类编码进行规范化处理,因为在前面的综合分类过程中,一方面针对具体情况对部分用地类型进行了细化分割,另一方面分类的代码也是按照分类过程确定的自然数,分类重编码就是要解决上述问题,将相同的类型进行合并、为每个分类赋予标准的分类编码。

标准的分类编码设计,是土地利用动态变化研究的一个重要部分。应该首先应用已被普遍使用的标准编码,并在此标准编码的基础上根据应用研究的要求加以细化。另外,我们根据 SWAT 模型的实际运行需要,利用最大似然法将该区的土地覆盖类型划分为 7 种主要土地利用类型:耕地(AGRL)、林地(FRSE)、高覆盖草地(PAST)、低覆盖草地(HAY)、居民用地(URLD)、水域(WATR)、未利用地(WPAS)。

SWAT 模型采用的土壤粒径级配标准是 USDA 简化的美制标准,而中国的土壤粒径级配标准使用不规范,土壤颗粒组成的分级标准原来是以卡庆斯基制表示为主,现在则普遍采用国际制(张楠等,2007)。中国土种志上对土壤黏粒、粉粒和沙粒粒径分级标准与USDA简化的美制标准差异见表14.3。

表14.3 土壤粒径级配标准对比表

标准类型	黏粒/mm	粉粒/mm	沙粒/mm
美制标准(USDA)	≤0.002	0.002～0.05	0.05～2.0
中国土种志	≤0.002	0.002～0.02	0.02～2.0

由表14.3可以看出,美制标准与中国土种志分类标准的不同,造成了土壤粉粒与沙粒分类上的差异。为此,本研究采用了北京师范大学资源学院土壤粒径分析实验室的英制激光粒度仪Mastersizer 2000,对泾河流域的13类土壤的66个土样(平均每种土壤类型重复取2个土样)按照美制标准(USDA)进行了黏粒、粉粒和沙粒组成百分比的分析。

第二节 SWAT模型及其构建

一、SWAT模型简介

SWAT(soil and water assessment tool)是Dr. Jeff Arnold为美国农业部(USDA)农业研究服务中心开发的一个适用于较大流域尺度的物理分布式水文模型,用于模拟预测长期连续时间段土地管理措施对于具有多种土壤类型,土地利用和管理条件的大面积复杂流域的径流、泥沙负荷和营养物质流失的影响。

SWAT模型是在SWRRB(simulator for water resources in rural basins)模型的基础上发展起来的,并逐步融合了若干农业研究局(ARS)的模型,包括:非点源污染模型CREAMS(chemicals, runoff, and erosion from agricultural management systems)、地下水模型GLEAMS(groundwater loading effects on agricultural management systems)和土壤侵蚀与生产力计算模型EPIC(erosion-productivity impact calculator)等。自上世纪90年代初问世以来,SWAT模型经过不断完善和扩展,先后开发了SWAT94.2、SWAT96.2、SWAT98.1、SWAT99.2、SWAT2000、SWAT2003等版本,目前已开发出SWAT2005版本,并正在模型验证阶段。其中,SWAT2003属于较为成熟的应用版本,与SWAT2000相比,SWAT2003中增加了参数敏感性自动分析和参数自动校正的功能,大大简化了传统流域水文模型中烦琐复杂的参数敏感性分析和参数校正过程,从而进一步提高了SWAT模型的应用性。SWAT模型具有至少以下4个显著特点。

1. 以物理过程为基础

SWAT模型不是一个黑箱模型,模型的运行需要流域内的气象,土壤,地形,植被,土地利用等方面的详细的信息。使用这些输入信息之后,地表径流、入渗、侧渗、地下径流、汇流、融雪径流、土壤温度、土壤湿度、蒸散发、产沙、输沙、作物生长、养分流失、流域水质和农药/杀虫剂等物理过程可以被直接分别模拟。采用了这个方法有以下两方面的好处:

①没有实测数据的流域也可以被模拟;②土地利用,气象,或者植被方面的变化对水量或其他关心的变量的相对影响可以被量化。SWAT是一个集成和系统化的庞大模型体系,仅就它的前身Sop模型而言,就有198个方程、36个子程序和2680个程序语句组成,SWAT共有7322个方程,子程序和程序语句就可想而知了。SWAT模型就是通过整个庞大的模型体系把环境中的绝大多数地理因素和相当多的地理过程联系起来的。

2. 输入使用方便

模型运行所需要的最基本的数据可以从政府公布的数据中得到。尤其是在美国,各种基础地理信息数据和土壤数据很容易从互联网上合法得到,最新的SWAT软件包内部就自带了全美国的气象站网的数据。

3. 计算是有效的

在大盆地,或在复杂的土地利用方式下,不需要额外的时间和资金,模型也可以运行。SWAT模型在国内的研究和应用才刚刚起步,但在美国该模型已经在许多流域得到应用,并取得了较好的模拟效果。另外,SWAT模型并不是一个“新发明”,SWAT模型中的许多模块都是取自于成熟的技术,结合计算机技术的发展,不断完善,集成而成的。例如SWAT模型中的地表径流采用美国农业部水土保持局(Soil Conservation Service)研制的小流域设计洪水模型—SCS模型进行模拟,而该模型在美国和其他一些国家(包括中国)得到了广泛的应用。

4. 能模拟长期效果

目前许多研究的问题是关于污染物的逐渐积累和对下游水体的影响。为了研究这些问题,都需要几十年的数据来模拟。SWAT迎合了这些研究的需要,因为SWAT模型不是模拟详细的单一事件的洪水过程,而是一个连续时间模型。

二、SWAT 组 成

SWAT模型模拟的流域水文过程分为水循环的陆面部分(即产流和坡面汇流部分)和水循环的水面部分(即河道汇流部分),如图14.2所示。前者控制着每个子流域内主河道的水、沙、营养物质和化学物质等的输入量;后者决定水、沙等物质从河网向流域出口的输移运动。

(一)水循环的陆面部分

流域内蒸发量随土地利用/植被覆盖和土壤的不同而变化,在SWAT模型中这些变化是通过水文响应单元(HRU)的参数变化来反映的。SWAT模型中的每个HRU都根据自己的独立的参数来单独计算自己的径流量,然后演算得到流域总径流量。在实际的计算中,一般要考虑气候、水文和植被覆盖这三个方面的因素。

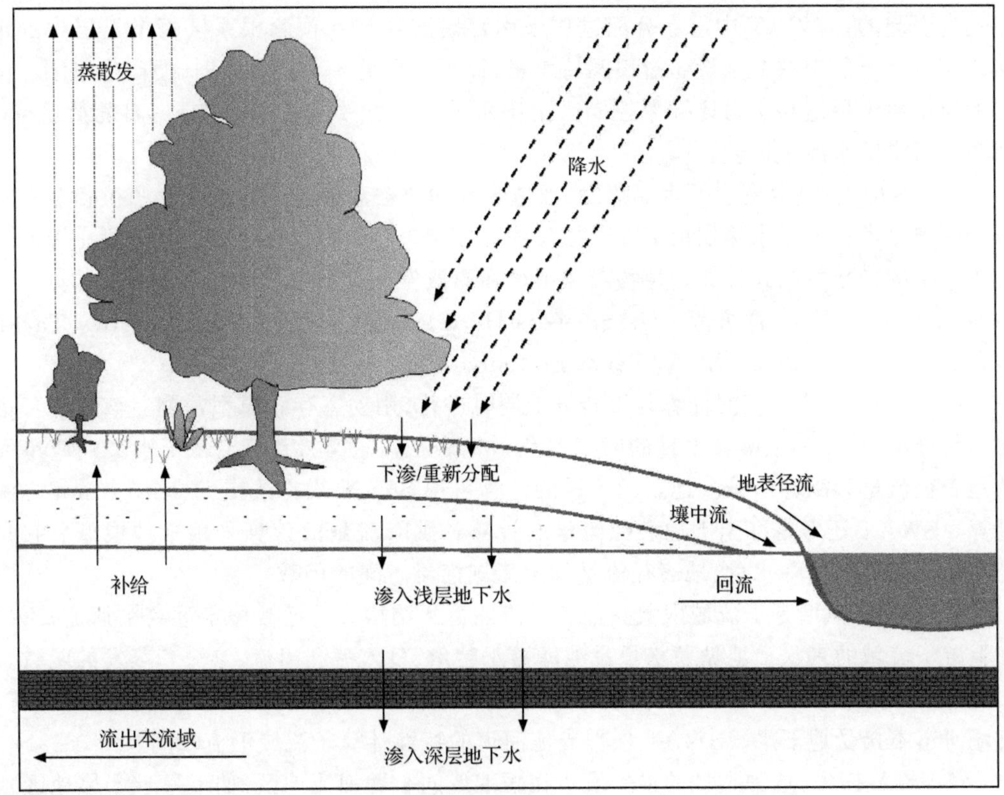

图 14.2　SWAT 模型水文组成

SWAT 模型模拟的基础也是水量平衡。所以，归根到底流域的气候（特别是湿度和能量的输入）控制着水量总量的输入，并决定了水循环中不同要素的相对重要性。SWAT 所需要输入的气候因素数据包括：日降水量、最大最小气温、太阳辐射、风速和相对湿度。这些变量的数值可通过模型自动生成，也可直接输入实测数据。

影响流域水文的因素在 SWAT 模型中主要考虑了以下九个过程。

(1) 冠层截留。凡是有植被覆盖的水文单元上，冠层都是同大气接触的第一个层面，它主要有截留和蒸散发的功能。在 SWAT 模型中有两种计算地表径流的方法。当采用 Green&Ampt 方法时需要单独计算冠层截留。计算主要输入为冠层最大蓄水量和时段叶面指数(LAI)。当计算蒸发时，冠层水首先蒸发。

(2) 下渗。下渗不仅直接决定地面径流量的大小，同时也影响土壤水分的增长，以及表层径流与地下径流的形成。影响下渗的因素很多，但在 SWAT 模型中计算下渗考虑两个主要参数：①初始下渗率（依赖于土壤湿度和供水条件）；②最终下渗率（等于土壤饱和水力传导度），当用 SCS 曲线法计算地表径流时，由于计算时间步长为日，不能直接模拟下渗。下渗量的计算基于水量平衡。Green&Ampt 模型可以直接模拟下渗，但需要降雨数据。

(3) 重新分配:是指降水或灌溉停止时水在土壤剖面中的持续运动。它是由土壤水不均匀引起的。SWAT 中重新分配过程采用存储演算技术预测根系区每个土层中的水流。当一个土层中的蓄水量超过田间持水量,而下土层处于非饱和态时,便产生渗漏。渗漏的速率由土层饱和水力传导率控制。土壤水重新分配受土温的影响,当温度低于 0℃ 时该土层中的水停止运动。

(4) 蒸散发:蒸散发包括水面蒸发、裸地蒸发和植被蒸腾。土壤水蒸发和植物蒸腾被分开模拟。潜在土壤水蒸发由潜在蒸散发和叶面指数估算。实际土壤水蒸发用土壤厚度和含水量的指数关系式计算。植物蒸腾由潜在蒸散发和叶面指数的线性关系式计算。潜在蒸散发有三种计算方法:Hargreaves (Hargreaves et al., 1985)、Priestley-Taylor (Priestley and Taylor, 1972) 和 Penman-Monteith (Monteith, 1965)。

(5) 壤中流:壤中流的计算与重新分配同时进行,用动态存储模型预测。该模型考虑水力传导度、坡度和土壤含水量的时空变化。地表径流:SWAT 模拟每个水文响应单元的地表径流量和洪峰流量。地表径流量的计算可用 SCS 曲线方法或 Green&Ampt 方法计算。SWAT 还考虑冻土上地表径流量的计算。洪峰流量的计算采用推理模型。它是子流域汇流期间的降水量、地表径流量和子流域汇流时间的函数。

(6) 池塘:池塘是子流域内截获地表径流的蓄水结构。池塘被假定远离主河道,不接受上游子流域的来水。池塘蓄水量是池塘蓄水容量、日入流和出流、渗流和蒸发的函数。

(7) 支流河道:SWAT 在一个子流域内定义了两种类型的河道,主河道和支流河道。支流河道不接受地下水。SWAT 根据支流河道的特性计算子流域汇流时间。

(8) 输移损失:这种类型的损失发生在短期或间歇性河流地区(如干旱半干旱地区),该地区只在特定时期有地下水补给或全年根本无地下水补给。当支流河道中输移损失发生时,需要调整地表径流量和洪峰流量。

(9) 地下径流:SWAT 将地下水分为两层:浅层地下水和深层地下水。浅层地下径流汇入流域内河流,深层地下径流汇入流域外河流。

SWAT 利用一个单一的植物生长模型模拟所有类型的植被覆盖。植物生长模型能区分一年生植物和多年生植物。被用来判定根系区水和营养物的移动、蒸腾和生物量或产量。

(二) 水循环的水面部分

水循环的水面过程即河道汇流部分,主要考虑水、沙、营养物(N、P)和杀虫剂在河网中的输移,包括主河道以及水库的汇流计算。

主河道的演算分为四部分:水、泥沙、营养物和有机化学物质。其中进行洪水演算时若水流向下游,其中一部分被蒸发和通过河床流失,另一部分被人类取用。补充的来源为直接降雨或点源输入。河道水流演算多采用变动存储系数模型或 Muskingum 方法。

水库水量平衡包括:入流、出流、降雨、蒸发和渗流。在计算水库出流时,SWAT 提供三种估算出流量的方法以供选择:①需要输入实测出流数据;②对于小的无观测值的水库,需要规定一个出流量;③对于大水库,需要一个月调控目标。

总之，SWAT 模型考虑了流域中的各个水文过程，其模型结构总结如图 14.3 所示。

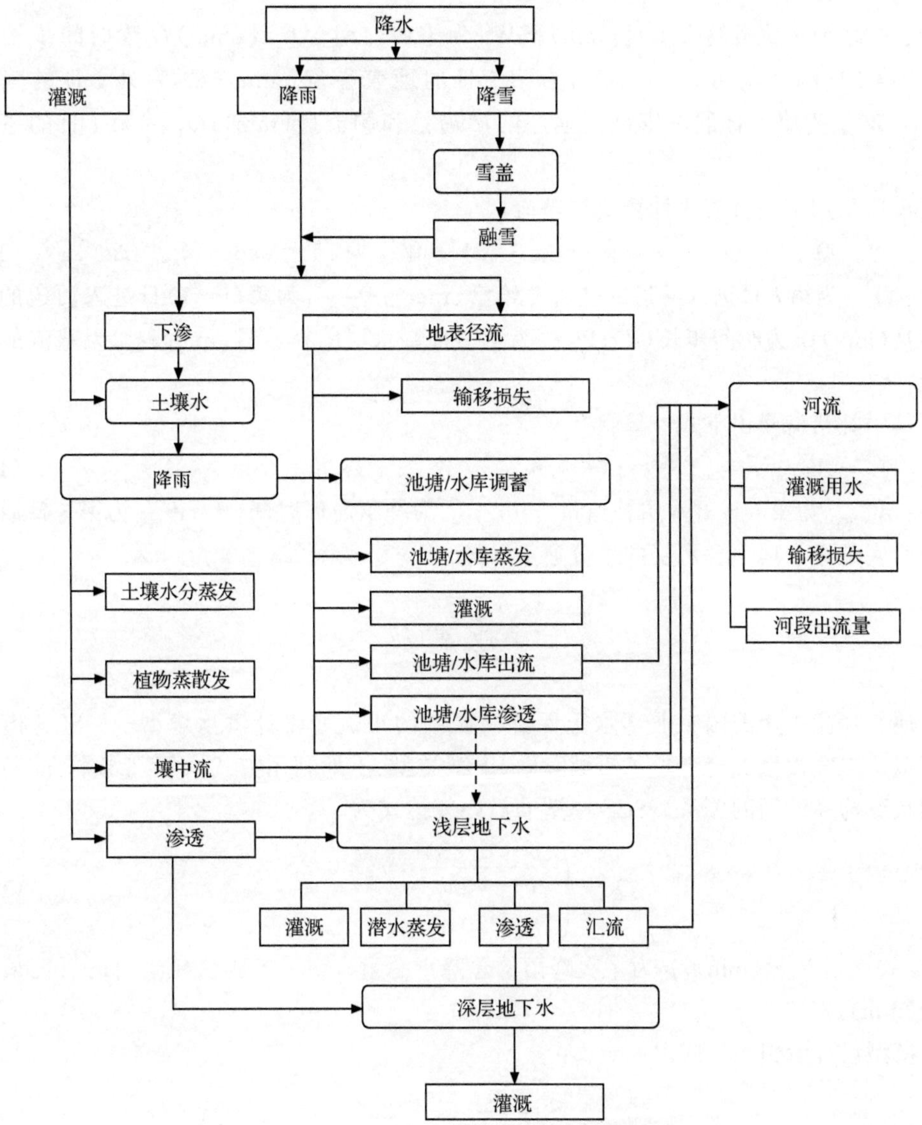

降水
灌溉
降雨
降雪
雪盖
融雪
下渗
地表径流
土壤水
输移损失
河流
降雨
池塘/水库调蓄
灌溉用水
池塘/水库蒸发
输移损失
土壤水分蒸发
灌溉
河段出流量
池塘/水库出流
植物蒸散发
池塘/水库渗透
壤中流
渗透
浅层地下水
灌溉
潜水蒸发
渗透
汇流
深层地下水
灌溉

图 14.3　SWAT 模型水文模拟流程

三、SWAT 的产流模型

（一）水 量 平 衡

基于水量平衡的 SWAT 模型模拟了每个水文响应单元的地表径流和洪峰流量。模型中采用的平衡方程式为

$$SW_t = SW_0 + \sum_{i=1}^{t}(R_{day} - Q_{surf} - E_a - W_{seep} - Q_{gw}) \tag{14.1}$$

式中：SW_t 为土壤最终含水量(mm)；SW_0 为土壤前期含水量(mm)；t 为时间步长(d)；R_{day}为第 i 日的降雨量(mm)；Q_{surf}为第 i 日的地表径流(mm)；E_a 为第 i 日的蒸发量(mm)；W_{seep}为第 i 日的土壤剖面地层的渗透量和侧流量(mm)；Q_{gw}为第 i 日的基流量(mm)。

模型采用下列方程式计算流域基流：

$$Q_{gw,i} = Q_{gw,i-1} \cdot \exp(-a_{gw} \cdot \Delta t) + W_{rchrg} \cdot [1 - \exp(-a_{gw} \cdot \Delta t)] \tag{14.2}$$

式中：$Q_{gw,i}$为第i 日进入河道的基流补给量(mm)；$Q_{gw,i-1}$为第($i-1$)日进入河道的基流补给量(mm)；t 为时间步长(d)；W_{rchrg}为第 i 日蓄水层的补给量(mm)；a_{gw}为基流的消退系数。

其中补给流量由下式计算：

$$W_{rchrg,i} = [1 - \exp(-1/\delta_{gw})] \cdot W_{seep} + \exp(-1/\delta_{gw}) \cdot W_{rchrg,i-1} \tag{14.3}$$

式中：$W_{rchrg,i}$为第i 日蓄水层补给量(mm)；δ_{gw}为补给滞后时间(d)；W_{seep}为第 i 日通过土壤剖面底部进入地下含水层的水分通量(mm/d)。

(二) 地 表 径 流

地表径流采用美国农业部水土保持局研制的小流域设计洪水模型——SCS 模型进行模拟。SCS 模型综合考虑了流域降雨、土壤类型、土地利用方式及管理水平、前期土壤湿润状况与径流间的关系。SCS 模型的最终表达式为

$$Q = \begin{cases} \dfrac{(p-0.2S)^2}{p+0.8S}, p \geq 0.2S \\ 0, p < 0.2S \end{cases} \tag{14.4}$$

式中：Q 为径流量(mm)；p 为一次降雨的总降雨总量(mm)；S 为流域当时的可能最大滞留量(mm)。

模型设计者引入下式以确定 S：

$$S = \frac{25\,400}{\text{CN}} - 254 \tag{14.5}$$

式中：CN(curve number)是一个无量纲参数。CN 值是 SCS 模型的主要参数，用于描述降雨一径流关系，已将前期土壤湿润程度(antecedent moisture condition，AMC)、坡度、土壤类型和土地利用现状等因素综合在一起。CN 值把流域下垫面条件定量化，用量的指标来反映下垫面条件对产汇流过程的影响。

四、产 沙 模 型

每一子流域的泥沙产量用修正的通用土壤流失方程(modified universal soil loss equation，MUSLE)(Williams and Berndt，1977)计算：

$$Y = 11.8(V_{q_p})^{0.56}(K)(C)(\mathrm{PE})(\mathrm{LS}) \tag{14.6}$$

式中：Y 为子流域的产沙量(t)；V 为子流域的地表径流量(m^3)；q_p 为子流域的洪峰流速(m^3/s)；K 为土壤可蚀因子；C 为作物经营因子；PE 为侵蚀控制措施因子；LS 为坡长和陡度因子。

LS 因子用下式计算(Wischmeier and Smith，1978)：

$$\mathrm{LS} = \left(\frac{\lambda}{22.1}\right)^{\xi}(65.41S^2 + 4.565S + 0.065) \tag{14.7}$$

指数 ξ 随坡度变化，在 SWRRB 中用下式计算：

$$\xi = 0.6[1 - \exp(-35.835S)] \tag{14.8}$$

作物经营因子 C，当径流发生时用式(14.9)计算全天的值：

$$C = \exp[(-1.2231 - \mathrm{CVM})\exp(-0.00115\,\mathrm{CV}) + \mathrm{CVM}] \tag{14.9}$$

式中：CM 为土壤覆盖度(地表生物量＋残余量)(kg/hm^2)；CVM 为 C 的最小值，用下式由 C 因子的年平均值求得

$$\mathrm{CVM} = 1.463\ln(\mathrm{CVM}) + 0.1034 \tag{14.10}$$

每种作物的 CVA 值从 Wischmeier 和 Smith(1978)准备的表中确定。K 的值包括在 SCS 土壤数据库中，每一子流域的 PE 因子用 Wischmeier 和 Smith(1978)包含的信息计算。

五、SWAT 的运行流程

SWAT 模型运行流程中有以下两种视图方式：Watershed View 和 SWAT View。Watershed View 相当于模型输入模块，用来对基础图件进行处理，生成研究流域的基础数据，我们称之为输入模块。SWAT View 相当于输出模块，用来写入并修正流域的基础数据、运行 SWAT 模型并输出结果。当所有的基础图件 Watershed View 处理完后才能生成 SWAT View。其主要的运行步骤如下。

(1) 流域描述—划分子流域。SWAT 模型可以模拟流域内多种不同的物理过程。由于流域下垫面和气候因素具有时空变异性，为了便于模拟，SWAT 模型用流域的数字高程模型(DEM)数据，在 Arcview 的空间分析扩展模块下完成对流域性状的描述，划分子流域，并计算出各个子流域的基本数据，包括高程、面积、坡度、形状系数等如图 14.4 所示。

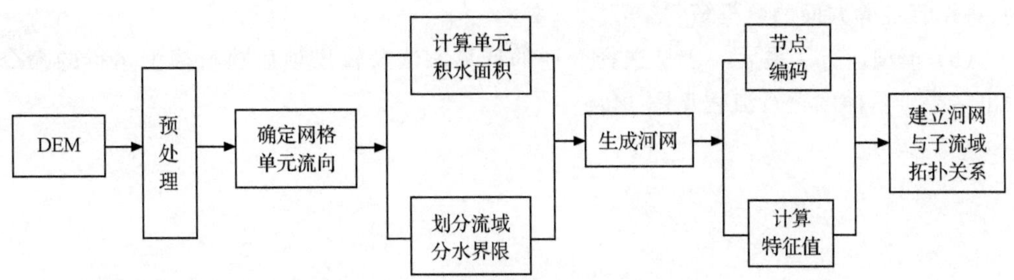

图 14.4　子流域划分流程示意图

(2) 土地利用/土壤特性描述—确定水文响应单元。水文响应单元(hydrologic response units,HRU)是子流域内具有相同植被类型、土壤类型和管理条件的陆面面积的集总,这就要求输入流域的土地利用类型及土壤类型属性。SWAT 模型单独计算每个 HRU 的径流量,进行汇流演算,最后求得出口断面的流量,从而提高模拟的精度,可以更好地反映本流域的水量平衡。子流域与 HRU 的关系是一对一或一对多,也就是一个子流域可以划分一个 HRU 或者多个 HRU。水文响应建立单元的模拟运算过程见图 14.5。

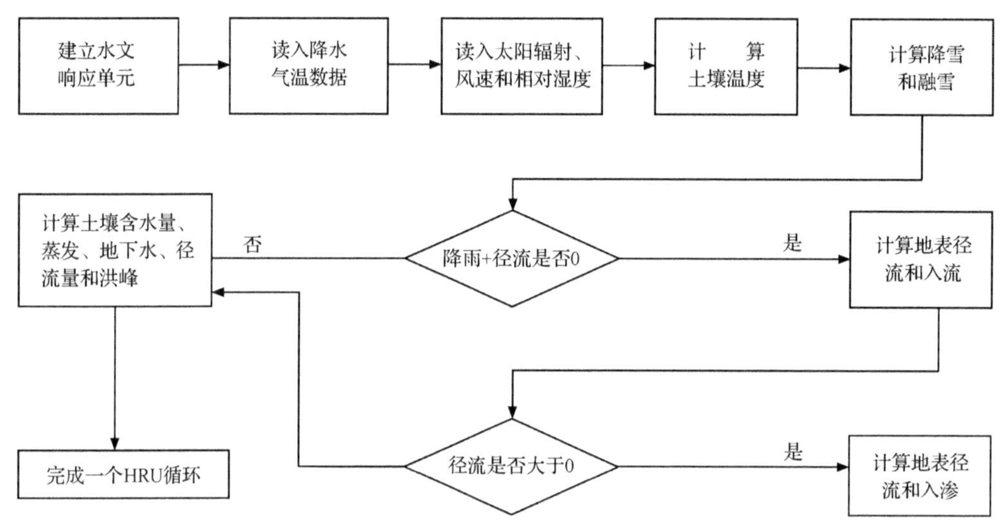

图 14.5 水文响应单元水文模拟过程示意图

(3) 气象因素描述。划分出 HRU 后视图方式转为 SWAT View。SWAT View 可以为每一个 HRU 输入用于水文计算的气象数据,每一个 HRU 的气象数据是由最近站点的气象资料赋予的。

(4) 构建数据库及数据库的调整。完成以上输入工作后,水文计算就全由模型自动完成了。首先模型将流域的全部属性自动读入,从而完成数据库的构建。另外,如果想更好地反映流域的属性,可以修改数据库中的属性值,也就是模型中常用的参数率定。可供选择的数据库包括土壤、土地利用(植被生长状况)、城市用地、天气生成器以及施肥、农药、耕作管理等方面的数据资料。

(5) 模型运行。最后一步是选择合适的计算方法及输出项后执行模型运行的命令,输出结果。具体的运行流程见图 14.6。

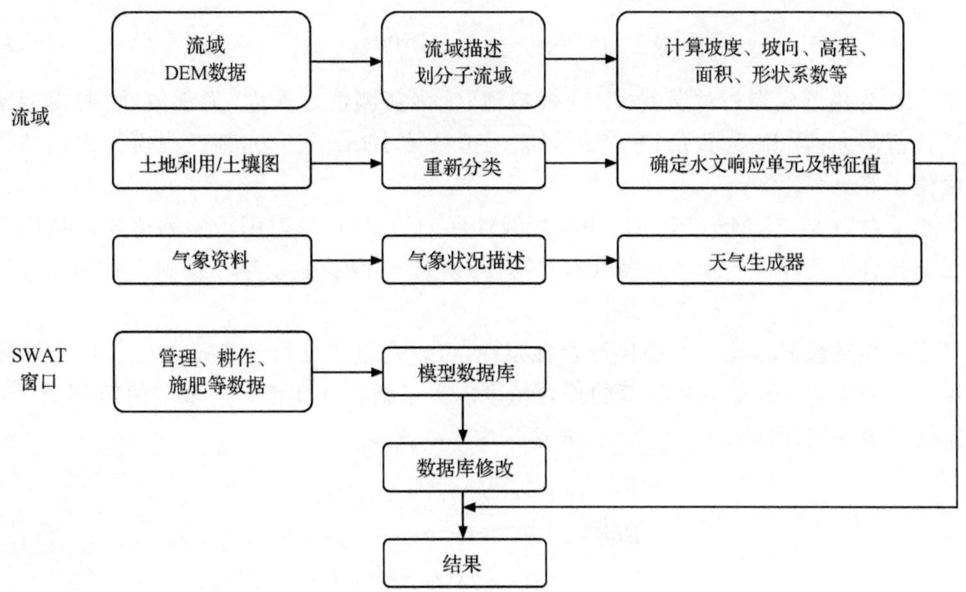

图 14.6　SWAT 模型运行流程示意图

六、模型的校准和验证

1. 模型校准

当模型的结构和输入参数初步确定后，就需要对模型进行校准(calibration)和验证(validation)，通常将实测的资料分为两部分，其中一部分用于校准模型，而另一部分则用于模型的验证。校准是调整模型参数初始和边界条件以及限制条件的过程，以使模型模拟值接近于测量值。参数率定是模型校准的重要一步，它能够揭示模型在设计和执行过程中的缺陷，在不能或者难以获得必要的参数值时，参数率定是相当有用的。

SWAT 模型的一大特点就是参数很多，其中与径流模拟密切相关的参数主要有土壤有效含水量、土壤蒸发消耗系数、基流衰退系数、饱和导水率等共计 6 个参数。有些参数如子流域坡度与坡长等，可以根据 DEM 计算出来。融雪量由模型的融雪模型根据气象资料来计算。土壤蒸发消耗系数等根据输入的土壤属性来计算。反映下垫面情况的关键参数 CN 值根据子流域土地利用图、土壤图确定，同时进行坡度订正。蓄水层补给迟滞时间和基流衰退系数等其他一些参数通过实测资料进行率定。

2. 模型验证

当模型参数校准完成后，应用参数校准数据集以外的实验数据或者现场观测数据对模型模拟值进行对比分析与验证，以评价模型的适用性。本研究使用回归系数(R^2)和 Nash-Suttclife 模拟系数(Ens)来评估模型在校准和验证过程中的模拟效果。

相对误差计算公式为

$$R_e = \frac{P_t - O_t}{O_t} \times 100\% \tag{14.11}$$

式中：R_e 为模型模拟相对误差；P_t 为模拟值；O_t 为实测值。若 R_e 为正值，说明模型预测或模拟值偏大；若 R_e 为负值，模型预测或模拟值偏小；若 $R_e=0$，则说明模型模拟结果与实测值正好吻合。

相关系数 R^2 在 MS-EXCEL 中应用线性回归法求得，可以用于实测值与模拟值之间的数据吻合程度评价。$R^2=1$ 表示非常吻合，当 $R^2<1$ 时，其值越小反映出数据吻合程度越低。

确定性系数 Ens 是一个整体综合性指标，可以定量表征对整个径流过程拟合好坏的程度。这是描述计算值对目标值的拟合精度的无量纲统计参数。一般取值范围为 0～1。确定性系数评定标准见表 14.4。其表达式为

$$\mathrm{Ens} = 1 - \frac{\sum_{i=1}^{n}(Q_m - Q_p)^2}{\sum_{i=1}^{n}(Q_m - Q_{avg})^2} \tag{14.12}$$

式中：Q_m 为观测值；Q_p 为模拟值；Q_{avg} 为观测的平均值；n 为观测的次数。当 $Q_m=Q_p$ 时，Ens=1。

表 14.4 确定性系数评定标准

等级	甲等	乙等	丙等
标准	>0.90	0.70～0.90	0.50～0.69

七、模型的输出

主要的 SWAT 输出文件有 4 个，分别是子流域输出(.sbs)、河段输出(.rch)、大型子流域输出(.bsb)、水库输出(.rsv)，都可以以每天、每月、每年的精度来进行输出。本研究中主要使用河段输出和大型子流域输出观察流域出口的水量、泥沙的变化。典型的输出表格意义如表 14.5、表 14.6 所示。

表 14.5 河段输出文件主要参数

字段	物理意义
Subbasin	子流域编号
Date	日期(年月日)
Flow_In	每天流入河段的水(cm^3/s)
Flow_Out	每天流出河段的水(cm^3/s)
Evap	河道段的蒸发(mm)
Tloss	每天河道底的渗漏损失(cm^3/s)
Sed_In	流入河道的总泥沙(t)

续表

字段	物理意义
Sed_Out	流出河道的总泥沙(t)
Sedconc	流入的泥沙减去流出的泥沙(t)
Orgn_In	进入河段的泥沙携带的有机氮(kg)
Orgn_Out	流出河段的泥沙携带的有机氮(kg)
Orgp_In	进入河段的泥沙携带的有机磷(kg)
Orgp_Out	流出河段的泥沙携带的有机磷(kg)
NO_3_In	流入河段的泥沙携带的硝酸盐(kg)
NO_3_Out	流出河段的泥沙携带的硝酸盐(kg)
NH_4_In	流入河段的泥沙携带的氨(kg)
NH_4_Out	流出河段的泥沙携带的氨(kg)
NO_2_In	流入河段的泥沙携带的亚硝酸盐(kg)
NO_2_Out	流出河段的泥沙携带的亚硝酸盐(kg)

表 14.6　子流域输出主要参数

字段	物理意义
Subbasin	子流域编号
Date	日期(年月日)
Precip	降水量(mm)
Snomelt	融雪(mm)
Et	土壤剖面蒸发散(mm)
Sw	土壤水分含量(mm)
Wyld	在子流域出口离开子流域注入河川径流的水量(mm)
Syld	子流域里到达子流域出口处的泥沙量(t/hm^2)
OrgN	离开子流域并在子流域出口处被测的有机氮(kg/hm^2)
$OrgNO_3$	离开子流域并在子流域出口处被测的硝酸盐氮(kg/hm^2)
$OrgNO_2$	离开子流域并在子流域出口处被测的亚硝酸盐(kg/hm^2)
$OrgNH_4$	离开子流域并在子流域出口处被测的氨氮(kg/hm^2)
OrgP	离开子流域并在子流域出口处被测的有机磷(kg/hm^2)

八、AVSWAT-2000 介绍

AVSWAT-2000 是一个 SWAT 模型的图形化用户界面，它是作为 ArcView 的一个扩展模块而嵌入 ArcView 的。并且 AVSWAT-2000 ArcView 扩展模块是由 AVSWAT 发展而来，ArcView 的重要的许多功能模块和空间分析能力被应用于一系列既符合模型运作规程又方便用户的工具中。这些工具包括：①通过用户规定的 GIS 覆盖生成特定的参数;②生成 SWAT 模型的输入数据文件;③建立土地管理情景;④调整、校准 SWAT 模型进行模拟;⑤分析 SWAT 模型的运行结果并用图表显示。

最具有革命性的变动有:①一个完善的先进的流域自动划分机;②一个水文响应单元定义工具;③最新版本的 SWAT 模型及其界面。

AVSWAT 软件是作为一个 ArcView GIS 的扩展模块为个人计算机环境而开发的。在这个系统里,ArcView 提供了地理信息系统的计算引擎和一个标准的 Windows 用户界面,如图 14.7~图 14.11 所示。

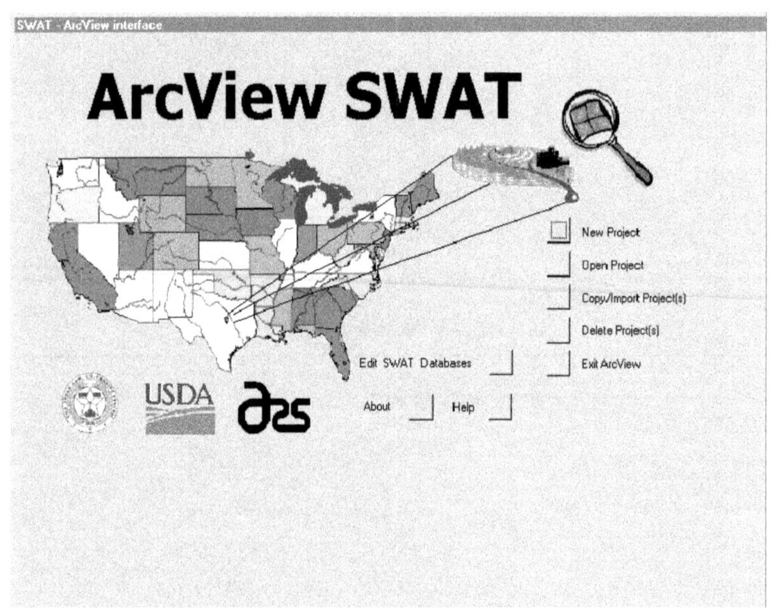

图 14.7 AVSWAT 主界面

AVSWAT 包括以下 8 个模块:①流域划分;②水文响应单元定义;③气象点定义;④AVSWAT数据库;⑤输入参数化,编制和情景管理;⑥模型运行;⑦读取并图表化结果;⑧校准工具。

一旦 AVSWAT 模型被调用,模型就被嵌入 ArcView,并且通过下拉菜单,对话框和其他一些操作就可以使用 AVSWAT 的工具,如图 14.8~图 14.11 所示。

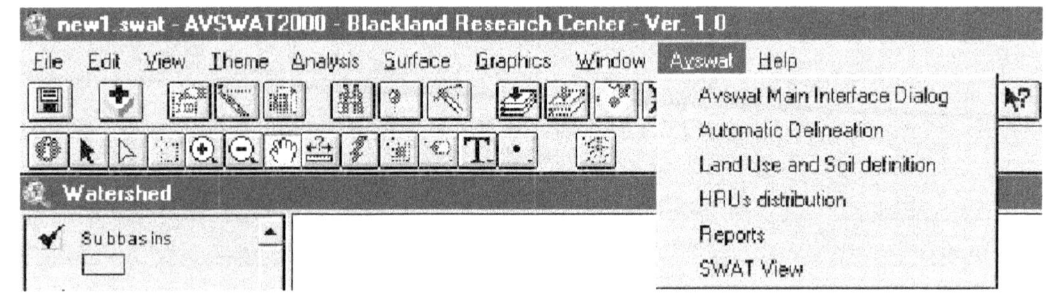

图 14.8 AVSWAT 下拉菜单图(一)

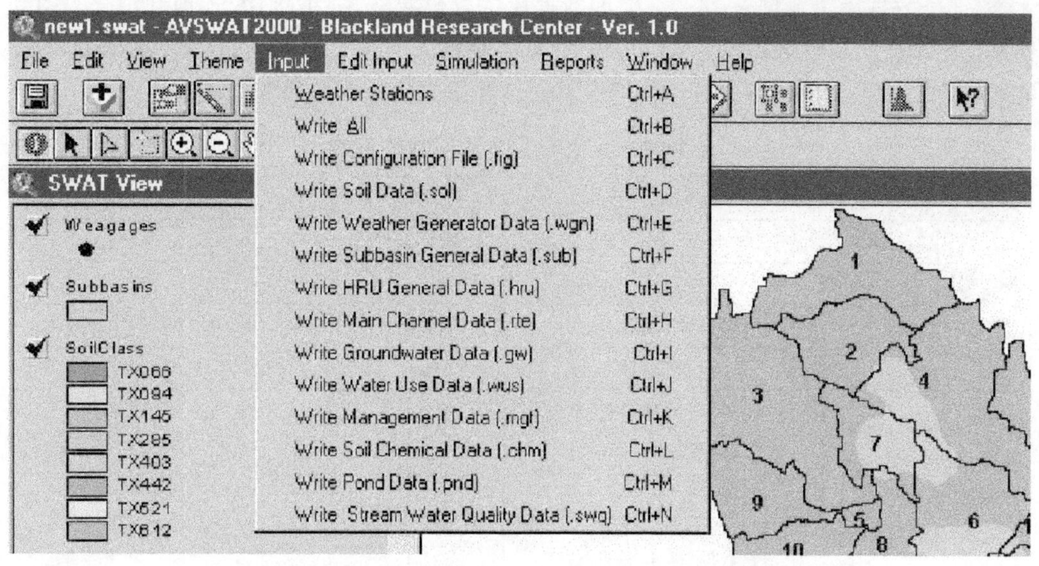

图 14.9　AVSWAT 下拉菜单图(二)

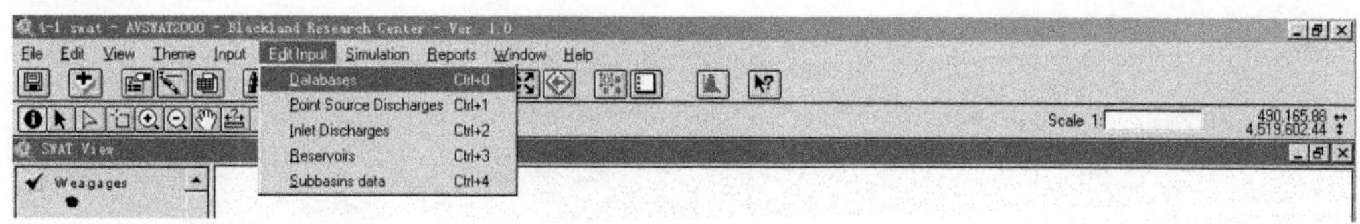

图 14.10　AVSWAT 下拉菜单图(三)

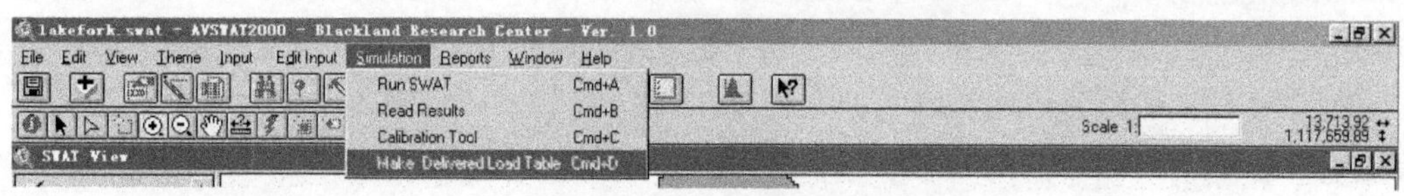

图 14.11　AVSWAT 下拉菜单图(四)

AVSWAT 需要的基本输入数据包括数字高程图、土壤分布图、土地利用现状图、水系图以及其他一些气象资料。

在 AVSWAT 环境下,主要的操作步骤如下:①调用或则选择 AVSWAT2000 扩展模块;②划分流域并且定义水文响应单元;③编辑 SWAT 数据库(可选);④输入气象资料;⑤调用输入文件写入机;⑥编辑输入文件(可选);⑦运行模型;⑧调用校准工具;⑨分析、综合、图形化模型运行结果。

第三节　泾河流域 SWAT 模型数据库的构建

概括起来,SWAT 模型数据库可以分为空间数据库(又称图数据库)和属性数据库两大类,部分数据库资料见表 14.7。空间数据库主要包括流域 DEM 图、土地利用分类图和数字化土壤图。属性数据库主要包括 3 个来存储有关土地利用、土壤属性以及气象站参数等的数据。论文依据研究区具体情况对这 3 个数据库进行编辑和修改。

表 14.7 泾河流域 SWAT 模型数据库

<table>
<tr><td colspan="2">数据</td><td>比例尺/分辨率</td><td>格式</td><td>来源</td></tr>
<tr><td rowspan="3">图数据</td><td>DEM</td><td>90m</td><td>GRID</td><td>北京师范大学</td></tr>
<tr><td>土地利用图</td><td>30m</td><td>GRID</td><td>马里兰大学数据中心</td></tr>
<tr><td>土壤图</td><td>1∶1 000 000</td><td>GRID</td><td>FAO 的 1∶5 000 000 数字土壤图</td></tr>
<tr><td colspan="2"></td><td>数据项</td><td>格式</td><td>站点及位置来源</td></tr>
<tr><td rowspan="3">表数据</td><td>气象数据</td><td>降水量、最高最低气温、太阳辐射、风速和相对湿度</td><td rowspan="3">dBase</td><td>国家气象局</td></tr>
<tr><td rowspan="2">水文数据</td><td>逐日降水数据</td><td rowspan="2">水文年鉴</td></tr>
<tr><td>流量数据(逐日、逐月、逐年)</td></tr>
</table>

一、空间数据库的构建

(一) DEM 数据和流域水系

DEM(digital elevation model)即数字地面高程模型,是进行分布式水文模型研制与开发的基础,利用 DEM 可以提取流域的很多重要水文特征参数如坡度、坡向、水沙运移方向、汇流网络、流域界限及子流域划分等,为径流演算和水文模型的构造提供支持。

泾河 DEM 数据为 90m×90m 的栅格数据(图 14.12),资料来源于北京师范大学资源学院,并在 DEM 基础上,对泾河流域的河网和子流域进行了提取和划分(图 14.13)。为了减轻计算量并兼顾分布式子流域划分的意义,将流域分成了 30 个子流域。

图 14.12 流域 DEM 图

图 14.13　泾河子流域和河网划分图

（二）土地利用类型处理

土地利用类型的不同对确定流域产流和产沙非常重要，土地利用类型编码是进行产流产沙计算的依据。本研究采用泾河流域 1979 年、1989 年、1999 年和 2006 年同季节的 TM/ETM 数据分类得到 4 个时期的土地利用类型图。根据土地利用类型原来的分类系统，结合土壤侵蚀模拟的要求，重新将土地利用类型划分为六类，具体分类情况见图 14.14。此外，将研究区土地利用类型土层转化为 GRID 格式，并对土地利用类型的重新分类编码进行赋值，最终得到适用于泾河流域的土地利用类型数据。

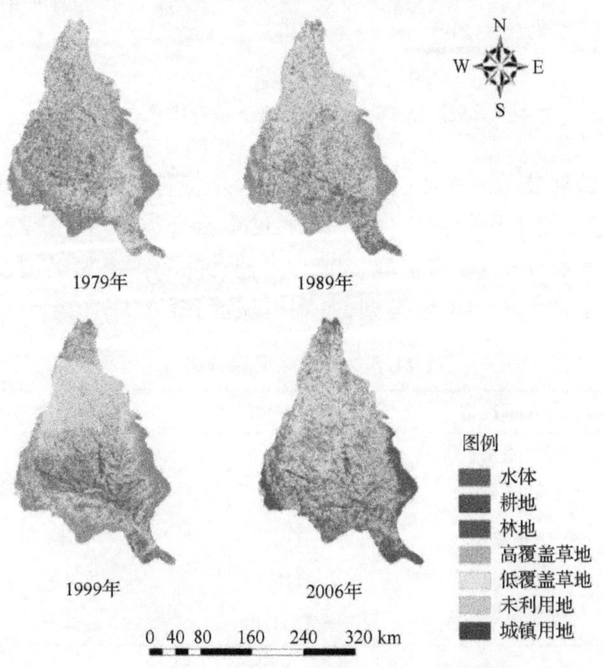

图 14.14　泾河流域 4 期土地利用类型图

（三）土壤类型数据处理

由于研究区面积较大,采用较小比例尺的土壤图不利于提高模型的计算效率,因此论文仅采用了1∶100万中国土壤数据。首先将原图按照研究区所处位置大致分割出所在地区土壤类型图,进行投影转换,然后用研究流域边界将研究区土壤类型图切割出来,得到最终的研究区土壤类型图(图14.15)。

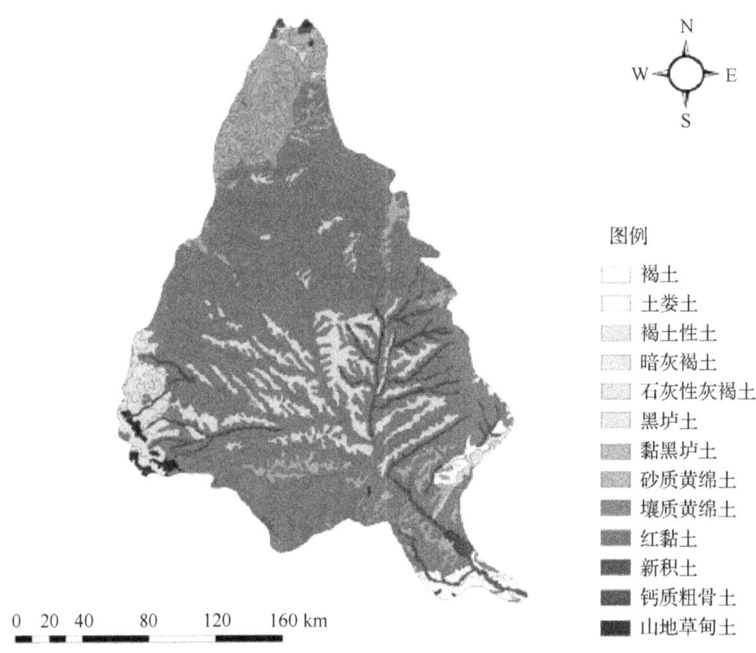

图14.15 泾河流域土壤分类图

将流域土壤类型划分为8个土类,13个亚类,并将各种类型土壤的物理特性数据输入到SWAT用户定义的土壤数据库文件中,通过重新分类给每种土壤类型赋予相应的类型代码及对应的土壤属性信息(李道峰,2003;张楠,2005)。土壤类型及编码如表14.8所示。全流域中黄绵土是主要的土壤类型,占到流域面积的75.10%。

表14.8 土壤类型重分类表

代码	土壤类型	模型中代码	所属土类	比例/%
1	褐土	HT	褐土	0.8
2	褐土性土	HTXT	褐土	0.53
3	土娄土	TLT	褐土	1.08
4	暗灰褐土	AHHT	灰褐土	0.88
5	石灰性灰褐土	SHXHHT	灰褐土	2.35

续表

代码	土壤类型	模型中代码	所属土类	比例/%
6	黑垆土	HLT	黑垆土	9.75
7	黏化黑垆土	NHHLT	黑垆土	3.54
8	砂质黄绵土	SZHT	黄绵土	8.13
9	壤质黄绵土	RZHT	黄绵土	66.97
10	红黏土	NHRT	红黏土	1.10
11	新积土	XJT	新积土	4.30
12	钙质粗骨土	CGT	磷质石灰土	0.35
13	山地草甸土	CDT	山地草甸土	0.22

二、属性数据库的构建

（一）土壤属性数据库

土壤数据主要包括两大类，即物理属性数据和化学属性数据，其中物理属性是必需的，化学属性可根据需要进行选择。土壤物理属性决定土壤剖面中水和气的运动状况，并对 HRU 中的水循环起着重要作用。

土壤各层需要输入的物理属性参数主要包括：土壤水文分组（供选 A、B、C、D4 类）、土壤剖面的最大根系带（SQL_ZMX）、土壤孔隙度（SQL_ORK）、土壤各层厚度（SQL_Z）、土壤干容重（SQL_BD）、土壤层有效持水量（SQL_AWC）、土壤饱和水力传导系数（SQL_K）、有机碳含量（SQL_CBN）、黏粒、粉粒、沙粒和岩石所占土壤容积的百分比，潮湿土壤反射系数（SQL_ALB）和土壤可蚀性因子 *K* 值（USLE_K）。由于资料所限，本研究将流域的各土壤类型均分为 3 层（模型最多允许分为 10 层），.sol 存储各个子流域土壤各层的物理属性。土壤物理属性通过土壤样品室内实验和软件 Soil and Water Characterizer 计算得到。

美国国家自然资源保护局（NRCS）根据土壤的渗透属性，将土壤分为 A、B、C、D 共四类。1996 年，NRCS 土壤调查小组将在相同的降雨和地表条件下、具有相似的产流能力的土壤归为一个水文组。影响土壤产流能力的属性是指那些影响土壤在完全湿润并且不冻的条件下的最小下渗率属性，主要包括季节性土壤含水量、土壤饱和水力传导率和土壤下渗速率。土壤的水文学分组定义如表 14.9 所示。SWAT 模型采用的 SCS 模型有特定的土壤分类系统，需要对当地的土壤分类进行对应归并，得到符合 SCS 模型的土壤分类结果。因为土壤属性比较稳定，我们在 SWAT 模型运行期间一直将土壤分类结果作为不变值，用于模型的计算中。

表 14.9 SCS 模型及泾河流域土壤水文分组情况

土壤分类	土壤水文性质	最小下渗/(mm/h)	土壤分组
A	完全湿润条件下高渗透率土壤,土壤质地主要由沙砾组成,排水能力强	7.26～11.43	粗骨土
B	完全湿润条件下中等渗透率土壤,土壤质地由沙壤质组成,排水导水能力中等	3.81～7.26	褐土、褐土性土、土娄土、暗灰褐土、石灰性灰褐土、黑垆土、黏化黑垆土、黄绵土、新积土、山地草甸土
C	完全湿润条件下较低渗透率土壤,土壤质地为黏壤土、薄层沙壤土,大都有一个阻碍水流向下运动的层,下渗率和导水能力差	1.27～3.81	红黏土
D	完全湿润条件下较低渗透率土壤,土壤质地为黏土,导水能力极低	0～1.27	无

(二) 气象数据库构建

在分布式水文模型中,气象数据作为影响水文循环的重要驱动因素,是模型不可缺少的输入数据,通过它们可以分析水文过程中的地表能量平衡和水分循环等过程。但是在国内,由于气象站点分布不均匀或者站点气象数据记录不完整,往往得不到满足模型需要的研究区域气象数据,从而影响了模型的运行和模型效率的发挥。SWAT 模型内嵌的气象模拟器(天气发生器)利用数理统计原理,通过研究者输入的多年月平均气象资料(如气温、降水、风速、相对湿度和太阳辐射的月平均值、标准差等)的统计规律加上随机噪声矩阵来模拟周期性的气象变化过程,可以实现站点气象资料不全时的填补或气象数据缺测时的模拟。

因此该数据库需要输入的参数比较多,约 160 个,包括:气象生成站点的经纬度坐标(WLATITUDE、WLONGITUDE)、高程(WELEV)、月半小时最大降雨量(RAIN_YRS)、月平均最高温度(TMPMX)及标准差(TMPSTDMX)、月平均最低温度(TMPMN)及标准差(TMPSTDMN)、月平均降雨量(PCPMM)及标准差(PCPSTD)、月平均降雨天数(PCPD)、月降雨偏度系数(PCPSKW)、月降雨干湿概率(PR_W_1)、月降雨湿湿概率(PR_W_2)、月平均太阳辐射(SOLARAV)、月平均露点温度(DEWPT)、月平均风速(WNDAV)。SWAT2000 手册均给出了这些气象统计参数的计算公式(Neitsch et al.,2002b)。需要注意的一点是各气象生成站点月统计数据必须是统计 20a 以上资料基础上得到的。本研究使用研究区资料较全的 7 个气象站的统计资料,测站资料见表 14.10。

表 14.10　泾河流域气象生成站点资料

站名	模型输入站名	经度	纬度	海拔/m
西安	Wgn_xa	108°56′E	34°18′N	398.6
固原	Wgn_gy	106°16′E	36°00′N	1752.8
长武	Wgn_cw	107°48′E	35°12′N	1206.8
平凉	Wgn_pl	106°40′E	35°33′N	1348.2
西峰	Wgn_xfz	107°38′E	35°44′N	1421.9
环县	Wgn_hx	107°18′E	36°35′N	1256.0
天水	Wgn_ts	105°45′E	34°35′N	1142.6

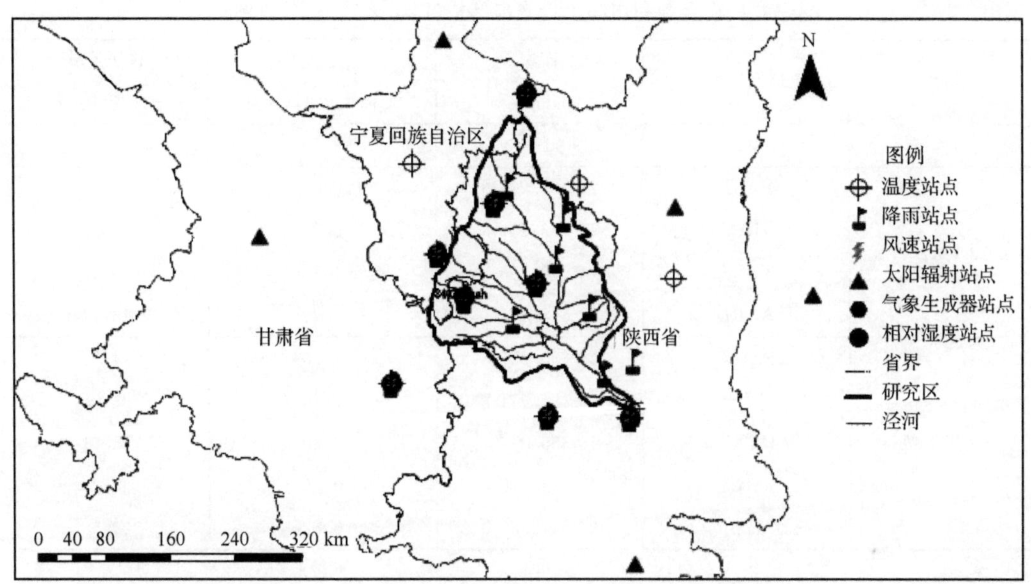

图 14.16　泾河流域气象生成站点分布示意图

（三）土地利用和土壤的定义及叠加

这一过程需导入土地利用图和土壤类型图两个主题层，两个图的格式可以是 grid 格式或 shp 格式（若是 shp 格式，模型将利用 ArcView 的空间分析功能自动将其转化为 grid 格式），本次模拟采用的是 grid 格式。两个主题的投影与 DEM 相同，都是地理坐标投影。在导入土地利用图和土壤类型图后，需分别建立一个对应的索引表，来建立两个主题与对应数据库的连接，表 14.11 就是建立的土地利用对应的索引表。然后，是重分类（reclassify）过程，在这个过程中，将在流域视图中添加两个新的主题（SwatLanduseclass 和 Soilcalss）。接下来就可以进行土地利用和土壤的叠加了，表 14.12 是在子流域 26 中土地利用和土壤叠加的结果。

表 14.11　土地利用与数据库之间的索引表

土地利用序号	土地利用含义	土地利用代码
1	水域	WATR
2	农耕地	AGRR
3	林地	FRST
4	高覆盖草地	PAST
5	低覆盖草地	HAY
6	未利用地	WPAS
7	城镇用地	URMD

表 14.12　土地利用和土壤叠加结构(以子流域 26 号为例)

名称	土地利用类型	面积 /hm^2	占总流域面积比例/%	占子流域面积比例/%
子流域	＃26	129 984.934 4	3.09	—
土地利用	PAST	27 127.722 5	0.64	20.87
	HAY	10 933.850 3	0.26	8.41
	FRSE	75 399.883 5	1.79	58.01
	AGRL	16 523.478 1	0.39	12.71
土壤类型	RZHT	54 250.256 8	1.29	41.74
	XJY	12 594.911 7	0.30	9.69
	HTXT	16 390.844 5	0.39	12.61
	NHLT	12 193.570 4	0.29	9.38
	HT	34 555.350 9	0.82	26.58

三、水文响应单元的分配

在许多形势下,在一个集水区或一个流域模拟每一块田地或土壤类型是不可能的或不可行的。但对于在一个没有关于它们空间位置详细信息的小流域里特定的农作物和土壤的面积的百分率数据经常是有用的,在另外的形势下,特定田地的空间位置和详细的土壤图是可利用的,但是由于方案的局限,每块田地不能被单独模拟,这就必须集中在一起。所以 SWAT 引进了水文响应单元(hydrologic response units,HRUs)的概念来进行模拟。一旦子流域被明确定义了,还必须利用土地利用和土壤类型信息的协同变化特征的概率分布来定义水文响应单元,来计算每个子流域的基本参数,和进行模型的模拟运算。同一个水文响应单元具有相同的土地利用类型、土壤类型,但在同一子流域内的水文相应单元的空间分布被忽略。

这一过程将确定 HRUs 分配的标准。有两种方法可以选择,一种是优势土被法(dominant land use and soil),即每个子流域内只生成一个水文响应单元,这个水文响应单元由本子流域内占优势的土地利用和土壤组合而成，其他非优势土地利用和土壤将被并入优势类中。另一种是多种水文响应单元法，具体分两步来确定两个阈值。第一步是土地利用面积阈值的确定。用来确定子流域内需保留的最小土地利用的面积。在模拟过程中我们取5%，即子流域内面积<5%的土地利用将被忽略不计，而原来面积≥5%的土地利用类型将被保留下来，并按其不同类型的面积比例，以子流域面积为单位重新分配。假如子流域中≥5%的土地利用类型包括农田52%，有林地20%，居民地18%，则它们的面积将被重新分配为

农田：52%/(52%+20%+18%)=57.78%

有林地：20%/(52%+20%+18%)=22.22%

居民地：18%/(52%+20%+18%)=20.000%

第二步是土壤面积阈值的确定。用确定土地利用类型中需保留的最小土壤类型的面积。在模拟过程中我们取20%，即土地利用类型中面积<20%的土壤将被忽略不计，与第一步类似。在本研究中共划分了332个水文响应单元。

四、创建模型输入文件

这些值由模型根据流域描绘(watrshe delineation)土壤分配特征自动提取。这包括：结构文件、土壤文件(.sol)、气象文件(.Wgn)、子流域文件(.sub)、水文响应单元文件(.hru)、主河道文件(.rte)、地下水文件(.gw)、水利用文件(.wus)、农业管理文件(.mgt)、土壤化学文件(.chm)、池塘数据文件(.pnd)和河流水质文件(.Swq)。

五、模型的校准和验证

(一) 模型参数率定

SWAT模型是基于物理机制的分布式水文模型，所需参数较多，因此需要对模型进行参数校准与验证。模型的校准(参数率定)是通过调整模型的参数使得模拟径流与天然径流相匹配的过程。通过模型的率定调参，可以提高模型的模拟精度，使模型更适合在研究区应用。

径流模拟时，用泾河流域1979年的土地利用图代表1971～1980年的土地利用状况，用1989年的土地利用图代表1981～1990年的土地利用状况。选用1971～1980年张家山站的径流资料对模型进行校准，并采用模型校准过程中所得到的参数，应用1981～1990年的径流资料进行验证。运行SWAT模型对径流进行模拟的过程中，筛选出最为敏感的一些参数，得到了适合研究区的模型参数值(表14.13)。其他一些对径流量变化不太敏感的参数采用模型的默认值。

研究表明：与直接径流密切相关的参数主要有CN_2值、土壤有效含水量(SOL_AWC)、土壤饱和导水率(K_{sat})、土壤蒸发补偿系数(ESCO)等；对基流影响较大的参数主要有地下水再蒸发系数(GW_REVAP)、基流消退系数(GW_ALPHA)、浅层地下水再蒸

发的阈值深度(REVAPMN)。本研究选择径流曲线系数 CN_2、地表径流滞后时间(SURLAG)、土壤蒸发补偿系数(ESCO)、土壤可利用水量(SOL_AWC)、河道有效水力传导率(CH_K_2)、基流 α 系数(ALPHA_BF)、土壤剖面深度(SOL_Z)作为待率定参数。选用1970~1980年泾河流域出口张家山水文站的河道流量对径流进行参数率定。模型率定的顺序是先调水量平衡、然后率定径流量。通过调整参数使径流模拟值与实测值吻合。参数率定结果见表14.13。

表14.13 模型校准参数值

参数名	参数变化范围	参数描述	最终参数值
CN_2	−8~+8	SCS曲线方法的径流曲线系数	−8
ESCO	0~1	土壤蒸发补偿系数	0.1
SQL_AWC	0~1	土壤可利用水量	0.05
CH_K_2	0~150	河道有效传导率	0.35
ALPHA_BF	0~1	基流 α 系数	0.01
SURLAG	0~10	地表径流滞后时间	0.85

(二)模型年尺度校验结果

径流模拟时,采用泾河流域1979年土地利用图代表1971~1980年的土地利用状况,用1989年的土地利用图代表1981~1990年的土地利用状况。本研究将搜集整理得到的泾河流域控制站张家山站1970~1990年天然径流资料分为两部分:用1971~1980年径流资料对模型进行校验,用1981~1990年的径流资料对模型进行验证。校验结果如下。

1. 校验期(1971~1980年)

在模型校准期,泾河流域出口控制站——张家山水文站的年径流量模拟值和实测值对比结果见图14.17、图14.18。从图14.17可以看出:实测径流与模拟径流的拟合度较高,R^2 达到了0.903。从图14.18模拟和实测径流量年值的比较结果来看,1971~1980年模型校验期各年模拟峰值和实测峰值基本一致:降水量大的年份,模拟径流值大;降水量小的年份,模拟径流值小。降水量较多的年份1974年、1975年和1978年,径流模拟值和实测值差距较少;降水量较小的年份1972年和1977年,径流模拟值和实测值差距较大图14.19。

2. 验证期(1981~1990年)

模型验证期较校验期,模拟和实测径流量年值拟合度下降,R^2 下降到0.831。从图14.20可以看出:1981~1990年,模型校验期模拟峰值和实测峰值基本一致,但降水量大的年份,径流模拟值与实测值差距较校验期增大。究其原因,应是随着模型模拟时序的延长,以及土地利用类型的变换,模型校验期对产流敏感的参数的边界和初始条件发生了变化,导致模型模拟精度降低。

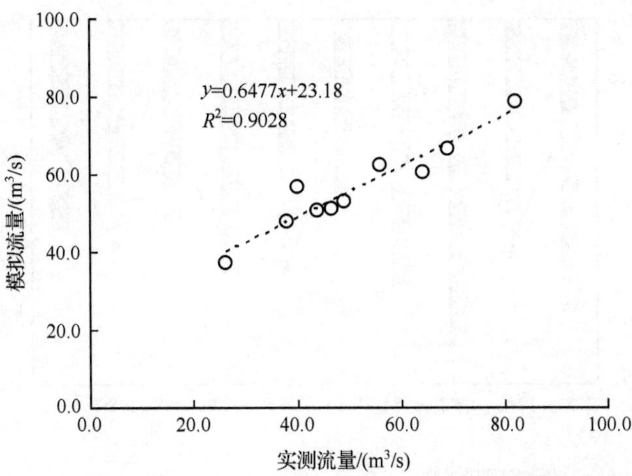

图 14.17　1971～1980 年泾河实测流量与模拟流量拟合情况

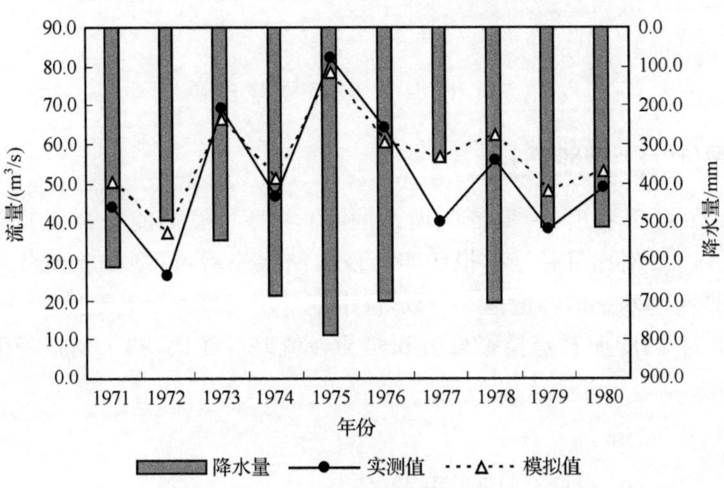

图 14.18　1971～1980 年泾河流量模拟值与实测值比较

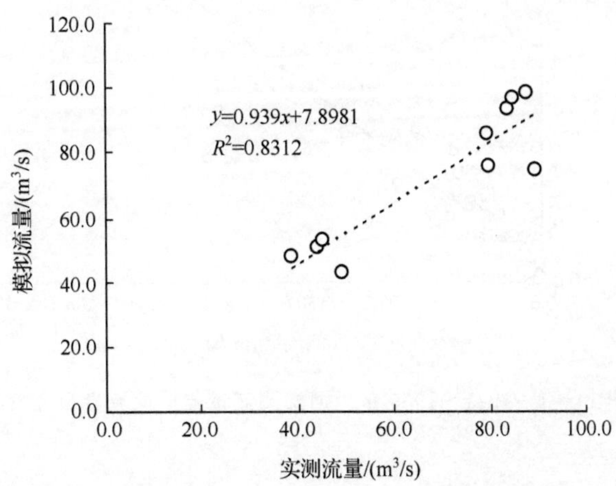

图 14.19　1981～1990 年泾河实测流量与模拟流量拟合情况

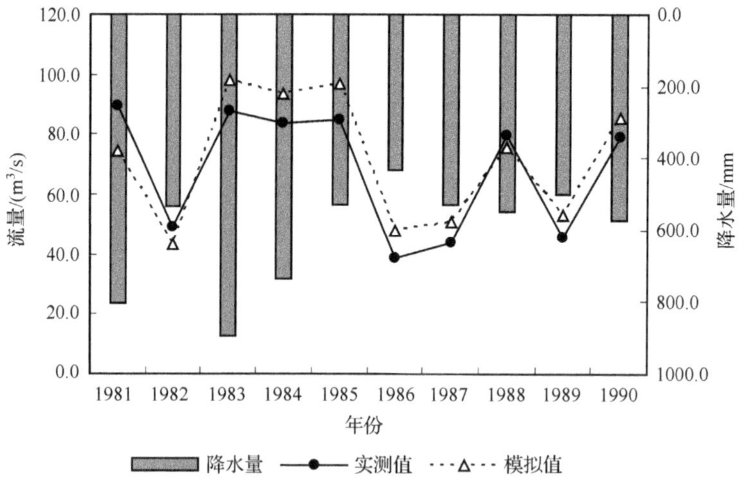

图 14.20　1981～1990 年泾河流量模拟值与实测值比较

(三) 模型月尺度校验结果

1. 校验期(1971～1980 年)

从图 14.21 可以看出:模型校验期,月径流实测与模拟值拟合度较高,R^2 达到了 0.835。从图 14.22 对比月径流模拟和实测值的结果来看:模型校验期各月径流模拟峰值、实测峰值期与降水量的峰值基本一致,仅个别月份峰值大小有差异。一年中降雨相对集中的 7 月、8 月丰水期,径流模拟峰值和实测峰值差异较大,枯水期拟峰值和实测峰值拟合较好。

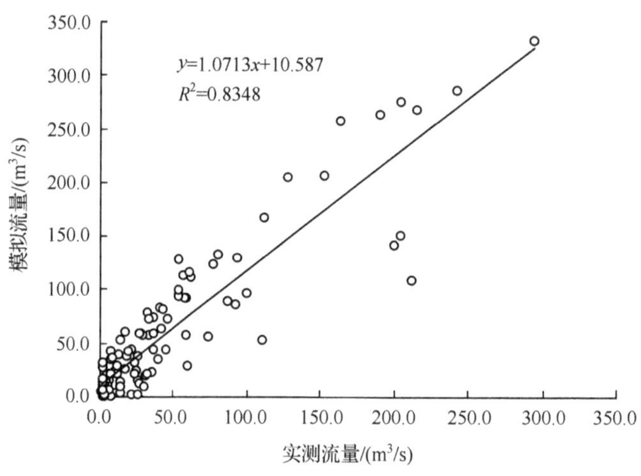

图 14.21　1971～1980 年泾河实测流量与模拟流量拟合情况

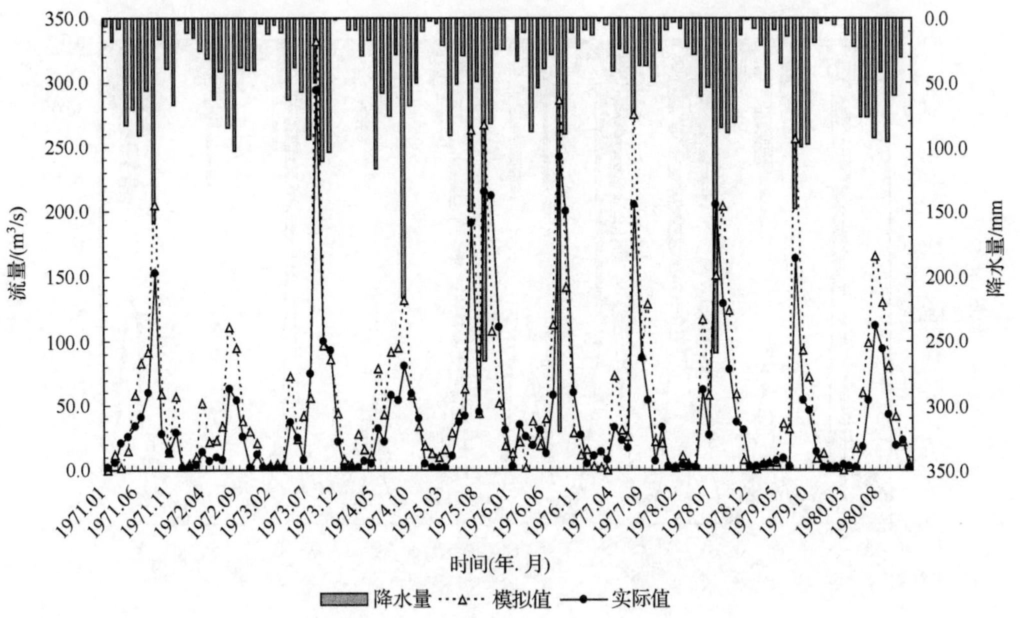

图 14.22　1971～1980 年模拟月径流与天然月径流对比

2. 验证期(1981～1990 年)

从图 14.23 可以看出:验证期较校验期,月径流实测与模拟的值拟合度降低,R^2 降到了 0.773。从图 14.24 对比月径流模拟和实测值的结果来看:模型校验期各月模拟峰值、实测峰值与降水量的峰值基本一致,仅个别月份峰值大小有差异。一年中降雨相对集中的 7、8 月丰水期,拟峰值和实测峰值差异较大,枯水期拟峰值和实测峰值拟合较好(表 14.14)。相对校验期,验证期实测与模拟的月径流值的差异明显增大。

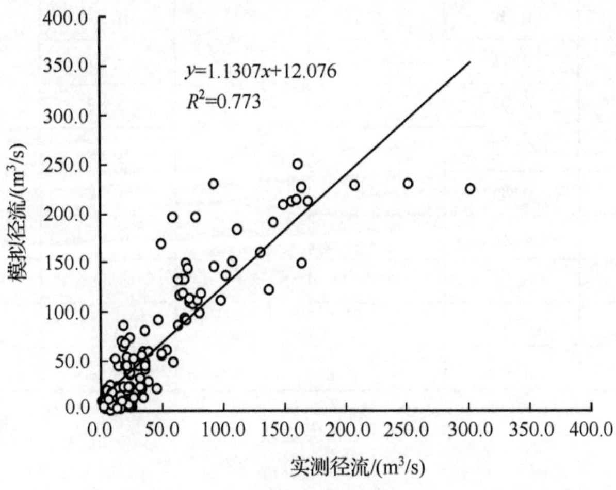

图 14.23　1981～1990 年泾河实测流量与模拟流量拟合情况

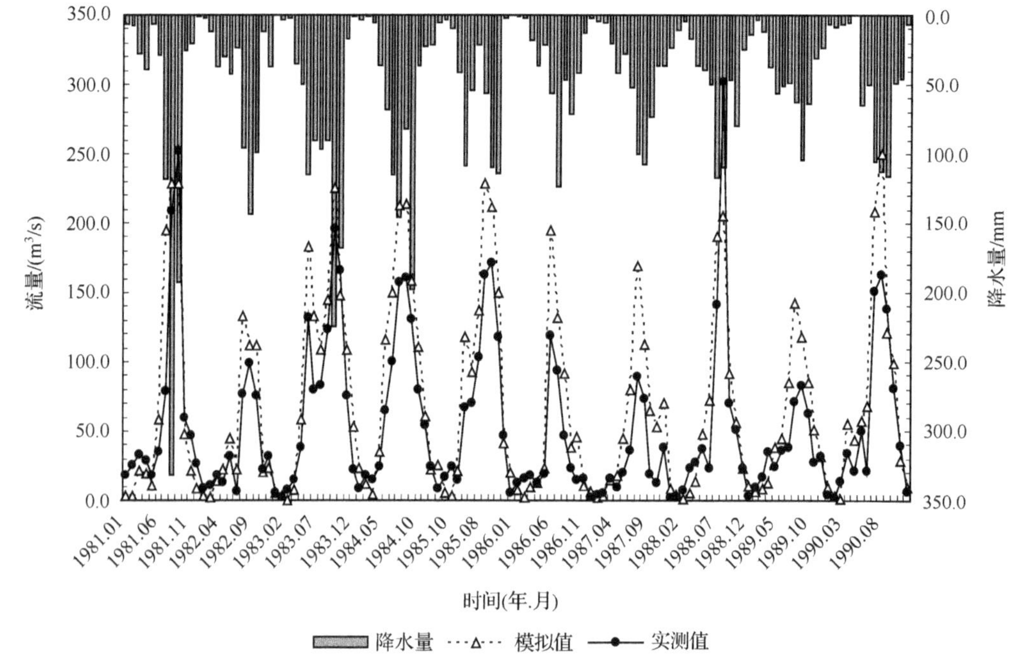

图 14.24　1981～1990 年模拟月径流与天然月径流对比

表 14.14　模型校验期及验证期径流模拟结果评价

分期	年份	年尺度			月尺度		
		Ens	R_e	R^2	Ens	R_e	R^2
校验期	1971	0.64	15.58	0.903	0.66	23.37	0.93
	1972	0.85	42.82		0.68	25.05	0.90
	1973	0.96	−3.55		0.95	17.00	0.91
	1974	0.70	10.13		0.64	28.40	0.82
	1975	0.98	−4.49		0.86	29.93	0.75
	1976	0.58	−13.84		0.76	25.31	0.85
	1977	0.81	−4.89		0.72	31.60	0.90
	1978	0.73	4.21		0.64	26.90	0.75
	1979	0.80	13.94		0.58	36.18	0.92
	1980	0.53	8.39		0.69	27.59	0.68
	平均	0.76	4.13		0.72	27.13	0.84

续表

分期	年份	年尺度			月尺度		
		Ens	R_e	R^2	Ens	R_e	R^2
验证期	1981	0.60	−16.62	0.831	0.54	25.56	0.81
	1982	0.89	−12.36		0.74	37.67	0.76
	1983	0.73	11.86		0.77	32.24	0.80
	1984	0.59	12.08		0.62	5.21	0.82
	1985	0.62	13.99		0.68	35.94	0.71
	1986	0.90	23.63		0.76	34.69	0.67
	1987	0.83	22.39		0.79	−18.24	0.82
	1988	0.58	−10.36		0.59	38.16	0.75
	1989	0.88	17.55		0.81	−0.83	0.82
	1990	0.71	7.86		0.62	25.47	0.77
	平均	0.73	7.00		0.69	21.60	0.77

对泾河流域控制水文站张家山1971～1990年模拟年、月径流与实测年、月径流进行验证分析，可以看出：年尺度下的径流模拟评价指标（Ens、R_e、R^2）普遍都高于月尺度下的径流模拟评价指标；校验期年、月尺度下径流模拟评价指标大部分都高于验证期年、月尺度下径流模拟评价指标，即模型年尺度模拟精度较月尺度高；模型校验期模拟的年、月径流精度较验证期模拟的年、月径流精度高。

年尺度下的径流模拟评价指标Ens在模型校验期和验证期的平均值分别达到了0.76和0.73，达到了模型模拟精度的乙等水平，个别年份模拟结果能达到了甲等水平；月尺度下的径流模拟评价指标Ens在模型校验期和验证期的平均值分别达到了0.72和0.69，非常接近乙等水平。从模型校验期、验证期年均径流量、月均径流量实测与模拟值对比来看，通过参数的校准和验证，模型能够在年、月尺度上较准确地模拟流域的径流量变化，其模拟结果可以为泾河流域水资源管理提供理论依据。

第四节　气候和土地利用/覆被变化对泾河流域径流、蒸散发的影响

目前，人类面临的许多环境与发展问题都与土地利用/覆被变化（LUCC）有关，尤其是20世纪以来，全球洪涝灾害的频率远远高于以往任何时期，由人类活动引起的LUCC变化是重要的原因之一。气候的变化将改变全球水文循环的现状，从而引起水资源在时空上的重新分配，并对降水、蒸发、径流、土壤湿度等造成直接影响，气候系统内部的任何变化都将在水文循环的关键水文要素中得到反映。为此，以整个流域为研究对象，开展气候与LUCC对流域主要生态水文过程：径流、蒸散发的影响方式及程度的研究具有重要的研究意义。

一、气候与LUCC对径流影响分析

(一)20世纪70～80年代气候与LUCC对径流影响定量分析

气候和LUCC是流域径流的两个主要影响因子,模型模拟的不同时段径流与天然径流的变化量基本可以近似认为是由气候变化与LUCC共同作用的结果。本研究采用固定其中一个影响因子而改变另一个影响因子的方法,对研究区气候变化与LUCC的径流效应进行估算:将第一阶段(1970～1979年)作为基准期,第二阶段(1980～1989年)作为变化期,基准期在实际气候与土地利用状况下(实际情景1)模拟的径流与变化期在实际气候与土地利用状况下(实际情景2)模拟的径流相比较,二者之间的差值可看作由气候变化与LUCC共同作用对径流产生的影响;变化期在实际气候状况和基准期土地利用状况下(S-C模拟情景)模拟的径流,与实际情景1情形下模拟的径流相比较,二者之间的差值可看作气候变化对径流的影响;变化期的实际土地利用状况和基准期的气候状况下(S-L模拟情景)模拟的径流,与实际情景1情形下模拟的径流相比较,二者之间的差值可看作LUCC对径流的影响。由此,可以计算出气候变化和土地利用变化分别对径流影响的贡献率。20世纪70～80年代泾河流域气候变化和LUCC对年径流影响的贡献率见表14.15。

表14.15 20世纪70～80年代气候与LUCC对泾河流域年径流量影响的贡献

气候变化	70年代	80年代	70年代	80年代	70年代	80年代	70年代	80年代	余额
土地利用/覆被变化	70年代	80年代	70年代	80年代	70年代	80年代	70年代	80年代	
情景设定	实际情景1		模拟情景(S-L)		模拟情景(S-C)		实际情景2		—
径流量变化/(m^3/s)	84.10		86.40		110.17		113.85		—
径流量变化量/(m^3/s)	—		+2.30		+26.07		+29.75		+1.38
变化比例/%	—		+7.73		+87.63		—		+4.64

注:表格阴影部分为模型模拟过程中的输入资料。

1. 对年径流的影响

从不同情形模拟的结果可以看出:实际情景1下模拟的径流量变化为84.10 m^3/s,实际情景2下模拟的径流量变化为113.85 m^3/s,二者相差29.75 m^3/s,说明相对基准期,变化期的径流量增加了29.75 m^3/s。

模拟情景S-C下模拟的径流量变化为110.17 m^3/s,与实际情景1下模拟的径流量相比,变化了26.07 m^3/s,说明气候变化使得年均径流增加了26.07 m^3/s,占径流变化总量(29.75 m^3/s)的87.63%,即气候变化对径流影响的贡献率为87.62%。

模拟情景S-L下模拟的径流量为86.40 m^3/s,与实际情景1下模拟的径流量相比,径流量变化了2.30 m^3/s,说明因为土地利用变化的作用,使得年径流增加了2.30 m^3/s,占径流变化总量(29.75 m^3/s)的7.73%,即土地利用变化对径流影响的贡献率为

7.73%。在气候变化和土地利用变化的共同作用下，径流量增加了 28.37 m^3/s，比径流变化总量(29.75 m^3/s)小 1.38 m^3/s，占径流变化总量的 4.64%，其原因可能在于模型的误差或其他条件件如草地、林地等土地利用类型的质量下降所引起的。此外，气候变化与土地利用变化之间是相互作用、相互影响的，采用固定一个因子改变另一个因子的假设方法，固然难以滤去两者共同作用的部分，计算结果必然会带来一定的误差。

2. 对月径流的影响

从图 14.25 可以看出：20 世纪 80 年代较 70 年代，在气候和 LUCC 共同作用下，除 2～4 月径流有小幅度减少外，其余月份的径流都是增加的，尤其是降雨量相对较充沛的 6～10 月增加幅度较大。模拟情景 S-C 下与实际情景 1 模拟的各月平均径流的比较，揭示了气候变化对月径流产生的影响。对比图 14.25 与图 14.26，可以看出：20 世纪 70～80 年代，LUCC 单独对月径流的影响与 LUCC 和气候共同对月径流的影响很相似，都是 2～4 月月径流小幅度减少，其余月份的径流量都是增加的，尤其是 5～10 月。可见，气候变化对月径流量的影响较 LUCC 影响大。

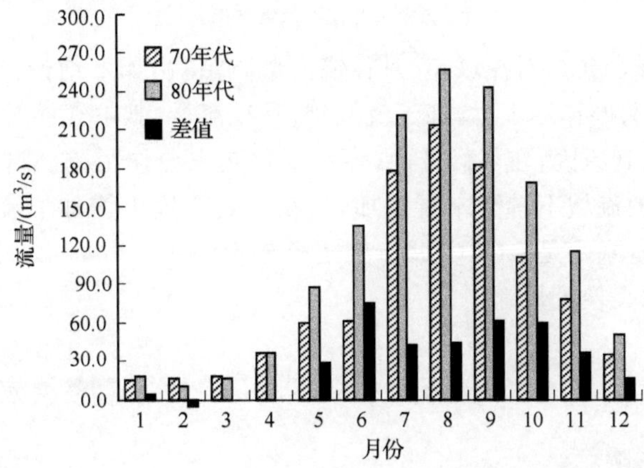

图 14.25　20 世纪 70～80 年代泾河流域气候与 LUCC 对月径流量的影响

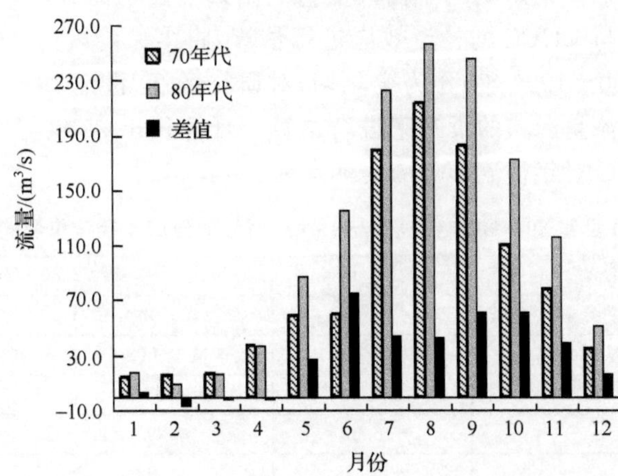

图 14.26　20 世纪 70～80 年代气候变化对泾河流域月径流量的影响

模拟情景 S-L 下与实际情景 1 模拟的各月平均径流的比较(图 14.27),说明了 LUCC 对月径流的影响。20 世纪 80 年代较 70 年代,LUCC 变化使得各月的径流量都不同程度地有所增加,尤其是降水量较大的 7～8 月。相对于气候变化而言,土地利用变化对月径流量的影响程度相对较低。

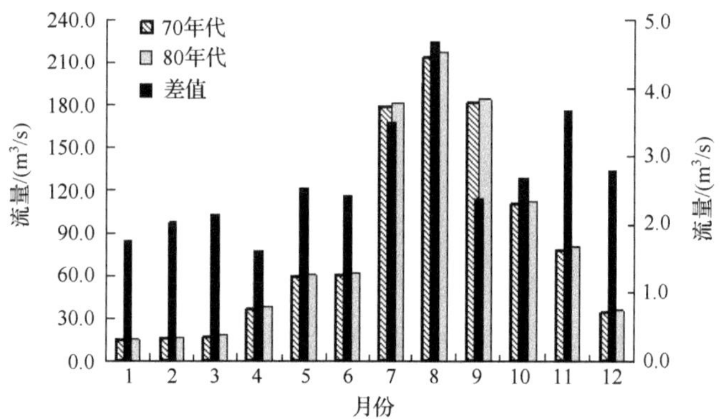

图 14.27　20 世纪 70～80 年代 LUCC 对泾河流域月径流量的影响

注:差值请参照右侧纵坐标。

综合分析气候和 LUCC 对流域年、月径流的影响,得出如下结论:20 世纪 70～80 年代,在气候和 LUCC 共同作用下,增加了流域年、月径流量,其中气候对流域年、月径流影响的贡献率较大。究其原因,在气候方面,降水变化起主导作用:流域整体增温趋势不明显,降雨量相对较多的流域下游降水量增加,这在一定程度上增加了流域产流量;LUCC 方面,林地面积的大量减少是 LUCC 影响流域径流量的主要方面,林地减少,在年、月尺度上都会增加流域地表径流量。

(二) 20 世纪 80～90 年代气候与 LUCC 对径流影响定量分析

1. 对年径流的影响

依然采用固定其中一个影响因子而改变另一个影响因子的方法,对研究区 20 世纪 80～90 年代气候变化与 LUCC 的径流效应进行估算:将第一阶段(1980～1989 年)作为基准期,第二阶段(1990～1999 年)作为变化期,对研究区 20 世纪 80～90 年代气候变化与 LUCC 对流域年径流量影响的贡献率进行估算。计算得出 20 世纪 80～90 年代泾河流域气候变化和 LUCC 对年径流影响的贡献率见表 14.16。

表 14.16　20 世纪 80～90 年代气候与 LUCC 对泾河流域年径流量影响的贡献

气候变化	80 年代	90 年代	80 年代	90 年代	80 年代	90 年代	80 年代	90 年代	余额
土地利用/覆被变化	80 年代	90 年代	80 年代	90 年代	80 年代	90 年代	80 年代	90 年代	
情景设定	实际情景 1		模拟情景(S-L)		模拟情景((S-C)		实际情景 2		—
径流量变化/(m³/s)	113.85		107.02		106.81		101.26		—
径流量变化量/(m³/s)	—		−6.83		−7.04		−12.59		+1.28
变化比例/%	—		−54.25		−55.92		—		+10.17

注:表格阴影部分为模型模拟过程中的输入资料。

从不同情形模拟的结果可以看出：实际情景 1 下模拟的径流量为 113.85 m^3/s，实际情景 2 下模拟的径流量为 101.26 m^3/s，二者相差 12.59 m^3/s，说明相对基准期，变化期的径流量减少了 12.59 m^3/s。

模拟情景 S-C 下模拟的径流量为 106.81 m^3/s，与实际情景 1 下模拟的径流量相比，变化了 7.04 m^3/s，说明气候变化使得年均径流减少了 7.04 m^3/s，占径流变化总量(12.59 m^3/s)的 55.92%，即气候变化对径流影响的贡献率为 55.92%。

模拟情景 S-L 下模拟的径流量为 107.02 m^3/s，与实际情景 1 下模拟的径流量相比，径流量变化了 6.83 m^3/s，说明因为 LUCC 的作用，使得年径流减少了 6.83 m^3/s，占径流变化总量(12.59 m^3/s)的 54.25%，即土地利用变化对径流影响的贡献率为 54.25%。在气候变化和土地利用变化的共同作用下，径流量减少了 13.87 m^3/s，比径流变化总量(12.59 m^3/s)大了 1.28 m^3/s，占径流变化总量的 10.17%，其原因可能在于模型的误差或其他条件，如草地、林地等土地利用类型的质量下降所引起的。

2. 对月径流的影响

从图 14.28 可以看出：20 世纪 90 年代较 80 年代，在气候和 LUCC 共同作用下，月径流总量是减少的。1～4 月，月径流有小幅度增加，5～12 月则都是减少的，其中 6～9 月减少较为显著。模拟情景 S-C 下与实际情景 1 模拟的各月平均径流的比较，揭示了气候变化对月径流产生的影响：在气候要素变化的驱动下，20 世纪 90 年代较 80 年代，降雨量较大的 6～9 月，径流量减少显著，其他月份都有小幅度变化。气候对月径流的影响，主要在降雨补给量较大的 6～9 月的变化。对比图 14.28 与图 14.29，可以看出，气候变化对径流量的影响方式和程度较气候和 LUCC 共同作用对径流量的影响方式和程度较为一致，都是使雨季 6～9 月降雨补给减少。

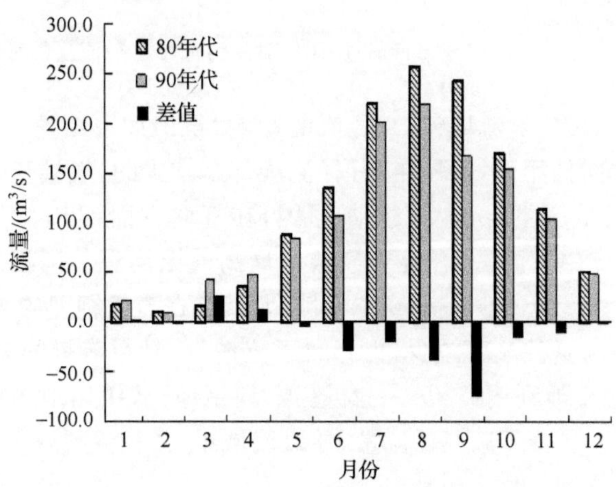

图 14.28　20 世纪 80～90 年代气候与 LUCC 对泾河流域月径流量的影响

模拟情景 S-L 下与实际情景 1 模拟的各月平均径流的比较，则说明 LUCC 对月均径流的影响：在 LUCC 的驱动下，20 世纪 90 年代较 80 年代，各月径流都是减少的，尤其是在降雨补给量较大的 7～10 月，降水量减少较明显。可见气候变化对月径流量影响的方式和程度与 LUCC 对月径流量影响的方式和程度较为相似(图 14.30)。

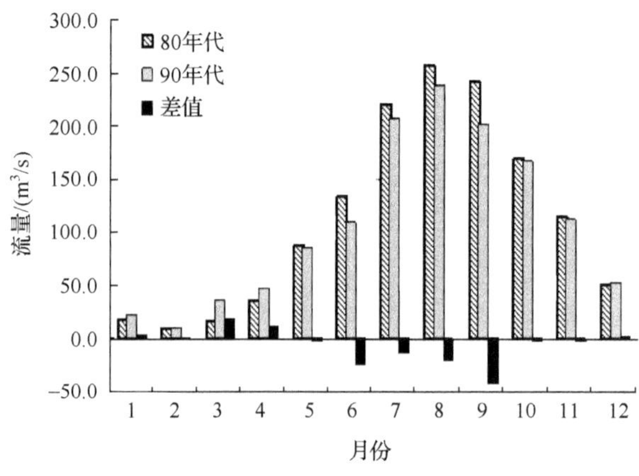

图 14.29 20 世纪 80～90 年代气候变化对泾河流域月径流量的影响

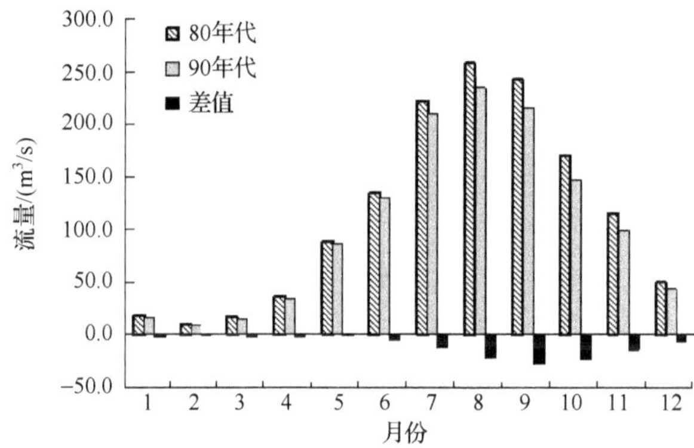

图 14.30 20 世纪 80～90 年代 LUCC 对泾河流域月径流量的影响

综合分析气候和 LUCC 对流域年、月径流的影响,得出如下结论:20 世纪 80～90 年代,在气候和 LUCC 共同作用下,流域年、月径流量都是减少的,气候和 LUCC 对流域年、月径流影响的方式和贡献率差异不大。究其原因,在气候方面,20 世纪 80～90 年代,泾河流域气温增加显著,上中下游平均气温、最低和最高气温均有不同程度的增加,使得流域蒸散量增加,在一定程度上减少了流域产流量,尤其是在蒸发剧烈的 6～9 月,加之雨季 6～9 月流域中、下游降雨量的显著减少,也导致了流域年、月径流量的减少;LUCC 方面,受人类活动干扰较大的土地利用类型——农地、未利用地、城镇用地的增加,尤其是耗水量大的农地面积的增加,减少了流域径流量,导致流域年、月径流的减少。

(三) 1990～2009 年气候与 LUCC 对径流影响定量分析

1. 对年径流的影响

依然采用固定其中一个影响因子而改变另一个影响因子的方法,对研究区 1990～

2009年的气候变化与LUCC的径流效应进行估算：将第一阶段(1990～1999年)作为基准期，第二阶段(2000～2009年)作为变化期，对研究区1990～2009年气候变化与LUCC对流域年径流量影响的贡献率进行估算。1990～2009年泾河流域气候变化和LUCC对年径流影响的贡献率见表14.17。

表14.17　1990～2009年气候和LUCC对泾河流域年径流量影响的贡献

气候变化	90年代	2000～2009年	90年代	2000～2009年	90年代	2000～2009年	90年代	2000～2009年	余额
LUCC	90年代	2000～2009年	90年代	2000～2009年	90年代	2000～2009年	90年代	2000～2009年	
情景设定	实际情景1		模拟情景(S-L)		模拟情景(S-C)		实际情景2		—
径流量变化/(m^3/s)	101.26		90.20		94.67		85.61		—
径流量变化量/(m^3/s)	—		－11.06		－6.59		－15.65		＋2.00
变化比例/%	—		－70.67		－42.11		100		＋12.78

注：表格阴影部分为模型模拟过程中的输入资料；2006～2009年的气候资料为模型自带的气象模拟器生成数据。

从不同情形模拟的结果可以看出：实际情景1下模拟的径流量为101.26 m^3/s，实际情景2下模拟的径流量为85.61 m^3/s，二者相差15.65 m^3/s，说明相对基准期，变化期的径流量减少了15.65 m^3/s。

模拟情景S-C下模拟的径流量为94.67 m^3/s，与实际情景1下模拟的径流量相比，变化了6.59 m^3/s，说明气候变化使得年均径流减少了6.59 m^3/s，占径流变化总量(15.65 m^3/s)的42.11%，即气候变化对径流影响的贡献率为42.11%。

模拟情景S-L下模拟的径流量为90.20 m^3/s，与实际情景1下模拟的径流量相比，径流量变化了11.06 m^3/s，说明因为LUCC的作用，使得年径流减少了11.06 m^3/s，占径流变化总量(15.65 m^3/s)的70.67%，即土地利用变化对径流影响的贡献率为70.67%。在气候变化和土地利用变化的共同作用下，径流量减少了17.65 m^3/s，比径流变化总量(15.65 m^3/s)大2.00 m^3/s，占径流变化总量的12.78%，其原因可能在于模型的误差或其他条件如草地、林地等土地利用类型的质量下降所引起的。

2. 对月径流的影响

2000～2009年较1990～1999年，在气候和LUCC共同作用下，流域各月的径流量几乎都是减少的，仅在降水量较多的8月有极小幅度增加(图14.31)。模拟情景S-C下与实际情景1模拟的各月平均径流的比较，揭示了气候变化对月径流产生的影响：仅雨季6～9月，降水量有小幅度增加，其余月份降水量都是减少的，3月、10～12月减少幅度较大。总体上分析，气候变化减少了流域月径流量(图14.32)。

模拟情景S-L下与实际情景1模拟的各月平均径流的比较，则说明了LUCC对月径流量的影响(图14.33)。LUCC几乎减少了流域各月的径流量，尤其是降水量较多的7～10月。可见，LUCC对月径流量的影响较气候影响的方式一致，但影响程度较大。

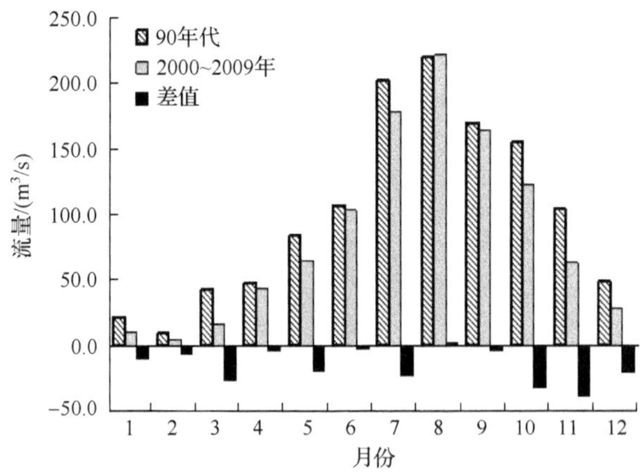

图 14.31　1990～2009 年气候与 LUCC 对泾河流域月径流量的影响

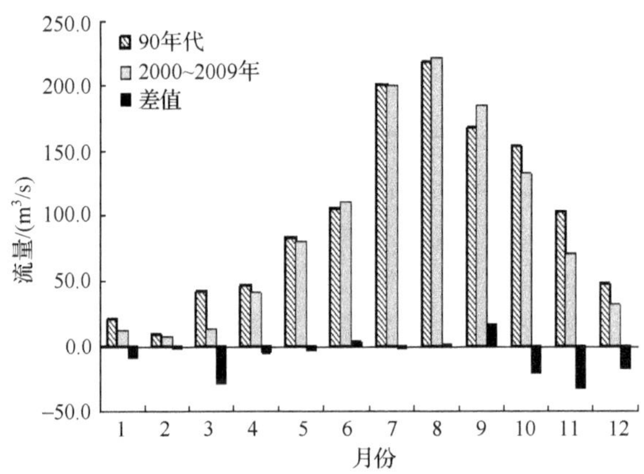

图 14.32　1990～2009 年气候变化对泾河流域月径流量的影响

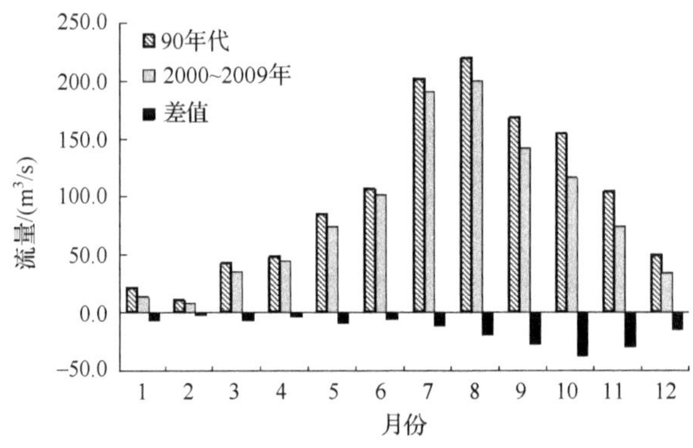

图 14.33　1990～2009 年 LUCC 对泾河流域月径流量的影响

综合分析气候和 LUCC 对流域年、月径流的影响，得出如下结论：2000～2009 年年较 1990～1999 年，在气候和 LUCC 共同作用下，流域年、月径流量都是减少的，LUCC 对流域年、月径流影响的贡献率大于气候对年、月径流影响的贡献率。究其原因，在气候方面，进入 90 年代，尤其是 2000 年以后，流域升温显著，年内春夏季增温显著，加之在降水补给最多的 7 月降水量的减少，导致了流域年、月径流量减少；LUCC 方面，退耕还林后，山地坡面上大面积的农地转换为草地，减少了坡面径流，保持了水土，尤其是汛期的月径流量；另一方面，大量的未利用地又转换为农地，增加了地表蒸发量，增加了水文消耗，一定程度上减少了流域径流量。

二、气候与 LUCC 对蒸散量的影响分析

(一) 20 世纪 70～80 年代气候与 LUCC 对蒸散影响的定量分析

1. 对年蒸散量的影响

气候和 LUCC 也是影响流域蒸散发的两个主要影响因子。模型模拟的不同时段蒸散量的变化量基本可以近似认为是由气候变化与 LUCC 共同作用的结果。本研究采用固定其中一个影响因子而改变另一个影响因子的方法，对研究区气候变化与 LUCC 对流域蒸散量的影响进行估算：将第一阶段（1970～1979 年）作为基准期，第二阶段（1980～1989 年）作为变化期，基准期在实际气候与土地利用状况下（实际情景 1）模拟的蒸散量与变化期在实际气候与土地利用状况下（实际情景 2）模拟的蒸散量相比较，二者之间的差值可看作是由气候变化与 LUCC 共同作用对蒸散量产生的影响；变化期在实际气候状况和基准期土地利用状况下（S-C 模拟情景）模拟的蒸散量，与实际情景 1 情形下模拟的蒸散量相比较，二者之间的差值可看作气候变化对蒸散量的影响；变化期的实际土地利用状况和基准期的气候状况下（S-L 模拟情景）模拟的蒸散量，与实际情景 1 情形下模拟的蒸散量相比较，二者之间的差值可看作 LUCC 对蒸散量的影响。由此，可以计算出气候变化和土地利用变化分别对蒸散量影响的贡献率。20 世纪 70～80 年代泾河流域气候变化和 LUCC 对年蒸散量影响的贡献率见表 14.18。

表 14.18　20 世纪 70～80 年代气候与 LUCC 对泾河流域年蒸散量影响的贡献率

气候变化	70 年代	80 年代	70 年代	80 年代	70 年代	80 年代	70 年代	80 年代	余额
土地利用/覆被变化	70 年代	80 年代	70 年代	80 年代	70 年代	80 年代	70 年代	80 年代	
情景设定	实际情景 1		模拟情景(S-L)		模拟情景 (S-C)		实际情景 2		—
蒸散量/mm	472.99		435.06		442.96		394.60		—
蒸散量变化量/mm	—		−37.93		−30.03		−78.39		−10.43
变化比例/%	—		−48.47		−38.31		100		−13.02

注：表格中阴影部分为模型模拟过程中的输入资料。

从不同情形模拟的结果可以看出：实际情景 1 下模拟的蒸散量为 472.99 mm，实际情景 2 下模拟的径流量为 394.60 mm，二者相差 78.39 mm，说明相对基准期，变化期的蒸散量减少了 78.39mm（图 14.34，图 14.35）。

模拟情景 S-C 下模拟的蒸散量为 442.96 mm，与实际情景 1 下模拟的蒸散量相比，变化了 30.03 mm，说明气候变化使得年均蒸散量减少了 30.03 mm，占蒸散变化总量（78.39mm）的 38.31%，即气候变化对蒸散量影响的贡献率为 38.31%。

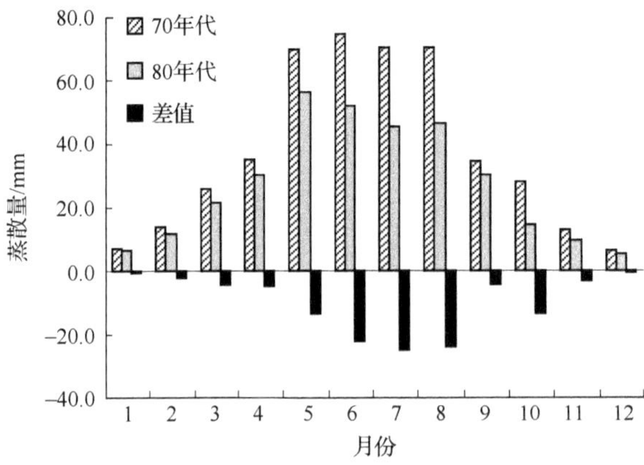

图 14.34　20 世纪 70～80 年代气候与 LUCC 对泾河流域月蒸散量的影响

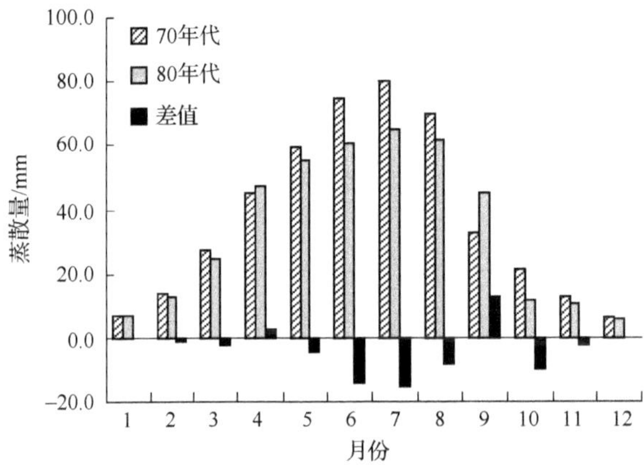

图 14.35　20 世纪 70～80 年代气候变化对泾河流域月蒸散量的影响

模拟情景 S-L 下模拟的蒸散量为 435.06 mm,与实际情景 1 下模拟的蒸散量相比,蒸散量变化了 37.93 mm,说明因为土地利用变化的作用,使得年蒸散量减少了 37.93 mm,占蒸散量变化总量(78.39 mm)的 48.47%,即土地利用变化对蒸散量影响的贡献率为 48.47%。在气候变化和土地利用变化的共同作用下,蒸散量减少了 67.96 mm,比蒸散量变化总量(78.39 mm)小 10.43 mm,占蒸散量变化总量的 13.02%,其原因可能在于模型的误差或其他条件,如草地、林地等土地利用类型的质量下降所引起的。此外,气候变化与土地利用变化之间是相互作用、相互影响的,采用固定一个因子改变另一个因子的假设方法,固然难以滤去两者共同作用对蒸散量影响的部分,计算结果必然会带来一定的误差。

2. 对月蒸散量的影响

20 世纪 80 年代较 70 年代,在气候和 LUCC 的共同作用下,流域各月的实际蒸散量都不同程度地有所减少,5～8 月流域月蒸散量减少最为显著(图 14.36)。

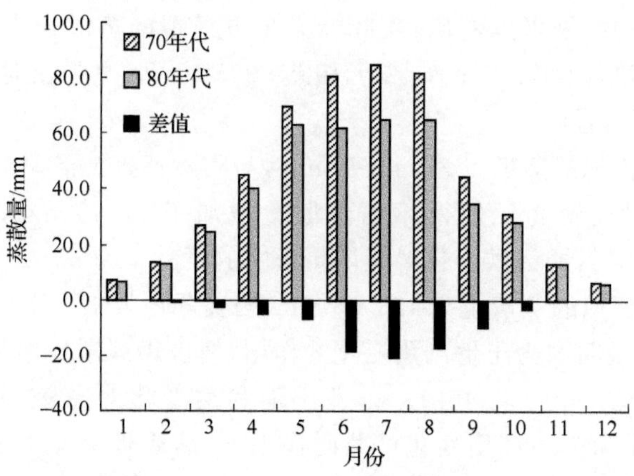

图 14.36　20 世纪 70～80 年代 LUCC 对泾河流域月蒸散量的影响

模拟情景 S-C 与实际情景 1 模拟的各月平均蒸散量的比较，揭示了气候变化对月蒸散量产生的影响：气候变化除对流域 5～8 月和 10 月的月蒸散量变化产生影响外，其余月份影响微弱。

模拟情景 S-L 下与实际情景模拟的各月平均蒸散量的比较，则说明土地利用变化对月均蒸散量的影响：LUCC 使得流域各月径流都有不同程度的减少，尤其是降雨量较多的 6～8 月蒸散量减少较为明显。

综合分析气候和 LUCC 对流域年、月蒸散量的影响，得出如下结论：20 世纪 70～80 年代，在气候和 LUCC 共同作用下，流域年、月蒸散量都是减少的，LUCC 对流域年、月蒸散量影响的贡献率大于气候对年、月蒸散量影响的贡献率。究其原因，在气候方面，流域温度有小幅上升，全流域降雨量增加不大，对蒸散量有一定的影响；LUCC 方面，林地面积的大量减少是 LUCC 减少流域蒸散量的主要原因。

（二）20 世纪 80～90 年代气候与 LUCC 对蒸散影响的定量分析

1. 对年蒸散量的影响

将第一阶段（1980～1989 年）作为基准期，第二阶段（1990～1999 年）作为变化期，采用固定其中一个影响因子而改变另一个影响因子的方法，对研究区 20 世纪 80～90 年代气候变化与 LUCC 对流域蒸散量影响的贡献率进行估算。计算得出 20 世纪 80～90 年代泾河流域气候变化和 LUCC 对年蒸散量影响的贡献率见表 14.19。

表 14.19　20 世纪 80～90 年代气候与 LUCC 对泾河流域年蒸散量影响的贡献

气候变化	80 年代	90 年代	80 年代	90 年代	80 年代	90 年代	80 年代	90 年代	余额
土地利用/覆被变化	80 年代	90 年代	80 年代	90 年代	80 年代	90 年代	80 年代	90 年代	
情景设定	实际情景 1		模拟情景(S-L)		模拟情景(S-C)		实际情景 2		—
蒸散量/mm	394.60		428.06		441.79		467.13		—
蒸散量变化量/mm	—		+33.46		+47.19		+72.53		−8.12
变化比例/%	—		+46.13		+65.06		100		−11.21

注：模型中阴影部分为模型模拟过程中的输入资料。

从不同情形模拟的结果可以看出:实际情景 1 下模拟的蒸散量为 394.60 mm,实际情景 2 下模拟的径流量为 467.13 mm,二者相差 72.53 mm,说明相对基准期,变化期的蒸散量增加了 72.53 mm。

模拟情景 S-C 下模拟的蒸散量为 441.79 mm,与实际情景 1 下模拟的蒸散量相比,变化了 47.19 mm,说明气候变化使得年均蒸散量增加了 47.19 mm,占蒸散变化总量(112.56 mm)的 65.06%,即气候变化对蒸散量影响的贡献率为 65.06%。

模拟情景 S-L 下模拟的蒸散量为 428.06 mm,与实际情景 1 下模拟的蒸散量相比,蒸散量变化 33.46 mm,说明因为土地利用变化的作用,使得年蒸散量增加了 33.46 mm,占蒸散量变化总量(72.53 mm)的 46.13%,即土地利用变化对蒸散量影响的贡献率为 46.13%。在气候变化和土地利用变化的共同作用下,蒸散量增加了 80.65 mm,比蒸散量变化总量(72.53 mm)大 8.12 mm,占蒸散量变化总量的 11.21%,其原因可能在于模型的误差或其他条件如草地、林地等土地利用类型的质量下降所引起的(图 14.37,图 14.38)。

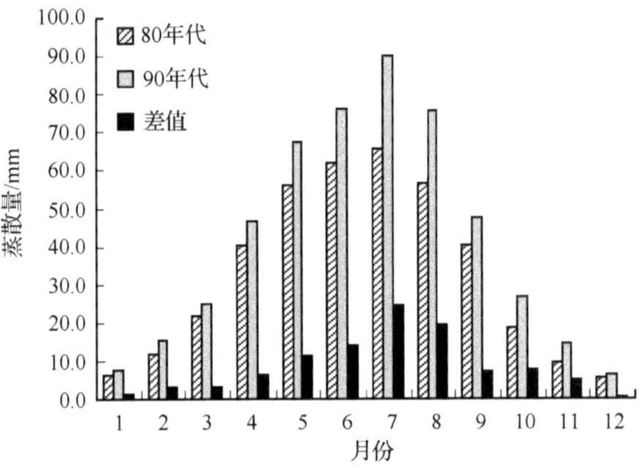

图 14.37　20 世纪 80～90 年代气候与 LUCC 对泾河流域月蒸散量的影响

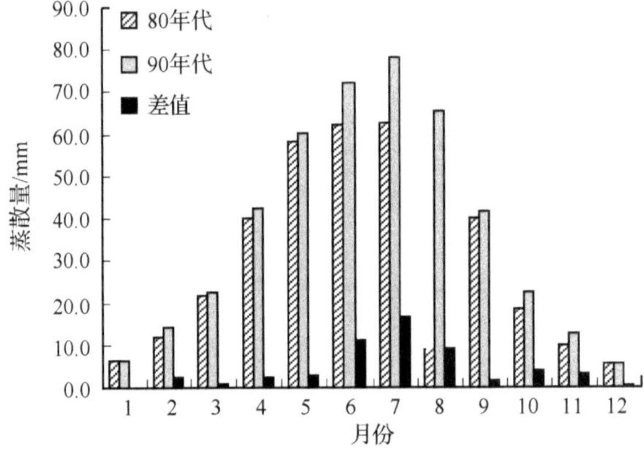

图 14.38　20 世纪 80～90 年代气候变化对泾河流域月蒸散量的影响

2. 对月蒸散量的影响

20 世纪 90 年代较 80 年代，在气候和 LUCC 的共同作用下，流域各月的实际蒸散量都是增加的，尤其是 6～8 月流域月蒸散量增加幅度最为显著(图 14.39)。

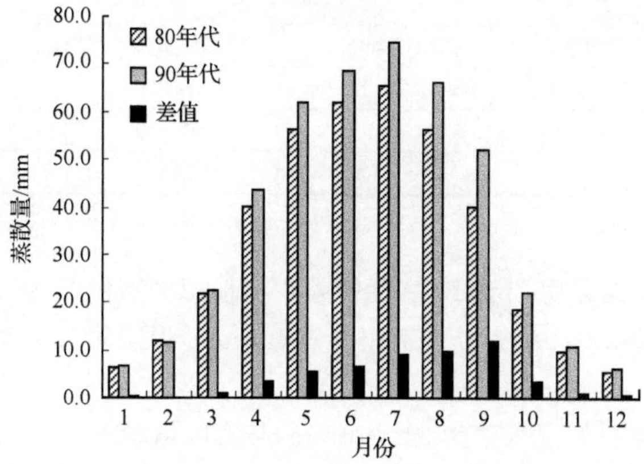

图 14.39 20 世纪 80～90 年代 LUCC 对泾河流域月蒸散量的影响

模拟情景 S-C 与实际情景 1 模拟的各月平均蒸散量的比较，揭示了气候变化对月蒸散量产生的影响：20 世纪 90 年代较 80 年代，气候使得流域各月蒸散量都有不同程度的增加，6～8 月气候变化对月蒸散量影响较明显，其余月份影响较弱。

模拟情景 S-L 下与实际情景模拟 1 的各月平均蒸散量的比较，则说明 LUCC 对月蒸散量的影响：20 世纪 90 年代较 80 年代，LUCC 使得流域各月蒸散量都有不同程度的增加，7～9 月 LUCC 对月蒸散量影响较明显。

综合分析气候和 LUCC 对流域年、月蒸散量的影响，得出如下结论：20 世纪 90 年代较 80 年代，在气候和 LUCC 共同作用下，流域年、月散量都是增加的，LUCC 对流域年、月蒸散量影响的贡献率大于气候对年、月蒸散量影响的贡献率。究其原因，气温在气候方面起主导作用。20 世纪 80～90 年代，泾河流域气温增加显著，上中下游平均气温、最低和最高气温均有不同程度的增加，致使流域蒸散量增加，尤其是蒸散量占全年比重最大的春季和夏季增温幅度较大；LUCC 方面，受人类活动干扰较大的土地利用类型——农地、未利用地、城镇用地的增加，尤其是蒸腾量大的农地、未利用地面积的增加，都在一定程度上增加了地表蒸散量。

（三）1990～2009 年气候与 LUCC 对蒸散量影响的定量分析

1. 对年蒸散量的影响

将第一阶段(1990～1999 年)作为基准期，第二阶段(2000～2009 年)作为变化期，采用固定其中一个影响因子而改变另一个影响因子的方法，对研究区 1990～2009 年气候变化与 LUCC 对流域蒸散量影响的贡献率进行估算。计算得出 1990～2009 年泾河流域气候变化和 LUCC 对年蒸散量影响的贡献率见表 14.20。

表 14.20　1990～2009 年气候与 LUCC 对泾河流域年蒸散量影响的贡献率

气候变化	90 年代	2000～2009 年	90 年代	2000～2009 年	90 年代	2000～2009 年	90 年代	2000～2009 年	余额
土地利用/覆被变化	90 年代	2000～2009 年	90 年代	2000～2009 年	90 年代	2000～2009 年	90 年代	2000～2009 年	
情景设定	实际情景 1		模拟情景(S-L)		模拟情景(S-C)		实际情景 2		—
蒸散量/mm	507.13		497.05		544.14		541.28		—
蒸散量变化量/mm	—		−10.09		+37.01		+34.15		+7.23
变化比例/%	—		−29.55		+108.37		100		+21.18

注：表格阴影部分为模型模拟过程中的输入资料；2006～2009 年的气候资料为模型自带的气象模拟器生成数据。

从不同情形模拟的结果可以看出：实际情景 1 下模拟的蒸散量为 507.13mm，实际情景 2 下模拟的径流量为 541.28 mm，二者相差 34.15mm，说明相对基准期，变化期的蒸散量增加了 34.15mm。

模拟情景 S-C 下模拟的蒸散量为 544.14mm，与实际情景 1 下模拟的蒸散量相比，变化了 37.01mm，说明气候变化使得年均蒸散量增加了 37.01mm，占蒸散变化总量(34.15mm)的 108.37%，即气候变化对蒸散量影响的贡献率为 108.37%。模拟情景 S-L 下模拟的蒸散量为 497.05mm，与实际情景 1 下模拟的蒸散量相比，蒸散量变化 10.09mm，说明因为土地利用变化的作用，使得年蒸散量减少了 10.09mm，占蒸散量变化总量(34.15 mm)的 29.55%，即土地利用变化对蒸散量影响的贡献率为 29.55%。在气候变化和土地利用变化的共同作用下，蒸散量增加了 26.92 mm，比蒸散量变化总量(34.15mm)小 7.23 mm，占蒸散量变化总量的 21.18%，其原因可能在于模型的误差或其他条件如草地、林地等土地利用类型的质量下降所引起的。

2. 对月蒸散量的影响

2000～2009 年较 1990～1999 年，在气候和 LUCC 的共同作用下，流域各月蒸散量变化不大，除个别月份有所降低外，大部分月份都有小幅度增加。总体上看，流域月实际蒸散量仍是增加的(图 14.40)。

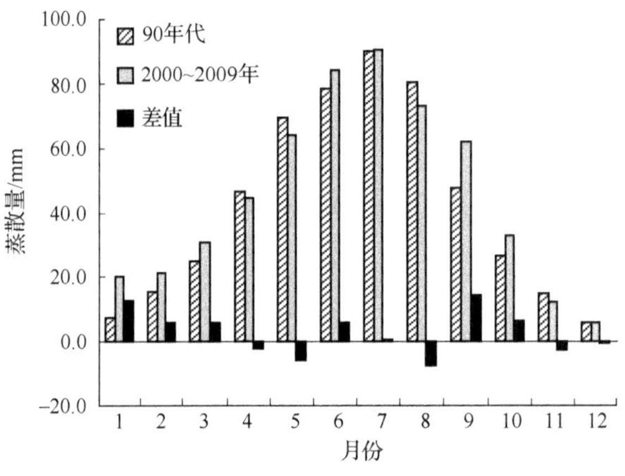

图 14.40　1990～2009 年气候与 LUCC 对泾河流域月蒸散量的影响

模拟情景 S-C 与实际情景 1 模拟的各月平均蒸散量的比较，揭示了气候变化对月蒸散量产生的影响：除在 2～3 月气候变化对月蒸散量有一定影响外，其余月份影响都很微弱（图 14.41）。

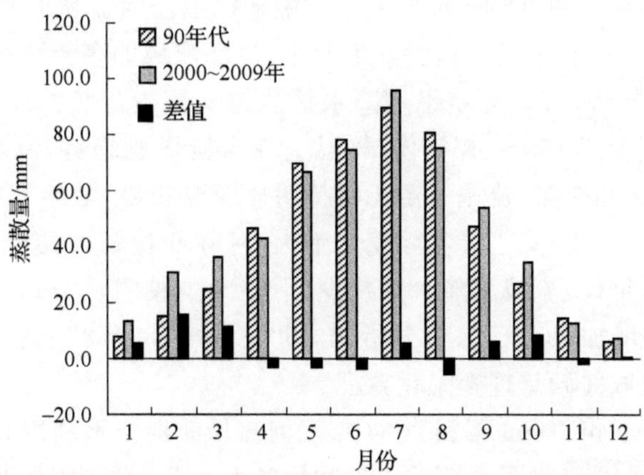

图 14.41　1990～2009 年气候变化对泾河流域月蒸散量的影响

模拟情景 S-L 下与实际情景模拟的各月平均蒸散量的比较，则说明 LUCC 对月蒸散量的影响：2000～2009 年较 1990～1999 年，除 7 月外，LUCC 减少了流域各月的蒸散量，但减少幅度很小（图 14.42）。

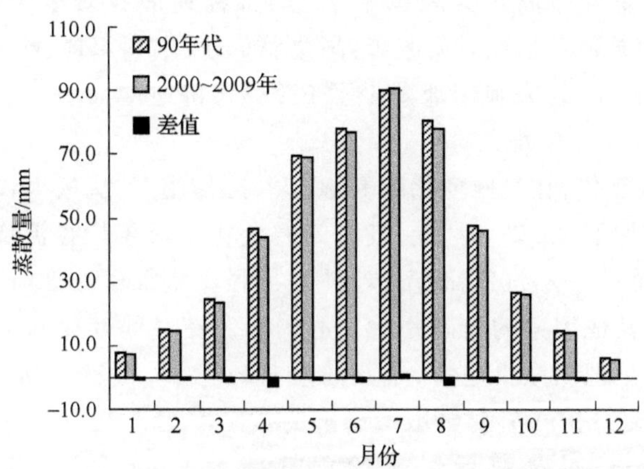

图 14.42　1990～2009 年 LUCC 对泾河流域月蒸散量的影响

综合分析气候和 LUCC 对流域年、月径流的影响，得出如下结论：2000～2009 年较 1990～1999 年，在气候和 LUCC 共同作用下，流域年、月蒸散量都是增加的，其中 LUCC 减少了流域年、月蒸散量，贡献率为 29.55％，气候增加了流域年、月蒸散量，贡献率为 108.37％。究其原因，在气候方面，进入 90 年代，尤其是 2000 年以后，流域平均温度、最高及最低温度均有不同程度地升高，春夏季平均气温、最高和最低气温也增加显著，流域升温显著。一方面，流域降雨量也有显著的增加，这些因素都导致了流域年、月蒸散发量的增加；LUCC 方面，退耕还林后，山地坡面上大面积的农地转换为草地，减少地表土壤蒸发，另外未利用地转换为农地，增加了地表植被蒸腾量，使得流域总蒸散量有所减少。

第五节　本章主要结果

SWAT模型能够在年和月时间尺度上较准确地模拟泾河流域的径流量,可以作为流域水资源评价的重要手段和工具。过去几十年来,泾河流域的多年平均气温、最高温度和最低温度呈逐年上升趋势,流域多年平均降水量总体呈减少趋势。20世纪70年代～80年代,气温呈微弱上升趋势;80～90年代,气温呈现明显增温趋势,流域多年平均最高气温升温最明显;1990～2005年,流域气温仍保持明显增温趋势,多年平均最低气温升温最明显。20世纪70～80年代,降水量年际变化不大,月际变化较大,5～6月降水量增加较明显;20世纪80～90年代,流域总降水量减少,下游减少较明显;1990～2005年,总降水量有所增加,中、下游增加显著。综合分析,20世纪80～90年代,流域气候呈暖干化特征,1990～2005年,流域气候呈现暖湿化特征。

对比1979年、1989年、1999年和2006年泾河流域4期土地利用分类结果,可以看出耕地和低覆盖草地始终是流域最主要的土地利用类型。几十年来,林地面积持续减少,城镇用地的面积持续增加,未利用地的面积增减变化比较剧烈。与1979年相比,1989年流域植被覆盖度整体上呈降低趋势:林地和高覆盖草地面积分别减少了4.55%和2.44%,未利用地和低覆盖草地面积分别增加了3.61%和4.17%,耕地面积减少较小;1999年与1989年相比,流域植被覆盖度仍呈降低趋势:耕地面积增加了2.57%,未利用地面积增加了5.70%,高、低覆盖草地面积共减少了7.32%,林地面积减少了0.93%;2006年与1999年相比,流域植被覆盖情况有所改善:高覆盖草地、未利用地、耕地面积变化最显著,高覆盖草地增加了4.60%,未利用地减少了9.78%,耕地增加了5.11%,林地增加面积和低覆盖草地减少面积非常小。

20世纪70～80年代,在气候变化和LUCC共同作用下,流域年和月径流都呈现增加趋势,年径流量共增加了29.75 m^3/s。其中气候变化使得年均径流增加了26.07 m^3/s,对径流影响的贡献率为+87.62%;LUCC使得年径流增加了2.30 m^3/s,对径流影响的贡献率为+7.73%;其他因素的贡献率为+4.64%。在气候变化和LUCC共同作用下,流域年、月蒸散量都呈现出减少趋势,年蒸散量共减少了78.39 mm,其中气候变化使得年均蒸散量减少了30.03 mm,对蒸散量影响的贡献率为−38.31%;LUCC使得年蒸散量减少了37.93 mm,对蒸散量影响的贡献率为−48.39%;其他因素的影响为−13.31%。

20世纪80～90年代,在气候和LUCC共同作用下,流域年、月径流量都呈现出减少趋势,年径流量减少了12.59 m^3/s。其中气候变化使得年均径流减少了7.04 m^3/s,对径流减少的贡献率为−55.92%;LUCC使得年径流减少了6.83 m^3/s,对径流影响的贡献率为−54.25%;其他因素的影响为+10.17%。在气候变化和LUCC共同作用下,流域年、月蒸散量都是增加的,年蒸散量共增加了72.53 mm,其中气候变化使得年均蒸散量增加了47.19 mm,对蒸散量影响的贡献率为+65.06%;LUCC使得年蒸散量增加了33.46 mm,对蒸散量影响的贡献率为+46.13%;其他因素的影响为−11.21%。

20世纪90年代到现在,在气候变化和LUCC共同作用下,流域年、月径流量都在减少。年径流量共减少了 15.65 m^3/s，其中气候变化使得年均径流减少了 6.59 m^3/s，对径流影响的贡献率为－42.11％；LUCC 使得年径流减少了 11.06 m^3/s，对径流影响的贡献率为－70.67％；其他因素的影响为＋12.18％。同期，在气候和 LUCC 共同作用下，流域年、月蒸散量都是增加的，年蒸散量共增加了 34.15 mm，其中气候变化使得年均蒸散量增加了 37.01mm，对蒸散量影响的贡献率为＋108.37％；LUCC 使得年蒸散量减少了 10.09 mm，对蒸散量影响的贡献率为－29.55％；其他因素影响＋21.18％。

参考文献

党安荣，毛其智. 2002. 基于 GIS 空间分析的北京城市空间发展. 清华大学学报：自然科学报，42(6)：814-817.

邓振镛，等. 2000. 陇东气候与农业开发. 北京：气象出版社.

宫鹏，黎夏，徐冰. 2006. 高分辨率影像解译理论与应用方法中的一些研究问题. 遥感学报，10(1)：1-5.

黄大燊. 1997. 甘肃植被. 兰州：甘肃科学技术出版社.

李道峰. 2003. 黄河河源区径流对土地覆被和气候变化的响应. 北京：北京师范大学博士学位论文.

冉大川，吴永红. 2003. 泾河流域水土保持生态环境建设与治理方略刍议. 水土保持研究，10(2)：58，59.

张楠，秦大庸，张占庞. 2007. SWAT 模型土壤粒径转换的探讨. 水利科技与经济，13(3)：168-170.

张楠. 2005. 泾河流域土壤侵蚀分布式模拟. 北京：北京师范大学硕士学位论文.

Hargreaves G L，Argreaves G H H，Riley J P. 1985. Agricultural benefits for Senegal River Basin. Irrigation and Draining Engineer，111 (2)：113-124.

Monteith J L. 1965. Light distribution and photo synthesis in field crops. Ann Bot，29：17-37.

Neitsch S L，Arnold J G，Kiniry J R，et al. 2001a. Soil and water assessment tool：theoretical documentation. Version 2000 . http：//www. brc. tamus. edu/swat/2001.

Neitsch S L，Arnold J G. Kiniry J R，et al. 2001b. Soil and water assessment tool：user's manual. Version 2000. Grassland，Soil and Water Research Laboratory，ARS of USDA.

Penman H L. 1956. Evaporation：an introductory survey. Netherlands Journal of Agricultural Science，4：7-29.

Priestley C H B，Taylor R J. 1972. On the assessment of surface heat flux and evaporation using large-scale parameters. Mon Weather Rav，100(2)：81-921.

Williams J R，Berndt H D. 1977. Sediment yield prediction based on water shed hydrology. Transactions of the American Society of Agricultural Engineers，21(6)：1100-1104.

Wischmeier W H，Smith D D. 1978. Predicting rainfall erosion losses：a guide to conservation planning. US Department of Agriculture，Washington，DC.

第十五章　泾河流域“退耕还林”工程对气候变化的适应效益分析[①]

黄土高原是我国水土流失最为严重的地区，也是西部大开发中生态环境建设重点实施区域之一。1999 年朱镕基总理视察陕北时提出的“退耕还林(草)，封山绿化，个体承包，以粮代赈”16 字政策措施切中了黄土高原水土流失严重地区的要害问题，也是这一地区实现山川秀美和可持续发展的必由之路(山仑，2000)。随后，四川、陕西、甘肃三省率先启动了“退耕还林(草)”试点工作，从此拉开了退耕还林工作的序幕。在我国西部地区实施以天然林保护、宜林荒山荒地造林种草和陡坡耕地有计划、分步骤退耕还林(草)为主的生态环境保护和建设，是党中央、国务院站在国家和民族长远发展高度，着眼于经济和社会可持续发展全局，针对我国西部生态环境持续恶化的严峻形势而作出的重大决策，是实施“西部大开发”战略的根本与切入点(沈国舫，2001；张晓丽等，2007)。

生态平衡概念揭示：当外来干扰超越生态系统自我调节能力，而不能恢复到原始状态称之生态失调。森林和草地作为自然界的一种缓冲器，在维护生态平衡方面起着主要的作用。长期以来，造成我国水土流失和土地沙化的重要原因，主要是人们盲目毁林开荒。虽然毁林开荒增加了一些耕地面积和粮食产量，但在生态环境方面付出了巨大的代价，国家不得不付出比粮食增收多得多的人力、财力和物力去挽回由于生态破坏而造成的巨大损失。无论从生态和经济角度来看，都得不偿失。退耕还林主要是通过大量的植树造林，恢复森林草地生态系统的阈值，使得已经破坏的森林恢复自身的稳定性和抵抗力，发挥森林的多种生态作用，从而恢复森林和草地的生态平衡，并进一步在这基础上不断改善生态环境(侯军歧和卢东宁，2002)。退耕还林既可以从根本上解决我国的水土流失问题，提高水源涵养能力，改善长江和黄河流域等地区的生态环境，有效地增强这一地区的防涝、抗旱能力，提高现有土地的生产力，又能为平川地区和中下游地区提供生态保障，促进平川地区和中下游地区工农业取得更快的发展，为社会经济的可持续发展奠定坚实的基础(李乐和王立群，2007)。

第一节　子流域的选取

通过对泾河流域退耕还草后两期遥感影像的对比分析，可以看出：退耕还草后高覆盖草地、农耕地面积增加显著，未利用地面积减少明显，可以得出结论：退耕还草后流域土地利用主要以两种方式发展：一是退耕还草措施的实施，使得坡地农地向高覆盖草地转化；二是农业发展的需要，使得未利用地向农地转化。为了探讨流域上、中、下游退耕还草措施对径流的影响程度及方式，本研究分别在泾河流域的上、中、下游各分别选取了一个有

---

① 本章作者：尹婧、邱国玉。

代表性的子流域:子流域4、子流域15、子流域26。通过对比流域上、中、下游主要土地利用类型转换方式(农地向草地的转换)来探讨20世纪末开始实施的退耕还草措施对流域生态水文过程的影响。各子流域土地利用类型情况见表15.1。从表15.1可以看出,退耕还草前后,4号子流域土地利用类型转换有两种主要方式:一是未利用地转换为低覆盖草地,二是农地转换为低覆盖草地。这两种土地利用类型转换方式,在泾河流域上游具有一定的代表性。退耕还草前后,15号和26号子流域土地利用类型转换也是两种主要方式:一是低覆盖草地为高覆盖草地,二是农地转换为高覆盖草地。

表15.1 退耕还草前后泾河子流域土地利用变化情况

子流域	水文响应单元	土地利用类型	20世纪90年代土地利用		2006年土地利用		总面积/km^2
			面积/km^2	比例/%	面积/km^2	比例/%	
4	1	未利用地	145.85	15.90	—	—	917.37
	2	低覆盖草地	490.84	53.51	696.94	75.97	
	3	农地	280.68	30.59	220.43	24.03	
15	1	高覆盖草地	—	—	148.34	31.36	473.03
	2	低覆盖草地	169.26	35.78	99.48	21.03	
	3	农地	303.77	64.22	225.21	47.61	
26	1	林地	755.25	58.10	747.13	57.48	1299.84
	2	高覆盖草地	—	—	296.44	22.81	
	3	低覆盖草地	226.92	17.46	—	—	
	4	农地	317.67	24.44	256.27	19.71	

第二节 不同子流域蒸散、径流对比研究

为了便于直观对比泾河流域“退耕还草”措施前后流域径流量和蒸散发变化,本研究采用固定气象因子的方法。其具体做法是:将“退耕还草”措施前后的两期土地利用分类影像置于同一气候情景中(1994~1998年),运转模型,模拟相同时间段1994~1998年径流、蒸散发、土壤、地表径流的变化,对比各变量模拟值的变化即可得出“退耕还草”措施引起的土地利用变化对流域产、耗水的影响。

一、年 尺 度

从图15.1可以看出,退耕还草后,流域上、中、下游的三个子流域的流域总径流量较退耕还草前都是增加的,三个子流域的蒸散量则都是减少的。泾河流域“退耕还草”措施的实施,使得流域坡面上的耕地逐步转化为草地。流域上游气候较中、下游干旱,受气候条件的限制,坡耕地以退耕为低覆盖草地为主,中下游相对较为湿润,坡耕地以退耕为高覆盖草地为主。坡耕地转换为高、低覆盖草地,地表植被覆盖度增加,土壤含蓄降水的能力增强,降雨下渗量增加,坡面径流减少。总体来看,子流域总径流量应该是增加的。

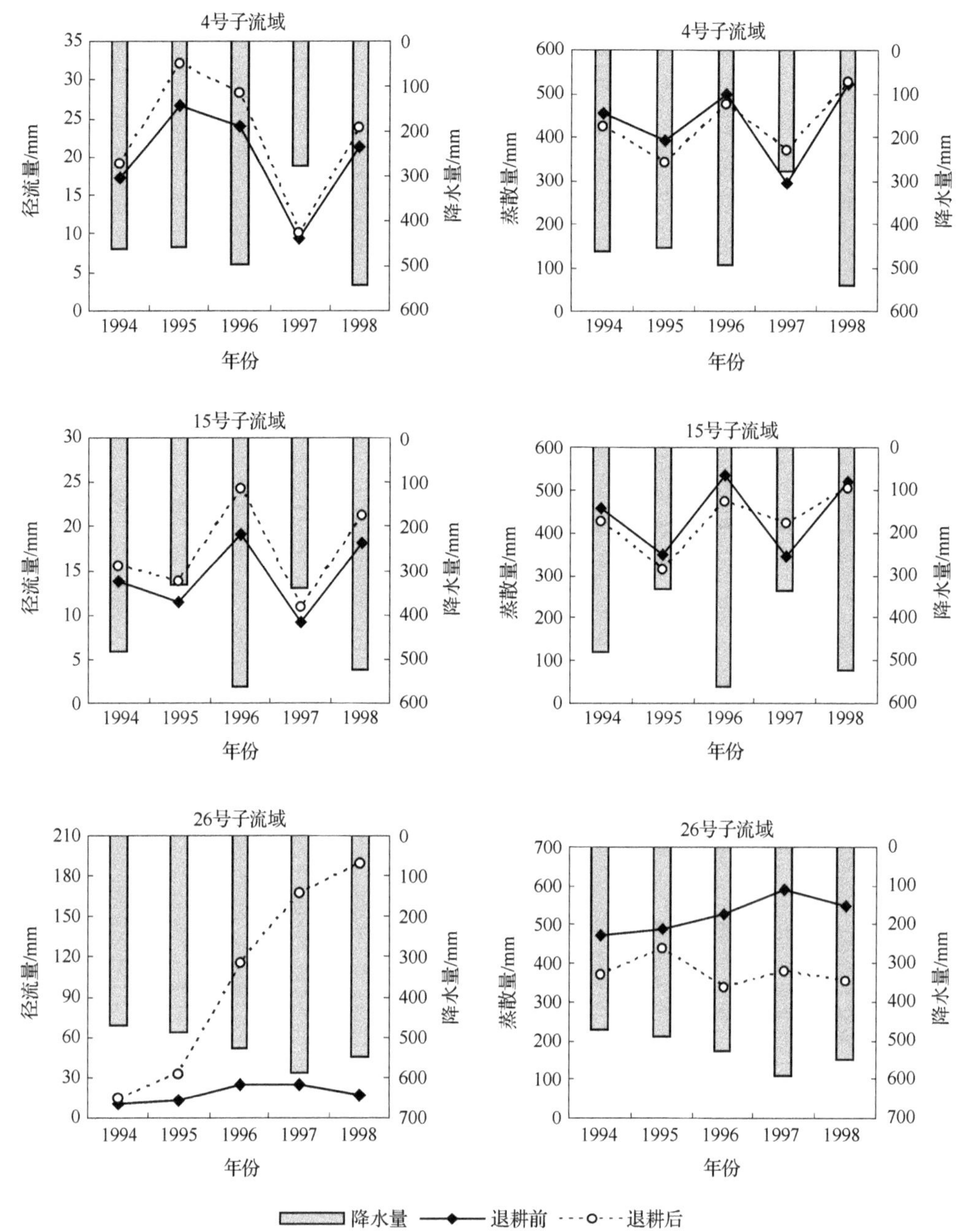

图 15.1 退耕还草前后子流域年径流量、年蒸散量对比

二、月 尺 度

从图 15.2 可以看出，月尺度上，退耕还草后流域上、中、下游的三个子流域的月总径流量较退耕还草前增加，尤其是在降水量大的 7～9 月。退耕还草后，4 号和 15 号子流域在降水相对较多的 7 月、8 月径流量增加较明显，枯水季差异不大。26 号子流域月径流量变化较 4 号和 15 号子流域有一定的差异：退耕还草后，丰水期径流增加异常明显，而且丰

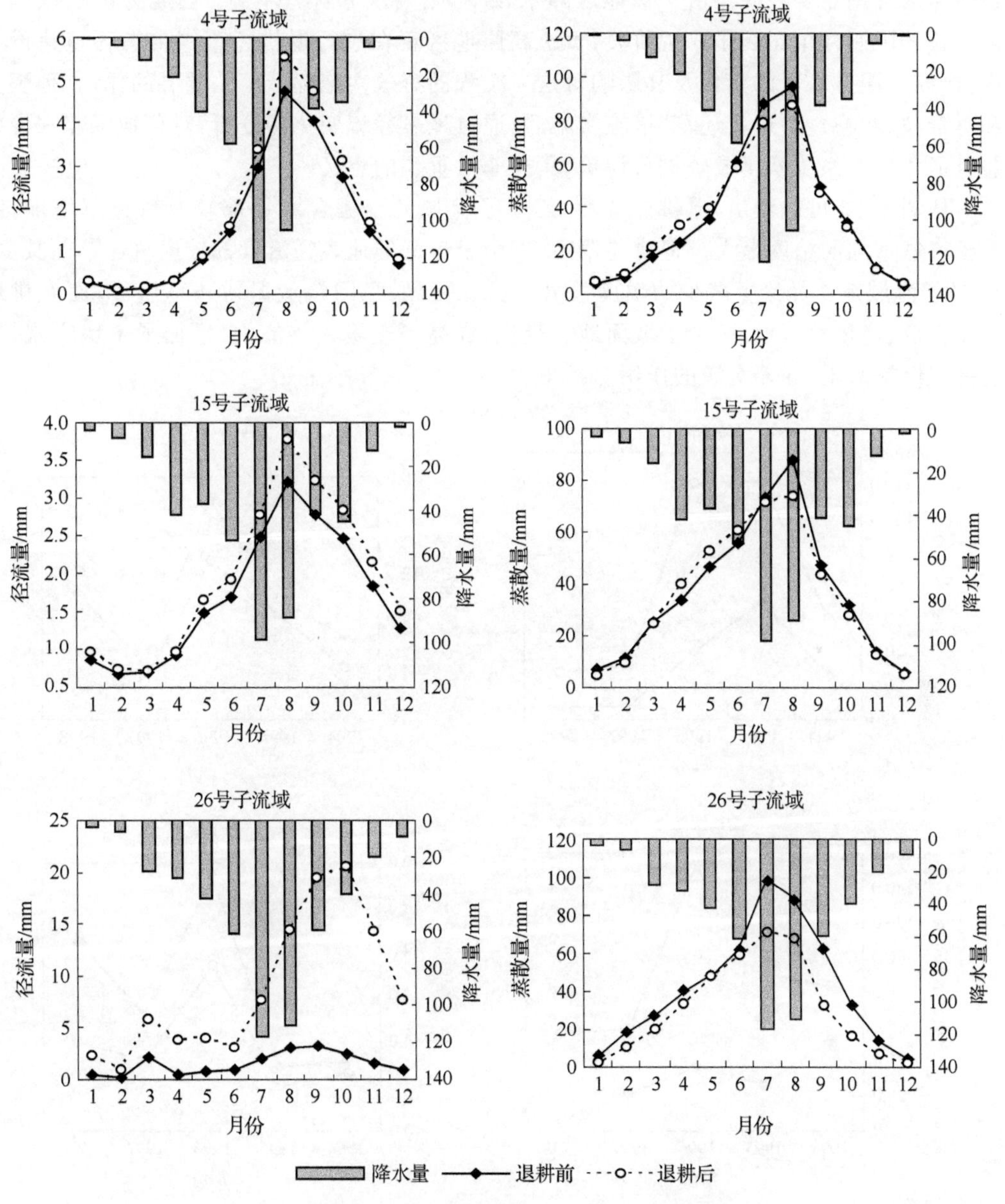

图 15.2　退耕还草前后子流域月径流量、月蒸散量对比

水期过后,流域径流减少尚有一段滞后期。月尺度上,退耕还草后流域上、中、下游的三个子流域的各月蒸散量较退耕还草前变化情况不一。退耕还林草后,1～6 月,4 号和 15 号子流域月蒸散量稍大于退耕还草前,7～12 月,流域月蒸散量稍小于退耕还草前的月蒸散量。

第三节　不同子流域内土壤含水量、地表径流对比研究

黄土高原地处半湿润、半干旱和干旱地区,降水较少,地下水埋深大,土壤水是植物生长所需水分的主要来源。由于该地区降水较少,土壤水分含量不高,已成为影响该区植被生长的限制性生态因子。现阶段,黄土高原地区正在进行退耕还草等生态环境建设工程,研究土壤含水量的变化及其影响对这一工程的有效实施起着至关重要的作用(孙贵贞和赵景波,2008)。“退耕还草”措施实施后,通过地表径流变化的分析,对草地涵养水源效益及退化生态系统恢复成效进行评价,具有非常重要的意义。

从图 15.3 可以看出,退耕还草后,三个子流域的土壤含水量都较退耕还草增加,26 号子流域增加的幅度最大。退耕还草后,三个子流域的地表径流量都较退耕还草前减少,26 号子流域地表径流量减少的幅度最大。由此可见,泾河流域退耕还草后,坡面农耕地恢复为低、高覆盖草地,减少了坡面地表径流,提高了土壤入渗能力,增加了土壤含水量,发挥了保持水土、涵养水源的作用。

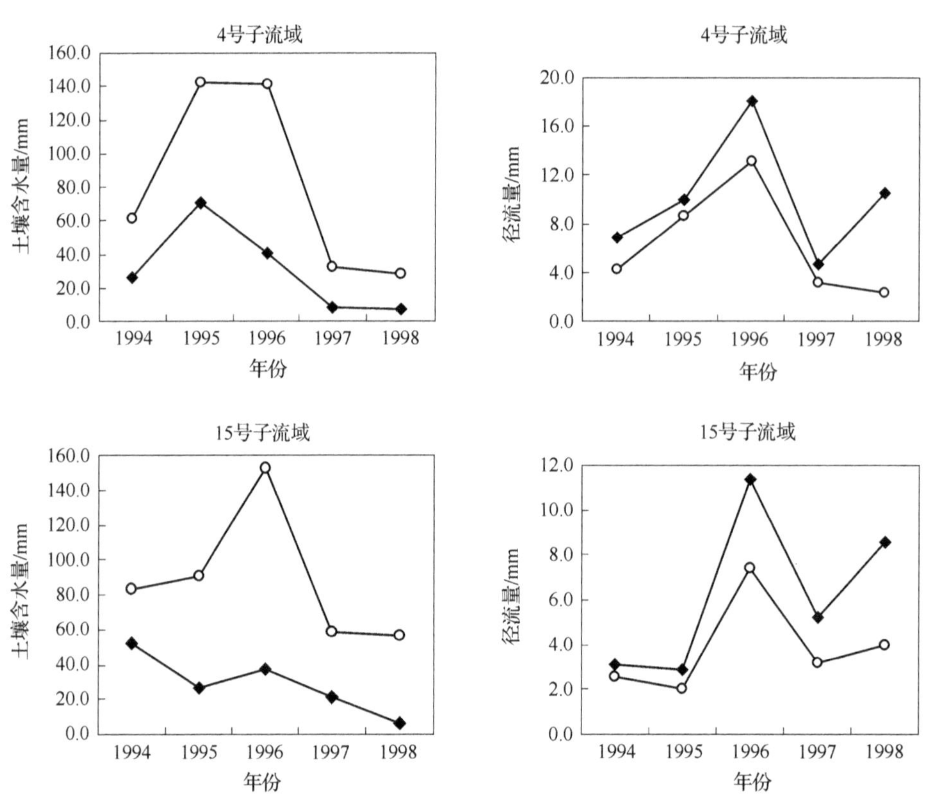

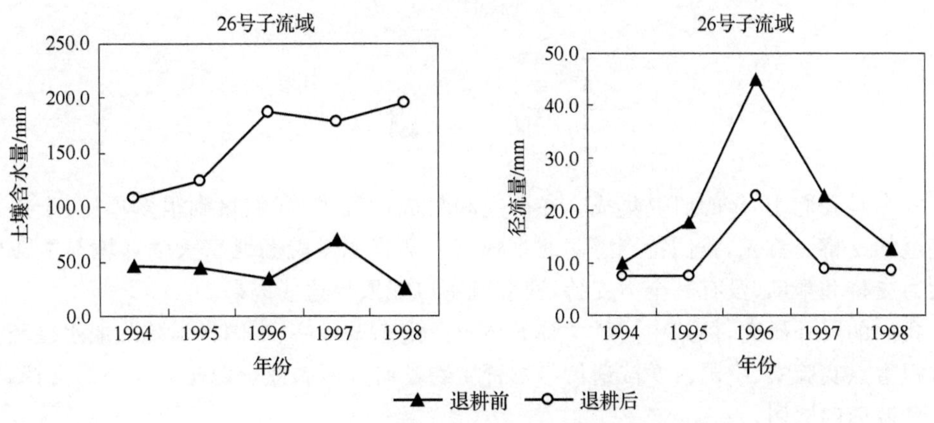

图 15.3　退耕还草前后子流域土壤含水量、地表径流量对比

第四节　本章主要结果

泾河流域自退耕还草措施实施以来，流域部分坡耕地逐渐退耕恢复为草地。流域上游坡耕地主要恢复为低密度草地，流域中、下游由于气候条件较为优越，坡耕地主要恢复为高覆盖草地。退耕还草后较退耕还草前，流域上游子流域径流总量、土壤含水量增加，蒸散发量、地表径流量减少。分析得出结论：流域坡耕地恢复为低、高覆盖草地，增加了流域地表植被覆盖度，减少了坡面地表径流，减少了土壤侵蚀，增加了土壤下渗流，一定程度上涵养了水源，增加了流域总径流量。今后在泾河流域应继续深入推广退耕还草措施的实施。

参考文献

侯军岐，卢东宁．2002．关于西部地区退耕还林的思考．林业经济，(8)：48，49．

李乐，王立群．2007．关于我国退耕还林工程的几点思考．林业经济，(8)：30-33．

沈国舫．2001．西部大开发中的生态环境建设问题：代笔谈小结．林业科学，37(1)：1-6．

孙贵贞，赵景波．2008．咸阳长武人工植被春季土壤含水量研究．陕西师范大学学报(自然科学版)，36(2)：97-101．

张晓丽，王生林，李树明．2007．甘肃省退耕还林的现状及对策分析．安徽农业科学，35(35)：11 538-11 559．

致　　谢

本书是我们10年的研究集成。在研究和集成过程中，我们得到很多单位、个人和研究基金的支持。首先，我们特别感谢北京师范大学资源学院和北京大学环境与能源学院的大力支持和帮助，没有其全力支持，我们就不可能取得这些成果。

我们的野外研究，得到中国科学院栾城农业生态试验站、中国科学院陆地水循环及地表过程重点实验室、中国科学院遗传与发育生物学研究所农业资源研究中心的支持，在此表示最诚挚的感谢。

感谢张喜英研究员、陈素英研究员和参加栾城野外实验的工作人员，感谢宋献方研究员在东台沟野外实验中的支持，感谢杨永辉研究员在土壤水分遥感工作中的支持。感谢郭惠、周福芳、刘超、黄水平、李宏永、王枫、刘媖、陈婉、李程、李苏等同学在书稿图文处理中付出的辛苦劳动。

10年来，我们的研究得到很多研究项目的资助，具体如下(按照资助时间排序)，在此一并致谢。

(1) 教育部留学归国人员启动项目“信息技术在防治农地荒漠化中的应用”(213007)，2002～2005年。

(2) 中国科学院陆地水循环及地表过程重点实验室开放基金项目“利用热成像技术和三温模型测算小流域蒸散量”(WL2005004)，2006～2007年。

(3) 国家重点基础研究发展计划(“973”计划)项目“北方干旱化与人类适应项目”第五课题“干旱化及其阶段性转折对我国粮食、水和土地资源安全的影响及适应对策”(2006CB400505)，2006～2010年。

(4) 北京师范大学教学建设与改革项目“地球生命科学类本科生导师制导入制研究”(06-22-3)，2007～2008年。

(5) 国家自然科学基金面上项目“半干旱区退耕草地的水分收支研究”(40771037)，2008～2010年。

(6) 中国科学院陆地水循环及地表过程重点实验室开放基金资助项目“基于热成像—感技术的流域不同尺度绿水资源的评价研究”(2007A007)，2008～2009年。

(7) 国家自然科学基金面上项目“干旱区雨养白刺沙堆的水分收支研究”(30972421)，2009～2011年。

(8) 国家重点基础研究发展计划(“973”计划)项目“干旱区绿洲化、荒漠化过程及其对人类活动、气候变化的响应与调控”子课题“荒漠化对石羊河流域水分收支的影响研究”(2009CB421303-5)，2009～2013年。